普通高等教育"十四五"规划教材

食品安全检测技术

第 3 版

许文涛　主编
王世平　主审

中国农业大学出版社
·北京·

内容简介

本教材从不同角度对食品安全检测的相关要求及实验技术进行了阐述。全书共分为12章，前面2章介绍了食品安全检测技术进展和食品安全检测技术要求，接下来的章节分别介绍了食品中残留危害物质、有害金属、添加剂、天然毒素、持久有机污染物、加工中的污染物、食品接触材料检测技术和方法，有害微生物及食品中常见有害物质的快速检测技术和方法，论述产生原因与危害评价，并介绍预防措施。书中既有对理论性内容的阐述，又有实践经验的总结及实验技术方法视频，特别是增加了近年来在食品安全检测上的一些新方法、新技术及市场应用较多的食品安全快速检测实用技术，有些则是近几年国内外食品检测技术方面的科研成果，部分食品安全检测技术形成了教学视频（以二维码形式展示），可更好地服务教学及自学。本书可作为食品质量与安全专业、食品科学与工程专业和各相关专业的教材，也可供食品安全检测机构、食品企业及有关食品质量与安全管理方面的人员参考。

图书在版编目（CIP）数据

食品安全检测技术 / 许文涛主编．--3版．--北京：中国农业大学出版社，2023.12

ISBN 978-7-5655-3129-3

Ⅰ.①食…　Ⅱ.①许…　Ⅲ.①食品安全－食品检验　Ⅳ.①TS207

中国国家版本馆CIP数据核字（2023）第245712号

书　名　食品安全检测技术　第3版

作　者　许文涛　主编

策划编辑　魏　巍　宋俊果　王笃利　　**责任编辑**　韩元凤

封面设计　郑　川　李尘工作室

出版发行　中国农业大学出版社

社　址　北京市海淀区圆明园西路2号　　**邮政编码**　100193

电　话　发行部 010-62733489，1190　　读者服务部 010-62732336

编辑部 010-62732617，2618　　出　版　部 010-62733440

网　址　http://www.caupress.cn　　**E-mail** cbsszs@cau.edu.cn

经　销　新华书店

印　刷　北京时代华都印刷有限公司

版　次　2023年12月第3版　　2023年12月第1次印刷

规　格　185 mm×260 mm　16开本　24.25印张　605千字　彩插1

定　价　68.00元

第3版编写人员

主　编　许文涛(中国农业大学营养与健康系)

副主编　庞　杰(福建农林大学食品科学学院)

杨武英(江西农业大学食品科学与工程学院)

裴世春(黑龙江八一农垦大学食品学院)

王伟华(塔里木大学生命科学学院)

朱龙佼(中国农业大学营养与健康系)

参　编　(按姓氏拼音排序)

陈杰博(福建农林大学食品科学学院)

冯翠萍(山西农业大学食品科学与工程学院)

连玉晶(山东农业大学食品科学与工程学院)

马丽艳(中国农业大学食品科学与营养工程学院)

沈　兴(华南农业大学食品学院)

杨振泉(扬州大学食品科学与工程学院)

张素敏(山西农业大学食品科学与工程学院)

主　审　王世平(中国农业大学食品科学与营养工程学院)

第 2 版编写人员

主　编　王世平（中国农业大学食品科学与营养工程学院）

副主编　庞　杰（福建农林大学食品科学学院）

杨武英（江西农业大学食品科学与工程学院）

裴世春（黑龙江八一农垦大学食品学院）

王伟华（塔里木大学生命科学学院）

参　编　（按姓氏拼音排序）

冯翠萍（山西农业大学食品科学与工程学院）

雷红涛（华南农业大学食品学院）

连玉晶（山东农业大学食品科学与工程学院）

马丽艳（中国农业大学食品科学与营养工程学院）

许文涛（中国农业大学食品科学与营养工程学院）

杨振泉（扬州大学食品科学与工程学院）

张素敏（山西农业大学食品科学与工程学院）

第1版编写人员

主　编　王世平（中国农业大学食品科学与营养工程学院）

副主编　庞　杰（福建农林大学食品科学学院）

杨武英（江西农业大学食品科学与工程学院）

裴世春（黑龙江八一农垦大学食品学院）

参　编　（按姓氏拼音排序）

冯翠萍（山西农业大学食品科学与工程学院）

雷红涛（华南农业大学食品学院）

连玉晶（山东农业大学食品科学与工程学院）

马丽艳（中国农业大学食品科学与营养工程学院）

许文涛（中国农业大学食品科学与营养工程学院）

杨振泉（扬州大学食品科学与工程学院）

出版说明
（代总序）

岁月如梭，食品科学与工程类专业系列教材自启动建设工作至现在的第4版或第5版出版发行，已经近20年了。160余万册的发行量，表明了这套教材是受到广泛欢迎的，质量是过硬的，是与我国食品专业类高等教育相适宜的，可以说这套教材是在全国食品类专业高等教育中使用最广泛的系列教材。

这套教材成为经典，作为总策划，我感触颇多，翻阅这套教材的每一科目、每一章节，浮现眼前的是众多著作者们汇集一堂倾心交流、悉心研讨、伏案编写的景象。正是大家的高度共识和对食品科学类专业高等教育的高度责任感，铸就了系列教材今天的成就。借再一次撰写出版说明（代总序）的机会，站在新的视角，我又一次对系列教材的编写过程、编写理念以及教材特点做梳理和总结，希望有助于广大读者对教材有更深入的了解，有助于全体编者共勉，在今后的修订中进一步提高。

一、优秀教材的形成除著作者广泛的参与、充分的研讨、高度的共识外，更需要思想的碰撞、智慧的凝聚以及科研与教学的厚积薄发。

20年前，全国40余所大专院校、科研院所，300多位一线专家教授，覆盖生物、工程、医学、农学等领域，齐心协力组建出一支代表国内食品科学最高水平的教材编写队伍。著作者们呕心沥血，在教材中倾注平生所学，那字里行间，既有学术思想的精粹凝结，也不乏治学精神的光华闪现，诚所谓学问人生，经年积成，食品世界，大家风范。这精心的创作，与敷衍的粘贴，其间距离，何止云泥！

二、优秀教材以学生为中心，擅于与学生互动，注重对学生能力的培养，绝不自说自话，更不任凭主观想象。

注重以学生为中心，就是彻底摒弃传统填鸭式的教学方法。著作者们谨记“授人以鱼不如授人以渔”，在传授食品科学知识的同时，更启发食品科学人才获取知识和创造知识的思维与灵感，于润物细无声中，尽显思想驰骋，彰耀科学精神。在写作风格上，也注重学生的参与性和互动性，接地气，说实话，“有里有面”，深入浅出，有料有趣。

三、优秀教材与时俱进，既推陈出新，又勇于创新，绝不墨守成规，也不亦步亦趋，更不原地不动。

首版再版以至4版5版，均是在充分收集和尊重一线任课教师和学生意见的基础上，对新增教材进行科学论证和整体规划。每一次工作量都不小，几乎覆盖食品学科专业的所有骨干课程和主要选修课程，但每一次修订都不敢有丝毫懈怠，内容的新颖性，教学的有效性，齐头并进，一样都不能少。具体而言，此次修订，不仅增添了食品科学与工程最新发展，又以相当篇幅强调食品工艺的具体实践。每本教材，既相对独立又相互衔接互为补充，构建起系统、完整、实用的课程体系，为食品科学与工程类专业教学更好服务。

四、优秀教材是著作者和编辑密切合作的结果，著作者的智慧与辛劳需要编辑专业知识和奉献精神的融入得以再升华。

同为他人作嫁衣裳，教材的著作者和编辑，都一样地忙忙碌碌，飞针走线，编织美好与绚丽。这套教材的编辑们站在出版前沿，以其炉火纯青的编辑技能，辅以最新最好的出版传播方式，保证了这套教材的出版质量和形式上的生动活泼。编辑们的高超水准和辛勤努力，赋予了此套教材蓬勃旺盛的生命力。而这生命力之源就是广大院校师生的认可和欢迎。

第1版食品科学与工程类专业系列教材出版于2002年，涵盖食品学科15个科目，全部入选“面向21世纪课程教材”。

第2版出版于2009年，涵盖食品学科29个科目。

第3版(其中《食品工程原理》为第4版)500多人次80多所院校参加编写，2016年出版。此次增加了《食品生物化学》《食品工厂设计》等品种，涵盖食品学科30多个科目。

需要特别指出的是，这其中，除2002年出版的第1版15部教材全部被审批为“面向21世纪课程教材”外，《食品生物技术导论》《食品营养学》《食品工程原理》《粮油加工学》《食品试验设计与统计分析》等为“十五”或“十一五”国家级规划教材。第2版或第3版教材中，《食品生物技术导论》《食品安全导论》《食品营养学》《食品工程原理》4部为“十二五”普通高等教育本科国家级规划教材，《食品化学》《食品化学综合实验》《食品安全导论》等多个科目为原农业部“十二五”或农业农村部“十三五”规划教材。

本次第4版(或第5版)修订，参与编写的院校和人员有了新的增加，在比较完善的科目基础上与时俱进做了调整，有的教材根据读者对象层次以及不同的特色做了不同版本，舍去了个别不再适合新形势下课程设置的教材品种，对有些教材的题目做了更新，使其与课程设置更加契合。

在此基础上，为了更好满足新形势下教学需求，此次修订对教材的新形态建设提出了更高的要求，出版社教学服务平台“中农 De 学堂”将为食品科学与工程类专业系列教材的新形态建设提供全方位服务和支持。此次修订按照教育部新近印发的《普通高等学校教材管理办法》的有关要求，对教材的政治方向和价值导向以及教材内容的科学性、先进性和适用性等提出了明确且具针对性的编写修订要求，以进一步提高教材质量。同时为贯彻《高等学校课程思政建设指导纲要》文件精神，落实立德树人根本任务，明确提出每一种教材在坚持食品科学学科专业背景的基础上结合本教材内容特点努力强化思政教育功能，将思政教育理念、思政教育元素有机融入教材，在课程思政教育润物细无声的较高层次要求中努力做出各自的探索，为全面高水平课程思政建设积累经验。

教材之于教学，既是教学的基本材料，为教学服务，同时教材对教学又具有巨大的推动作用，发挥着其他材料和方式难以替代的作用。教改成果的物化、教学经验的集成体现、先进教学理念的传播等都是教材得天独厚的优势。教材建设既成就了教材，也推动着教育教学改革和发展。教材建设使命光荣，任重道远。让我们一起努力吧！

罗云波

2021 年 1 月

第3版前言

食品是人类生存的重要物质基础。20世纪50年代后，随着工业技术的发展，工业技术成果尤其是化学工业成果被广泛应用于农业，而农药化肥的过量使用造成环境的污染，加之食品生产加工过程中不恰当的操作甚至是人为违规违法添加，给食品安全带来了一系列重大问题。目前，这些问题已引起国家的高度重视。保证食品安全，注重健康，关爱生命已成为全社会日益关注的重要话题。食品安全检测与监督管理成为加强对食品生产、加工、流通、贮藏等各个环节质量控制与溯源的关键控制技术手段之一，了解和掌握食品安全检测技术，也就成为食品质量安全工作者的重要责任和工作。

在新的历史起点上，党的二十大为新时代新征程党和国家事业发展、实现第二个百年奋斗目标指明了前进方向、确立了行动指南。党的二十大对全面建设社会主义现代化国家、全面推进中华民族伟大复兴做出重要部署，提出“构建全国统一大市场”，明确将食品安全纳入国家安全、公共安全统筹部署，要求“强化食品药品安全监管”。因此，我们要从加快构建新发展格局、贯彻总体国家安全观中牢牢把握做好市场监管工作特别是食品安全监管工作，增强做好特殊食品安全监管工作的主动性和积极性。

为适应食品安全学科及专业的发展需要，打造国家精品教材，我们对《食品安全检测技术》(第2版)教材进行了修订，结合近几年国内外现代食品安全检测技术的发展动态，根据最新标准，对食品安全快速检测技术进行补充更新，增加了教材的实用性和时代性。为更好地推进传统出版与新型出版融合，本书利用数字技术融入了部分现代仪器分析操作技术的视频，方便读者学习，增加教材的可读性。

本教材主要对食品安全检测的分类及基本要求、样品处理技术与结果分析等内容进行了较为详尽的阐述与评价，使学生在学习过程中可以很好地了解每种方法的优缺点及适用范围，对全面掌握食品安全检测技术起到指导作用。

本教材共分12章，编写分工如下：第1章由中国农业大学许文涛编写及修订；第2章由福建农林大学庞杰、陈杰博编写及修订；第3章由江西农业大学杨武英编写及修订；第4章由中国农业大学马丽艳编写及修订；第5章由山西农业大学冯翠萍、中国农业大学朱龙佼编写及修订；第6章由黑龙江八一农垦大学裴世春、中国农业大学许文涛编写及修订；第7章由山东农业大学连玉晶、中国农业大学许文涛编写及修订；第8章由扬州大学杨振泉编写；第9章由华南农业大学沈兴编写及修订；第10章由中国农业大学许文涛、朱龙佼编写及修订；第11章由山西农业大学张素敏编写；第12章二维码视频内容由塔里木大学王伟华编制。

全书由中国农业大学许文涛、朱龙佼统稿。

本教材得以再次出版，是全体编委们共同努力的结果，同时也包含着中国农业大学出版社编辑们的辛勤工作，在此向他们表示感谢。

本书除作为高等学校教材外，也作为食品检测机构、食品企业及有关科技人员的主要参考书。

虽然参加本书编写的人员均为多年从事食品质量检测的教学与实践的专业技术人员，但由于检测技术飞速发展，涉及的内容非常广泛，加之编写水平有限，书中难免存在缺陷与错误，敬请广大读者批评指正。

编　者

2023 年 10 月于北京

第 2 版前言

食品是人类生存的重要物质基础。20 世纪 50 年代后，随着工业技术的发展，工业技术成果尤其是化学工业成果，被广泛应用于农业，而农药化肥的过量使用，造成环境的污染，加之食品生产加工过程中不恰当的操作甚至是人为违规违法添加，给食品安全带来了一系列重大问题。目前，这些问题已引起国家的高度重视。保证食品安全，注重健康，关爱生命已成为全社会日益关注的重要话题。食品安全检测与监督管理则成为加强对食品的生产、加工、流通、贮藏等各个环节质量控制与溯源关键控制的技术手段之一，了解和掌握食品安全检测技术，也就成为食品质量检测工作者的重要责任和工作。

为适应食品安全学科及专业的发展需要，打造国家精品教材，在普通高等教育“十一五”精品课程建设教材基础上，对原有的《食品安全检测技术》教材进行了修订，结合近几年国内外现代食品安全检测技术的发展动态，主要是针对食品安全快速检测技术进行补充，并结合二维码技术将常用的现代仪器分析操作技术以视频方式融入教材，增加了教材的实用性和可读性。

本教材主要对食品安全检测的分类及基本要求、样品处理技术与结果分析等内容进行了较为详尽的阐述与评价，使学生在学习过程中可以很好地了解每种方法的优缺点及适用范围，对全面掌握食品安全检测技术起到指导作用。

本教材共分 12 章，编写分工如下：第 1 章由中国农业大学王世平编写；第 2 章由福建农林大学庞杰编写；第 3 章由江西农业大学杨武英编写；第 4 章由中国农业大学马丽艳、王世平编写；第 5 章由山西农业大学冯翠萍编写；第 6 章由黑龙江八一农垦大学裴世春编写；第 7 章由山东农业大学连玉晶编写；第 8 章由扬州大学杨振泉编写；第 9 章由华南农业大学雷红涛编写；第 10 章由中国农业大学许文涛编写；第 11 章由山西农业大学张素敏编写；第 12 章二维码视频内容由塔里木大学王伟华编制（视频的使用方法详见第 12 章说明）。

全书由王世平统稿。

本教材得以再次出版，是全体编委们共同努力的结果，同时也包含着中国农业大学出版社编辑们的辛勤工作，在此向他们表示感谢。

本书除作为高等学校教材外，也作为食品检测机构、食品企业及有关科技人员的主要参考书。

虽然参加本书编写的人员均为多年从事食品质量检测的教学与实践的专业技术人员，但由于检测技术飞速发展，涉及的内容非常广泛，加之编写水平有限，书中难免存在缺陷与错误，敬请广大读者批评指正。

编　者

2016 年 1 月于北京

第1版前言

食品是人类生存的重要物质基础。20世纪50年代后，随着工业技术的发展，工业技术成果尤其是化学工业成果，被广泛应用于农业，而农药化肥的过量使用，造成环境的污染，加之食品生产加工过程中不恰当的操作，给食品安全带来了一系列重大问题。目前，这些问题已引起国家的高度重视。保证食品安全，注重健康，关爱生命已成为全社会日益关注的重要话题。食品安全检测与监督管理则成为加强对食品的生产、加工、流通、贮藏等各个环节质量控制与溯源关键控制的技术手段之一，了解和掌握食品安全检测技术，也就成为食品质量检测工作者的重要责任和工作。

当前，为适应食品安全学科的发展需要，不少高等院校都相继建立了食品质量与安全专业，但适合该专业培养目标的教材却不多，因此编写具有针对性培养方向的适宜教材具有重要的现实意义。

本书作为食品质量与安全专业的重要专业课教材，在内容和编排上参考了国内外相关资料，就目前国内外现代食品安全检测技术的发展动态、食品安全检测的分类及基本要求、样品处理技术与结果分析等内容进行了较为详尽的阐述与评价，使学生在学习过程中可以很好地了解每种方法的优缺点及适用范围，对全面掌握食品安全检测技术起到一定的指导作用。

本教材共分10章，编写分工如下：第1章由中国农业大学王世平编写；第2章由福建农林大学庞杰编写；第3章由江西农业大学杨武英编写；第4章由中国农业大学马丽艳、王世平编写；第5章由山西农业大学冯翠萍编写；第6章由黑龙江八一农垦大学裴世春编写；第7章由山东农业大学连玉晶编写；第8章由扬州大学杨振泉编写；第9章由华南农业大学雷红涛编写；第10章由中国农业大学许文涛编写。

全书由王世平修订、统稿。

教材得以顺利出版，是全体编委们共同努力的结果，同时也包含着中国农业大学出版社编辑们的辛勤工作，在此向他们表示感谢。

本书除作为高等学校教材外，也作为食品检测机构、食品企业及有关科技人员的主要参考书。

虽然参加本书编写的人员均为多年从事食品质量检测的教学与实践的专业技术人员，但由于检测技术飞速发展，涉及的内容非常广泛，加之编写水平有限，书中难免存在缺陷与错误，敬请广大读者批评指正。

编　者

2009年1月于北京

目　　录

第1章
食品安全检测技术进展概述

本章学习目的与要求

1. 掌握食品安全的概念，了解食品安全检测技术的重要性。
2. 了解不同国家食品安全监管体系。
3. 了解食品安全检测技术标准与食品安全管理措施与对策。
4. 了解现代食品检测新技术发展趋势。

1.1 食品安全检测技术的重要性

近 20 年来，随着我国国民经济的持续快速增长，我国的农业生产水平也快速增长。目前，我国粮食的年均生产能力已达 6.5 亿 t 以上，年人均粮食占有量在 483 kg 左右，各种副食品的供应和消费也在快速增长。随着我国食品供应和消费的快速增长，食品安全问题也显得越来越突出。近年来，重大食品安全事件频频发生，市面上的假冒伪劣食品也屡禁不止。在这些中毒事件中，因有机磷农药、亚硝酸盐、剧毒鼠药和致病微生物引起的食物中毒占了大部分。2007 年由于周围环境生态污染破坏，严重影响饮用水源地周围几千万居民的生活用水的太湖蓝藻暴发；2008 年奶粉中三聚氰胺掺假事件，不仅使成千上万名婴幼儿身受毒害，甚至死亡，而且对中国乳业乃至食品工业经济造成无法估量的损失。由此可见我国的食品安全现状相当严峻。

党的二十大报告指出，国家安全是民族复兴的根基，社会稳定是国家强盛的前提，要以新安全格局保障新发展格局。食品安全直接关系民生福祉、产业发展、公共安全和社会稳定。解决食品安全问题最好的方法是尽早地发现食品安全问题，将其消灭在萌芽状态之中，而要达到这个目的，能在现场快速准确测定食品中有害物质含量的技术、方法和仪器是必不可少的。随着科学技术的发展，大量的新技术、新原料和新产品被应用于农业和食品工业中，食品污染的因素也日趋复杂化，要保障食品安全就必须对食品及其原料在生产流通的每个环节中都进行监督检测。因此，要坚持面向人民生命健康，加快实现高水平科技自立自强，提高食品安全科技水平，突破食品安全中的科技“瓶颈”制约，建立起适应全面建设社会主义现代化国家需要的食品安全科技体系。

食品是人类赖以生存和发展的物质基础，食品安全是关系到人类健康和国家民生的重大问题。1996 年世界卫生组织对食品安全的定义是：对食品按其原定用途进行制作、食用时不会使消费者健康受到损害的一种担保。基于国际社会的共识，食品安全的概念可以表述为：食品（食物）的种植、养殖、加工、包装、贮藏、运输、销售、消费等活动符合国家强制标准和要求，不存在可能损害或威胁人体健康的有毒有害物质。食品应当无毒、无害、符合应当有的营养要求，对人体健康不造成任何急性、亚急性或者慢性危害。食品安全含义来源于两个英文概念：第一是一个国家或社会的食物保障（food security），即是否具有足够的食物供应；第二是食品中有毒、有害物质对人体健康影响的公共卫生问题（food safety）。

首先，衡量一种食品是否安全，不安全食品的危害在哪里，什么情况下它会对人体造成危害，应采取什么有效措施去控制它……“检测技术”是证明或解释诸如此类问题的非常重要的关键科技手段。可以说食品安全是不能离开检测技术而空谈的。食品安全控制的重要手段就体现在检测技术上，如果没有检测技术，首先是无法得知一种食品是否有不安全因素；其次是无法知道这种不安全因素程度如何，这就可能导致人们长期受其危害却浑然不觉。以“二噁英”对食品的污染来说，如果不借鉴相应的检测技术，我们现在还不知道有这种污染，更无法去防范它。因此，食品安全的一个关键问题，就是要预防、控制、减少食源性疾病发生，而我们要想知道哪种疾病和食物中的某种危害因素有关，缺少必要的检测技术手段很难探明其中的奥秘。同时，检测、监测的过程也是对目前食品安全标准的校验。通过检测、监测技术，可以检验当前的食品安全标准是否能最大限度地保证食品安全，是否能适应食品安全市场管理需求，真正起到监管作用。随着科技和经济水平的发展，食品安全标准是需要不断做出修改的。如旧的标准中对啤酒中甲醛的含量并没有做出限定，而新标准的实施中，对甲醛的含量就有明确的限定。

其次，要关注食品安全内在问题。食品安全问题多源于农药、兽药残留中毒和致病菌对人的侵害。应认识到农药、兽药残留的潜在危害，即可使人体产生抗药性；还应认识到人们在生产中使用添加剂原料不当和对生活废弃物处理不当时，会造成如二噁英以及多氯联苯等 12 种被称为“持久性有机污染物”的化合物对食品、加工原料及饲料的污染，有致癌、破坏内分泌系统和破坏人体免疫能力的潜在危害；应了解有毒有害元素的价态不同、毒性差异很大；应重视硝酸盐、高氯酸盐等污染物通过空气和水等进入食物链造成的危害，甚至警示烧烤、油炸食品中可能含有一定量的苯并芘及丙烯酰胺致癌成分等。人们对食品安全的认识和对自身健康的关注是无止境的，所以对有毒有害残留物、污染物检测方法的要求也将日新月异。

再次，食品安全的检测需在基质十分复杂的动植物产品和加工产品的样品中，检测几种甚至几十种有毒有害残留物或污染物的组分，其含量可能极低（微克级、纳克级），而且有一些污染物如呋喃有 135 种同位异构体、毒性差异很大，很难分离、萃取和分析。据统计，测试领域对仪器和方法的检出限平均每 5 年下降一个数量级。对食品安全检测而言形势紧迫，出于对食品安全的重视，也出于发达国家采取技术性贸易壁垒需求，近几年来，国外对有关食品安全标准进行了重大、快速修订，我国为了与世界接轨和应对挑战，也不断修订标准，近两年新发布实施了多项农药、兽药多残留分析国家标准方法，对有害物限量标准、样品前处理、检测技术和仪器的要求越来越高。

20 世纪 80 年代末以来，由于一系列食品原料的化学污染、畜牧业中抗生素的应用、基因工程技术的应用，使食品污染导致的食源性疾病呈上升趋势。在发达国家，每年大约 30% 的人患食源性疾病，而食品安全问题已成为公共卫生领域的突出问题。一方面，食源性疾病频频暴发；另一方面，食品生产及加工工艺创新同时也带来了新的危害，由此引起的食品贸易纠纷不断发生。这些都是制约食品产业提升国际竞争力、影响食品出口的主要因素。食品安全检测技术及预警追溯体系的建立，已成为当前各国加强食品安全保障体系的重要内容。

党的二十大报告系统阐述了“人民至上”的执政理念，聚焦办实事惠民生，更好地服务人民美好生活的需要。要从根本上解决食品安全问题，就必须对食品的生产、加工、流通和销售等各环节实施全程管理和监控，就需要大量能够满足这些要求的快速、灵敏、准确、方便的食品安全分析检测技术。由此可见，将现代检测技术引入食品安全监测体系，积极开展食品有害残留的检测和控制研究，对保证食品安全、维护公共卫生安全、保护人民群众身体健康意义重大。

1.1.1　食品安全作用及范畴

食品安全工作的重点在于积极的预防，消除、降低安全隐患，以保障人民群众的饮食安全。在预防的同时，针对食品安全隐患和突发的食品安全事故，要有快速有效的反应机制和应对措施。两手都要抓，两手都要硬，才能真正体现出食品安全的作用，确保食品从农田到餐桌的安全性。

1. 食品安全预警系统的作用

21 世纪，食品供应面临的一个主要挑战就是提高食品的安全性，将危险降到最低。一个快速的食品安全预警系统对保障食品的质量安全具有重要的作用。

欧盟早自20世纪70年代后期就开始在其成员国中间建立快速警报系统。各成员国有责任在消费者的健康遭受严重风险时提供信息。在法律上,只有在确认有问题产品可能投放到国际市场情况下,成员国才有义务进行通报。然而,由于市场变得更为一体化,确定某一产品是否出境的难度也日益增加。正是在特殊背景下,欧盟于2002年对预警系统做了大幅调整,实施了欧盟快速警报系统,欧盟食品和饲料快速预警系统(Rapid Alert System for Food and Feed,RASFF)即为其中之一,它是一个连接各成员国食品与饲料安全主管机构、欧盟委员会以及欧洲食品安全管理局的网络系统。所有参与其中的机构都建有各自的联系点,联系点彼此联系,形成沟通顺畅的网络系统。这个系统的主要目标是保护消费者免受不安全食品和饲料危害。系统及时收集源自所有成员的相关信息,以便各监控机构就食品安全保障措施进行信息交流。RASFF的建立便于系统内成员国食品安全主管机构间进行交流,有利于彼此信息交换。任何一个成员国主管机构出现与食品以及饲料安全有关的信息后都会上报委员会,委员会将进行判断,必要时将此信息传达至RASFF网络下其他成员。在不违反其他欧盟规程的前提下,系统各成员国主要通过快速预警系统向委员会迅速通告如下信息:

(1)各国为保护人类健康而采取限制某食品或饲料上市,或强行使其退出市场,或回收该食品或饲料,并需要快速执行必要的措施。

(2)由于某食品或饲料对人类健康构成严重威胁,而旨在防止、限制其上市或最终使用,或旨在对食品或饲料上市需使用附加特别条件,并需要紧急执行行业权威专家一致建议或措施。

(3)由于食品安全涉及人类健康的直接或间接威胁,欧盟边贸主管机构应对某食品或饲料的集装箱货物运输的食品安全拒收情况进行通报。

中国的预警工作是近些年才开展的。目前,还缺少完整有效的食品及农产品的预警系统。RASFF在以下几个方面对中国具有一定启示,值得进一步关注和研究:

(1)在构建食品及农产品安全预警体系的过程中,加强对整个食物链综合管理指导思想的构建,强调系统性与协调性,关注食物链所有环节,把质量安全过程控制理念贯穿其中。

(2)将风险的概念引入管理领域。强调预防为主的重要性。加强相应的食品和农产品安全预警与快速反应体系建设,通过快速预警系统,实现风险管理。

(3)保证科学分析与信息交流咨询体系有效运行,并保持独立性,强化现代信息网络技术的作用,提高信息搜集的客观性、准确性,实现有效的风险交流,保证管理决策的透明性、有效性,提高消费者对食品安全管理的信心。

2. 食品安全监管体系的作用

从目前情况来看,根据各自国情,世界各国通过立法建立了不同类型但行之有效的食品安全监管机构体系。各国食品安全监管机构体系虽千差万别,但基本模式不外乎3种:第1种是由中央政府各部门按照不同职能共同监管的模式,美国首先采用这种模式,而我国在2015年前也基本属于这种模式;第2种是由中央政府的某一职能部门负责食品安全监管工作,并负责协调其他部门来对食品安全工作进行监管,这种模式的代表国家是加拿大,我国在实施新修订的《食品安全法》之后也开始采用这种模式;第3种是中央政府成立专门的、独立的食品安全监管机构,由其全权负责国家的食品安全监管工作,这种模式的代表国家是英国。

美国从1906年起逐步建立了一套完备的食品安全法律体系,建立了各管理部门互为补充、相互依存、高效有序的食品安全监管体系。美国涉及食品监管的机构非常复杂,主要机构有20多个,其中最主要的是美国联邦卫生与人类服务部所属的食品和药品监督管理局

(FDA)、美国农业部所属的食品安全检验局(FSIS)、动植物卫生检验局(APHIS)以及联邦环境保护局(EPA)。以 FDA 为例,它是美国最早的消费者保护机构之一,其职责范围涉及监督管理产品的制造、进口、运输、贮存和销售等领域。在美国食品安全体系中,FDA 主要负责管理除食品安全检验局(FSIS)所辖范围之外的所有国产和进口食品,包括瓶装水和酒精含量小于 7%的葡萄酒等。

有科学依据的风险分析是美国食品安全决策的基础。1997 年美国宣布食品安全行动计划,该计划指出了风险评估在实现食品安全目标过程中的重要性。风险管理也是美国各级管理部门所采取的保证食品生产和加工全过程安全的措施,其目的就是为美国的消费者提供保护。其中最具特点且富有成效的风险管理措施就是“危害分析和关键控制点(HACCP)”,在美国食品安全体系中,HACCP 是非常重要的一个组成部分,它能使应用者清楚地识别可能发生的危险,并设定有效安全阈值,制订一个合理的计划来阻止和控制潜在的危害。风险管理的原则是尽可能使风险降至最低程度或可能达到的程度。

3. 食品安全范畴

食品产业是一种高度关联的一体化产业,涉及农业、食品加工业、仓储、物流、包装、化学工业等多个产业,食品产业链条涉及面广,产业链条长。每个环节出现的安全生产问题都会对消费者的食品安全产生风险。因此,加强食品安全管理是十分必要的。而食品安全管理又是一个涉及面广、涉及主体众多的系统工程,它包括了消费者、企业和政府三个层面。从公共安全的角度看,政府必须制定健全的政策法规、建立完善的管理职能及行使有效的管理手段。

随着人类食物生产规模的扩大,加工、消费方式的日新月异,仓储、运输等环节的增多以及食品种类、来源的多样化,原始人类赖以生存的自然食物链逐渐演化为今天由自然链和人工链组成的复杂食物链网。

自然链部分中滥用化学合成农药及其他有害物质通过施肥、灌水或随意倾倒等途径带入农田,可使有毒化学成分在食物链中富集,构成人类食物中重要的危害因子。有机肥施用管理不善可能将多种侵害人类的病原菌、寄生虫引入农田环境、养殖场和养殖水体,进而进入人类食物链。有害成分混入动物饲料可能导致真菌毒素、人畜共患病原菌、有害化学物质等大量进入动物产品,给消费者带来致病风险。而滥用兽药、抗生素、生长激素等化学制剂或生物制品,可因畜产品中微量残留在消费者体内长期积累超量,产生不良副作用,尤其对儿童成长、发育可能造成严重危害后果。

从人工链环节的加工部分来看,蔬菜、水果、肉、蛋、奶、鱼等鲜活产品及其他易腐食品,在贮藏、加工、运输、销售的多个环节中都可能遭受生物和化学等危害因子侵袭而影响其安全性,而在加工和包装中滥用人工添加剂、防腐剂、特殊包装材料等,都是现代食品生产中新的不安全因素。因此食品安全中的危害因子,可能出现于人类食物链的各个环节。

正因为如此,对食品安全的控制应体现在各个环节,贯穿于整个产业链条,而仅仅关注于某个方面的管理并不能解决系统性的问题。因此,食品安全的管理必须是从土地到餐桌全过程的管理,必须是对食品产业链条整个过程进行封闭式、全方位、一体化的系统性管理。

1.1.2 食品安全市场贸易状况

食品质量安全在国际经济贸易中要求严格,世界范围内由于食品质量而引起的农产品贸易纠纷不断。因此,食品安全不仅是对民众身心健康关系极大的公共卫生问题,同时也是一类波及整个国家经济的国际经贸重要利益问题。

食品出口是重要的外汇来源。根据世界贸易组织统计，食品贸易在世界贸易中所占的比重为9%左右，每年的贸易值为4 000亿～5 000亿美元，每年有4.6亿t食物在100多个国家之间流动，任何一个国家的食物出现问题都有可能影响到其区域消费者的健康，甚至发展成为国际性食品安全事件，如英国的疯牛病、法国的污水饲料事件、多国的禽流感暴发、可口可乐污染事件、欧洲的口蹄疫以及具有多重抗药性的鼠伤寒沙门氏菌病在多国的流行等，众多事件发生都涉及几个甚至数十个国家，给有关国家经济造成损害，成为影响国际贸易的重要因素。

食品安全问题还可以引发绿色壁垒的威胁，发达国家可以以食品安全为名，设置无法逾越的绿色壁垒，限制进口发展中国家的产品。而绿色壁垒，主要是指那些为了保护生态环境而直接或间接采取的限制甚至禁止贸易的措施。通常，绿色壁垒是由进出口国为保护本国生态环境和公共健康而设置的各种环境保护措施、法规标准等。原关税与贸易总协定和WTO中的有关规定为绿色壁垒的实施提供了国际公认的法律依据。

作为WTO的成员，各国产品进入国际贸易市场的门槛平等，关税和配额的调控作用将越来越小。因此，在当前国际贸易中，严格技术性贸易措施，实施的市场准入条件越来越苛刻。其中，提高食品卫生检测标准，把食品安全作为“关口瓶颈”，已成为制约国际贸易的寻常策略。一些国家以提高检疫标准、增加检测项目为手段，限制他国产品出口、保护本国产业的目的越来越明显。如2002年初，日本认定中国的出口蔬菜农药残留超标，提高进口蔬菜的技术标准，将蔬菜检测安全卫生指标由6项增加到40多项，鸡肉检查项目为40多项，果汁检查80多项，大米检查91项。美国以反恐为名，于2003年12月开始执行食品注册通报制度。近年来，一些国家采取了各种贸易技术性措施，对国际食品出口贸易影响较大。

发达国家基于经济、政治和科技优势，在国际贸易中处于主导地位，单方面制定了很多技术含量高的规定，限制发展中国家出口贸易。而发展中国家受科学技术、经济水平的限制，其生产条件、科技标准以及技术含量等都与发达国家存在着巨大的差异，很难满足发达国家出于贸易保护而对进口货物制定的苛刻的要求，因此国际竞争力大大衰退，同时，由于本身种种原因(例如法制不健全，对健康安全、环境保护没有足够重视等)，又未能限制发达国家将其不合格产品向国内倾销。

根据日本、欧盟、美国等发达国家针对农产品实施的技术性贸易措施情况看，技术性贸易壁垒主要体现在严格的检验、检疫、认证、标准制定和实施上，大致可分为4种情况：

(1)食品安全、动植物卫生检验检疫法规　欧盟于2000年1月发表了《食品安全白皮书》，提出80多项保证食品安全的计划，要求各产品从饲料到餐桌，农产品从农田到餐桌的整个链条都要保证安全。美国于1997年12月在食品加工中引入“危害分析与关键控制点”(HACCP)管理体系，未实施HACCP的水产品和肉类食品禁止进口，要求所有对美国出口的水产品、肉类产品企业必须获得HACCP的认证资格。当前，欧盟、加拿大、日本、澳大利亚和韩国都采用HACCP体系。

(2)食品质量标准要求　目前，发达国家仍然针对食品安全在不断升级产品检验标准，检测项目也越来越多。如2010年日本对中国大米要求进行检测的指标，已由1993年的20多项，增加到123项，并且要求在14 d内完成。

(3)环境保护和动物福利要求　针对食品安全，发达国家制定了一系列环境保护法规，对进口农产品形成了通常所说的“绿色壁垒”。如1995年4月，发达国家要求实施《国际环境监察标准制度》，要求产品达到 ISO 9000 系列标准体系，还要求使用“绿色环境标志”，如德国的“蓝天天使”、日本的“生态标志”、欧盟的“欧洲环保标志”等。欧盟非常重视动物福利问题，如对鸡场饲养密度要求，一般为每平方米 12 只，而欧盟提出只能养 10 只，理由是密度太大，鸡会感到不“舒适”。而这将增加鸡的养殖成本，无形中也成了贸易壁垒。

(4)产品认证和标志管理　近年国际上对产品认证要求越来越高，日本农林水产省自 2003 年起在日本全国推行“大米身份认证制度”，凡进入日本国内市场的大米必须标明品种、产地、生产者姓名和认证号码等，否则不允许销售。“大米身份认证制度”推行之后，日本各地又对新制度“层层加码”，把认证范围推广到蔬菜，要求凡市场上销售的本地蔬菜都必须有认证标志。今后的发展趋势是对进口蔬菜采取身份认证制度，对国外的农产品来讲，在未来进入日本市场将更趋困难，标准也越来越严。

我国遭遇此类绿色壁垒的待遇由来已久。茶叶向来是中国传统大宗出口产品，但在晚清时出口量急剧下降，从 1878 年的 54%下降到 1898 年的 18%，原因很简单，当时与中国茶叶竞争的印度茶与锡兰茶，生产控制权掌握在英国人手中，他们按照欧洲茶叶市场量身制定出了一系列标准，既提高了茶叶的产量，也提高了茶叶的安全系数。中国各家各户小作坊式的生产方式，不得不让位于标准化的大生产模式。

由于国内的各项技术指标不统一，有些企业在追求最大利益的同时，不顾法律法规的规定，寻求最低的生产成本，很少考虑健康卫生质量问题。长此以往，国内企业市场份额深陷小农式的自由化模式陷阱，晚清茶叶出口的悲剧还会不断延续。2005 年发生的“苏丹红事件”，还有 2008 年发生的“三鹿婴幼儿奶粉”事件正是对食品安全问题忽视的结果。“苏丹红一号”和“三聚氰胺”已经证明会对人体造成伤害，由此也反映出现行技术标准及管理水平滞后的问题比较突出。

随着对外贸易的不断扩大和标准等方面存在的差距，“绿色贸易壁垒”将成为世贸组织成员国贸易竞争的主要手段。采取先进的技术标准措施，解决食品贸易中食品安全问题，为出口创造更多的机遇，是最有效的应对办法之一。同时，要充分利用 WTO 多边贸易体系的谈判机制、合理对抗机制、报复措施、非歧视性原则及对发展中国家特殊照顾的规定，维护自身合理的经济权益。在发生技术性贸易壁垒纠纷时，要依据上述规定和原则，向有关国家和国际机构提出交涉或申诉，力争通过磋商和谈判加以解决。要认真研究技术性贸易壁垒的内容、框架和运行机制，汲取其合理内涵，渐进地构造和完善自己的技术性贸易措施，最大限度上保护生产国产品贸易利益。

1.1.3　食品中关键物质的危害关系

1.1.3.1　食品中常见的关键危害物质

目前食品安全问题主要集中在以下几个方面：微生物危害、化学危害、生物毒素、食品掺假等。污染来源包括农产品种植、养殖生长过程中使用农药、化肥、兽药残留超标；农作物采收、存储运输不当，发生霉变或微生物污染；食品腐败变质；另外还存在一些非法经营者为贪图私利，在食品中添加劣质有害物质引发食品中毒问题等。

1. 微生物污染

微生物引起的食源性疾病是影响食品安全的最主要因素。食品的原料和加工环境都会为微生物提供生长条件，在食品加工过程和包装储运过程中稍有不慎就会使一些病原微生物大量繁殖，人类食用后极易发生疾病。

(1)细菌性污染　从国内外已发生的食品安全事件看，致病细菌性污染是涉及面最广、影响最大、发生率最高的一种污染。由病死牲畜肉、变质动物性食品和蛋类引起食品沙门氏菌中毒，是食源性疾病发生率较高的一种，中毒者会在进食后短期内出现急性胃肠症状，如恶心、频繁性呕吐、腹痛、腹泻，重者可发生高热、脱水、昏迷、抽搐，甚至死亡；大肠杆菌在正常人的肠道内存在，一般情况下不致病，但食用被该菌污染的食物时就会致病，大肠杆菌进入胃肠后会继续繁殖，发生呕吐、恶心、腹痛、腹泻等胃肠症状，引起胃肠黏膜充血、水肿等病变；金黄色葡萄球菌普遍存在于自然界中，正常人粪便中也可分离出此菌，金黄色葡萄球菌繁殖产生肠毒素常见于陈置米饭、淀粉类食品与奶制品，中毒者表现出反复呕吐、剧烈腹痛等症状；肉毒杆菌食物中毒多由食用含有肉毒杆菌外毒素污染的食物而发生，此菌普遍存在于土壤、家畜粪便中，可附着在水果、蔬菜、罐头、火腿、膜肠肉及罐头食品里而大量繁殖外毒素，肉毒毒素主要侵犯神经系统，中毒者会产生复视、肌肉麻痹、呼吸困难等症状，并伴有脑水肿和脑充血，成人致死量为 0.01 mg。

(2)真菌性污染　真菌广泛存在于自然界中，其产生的毒素致病性强，如黄曲霉可产生黄曲霉毒素，米曲霉可产生 3-硝基丙酸、曲酸、圆弧偶氮酸等，真菌性污染问题应引起人们的高度重视。

(3)病毒性污染　“口蹄疫”“疯牛病”“禽流感”等为典型传染性病毒，人类食用了含有这类病毒的食物后，会产生人畜共患病。从 1995 年到 2000 年 10 月，英国已经确定的与疯牛病感染有关的“新变异型克雅氏病”有 70 余例，平均每年约 15 例病人。种种迹象表明，备受全球关注的疯牛病及其引发的后果的控制还有大量的工作要做。

(4)寄生虫　目前生吃水产品甚至一些其他动物的行为在部分地区较普遍，这使得人们患寄生虫病的危险性大大增加，部分地区的食物源性寄生虫发病率也逐年增加。

2. 化学污染

(1)重金属污染　食品中重金属的残留主要来源于被污染的环境，通过饲料添加剂进入动物体内或通过食品添加剂进入加工对象。重金属元素可以引发人的急性毒性，一旦进入人体，就很难被彻底清除，会导致蓄积性的慢性中毒，造成人的神经、造血、免疫等多个系统的损伤和功能异常，引起中毒性脑炎、贫血、腹痛、内分泌紊乱等。

铅是一种具有蓄积性、多亲和性的有毒物质，对神经系统、骨骼造血机能、消化系统、免疫系统等均有危害，特别是处于神经系统发育敏感时期的儿童是铅的易感人群。人体的铅主要来自食物，食物中的铅污染是由于在食品生产、加工中使用含铅化学添加剂，被铅金属污染的容器、包装材料，工业三废，农业中使用含铅农药等。

对大多数人来说，因为食物而引起汞中毒的危害概率较小，人们所吸收的汞大部分是甲基汞，而且主要是来自食用鱼等水产品。长期食用被汞污染的食品，可引起一系列不可逆转的神经系统中毒症状，引起肝、肾、脑的损害。

砷是动物和人体必需的微量元素，体内微量的砷对健康基本无影响。据报道，微量的砷可使肌肤光滑白嫩。但由于农业上广泛使用砷化合物，特别是含砷农药的使用，使农作物含砷量加大。砷作用于神经系统，刺激造血器官，诱发恶性肿瘤，因此，砷及其化合物被国际机构证明为致癌物。三价无机砷剧毒，五价砷毒性低于三价砷，有机砷的毒性较小，因而国际上对砷的卫生学评价均以无机砷为依据。

(2)农药、兽药残留　我国是农药生产和使用大国，农药的使用使我国挽回约 15% 的农产品损失，但由于人们超量和违规使用，有毒或剧毒农药的污染和残留已严重威胁人类健康，并破坏生态环境。农药通过大气和饮用水进入人体的仅占 10%，通过食物进入人体的要占 90%。有机氯是我国最早大规模使用的农药，由于具有性质稳定、不易降解、高脂溶性，其影响至今没有消失，因此，我国从 1983 年开始禁止生产和使用，我国食品中有机氯农药残留水平较 20 世纪 70 年代有明显下降，但仍与世界发达国家检测标准存在差异。有机磷农药是我国现阶段使用量最大的农药，在环境中降解快、残毒低，一般认为在食品中的残留较少，但在某些环境下残存期较长，在粮食和经济作物中存在残留超标现象，特别对生长周期短的蔬菜，有机磷农药残留超标现象突出。另外，氨基甲酸酯和拟除虫菊酯类农药具有高效、低毒、低残留的特点，近年发展较快，但如果使用不当仍存在严重污染。

此外，过量、违规使用兽用抗生素、激素使禽、畜、水产品等中有害物质残留超标问题都会给人体健康构成很大的威胁。瘦肉精事件就是一个非常典型的例子，人体大量食用含有瘦肉精的肉，可以导致心脏疾病，引起心室早搏、心律失常、血压升高，造成甲状腺亢进、青光眼、前列腺肥大等疾病。

(3)食品中添加剂的超范围、超剂量使用　为了有助于加工、包装、运输、贮藏过程中保持食品的营养特性、感官特性，适当使用一些食品添加剂是必要的。但要求使用量须控制在最低有效量的水平，否则会给食品带来毒性，影响食品的安全性，危害人体健康。一些不法商家为了使产品的外观和品质达到很好的效果往往超范围、超剂量的使用食品添加剂，更有甚者将非食品加工用的化学物质添加到食品中。如过氧化苯甲酰在面粉中使用会使面粉起到增白效果，但过量使用会破坏面粉中的营养，导致面粉中的类胡萝卜素、叶黄素等天然成分丧失，过氧化苯甲酰水解后产生的苯甲酸，进入人体后要在肝脏内进行分解，长期过量食用后会对肝脏造成严重损害，极易加重肝脏负担，引发多种疾病；短期过量食用会使人产生恶心、头疼、神经衰弱等中毒现象。

(4)食品加工、贮藏和包装过程中产生的有害物质　食品加工、包装、储存过程中生物污染主要指食品在生产线上的各种细菌、病毒污染，如沙门氏菌、李氏杆菌、肉毒梭菌等，包装过程中为降低成本而使用的伪劣含有有毒物质的包装材料，储存运输过程中可能污染的各种病毒与细菌等。这些污染会直接导致食品安全问题。

食品加工过程中化学污染有高温产生的多环芳烃、杂环胺等，都是毒性极强的致癌物质。食品加工及贮藏过程中使用的机械管道及包装材料也有可能将有毒物质带入食品中，如单体苯乙烯可从聚苯乙烯塑料进入食品；用荧光增白剂处理的纸包装食品，纸上残留的有毒胺类物质易污染食品。即使使用无污染的食品原料，加工出的食品不一定都是安全的。因为很多动物、植物和微生物内存在着天然毒素。另外，食品贮藏过程中产生的过氧化物、龙葵素和酮类物质等，也给食品带来了很多的安全性问题。

(5)持久性有机污染物　持久性有机污染物(POPs)是指能够在各种环境介质(大气、水、生物体、土壤和沉淀物等)中长期存在，并能通过环境介质(特别是大气、水、生物体)远距离迁移以及通过食物链富集，进而对人类健康和生态环境产生严重危害的天然或人工合成的有机污染物。

持久性污染物种类较多，它们通常是具有某些特殊化学结构的同系物或异构体，其中

《POPs公约》中首批控制的持久性污染物(POPs)共有3类12种,包括:杀虫剂类,主要为艾氏剂、狄氏剂、异狄氏剂、氯丹、七氯、灭蚁灵、毒杀酚、滴滴涕(DDT)和六氯苯;工业化学品类,主要为六氯苯和多氯联苯(PCBs);副产品类,主要是多氯代二苯并二噁英(PCDDs)和多氯代二苯并呋喃(PCDFs)。

持久性有机污染物来源极为广泛,主要包括:①来源于印染和助剂工业向环境释放的一些化学物质的污染,如液压油、电子绝缘体、阻燃剂、润滑剂和增塑剂及农用塑料制品等,其中多氯联苯、二噁英和多氯二苯并呋喃等环境激素类物质主要来源于印染和助剂工业。②化学农药和化肥的污染,如广泛使用的各类杀虫剂、杀菌剂、除草剂、化肥制剂等。③农业生产中大量使用的激素,如植物生长调节剂、饲料添加剂、包装容器和塑料制品都可产生污染。例如,在1999年比利时发生的震惊世界的二噁英污染饲料事件。

持久性有机污染物的广泛分布除了其工业用途外,还有两个主要来源:一是来源于一些氯代物的副产物,如多氯联苯醚(PCDEs)源于氯代苯酚和氯代苯氧乙酸的副产物;二是来源于金属冶炼、垃圾焚烧和废水排放,如二噁英主要来源于垃圾的焚烧。

与常规污染物不同,持久性有机污染物在自然环境中极难降解,并能通过水或空气等载体转移。持久性有机污染物不溶于水,但能在油脂中溶解,当它进入鱼类或其他动物体内后不易排出,不断蓄积,而且会经过食物链不断叠加富集。它通过食物进入人体,会对人类健康造成极大危害,这种危害会持续几代。所以持久性有机污染物有全球环境中"幽灵"之称。

POPs一般都具有毒性,包括致癌性、致突变性、致畸性、神经毒性、内分泌干扰性、致免疫功能减退性等,严重危害生物体的健康与安全。由于其持久性,很难降解,因此危害作用可持续很长时间。特别是POPs大多是强亲脂且憎水的复杂有机卤化物,能够在生物器官的脂肪组织内积累富集,并沿着食物链逐级放大,从而对处于最高营养级的人类健康造成严重的威胁或潜在性危害。由于POPs大多数具有较高的蒸汽压,因此可以挥发逸散,能够在大气环境中长距离远程迁移,并通过所谓"全球蒸馏效应"和"蚱蜢跳效应"沉积到地球的偏远极地寒冷地区,从而导致全球范围的传播污染。

3. 生物毒素

生物毒素是指生物或微生物在其生长繁殖过程中,在一定条件下产生的对其他生物物种有毒害作用并不可复制的化学物质,也称为天然毒素。已知化学结构的生物毒素有数千种,依据来源把生物毒素分为动物毒素、植物毒素和微生物毒素。动物毒素的主要成分是多聚肽、酶和胺类等;植物毒素按其致毒成分分为酚类化合物、生物碱、萜类化合物以及酶、多肽和蛋白质等;微生物毒素是微生物在生长繁殖过程中产生的一种次级代谢产物。

(1)动物毒素绝大多数是蛋白质,是在有毒动物的毒腺中制造并以毒液的形式经毒牙或毒刺注入其他动物体内的。纯的毒素根据生物效应,可分为神经毒素、细胞毒素、心脏毒素、出血毒素、溶血毒素、肌肉毒素或坏死毒素等,毒液里还含多种酶。不同动物所制造的毒素种类和生物效应均不相同,如蜂毒主要是神经毒素、溶血毒素和酶;蝎毒含神经毒素和酶;蜘蛛毒素含10多种蛋白、坏死毒素和酶;蛇毒所含毒素类型因蛇的种、属不同而有很大差异。动物毒素对人与动物有毒害作用,但也有一定药用价值,是农药开发的潜在资源。根据沙蚕毒的化学结构,已合成出杀虫剂类似物杀螟丹、杀虫双、杀虫环等,并已大量生产应用。

(2)植物毒素主要是含毒植物(有花植物)中的毒素,有的毒素在植物的刺毛或汁液中。

①凝集素是在豆科类籽粒及蓖麻籽中含有的一种能使红细胞凝集的蛋白质,称为植物红

细胞凝集素。

②毒苷存在于植物性食品中，主要有氰苷、硫苷和皂苷 3 类。微量的氰苷广泛分布于植物中，主要形式是氰的葡萄糖苷，其次是龙胆二糖及荚豆二糖，均呈 β-构型，这些氰糖苷类在酸或酶的作用下可水解产生氢氰酸（HCN）。HCN 被机体吸收时，CN^- 即与细胞色素氧化酶中的铁结合，从而破坏细胞氧化酶递送氧的作用，使机体陷于窒息状态。人类 HCN 的致死量为 0.5～3.5 mg/kg，食用含氰苷物质较多的食物时，可通过漂洗除去氰苷。

③生物碱一般是指存在于植物中的含氮碱性化合物，大多数生物碱都具有毒性。毒性生物碱种类繁多，在植物性和蕈类食品中有双稠吡咯啶类生物碱、秋水仙碱等。秋水仙碱存在于鲜黄花菜中，本身对人体无毒，但在体内被氧化成氧化秋水仙碱后则有剧毒。致死量为 320 mg/kg 体重。食用较多炒鲜黄花菜后数分钟至十几小时发病。主要为恶心、呕吐、腹痛、腹泻、头昏等。黄花菜干制后无毒。

④棉酚是一种重要的毒酚，主要存在于棉籽子叶的色素腺中，呈深褐红色，已知有十几种之多。棉酚能使人体组织红肿，体重减轻，影响生育力，棉酚对反刍动物无毒，对猪、鸡、兔等有毒。

(3)微生物毒素属细菌的代谢产物，种类很多，如白喉毒素是相对分子质量为 60 000 的蛋白质，其毒性表现为抑制哺乳动物细胞内的蛋白质合成；霍乱毒素，与小肠黏膜上的受体结合，不可逆激活膜上腺苷酸环化酶而导致分泌性腹泻；肉毒素，是肉毒杆菌产生的神经毒素，作用于神经肌肉接头，阻遏神经冲动的传递。微生物毒素有细菌毒素、霉菌毒素等。

①细菌毒素可分为外毒素和内毒素两大类。

外毒素是微生物在生命活动过程中释放或分泌到周围环境的代谢产物，是一种毒性单纯的蛋白质，易被分解破坏。产生外毒素的细菌主要是革兰氏阳性菌，如白喉杆菌、破伤风杆菌、肉毒杆菌和金黄色葡萄球菌。还有少数革兰氏阴性菌也能产生外毒素，如痢疾杆菌和霍乱弧菌等。外毒素的毒性很强。多数病原菌产生的外毒素为肠毒素（enterotoxin），其主要致病症状为呕吐和腹泻。肠毒素的作用范围非常广，可由多种细菌产生，特别是沙门氏菌、金黄色葡萄球菌、大肠杆菌引起的食物中毒非常普遍。肉毒毒素（botulinus toxin）是由肉毒梭菌产生的一种毒性很强的外毒素，为已知化学毒物和生物毒素中最强烈的一种。它是一种神经毒，主要侵犯中枢神经系统。一旦中毒难以康复，病死率高。溶血毒素是一心脏毒，可由副溶血性弧菌、溶血性链球菌等病原菌产生，多源于海产品和凉拌菜，夏季发病率高，所以一定要保证这些食品的卫生。

内毒素是革兰氏阴性菌细胞壁外壁层上的特有结构，由多糖 O 抗原、核心多糖和类脂 A 组成复合体。其主要化学成分是类脂 A，它是生物活性中心，也是“毒力中心”。细菌在生活状态时不释放内毒素，只有当细胞死亡自溶或黏附在其他细胞上时才表现出毒性。内毒素的致病作用无特异性，即各种革兰氏阴性菌对人体引起基本相同的反应。少量内毒素可引起机体发热反应，大量内毒素进入血液可使血管透性改变，局部出血，颗粒性白细胞增多或减少和体重下降，严重时能导致休克，但毒性还是比外毒素小得多。内毒素存在于多种细菌内，如大肠杆菌、沙门氏菌、志贺氏菌等，引起各种食物中毒，对人体的健康十分有害。

②霉菌毒素是食物中除细菌性毒素外一类危害性很大的毒素。迄今发现的霉菌有 5 100 属 45 000 种，霉菌毒素不下百余种，它是霉菌的二次代谢产物。霉菌产毒只限于少数菌种中的个别菌株，产毒菌株的产毒能力也有可变性和易变性。一种菌种或菌株可以产生几种毒素，

而同一霉菌毒素又可由几种霉菌产生。外界条件对霉菌产毒有显著影响,如食品的种类、环境和温湿度等。产毒霉菌是指已经发现具有产毒菌株的一些霉菌,如曲霉毒素、镰刀菌毒素、青霉毒素等。

黄曲霉素是由黄曲霉和寄生曲霉中少数几个菌株产生的肝毒性代谢物,这类霉菌的孢子分布极广,土壤中尤多,其中的黄曲霉毒素对狗的 LD_{50} 值(半数致死量)为 0.5~1.0 ng/kg 体重,其毒性和致癌作用主要在肝脏。一些肝癌多发病地区的调查结果表明肝癌是摄入黄曲霉毒素后引起的主要疾病。黄曲霉耐热,一般的烹调加工法均不能彻底破坏黄曲霉毒素,氢氧化钠可使黄曲霉毒素的内酯六元环形成相应的钠盐,溶于水,在水洗时可被洗去。因此植物油可采用碱炼脱毒,其钠盐加盐酸酸化后又可内酯化而重新闭环。

任何食品只要霉变就可能被黄曲霉毒素污染。黄曲霉毒素主要污染粮油及其制品,如花生、花生油、玉米、稻米、棉籽等,豆类一般不易受污染。食品在贮藏过程中要特别注意防霉。镰刀菌毒素主要是镰刀菌属和其他菌属霉菌所产的有毒代谢物的总称,镰刀菌类是常见污染粮食与饲料的霉菌菌属之一,该类毒素主要药理效应是引起实验动物高雌激素症。

4. 食品中掺杂使假

食品掺假是指向食品中非法掺入外观、物理性状或形态相似的非同种类物质的(人为)行为,掺入的假物质基本在外观上难以鉴别。如小麦粉中掺入滑石粉,味精中掺入食盐,油条中掺入洗衣粉,食醋中掺入游离矿酸等。

常见食品掺假的现象,可归纳为如下几个方面:

(1)往食品中掺入物理性状或形态相似的非同种食品物质,利用掺入物质价格低廉、获得价格高的食品,使食品的净含量增加,从而达到获利目的。例如,面粉中掺玉米粉,辣椒粉中掺胡萝卜粉,木耳中掺地耳,牛肉中掺马肉,香油中掺其他食用油,糯米中掺大米,牛奶中掺豆浆,茶叶中掺树叶等。

(2)向食品中掺入物理性状或形态相似的非食品物质,将食品进行伪装、粉饰是食品掺伪的另一特点。如辣椒粉中掺红砖粉,面粉中掺滑石粉、荧光粉,大料中掺莽草籽,酒中掺水,乳中掺三聚氰胺等。把劣质食品通过包装、加工粉饰后进行销售。如夸大某种食品的功效,用精美包装出售劣质食品,标明今年生产的月饼却使用已过期、变质的去年的月饼馅,经包装、加工后出售。

(3)食品的保质期一般很短,非法延长食品保质期是掺伪的又一特点。如国家已经规定食品添加剂的种类和最高使用限量。使用非食品防腐剂或超出食品添加剂最高限量都可以延长食品保质期,对人体造成较大损害。

1.1.3.2 保证食品安全的措施与对策

食品安全问题最直接的影响就是严重威胁了消费者的健康安全和经济利益,同时引发人们对食品安全的信任危机,会激发受害者与地方政府部门、生产企业的矛盾,从而导致社会的不稳定因素产生。因此,建立和完善食品安全保障体系迫在眉睫。

1. 加强食品安全科学领域研究

近年来,我国加大在食品安全科学研究方面的投入力度。"十五"至"十三五"期间,我国投入十几亿元建立了覆盖全国各省市食品污染物监测网络的食品安全评价体系,对我国公民膳食结构进行全面科学的分析。进一步完善我国进出口食品安全监测与预警系统,该系统覆盖广东、福建等 20 个省份的检疫系统，为进出口食品安全进行科学分析和政府决策提供科学依据，大大提升了我国食品安全研究领域的实力。多年来的科学实践已经证明，食品安全保障体系的建立，需要长期的积累，需要平时严格的监管，形成自己的传统和特色。党的二十大强调要加快实施创新驱动发展战略，加快实现高水平科技自立自强，以国家战略需求为导向，集聚力量进行原创性引领性科技攻关，坚决打赢关键核心技术攻坚战，加快实施一批具有战略性全局性前瞻性的国家重大科技项目，增强自主创新能力，对于食品安全科学领域具有推动作用。

2. 全面构建食品安全和质量监控体系

食品安全和质量监控体系应涵盖一个国家所有食品的生产、加工、流通和市场行为，包括进口食品。监控体系涉及整个食品链，具有整体性、预防性和应对性，具体包括食品法规与标准、食品加工控制技术管理、市场监管、实验室、信息印迹、教育、交流和培训等，还应建立和完善食品污染与监测信息系统、食源性(化学性和生物性)疾病的预警与控制系统，尤其是开发有害、残留物质快速和标准化的检测技术研究，如近年来发展的基因芯片技术可显著提高食源性疾病的病原体检测和溯源能力，是有效控制生物性食源性疾病的关键技术。

3. 制定食品安全法完善食品安全标准体系

在健全食品质量安全法规方面，借鉴发达国家的成功经验的同时，应进一步完善现有的法律法规，2009 年 2 月我国正式发布《食品安全法》，2015 年 4 月发布新修订的《食品安全法》，并于 2015 年 10 月开始实施，根据 2018 年和 2021 年的两次修正，当前版本为 2021 年 4 月 29 日第 2 次修正《中华人民共和国食品安全法》(以下简称《食品安全法》，详细内容请查阅相关材料阅读)。食品安全工作实行预防为主、风险管理、全程控制、社会共治，建立科学、严格的监督管理制度。新法进一步明确了食品安全监督管理体制及责任，进一步突出确立了以食品安全风险监测和评估为基础的科学管理体系，坚持预防为主，明确食品生产链中的农场、饲料生产供应商、农药化肥生产者和食品制造商、经营商等各自的责任，对加强食品安全生产链中各环节、横向范围的法律义务具有指导性意义。

在健全食品质量安全标准方面，要调整标准体系结构，加快食品安全标准的修订，建立食品安全标准制定程序。在风险性评估分析的基础上，进行食品安全标准的基础研究，积累食品安全标准的基础数据，加强标准体系构建研究，建立档案，实施标准化战略，全面改进清理食品标准之间的交叉、重复和矛盾问题，提高标准的科学性和合理性。

4. 加强食品安全控制技术的风险性评估分析和研究

风险性评估分析是 WTO 和国际食品法典委员会(CAC)强调的用于制定食品安全技术措施(法律、法规和标准及进出口食品的监督管理措施)的必要技术手段，也是评估食品安全技术措施有效性的重要手段。中国原有的食品安全技术措施与国际水平存在差距的重要原因之一，就是没有广泛地应用风险性评估分析技术进行化学性和生物危害性的暴露评估和定量危险性评估。《食品安全法》中突出强调应加强风险性评估科学方法的研究，充分利用国际数据库、行业资源以及国际上一致公认的方法获得数据，建立适合中国国情的风险性评估分析的模式和方法。加强食品安全控制技术研究，在原料基地生产、加工配送、市场流通全过程中全面建立和推行良好农业规范(GAP)、良好兽医规范(GVP)、良好生产规范(GMP)和风险性分析关键控制点(HACCP)等各种操作规范，结合中国国情制定覆盖各行业的 HACCP 指导原则和评价标准。食品生产企业要积极推广和采用 HACCP 及 ISO 22000、ISO 14000 等国际标准体系，实行从食品原料的种植养殖到食品生产和流通全过程的各种危险因素的控制和管理。

5. 培养全民的食品安全意识

提高全民食品安全意识是解决食品安全问题的根本途径。之所以存在食品安全问题，除了对经济利益的追逐外，还有对食品安全认识不足的问题。因此，解决食品安全的另一有效方法就是要着力提高人民的经济文化水平。研究证明，一个国家的食品安全意识与其经济发展水平成正比。试想，一个食不果腹的人，怎么能够去重视食品的安全质量问题。同样，一个经济发展滞后的国家，它的食品安全意识在总体上也是落后的。因此，大力发展国民经济与公民的文化意识，对于解决食品安全问题也尤为重要。

1.2 食品安全检测技术研究进展

1.2.1 应用于食品安全方面的检测技术

近年来，经过我国食品安全检测技术领域科研人员的努力，尤其在食品安全关键检测技术专项研究中，我国在农药残留检测技术、兽药残留检测技术、重要有机污染物的痕量与超痕量检测技术、食品添加剂与违禁化学品检验方法、生物毒素控制检测技术、食品中重要人畜疾病病原体检测技术等方面的研究取得了重大进展。目前应用于食品安全方面的检测技术主要可归纳为仪器分析方法、现代分子生物学方法、免疫学方法、功能核酸检测方法，这些检测技术广泛应用于食品安全监测的各个领域。

1. 仪器分析方法

仪器分析方法中的色谱法已经广泛应用于各种物质的分离与检测，尤其以高效液相色谱(HPLC)技术的应用最为普遍。将样品注入相应色谱柱中，利用固定相及流动相间的化学、物理作用达到分离目的，实现对多组分混合物的分离。色谱法在食品行业中常用于食品添加剂、农药残留和生物毒素的分析检测，具有灵敏度高、操作简便、结果准确可靠、重现性好且成本较低的优势。如抗生素检测的传统方法多采用微生物法，该法灵敏度较低、耗时较长，一次只能检测一种抗生素。因此，目前多种抗生素检测多采用高效液相色谱法。20 世纪 80 年代后期，固相萃取微型柱的出现，引起了一场净化技术的革命。它具有高效、简便、快速、安全、重复性好、便于前处理及操作自动化的优点。最近几年出现的微固相萃取新技术，是利用一支有效长度 1 cm，直径为 170 μm 的熔融石英纤维，在石英纤维表面上涂有吸附剂或固定相，将此萃取石英纤维直接放入含有萃取物的水样或顶空中，使其平衡 2～30 min，然后就可以直接进样，大大提升了液相色谱技术的检测灵敏度。

2. 现代分子生物学方法

(1)核酸探针检测技术　核酸探针技术是目前分子生物学中应用最广泛的技术之一，是定量检测特异 RNA 或 DNA 序列的有力工具。核酸探针可用于检测任何特定的病原微生物，并能鉴别密切相关的菌株，因此可广泛应用于进出口动物性食品的检验，包括沙门氏菌、弯杆菌、轮状病毒、狂犬病毒等多种病原体。

核酸探针是指带有标记物的已知序列的核酸片段，它能和与其互补的核酸序列杂交，形成双链，所以可用于待测核酸样品中特定基因序列的检测。每一种病原体都有独特的核酸片段，通过分离和标记这些片段就可制备出探针，可广泛用于疾病的诊断及食品安全检测等研究。该技术不仅具有特异性、灵敏度高的优点，而且兼备组织化学染色的可见性和定位性。

近年来 DNA 探针杂交技术在微生物检测中的应用研究十分活跃，非放射性基因探针、DNA 生物传感器探针（如硅包磁性纳米探针、拉曼增强金纳米探针）等技术均获得了重要进展，目前已可以用 DNA 探针检测食品中的大肠杆菌（*Escherichia coli*）、沙门氏菌（*Salmonella*）、志贺氏菌（*Shigella* spp.）、耶希氏菌（*Yersinia enterocolitica*）、李斯特菌（*Listeria monocytogenes*）、金黄色葡萄球菌（*Staphylococcus aureus*）等。但核酸探针技术在实际应用中仍存在一些问题，如具有放射性同位素标记的核酸探针有半衰期短、操作技术复杂、费用高等缺点，所以多作为实验室诊断手段。

（2）基因芯片检测技术　基因芯片是指采用原位合成或显微打印手段，将数以万计的核酸探针固化于支持物表面，与标记的样品进行杂交，通过检测杂交信号来实现对样品快速、并行、高效的检测。基因芯片因其信息量大、操作简单、可靠性好、重复性强以及可以反复利用等诸多特点，在食品安全快速检测中，特别适用于鉴别食品中有害微生物和转基因成分分析。

3. 酶联免疫吸附技术（ELISA）

酶联免疫吸附技术（ELISA）是把抗原或抗体在不损坏其免疫活性的条件下预先结合到某种固相载体表面，受检样品（含待测抗体或抗原）和酶标抗原或抗体按一定程序与结合在固相载体上的抗原或抗体起反应形成抗原或抗体复合物，反应终止时，固相载体上酶标抗原或抗体被结合量（免疫复合物）即与标本中待检抗体或抗原的量成一定比例，经洗涤去除反应液中其他物质，加入酶反应底物后，底物即被固相载体上的酶催化变为有色产物，最后通过定性和定量分析有色产物量即可确定样品中待测物质和其含量。

酶联免疫分析（ELISA）可应用于食品微生物、食品毒素、残留农药、食品中其他成分以及转基因食品的检测，ELISA 已经成为一种很成熟的检测技术手段。

（1）在农药残留方面的检测应用　通常农药残留检测多采用气相色谱法和高效液相色谱法，由于仪器设备昂贵、样品前处理复杂、分析时间长，不适合现场快速检测及广泛应用。农药的免疫检测技术发展，为这一领域开辟了一条崭新途径。自 1983 年以来，ELISA 已成为许多国际权威分析机构（如 AOAC）分析残留农药的首选方法。有些发达国家，如美国、德国已开发出商品检测试剂盒应用于食品、蔬菜和环境中农药残留的检测分析，迄今为止，应用 ELISA 检测食品中的残留农药主要是除草剂、杀菌剂和杀虫剂。

（2）在兽药残留方面的检测应用　为了促进动物生长，预防动物的各种传染病、寄生虫病的发生，越来越多的激素类兽药、抗菌药、抗寄生虫药常常被用作饲料添加剂，以小剂量长期喂养禽畜水产等动物，导致肉类食品中的兽药残留超标现象日益严重。现在国际上比较重视食品中的残留药物如抗生素、磺胺类、呋喃类、喹诺酮类、激素类和转基因类药物的监管及控制水平，而 ELISA 分析技术的快速、灵敏、便捷优势在兽药残留检测中可发挥其特殊作用。

（3）在食品微生物方面的检测应用　常规的微生物学检验通常以分离培养、生化试验及血清学试验来进行判断，不仅需要大量的手工劳动，而且检验周期长（3～7 d）。应用 ELISA 法检测粪样、奶样，其敏感性和特异性分别高达 100 和 97.6，该法不受各种样品成分的影响，而且在 2～3 d 内即可完成样品筛选。现已发现有些细菌，如副溶血性弧菌、幽门螺杆菌、大肠杆菌等在低温贫营养的条件下，可以进入“活的非可培养状态”，在适当状态下还可以复苏，仍具有致病力，常规的培养法无法检测到处于这种状态的细菌，造成漏检，ELISA 在这方面具有特殊的优势和潜力。

(4)在食品中转基因成分的检测应用　卫计委《转基因食品卫生管理办法》给出的转基因食品定义是指利用基因工程技术改变基因组构成的动物、植物和微生物生产的食品和食品添加剂。全球转基因作物品种达到100多种，由转基因作物生产加工的转基因食品达4 000多种，目前全球转基因产品产量及比例较大的主要有大豆、棉花、玉米、油菜、木瓜、水稻等，大部分已获商品化种植许可。

转基因食品的安全性是近年来有关食品安全性研讨的热点，由于其安全性还在争议之中，许多国家都有严格的法规来管理转基因食品。其中有一条规定就是要求在转基因食品包装上贴上标签规范标识，让消费者有知情权，这就需要对转基因食品进行检测。目前，检测转基因食品的方法主要是ELISA法。ELISA技术虽然只有短短几十年，但因其简便、快速、灵敏、微量化等诸多优点，展示了其广阔的发展前景。国内外有多家公司制作了大量的ELISA商业试剂盒，可供作相应项目的检测。但ELISA法要成为食品安全检验的标准方法还有一定距离。如改进样品的纯化步骤、提高回收率和灵敏度；在减少基底干扰、提高重现性和稳定性方面，在简化分析程序、降低分析成本方面，在试剂、操作规程的标准化等方面都有待于进一步摸索。

4. 功能核酸检测方法

功能核酸是对具有特殊结构、执行特定生物功能的核酸分子的统称，包括适配体、核酸核酶、核糖开关、发光核酸、修饰核酸、功能核酸裁剪、核酸自组装、功能核酸纳米材料、核酸纳米酶等。以功能核酸为基础，开发新型食品安全快速检测技术已成为目前研究的重点。功能核酸除了具有可编程性、可裁剪性、可修饰性、生物相容性、分子识别特异性、刺激响应性和组装尺度可控性等理化性质外，还具有易于合成、合成成本低、生物相容性好等特点，因此可以与各种靶标高度兼容，包括无机分子(如金属离子和农药、兽药分子)、生物系统(如微生物和生物毒素)和持久性有机污染物(如二噁英、多氯联苯)等。其中适配体也被称为“化学抗体”，其靶标范围十分广泛，包括蛋白质、多肽、小分子化合物、金属离子、细胞和细菌等。适配体能够像抗体一样识别和结合相应的靶标，而且优势显著，如生产时间短、制造成本低、无批次间差异、结构灵活、易于化学修饰、热稳定性好、保存期较长以及免疫原性低等。因此，适配体以其独特的优势在环境保护、食品安全等领域具有广泛的应用前景。

1.2.2　现代高新技术在食品安全检测技术领域的发展应用

现代科学技术的飞速发展，必然带来分析仪器的更新和分析技术的进步。近年来分析仪器的发展包括两个方面：一是硬件，即仪器本身的质量和技术评价；二是软件，即计算机技术在分析仪器中的应用。从1998年的匹兹堡会议以来，涉及食品安全分析仪器的技术发展趋势有以下特点。

(1)大量采用高新技术，仪器性能不断改善，新方法，新技术不断涌现。如采用脉冲式火焰把硫、磷分子组分的发射与火焰本身的连续背景分开，从而大大改进信噪比，使检测器的灵敏度得到很大提升。色谱分析样品前处理采用固相微萃取，并辅助光纤流动池、芯片技术、纳米技术及激光蒸发光散射检测器用于多聚物检测，为食品安全领域中鉴别分析特殊复杂化合物提供了更加快速、便捷、有效的检测手段。

(2)仪器的微型化、自动化与智能化发展。采用集成度高的计算机自动化技术，开发特殊智能软件技术提高仪器性能，使仪器趋于小型化，价格成本低廉化，如便携式气相色谱仪、芯片实验室装置、微型质谱仪等产品市场化应用。

(3)对仪器的检测灵敏度要求越来越高。近年来随着超分子化学识别理论的深入普及,仪器分析方法的选择性已由经典方法拓展至手性水平。无疑,分析方法灵敏度的提高是 21 世纪现代仪器分析领域的主攻方向。当然,灵敏度提高要从化学和物理两种途径探讨检测原理及仪器的相关技术改进。

灵敏度提高的最终目标是实现单分子(原子)检测。研究发展较快的有激光诱导荧光或共振电离(RIS)检测技术,单分子(原子)检测是近几年提高仪器分析方法灵敏度研究的重要内容之一,当然提高信噪比也是提高灵敏度的关键。

(4)分析仪器中的仿生技术发展。20 世纪分析仪器技术的发展可以概括为 50 年代仪器化、60 年代电子化、70 年代计算机化、80 年代智能化、90 年代信息化。21 世纪将是仿生技术进一步智能化发展的阶段。分析仪器的核心是信号传感及灵敏度的提升。化学传感器逐渐向小型化、具有仿生特征发展,如生物芯片、化学和物理芯片、嗅觉(电子鼻)、味觉(电子舌)、鲜度和食品检测传感器等的发展应用。目前生物传感器发展有:酶传感器、组织传感器、微生物传感器、免疫传感器、场效应(FET)生物传感器等,其原理都是基于电化学、光学、热学等构成。其探头均由两个主要部分组成:一是对被测定物质(底物)具有高选择性分子识别能力的膜所构成的“感受器”;二是能把膜上进行的生物化学反应中消耗或生成的化学物质或产生的光和热转变为电信号的“换能器”,所得的信号经电子技术处理,即可在仪器上显示和记录下来。

(5)多维数硬件技术及多维软件数据采集处理技术发展。光谱仪器的维数是指光谱仪器的各个系统都可配有不同组件,这些组件可以串联,也可以并联,并联时可任意选用。如原子光谱进样系统,可同机配有气溶胶引入、色谱仪、激光烧蚀等组件;AES 仪器中的激发光源系统,可同机配有 ICP、MWP、GD、电弧火花等供选用;分光系统可配凹面光栅、中阶梯光栅等;数据采集处理可采用阵列技术、CCD 技术等实现多维信息处理。现代仪器分析技术要想突出快速、灵敏、准确,就要大信息量采集、多维数据实时控制,才能更加有效实现这一目标。

(6)各种联用技术发展应用。分析仪器原理不同、功能不同、结果也不同。如色谱类仪器有较高分离能力,但无定性鉴别能力;红外、核磁、质谱等有极高定性鉴别能力,同样无分离能力。二者联用,互为补充,相辅相成,各显神通,可谓完善。质谱技术与色谱技术联用发展非常快,LC-MS 接口已从传送带式发展成热喷雾式(thermospray)、等离子体喷雾式(plasmaspray)及粒子束(particlebeam)等接口技术。稳定同位素质谱(IRMS)与气相色谱的联用仪,极大地扩展 IRMS 的应用领域。近年来国外很多公司先后推出各种商品仪器,如 GC-IR-MS(气相色谱-红外-质谱)、GC-MES(气相色谱-微波等离子体发射光谱)、GC-MS-FTIR(气相色谱-质谱-傅里叶变换红外光谱)、SFC-NMR(超临界流体色谱-核磁共振波谱)等。

1.2.3　食品安全领域重要有害物质分析技术进展

1. *农药残留检测技术研究进展*

近年来,农药残留检测技术得到了很大的发展,尤其是样品提取分离技术发展很快,主要技术包括微波萃取、超临界提取、固相萃取以及加热溶剂萃取等,这些新技术的出现使得提取液中的杂质少、分离效率好、提取目标物得率高、试剂消耗少,操作简便,检测灵敏度明显提高。

(1)国内农药、兽药残留检测技术研究进展　我国从 20 世纪 90 年代初开始研究和利用多残留分析方法,并相继出台了一系列国家标准。如食品安全国家标准《GB/T 5009.19—2008

食品中有机氯农药多组分残留量的测定》《GB 29694—2013 动物性食品中 13 种磺胺类药物多残留的测定　高效液相色谱法》等。

我国目前农药多残留分析大多是利用一根色谱柱或一块薄层板将一组农药进行分离和分析。常用的载体有 Chromosorb、Gaschrom 系列等。常用的固定液有 OV-17、OV-101、OV-225、OV-210、SE-30、SE-54、DC-200、Carbowax-20M、QF-1 等。有机氯、菊酯类农药的多残留分析多使用气相色谱电子捕获检测器测定；有机磷农药的多残留分析，多使用气相色谱火焰光度检测器或氮磷检测器测定；均三氮苯类、取代脲类除草剂和灭幼脲类杀虫剂使用高效液相色谱法紫外检测器测定；氨基甲酸酯类农药的多残留分析采用气谱法氮磷检测器测定，或使用液相色谱柱后衍生化荧光检测器测定。

我国研制的食品安全监测车，成功实现了食品安全现场执法从经验型向技术型的转变。无论是在农贸市场、超市，还是田间和养殖场等，监测车都能随时到达，2 h 可以检测多个农药残留测试样品，为我国食品的源头生产、流通、消费等环节的监控提供了快捷、方便和可靠的技术手段。我国近年来还成功研制开发出具有自主知识产权的固体酶抑制技术、酶联免疫法、胶体金免疫法等农、兽药残留快速检测试纸条、速测卡、试剂盒，研究建立了粮谷、茶叶、果蔬、果汁等农产品中农药多残留检测和确证方法，如多种有机氯、有机磷、氨基甲酸酯、有机杂环类农药残留量检测方法；敌草快、甲草胺、敌菌灵、灭蝇胺等农药单残留检测方法，并起草和编制了国家标准文本草案和标准操作程序(SOP)。上述检测方法的准确度、精密度、专属性等符合国际通用的残留分析的要求，检测方法的测定低限完全满足国内外最高残留限量(MRL)的要求；与现行方法相比，整个检验周期缩短 50%以上，检测成本降低 60%以上，总体达到国际同类方法的先进水平。针对农药多残留检测和确证方法的相关研究中，我国还研制开发出了 ASPE 自动固相萃取仪、自动凝胶色谱净化仪和酶抑制法速测仪等农药残留检测的前处理设备和快速检测设备等。其中，部分仪器具有我国自主知识产权，并已投入商业化生产，可替代国外同类产品，节约成本 50%以上，其产品性能、技术指标等方面均达到国内或国际同类产品先进水平。

在兽药残留检测技术方面，主要开展多残留仪器分析和验证方法的研究。完成了包括 β-兴奋剂、激素、磺胺类、四环素族、氯霉素类、硝基呋喃类、β-内酰胺等、苯并咪唑类、阿维菌类、喹诺酮类、硝基咪唑类、氨基糖苷类、氨基硫脲类等十几项药物的检测研究。完成了新型综合微量样品处理仪、超临界流体萃取在线富集及离线净化装置、高效快速浓缩仪、便携式酶标仪的研制。

另外，根据表面等离子体谐振分析原理，在微流控芯片上成功实现了对兽药盐酸克伦特罗和农药甲基对硫磷为小分子的免疫传感检测技术。该检测方法不需标记物，试剂消耗少，检测周期短，具有特异性强、稳定性好和灵敏度高等优点，是色谱-质谱分析方法的重要补充。

(2)国外农药、兽药残留检测技术研究进展　国际上已有相当成熟的多组分农药残留的检测技术，例如美国环境标准法(EPA)，采用单一溶剂萃取，用固相萃取柱提取氨基甲酸酯类，再用多极性毛细管柱进行分离；用多选择性检测器的气相色谱(GC)分析方法检测有机磷类，再将残留分为有机磷类、有机卤素和有机卤素农残，同时使用高效液相色谱法柱后衍生、荧光检测技术检测氨基甲酸酯类农残，一次可检测 160 种以上农药残留。

英国中央科学院实验室(CSL)开发了 104 种农药残留量同时检测的方法。德国科学研究协会开发了 320 种农药残留的多残留检测方法。美国 FDA 农药分析手册(FAM)的多残留方法可检测300多种农药。美国CDFA和荷兰卫生部都有很好的农药多残留同时检测的方法和系统分析方法，这些方法既可以用于定量，又可以进行确证。美国、日本、巴西、印度等10多个国家，运用酶抑制剂、酶联免疫、放射免疫等技术开展了对农产品中有毒物质残留的生物技术监测研究，检测水产品、肉类产品、果蔬产品中农药残留量。英国研制的通用型有机磷杀虫剂免疫检验盒可以对一些样品中8种以上的有机磷农药同时检测。

2. 持久性有机污染物检测技术研究进展

由于持久性有机污染物和环境激素类物质在环境介质中的含量少，难于检测分析，但对持久性有机污染物的研究始终作为重要内容在进行探讨，目前样品处理技术发展较快的有：固相萃取(SPE)、固相微萃取(SPME)、支载液体膜萃取(SLM)、微波萃取(MAE)、超临界流体萃取(SFE)等。环境水样中的PAHS等污染物就可用免疫亲和固相萃取进行处理，而环境中的多氯联苯、二噁英、酚类、苯二甲酸酯类、有机磷杀虫剂、有机氯杀虫剂等也可用固相萃取的方法进行样品前处理。

至于持久性有机污染物和内分泌干扰物的检测及处理虽然存在一定的难度，但相应技术开发已有了一定的进展。目前，主要检测方法有：气相色谱-质谱联用技术、高效液相色谱-质谱联用技术等。在重要有机污染物的痕量与超痕量检测技术方面，完成了二噁英、多氯联苯和氯丙醇的痕量与超痕量检测技术的研究，建立了12种具有二噁英活性共平面PCBs单体同位素稀释高分辨质谱方法，建立了以稳定性同位素稀释技术同时测定食品中氯丙醇的方法，建立了食品中丙烯酰胺、有机锡、六氯苯的检测技术。

3. 食品添加剂、饲料添加剂与违禁化学品检测技术研究进展

在食品添加剂、饲料添加剂与违禁化学品检测技术方面，开展了纽甜、三氯蔗糖、防腐剂的快速检测技术研究，番茄红色素、辣椒红色素、甜菜红色素、红花色素、虾青素、白梨芦醇等的检测方法研究；建立了阿力甜、姜黄素、保健食品中的红景天苷、十几种脂肪酸的测定方法，番茄红素和叶黄素、红曲发酵产物中迈克劳林开环结构与闭环结构的定量分析方法，食品(焦糖色素、酱油)中4-甲基咪唑含量的毛细管气相色谱分析方法，芬氟拉明、杂氟拉明、杂醇油快速检验方法，磷化物快速检验方法等。

4. 生物毒素检测技术研究进展

在生物毒素检测技术方面，完成了真菌毒素、藻类毒素、贝类毒素ELISA试剂盒和检测方法，建立了果汁中展青霉素的高效液相色谱检测方法。在食品中重要人畜共患疾病病原体检测技术方面，建立了水疱性口炎病毒、口蹄疫病毒、猪瘟病毒、猪水疱病毒的实时荧光定量PCR检测技术，建立了从猪肉样品中分离伪狂犬病毒和口蹄疫病毒的方法和程序。

5. 重金属检测技术研究进展

当前食品中重金属元素分析较为先进的方法以光谱分析为主，如原子吸收光谱法(AAS)、电感耦合等离子体原子发射光谱法(ICP)、原子荧光法(AFS)、ICP-MS联用、流动注射-原子吸收(原子发射、原子荧光)法联用等。近几年来高效液相色谱法(HPLC)在无机分析中的应用研究取得了快速发展，其最大优点是可以直接分离、简单快速，另外固定相和流动相种类多，可供选择的参数多，可使不同化学形态的金属元素、金属络合物得到更好的分离，测定结果准确、选择性高。

1.3 食品安全检测技术标准与管理

如何衡量一种食品是否安全，不安全食品的危害在哪里，什么情况下它会对人体造成危害，应采取什么有效措施去控制它，诸如此类的问题必须依赖于检测技术和科技手段进行评价，因此，食品安全与检测技术是密不可分的。然而，目前食品安全检测技术可谓五花八门，既有传统的化学分析方法，也有新兴的仪器分析方法；既有确定是否含有某种物质的定性检测方法，也有确定某种物质具体含量的定量检测方法；既有几小时甚至几分钟就可得出结果的快速检测方法，也有需要几天甚至更长时间的速度较慢的检测方法。对于同一个样品而言，采用不同的检测方法，可能得到不同的结果，而不同的检测方法，适用的样品和条件也各有不同。在检测方法如此繁多的情况下，如果没有统一的标准对其进行规定，势必会造成检测结果的混乱，从而使食品安全检测失去意义。因此，制定食品安全检测技术的标准，便于规范管理，具有重要意义。

目前世界上一些发达国家已建立了较为完善的国家食品质量安全保障体系，主要内容包括法律法规体系、标准体系、检测检验体系、监督管理体系、认证体系、技术支撑体系和信息服务体系等，各体系之间互相协调，有机结合。其中标准体系和检测检验体系是技术性支持，而监督管理体系则是管理性支持，这三者相辅相成，缺一不可。美国、加拿大、欧盟等发达国家的实践证明，他们的国民之所以能享受到安全、卫生的食品供应，食品企业间具有强大的竞争力，政府监管有力，其根源在于拥有先进的食品质量安全标准体系和检测体系以及完善的监督管理体系。

我国也在积极地建立国家食品质量安全控制体系，并不断进行探索和研究，因此，有效地运用国际通用规则来行使权利和义务，从而减轻因加入 WTO 对我国食品产业带来的负面影响，深入研究国外发达国家的食品安全质量监督管理体系，学习和借鉴先进做法和经验，对建立和完善我国的食品质量安全监督管理体系，提高我国食品在国际市场的竞争力，具有重大的现实意义。

1.3.1 国内外主要食品安全检测技术标准对比及要求

国外的食品安全检测技术标准主要包括国际标准和各国自身制定的标准，根据各国的国情不同，标准体系的结构和具体内容也各有不同。国际上制定有关食品安全检测方法标准的组织有国际食品法典委员会（CAC）、国际标准化组织（ISO）、美国分析化学家协会（AOAC）、国际兽疫局（OIE）等。其中，由国际食品法典委员会（CAC）和美国分析化学家协会（AOAC）制定的标准具有较高的权威性。

CAC 制定的食品安全通用标准，有污染物分析通用方法、农药残留分析的推荐方法、预包装食品取样方案、分析和取样推荐性方法、用化学物质降低食品源头污染的导向法、果汁和相关产品的分析和取样方法、涉及食品进出口管理检验的实验室能力评估、鱼和贝类的实验室感官评定、测定符合最高农药残留限量时的取样方法、分析方法中回复信息的应用（IUPAC 参考方法）、食品添加剂纳入量的抽样评估导则、食品中使用植物蛋白制品的通用导则、乳过氧化酶系保藏鲜奶的导则等。通则性食品安全标准是建立专用分析标准方法及指导使用分析方法的基础和依据。而建立这样的综合标准对于标准体系的简化和标准的应用十分方便。

ISO 发布的标准很多，其中与食品安全有关的仅占一小部分。ISO 发布的与食品安全有关的综合标准多数是由 TC34/SC9 发布的，主要是病原食品微生物的检验标准，包括食品和饲料微生物检验通则、用于微生物检验的食品和饲料试验样品的制备规则、实验室制备培养基质量保证通则，食品和饲料中大肠杆菌、沙门氏菌、金黄色葡萄球菌、荚膜梭菌、酵母和霉菌、弯曲杆菌、耶尔森氏菌、李斯特氏菌、假单胞菌、硫降解细菌、嗜温乳酸菌、嗜冷微生物等病原菌的计数和培养技术规程，病原微生物的聚合酶链式反应的定性测定方法等。可以看出，随着食品微生物学研究的深入及分子生物技术的发展，ISO 制定的食品病原微生物的检验标准方法在不断更新。

目前，我国已经初步建立起了一套食品安全检测技术标准体系，其中既有国家标准，也有行业标准和地方标准。这些标准主要规定了食品中某些特定物质的测定方法，这些特定物质包括食品中对人体有害的物质，如农药、兽药残留、致病微生物、微生物及真菌毒素、重金属等，也包括食品中的某些组成成分如果汁含量、钙含量等。根据标准的效力，这些标准可以分为强制性标准和推荐性标准两大类。

在实际的检测工作中，由于受到各种条件的制约，并不可能对所有的样品都采用标准规定的方法进行检测。为了要兼顾检测机构的实验条件，许多标准给出了两种或两种以上的检测方法。此外，不同部门制定的标准还存在着对于同一种物质可能有不同的检测方法的现象，因此，由于检测方法不同而造成的检测结果差异可能会引来纠纷。为了解决这一问题，在遇到对检验结果存在争议情况时，就必须要有一个仲裁方法，即最终依据仲裁方法测得的结果为准。在实际工作中，通常都以国家标准方法为仲裁方法，对于国家标准中规定了两种以上检测方法的，一般都会明确说明其中的某一种方法为仲裁方法，没有明确说明的，则以第一种方法为仲裁方法。

我国虽然制定了一批食品安全检测方法标准，但某些标准技术水平还比较落后，而且比较分散，缺乏系统性，对标准的应用和实施带来一定的障碍。例如，我国食源性疾病的鉴定仍然停留在病原菌培养、血清抗体检测和生化特性比较水平，PCR 技术及预测微生物学应用还很少；农药、兽药的多残留检验方法不足，方法的灵敏度、准确度、特异性等方面有待提高。我国食品安全检测技术标准体系与国外相比存在的不足主要表现在以下几个方面：

1. 标准体系中存在很多空白

例如，在 2005 年曾轰动一时的"苏丹红事件"刚刚发生时，我国并没有苏丹红检测方法的标准，后来出现的面粉中硼砂事件也因为没有针对目标物进行检测的标准方法，而是在事件发生后才紧急出台并制定出相关的检测标准。在《食品添加剂使用限量卫生标准》中，许多食品添加剂只有使用的范围和限量，却没有检测方法标准，行政执法和检验机构在面对一些实际问题时无法可依，也使一些不法生产者有机可乘，造成了许多食品质量安全隐患。一些发达国家的食品安全检测技术标准体系则要相对完善，在这些标准体系中，对于食品中使用的添加剂以及食品中存在的有害物质等，除了有相关的限量标准之外，还都配套有较为成熟的检测技术标准。

2. 标准体系得不到及时更新

标准陈旧也是我国食品安全检测技术标准体系存在的主要问题之一，近年来，随着现代分析技术特别是仪器分析技术的迅猛发展，许多快捷、高效的检测方法不断问世，然而，我国的检测技术标准却并没能很好地跟上科学技术的发展步伐。在现有的食品安全检测技术标准体系中，有的标准的标龄已超过10年，其中还有不少标准甚至是制定于20世纪80年代，标龄在20年以上。我国食品检测技术标准体系的陈旧，在很大程度上限制了新技术和新方法在食品检测中的应用，从而导致我国食品检测技术在深度、广度和响应速度等方面均落后于国际水平。与国内情况形成鲜明对比的是，国外的食品安全检测技术标准体系更新速度很快，这也推动了国外检测技术的发展，从而使得国外的食品检测技术越来越高，仪器精度越来越高，凭借检测标准优势设置的技术壁垒也越来越多，使得不少食品因为我国检测技术标准落后，在国内检测合格而国际检测不合格，因而使我国食品出口贸易处于被动地位。

3. 标准体系比较混乱

在我国现行的食品安全检测技术标准体系中，除了有国家标准之外，还包括行业标准和地方标准等，由于涉及部门众多，且各部门间缺乏有效的沟通协调和信息共享渠道，使得标准之间存在不一致甚至是相互矛盾的规定，导致了我国的食品安全检测技术标准体系比较混乱。而这一点，也是我国食品安全检测技术标准体系与国外相比，存在的主要差距之一。

综上所述，我国的食品安全检测技术标准体系已经初步形成，但还不完善，特别是与国外相比还存在着差距。这些问题不仅为加强监督执法，保障我国食品质量安全造成了障碍，也使得我国生产的食品在国际贸易中容易受到别国贸易壁垒的影响，使得我们在激烈的国际市场竞争中处于被动地位。因此，加快解决我国食品安全检测技术标准体系中存在的种种不足，进一步完善我国食品安全检测技术标准体系，对于加强我国食品标准化建设，保障食品质量安全，提高食品类产品的国际竞争力，具有深远意义。

面对新形势、新任务，需要进一步改革创新，持续加大工作力度。建立健全落实“两个责任”工作机制，是践行“两个维护”的具体行动，是增强食品安全风险防控能力的紧迫需要，是完善食品安全责任体系的有力举措。各级食安办要从讲政治的高度，不断提高政治判断力、政治领悟力、政治执行力，把推动落实“两个责任”工作机制，守护食品安全，作为坚决捍卫“两个确立”、忠诚践行“两个维护”的实际行动，抓紧抓实抓出成效。

1.3.2 国内外重要食品安全检测技术管理机构

国外的食品安全检测技术管理机构中比较重要的包括国际标准化委员会(ISO)，联合国粮农组织(FAO)和世界卫生组织(WHO)共同组建起来的国际食品法典委员会(CAC)，美国食品药品监督管理局(FDA)和欧盟标准化委员会(CEN)等。

美国政府实行政府机构联合监管制度，在各个层次(地方、州和全国)监督食品的生产与流通。美国涉及食品监督管理的机构非常复杂，主要的机构达20个之多。细分起来，卫生部有5个，农业部有9个，环保局有3个，还有商务部、国防部和海军各1个。而其中最主要的有美国联邦卫生与人类服务部(DHHS)所属的食品与药品监督管理局(FDA)、美国农业部(USDA)所属的食品安全检验局(FSIS)、动植物卫生检验局(APHIS)以及联邦环境保护署(EPA)。美国宪法规定了三大政府部门执法立法和司法的职责，三者都有助于巩固国家食品质量安全系统。行政部门是执法机构，议会是立法部门，负责制定法令以保证食品供应的安全性。批准执行机构去实施法令，当强制性法案、法规或者政策引起争端的时候，司法部门负责实施公正的裁决。美国法律、法令和美国总统行政命令都建立了一系列的程序，保证了法规能以一种透明的交互式的方式公开执行。联邦政府、州政府和地方政府在控制食品质量安全和食品加工设备方面起着补充互助的作用。食品机构中有资深的科学家和公共健康专家互相合作，协调者定期地咨询政府以外的科学家以获得更多关于科技方法过程和分析技术的最前沿信息建议，努力保证美国食品的安全性。

美国食品质量安全体系的特点是三个部门权力相互分离与制约，具有透明性、制订决议的科学性以及公众参与性。这个体系遵循以下原则：①只有安全卫生的食品才可以在市场上销售；②在食品质量安全方面的协调决策是建立在科学基础上的；③政府有强制责任；④希望厂商、销售商、进口商及其他的人都要遵守法规、标准，如果他们不遵守就要对此负责；⑤协调过程对公众是透明的并且是可以接近的。

科学和风险分析是制定美国食品质量安全政策的基础。在美国食品质量安全的法令、法规和政策制定过程中应用了预防方法。

在我国，最重要的食品安全检测技术实施管理机构是国家质检总局，质检总局下设国家标准化委员会和国家认证认可监督管理委员会两个副部级直属单位，分别负责对检测技术标准的执行和检测技术的使用，即对检测机构进行监督管理。其中国家标准化委员会负责国家的标准化建设工作，包括国家标准的制定、颁布和修订等。而国家认证认可监督管理委员会则负责对检测机构的仪器设备、环境条件等进行评估，只有经过其授权的检验机构，才可以出具具有法律效力的检测报告。除了质检总局，食品药品监督管理总局、卫计委、农业农村部、环保部等部委的有关部门以及省市地方政府，也有制定检测技术标准的权利，因此也属于食品安全检测技术的管理机构，监管主体除上述部门外，还涉及工商行政管理总局、商务部、海关总署等，国务院根据各部委职能特点，按照食品从生产到销售的不同阶段由不同的部门负责。新修订的《食品安全法》明确食品安全监督管理部门对食品生产经营活动实施监督管理；卫生行政部门组织开展食品安全风险监测和风险评估，会同国务院食品安全监督管理部门制定并公布食品安全国家标准；其他有关部门承担有关食品的安全工作。此外，新法规定国家建立食品安全风险监测制度，对食源性疾病、食品污染以及食品中的有害因素进行监测；制定食品安全标准，应当以保障公众身体健康为宗旨，做到科学合理、安全可靠；食品生产经营应当符合食品安全标准。新版《食品安全法》是史上最严安全法，通过法治保障食品安全的根本，具有新的里程碑意义。

思考题

1. 食品安全的定义是什么？目前国内外关注的食品安全问题是什么？
2. 现代食品检测新技术有哪些？其特点及发展趋势是什么？
3. 食品中有毒有害物质主要指哪些？常见检测技术是什么？
4.《食品安全法》与原有《食品卫生法》相比突出特点是什么？

参考文献

[1] 杜淑霞．食品理化检验技术．2版．北京：科学出版社，2022.
[2] 贺国铭．《食品安全管理体系》理解与应用．北京：中国农业大学出版社，2005.
[3] 焦新安．食品检验检疫学．2版．北京：中国农业出版社，2016.
[4] 李富根，董丰收．农药残留国家标准检测技术．北京：科学出版社，2021.

[5] 刘宁,刘涛. 食品安全监测技术与管理. 北京:中国商务出版社,2018.

[6] 庞国芳. 农药残留高通量检测技术. 北京:科学出版社,2012.

[7] 王际辉,叶淑红. 食品安全学. 北京:中国轻工业出版社,2020.

[8] 王世平. 现代仪器分析原理与技术. 北京:科学出版社,2021.

[9] 王硕,王俊平. 食品安全检测技术. 北京:化学工业出版社,2016.

[10] 吴澎. 食品安全管理体系概论. 北京:化学工业出版社,2022.

[11] 信春鹰. 中华人民共和国食品安全法解读. 北京:中国法制出版社,2015.

[12] 周光理. 食品分析与检验技术. 4 版. 北京:化学工业出版社,2020.

[13] 朱坚,汪国权,陈正夫,等. 食品中危害残留物的现代分析技术. 上海:同济大学出版社,2003.

[14] 邹小波,赵杰文. 现代食品检测技术. 3 版. 北京:中国轻工业出版社,2021.

[15] Xuwentao. Functional nucleic acids detection in food safety. Berlin:Springer,2016.

第 2 章
食品安全检测技术要求

本章学习目的与要求

1. 了解仪器分析操作及对环境的要求。
2. 了解食品安全评价指标主要包括的内容。
3. 掌握样品采集的方法,样品制备、保管的方法,样品的前处理方法。
4. 掌握试验方法评价的标准。
5. 掌握 t 检验法和 F 检验法等分析数据的处理方法。
6. 了解风险评价的意义及作用。

2.1 实验室技术要求

2.1.1 化学分析技术操作及环境要求

化学分析是指利用化学反应和它的计量关系来确定被测物质的组成和含量的一类分析方法，又称为经典分析。进行化学分析时通常使用化学试剂、天平和一些玻璃器皿。由于化学分析是以化学反应为基础的分析方法，其反应可用通式表示为

$$X+R=P$$

式中：X—被测成分，R—试剂，P—生成物。

由于反应类型不同，操作方法和环境要求也有差异。化学分析技术又可以分为重量分析、容量（滴定）分析及气体分析技术。下面分别以重量分析和容量分析为例对化学分析进行简要介绍。

1. 重量分析

重量分析是根据化学反应生成物的质量求出被测成分含量的方法，又称为称量分析法。以沉淀重量分析法为例，在进行重量分析时分别要进行试样溶解、待测组分的沉淀、过滤和洗涤、烘干和灼烧至恒重等步骤。

在试样的溶解过程中，要确保待测组分全部溶解在溶剂中，溶解过程不得有任何损失。溶样的方法有两种：一种是用溶剂（水、酸、碱、有机溶剂等）溶解，另一种是高温熔融法。在进行沉淀操作时，不同类型的沉淀在操作方法上也有差别，如沉淀 $BaSO_4$ 的细晶型时，应一手持玻璃棒搅拌，另一手用滴定管滴加热沉淀剂溶液。沉淀剂要顺杯壁流下，或将滴管尖伸至靠近液面时再滴入，目的是防止样品溶液溅失。如 $Fe(OH)_3$ 类型的胶状沉淀，则可将热沉淀剂顺玻璃棒快速全部加入。若要在热试液中进行沉淀，可将试液水浴加热，但不要直接加热，以免沸腾溅失。同时还要注意，沉淀剂要在一次操作中连续加完。加完后要检查沉淀是否完全。检查方法是：先将已加过沉淀剂的试液静置，待沉淀下沉后，顺杯壁向上层清液中加一滴沉淀剂，观察界面处有无浑浊现象。若产生浑浊，表明尚未沉淀完全。应继续滴加沉淀剂，直至沉淀完全并合理过量为止。

在对待测成分进行过滤时，首先要根据实验的目的是进行定性实验还是进行定量实验选用合适的滤纸。重量分析沉淀一般选用定量滤纸。当涉及沉淀的性质时，要考虑滤纸的流速，细晶型沉淀一般选慢速滤纸；粗晶型沉淀宜选择中速滤纸；胶状沉淀应选快速滤纸。过滤和洗涤沉淀的操作应尽量减少沉淀损失。通常采用的倾泻法过滤就是比较科学的过滤洗涤方法。过滤前将体系静止，待沉淀下沉后，上层渐渐清亮，先将上层清液倾入漏斗中。而不是一开始就将沉淀和溶液一起搅匀一并过滤，过滤时一定要正确使用玻璃棒，其长度为 15～20 cm 为宜，直径 4～5 mm 即可。漏斗下方放一合适容积的洁净烧杯盛接滤液，杯口盖一表面皿。倾倒沉淀时，将烧杯嘴紧贴玻璃棒，玻璃棒直立，下端接近三层滤纸一侧的上方，慢慢倾斜烧杯使清液沿玻璃棒流入漏斗，漏斗中的液面不要超过滤纸的 2/3，以免毛细作用损失了沉淀。烧杯暂停倾斜时，应沿玻璃棒将烧杯往上渐渐直立，待液体流回烧杯中时，才能将玻璃棒放回原烧杯。不要搅动沉淀，也不能靠在杯嘴上，避免黏附沉淀。如此过滤到清液几乎滤去。用少量的

洗涤液(约 20 mL)初步洗涤沉淀，加入洗涤液后用玻璃棒搅动，再静置片刻，倾出上层清液，如此反复操作 4～5 次，即可进行沉淀转移操作。当沉淀全部转移至滤纸上后，需在漏斗中再次洗涤，要充分洗净沉淀，还应洗净滤纸上黏附的母液。在检查是否洗净时，可用小试管接取一些滤液，加入相应沉淀剂，观察有无浑浊现象，如有浑浊，需继续洗涤，直至检查滤液时不再出现浑浊为止。

沉淀的烘干操作可以在 100 ℃左右的烘箱中进行，也可以在电炉或煤气灯上处理，此时应注意防止滤纸燃烧，燃烧易造成沉淀飞散损失。灼烧一般应在高温炉中进行，灼烧温度根据产品标准确定，灼烧用的坩埚钳不能挪作他用，不用时钳嘴应朝上放置。沉淀灼烧后再放置到干燥器中冷却至室温，最后进行称量。在向干燥器中放入温热物体时，应将盖子留一缝隙，稍等几分钟后再盖严。也可将盖子间断地推开两三次，以使干燥器内温度、压力与环境条件平衡。否则，干燥器内形成负压，再打开时比较困难。注意当取下盖子时必须仰放在桌子上，不可正着放置。

2. 容量分析

容量分析法是化学分析法中最主要的一种分析方法。进行容量分析时，先用一个已知准确浓度的溶液作滴定剂，用滴定管将滴定剂滴加到被测物质溶液中，直到滴定剂与被测物质按化学计量关系反应完全为止。然后根据滴定剂的浓度和滴定操作所耗用的体积计算被测物质的含量。容量分析法是以测量标准滴定溶液的体积为基础的，所以也称滴定分析法。作为容量分析基础的化学反应必须满足以下几点：

(1)反应要有确切的定量关系，即按一定的反应方程式进行，并且反应进行得完全，不能有副反应，这是定量计算的基础。

(2)反应迅速，滴定反应最好能瞬间定量完成，如果反应速度不够快，就很难确定理论终点，甚至完全不能确定。如果反应本身很慢，但有简便易行的可加快反应速度的方法，如加热、加催化剂等，则该反应可用作滴定反应。遇到这种情况，在进行滴定反应操作时必须要注意：滴定速度一定要慢于反应速度。

(3)主反应不受共存物的干扰，或有消除的措施。如果滴定体系中有其他共存离子，它们应完全不干扰滴定反应的进行。即滴定反应应当是专属的，或者可以通过控制反应条件或利用掩蔽剂等手段加以消除。

(4)有确定理论终点的方法，通常确定理论终点的最简便方法就是使用指示剂。所选用的指示剂，应恰能在滴定突跃范围内发生敏锐的颜色变化，以便停止滴定(若滴定剂本身就起到指示剂作用，可无须另选)。

在滴定操作中，温度低，则反应慢，温度高，则反应快。另外，有无催化剂以及有无干扰离子，都会干扰滴定效果。要注意标准溶液的浓度对滴定结果的影响，标准溶液的浓度越大，则滴定突跃越大，反之则滴定突跃越小。一般操作中，标准浓度的大小要依据被滴定组分的浓度而定，两者总是近似相同。不仅便于操作，也有利于获得较大的突跃。

在测定被测物质的质量时，应根据不同物质的性质选择合适的测量方式，如称量洁净干燥的不易潮解或升华的固体试样，一般选用直接称量法。若样品易吸水、易氧化或易与 CO_2 反应，则一般选用递减称量法。待测样品应置于玻璃小烧杯、表面皿或称量瓶中，不可使样品或化学物质与托盘直接接触。样品从干燥器中取出称量时，为获得准确称量结果，要戴手套或指套，或用纸条套住拿，不可用手接触称量瓶；每次倒出的试样如超出要求值，不可用药匙取回，应弃去重称；挥发性、腐蚀性液体称量必须用具有封闭效果的容器装，才能在精密天平上使用；天平的使用环境，尤其是精密天平对操作环境都有严格的要求，室内的震动大小、空气流动的强弱、天平室的温度变化都对天平的测定结果有影响，所以应保持天平室内的环境稳定。如防止空气流动对测定数据造成影响，天平室平时应关窗，甚至挂窗帘，出入天平室要注意关门。还要注意被称物温度与天平室内温度要一致，被称物温度较高，称量时则会引起气流上升，使称量结果小于实际值。烘干或灼烧后的被称物，还有烘干后的容器、灼烧过的坩埚等，在空气中其表面都会吸收水分而使质量增加，所以被称量的物质及器皿必须在干燥器中冷却至与天平室温度相同后再称量。在使用天平的过程中，开、关天平，放、取被称物，开、关天平侧门以及加减砝码等，其动作要轻、缓，切不可用力过猛、过快，以免造成天平部件的脱位或损坏。

为了保证实验的安全进行，在使用浓 HNO_3、HCl、H_2SO_4、氨水时，均应该在通风橱中进行操作，决不能在实验室加热。特别是在夏天，在打开浓氨水瓶盖之前，应先将氨水瓶放在自来水下冷却后，再进行开启；热、浓的 $HClO_4$ 遇有机物常易发生爆炸，如果试样中为有机物，应先用浓硝酸加热，使之与有机物发生反应，有机物被破坏后，再加 $HClO_4$。蒸发 $HClO_4$ 所产生的烟雾易在通风橱中凝聚，经常使用 $HClO_4$ 的通风橱应定期用水清洗，以免 $HClO_4$ 的凝聚物与尘埃、有机物作用，引起燃烧或爆炸，造成事故。

2.1.2 仪器分析技术操作及环境要求

仪器分析在化学分析的基础上吸收了物理学、光学、电子学等内容，根据光、电、磁、声、热的性质进行分析，并依靠特定仪器装置来完成。由于计算机技术的引入，仪器分析的快速、灵敏、准确等特点更加明显，多种技术的结合、联用使仪器分析的应用面更加广泛。

仪器分析就是通过测量表征物质的某些物理或化学性质的参数来完成物质化学组成定性确证、含量测定和结构分析任务。仪器分析的方法很多，而且相互比较独立，可以自成体系。根据测量原理不同，通常把仪器分析方法分为光学分析法、电化学分析法、色谱法、核磁与顺磁共振波谱法以及热分析法等。不同分析仪器的操作和环境要求各有特点，差异很大。

1. 气相色谱仪的操作及环境要求

气相色谱仪的基本操作步骤是装柱；通载气；试漏；通电；设置柱温、汽化温度、检测器温度、流速或设置热丝电流（TCD），开启数据处理机；设置数据处理机参数（峰宽、斜率或阈值、最小峰面积、基线或零点、衰减、定量方法、样品量、内标物量等）；进样分析。

在具体操作中，要注意待仪器的工作状态稳定后再进行样品的测定。应根据分析物的特点和性质合理选择不同的色谱柱、检测器。选择色谱柱时，分析烃类和脂肪酸酯物质最好选用机械强度好的不锈钢柱；分析活性物质及使用高分子微球固定相时多用玻璃柱；有时分析醇、酮、胺等成分时则应该采用毛细管柱。合理选用色谱柱有利于测定结果的准确性和稳定性。随着技术的进步，由于毛细管柱具有柱效高、灵敏度高、分析速率快、进样量小等特点，现已大量应用于气相色谱分析中。对检测器的操作来说，若使用热导检测器时，在接通检测器热丝电流之前，确保载气流过检测器，即先通气后给电，若无气流来耗散热量，热丝元件极易损坏；在使用氢焰检测器、火焰光度检测器、氮磷检测器时，要注意检测器温度必须高于 110 ℃，以防水汽的冷凝，另外，在检测器温度达到 110 ℃以上，再点火；电子捕获检测器必须使用高纯气体；分析完毕，要先关掉通入检测器的氢气或空气后，再降低检测器温度。

载气的种类、纯度和流速会在一定程度上影响色谱分析的可靠性。气相色谱使用的载气要求纯净、惰性和流速稳定。用重载气可以降低纵向扩散对柱效的影响，但会延长分析时间；轻载气影响纵向扩散降低柱效，但也可以降低气相的传质阻力，利于提高柱效，且可以缩短分析时间。在使用热导检测器时，用 99.999%超纯氢气比用 99%的普通氢气灵敏度要高 6%～13%。另外，载气纯度对峰形也有影响，载气纯度应比被测气体高 10 倍以上，否则将出负峰。在使用电子捕获检测器时，要求电子捕获检测器中的载气氮纯度至少应大于 99.999%，而且必须经净化以除去残留的氧（强烈吸电子）和水。载气的流速对峰高和峰面积有很大影响，载气流速过高，会降低柱效，但保留时间短，可根据速率理论来选择一个最佳气流。在以氢焰离子检测器作为检测器时，氢气、氮气、空气三气流速比对检测器灵敏度影响比较大，三种气体流速比为 H_2∶N_2∶空气＝1∶（1～1.5）∶（10～15）。但点火时可能需要先降低空气流量或增加氢气流量，火焰平稳后，调回至正常流速。

此外，柱温对分离的影响也比较复杂，柱温的高低直接影响分配系数 K 的大小。通常温度升高，K 值下降，分析速度加快，但分离度下降。一般地，柱温每降低 30 ℃，保留时间延长 1 倍。通常，分析高沸点混合物（300～400 ℃），柱温低于沸点 150～200 ℃；分析中沸点混合物（200～300 ℃），柱温低于沸点 100 ℃；分析低沸点的混合物（100～200 ℃），柱温低于沸点 40～50 ℃，分析 100 ℃以下的混合物，柱温低于沸点 20～30 ℃。分析低沸点组分，柱温选在它沸点左右或 50 ℃以下，当分析宽沸程（各组分沸点范围大于 80～100 ℃）的混合物时应选择程序升温。汽化温度一般应高于组分沸点，使样品瞬间汽化而又不分解，汽化温度多选择高于组分沸点 50 ℃左右，否则汽化温度太高，可能会导致样品分解。另外，温度也会影响检测器的灵敏度，例如氢焰离子检测器不能低于 110 ℃，防止水汽冷凝，造成绝缘不好，基流不稳。

2. 液相色谱仪的操作及环境要求

目前，包括液相色谱在内的色谱仪融入了很多自动化元素，实现从进样到出具报告的自动化分析，如自动进样、自动分析、自动检测、自动出具实验报告，实验人员简单的操作减少了，而方法的建立和谱图的分析要求提高。但仪器操作仍须严格按照规程进行，依次打开仪器的高压泵、检测器、工作站，设置试验参数。每次分析结束后，要反复冲洗进样口、色谱柱，防止样品的交叉污染。为了延长紫外灯寿命，在分析前，柱基本平衡后，打开检测器；在分析完成后，马上关闭检测器。

由于液相色谱仪有多种检测器，不同检测器的原理对环境的要求不同，目前液相色谱仪多配置紫外检测器。紫外检测器对温度、流动相组成和流速变化不敏感，适宜用作梯度洗脱；光散射检测器，对各种物质都有响应，且响应因子基本一致，基线漂移不受温度变化的影响，信噪比也较高；而示差折光检测器则易受温度变化波动的影响，因此要求温度控制恒定。常用液相色谱柱的柱温在室温，柱温变化对反相 HPLC 分离度有一定影响。

由于高效液相色谱仪是精密仪器，对于分析的样品和试剂的纯度要求比较高，所以在对待测物进行分析之前，所有的样品和试剂都要经过高度纯化，例如在操作过程中，为了防止进样阀或管路产生堵塞现象，必须考虑样品的过滤问题，流动相必须经过 0.45 μm 滤膜过滤，否则样品中的细小颗粒会使进样阀堵塞、磨损，更重要的是污染色谱柱。同样流动相中若溶解有气体，在高压下气体会从溶剂中逸出，影响高压泵正常工作，并严重干扰检测器的正常检测，流动相中的气泡将会增加基线噪声，严重的会在泵体中产生气堵，造成压力升高，所以流动相要经过脱气处理。同样流动相主体溶剂（包括水）的纯度要高，必要时需要重新蒸馏或纯化。流动相中的杂质常常积累于色谱柱的柱头，给分析带来麻烦，如产生鬼峰。

此外，流动相的 pH 和流动相的极性强度都会影响样品的分析，流动相的 pH 变化将会影响酸性或碱性样品组分的分离度，在反相色谱中向含水流动相中加入酸、碱或缓冲溶液(pH＝2～8)，控制流动相的 pH，可抑制溶质的离子化，减少谱带拖尾，改善峰形，提高分离的选择性。同时由于水是极性最强的溶剂，有机溶剂相对于水都是弱极性溶剂。当流动相中有机溶剂的比例增加时，极性就减弱，流动相的洗脱能力增强，溶质的容量因子(k'值)就减少；当流动相中的有机溶剂的比例减少时，极性增大，流动相的洗脱能力减弱，溶质的 k'增大，即流动相强度随水/有机相中的有机相浓度增加而增加。一般地，有机相比例增加 10%(体积比)，各组分谱峰容量因子减少 2～3 倍。在实际操作中，首先凭经验确定所需要的溶剂，从强到弱逐渐降低流动相强度进行试验，每次改变 20%，以达到所有的谱峰符合 $1<k'<20$，流动相强度以达到最佳。改善流动相强度是改善分离的最佳办法，在操作中常根据具体情况分别加入甲醇、乙腈等有机溶剂，利用缓冲溶液调节流动相的 pH，以改善流动相的选择性。

操作中系统的压力也会影响测定效果，一般操作系统的压力应低于 15 MPa。通常 HPLC 仪器可承受 30～40 MPa 的压力，但实际工作中，最好是工作压力小于泵最大允许压力的 50%，因为长期在高压状态下工作，泵、进样阀、密封垫的寿命将缩短。另外随着色谱柱的使用，微粒物质会逐步堵塞柱头而使柱压升高。

3. 原子吸收分光光度计的操作及环境要求

原子吸收分光光度计是专门进行元素分析测定的仪器。原子吸收分光光度计-火焰原子化系统工作时用可燃气体(如乙炔)，应注意安全。仪器的开机和关机顺序是相反的，先打开电源预热，调节各种工作参数，仪器稳定后打开气源。样品全部测定完，应先关燃气源总阀，然后是压力表阀、空气压缩机、总电源等。工作时要注意，防止“回火”现象的发生。如果使用的是石墨炉原子化系统，则要注意冷却水的使用，首先接通冷却水源，待冷却水正常流通后方可开始下一步操作。要求有不间断冷却水循环水浴保障供水，保证设施不能停水。此外，各种元素灯(即空心阴极灯)在长时间不用时，要定期通电加热一定时间延长灯寿命。当发现空心阴极灯的石英窗口有污染时，应用脱脂棉蘸无水乙醇擦拭干净。

火焰原子吸收分光光度计工作时，试样溶液的性质发生变化，如试样溶液的表面张力、黏度发生变化时，将影响气溶胶雾滴的粒径及脱溶液效率和蒸发效率，并最终影响到原子化效率，因此试样必须通过适当稀释后再进样分析。也可在试液中加入有机溶剂，改变试液的黏度和表面张力，提高喷雾速率和雾化速率，增加基态原子在火焰中的停留时间，提高分析灵敏度。此外，火焰温度的高低也是进行原子分析测定必须考虑的因素之一。分析不同的元素，需要不同的火焰温度，火焰温度直接影响样品的熔融、蒸发和解离过程。火焰温度还和元素的电离度有关，火焰温度越高，元素的电离电位越低，越容易引起电离干扰，因此在进行原子吸收光谱分析时通常会选用低温火焰，可以在一定程度上降低离子干扰。而在有些状况下，用高温火焰则可以降低在测试中的化学干扰。化学干扰是火焰原子吸收分析中的主要影响因素，为了减少化学干扰，除了在一定条件下使用高温火焰外，还可以加入释放剂、保护剂或加入缓冲剂等方法降低化学干扰。当然，也不能忽视样品中基体干扰和杂质干扰。

4. 紫外-可见分光光度计的操作及环境要求

紫外-可见吸收光谱是基于被测样品中分子内的电子跃迁产生的吸收光谱，波长范围为 200～800 nm，按光学系统可分为单光束和双光束分光光度计。测定过程中，要注意保护吸收池的透光面的洁净，不得用手接触吸收池的透光面，如果透光面表面有污物或尘土，只能用吸水纸或擦镜纸轻轻地擦拭，避免硬的物品划伤透光面。用完吸收池后要对吸收池进行清洗，先用去离子水冲洗吸收池内部，然后用少量乙醇或丙酮进行脱水处理，常温放置干燥。不同仪器的吸收池不可混用，以免引起误差。

紫外-可见吸收光谱分析样品通常是溶液，也就是说被测定的物质是在溶液中以某种分子或离子形式存在，溶液应是澄清透明状的，光照射溶液，通过溶液对光波的吸收强弱来表征样品含量。因此测定时固体样品需要转变成溶液，无机样品用合适的酸溶解或用碱熔融，有机样品用有机溶剂溶解或抽提，有时需要先经湿法或干法将样品消化，然后再转化成适合于光谱测定的溶液。因此待测溶液及参比溶液的状态及配制溶液的溶剂对测定结果的影响至关重要，对有色化合物溶液进行分析时，有色化合物在溶液中受 pH、温度、溶剂的影响，可能发生水解、沉淀、络合等化学反应，从而影响有色化合物对光的吸收，引起测定误差。所以要注意控制显色条件，如溶液的 pH 对显色反应的影响极大，它会直接影响金属离子和显色剂的存在形式，影响有色络合物的组成和稳定性及显色反应的完全程度。所以通常加入缓冲溶液保持一定的 pH。在某个具体的反应中，溶液的合适的 pH 通常是通过试验来确定的。由于有机溶剂对物质的显色波长、显色灵敏度、选择性和稳定性等都有显著影响，所以在使用有机溶剂时，要注意有机溶剂的影响。显色反应通常都是在室温下进行的，但有些显色反应必须加热至一定的温度才能完成。同时也要综合考虑到有机化合物在加热时容易分解。所以当温度对显色反应速度可能有较大影响时，需要用单因素实验来确定合适的温度。如果利用动力学附件，会有效提高上述情况的测量精度。还有显色剂的用量、共存离子的干扰等环境因素都会在一定程度上影响测定的效果。

光吸收定律只是用介质均匀的稀溶液，对于不均匀的体系如乳浊液、悬浮液等由于透光率减少，产生光散射等误差，会使吸光率增加而导致测定结果产生正偏差。而当溶液浓度较高时，吸光粒子间的平均距离减少，粒子的电荷可能发生改变，进而使吸光系数发生改变，导致偏离光吸收定律，会产生负偏差，因此有必要降低溶液浓度，使样品浓度性状在线性范围内。

5. 电化学分析法的操作及环境要求

在被测定溶液中插入指示电极与参比电极，通过测量电极间电位差而实现测定溶液中某组分含量的方法称为电位分析法。

在进行仪器操作时，应先按照步骤对测定仪器进行调试，将选择开关置于 pH 挡。摘去饱和甘汞电极的橡皮帽，并检查内电极是否浸入饱和 KCl 溶液中，如未浸入，应补充饱和 KCl 溶液。在电极架上安装好玻璃电极和饱和甘汞电极，并使饱和甘汞电极稍低于玻璃电极，防止烧杯底碰坏玻璃电极薄膜。在对待测溶液测定之前，要先用标准缓冲溶液对电极进行定位校准，若使用的是新的玻璃电极或长期不用的玻璃电极，则此玻璃电极必须浸泡在蒸馏水中 24 h 以上，以使玻璃电极表面形成稳定的水化层。甘汞电极使用时，加液口和液底部的橡皮帽应打开，以保持液位差，使用完毕，应及时罩好。在进行溶液 pH 的测定时，要注意玻璃电极的适用性，普通玻璃电极只适用于 $pH<10$ 的溶液，对 $pH>10$ 的溶液测定时，测定结果偏低有误差，普通玻璃电极在 $pH<1$ 的酸性溶液中也有误差。

电极与溶液中的离子浓度有直接关系，即通过测量电极电位就可求得待测离子的浓度，因此参加反应的离子的浓度是在进行电位分析时不可忽视的因素。此外，在电化学计算的能斯特方程中，RT/nF 称为能斯特斜率，它与温度有关，n 越大斜率越小，在 25 ℃，$n=1$ 时，斜率为 0.059，温度升高斜率增加，温度降低斜率减小。因此要注意测定的环境温度，测定样品的温度最好要与定位时的温度一致，这也是电化学分析法测量误差较大的一个主要影响因素。在进行溶液的 pH 测定时，离子强度也会对分析测定结果造成影响。溶液的离子强度影响离子的活度系数，因而也影响 H^+ 的有效浓度。测定离子强度大的样品时，应使用同样离子强度的标准缓冲溶液进行定位，这样可以减少测定误差。

6. 质谱分析法的操作及环境要求

质谱分析法主要是通过对样品离子的质荷比的分析来实现对样品进行定性和定量分析的分析方法。因此任何质谱仪器分析必须有电离装置，把样品电离为离子，还必须有质量分析装置，把不同质荷比的离子分开，再经过检测器检测，得到样品分子或原子的质谱图。

在进行质谱分析之前要首先检查仪器的状态是否正常，要严格按照操作步骤开启仪器的真空系统，检查是否存在漏气情况，一旦发现真空度下降或无法提高，或进样有故障，应进行检漏，发现有部件损坏应及时进行更换。待仪器的真空度达到规定的要求后，启动质谱工作站，设定仪器工作条件如电离方式、电离电位、离子源温度、进样温度、质荷比扫描范围、采样参数等，使仪器的状态达到所设定的要求。在测试过程中，必须使质谱仪的离子产生及其经过的系统处于高真空状态，通常离子源的真空度应达 $1.3\times10^{-4}\sim1.3\times10^{-5}$ Pa，质量分析器中应达 1.3×10^{-6} Pa。若真空度过低，则会造成离子源灯丝损坏、本底增高、副反应过多，从而使图谱复杂化。一般质谱仪都采用机械泵预抽真空后，再用高效率扩散泵连续运行以保持真空。此外，溶剂的纯度高低也会影响测试结果的可靠性，不同的电离源对溶剂的具体要求也不尽相同，如电喷雾电离源(ESI)的化学噪声比较低。如果能够保证化学噪声足够低，ESI-MS 就可以有超低的检测限，所以 ESI-MS 对某些污染物分析非常灵敏。溶剂最好能消除各种盐或者杂质，以避免化学噪声和电离抑制。一些制备水，虽然没有紫外吸收，不干扰传统的 HPLC 检测器，但由于内部含有一定的盐(NaCl)，就会使那些非共价化合物，如蛋白质的 ESI 质谱图的结果变得非常糟糕。避免使用含盐水有两种方式：用离子交换法除盐或购买市场上标有电导率不小于 18 MΩ/cm^3 的超纯水。

总之，在进行仪器分析时，不同的分析方法之间，由于原理不同，仪器设备也必然不同，即使是同种分析方法，不同型号的仪器之间，操作要求和环境也不完全相同，除了上述仪器设备在分析操作和仪器自身工作环境外，还要注意实验室环境对仪器分析测定造成的影响。实验室应保持干净、整洁、无交叉污染。室内的温度、湿度、气压、电磁辐射、震动、空气中的悬浮颗粒的含量及污染气体成分都应得到控制。大型分析仪器，特别是用于微量或痕量分析的精密仪器，对所在环境的要求相对较高，如色谱仪，操作环境的相对湿度一般是$<80\%$，最好是恒温恒湿，还要远离电磁干扰、高振动干扰，否则相对湿度过低($<40\%$)，会产生静电，对仪器和样品可造成影响。所以室内最好要有空调保证温度恒定和适宜的湿度。还要保证分析仪器有稳定的电压和电流，最好是专用的电源和稳压器。尤其是连续质谱仪(超痕量分析)，对实验环境要求更高，实验环境应为超净级(与超净台级别相近)，以此保证仪器的分析精度及结果准确性。

如在进行光谱分析时，光源的灯电流对吸光度有一定影响，对基线漂移影响更大，光电管的负高压则会影响仪器的稳定性。电流或电压不稳还会影响灯管的使用寿命。另外电压、水压等也要保持稳定。因为这些参数直接或间接影响仪器的性能或改变实验条件，从而对测定结果产生影响。原子吸收光谱等元素分析仪器的工作室要有防尘净化设施。此外，工作台使用前最好使用吸尘器吸尘，然后将工作台表面灰尘清除干净，使用前用10～20 min将通风机启动，先清除尘粒，台面用海绵或白纱布擦拭干净。操作者要穿好工作服后方可进行工作。

红外光谱类仪器，由于一些关键器件为特殊易潮材料制备，要求实验室环境相对湿度较低，小于30%，因此室内要加必要的除湿设备。

仪器室环境条件要保证不影响检测结果，在日常运行中对环境进行监测并做好记录，以便找出误差源。此外，仪器室布局也要合理，各种不同功能的设备应合理布局。大型仪器室要有相应的彼此隔开的准备室，以免在样品处理时对仪器室产生污染。特殊功能要求的要有明显标识。

2.1.3　重要食品安全分析技术操作及环境要求

食品安全要得到保障，必须要有质量监督，质量监督离不开标准来衡量食品质量。食品质量是指食品的食用性应能符合相关标准规定和满足消费者要求的特性。食品的食用性能是指食品的营养价值、感官性状、卫生安全性。食品质量的体现要通过有关权威部门发布的食品质量要求或食品质量的主要指标检测确定，即食品质量标准，也就是必须满足消费者在心理、生理和经济上的要求，主要包括卫生安全、营养保健、感官享受、物美价廉、社会安定等的需要，特别是安全与营养。要全面、正确评价食品质量必须从毒理学、病理学及生物安全角度进行全面评价。食品安全评价指标主要包括：①严重危害人体健康的指标，如致病菌、毒素，必须严格按照标准的规定执行；②食品污染指标，包括化学和微生物污染指标，如农药残留、重金属、细菌总数、大肠菌群等；③食品掺杂使假指标；④安全指标，毒理、病理、转基因成分。

近些年来，由于食品安全事件在全球范围的发生，传统的化学分析和常规仪器分析技术也存在某些不足，如分析时间长、成本高、效率低等。因此，食品安全快速检测技术开始被各个国家所重视，各国都在加速创新技术研究。由于食品安全快速检测技术在进出口贸易中作用特殊，可极大提高工作效率，减少不必要的损失，如生物免疫分析技术在此方面具有独特优势，因此被越来越多的国家采用，甚至其中的某种检测方法被一些国家列入国家标准，如聚合酶链式反应检测技术。从发展态势来看，生物分析技术由于其快速、简单、灵敏、高效等优点而在食品安全快速检测技术中具有广泛应用前景。

1. 免疫学分析技术

免疫学分析技术即酶免疫法、免疫荧光法、放射免疫法。利用免疫学检测技术可检测分析细菌、病毒、真菌、各种毒素、寄生虫等，还可用于蛋白质、激素、其他生理活性物质、药物残留、农药残留等的检测。其检测方法简便、快速、灵敏度高、特异性强，特别是单克隆抗体、多克隆抗体技术的发展，使得免疫学分析方法特异性更强，结果更准确。

酶联免疫吸附法(ELISA)通常的检测过程包括以下几个步骤：①将待测样品结合在固体支持物上。常用的固体支持物是带有96孔的微量滴定板。②加入可以与目标分子特异反应的抗体，即一抗(primary antibody)，反应后进行冲洗，将未结合的一抗洗去。③加入二抗(secondary antibody)。二抗通常只特异地识别一抗，而不识别目标分子。二抗上还连着一种酶，如碱性磷酸酶(alkaline phosphatase)、过氧化物酶(peroxidase)或脲酶(urease)等，这些酶都能够催化一种化学反应将无色底物转变成有色物质。

一抗与二抗反应完成后，冲洗未与一抗结合的二抗，加入无色底物；如果一抗没有结合样品中的目标分子，那么第一次冲洗时一抗就会被全部洗去，因而二抗也就无法结合，底物仍保持无色；但如果样品中带有目标分子，一抗即能够特异地与之结合，二抗可与之结合，二抗上连带的酶就可以将无色的底物转变成有色物质，人们就能够通过颜色变化来判断出被测样品中是否带有目标分子了。ELISA 的种类很多，不同 ELISA 的具体操作过程虽然不完全相同，但是原理基本是一致的。

在进行包被操作时，要注意成功的包被是让抗原或抗体完全覆盖孔表面，以免后来加入的标本或酶标物再结合到孔表面，引起实验误差。如在使用聚乙烯微量反应板进行包被时，通常先将抗原或抗体溶于 pH 为 9.6 的碳酸缓冲溶液中，将包被液以每孔 100 μL 的量加到微孔板中，置 4 ℃的环境中过夜后洗涤即可。为避免误差，包被后再用 1%～5%牛血清白蛋白(BSA)包被一次，可以清除这种干扰，这一过程称为封闭。包被好的 ELISA 反应板可置于低温下存放一段时间照常使用。在 ELISA 中除包被外，一般需进行 4～5 次加样。在定性测定中有时不强调加样量的准确性，例如规定加样一滴。此时应该使用相同口径的滴管，使每滴液体体积基本相同。在定量测定中应力求加样量准确，标本和结合物的稀释液应按规定配制。加样时应将液体加在孔底，避免加在孔壁上部，注意不可出现气泡。

在进行洗涤操作时，虽然洗涤在 ELISA 过程中不是反应的步骤，但却是决定分析成败的关键。洗涤的目的是洗去反应液中没有与固体抗原或抗体结合的物质，以及在反应过程中非特异性吸附于固相载体的干扰物质。聚苯乙烯等塑料对蛋白质的吸附作用是普遍性的，因此在 ELISA 测定的反应过程中，应尽量避免非特异性吸附，在洗涤时应把这种非特异性吸附的干扰物洗涤下来。在标本和结合物的稀释液和洗涤液中加入聚山梨酯(吐温，tween)一类物质，即可达到此目的。聚山梨酯是聚氧乙烯去水山梨醇脂肪酸酯，为非离子型的表面张力物质，常作为助溶剂。聚山梨酯洗涤效果好，具有减少非特异性吸附和增强抗原抗体结合的作用。洗涤操作如果不彻底，特别在最后一次，如有酶结合物的非特异性吸附，将使空白值升高。另外，在间接法中如血清标本内的非特异性 IgG 吸附在固相上而未被洗净，也将与酶标抗体作用而产生干扰。ELISA 板的洗涤一般可采用以下方法：①吸干孔内反应液；②将洗涤液注满板孔；③放置 2 min，略作摇动；④吸干孔内液，也可倾去液体后在吸干纸上拍干。洗涤次数一般为 3～4 次，有时甚至需洗 5～6 次。

对 ELISA 实验结果可用肉眼观察，也可用酶标仪测定。将凹孔板置于白色背景上，可用肉眼观察结果。每批实验都需要阳性和阴性对照，如颜色反应超过阴性对照，即判断为阳性。如用不同稀释度的标本做实验，也可获得滴度。欲获得精确的实验结果，需用酶标仪来测定光密度。

在使用 ELISA 法对食品进行检测时，必须注意实验用水和温度变化对实验结果的影响，实验中的试剂，如包被缓冲溶液、洗涤液、标本稀释液、结合物稀释液、底物工作液和酶反应终止液都必须使用超纯水配制。最好使用新制超纯水，不合格的水质可使空白值升高；在实验中要注意保温，在加标后和加结合物后，此时反应的温度和时间应符合规定的要求，保温容器最好是水浴箱，可使温度迅速平衡。各个 ELISA 板不应叠在一起。为避免蒸发，板上应加盖，或将板平放在底部垫有纱布的湿盒中。湿盒应该是金属的，传热容易。如用保温箱，空湿盒应预先放在其中，以平衡温度，这在室温较低时更为重要。此外还要注意对抗原或抗体进行包被时，工作液浓度过高或过低都会影响测定结果的准确性。

2. 聚合酶链式反应技术

聚合酶链式反应(polymerase chain reaction,PCR)是一种体外核酸扩增技术,又称为无细胞分子克隆法。该技术快速、简便、灵敏、特异,可在短短的几小时内将 pg 水平 DNA 中特定序列的单个拷贝扩增上百万倍,这不仅可以通过传统的载体进行分子克隆,而且能够直接进行分子杂交、序列测定和限制性片段长度多态性分析等,因此它一出现立即得到世界范围的广泛应用。

PCR 的原理并不复杂,实际上它是在体外 PCR 管中模拟生物细胞 DNA 复制的过程。PCR 反应极其迅速,可在短短几小时内,将极少量的基因组 DNA 或 RNA 样品中的特定基因片段扩增上百万倍。PCR 的特异性是由两个人工合成的引物序列决定的。所谓引物就是与待扩增的 DNA 片段两翼互补的寡核苷酸,其本质是 ssDNA 片段。在微量 PCR 管中,除加入与待扩增的两条 DNA 片段链两端的已知分别互补对称序列的两个引物外,还需加入适量的缓冲溶液、微量的 DNA 模板、四种脱氧核糖核酸(dNTP)溶液、耐热 TaqDNA 聚合酶、Mg^{2+} 等。反应时,首先将上述溶液加热,使模板 DNA 的双螺旋结构在高温(90～95 ℃)下发生氢键断裂,双链解开为单链状态,称为变性;然后将反应混合物降温(37～65 ℃),使合成物在低温下与其靶序列特异配对(复性),形成部分双链,称为退火;此时,两引物的 3′相对,5′相背,在适合条件下,以 dNTP 为原料,由耐热 DNA 聚合酶(TaqDNA 聚合酶)催化引导引物沿 5′→3′方向延伸,形成新的 DNA 片段,该片段可作为下一轮反应的模板,即引物延伸。如此重复改变温度,由高温变性、低温复性和适温延伸组成一个周期,反复循环,使目的基因得以迅速扩增。因此 PCR 是一个在引物介导下反复进行热变性—退火—引物延伸扩增 DNA 的循环过程。每经过一个循环,DNA 拷贝数便增加一倍(×2)。n 次循环后,拷贝数增加 2^n 倍,进行 25～50 个循环,拷贝数即可扩增上百万倍(10^6)。

在进行 PCR 实验时,应注意参加反应的物质、时间、温度等因素对实验的影响。如作为 PCR 模板,虽然大多数 PCR 对模板的要求不高,但待扩增核酸仍需要部分纯化,以除去核酸标本中的蛋白酶、核酸酶、TaqDNA 聚合酶抑制物以及能结合 DNA 的蛋白。在提取 DNA 的过程中,应尽量保持 DNA 的完整性和纯度,防止 DNA 降解。被扩增的 DNA 特定的序列不需要事先从样品 DNA 中分离,因为 PCR 产物的序列,即反应的特异性是由寡核苷酸引物所决定的。理论上,PCR 可以扩增其微量的核酸样品(甚至是单个细胞的 DNA),但是为了保证反应的特异性,PCR 反应中的模板加入量一般为 10^2～10^5 个拷贝靶序列,扩增不同拷贝数的靶序列时,加入的含靶序列的 DNA 量也不同。实验中应该注意引物的浓度,因为浓度过低则 PCR 扩增产量降低,引物浓度过高又会促进引物的错误引导,导致非特异性扩增,还会增加引物二聚体的形成,非特异产物和引物二聚体又可作为 PCR 反应的底物,与靶序列竞争 DNA 聚合体和 dDNA 底物,从而使靶序列的扩增量降低,且不经济。一般来说,低浓度引物不仅经济而且特异性好。

在 PCR 操作过程中,要密切关注实验过程中对温度和时间的掌握,无论是进行热变性、退火还是进行引物的延伸等操作,都与温度以及时间的变化紧密相连。如在变性过程中,变性温度太高或反应时间太长会影响酶的活性。适宜的变性温度是 95 ℃(30 s)或 97 ℃(15 s),若低于 94 ℃,则需要延长变性时间。若变性不完全,DNA 双链会很快复性,因而减少产量。而引物退火的温度和时间取决于引物的碱基组成、长度和浓度。实际使用的退火温度要低于扩增引物在 PCR 条件下真实 T_m 值 5 ℃。引物越短(12～15 bp),退火温度越低(40～45 ℃)。由于 TaqDNA 聚合酶的活性温度范围很宽,退火温度在 55～72 ℃会得到好的结果。在典型的引物浓度时(如 0.2 μmol/L),退火仅需数秒即可完成。若降低复性温度(37 ℃)可提高扩增产量,但引物与模板间错配现象增多,导致非特异性扩增上升;若提高复性温度(56～70 ℃)虽扩增反应的特异性增强,但扩增效率降低。理想的方法是:设置一系列对照反应,以确定扩增反应的最适复性温度;引物延伸时,延伸温度一般选择在 70～75 ℃(较复性温度高 10 ℃左右),此时 TaqDNA 聚合酶具有最高活性。延伸时间的长短取决于模板序列的长度以及延伸温度的高低。在最适温度下,核苷酸的掺入率为 35～100 nt/s,这也取决于缓冲体系、pH、盐浓度和 DNA 模板的性质等,延伸 1 min 对长达 2 kb 的扩增片段是足够的,延伸时间过长会导致非特异性扩增带的出现,但在循环的最后一步延伸,为使反应完全,提高产量,可将延伸时间延长 4～10 min。如果底物的浓度非常低,较长的扩增时间对初期的循环是十分有帮助的。

PCR 技术应用时,要注意样品容易受污染、操作条件不当引起产物突变、灵敏度和特异性降低等问题。

在生物分析技术中,除了上述免疫学分析技术和聚合酶链式反应技术方法外,近些年来,一些新的检测技术如生物芯片技术由于采用了微电子学的高密度集成的技术,因此具有高效、高信息通量、费用低、可重复操作等突出优点,而其检测限低、高灵敏度和特异性在快速检测领域优势明显,使得生物芯片技术将成为食品安全快速检测技术的主要发展方向,被广泛应用于食品安全、环境、医药等领域。

2.2 样品前处理技术要求

2.2.1 样品采集、保管及可溯性要求

1. *样品采集*

样品的采集也称抽样或取样(sampling),是从原料产品整体(通常是从一批货物)中抽取一部分作为其整体的代表性样品,通过分析一个或数个样品,对整体的质量做出估计。因此,样品采集是食品安全测定中非常重要的环节,在食品检测中,不管是成品,还是未加工的原料,即使是同一种类,由于品种、产地、成熟期、含水率、加工或保藏条件的不同,其成分及含量都可能有很大的差异。从具有复杂特征的被检物质中采集分析样品,必须掌握科学的采样技术,在防止成分逸散和不被污染的情况下,均匀、随机地采集有代表性的样品,是保证分析结果准确的前提之一,否则即使以后的样品处理、检测等环节非常精密、准确,其检测的结果亦毫无意义。

在实际的样品采集过程中有随机抽样和代表性抽样两种方法。随机抽样可以避免人为的倾向性,但在有些情况下,对难以混匀的食品(如黏稠液体、蔬菜等)的采样,仅仅用随机采样法是不行的,必须结合代表性取样,从有代表性的各个部分分别取样。因此,采样通常采用几种方法相结合的方式。具体的取样方法,因分析对象的性质而异。

(1)有完整包装(袋、桶、箱等)的均匀固体物料(如粮食、粉状食品)　可按总件数的平方根确定采样件数,然后从样品堆放的不同部位,按采样件数确定具体采样袋(桶、箱),再用双套回转取样管采样。将取样管插入包装中,回转 180°取出样品,每一包装需要上、中、下 3 层取出

3份检样；把许多检样综合起来成为原始样品；用“四分法”将原始样品做成平均样品；原始样品充分混合后，在清洁的玻璃上压平成厚度在3 cm以下的图形，并划成“＋”字线，将样品分成四份，去对角的两份混合，再如上分为4份，去对角的两份即是平均样品。无包装的散堆样品，先划分若干等体积层，然后在每层的四角和中心点取样，得检样，再按上法处理得平均样品。

（2）黏稠的半固体物料（如稀奶油、动物油脂、果酱等）　可先按总件数1/2的平方根确定取样数。启开包装，用采样器从各桶中上、中、下层分别取样，然后混合分取缩减到所需数量的平均样品。

（3）液体物料（如植物油、鲜乳等）　如果数量大，可依容器的大小及形状，分区分层采取小样，将各小样汇总混合。如果数量不大，可在密闭容器内旋转摇荡，或从一个容器倒入另一个容器，反复数次或颠倒容器，采样前需用搅拌器搅拌一定时间，再用采样器缓慢均匀地自上端斜插至底部采样。易氧化食品搅拌时要避免与空气混合；挥发性液体食品，用虹吸法从上、中、下3层采样。

（4）组成不均匀的固体食品（如鱼、肉、果品、蔬菜等）　由于部位、个体大小及成熟度差异很大，取样应注意代表性，可按下述方法采样。

①肉类　根据不同的分析目的和要求而定，有时从不同部位取样，混合后代表该只动物；有时从一只或多只动物的同一部位取样，混合后代表某一部位。

②水产品　小鱼、小虾可随机取多个样品，切碎、混匀后分取缩减到所需数量。对个体较大的鱼，可从若干个个体上切割少量可食部分，切碎均匀分取，缩减到所需数量。

③果蔬　体积较小的（如山楂、葡萄等），随机取若干个整体，切碎混匀缩分到所需数量。体积较大的（如西瓜、苹果、萝卜等）可按成熟度及个体大小的组成比例，选取若干个个体，对每个个体按生长轴纵剖分4份或8份，去对角线半份，切碎混匀，缩分到所需数量。体积蓬松的叶菜类（如菠菜、小白菜等），由多个包装（一筐、一捆）分别抽取一定数量，混合后捣碎、混匀、分散，缩减到所需数量。

（5）小包装食品（罐头、袋或听装的乳粉、瓶装饮料等）　一般按班次或批号连同包装一起采样。如果小包装外还有大包装（如纸箱），可在堆放的不同部位抽取一定量的大包装，从每箱中抽取小包装（瓶、袋等），再缩减到所需数量。

此外，采集样品时还应注意以下几个问题：

（1）采样器、容器、包装纸等应清洁、干燥、无异味，不应将任何有害物质带入样品中。供细菌检验用的样品，应遵守无菌操作规程。微量与痕量分析时，对容器要进行预处理，例如检验食品中铅含量，容器在盛样前应该进行去铅处理；检测铁含量时，应避免与含铁的容器接触；检测汞时样品不能用橡皮塞；检测3,4-苯并芘时，样品不要用蜡纸包，要防止阳光照射。

（2）设法保持样品原有微生物状况和理化指标，不应有其他物质污染样品，不发生变化。例如样品做黄曲霉素分析时，要避免阳光、紫外灯照射，以免黄曲霉分解。

（3）采样后应在4 h内迅速送往实验室进行分析，使其保持原来的理化状态及有毒物质特征，在检测前不应发生变质、腐败、霉变、微生物死亡、毒物分解或组分挥发以及水分增减等变化。

（4）感官性状极不相同的样品，切不可混在一起，应另进行包装并注明其性状。

（5）盛装样品的器具标签要牢靠清晰，注明样品名称、采样地点、采样日期、样品批号、采样方法、采样数量、外观特征、分析项目及采样人。

2. 样品制备

按采样规程采取的样品往往数量多、颗粒较大，而且组成也不十分均匀。为了确保分析结果的正确性，必须对采集到的样品进行适当的制备，以保证样品均匀有表征性。

(1)液体、浆体或悬浮液体样品，要摇匀或充分搅拌。常用的搅拌工具有玻璃搅拌棒和电动搅拌器。

(2)互不相溶的液体，如油与水的混合物，应首先使不相溶的成分分离，然后分别进行采样，再制备成均匀样品。

(3)固体样品，应采用切细、粉碎、捣碎、研磨等方法将样品制成均匀可检状态。水分含量少、硬度较大的固体样品(如谷类)可用粉碎机或研钵磨碎；水分含量较高、韧性较强的样品(如肉类)可取可食部分放入绞肉机中搅匀，或用研钵研磨；质地软的样品(如水果、蔬菜)可取可食部分放入组织捣碎机中捣匀。各种机具应尽量选用惰性材料，如不锈钢、合金材料、玻璃、陶瓷、高强度塑料等。为控制固体颗粒度均匀一致，可采用标准筛过筛，标准筛为不锈钢金属丝或特殊高强塑料尼龙丝编制的不同孔径的专用配套过筛工具。固体油脂应加热熔化后再混匀。

(4)罐头制品，如水果罐头在捣碎前须清除果核；肉禽罐头应预先清除骨头；鱼类罐头要将调味品(葱、辣椒及其他)分出后再捣碎。常用捣碎工具有高速组织捣碎机等。

3. 样品保管

食品样品采集后在运输和保存过程中，必须保持其原有的状态和性质，尽量减少离开总体后的变化。由于食品是动、植物组织构成，很多具有活细胞，有的还有酶的活性，而食品中的营养成分又是微生物天然的培养基，容易生长繁殖，因此，食品易变性、变质。特别是通过采集、切碎、混匀过程，破坏了一部分组织，使汁(体)液流出，一些本来处于食品表面的微生物，浸入内部组织，加速了食品的变化。而样品的任何变化都将影响检验结果的准确性，因此，必须高度重视食品样品的保管。一般来说，样品的保管应注意以下几个方面：

(1)要保持样本原来的状态。样本应尽量从原包装中采集，不要从已开启的包装内采集。从散装或大包装袋内采集的样本如果是干燥的，一定要保存在干燥的容器内，不要与有异味的样本同时保存。

装载样本的容器可选择玻璃的或是塑料的，可以是瓶式、试管式或袋式。容器必须完整无损，密封无泄露。供装病原学检验样本的容器，用前彻底清洁干净，必要时要经干热或高压灭菌并烘干。如不能耐高压的经环氧乙烷熏蒸或容器距离紫外线灯 20 cm 直射灭菌 2 h 后使用。依据检验样本的性状及检验的目的，选择不同的容器，一个容器装量不可过多，尤其液态样本不可超过容量的 80%，以防冷冻时容器破裂。装入样本后必须加盖，然后用胶布或封箱胶带固封，如是液态样本，在胶布或封箱胶带外必须用熔化的石蜡加封，以防液体外泄。如果选用塑料袋，则应用两层袋，分别用线结扎袋口。

(2)易变质的样本要冷藏。易腐食品一定要冷藏保存，防止在送到检验室前发生变质。

(3)特殊样本要在现场进行处理。如做霉菌检验的样本，要保持湿润，可放在 1%甲醛溶液中保存，也可储存在 5%乙醇溶液或稀乙酸溶液里；如做病毒检验的样本，数小时内可以送到检验室的，可只作冷藏处理，时间长的应进行冻结处理。特殊情况下，样品中可加入适量的不影响分析结果的防腐剂，或将样品置于冷冻干燥器内进行升华干燥保存。存放的样品要按日期、批号、编号摆放，以便查找。

4. 样本的可溯性

可溯性又称为“可追溯性”“溯源性”，来自术语“traceability/product tracing”，ISO 9000《质量管理体系　基础和术语》对其定义为“追溯所考虑对象的历史、应用情况或所处场所的能力”。样本可溯性的本质是样本的信息记录和定位跟踪系统，是保证食品最终的质量、卫生安全的重要手段，同时也是发现问题依法行政，进行责任追究，达到确保消费者健康和合法权益目的的有效手段。样品的可溯性要求必须对样品采集的全过程建立详细的记录和档案。追溯应沿着采集的全过程进行，做好记录，记录的内容包括以下几个方面：

(1)现场采样记录　采样前必须了解该批食品的来源、加工方法、运输保藏条件、销售中各个环节的卫生状况。如外地进入的食品应审查该批食品的有关证件，包括商标、送货单、产品生产许可证、产品质量认证证书、兽医卫生检疫证书、监督机构的检验报告等，并对该批食品进行感官检验，做好现场记录。

(2)样本签封和编号　现场采样完毕后，将样本分别盛装在合适容器内，由采样人或采样单位在容器盖接处或包装上进行签封标记。每件样本还必须贴上标签，明确标记品名、来源、数量、采样地点、采样人、采样日期等内容。如样本品种较少，应在每件样本上进行编号，并有对应的采样记录。

(3)采样单　采样单一式两份，一份交给被采样单位，一份由采样单位保存。

2.2.2　样品的前处理方法选择及注意事项

样品的前处理是指食品样品在测定前消除干扰成分，浓缩待测组分，使样品能满足分析方法要求的过程。由于食品的成分复杂，待测成分的含量差异很大，有时待测组分含量甚微，当用某种分析方法对其中的某种成分的含量进行测定时，其他共存组分常常会干扰测定。为了保证检测的顺利进行，得到可靠的分析结果，必须在分析前除去干扰成分。对于食品中的含量极低的待测组分，还必须在测定前对其进行富集浓缩，以满足分析方法的检出限和灵敏度的要求。通常可以采用水浴加热、吹氮气或空气、真空减压浓缩等方法。样品的前处理是食品安全检验中非常重要的环节，其效果的好坏直接关系到分析工作的成败。常用的前处理方法较多，应根据食品的种类、分析对象、待测组分的理化性质及分析方法来选择。

2.2.2.1　食品样品的无机化处理

样品无机化处理主要用于食品或食品原料中无机元素的测定，又称为有机物破坏法。食品中无机元素常与一些有机物质结合在一起，从而失去其原来的特性。因此，在进行检验测定这些无机成分时，需要破坏其有机结合体，使被测组分释放出来，以便分析测定。通常采用高温或高温加强氧化剂等方法，使结合体中的有机物质发生分解，呈气体状态逸散，被测组分残留下来，便于分析测定。有机物破坏方法根据具体操作步骤的不同可分为干法灰化和湿法消化两大类。选择的原则应是：①方法简便，使用试剂越少越好；②方法耗时越短，有机物破坏越彻底越好；③被测元素不受损失，破坏后的溶液容易处理，不影响后续的测定步骤。

1. 干法灰化

干法灰化用高温灼烧的方式破坏样品中的有机物，又叫灼烧法。除汞、氟等少数几种元素以外的大多数金属元素和部分非金属元素都可以用该法处理，即将一定数量的样品置于坩埚中加热，使其中的有机物脱水、炭化、分解、氧化之后，再置于高温的灰化炉中（一般温度为500～550 ℃）灼烧灰化，使有机成分彻底分解为二氧化碳、水和其他气体而挥发，直至残渣为白色或浅灰色为止，所得的残渣即为无机成分，可供测定用。

(1)方法特点　干法灰化的优点在于操作过程中基本不添加或添加很少的试剂，故空白值较低；多数食品经灼烧后所剩下的灰分体积很小，因而能够处理较多量的样品，故可加大称样量，在方法灵敏度相同的情况下，可提高检出率；操作简单，使用试剂少，有机物分解彻底。

但这种方法也存在不足：处理样品所需要的时间较长；由于敞口灰化，灼烧温度较高，容易造成某些挥发性元素的损失；盛装样品的坩埚材质如磁坩埚会对被测组分有一定的吸附作用，由于高温灼烧使坩埚材料结构发生改变形成微小孔穴，使某些被测组分吸留于孔穴中很难溶出，致使测定结果和回收率偏低。

(2)提高回收率的措施

①根据被测组分性质，采取适宜灰化温度灰化样品，尽可能在低温下进行，但温度过低会延长灰化时间，通常选用 500～550 ℃灰化 2 h 或在 600 ℃灰化 0.5 h，一般不要超过 600 ℃。近些年来出现一种低温灰化技术，此法是将样品放在低温灰化炉中，先将炉内抽至近真空（10 Pa 左右），然后不断通入氧气，流速为 0.3～0.8 L/min，再用射频照射使氧气活化，这样在低于 150 ℃的温度下便可使样品完全灰化，从而克服了高温灰化的缺点，但所需仪器的价格较高，不易普及推广。用氧瓶燃烧法来进行灰化，不需要特殊的设备，较易办到。可将样品包在滤纸内，夹在燃烧瓶塞下的托架上，在燃烧瓶中加入一定量的吸收液，并充满纯的氧气，点燃滤纸包立即塞紧燃烧瓶，使样品中的有机物燃烧完全，剧烈振荡，使烟气全部被吸收在吸收液中，最后取出分析。本法适合植物叶片、种子等少量的固体样品，也适用于少量液体样品及纸色谱分离后的样品斑点分析。

②助灰化剂灰化法。为防止被测组分的挥发损失和坩埚吸留，可加入适量的助灰化剂，例如元素磷可能以含氧酸的形式挥发散失，加氯化镁或硝酸镁可使磷元素转变为磷酸镁，防止磷损失；为了防止砷的挥发，常在灰化之前加入适量的氢氧化钙；对含锡的样品可加入适量的氢氧化钠；考虑到灰化过程中卤素的散失，样品必须在碱性条件下进行灰化，样品中加入氢氧化钙或氢氧化钠可使卤素转化为难挥发的碘化钠或氟化钙；加入氯化镁及硝酸镁可使砷转变为不挥发的焦砷酸镁；氯化镁还起衬垫坩埚材料的作用，减少样品与坩埚的接触和吸留；铅、镉容易挥发损失，加硫酸可使易挥发的氯化铅、氯化镉等转变为难挥发的硫酸盐。

③在规定的时间内，如样品还不能完全灰化，可以待坩埚冷却后，加入适量的酸或水，改变盐的组成或帮助灰分溶解，解除对碳的包裹。例如，加入硫酸可使易挥发的氯化铅、氯化镉转变成难挥发的硫酸盐；加硝酸可提高灰分的溶解度。但酸不能加得太多，否则产生的酸雾会造成高温炉的损害。

2. 湿法消化

湿法消化是在食品样品中，加入强氧化性物质，如硫酸、硝酸、高氯酸、高锰酸钾等，加热破坏有机物，使待测的无机成分释放出来，形成不挥发的无机化合物，以便进行分析测定。湿法消化是常用的食品样品无机化处理方法之一。

(1)方法特点　加热温度低，减少了金属挥发逸散的损失。但在消化的过程中产生大量的有害气体，操作须在通风橱中进行。此外，在消化初期，会产生大量的泡沫易冲出瓶颈，造成损失，故操作中应控制火力，同时，要细心操作，注意防爆和防止炭化损失。

(2)常用的消化试剂　有硝酸、高氯酸、硫酸等，有时还可以加入强氧化剂，如高锰酸钾、过氧化氢及硫酸铜、硫酸汞、五氧化二钒等催化剂，以加速食品样品的氧化分解。

①浓硝酸(约 65%，14 mol/L)具有较强的氧化能力，能将样品中的有机物氧化生成 CO_2 和 H_2O，而本身分解成 O_2 和 NO_2，过量的硝酸容易通过加热除去。硝酸可与水以任何比例混合，恒沸溶液浓度为 69.2%，沸点为 121.8 ℃。由于硝酸沸点较低，易挥发，因而氧化能力不持久。在消化液中通常会残存较多的氮氧化物，干扰测定，可以加入一定量纯水热处理，驱赶氮氧化物。在很多情况下，单独使用硝酸不能完全分解有机物，因此常与其他酸混合使用。硝酸与锡、锑易形成难溶的偏锡酸(H_2SnO_3)、偏锑酸(H_2SbO_3)或其盐。

②高氯酸(65%～70%，11 mol/L)能与水形成恒沸溶液，其沸点为 203 ℃。冷的高氯酸没有氧化能力，热的高氯酸是一种强氧化剂，其氧化能力比硝酸和硫酸强，几乎所有的有机物都能被它分解，高氯酸在加热条件下能产生氧和氯。除了 K^+ 和 N 的高氯酸盐外，一般的高氯酸盐都易溶于水。高氯酸的沸点适中，氧化能力较为持久，用于消化食品样品的速度快，过量的高氯酸也容易加热除去。在使用高氯酸时，需要特别注意安全。在高温下高氯酸直接接触某些还原性较强的物质，如酒精、甘油、脂肪、糖类等，因反应剧烈有发生爆炸的危险。所以使用高氯酸消化时，应在通风橱中操作，便于生成的气体和酸雾及时排除。一般不单独使用高氯酸处理食品样品，而是用硝酸和高氯酸的混合酸分解有机物质。在消化过程中注意随时补加硝酸，直到样品消化液无炭化现象，颜色变浅为止。

③稀硫酸没有氧化性，而热的浓硫酸(98%，18 mol/L)具有较强的氧化性，对有机物有强烈的脱水作用，并使其炭化，进一步氧化生成二氧化碳。浓硫酸可使食品中的蛋白质氧化脱氨，但不能进一步氧化成氮氧化物。硫酸的沸点为 338 ℃，不易挥发损失，在与其他酸混合使用，加热蒸发至出现三氧化硫白烟时，可以除去其他沸点的硝酸、高氯酸、水及氮氧化物。硫酸的氧化能力不如高氯酸、硝酸强；硫酸与碱土金属(如钙、镁、钡、铅)所形成的盐类在水中的溶解度较小，难以挥发。

(3)常用酸消化方法

①硫酸消化法　仅使用浓硫酸加热消化样品，但硫酸的氧化能力较弱，消化液炭化后耗时较长。通常可以加入硫酸钾或硫酸铜以提高硫酸的沸点，加适量硫酸铜可起催化剂作用以缩短消化时间。

②硝酸-高氯酸消化法　一种是在食品样品中先加入硝酸进行消化，待大量有机物分解后，再加入高氯酸；另一种是将样品用一定比例混合的硝酸-高氯酸混合液浸泡过夜，次日再加热消化，直至消化完全为止。该法氧化能力强，消化速度快，炭化过程不明显；消化温度较低、挥发损失少。应该注意，这两种酸的沸点不高，当温度过高、消化时间过长时，硝酸可能被耗尽，残余的高氯酸与未消化的有机物剧烈反应，有可能引起燃烧或爆炸。因此，也可加入少量硫酸，以防烧干，同时也可提高消化温度，充分发挥硝酸和高氯酸的氧化作用。某些含有还原性组分较多的食品样品，不宜采用此法。

③硝酸-硫酸消化法　在食品样品中加入硝酸和硫酸的混合液，由于此消化法含有硫酸，不宜作食品中碱土金属的分析。此法反应速度适中，对于较难消化的样品，如含有大量的脂肪和蛋白质时，可在消化的后期加入少量高氯酸或过氧化氢，加快消化的速度。

上述几种湿消化方法应同时做试剂空白，以消除试剂操作条件不同所带来的误差。

(4)消化技术

①敞口消化法　在凯氏烧瓶或硬质锥形瓶中进行消化的方法。凯氏烧瓶是底部为梨形具有长颈的硬质烧瓶。凯氏烧瓶的长颈可以起到回流作用,减少酸的挥发损失。消化前,在凯氏烧瓶中加入样品和消化试剂,将瓶倾斜呈约 45°,然后用电炉或加热板加热,直至消化完全为止。由于有大量消化分解产物逸出,故应该在通风橱中进行。为了克服凯氏烧瓶颈长圆底、取样不方便的缺点,常常也采用硬质三角瓶进行消化。

②回流消化法　测定含有挥发性成分的食品样品时,在装有冷凝器的回流消化装置中进行,可使挥发性成分随同酸雾冷凝流回反应瓶内,避免被测成分的挥发损失。

③冷消化法　又称低温消化法,将食品样品和消化液混合,置于室温或 37～40 ℃烘箱内,放置过夜消化。避免易挥发元素(如汞)的挥发损失,但仅适用含有机物较少的样品。

④密封罐消化　聚四氟乙烯压力密封消化罐中加少量的消化试剂,放入 150 ℃烘箱中保温 2 h,在一定的压力下对样品进行消化。由于在密闭容器中消化液的蒸汽不能逸散,产生较高的压力,提高了消化试剂的利用率,使消化时间缩短。这种消化法所用的样品量一般小于 1 g,仅需加入 30%过氧化氢和 1 滴硝酸,故空白值较低。但该方法要求密封程度高,压力密封罐的使用寿命有限。

⑤微波消解法　在微波电磁场作用下,微波穿透容器直接辐射到样品和试剂的混合液中,吸收微波能量后,使消化介质分子相互摩擦,产生高热。同时,交变的电磁场使介质分子极化,高频辐射使极化分子快速转动,产生猛烈摩擦、碰撞和震动,样品与试剂接触界面不断更新。微波加热是由内及外,因而加快了消化速度。

微波消解装置由微波炉、消化容器、排气部件等组成。注意:不能采用家用微波炉进行样品的消化,因为消化产生的酸雾难以逸散。金属器皿不能放入微波消解装置中,以免损坏微波发射管。微波消解法与常规的湿消化法相比,具有样品消解时间短(几十秒至几分钟)、消化试剂用量少、空白值低的优点。由于使用密闭容器,样品交叉污染少,避免了消解产生大量酸雾对环境的污染。

(5)消化操作注意事项

①消化所用的试剂(酸及氧化剂)应采用分析纯或优级纯试剂,并同时做消化试剂空白,以扣除消化试剂对测定的影响。如果空白值较高,应检查试剂的纯度,并选择优质的玻璃器皿并经过稀硝酸浸泡后使用。

②为了防止暴沸,可在消化瓶内加入玻璃珠或瓷片。采用凯氏烧瓶进行消化时,瓶口应倾斜,不能对着自己或他人。加热应集中于烧瓶的底部,使瓶颈部保持较低的温度,有条件时酸雾可冷凝回流,可减少待测成分的挥发损失。如果试样在消化时产生大量的泡沫,可以适当降低消化温度,也可以加入少量不影响测定的消泡剂,如辛醇、硅油等。最好将样品和消化试剂在室温下浸泡过夜,次日再进行加热消化,可以取得事半功倍的效果。

③在消化的过程中需要补加酸或加入氧化剂时,首先要停止加热,待消化液冷却后,再沿消化瓶壁缓缓加入,切记不能在高温下补加酸液,以免因反应剧烈,致使消化液溅出。

2.2.2.2　样品中干扰成分的去除

测定食品中的各种有机成分时,可以采用多种前处理方法,将待测的主要成分与样品中干扰成分分离后再进行检测。近年来固相萃取、固相微萃取、加压溶剂萃取以及超临界萃取等技术已经在食品安全分析中得到应用。

1. 溶剂提取法

依据相似相溶的原则，用适当的溶剂将某种待测成分从固体样品或样品浸提液中提取出来，从而与其他基体成分分离，是食品检验中最常用的提取方法之一。溶剂提取法一般可分为浸提法和液-液萃取法。

(1)浸提法　利用样品中各组分在某一溶剂中溶解度的差异，用适当的溶剂将样品中的某种待测成分浸提出来，与样品基体分离。

①振荡浸渍法是将样品切碎，放在合适的溶剂系统中浸渍，振荡一定时间，从样品中提取待测成分。方法简单，但有时回收率较低。

②捣碎法是将切碎的食品样品放入高速组织捣碎机中，加入溶剂匀浆一定时间，提取待测成分。此法回收率较高，同时干扰杂质也溶出较多。

③索氏提取法是将一定量的样品装入滤纸袋，放入索氏提取器中，加入适当溶剂，加热回流，将待测成分提取出来。此法提取完全，提取效率高，但操作烦琐、费时。

④超声波提取是将样品粉碎、混匀后，加入适当的溶剂，在超声提取器中提取一定时间。超声波的作用使样品中的待测物迅速溶于提取溶剂中，该法简便，提取效率高。

(2)液-液萃取法　利用溶质在两种互不相溶的溶剂中分配系数不同，将待测物从一溶剂转移至另一溶剂中，而与其他组分分离，是一种常用的分离方法。例如，测定动物油脂中的有机氯农药，可先用石油醚萃取，然后加浓硫酸使脂肪磺化生成极性大的亲水性物质，加水进行反萃取除去脂肪，有机氯农药则留在石油醚中层。

在有机物的萃取分离中，相似相溶的原则是十分有用的。一般来说，有机物易溶于有机溶剂而难溶于水；但有机物的盐类则易溶于水而难溶于有机溶剂。所以根据检测的目的，需要改变待测组分的极性，以利于萃取分离。对于酸性或碱性组分的分离，可通过调节溶液的酸、碱性来改变被测组分的极性。例如鱼肉中的组胺，以盐的形式存在于样品中，需加碱使之生成组胺，然后用戊醇萃取，再加盐酸，此时组胺以胺盐的形式存在，易溶于水，被反萃取至水相，而与样品中其他组分分离。海产品中无机砷与有机砷的分离，可利用无机砷在大于 8 mol/L 盐酸中能被有机溶剂萃取，小于 2 mol/L 盐酸介质中易溶于水的特性进行分离。先加 9 mol/L 盐酸于海产品中，以乙酸丁酯等有机溶剂萃取，此时无机砷进入乙酸丁酯层，而有机砷则留在水层。然后在乙酸丁酯层中加入水并调节酸度，振摇进行反萃取，此时无机砷进入水相，干扰成分则留在有机相，可使样品中无机砷与有机砷分离。

2. 挥发、蒸馏法

利用待测成分的挥发性或通过化学反应将其转变成为具有挥发性的气体，而与样品中基体分离，经吸收液或吸附剂收集后用于测定，也可直接导入检测仪测定。这种分离富集方法，可以排除大量非挥发性基体成分对测定的干扰。

(1)扩散法　加入某种试剂使待测物生成气体而被测定，通常在扩散皿中进行。例如肉、鱼或蛋制品挥发性盐基氮的测定，在扩散皿内样品中挥发性含氮组分在 37 ℃碱性溶液中释出，挥发后被吸收液吸收，然后用标准酸溶液滴定。

(2)顶空法　顶空分离法常与气相色谱法联用，可分静态和动态顶空分析法。静态顶空分析法是将样品置于密闭系统中，恒温加热一段时间达平衡后，抽取蒸气相用气相色谱法分析样品中待测成分的含量。动态顶空分析法是在样品顶空分离装置中不断通入氮气，使其中挥发性成分随氮气流逸出，并收集于吸附柱中，经热解吸或溶剂解吸后进行分析。动态法操作较复杂，但灵敏度较高，可检测痕量低沸点化合物。顶空分析法突出的优点在于能使复杂样品的提取、净化过程一次完成，大大简化了样品的前处理操作，可用于分离测定液体、半固体和固体样品中痕量易挥发组分。

(3)蒸馏法　蒸馏法可分为常压蒸馏法、减压蒸馏法及水蒸气蒸馏法等。通过加热蒸馏或水蒸气蒸馏，使样品中挥发性物质被蒸出，收集馏出液用于分析。例如，食品中氟化物经高温灰化后，在酸性条件下，使氟变成易挥发的氟化氢气体，被碱溶液吸收后供分析用。海产品中无机砷的减压蒸馏分离，在 2.67 kPa 压力下，于 70 ℃进行蒸馏，可使样品中的无机砷在盐酸存在条件下生成三氯化砷被蒸馏出来，而有机砷在此条件下不挥发也不分解，仍留在蒸馏瓶内，从而达到无机砷和有机砷分离的目的。

(4)吹蒸法　吹蒸法是美国分析化学家协会(AOAC)农药分析手册中用于挥发性有机磷农药分离、净化的方法。用乙酸乙酯提取样品中农药残留，取一定量样液加入填有玻璃棉、沙子的 Storherr 管中，将该管加热到 180～185 ℃，用氮气将农药吹出，经聚四氟乙烯螺旋管冷却后，收集到玻璃管中。样品中的脂肪、蜡质、色素等高沸点杂质仍留在 Storherr 管中，从而达到分离、净化和浓缩的目的。

(5)氢化物发生法　在一定条件下，用还原剂将待测成分还原成挥发性共价氢化物，使其从基体上分离出来，吸收液显色后用分光光度法测定，或直接导入原子吸收光谱仪进行测定。该法可以排除基体的干扰，当与原子吸收光谱仪联用时，检测灵敏度比溶液直接雾化提高几个数量级。现已广泛用于食品中汞、砷、锗、锡、铅、锑、硒和碲的测定。目前，已推出专用原子荧光分析技术。

3. 色谱分离法

在色谱柱中(或层析载体中)当两相做相对运动时，利用物质在流动相与固定相两相间的分配系数差异，在两相间进行多次分配，分配系数大的组分迁移速度慢，反之则迁移速度快，从而实现对样品中各组分的分离。这种方法的特点是分离效率高，能使多种性质相似的组分彼此分离，是食品安全检验中的一类重要的分离方法。根据分离方式不同，可以分为柱色谱法、纸色谱法和薄层色谱法等。

(1)柱色谱法　将固定相装填于柱管中制成色谱分离柱。常用的固定相有硅胶、氧化铝、硅镁吸附剂以及离子交换树脂等。该法操作简便，柱容量大，适用于微量成分的分离和纯化。例如，采用荧光法测定食品中的维生素 B_2 时，利用硅镁吸附剂的色谱柱将维生素 B_2 与杂质分离。

(2)纸色谱法　以层析滤纸作为载体，滤纸上吸附的水作为固定相。将样品液点在层析滤纸的一端，然后用展开剂展开，达到各组分分离目的。例如，纸色谱用于食品中人工合成色素的分离鉴定。

(3)薄层色谱法　将固定相均匀涂敷于玻璃板上形成薄层，将待测的样液点在薄层板上展开，使待测组分与样品中的其他组分分离的色谱方法。食品中黄曲霉毒素 B 族和 G 族测定的国家标准方法(GB 5009.22—2016)就是采用薄层色谱法分离后用荧光法检测。

4. 固相萃取法(SPE)

实际上就是柱色谱分离方法。在小柱中填充适当的固定相制成固定相萃取柱，当样品液通过小柱，待测成分被吸留，用适当的溶剂洗涤去除样品基体或杂质，然后用一种选择性的溶剂将待测组分洗脱，从而达到分离、净化和浓缩的目的。该方法简便快速，使用有机溶剂少，在痕量分离中应用广泛。

根据分离原理不同可分为吸附、分配、离子交换、凝胶过滤、螯合和亲和固相萃取。实际应用中多采用化学键合反应制备的固相材料，如 C_{18} 键合硅胶、苯基键合硅胶等填装的固相萃取小柱。

5. 固相微萃取法(SPME)

固相微萃取法是根据有机物与溶剂之间“相似相溶”的原理，利用石英纤维表面的色谱固定液对待测组分的吸附作用，使试样中的待测组分萃取和浓缩，然后利用色谱仪进行分析，将萃取的组分从固相涂层上解吸下来进行分析的一种样品前处理方法。与传统分离富集方法相比，固相微萃取具有几乎不使用溶剂、操作简单、成本低、效率高、选择性好等优点，是一种比较理想的新型样品预处理技术。SPME 可与各类色谱仪联用，使样品萃取、富集和进样分析合而为一，从而大大提高了样品前处理、分析速度和方法的灵敏度。

固相微萃取装置类似于微量注射器，由手柄和萃取头两部分组成。萃取头是一根长度为 0.5～1.5 cm、直径为 0.05～1 mm 涂有不同色谱固定液或吸附剂的熔融石英纤维。将萃取头接在空心不锈钢针上，不锈钢针管用以保护石英纤维不被折断，石英纤维头在不锈钢管内可伸缩，需要时可推动手柄使石英纤维从针管内伸出。固相微萃取的方式有两种：一种是石英纤维直接插入试样中进行萃取，适用于气体与液体中组分的分离；另一种是顶空萃取，适用于所有基质的试样中挥发性、半挥发性组分的分离。影响固相微萃取灵敏度的主要因素有涂层的种类、待测物质的性质、基质的种类及试样的加热、搅拌、衍生化、pH 和盐浓度等。其中涂层的种类、厚度对待测物的萃取量和平衡时间有较大的影响。

6. 超临界流体萃取法(SFE)

超临界流体萃取法是近年来发展的一种样品前处理新技术。超临界流体萃取与普通液-液萃取和液-固萃取相似，也是在两相之间进行的一种萃取方法，不同之处在于所用的萃取剂为超临界流体。超临界流体是一类温度和压力为超过临界点时才能存在的物质，介于气、液态之间。超临界流体密度较大，与液体接近，故可用作溶剂溶解其他物质；另外，超临界流体的黏度小，与气态接近，传质速度很快，而且表面张力小，很容易渗透进入固体样品内。由于超临界流体特殊的物理性质，使超临界流体萃取具有高效、快速等优点。常用的超临界溶剂为 CO_2，其临界值较低，化学性质稳定，不易与溶质发生化学反应，无臭、无毒、沸点低，易于从萃取后的组分中除去，并适用于对热不稳定化合物的萃取。但 CO_2 是非极性分子，不宜用于极性化合物的萃取。极性化合物的萃取通常采用 NH_3 或氧化亚氮作萃取剂。但 NH_3 化学性质活泼，会腐蚀仪器设备；氧化亚氮有毒，故二者均较少使用。

影响超临界流体萃取最主要的因素是压力和温度。压力的变化会导致溶质在超临界流体中溶解度的急剧变化。在实际操作中，通过适当改变超临界流体的压力可以将样品中的不同组分按其在萃取剂中溶解度的不同而进行萃取。例如，先在低压下萃取溶解度较大的组分，然后增大压力，使难溶物质与基体分离。当温度变化时，超临界流体的密度和溶质的蒸气压也随之改变，其萃取效率也发生改变。

7. 透析法

利用高分子物质不能透过半透膜，而小分子或离子能通过半透膜的性质，实现大分子与小分子物质的分离。当测定食品中的糖精钠的含量时,可将食品样品装入透析膜袋中,放在水中进行透析。由于糖精钠的分子较小,能通过半透膜进入水中,而食品中的蛋白质、鞣质、脂类等高分子杂质不能通过半透膜,仍留在玻璃纸袋内,从而达到分离的目的。

8. 沉淀分离法

利用沉淀反应进行分离的方法。在试样中加入适当的沉淀剂,使被测成分或干扰成分沉淀下来,经过滤或离心达到分离的目的。如测定食品中的亚硝酸盐时,先加入碱性硫酸铜或三氯乙酸沉淀蛋白质,使水溶性的亚硝酸盐与蛋白质分离。

总之,由于食品或食品原料种类繁多,组成复杂,被测组分不稳定性(如微生物、酶的作用等)影响,常给分析带来干扰。这就需要根据样品的种类、待测成分与干扰成分的性质差异,选择合适的样品前处理方法,对样品进行适当的处理,使被测组分同其他组分分离,或者将干扰物质除去。如有些被测组分由于浓度太低或含量太少,直接测定有困难,这就需要将被测组分进行浓缩以保证样品的分析能获得可靠的结果。因此,在食品检测分析过程中,在选用前处理方法时,应综合考虑下列因素:①要考虑分析方法的准确度和精密度;②要考虑分析方法的繁简和分析速度;③要考虑样品的特性;④要考虑现有条件是否满足分析需求。

2.3 实验方法评价与数据处理要求

2.3.1 实验方法评价

随着食品科学的不断发展,食品分析方法不断更新,评价检验方法的标准也逐步建立和完善起来。这些评价标准主要是准确度、精密度、检测限以及费用与效益。

1. 准确度

准确度是指在一定条件下,多次测定的平均值与真实值相符合的程度。准确度通常用绝对误差或相对误差表示。一般在试样中添加已知标准物质量作为真值,以回收率表示准确度。即

$$P=(X_1-X_0)/m\times100\%$$

式中:P—加入标准物质的回收率;X_1—加标样品测定值,g;X_0—试样本底测定值,g;m—加入标准物质的质量,g。

本底值 X_0 的测定值可反映随机误差;加入标准物质的质量 m,其测定误差反映了系统误差。回收率是两种误差的综合指标,能决定方法的可靠性。对回收率的数值要求是比较复杂的,依分析方法难易,一般 10^{-6} 级应在 90%以上;10^{-9} 级如荧光法测定苯并芘在 80%;比较繁杂的方法 70%即可;但最低不能小于 70%。

2. 精密度

精密度是指多次重复测定某一样品时,所得测定值的离散度。精密度通常用标准差或相对标准差来表示。重复测定的精密度及待测的精密度与待测物质绝对量有关,一般规定:mg 级 CV(变异系数或相对标准差)为 5%;μg 级 CV 为 10%,ng 级 CV 要大一些。

3. 最小检测量

最小检测量是指分析方法在适当的置信水平内,能从样品中检测出被测组分的最小量或

最小浓度，高于空白中被测组分的最低量。一般对最小检测量有几种规定方法：

(1)气相色谱法中最小检测量或最小检测浓度是指检测器恰能产生色谱峰信号值大于 2 倍噪声信号值时的最小进样量或相应统计量值。即

$$S=2N$$

式中：S—最小响应值；N—噪声信号。

最小检测浓度是指最小检测量与进样量体积之比，即单位进样量相当待测物质的量。

例：用气相色谱法测定聚氯乙烯成型品中聚氯乙烯单体的检测限。仪器噪声的最大信号为峰高 1.0 mm，注入 0.5 μg 聚氯乙烯制备的顶空气 3 mL，响应值为 12 mm，求最小检测量。根据公式为：$S=2N=2\times1.0=2.0$(mm)，最小检测量$=2\times0.5/12=0.083$(μg)。

(2)分光光度法中扣除空白值后，吸光值为 0.01 所对应的浓度即为该法最小检测量。

例：利用镉离子与 6-溴苯并噻唑偶氮萘酚形成红色络合物，对食品中镉含量进行比色测定。对全试剂空白进行 5 次平行测定，吸光度平均值是 0.003，再测定 0.25 μg 标准镉溶液，其吸光度为 0.023，求最小检测量。

$$\text{最小检测量}=\frac{\text{最小响应值}\times\text{镉标准质量}}{\text{镉标准吸光度}-\text{空白吸光度}}=\frac{0.01\times0.25}{0.023-0.003}=0.125(\mu g)$$

(3)普通实验中，当空白测定次数 $n>20$ 时，给出置信水平 95%，最小检测量为空白值正标准差(s)的 4.6 倍。在上个例子中，当空白测定次数 $n>20$ 时，吸光度 0.003 ± 0.001 相当于镉(0.0375 ± 0.013)μg，最小检测量$=4.6\times s=4.6\times0.013=0.06$(μg)。

若空白值测定次数 $n<20$ 时，最小检测量按下式计算：

$$\text{最小检测量}=2\sqrt{2}t_f s$$

式中：t_f—置信水平为 95%(单侧)，批内自由度为 f 时的临界值；$f=m(n-1)$，m—重复测定次数，n—平行测定次数。

例：用 2,3-二氨基萘荧光法测定硒，空白测定 10 次，其空白值为(11.4 ± 1.3)ng，根据 $f=m(n-1)=10\times(2-1)=10$。查附表 1，当置信水平 95%(单侧)时 $t_{10}=2.23$，最小检测量$=2\sqrt{2}t_f s=2\times1.414\times2.23\times1.3=8.20$(ng)。

(4)国际理论应用化学联合会对最小检测量的规定是各种光学分析方法可测量的最小分析响应值，以式 $x_L=\overline{x_b}+K\cdot s_b$ 表示。式中：x_L—最小响应值；$\overline{x_b}$—多次测量空白值的平均值($n\geq20$)；s_b—多次测量空白值的标准差；K—根据一定置信水平确定的系数(一般当置信水平为 90%，空白测量次数 $n<20$ 时，$K=3$；置信水平为 95%，$n>20$ 时，$K=4.65$)。

$$\text{最小检测量}=\frac{x_L-\overline{x_b}}{m}=\frac{Ks_b}{m}$$

从最小检测量定义可以知道，增加实际测定次数、提高测定精密度、降低仪器噪声可以改善检测限值。

4. 成本与效益

成本与效益是实验室工作人员非常关注的问题，要结合具体测试工作内容，选择相应准确度和精密度的实验方法。用常规实验能够完成的测定，不必使用贵重精密仪器。检验员经训

练能较好掌握某种测定方法的能力，也是评价实验方法的重要内容。“简单易学”在一定程度上意味着能保证检验质量。从实际工作需要出发，快速、微量、成本低廉、技术要求不高、操作安全的测定方法应列为常规实验室的首选方法。

2.3.2 实验结果检验

在食品安全检测分析中，常遇到两个平均值的比较问题，如测定平均值和已知值的比较，不同分析人员、不同实验室或用不同分析方法测定的平均值的比较，对比性试验研究等均属于此类问题。所以对上述问题常采用显著性检验方法来检验被处理实验结果是否存在统计上的显著性，常用的统计方法有 t 检验法和 F 检验法。

1. 食品分析中的 t 检验法

t 检验法用以比较一个平均值与标准值之间或两个平均值之间是否存在显著性差异。进行 t 检验的程序如下。

(1)选定所用的检验统计量。当判断检验样本均值 $\overline{x}$ 与总体均值 μ 是否有显著差异时，使用统计量

$$t=\frac{\overline{x}-\mu}{s/\sqrt{n}}$$

其中 s 为标准差。当检验两个均值之间是否有显著性差异时，使用统计量

$$T=\frac{\overline{x_1}-\overline{x_2}}{\bar{s}}\times\sqrt{\frac{n_1n_2}{n_1+n_2}}$$

其中 $\bar{s}$ 为合并标准差，按下式计算：

$$\bar{s}=\sqrt{\frac{(n_1-1)s_1^2+(n_2-1)s_2^2}{n_1+n_2-2}}$$

式中：s_1^2—第一个样本的方差；s_2^2—第二个样本的方差；n_1—第一个样本的测定次数；n_2—第二个样本的测定次数。

(2)计算统计量。如果由样本值计算的统计量大于 t 分布表中相应显著性水平 α 和相应自由度 f 下的临界值 $t_{\alpha,f}$，则表明被检验的均值有显著性差异；反之，差异不显著。应用 t 检验时，要求被检验的两组数据具有相同或相近的方差(标准差)。因此在 t 检验之前必须进行 F 检验，只有在两方差一致的前提下才能进行 t 检验。

(3)假设检验的一尾测验与两尾测验。在进行测验结果分析确定检验水平时，还应根据其处理的性质和试验结果的准确性，考虑显著性测验用一尾测验还是用两尾测验。

在提出某个假设时，必然有一个与其相对应的备择假设。备择假设为否定原假设时，必然接受另一个假设。如单个平均数进行显著性测验时，通常 H_0 ：$\mu=\mu_0$，H_A ：$\mu\neq\mu_0$。如果 H_0 被否定接受 H_A 时，其 $\mu\neq\mu_0$，有 μ 大于 μ_0 或小于 μ_0 两种可能性，即所测定的误差概率在正态分布曲线的左尾和右尾各有一个否定域，而附表 1 中临界 t 值表规定的 α 值是两尾概率之和。如果确定检验水平 $\alpha=0.05$，则两尾否定域的概率各为 0.025，这类测验称为两尾测验。

但有的试验则不然，如某酿醋厂曲种酿造的乙酸含量大于 8%，则其假设 H_0:$\mu>8\%$，

$H_A:\mu \leqslant 8\%$。如果选择的曲种酿造乙酸含量大于 8%，H_A 被否定，μ 只能大于 8%。若小于 8%便不符合规定的企业标准，没有推广价值，因此只有在正态曲线的右尾的一个否定域，这类检验称为一尾检验。在实际应用过程中，用一尾测验还是两尾测验，应从实际考虑。

为了鉴定一个分析方法的准确度，取质量为 100 mg 的基准物进行 10 次测定，所得数据为 100.3、99.2、99.4、100.0、99.7、99.9、99.4、100.1、99.4、99.6，对这组数据进行评价。

计算平均值和标准偏差：$\bar{x}=99.7$，$s=0.38$，计算统计量：

$$t=\frac{\bar{x}-\mu}{s/\sqrt{n}}=\frac{99.7-100}{0.38/\sqrt{10}}=-2.50$$

查附表 1 得 $t_{0.05,10}=2.23$，$|t|>t_{0.05,10}=2.23$，表明 10 次测定的平均值与标准值有显著性差异，可认为该方法存在系统误差。

2. 食品分析中的 *F* 检验法

F 检验法是通过计算两组数据的方差之比来检验两组数据是否存在显著性差异。比如使用不同的分析方法对同一试样进行测定得到的标准差不同，或几个实验室用同一种分析方法测定同一试样，得到的标准差不同，这时就有必要研究产生这种差异的原因，通过 *F* 检验方法可以得到满意的解决。

(1)*F* 检验法的计算统计量方差比为

$$F=s_1^2/s_2^2$$

式中：s_1^2 和 s_2^2 分别代表两组测定值的方差。*F* 分布表见附表 2。

(2)*F* 检验法的判断。当计算所得 *F* 值大于 *F* 分布表中相应显著性水平 α 和自由度 f_1 与 f_2 下的临界值 $f_\alpha(f_1,f_2)$，即 $F>f_\alpha(f_1,f_2)$ 时，则两组方差之间有显著性差异；反之，则两组方差无显著性差异。

在编制 *F* 分布表时，是将大方差作分子，小方差作分母，所以，在由样本值计算统计量 *F* 值时，也要将样本方差 s_1^2、s_2^2 中数值较大的一个作分子，较小的一个作分母。

用原子吸收法与比色法同时测定某试样中铜，各进行 10 次测定，原子吸收法测定的方差为 6.5×10^{-4}，比色法测定的方差为 8.0×10^{-4}，由测定精密度考虑，选取哪一测定方法合适。

给定显著性水平 $\alpha=0.10$，根据问题要求，只要检验两个方差是否有显著性差异，不管两个方差中某一个比另一个大得多或小得多，都认为是有显著性差异，因此是双侧检验。在给定显著性 α 时，要从 *F* 分布表查 $F_{\alpha/2}$ 值，$F_{0.05(9,9)}=3.18$。

计算统计量得：$F=8.0\times10^{-4}/6.5\times10^{-4}=1.23$。$F<F_{0.05(9,9)}=3.18$，说明不能认为两种方法有显著性差异，即选用原子吸收法或比色法都是可以的。

2.3.3　食品安全检测中分析数据的处理

2.3.3.1　分析结果的表示

食品分析项目众多，某些测验结果可以用多种化学形式来表示，如硫含量，可用 S^{2-}、SO_2、SO_3、SO_4^{2-} 化学形式表示，它们的数值各不相同。测定结果的单位也有多种形式，有 mg/L、g/L、mg/kg、g/kg、mg/100 g、质量分数(%)等，不同单位数值结果不同，意义也不同。统计处理结果的表示方法有多种方式，如算术平均数 $\bar{x}$、极差、标准偏差等表示测定数据的离散程度

(精密度)。原则上讲,食品分析要求提出的测定结果既反映数据的集中趋势,又反映测定精密度及测定次数,还要考虑食品分析有益有效的表示法。

食品中常量分析的表征结果常采用质量分数,而对食品中微量成分如微量元素的测定结果采用 mg/kg 或 μg/mg,统计处理的测定结果采用测定值的算术平均数 $\bar{x}$ 与相差 $R=x_{max}-x_{min}$ 同时表示。当测定数据的重现性较好时,测定次数 n 通常为 2 次;当测定数据的重现性较差时,测定次数应相应地增加。

2.3.3.2 实验数据的处理

根据检测工作获得一系列有关分析数据后,需按以下原则记录、运算与处理。

1. 记录与运算规则

食品分析中数据记录与计算均按有效数字计算法进行,除有特殊规定外,一般可疑数为最后一位,有±1 个单位的误差;复杂运算时,其中间过程可多保留一位,最后结果须取应有的位数;加减法计算结果,小数点以后保留的位数,应与参加运算各数中小数点以后位数最少者相同;乘除法计算结果,其有效数字保留的位数,应与参加运算各数中有效数字位数最少者相同。

2. 可疑数据的检验与取舍

(1)实验中的可疑值　在实验分析测试中,由于随机误差的存在,使得多次重复测定的数据不可能完全一致,存在一定的离散性,常常发现一组测定值中某些个别数据比其余测定值明显地偏大或偏小,这样的测定值称为可疑值。可疑值可能是测定值随机的极度表现,它虽然明显地偏离其余测定值,但仍然是处于统计上所允许的合理误差之内,属于同一体系,称之为极值,极值也属有效值范围,必须保留。然而也有可能存在这样的情况,就是可疑值与其他测定值并不属于同一总体,称其为界外值、异常值、坏值,应淘汰或删除。

对于可疑值,必须首先从技术上设法弄清楚其出现的原因。如果查明是由实验技术上的失误引起的,不管这样的测定值是否为异常值都应舍弃,不必进行统计检验。但是,有时由于各种缘故未必能从技术上找出过失的原因,在这种情况下,既不能轻易地保留它,也不能随意地舍弃它,应对它进行统计检验,以便从统计上判明可疑值是否为异常值。如果一旦确定为异常值,就应从这组测定值中将其除掉。

(2)舍弃异常值的依据　对于可疑值究竟是极值还是异常值的检验,实质上就是区分随机误差和过失误差的问题。因为随机误差遵从正态分布的统计规律,在一组测定值中出现大偏差的概率是很小的。单次测定值 $\mu\pm2\sigma$(σ 为标准差,也用 s 表示)之间的概率为 95.5%(这一概率也称为置信概率或置信度,$\mu\pm2\sigma$ 为置信区间),也就是说偏差$>2\sigma$ 的出现概率为 5%(这概率也称之为显著概率或显著性水平);而偏差$>3\sigma$ 的概率更小,只有 0.3%。通常分析检验只进行少数几次测定,按常规来说,出现大偏差测定值的可能性理应是非常小的,而现在竟然出现了,那么就有理由将偏差很大的测定值作为与其余的测定值来源不同的总体异常值舍弃它,并将 2σ 和 3σ 称为允许合理误差范围,也称为临界值。

(3)可疑值的检验准则　如果人们在长期实践中已知道了标准差 σ 的数值,可直接用 2σ(置信度 95.5%)或 3σ(置信度 99.7%)作为取舍依据。一般情况下,总体标准差 σ 事先并不知道,而要由测定值本身来计算,并依次来检验该组测定值中是否混有异常值,判别方法有许多,如格鲁布斯(Grubbs)检验法。

格鲁布斯(Grubbs)检验法可用于一组测量值或多组测量值的平均值的一致性检验和排

除异常值，应用格鲁布斯检验时，按下述三种不同情况进行处理。

①在只有一个可疑值的情况下，将几个测定值由小到大排成 $x_1, x_2, x_3, \cdots, x_n$，设 x_d 为检验的可疑值（包括最大或最小值）。计算统计量 G：

$$G=\frac{|x_d-\bar{x}|}{s}$$

式中：$\bar{x}=\frac{\sum x}{n}$；s—标准差；x_d—被检验的最大或最小值。

查格鲁布斯检验临界值表 2-1，查出相应显著性水平 α 和测定次数 n 时的临界值 $G_{\alpha,n}$。判断：当 $x_d \leqslant G_{0.05,n}$，则可疑值为极端值应保留；当 $x_d > G_{0.01,n}$，则可疑值为异常值应舍去；若 $G_{0.05,n} < x_d < G_{0.01,n}$，则该值若属技术原因产生的可以舍去，否则保留。

表 2-1　格鲁布斯检验临界值 G 表

n	显著水平		n	显著水平	
	0.05	0.01		0.05	0.01
3	1.15	1.15	17	2.47	2.78
4	1.46	1.49	18	2.50	2.82
5	1.67	1.75	19	2.53	2.85
6	1.82	1.94	20	2.56	2.88
7	1.94	2.10	21	2.58	2.91
8	2.03	2.22	22	2.60	2.94
9	2.11	2.32	23	2.62	2.96
10	2.18	2.41	24	2.64	2.99
11	2.24	2.48	25	2.66	3.01
12	2.29	2.55	30	2.74	3.10
13	2.33	2.61	35	2.71	3.18
14	2.37	2.66	40	2.87	3.24
15	2.41	2.70	50	2.96	3.34
16	2.44	2.74			

②如果可疑值有两个或两个以上，而且可疑值在同一侧，在检验时可以人为地暂时舍去两个可疑值的偏差更大的一个，用 $n-1$ 个测定值计算平均值和标准差 s，检验偏差较小的一个可疑值，若为异常值则舍去。若检验值为非异常值，这时再由全部 n 个测定值计算平均值和标准差，去检验舍去的那个可疑值，根据检验结果是否为异常值，再决定取舍。

③如果可疑值为两个或两个以上，并且分布在平均值两侧，检验方法同上。

2.3.3.3　测定结果的校正

在食品分析中常常因为系统误差使测定结果高于或低于检测对象的实际含量，即回收率不是100%，所以需要在样品测定时，另外加入物质测定回收率，对结果校正。

2.4 食品安全检测技术中的标准物质要求

2.4.1 标准物质的范畴及溯源性

标准物质是指用以校准测量装置、评价测量方法或给材料赋值的物质。标准物质可以是纯的或混合的气体、液体或固体。标准物质有三个显著特点：具有量值准确性、稳定性、均匀性；用于测量目的；是实物形式的计量标准。

根据标准物质管理办法的规定，标准物质管理可分为化学成分标准物质（其中包括冶金、环境分析、化工等标准物质），物理或物理化学性质标准物质（包括光学、磁学、酸度、电导等标准物质）。我国将标准物质分为一级和二级，一级标准物质采用绝对测量法或两种以上不同原理的可靠方法定值，不确定度具有国内最高水平，均匀性良好，稳定性在一年以上。二级标准物质采用与一级标准物质进行比较测量的方法或一级标准物质的定值方法定值，其不确定度和均匀性未达到一级标准物质的水平，稳定性在半年以上。

溯源性是标准物质的主要特性。溯源性在ISO 9000族标准中称为可溯性或可追溯性，其含义比较广泛。ISO对溯源性的定义是"测量结果或标准量值的属性，它使测量结果或标准量值通过给定的参考标准链，通常是国家或国际标准连续的比较，与比较链中的每一步比较都有给定的不确定度。"ISO对不确定度的定义为"表征可合理地赋予被测量值的分散性与测量结果相关的参数。"不确定度评定有A、B两类，A类不确定度评定基于实验标准偏差，B类不确定度评定则基于经验或其他信息的概率分布，A类不确定度和B类不确定度合成为标准不确定度。在计量领域，溯源性反映了计量标准量值的一种特性，最终必须与国家或国际的计量基准联系起来，才能确保计量单位统一、量值准确可靠，才具有可比性、可重复性和可复现性。而其途径就是按这条比较链，向测量的源头（计量基准）追溯。

2.4.2 标准物质的应用发展

标准物质作为现代计量学研究中的一个重要分支，也是量值传递与溯源的一种重要手段。广泛地用于需要对物质的成分或特性进行测量的一切工作中，包括校准仪器、评价测量方法等，其目的在于保证测量过程和测量结果的准确一致。无论是食品、医疗卫生、环境保护等领域都需要相应的标准物质来保证测量数据的准确可靠。

标准物质作为国家计量部门颁布的一种实物计量标准，在现代食品安全检测中广泛应用。标准物质产品必须具有与待测物质相近似的组成能力或特性，材质要具有高度的均匀性、稳定性，同时也要求标准物质具有准确的定值能力。

在过去几十年里，材料工业、能源工业、资源开发与利用、环境科学与现代分析技术的发展推动了标准物质的发展。同时，标准物质也为食品分析领域提供了必要的技术基础，促进了科学的发展。当前，为了发展食品安全检测技术，计量测试能力的高低体现了基础标准技术竞争力的强弱，而这一切必须依靠相应的标准物质作为技术保证。标准物质技术发展动态是：

(1)研究标准物质的测量技术，重点是提高准确度测量技术、痕量和超痕量测量技术、动态测量技术，能满足分析仪器性能评价，满足食品安全质量控制与质量评价需要。

(2)研制食品安全检测中对经济、科技、贸易发展竞争需要的标准物质,如食品安全测量领域需要特殊研制生物活性标准物质、化学成分标准物质等。

(3)加强标准物质软科学研究,建立标准物质信息系统,分析测量的评价系统以及不确定度的评定系统等。

2.5 食品安全技术预警应急预案中的技术要求

2.5.1 监管对象的全程可追溯性

全程追溯是为了保障从原料供给、生产、运输、流通和消费各个环节质量控制有据可依,明确产品的生产过程中供应商、生产商、仓储中心、分销商、零售商等成员的责任主体有效衔接,实现责任前追溯补偿的制度。全程追溯是行政执法部门按照全程追溯各关键环节,及时发现问题,进行追溯协调、责任明确,确保从产地到餐桌全过程监管。建立全程追溯程序是前提,实现全程追溯是目标,最终达到保护消费者合法权益是目的。建立食品安全全程可追溯系统,加强对整个食品链的监督和管理,就要做到以下几个方面:

(1)健全食品污染物监测网络。食品污染物数据是控制食源性疾病的危害、制定国家食品安全政策、法规、标准的重要依据。建立完善食品污染物监测网络,有利于化学和生物污染物监测,有利于收集有关食品污染信息,有利于开展适合我国国情的危险性评估、创建食品污染预警系统。食品污染物监测体系的建立可确保消费者避免遭受食品中化学污染物或有害微生物的危害,还通过适时源头控制检测掌握食品原料中农残和兽残暴露水平,通过从食品中分离出的病原体数据与暴发数据、人类疾病数据等为食品安全预警提供依据。

(2)健全食源性疾病监测网络。建立国家食源性致病菌及其耐药性的监测网络,对食源性致病菌进行联动监测,建立食源性致病菌分子分型电子网络,强化对食源性疾病暴发的准确诊断和快速溯源能力。

(3)加强动植物检疫防疫体系建设。一是加强动物防疫检疫体系。建立符合国际规范、高效的动物检验监测体系,完善的诊断标准体系,加大动物的疫情监测力度,以实时监测和疫情快速报告为主,目标监测、特定区域监测、暴发监测、哨兵群监测和平行监测等多种方法共用。要严格评估、建立无病认证体系。二是加快植物监控技术支持体系建设。建设从中央到省、地、县植物病虫害检测、监控中心(站),完善各级植物防疫检疫监督机构。针对敏感作物和敏感地区,有计划、有重点地加强风险分析,加强重点地(市)、县(市)植物检疫实验室建设,装备检疫检验基本仪器和设备,提高检验检疫整体水平,建立健全植物有害生物监测网络体系。

(4)结合产地认证制度,加强农业、环保等部门的产地环境监测站(室)的建设,建立健全产地环境监测网络。对影响食品安全的土壤污染(包括化肥污染、农药污染等)、大气污染(主要PM2.5、PM10 飘尘、酸雨等)、水体污染(主要包括无机有毒物如各类重金属、氰化物、氟化物等;有机有毒物如苯酚、多环芳烃、多氯联苯等)和病原体(如生活污水、医院污水和畜禽污水中含有的病毒、病菌和寄生虫等)进行严密监测,为严格控制各类污染物的排放提供基础数据,保证食品原料(源头)质量控制。

(5)完善进出口食品安全监测体系。根据国际市场变化,进一步整合完善进出口食品安全监测体系,发挥全国重点专业实验室和区域性重点实验室资源优势,加强进口食品注册制度及对进口国的检验检疫评估制度。

2.5.2 检测方法快速、准确、适时性

由于科学技术的发展，检验手段与方法多种多样，检测仪器越来越灵敏，检测方法的检测限也越来越低。如何采用最快捷、最经济、最准确适时的检测方法，是食品安全领域的一项重要研究内容。就目前的发展趋势来看，发展安全检测方法首先要体现快速，因为食品在生产、储存、运输及销售等各个环节，都有可能受到污染，食品生产经营企业、质检人员、进出口商检、政府管理部门都希望能够得到准确而又及时的监控结果。从定性和定量检测技术出发，准确、可靠、方便、快速、经济、安全是食品安全检测的发展方向。食品安全事件不断发生，使世界各国对快速、准确、及时的检测方法越来越重视。很多快速、准确的检测方法被纳入各个国家的标准方法。

2.5.3 风险评估依据

随着经济全球化和国际食品贸易的增加，食品新技术不断引入，食品安全问题备受关注。现阶段的食品安全风险分析则代表了食品安全管理的发展方向，它是制定食品安全标准和解决国际食品贸易争端的依据，是制定食品安全政策，预防及降低食品安全事件发生比较有效的手段。因此，研究建立食品安全风险评估制度更有利于对食品安全进行科学化管理。

风险评估是利用科学技术信息及其不确定度的方法，针对危害健康风险特征进行评价，并且根据信息选择相关模型做出推论。其过程可以分为：危害识别，危害描述，暴露评估，风险描述。如食品中化学因素（包括食品添加剂、农药和兽药残留、污染物和天然毒素）的危害识别主要是确定某种物质的毒性（即产生的不良效果），并适时对这种物质导致不良效果的固有性质进行鉴定，可以通过流行病学研究和动物实验进行评价，或从适当的数据库、同行评审的文献以及相应研究中得到的科学信息进行充分评议。危害描述一般是由毒理学试验获得的数据外推到人，计算人体的每日容许摄入量（ADI 值）或暂定每日耐受摄入量；对于营养素，制定每日推荐摄入量（RDI 值）。暴露评估主要根据膳食调查和各种食品中化学物质暴露水平调查的数据进行，通过计算，可以得到人体对于该种化学物质的暴露量。风险描述是依据暴露过程对人群健康产生不良效果的可能性进行分析评价，说明风险评估过程中每一步所涉及的不确定性。

国际上通用的食品风险分析方法主要是 SPS 风险评估方法，即世界贸易组织 WTO（原 GATT）在 1986—1994 年的乌拉圭回合多边贸易谈判中通过的《实施卫生和动植物检疫措施协议》（SPS）。在 SPS 中确定了成员国政府有权采取适当的措施来保护人类与动植物的健康，确保人畜食物免遭污染物、毒素、添加剂而造成的伤害。SPS 提出的卫生和动植物检疫措施包括所有与之有关的法律、法令、规定、要求和程序，特别包括：①最终产品标准；②加工和生产方法；③检测、检验、出证和批准程序；④检疫处理，包括与动物或植物运输有关或在运输途中为维持其动植物生存所需物质有关的要求在内的检疫处理；⑤有关统计方法、抽样程序和风险评估方法的规定；⑥与食品安全直接相关的包装和标签要求。

目前，与公众健康有关的主要是生物性危害包括致病性细菌、病毒、蠕虫、原生动物、藻类和它们产生的某些毒素。全球最显著的食品安全危害是致病性细菌，但还尚未形成一套较为统一的科学的风险评估方法，因此一般认为，要想使食品中的生物危害消除或者降到一个可接

受的水平，危害分析关键控制点（HACCP）应是迄今为止控制食源性生物危害最经济有效的手段。在制定具体的 HACCP 计划时，必须确定所有潜在的危害，这就需要包括建立在风险概念基础之上的危害评估。这种危害评估将找出一系列显著性危害关键控制点，并在 HACCP 计划中预防实施。需要指出的是，风险评估必须使用严格的科学资料，同时在透明的条件下，采用科学的方法对这些资料加以分析，但有时研究结论一般都伴随着一定的不确定度。

思考题

1. 举例说明化学分析与仪器分析的主要区别。

2. 仪器分析有哪些特点？常见的仪器分析方法在操作中应注意的要点及影响因素有哪些？

3. 举例说明不同类型的样品在采样和制备中应注意的事项。不同样品前处理方法各有什么特点？

4. t 检验法常用于什么检验？而 F 检验又如何应用？

5. 什么是标准物质？标准物质的要求是什么？

6. 加强食品安全监督和管理应做到哪些方面？

7. 什么是风险评估？食品风险评估对食品行业的健康发展有什么意义？

参考文献

[1] Birendra N Pramanik，Ganguly A K. 电喷雾质谱应用技术．蒋宏键译．北京：化学工业出版社，2005.

[2] 刘仲敏，林兴兵，杨生玉．现代应用生物技术．北京：化学工业出版社，2004.

[3] 王世平．食品理化检验技术．北京：中国林业出版社，2009.

[4] 王世平．现代仪器分析原理与技术．北京：科学出版社，2015.

[5] 杨军，李卓荣，曾志雄，等．生物芯片的现状和发展前景．生命科学仪器，2003，1(1)：19-25.

[6] 张铁垣．化验工作实用手册．北京：化学工业出版社，2005.

[7] 赵杰文，孙永海．现代食品检测技术．北京：中国轻工业出版社，2005.

[8] 朱克永．食品检测技术．北京：科学出版社，2005.

第3章

食品中残留危害物检测技术

本章学习目的与要求

1. 熟悉农药残留、兽药残留的定义、来源及对人类的危害。

2. 了解食品中农兽药残留物质分析技术的发展动态。

3. 了解农药的分类方法；掌握有机氯、有机磷、氨基甲酸酯类、菊酯类农药残留的检测方法。

4. 了解兽药的分类方法；掌握青霉素类、四环素族、磺胺类、氯霉素类和激素类兽药残留的检测方法。

3.1 概述

3.1.1 食品中的残留危害物质

食品中的残留危害物质是指在食品原料的生产过程中，由于各种原因导致食品原料被引入对消费者健康存在安全性问题的有害化学物质，例如农药、兽药等。

农药广义上是指农业上使用的化学品。狭义上是指用于防治农、林有害生物的化学、生物制剂及为改善其理化性状而用的辅助剂。农药在防治农作物病虫害、控制人畜传染病、提高农畜产品的产量和质量等方面，都起着重要的作用。但是，大量使用农药会造成对农副产品、食物的污染。农药残留是指农药施用后，残存在生物体、农副产品和环境中的微量农药原体、有毒代谢产物、降解物和杂质的总称。

兽药广义上是指用于预防、诊断和治疗畜禽疾病的药物，另外一些化学的、生物的药用成分被开发成具有调节动物生理机能的动物保健品或饲料添加剂，也属于兽药的范畴。狭义上兽药仅是指用于预防、诊断和治疗动物疾病的药物。兽药的主要用途有防病治病、促进生长、提高生产性能、改善动物性食品的品质等。兽药残留是指动物性产品的任何可食部分含有的兽药及配体化合物或其代谢物的总称。

3.1.2 农兽药残留的来源及危害

1. *农药残留的来源和危害*

农药残留的来源主要有以下几种途径：①农田施用农药药剂后对农作物的直接污染；②因水质的污染进一步污染水产品；③土壤中沉积的农药通过农作物的根系吸收到作物组织内部而造成污染；④大气中飘浮的农药随风向、雨水对地面作物、水生生物产生影响；⑤饲料中残留的农药转入禽畜体内，造成此类加工食品的污染。

农药残留超标对人类健康造成的危害体现在以下一些方面：

(1)急慢性毒性作用　大多数农药按照推荐剂量、施用方法和时间、使用次数施用后，农副产品中的农药残留量不会超过国家规定的标准，不会对人体产生危害性。但某些农药毒性大，比如甲胺磷、对硫磷、涕灭威、克百威等高毒有机磷或氨基甲酸酯类农药，由于施用方法和采收时间不恰当或非法使用，部分人由于吃了农药残留严重超标的农副产品而发生急性中毒。另外很多农药都有一定的毒性，这些农药残留的化学成分在人体内长时间积累，会导致慢性中毒，例如导致神经系统、内分泌系统、免疫系统和生殖系统等多个生理系统的功能慢性受损，出现多种健康问题。目前常见的激素水平紊乱、不孕不育、尿毒症、多发性硬化、脑损伤、心脏病等慢性疾病的发生可能和食品中的农药残留超标有关。

(2)致癌、致畸、致突变作用　有些化学性质稳定的农药例如六六六、DDT，还具有致癌、致畸、致突变作用，对人体健康带来严重的影响。

(3)环境激素作用　DDT、六氯苯、氯丹、艾氏剂、狄氏剂、异狄氏剂、七氯等有机氯农药，化学性质比较稳定，难以降解，在环境中残留时间长，累积浓度大，是高残毒农药，具有环境激素作用，危害生殖系统和内分泌系统，导致男性的睾丸癌、精子数降低、生殖功能异常，女性的乳腺癌、青春期提前等。因此，虽然我国已经停止使用有机氯农药，但目前许多农产品和食品中仍然有残留，所以对食品中有机氯农药残留量进行检测是非常必要的。

(4)对婴幼儿的危害　农药残留对婴幼儿的危害更大，由于婴幼儿的免疫系统和代谢功能未能完全发展，他们的身体对于农药的毒性更敏感，如果误食含有高浓度农药残留的食品，会导致智力发育受阻、神经系统受损等问题。长期摄入农药残留会使儿童易患多种疾病，例如流行性感冒、肺炎、关节炎、其他感冒症等。

(5)对孕妇的危害　对于孕妇来说，长期或大剂量地摄入农药残留的食品会影响胎儿发育，导致早产、流产、难产、畸形等问题。因此，孕期女性应特别注意农药残留对健康的影响，尽量避免食用农药残留较高的食品，通过科学的饮食规划和健康的生活方式保障身体健康。

2. 兽药残留的来源和危害

兽药残留的来源主要有：①预防和治疗畜禽疾病的药物；②作为饲料添加剂的药物；③作为动物食品保鲜用的药物；④人为无意或有意加入的药物。造成动物性食品兽药残留超标的主要原因是非法使用违禁药物，滥用抗菌药物和药物添加剂，不遵守休药期的规定。

兽药残留超标对人类健康造成的危害体现在以下一些方面。

(1)急慢性毒性作用　大多数药物残留不会产生急性毒性作用，但由于某些药物毒性大或药理作用强，再加上对添加兽药没有严格的控制，部分人由于吃了药物残留超标的动物组织而发生急性中毒。许多兽药或药物性添加剂都有一定的毒性，食用药残超标的动物源性食品就会产生慢性中毒作用。

(2)"三致"即致癌、致畸、致突变作用　现已发现许多兽药有"三致"作用，如雌激素、硝基呋喃类等具有致癌作用，苯并咪唑类抗蠕虫药，能抑制细胞活性，具有潜在的致突变性和致畸性。

(3)过敏反应　常引起人过敏反应的药物主要有青霉素类、四环素族、磺胺类和某些氨基糖苷类药物。例如，使用青霉素类或磺胺类药物治疗奶牛乳房炎时不遵守规定，造成牛奶药物残留超标，可引起不同程度的过敏反应，严重者甚至造成死亡。

(4)激素作用　20世纪70年代以前，许多国家将雌激素等用作畜禽促生长剂，后来发现雌激素具有致癌作用，先后禁止使用，过多食用含有这类药物的食品，可能会干扰人体激素的正常代谢功能。

(5)耐药性　抗生素和抗菌剂的大量使用，加快了细菌耐药性的发展。动物体内的耐药菌株可通过动物源食品传播给人，给临床上的疾病治疗造成困难。

(6)破坏人类胃肠菌群平衡　众多研究认为，抗菌药残留的动物源食品可以对人类胃肠的正常菌群产生不良影响，部分敏感菌受到抑制或被杀死，致使菌群的生态平衡受到破坏，某些条件性致病菌可能会大量繁殖，损害人类的健康。

由于农药、兽药残留会对人体造成危害，为提高食品的卫生质量，保证食品的安全性，保障消费者健康，许多国家标准都对食品中这些物质的允许残留量做了规定。

3.1.3　食品中残留危害物质分析技术的发展

过量使用农兽药会造成对食物的污染，会带来严重的食品安全问题，这不但严重影响了人类的饮食健康，而且会阻碍农产品和食品的出口贸易，有损于国家食品产业的国际信誉。为了适应社会经济的快速发展，满足日常食品安全监督、管理的需要，快速准确地检测食品中的农兽药等残留物质意义重大。由于不同的农兽药残留物质的化学结构、性质、毒性、在环境中的降解速度、食品中的残留情况不尽相同，相应的分析检测技术手段也有差异。目前残留物质分析技术的主要发展趋势是向着高灵敏度、低检测限、高选择性、联用分析、智能化、自动化、多残留分析、在线分析、活体分析、现场快速分析，以及分析仪器微型化、集成化和便携化方向发展。

食品中农兽药残留量的检测方法有比色法、分光光度法、生物学方法及色谱分析方法等。比色法、分光光度法只适合个别农兽药残留的分析，该法操作比较简单，运行成本低，在市场应用中占有一定比例。但该法检测灵敏度相对较低，不适合微量、痕量残留分析。生物学方法有微生物法、酶抑制技术、免疫分析技术等，适合进行快速分析、现场分析、筛选实验。当前应用较广的生物学方法有试纸条、试剂盒、生物传感器等，其中免疫分析技术在批量样本分析农兽药残留的快速筛选检测中占据主流地位，但是生物学方法定性和定量分析存在较大误差。色谱分析方法是农兽药残留分析的首选方法，例如在农药残留量检测技术中，对于稳定性较高的有机氯农药，适用于气相色谱（GC）分析；对于稳定性较差的有机磷农药，常规气相色谱分析时容易分解，一般将其进行衍生化处理后再用电子捕获检测器的气相色谱法测定，或者使用高效液相色谱（HPLC）测定；在兽药残留量检测技术中，高效液相色谱法分析应用非常广泛。目前，气质联用（GC/MS）及液质联用（HPLC/MS）技术是农兽药残留定性和定量分析的最有效确证手段之一，有时一次处理、分析可以鉴别、测定上百种的农兽药残留，所以色谱分析技术是目前食品安全检测中农兽药残留定量检测的主流分析技术。另外，生物传感器、生物芯片、毛细管电泳、超临界流体色谱等近些年发展起来的新的分析技术在农兽药残留检测上也具有广阔的应用前景，是目前农兽药残留分析领域中的研究热点。在农兽药残留分析技术日新月异发展的同时，样品分离纯化技术也朝着微量化、自动化、无毒化、快速化和低成本方向发展，固相萃取法（SPE）、固相微萃取（SPME）、超临界流体萃取（SFE）、微波萃取法（MAE）、免疫亲和色谱（IAC）技术、基质固相分散（MSPD）技术、凝胶渗透色谱（GPC）技术、分子印迹技术等样品分离纯化技术被陆续引入农兽药残留分析中，在未来的农兽药残留分析中将发挥巨大作用。

3.2　食品中农药残留的检测技术

3.2.1　农药的分类

农药是农业生产中使用的各种化学品的统称，食品中的农药残留会对人类健康产生严重的危害，为保护消费者身体健康，许多国家都对允许使用的各种农药在食品中的最大残留限量做了规定，我国允许使用的各种农药在食品中的最大残留限量见 GB 2763—2021。目前全世界实际生产和使用的农药的品种有上千种，其中大量使用的有 100 多种，主要是化学合成生产的。我国现有农药合成企业近 400 家，可常年生产 250 多种原药、农药，我国已由农药进口国变成农药出口国，产量居世界第二位。农药种类很多，农药的分类也是相对的。

1. 按农药来源分类

按农药来源可分为矿物源农药、生物源农药与有机合成农药。

（1）矿物源农药　主要是由无机矿物原料加工制成的产品或矿物油加工成的乳剂产品。有一些无机化合物制成的农药，如砷制剂、氟制剂作为杀虫剂，因为毒性高、药效差、药害重而禁止生产。目前使用的无机农药，主要有铜制剂与硫制剂。铜制剂如波尔多液、碱式硫酸铜悬浮剂等；硫制剂如硫悬浮剂、石硫合剂等。除了具有杀菌功效外，硫制剂也是杀螨剂，矿物油乳剂多用在果树休眠期杀虫、杀螨。

(2)生物源农药　主要有植物源农药和微生物源农药。

植物源农药用量大的主要有除虫菊和烟碱。除虫菊干花磨成粉可直接作为杀虫剂或作为蚊香的原料，也可从除虫菊干花中提取出除虫菊素配成药剂；烟草中含有可以杀虫的烟碱，一般用废次烟叶或烟梗做原料，用酸提取出烟碱再配成杀虫制剂。我国的植物源杀虫剂还有鱼藤、苦参、楝素等。植物源农药具有毒性低、对植物无药害、对生物不易产生抗药性、对环境友善等优点。

微生物源农药可以通过生物发酵大规模生产。利用微生物代谢物，可以认为是微生物进行生物合成的化学物质，本质上与化学合成农药差不多，有人称之为“生物化学农药”。如阿维菌素，是高效杀虫杀螨剂；井冈霉素是防治水稻纹枯病的杀菌剂；苏云金杆菌制剂是一种活体微生物做成的杀虫剂。微生物源农药一般也具有对植物无药害、对环境友善等优点。

(3)有机合成农药　占农药品种的绝大部分，它们是通过化学有机合成生产出来的，有机合成的农药品种繁多。

2. 按防治对象分类

农药按防治对象可分为杀虫剂、杀螨剂、杀菌剂、杀线虫剂、除草剂、杀鼠剂、杀软体动物剂、植物生长调节剂等。

(1)杀虫剂　杀虫药剂通过昆虫口器进入体内，经过消化系统发挥作用使虫体中毒死亡，如典型的敌百虫胃毒剂，其药液喷在蔬菜叶片上，菜青虫、小菜蛾的幼虫嚼食菜叶吃进药剂，可引起中毒死亡。胃毒剂主要防治咀嚼口器害虫。

杀虫药剂通过昆虫表皮进入体内发挥作用使虫体中毒死亡。昆虫表皮就是昆虫的外骨骼，主要由几丁质构成。大多数拟除虫菊酯类杀虫剂以及很多有机磷、氨基甲酸酯类杀虫剂都具有强烈触杀作用，药液喷洒在虫体上或昆虫活动场所即可发挥作用。

杀虫药剂可以气化为有毒气体，或者通过化学反应产生有毒气体，通过昆虫的气门及呼吸系统进入昆虫体内发挥作用使虫体中毒死亡。敌敌畏熏蒸作用很强，可以在密闭的空间形成一定浓度而杀死一定范围的昆虫，如卫生害虫、仓库害虫；还可以在田间较郁闭的空间里发挥作用，如防治大豆食心虫、豇豆的豆荚螟、玉米的玉米螟等。

内吸药剂施用后通过叶片、根、茎被植物吸收，进入植物后被输导到其他部位，通过蒸腾流由下向上输导，药剂有效成分在植物体内代谢为更具生物活性的物质。内吸剂主要防治刺吸式口器害虫，如氧化乐果可防治蚜虫。蚜虫靠“口针”吸食大量植物汁液为生。植物茎叶上喷洒了氧化乐果，植物体内汁液中就带毒，蚜虫吸食后会中毒死亡。

(2)杀菌剂　杀菌剂在病源菌侵染之前喷施在植物体表面，起保护作用，即使病菌再来也侵染不了植物。杀菌剂多以保护作用为主，如波尔多液、福美类和代森类有机硫杀菌剂等。保护剂要求掌握好施药时机，一定要在病菌可能侵染之前用，如病菌已经侵入植物体内，就没有作用了。

治疗剂在病原菌侵入植株以后施用，可以抑制病菌生长发育甚至致死，可以缓解植株受害程度甚至恢复健康。有的内渗性杀菌剂具有治疗作用，如多菌灵、井冈霉素等农用抗生素杀菌剂均具有很强的内吸治疗作用，尤其是甲霜灵和三乙磷酸铝内吸杀菌剂具有向顶性与向基性双向内吸传导作用，治疗作用特别优越。

铲除剂直接接触植物病源并杀伤病菌使它们不能侵染植株。因作用强烈，有的不能用在生长期的植株；有的虽可以用，但要注意施用剂量或药液浓度。铲除剂多用于处理休眠期的植物及未萌发的种子，或处理植物及病源菌所在环境的土壤。

(3)除草剂 触杀性除草剂施用后杀死直接接触到药剂的杂草活体组织。这类除草剂只能杀死杂草的地上部分，而对接触不到药剂的地下部分无效。因此，一般只能防除由种子萌发的杂草，而不能很好防除多年生杂草的地下根、地下茎。如敌稗是触杀性除草剂，在稻田中稗草一叶一心至二叶一心期施药可杀死稗草，稻苗会对敌稗解毒而不受害。

内吸性除草剂施用于植物体或土壤，通过植物的根、茎、叶吸收，并在植物体内传导，最终杀死杂草植株。莠去津是内吸性除草剂，可对茎叶喷雾，也可对土壤处理。

我国使用过的农药主要有有机氯、有机磷、氨基甲酸酯、拟除虫菊酯四大类。目前我国食品中农药残留问题较为突出的是蔬菜中有机磷和氨基甲酸酯这两种农药残留，它们是食品发生农药急性中毒的主要原因，对其残留量进行检测是非常必要的。拟除虫菊酯类农药高效、广谱、低毒、容易降解，对环境污染小，在农业生产中应用广泛，因其有一定的毒性所以对食品中拟除虫菊酯农药残留量进行检测也是有必要的。有机氯农药在我国虽然已经禁止使用，但因其毒性大、难降解，属于高残毒农药，其残留量仍然不可忽视，对食品中有机氯农药残留量进行检测仍然是非常必要的。

3.2.2 食品中持久性有机氯农残检测技术

食品中的常见有机氯农药污染一般分为两大类：一为滴滴涕类，称作氯化苯及其衍生物，包括滴滴涕和六六六等；二为氯化甲撑萘类，如七氯、氯丹、艾氏剂、狄氏剂与异狄氏剂、毒杀酚等。虽然我国已停止使用有机氯农药，但是这类农药性质比较稳定、难以降解、残留时间长、累积浓度大，属高残毒农药，目前许多农产品及食品中仍然有残留，其中六六六与滴滴涕是主要的残留物。有机氯农药残留分析方法有气相色谱法(GC)、气相色谱-质谱法(GC-MS)、气相色谱-串联质谱法(GC-MS/MS)等。

3.2.2.1 食品中有机氯农药残留的气相色谱法检测技术

1. 方法目的

学习气相色谱法测定有机氯农药残留的原理，了解气相色谱仪的构造原理，掌握农药残留制备、预处理、净化的方法和气相色谱仪的使用方法。

2. 原理

食品样品中六六六、滴滴涕等有机氯农药残留，经过有机溶剂提取、净化后用气相色谱测定。电子捕获检测器对于负电性极强的化合物具有较高的灵敏度，利用这一特点，可分别测定微量的六六六和滴滴涕的异构体和代谢物。

出峰顺序：α-六六六、γ-六六六、β-六六六、δ-六六六、*p*，*p*′-DDE、*o*，*p*′-DDT、*p*，*p*′-DDD、*p*，*p*′-DDT。

3. 适用范围

本方法适用各类食品中六六六、滴滴涕残留量的测定。

4. 试剂材料

(1)丙酮(重蒸)、正己烷(重蒸)、石油醚(沸程 30～60 ℃，重蒸)、苯(重蒸)、硫酸、无水硫酸钠为分析纯试剂。

(2)20 g/L 硫酸钠溶液。

(3)农药标准品：α-六六六、γ-六六六、β-六六六、δ-六六六、*p*，*p*′-DDE、*o*，*p*′-DDT、*p*，*p*′-DDD、*p*，*p*′-DDT 等纯度>99%。

(4)农药标准储备液：精密称取 α-六六六、β-六六六、γ-六六六、δ-六六六、*p*，*p*′-DDE、*o*，*p*′-DDT、*p*，*p*′-DDD、*p*，*p*′-DDT 各 10 mg，溶于苯中，分别移于 100 mL 容量瓶中，以苯稀释至刻度，混匀，浓度为 100 mg/L，贮存于冰箱中。

(5)农药混合标准工作液：α-六六六、γ-六六六、δ-六六六的浓度为 0.005 mg/L；β-六六六、*p*，*p*′-DDE 的浓度为 0.01 mg/L；*o*，*p*′-DDT 的浓度为 0.05 mg/L；*p*，*p*′-DDD 的浓度为 0.02 mg/L；*p*，*p*′-DDT 的浓度为 0.1 mg/L。

5. 仪器设备

小型粉碎机、小型绞肉机、组织捣碎机、离心机、电动振荡器、旋转浓缩蒸发器、吹氮浓缩器、气相色谱仪(具有 ECD)。

6. 气相色谱参考条件

色谱柱为内径 3 mm、长 2 m 的玻璃柱，内装涂以 1.5% OV-17(苯基甲基硅酮)和 2% QF-1(氟代烷基硅氧烷聚合物)混合固定液的 80～100 目硅藻土；进样口温度 195 ℃；柱温度 185 ℃；检测器温度 225 ℃；载气(高纯氮气)流速 110 mL/min；进样量为 1～10 μL，外标法定量。

7. 分析测定步骤

(1)样品制备　谷类制成粉末；蔬菜、水果及其制品制成匀浆；蛋品去壳制成匀浆；肉经去皮、筋后，切成小块，制成肉糜；鲜乳混匀待用；食用油混匀待用。

(2)样品处理及净化　称取具有代表性的 2 g 粉末样品，加石油醚 20 mL，振荡 30 min，过滤浓缩，定容至 5 mL，加 0.5 mL 浓硫酸净化，振摇 0.5 min，于 3 000 r/min 离心 15 min。取上清液进行 GC 分析。

称取具有代表性的食用油样品 0.5 g，以石油醚溶解于 10 mL 刻度试管中，定容至刻度。加 1.0 mL 浓硫酸净化，振摇 0.5 min，于 3 000 r/min 离心 15 min。取上清液进行 GC 分析。

称取具有代表性的其他各类食品样品 20 g 匀浆，加水 5 mL(视其水分含量加水，使总水量约 20 mL)，加丙酮 40 mL，振荡 30 min，加氯化钠 6 g，摇匀。加石油醚 30 mL，再振荡 30 min，静置分层。取上清液 35 mL 经无水硫酸钠脱水，于旋转蒸发器中浓缩至近干，以石油醚定容至 5 mL，加浓硫酸 0.5 mL 净化，振摇 0.5 min，于 3 000 r/min 离心 15 min。取上清液进行 GC 分析。

(3)测定　吸取样品处理液 1.0～10.0 μL 进样，记录色谱峰。8 种有机氯农药的参考出峰顺序为 α-六六六、β-六六六、γ-六六六、δ-六六六、*p*，*p*′-DDE、*o*，*p*′-DDT、*p*，*p*′-DDD、*p*，*p*′-DDT。8 种有机氯农药气相色谱图参见图 3-1。

8. 结果参考计算

$$X = A_1 m_1 V_1 \times 1\,000 / (A_2 m_2 V_2 \times 1\,000)$$

式中：X—样品中六六六、滴滴涕及其异构体或代谢物的单一含量，mg/kg；A_1—被测定样品各组分的峰值(峰高或面积)；A_2—各农药组分标准的峰值(峰高或面积)；m_1—单一农药标准

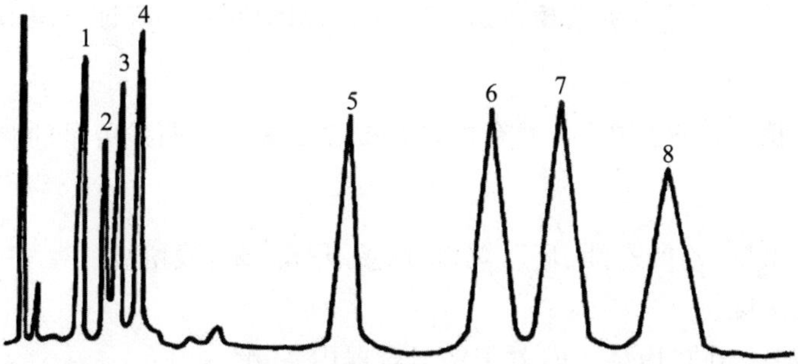

出峰顺序：1、2、3、4 为α- 六六六、β- 六六六、γ- 六六六、δ- 六六六；
5、6、7、8 为 *p*,*p'*-DDE、*o*,*p'*-DDT、*p*,*p'*-DDD、*p*,*p'*-DDT。

图 3-1　8 种有机氯农药气相色谱图

溶液的含量，ng；m_2—被测定样品的取样量，g；V_1—被测定样品的稀释体积，mL；V_2—被测定样品的进样体积，μL。

9. 方法分析与评价

(1)本方法是 GB/T 5009.19—2008 所选方法。本方法在取样量 2 g，最终体积为 5 mL，进样体积为 10 μL 时 α-BHC、β-BHC、γ-BHC、δ-BHC 的检出限依次为 0.038 μg/kg、0.16 μg/kg、0.047 μg/kg、0.070 μg/kg；*p*，*p'*-DDE、*o*，*p'*-DDT、*p*，*p'*-DDD、*p*，*p'*-DDT 依次为 0.23 μg/kg、0.50 μg/kg、1.8 μg/kg、2.1 μg/kg。

(2)样品中的脂肪、类胡萝卜素等脂溶性维生素、脂溶性色素等非极性物质对有机氯农药的测定有很大干扰，须进行净化。本法采用浓硫酸磺化法净化，一些对硫酸不稳定的农药不能用磺化法净化，可采用皂化法去除。

(3)在硫酸磺化时，体系内存在水分会影响磺化效果，故含水较高的样品经提取后应用无水硫酸钠脱水，或蒸去提取溶剂后，再用正己烷溶解，使溶液中不含水分；磺化用分液漏斗应烘干，不能用水检漏；磺化用硫酸亦宜使用新开瓶的硫酸。磺化时硫酸体积应每次以提取液的 1/10 为宜；磺化次数一般应以硫酸层无色澄清为宜。有些样品磺化时，会出现乳化层，此时可加少许乙醇破乳或静置使乳化层基本消失。

(4)在本法分析条件下，温度较高，色谱柱要使用硬质玻璃柱，若采用不锈钢柱，金属易引起农药分解。

(5)分析液体样品中有机氯农药采样时，应用玻璃瓶，不能用塑料瓶，因塑料瓶对有机氯农药会有吸附，如 DDT 会因吸附损失等因素而降低，另外塑料会释放出干扰物质而使结果增高，如 BHC 因塑料释放出干扰物质而使结果增高。

3.2.2.2　食品中有机氯农药残留的气相色谱-质谱法检测技术

1. 方法目的

学习气相色谱-质谱法测定有机氯农药残留的原理，了解气相色谱-质谱仪的构造原理，掌握农药残留制备、预处理、净化的方法和气相色谱-质谱法的使用方法。

2. 原理

试样用水-丙酮均质提取，经二氯甲烷液液分配，以凝胶色谱柱净化，再经活性炭固相柱净化,洗脱液浓缩并溶解定容后,供气相色谱-质谱(GC-MS)测定并确证,外标法定量。

3. 适用范围

本方法适用于植物性食品中 40 种有机氯和拟除虫菊酯农药残留量的测定。

4. 试剂材料

(1)丙酮、二氯甲烷、乙酸乙酯、环己烷、正己烷、甲醇、苯:残留级。

(2)氯化钠:优级纯。

(3)无水硫酸钠:650 ℃灼烧 4 h,贮于密封容器中备用。

(4)氯化钠水溶液:20 g/L。

(5)活性炭固相萃取柱(pesticard):0.5 g,或相当者,使用前用 5 mL 正己烷预淋洗。

(6)农药标准品:α-六六六、β-六六六、δ-六六六、*p*,*p*′-DDE、*o*,*p*′-DDE、*p*,*p*′-DDD、*o*,*p*′-DDD 等多种有机氯农药标准品纯度均≥93.5%。

(7)有机氯农药标准储备液:分别准确称取适量的 α-六六六、β-六六六、δ-六六六、*p*,*p*′-DDE、*o*,*p*′-DDE、*p*,*p*′-DDD、*o*,*p*′-DDD 等各种有机氯农药标准品,用丙酮或相应溶剂配制成 500～1 000 μg/mL 的标准储备液,该溶液可在 0～4 ℃冰箱中保存 3 个月。

(8)有机氯农药标准中间工作液:分别准确吸取一定体积的各农药标准储备液,可根据需要用丙酮稀释成适用浓度的混合标准中间工作液。该溶液可在 0～4 ℃冰箱中保存 6 个月。

(9)有机氯农药混合标准工作液:准确吸取一定体积的混合标准中间工作液,可根据需要用正己烷稀释成适用浓度的混合标准工作液。该溶液可在 0～4 ℃冰箱中保存 1 个月。

5. 仪器设备

气相色谱-质谱仪(配有电子轰击源 EI)、凝胶色谱仪(配有馏分收集器)、组织捣碎机、均质器、旋转浓缩蒸发器、氮吹仪、涡旋混合器、无水硫酸钠柱(7.5 cm×1.5 cm,内装 5 cm 高无水硫酸钠)、250 mL 具塞锥形瓶、250 mL 分液漏斗、50 mL+250 mL 浓缩瓶、10 μL+100 μL+1 000 μL 移液器。

6. 气相色谱-质谱参考条件

(1)气相色谱条件　色谱柱:DB-5 MS 石英毛细管柱,0.25 μm,30 m×0.25 mm(i. d.);载气(氦气,纯度 99.999%)流速 1.2 mL/min;进样量 1 μL;进样方式为无分流进样,1.5 min 后开阀;进样口温度 280 ℃;色谱-质谱接口温度 280 ℃;色谱柱升温程序见表 3-1。

表 3-1　色谱柱升温程序

起始温度/℃	升温速度/(℃/min)	最终温度/℃	保持时间/min
50	0	50	2
50	10	180	1
180	3	270	14

(2)质谱条件　离子源:电子轰击源(EI);电离能量为 70 eV;测定方式为选择离子监测方式;溶剂延迟 5 min;每种有机氯农药的定性离子和定量离子选择(每种农药分别选择 1 个定量离子,2～3 个定性离子)见表 3-2。

7. 分析测定步骤

(1)样品制备　抽取水果或蔬菜样品500 g,去壳、去籽、去皮、去茎、去冠(不可用水洗涤),将其可食部分切碎后,依次用食品捣碎机将样品加工成浆状。混匀,均分为两份作为试样,分装入洁净的盛样袋中,密闭,将试样于0～4 ℃保存。

(2)样品处理及净化　称取约25 g试样于250 mL具塞锥形瓶中,加入20 mL水,混摇后放置1 h。然后加入100 mL丙酮,高速均质提取3 min。将提取液抽滤于250 mL浓缩瓶中。残渣再用50 mL丙酮重复提取一次,合并滤液,于40 ℃水浴中旋转浓缩至约20 mL。将浓缩提取液转移至250 mL分液漏斗中。在上述分液漏斗中,加入100 mL氯化钠水溶液和100 mL二氯甲烷,振摇3 min,静置分层,收集二氯甲烷相。水相再用2×50 mL二氯甲烷重复提取2次,合并二氯甲烷相。经无水硫酸钠柱脱水,收集于250 mL浓缩瓶中,于40 ℃水浴中旋转浓缩至近干,加入5 mL乙酸乙酯-环己烷(1+1)以溶解残渣,并用0.45 μm滤膜过滤,待净化。

采用凝胶色谱技术和固相萃取技术对上述提取液进行净化。凝胶色谱净化条件如下:净化柱为700 mm×25 mm,Bio Beads S-X3,或相当者;流动相为乙酸乙酯-环己烷(1+1);流速为5.0 mL/min;样品定量环体积为5 mL;预淋洗体积为50 mL;洗脱体积为210 mL;收集体积105～185 mL。凝胶色谱净化步骤如下:将5 mL待净化液按上述规定的凝胶色谱条件进行净化,合并馏分收集器中的收集液于250 mL浓缩瓶中,于40 ℃水浴中旋转浓缩至近干,加入2 mL正己烷以溶解残渣,待净化。固相萃取净化步骤如下:将2 mL溶解液倾入预淋洗后的活性炭固相萃取柱中,用30 mL正己烷-乙酸乙酯(3+2)进行洗脱。收集全部洗脱液于50 mL浓缩瓶中,于40 ℃水浴中旋转浓缩至干。用乙酸乙酯溶解并定容至2 mL,供气相色谱-质谱测定。

(3)气相色谱-质谱测定

①定性测定　对混合标准溶液和样液按上述规定的气相色谱-质谱参考条件测定时,如果样液和混合标准溶液的选择离子图中,在相同保留时间有峰出现,则根据定性选择离子的种类及其丰度比对其进行阳性确证。各种农药的选择离子的种类及其丰度比参见表3-2。

表3-2　果蔬中多种有机氯农药保留时间、出峰顺序、定量和定性选择离子、丰度比

名称	出峰顺序	保留时间/min	定量离子(m/z)	定性离子(m/z)	丰度比
α-六六六	3	16.54	219	183/221/254	100∶99∶48∶5
β-六六六	5	17.34	219	181/183/217	75∶99∶100∶55
δ-六六六	8	18.31	219	217/181/254	75∶99∶100∶55
o,*p*′-DDE	15	24.42	246	318/176/248	100∶38∶23∶66
p,*p*′-DDE	18	25.94	318	316/246/248	86∶67∶100∶66
o,*p*′-DDD	19	26.32	235	237/199/165	100∶65∶12∶38
p,*p*′-DDD	22	27.99	235	237/199/165	100∶65∶12∶38

②定量测定　根据样液中被测农药含量,选定浓度相近的标准工作溶液。标准工作溶液和待测样液中农药的响应值均应在仪器检测的线性范围内。对混合标准溶液与样液等体积分

组分时段穿插进行测定，外标法定量。在上述规定的气相色谱-质谱参考条件下，果蔬中40种有机氯和拟除虫菊酯类农药气相色谱-质谱选择离子色谱图参见图3-2，其中七种有机氯农药标准物质的出峰顺序和保留时间参见表3-2。

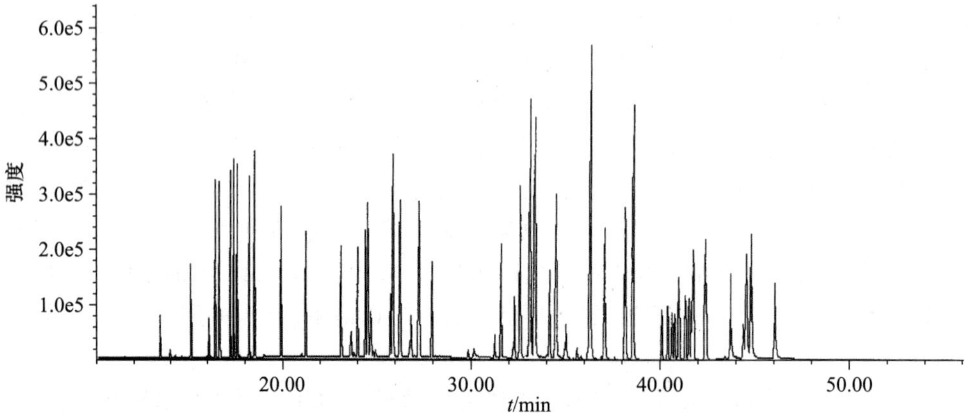

图3-2　果蔬中40种农药标准物气相色谱-质谱选择离子色谱图

8. *结果参考计算*

$$X_i = A_i c_{is} V / (A_{is} m)$$

式中：X_i—试样中有机氯农药 i 残留量，μg/g；A_i—样液中有机氯农药 i 的峰面积（或峰高）；c_{is}—标准工作液中有机氯农药 i 的浓度，μg/mL；V—样液最终定容体积，mL；A_{is}　标准工作液中有机氯农药 i 的峰面积（或峰高）；m—最终样液的试样质量，g。

9. *方法分析与评价*

（1）本方法为GB/T 5009.146—2008所选方法。α-BHC、β-BHC、δ-BHC检出限为0.01 μg/g，p,p'-DDE、o,p'-DDE、o,p'-DDD、p,p'-DDD检出限为0.02 μg/g，线性范围为0.125～6.25 μg/mL。

（2）分析液体样品中有机氯农药采样时，应采用玻璃瓶，不能用塑料瓶。

（3）样品中的脂肪、类胡萝卜素等脂溶性维生素、脂溶性色素等非极性物质的干扰采用浓硫酸磺化法净化。

（4）本方法还可以同时测定多种拟除虫菊酯类农药。

3.2.3　食品中有机磷农残检测技术

有机磷农药是农药中一类含磷的有机化合物，其种类很多，目前使用有60多种，按其结构可划分为磷酸酯及硫代磷酸酯两大类。有机磷农药按毒性可分成高毒、中等毒及低毒三类。常见的高毒有机磷农药有甲胺磷、对硫磷、甲基对硫磷、久效磷和磷胺等，从2007年1月1日开始，中国已全面禁止这5种高毒农药的使用；中毒的有敌敌畏、甲基内吸磷等；低毒的有敌百虫、乐果、马拉硫磷、倍硫磷、杀螟硫磷、稻瘟净、虫螨磷、乙酰甲胺磷等。有机磷农药中，除敌百虫、乐果为白色晶体外，其余有机磷农药的工业品均为棕色油状。有机磷农药有特殊的蒜臭味，挥发性大，对光、热不稳定，多数有机磷农药难溶于水，可溶于脂肪及各种有机溶剂，如疏水性有机溶剂丙酮、石油醚、正己烷、氯仿、二氯甲烷及苯等，也可溶于乙腈、二甲基亚砜等亲水性有机溶剂中。有机磷农药属酯类，在一定条件下能水解，特别是在碱性、高温、高水分含量等条件下更易水解。如敌百虫在碱性溶液中易水解为毒性较大的敌敌畏。有机磷农药中，硫代磷酸酯农药在溴作用下或在紫外线照射下，分子中S易被O取代，生成毒性较大的磷酸酯。有机磷农药残留定量分析方法有气相色谱法(GC)、高效液相色谱法(HPLC)，另外还有胆碱酯酶抑制率法、速测卡法、酶免疫法等快速检测法。

3.2.3.1　食品中有机磷农药残留的气相色谱法检测技术

1. 方法目的

学习气相色谱法测定有机磷农药残留的原理，掌握农药残留制备、预处理、净化的方法和气相色谱火焰光度检测器FPD的使用方法。

2. 原理

含有机磷的样品在富氢焰上燃烧，以HPO碎片的形式，发射526 nm的特性光，这种光通过滤光片选择后，由光电倍增管接收，转换成电信号，经微电流放大器放大后被记录下来。样品的峰面积或峰高与标准品的峰面积或峰高进行比较定量。

3. 适用范围

本方法适用于使用过敌敌畏、速灭磷、久效磷、甲拌磷、巴胺磷、二嗪磷、乙嘧硫磷、甲基嘧啶磷、甲基对硫磷、稻瘟净、水胺硫磷、氧化喹硫磷、稻丰散、甲喹硫磷、克线磷、乙硫磷、乐果、喹硫磷、对硫磷、杀螟硫磷20种农药制剂的水果、蔬菜、谷类等作物的残留量气相色谱法分析。

4. 试剂材料

(1)丙酮，二氯甲烷，氯化钠，无水硫酸钠，助滤剂Celiee 545。

(2)农药标准品：敌敌畏≥99%、速灭磷顺式≥60%(反式纯度≥40%)、久效磷≥99%、甲拌磷≥98%、巴胺磷≥99%、二嗪磷≥98%、乙嘧硫磷≥97%、甲基嘧啶磷≥99%、甲基对硫磷≥99%、稻瘟净≥99%、水胺硫磷≥99%、氧化喹硫磷≥99%、稻丰散≥99.6%、甲喹硫磷≥99.6%、克线磷≥99.9%、乙硫磷≥95%、乐果≥99.0%、喹硫磷≥98.2%、对硫磷≥99.0%、杀螟硫磷≥98.50%。分别准确称取以上标准品，用二氯甲烷为溶剂，分别配制成1.0 mg/mL的标准储备液，贮于4℃冰箱中，使用时根据情况，吸取不同量的标准储备液，用二氯甲烷稀释成混合标准使用液。

5. 仪器设备

组织捣碎机，粉碎机，旋转蒸发器，气相色谱仪-火焰光度检测器(FPD)。

6. 气相色谱参考条件

色谱柱：①玻璃柱2.6 m×3 mm(i. d.)，填装涂有4.5%(质量分数)DC-200+2.5% OV-17的Chromosorb WAW DMCS(80～100目)的担体；②玻璃柱2.6 m×3 mm(i. d.)，填装涂有1.5% QF-1的Chromosorb WAW DMCS(60～80目)。氮气50 mL/min、氢气100 mL/min、空气50 mL/min。柱温240 ℃，汽化室260 ℃，检测器270 ℃。

7. 分析步骤

(1)样品制备　取粮食样品粉碎，过20目筛制成待测粮食样品；取水果、蔬菜样品洗净，晾干，去掉非可食部分后制成待测样品。

(2)样品处理及净化

①水果、蔬菜样品　称取 50.00 g 水果、蔬菜样品，置于 300 mL 烧杯中，加入 50 mL 水和 100 mL 丙酮(总体积 150 mL)，用组织捣碎机捣 1～2 min。匀浆液经铺有两层滤纸和约 10 g Cellte 545 的布氏漏斗，减压抽滤。从滤液中分取 100 mL，移至 500 mL 分液漏斗中。

②谷物样品　称取 25.00 g 谷物样品，置于 300 mL 烧杯中，加入 50 mL 水和 100 mL 丙酮(总体积 150 mL)，用组织捣碎机捣 1～2 min。匀浆液经铺有两层滤纸和约 10 g Cellte 545 的布氏漏斗，减压抽滤。从滤液中分取 100 mL，移至 500 mL 分液漏斗中。

滤液中加入 10～15 g 氯化钠，使呈饱和状态。振摇 2～3 min，静置 10 min，使丙酮从水相中析出来，水相用 50 mL 二氯甲烷振摇 2 min，再静置分层。将丙酮与二氯甲烷提取液合并，并经装有 20～30 g 无水硫酸钠的玻璃漏斗脱水，滤入 250 mL 圆底烧瓶中。再以约 40 mL 二氯甲烷分数次洗涤，洗涤液也并入烧瓶中。用旋转蒸发器浓缩至约 2 mL，浓缩液定量转移至 5～25 mL 容量瓶中，加二氯甲烷定容至刻度。

(3)测定　吸取 2～5 μL 混合标准液及样品净化液注入色谱仪中，以保留时间定性，以样品的峰高或峰面积与标准比较定量。16 种有机磷农药参考色谱出峰顺序为敌敌畏、速灭磷、久效磷、甲拌磷、巴胺磷、二嗪磷、乙嘧硫磷、甲基嘧啶磷、甲基对硫磷、稻瘟净、水胺硫磷、氧化喹硫磷、稻丰散、甲喹硫磷、克线磷、乙硫磷。16 种有机磷农药(标准溶液)气相色谱图参见图 3-3。

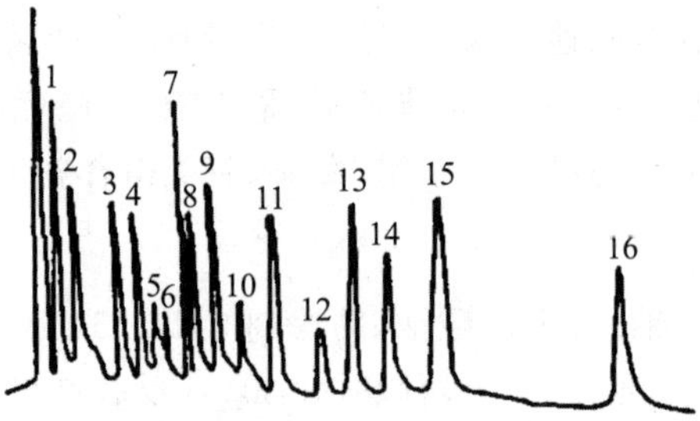

图 3-3　16 种有机磷农药(标准溶液)的气相色谱图

8. 结果参考计算

$$X_i = A_i V_1 V_3 E_{si} \times 1\,000/(A_{si} V_2 V_4 m \times 1\,000)$$

式中：X_i—有机磷农药 i 组分的含量，mg/kg；A_i—样品中 i 组分的峰面积，积分单位；A_{si}—混合标准液中 i 组分的峰面积，积分单位；V_1—样品提取液的总体积，mL；V_2—净化用提取液的总体积，mL；V_3—浓缩后的定容体积，mL；V_4—进样体积，μL；E_{si}—注入色谱仪中的 i 标准组分的质量，ng；m—样品的质量，g。

9. 方法分析与评价

(1)本方法是 GB/T 5009.20—2003 所选方法。敌敌畏、速灭磷、久效磷、甲拌磷、巴胺磷、二嗪磷、乙嘧硫磷、甲基嘧啶磷、甲基对硫磷、稻瘟净、水胺硫磷、氧化喹硫磷、稻丰散、甲喹硫磷、克线磷、乙硫磷等 16 种有机磷农药残留的最低检出限(mg/kg)依次为 0.005、0.004、0.014、0.004、0.011、0.003、0.003、0.004、0.004、0.004、0.005、0.025、0.017、0.014、0.009、0.014。

(2)国际上多用乙腈作为有机磷农药的提取试剂及分配净化试剂，如 AOAC、FDA 等采取与有机氯农药提取净化大致相同的方法来提取、净化有机磷农药，即用乙腈或石油醚提取，用乙腈/水分配或乙腈/石油醚分配等方法净化。但乙腈毒性大、价格贵，常采用二氯甲烷、丙酮提取，并在提取时根据样品性状加适量无水硫酸钠、中性氧化铝、活性炭以脱水、脱油、脱色，基本上一次完成提取、净化。

(3)有些热稳定性差的有机磷农药如敌敌畏在用气相色谱仪测定时比较困难，主要原因是易被担体所吸附，同时因对热不稳定而引起分解。故可采用缩短色谱柱至1～1.3 m，或减小固定液涂渍的厚度和降低操作温度等措施来克服上述困难。

(4)气相色谱法分析有机磷农药常用检测器为火焰光度检测器(FPD)或氮磷检测器(NPD)，因为这两种检测器灵敏度高，检测线性范围较宽，不易污染，对水不敏感，检测可在较高的温度下进行，对杂质干扰、样品制备要求不高。

(5)分析测定有机磷农药时，由于农药的性质不同，极性差异较大，应注意担体与固定液的选择。一般原则是：被分离的农药是极性化合物，则选择极性固定液，农药出峰顺序一般为极性小的农药先出峰，极性大的农药后出峰；若被分离的农药是非极性化合物，则选择非极性固定液，按沸点高低出峰，低沸点的化合物先出峰，高沸点的化合物后出峰。

3.2.3.2　食品中有机磷农药残留的酶抑制率法检测技术

1. 方法目的

学习酶抑制率法测定水果蔬菜中有机磷农药残留的原理和方法，掌握酶抑制率法快速测定果蔬有机磷农药残留的操作步骤和检验结果的评定方法。

2. 原理

有机磷类和氨基甲酸酯类农药对胆碱酯酶的活性具有很强的抑制作用。向样品中添加一定量的乙酰(或丁酰)胆碱酯酶，如果样品中含有上述两类农药，即会对酶的活性产生抑制作用。当向含有农药的样品中添加底物(碘化硫代乙酰胆碱)和显色剂(二硫代二硝基苯甲酸)时，酶由于丧失活性而不能催化底物分解并完成显色反应；相反，如果样品中不含农药，胆碱酯酶则能催化底物分解并完成显色反应。通过412 nm波长下比色分析，计算出酶的抑制率。酶的抑制率越大，说明样品中残留农药的含量越高。

3. 适用范围

本方法适用于蔬菜中有机磷和氨基甲酸酯类农药残留量的快速筛选测定。

4. 试剂材料

(1)pH 8.0磷酸盐缓冲溶液　分别取5.95 g无水磷酸氢二钾与1.6 g磷酸二氢钾，用500 mL蒸馏水溶解。

(2)显色剂　分别取160 mg二硫代二硝基苯甲酸(DTNB)和15.6 mg碳酸氢钠，用20 mL缓冲溶液溶解，4 ℃冰箱中保存。

(3)底物　取25.0 mg硫代乙酰胆碱，加3.0 mL蒸馏水溶解，摇匀后置4 ℃冰箱中保存备用，保存期不超过2周。

(4)乙酰胆碱酯酶　根据酶的活性情况，用缓冲溶液溶解，3 min内的吸光度变化ΔA_0值应控制在0.3以上，摇匀后置4 ℃冰箱中保存备用，保存期不超过4 d。

5. 仪器设备

农药残留快速测定仪或分光光度计(带动力学附件)、分析天平、恒温烘箱或恒温水浴。

6. 分析步骤

(1)样品处理　选取有代表性的蔬菜样品,冲洗掉表面泥土,剪成 1 cm 见方的碎片,取样品 1 g,放入烧杯或提取瓶中,加入 5 mL 缓冲液振荡 1～2 min,倒出提取液,静置 3～5 min 备用。

(2)对照溶液测试　先于试管中加入 2.5 mL 缓冲液,再加入 0.1 mL 胆碱酯酶溶液、0.1 mL 显色剂,摇匀后于 37 ℃放置 15 min 以上(每批样品测试时放置时间应一致)。加入 0.1 mL 底物摇匀,此时溶液开始显色,应立即用设备分析,记录反应 3 min 的吸光度变化值 ΔA_0。

(3)样品溶液测定　先于试管中加入 2.5 mL 样品提取液,其他操作与对照溶液测试相同,记录反应 3 min 的吸光度变化值 ΔA_t。

7. 结果参考计算与判定

结果以酶被抑制的程度(抑制率)表示,抑制率计算公式如下:

$$抑制率=(\Delta A_0-\Delta A_t)/\Delta A_0\times 100\%$$

式中:ΔA_0—对照液反应 3 min 吸光度变化,ΔA_t—样品液反应 3 min 吸光度变化。

当蔬菜样品提取液对酶的抑制率≥50%时,表示蔬菜中有高剂量有机磷或氨基甲酸酯类农药存在,样品为阳性结果。阳性结果的样品需要重复检验 2 次以上。对阳性结果的样品,可用其他方法进一步确定具体农药品种和含量。在检出的抑制率≥50%的 30 份以上样品中,经气相色谱法验证,阳性结果的符合率应在 80%以上。

8. 方法分析与评价

(1)本方法是 GB/T 5009.199—2003 所选方法。敌敌畏、氧化乐果、对硫磷、辛硫磷、甲胺磷、马拉硫磷、乐果、甲基异柳磷、灭多威、丁硫克百威、敌百虫、呋喃丹等部分农药的检出限依次为 0.1 mg/kg、0.8 mg/kg、1.0 mg/kg、0.3 mg/kg、2.0 mg/kg、4.0 mg/kg、3.0 mg/kg、5.0 mg/kg、0.1 mg/kg、0.05 mg/kg、0.2 mg/kg、0.05 mg/kg。

(2)葱、蒜、萝卜、韭菜、芹菜、香菜、茭白、蘑菇及番茄汁液中,含有对酶有影响的植物次生物质,容易产生假阳性。处理这类样品时,可采取整株(体)蔬菜浸提的方法。对一些含叶绿素较高的蔬菜,也可采取整株(体)蔬菜浸提的方法,减少色素的干扰。

(3)当温度条件低于 37 ℃,酶反应的速度随之放慢,因此,样品动力学控温精度要保持在(37±0.5)℃。加入酶液和显色剂后放置反应的时间应相对延长,确定延长多少时间应以胆碱酯酶空白对照测试 3 min 的吸光度变化值 ΔA_0 为准,ΔA_0 在 0.3 以上,即可往下操作。注意样品放置时间应与空白对照溶液放置时间一致才有可比性。胆碱酯酶空白对照溶液 3 min 的 $\Delta A_0<0.3$ 的原因:一是酶的活性不够,二是温度太低。

3.2.4　食品中有机菊酯类农残检测技术

拟除虫菊酯农药是近年来发展较快的一类重要的合成杀虫剂,主要应用在农业上,如防治棉花、蔬菜和果树的食叶和食果害虫,特别是在有机磷、氨基甲酸酯出现抗药性的情况下,其优点更为明显。除此之外,拟除虫菊酯还作为家庭用杀虫剂被广泛应用,它可防治蚊蝇、蟑螂及牲畜寄生虫等。拟除虫菊酯的分子结构中含有数个不对称碳原子,因而包含多个光学和立体异构体。这些异构体又具有不同的生物活性,即使同一种拟除虫菊酯,总酯含量相同,若包含的异构体的比例不同，杀虫效果也大不相同。拟除虫菊酯农药具有高效、广谱、低毒和生物降解等特性，在光和土壤微生物的作用下易转变成极性化合物，容易在环境中降解，不易造成污染，残留量低，所以应用广泛。

目前已合成很多种拟除虫菊酯，迄今已商品化的拟除虫菊酯有近 40 个品种，在全世界的杀虫剂销售额中占 20%左右。常见的拟除虫菊酯有烯丙菊酯、胺菊酯、醚菊酯、苯醚菊酯、甲醚菊酯、氯菊酯、氯氰菊酯、溴氰菊酯、氰菊酯、杀螟菊酯、氰戊菊酯、氟氰菊酯、氟胺氰菊酯、氟氰戊菊酯、溴氟菊酯等。

1. 方法目的

熟悉样品的制备、提取、净化、浓缩等预处理过程的操作原理和方法，进一步掌握气相色谱定性与定量方法的基本原理与应用，掌握气相色谱电子捕获检测器（ECD）的操作方法。

2. 原理

样品中氯氰菊酯、氰戊菊酯和溴氰菊酯经提取、净化、浓缩，再经色谱柱分离后进入电子捕获检测器中，利用被测物的峰高或峰面积与标准的峰高或峰面积比进行定量。

3. 适用范围

本方法适用于谷类和蔬菜中氯氰菊酯、氰戊菊酯和溴氰菊酯的多残留分析。

4. 试剂材料

（1）石油醚（30～60 ℃），丙酮重蒸；无水硫酸 550 ℃灼烧 4 h 后备用。

（2）层析中性氧化铝 550 ℃灼烧 4 h 后备用，用前 140 ℃烘烤 1 h，加 3%水脱活。

（3）层析活性炭 550 ℃灼烧 4 h 后备用。

（4）脱脂棉：经正已烷洗涤后，干燥备用。

（5）农药标准品：氯氰菊酯 96%；氰戊菊酯 94.4%；溴氰菊酯 97.5%。用重蒸石油醚或丙酮分别配制氯氰菊酯 0.2 μg/mL、氰戊菊酯 0.4 μg/mL、溴氰菊酯 0.1 μg/mL 的标准液。分别吸取 10 mL 氯氰菊酯、10 mL 氰戊菊酯、5 mL 溴氰菊酯的标准液于 25 mL 容量瓶中摇匀，即成为标准使用液，浓度为氯氰菊酯 80 ng/mL、氰戊菊酯 160 ng/mL、溴氰菊酯 20 ng/mL。

5. 仪器设备

气相色谱仪（附电子捕获检测器）、高速组织捣碎机、电动振荡器、高温炉、K-D 浓缩器或恒温水浴箱、具塞三角烧瓶、玻璃漏斗、10 μL 注射器。

6. 气相色谱参考条件

玻璃柱：3 mm（i. d.）×1.5 m 或 1 m，填充 3% OV-101Chromosorb WAW-DMCS 80～100 目。柱温 245 ℃，进样口和检测器 260 ℃。高纯氮气流速 140 mL/min。

7. 分析步骤

（1）样品制备　取粮食样品粉碎过 20 目筛；取蔬菜样品洗净，晾干，去掉非可食部分后制成待测样品。

（2）样品处理及净化

①谷类样品　称取 10 g 粉碎的样品，置于 100 mL 具塞三角烧瓶中，加入石油醚 20 mL，振荡 30 min 或浸泡过夜，取出上清液 2～4 mL 待过柱用。用内径 1.5 cm、长 25～30 cm 的玻璃层析柱，底端塞以经处理的脱脂棉。依次从下往上加入 1 cm 的无水硫酸钠，3 cm 的层析用

中性氧化铝(如果是面粉、玉米粉样品,所用净化柱相同,只是在中性氧化铝层上加入 0.01 g 层析活性炭粉进行脱色净化,层析所用炭粉的量可视样品颜色深浅适当增减),2 cm 的无水硫酸钠,然后以 10 mL 石油醚淋洗柱子,弃去淋洗液,待石油醚层下降至无水硫酸钠层时,迅速将样品提取液加入,待其下降至无水硫酸钠层时加入 25～30 mL 石油醚淋洗液淋洗,收集滤液于尖底定容瓶中,最后以氮气流吹,浓缩体积至 1 mL,供气相色谱用。

②蔬菜类样品　称取 20 g 经匀浆处理的样品于 250 mL 具塞三角瓶中,加入丙酮和石油醚各 40 mL 摇匀,振荡 30 min 后让其分层,取出上清液 4 mL 待过柱用。所用净化柱与谷类样品相同,只是在中性氧化铝层上加 0.02～0.03 g 层析活性炭粉(可视其颜色深浅适当增减层析活性炭粉的量)进行脱色。用 30～35 mL 石油醚淋洗液,净化操作同谷类样品。

(3)测定　将氯氰菊酯、氰戊菊酯和溴氰菊酯标准液及样品溶液 2～5 μL 分别注入气相色谱仪中,通过峰高相比,计算相应的含量。3 种拟除虫菊酯农药的气相色谱图参见图 3-4,色谱参考出峰顺序为溶剂(峰 1)、氯氰菊酯(峰 2)、氰戊菊酯(峰 3)、溴氰菊酯(峰 4)。

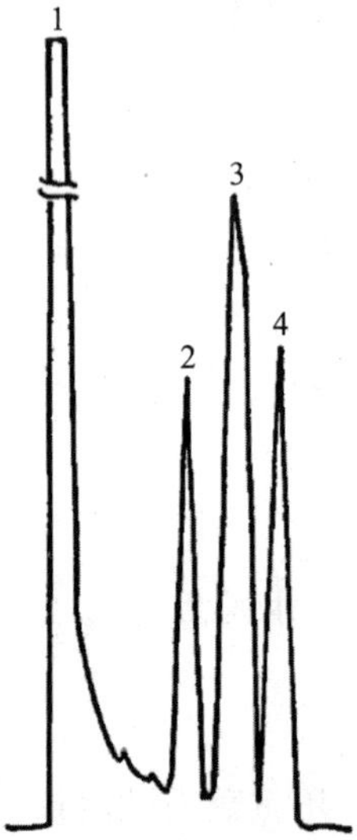

图 3-4　3 种拟除虫菊酯农药的气相色谱图

8. 结果参考计算

$$X = h_X c_s Q_s V_X \times 10^6 / (h_s Q_X m)$$

式中:X—样品中农药含量,mg/kg;h_X—样品溶液峰高,mm;c_s—标准溶液浓度,g/mL;Q_s—标准溶液进样量,μL;V_X—样品的浓缩定容体积,mL;h_s—标准溶液峰高,mm;m—样品称样量,g;Q_X—样品溶液的进样量,μL。

9. 方法分析与评价

(1)本方法是 GB/T 5009.110—2003 选定方法。粮食和蔬菜中氯氰菊酯、氰戊菊酯、溴氰菊酯的检出限依次为 2.1 μg/kg、3.1 μg/kg、0.88 μg/kg。

(2)新鲜样品含水量较大,预处理过程要注意除水,可用无水硫酸钠脱水,不可将含水分的样品制备液进样,以免损坏色谱柱。

3.2.5　食品中氨基甲酸酯类农残检测技术

氨基甲酸酯类农药的纯品为无色和白色晶状固体,易溶于多种有机溶剂中,但在水中溶解度较小,只有少数如涕灭威、灭多虫等例外。氨基甲酸酯一般没有腐蚀性,其贮存稳定性很好,只是在水中能缓慢分解,增加温度和碱性时分解加快。常见的氨基甲酸酯农药有甲萘威、戊氰威、呋喃丹、仲丁威、异丙威、速灭威、残杀威、涕灭威、抗蚜威、灭虫威、灭多威、恶虫威、硫双灭多威、双甲脒等。这些氨基甲酸酯农药在农业生产与日常生活中主要用作杀虫剂、杀螨剂、除草剂、杀软体动物剂和杀线虫剂等。20 世纪 70 年代以来,由于有机氯农药受到禁用或限用,且抗有机磷农药的昆虫品种日益增多,因而氨基甲酸酯的用量逐年增加,这就使得氨基甲酸酯的残留情况备受关注,所以食品中特别是果蔬中氨基甲酸酯农药残留量的测定,也是一重要检测项目。因为氨基甲酸酯化合物的极性强、热稳定性较差,有些种类的氨基甲酸酯农药在气相色谱分析温度条件下会发生分解,所以用高效液相色谱法(HPLC)、高效液相色谱-质谱法(HPLC-MS)分析检测氨基甲酸酯农药避免发生分解,准确度更高。

3.2.5.1 食品中氨基甲酸酯农药残留的高效液相色谱法检测技术

1. 方法目的

学习高效液相色谱法测定氨基甲酸酯杀虫剂残留量的方法，了解高效液相色谱仪的工作原理，掌握样品制备、预处理、凝胶柱净化及使用方法。

2. 原理

样品经提取、净化、浓缩、定容、微孔滤膜过滤后进样，用反相高效液相色谱分离，紫外检测器检测，根据色谱峰的保留时间定性，外标法定量。

3. 适用范围

本法适用于肉类、蛋类及乳类中涕灭威、速灭威、呋喃丹、甲萘威、异丙威残留量测定。

4. 试剂材料

(1)甲醇、丙酮、乙酸乙酯、环己烷，均为分析纯试剂重蒸后再用。

(2)氯化钠、无水硫酸钠均为分析纯试剂。

(3)凝胶：Bio-Beads S-X3 200～600 目。

(4)氨基甲酸酯类农药标准品：涕灭威、甲萘威、呋喃丹、速灭威、异丙威纯度均大于 99%。将 5 种标准品分别用甲醇配成一定浓度的标准储备液，冰箱保存。使用前取一定量标准储备液，用甲醇稀释配成混合标准应用液，5 种氨基甲酸酯类农药的浓度分别为涕灭威 6.0 mg/L、甲萘威 5.0 mg/L、呋喃丹 5.0 mg/L、速灭威 10.0 mg/L、异丙威 10.0 mg/L。

5. 仪器设备

高效液相色谱仪-紫外检测器、旋转蒸发仪、凝胶净化柱(长 50 cm，内径 2.5 cm)；带活塞玻璃层析柱，柱底垫少量玻璃棉，凝胶用洗脱剂乙酸乙酯＋环己烷(1＋1)浸泡过夜湿法装入柱中，柱床高约 40 cm，柱床始终保持在洗脱剂中。

6. 高效液相色谱参考条件

色谱柱：Altima C_{18} 4.6 mm×25 cm；流动相：甲醇＋水(60＋40)；流速 0.5 mL/min；柱温 30 ℃；紫外检测波长 210 nm。

7. 分析步骤

(1)样品制备　蛋品去壳，制成匀浆；肉品切块后，制成肉糜；乳品混匀后待用。

(2)样品处理及净化

①蛋类样品　称取蛋类样品 20.00 g 于 100 mL 具塞三角瓶中，加水 5 mL(视试样水分含量加水，使总水量约为 20 g。通常鲜蛋水分含量约 75%，加水 5 mL 即可)，加 40 mL 丙酮，振摇 30 min，加氯化钠 6 g，充分摇匀，再加 30 mL 二氯甲烷，振摇 30 min。取 35 mL 上清液，经无水硫酸钠滤于旋转蒸发瓶中，浓缩至约 1 mL，加 2 mL 乙酸乙酯-环己烷(1＋1)溶液再浓缩，如此重复 3 次，浓缩至约 1 mL。将以上浓缩液经凝胶柱以乙酸乙酯-环己烷(1＋1)溶液洗脱，弃去 0～35 mL 流分，收集 35～70 mL 流分。将其旋转蒸发浓缩至约 1 mL，再经凝胶柱净化收集 35～70 mL 流分，旋转蒸发浓缩，用氮气吹至约 1 mL，以乙酸乙酯定容至 1 mL，留待 HPLC 分析。

②肉类样品　称取样品 20.00 g 于 100 mL 具塞三角瓶中，加水 6 mL(视试样水分含量加

水，使总水量约为 20 g。通常鲜肉水分含量 70%，加水 6 mL 即可），以下按照蛋类样品的提取、分配和净化步骤处理。

③乳类样品　称取乳类样品 20.00 g（鲜乳不需加水，直接加丙酮等提取），以下按照蛋类样品的提取、分配和净化步骤处理。

（3）测定　分别将 5 μL 混合标准溶液及样品净化液注入色谱仪中，以保留时间定性，以样品峰高或峰面积与标准比较定量。5 种氨基甲酸酯类农药标准的液相色谱图参见图 3-5，参考色谱出峰顺序依次为涕灭威、速灭威、呋喃丹、甲萘威、异丙威。

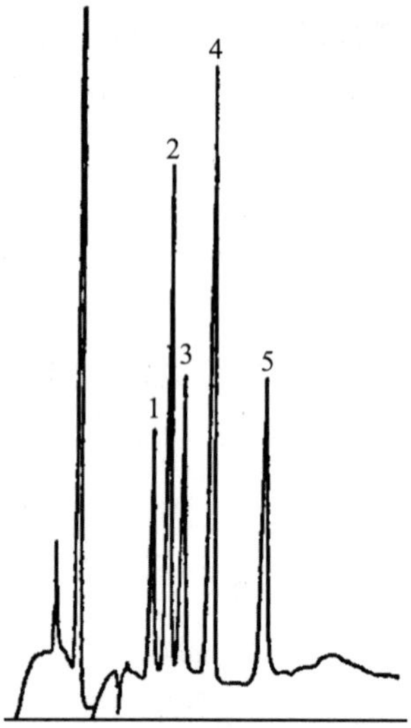

图 3-5　5 种氨基甲酸酯类农药标准的液相色谱图

8. 结果参考计算

$$X=m_1V_2\times 1\,000/(mV_1\times 1\,000)$$

式中：X—样品中各农药的含量，mg/kg；m_1—被测样液中各农药的含量，ng；m—样品质量，g；V_1—样液进样体积，μL；V_2—样品最后定容体积，mL。

9. 方法分析与评价

（1）本方法是 GB/T 5009.163—2003 选定方法。涕灭威、速灭威、呋喃丹、甲萘威、异丙威检出限分别为 9.8 μg/kg、7.8 μg/kg、7.3 μg/kg、3.2 μg/kg、13.3 μg/kg。

（2）所需玻璃仪器和容器每次临用前需要用纯水清洗干净后，再用无水乙醇冲洗 3 次，阴（烤）干、冷却后方可使用。

（3）凝胶柱净化时流速不可太快，柱子尽可能长些，效果较为显著。

3.2.5.2　食品中氨基甲酸酯农药残留的气相色谱法检测技术

1. 方法目的

学习气相色谱法测定氨基甲酸酯杀虫剂残留量的原理，了解带火焰热离子检测器 FTD 的气相色谱仪的工作原理，掌握样品制备、预处理与净化、气相色谱分析步骤。

2. 原理

含氮有机化合物被色谱柱分离后在加热的碱金属片的表面产生热分解，形成氰自由基，从被加热的碱金属表面放出的原子状态的碱金属（Rb）接受电子变成 CN^-，再与氢原子结合。放出电子的碱金属变成正离子，由收集极收集，并作为信号电流而被测定，电流信号的大小与含氮化合物的含量成正比。以峰面积或峰高比较定量。

3. 适用范围

本方法适用于粮食、蔬菜中速灭威、异丙威、残杀威、克百威、抗蚜威和甲萘威的残留量的分析测定。

4. 试剂材料

（1）丙酮、无水甲醇、二氯甲烷、石油醚（沸程 30～60 ℃）：分析纯试剂重蒸后使用。

（2）无水硫酸钠：于 450 ℃焙烧 4 h 后备用。

(3)50 g/L 氯化钠溶液：称取 25 g 氯化钠，用水溶解并稀释至 500 mL。

(4)甲醇-氯化钠溶液：取无水甲醇及 50 g/L 氯化钠溶液等体积混合。

(5)氨基甲酸酯农药标准品：速灭威≥99%、叶蝉散(异丙威)≥99%、残杀威≥99%、呋喃丹(克百威)≥99%、抗蚜威≥99%、西维因(甲萘威)≥99%。分别准确称取各种标准品，用丙酮分别配制成 1 mg/mL 的标准储备液。使用时用丙酮稀释配制成单一品种的标准使用液(5 μg/mL)和混合标准工作液(每个品种浓度为 2～10 μg/mL)。

5. 仪器设备

气相色谱仪-FTD、电动振荡器、组织捣碎机、粮食粉碎机(带 20 目筛)、恒温水浴锅、减压浓缩装置、分液漏斗、量筒、具塞三角烧瓶、抽滤瓶、ϕ 10 cm 布氏漏斗。

6. 气相色谱参考条件

玻璃色谱柱 1：3.2 mm(i.d.)×2.0 m，内装涂有 2% OV-101+6% OV-210 混合固定液的 Chromosorb W(HP)80～100 目担体；玻璃色谱柱 2：3.2 mm(i.d.)×1.5 m，内装涂有 1.5% OV-17+1.95% OV-210 混合固定液的 Chromosorb W(AW-DMCS)80～100 目担体。氮气 65 mL/min；空气 150 mL/min；氢气 3.2 mL/min。柱温 190 ℃；进样口及检测室温度 240 ℃。

7. 分析测定步骤

(1)样品的制备　粮食经粉碎机粉碎过 20 目筛制成样品。蔬菜洗净、晾干、称重，组织捣碎机捣碎制成样品。

(2)样品处理、净化和浓缩

①粮食样品　称取约 40 g 粮食样品，精确至 0.001 g，置于 250 mL 具塞锥形瓶中，加入 20～40 g 无水硫酸钠、100 mL 无水甲醇，塞紧，摇匀，于电动振荡器上振荡 30 min。然后经快速滤纸过滤于量筒中，收集 50 mL 滤液，转入 250 mL 分液漏斗中，用 50 mL 50 g/L 氯化钠溶液洗涤量筒，并入分液漏斗中。于盛有样品提取液的 250 mL 分液漏斗中加入 50 mL 石油醚，振荡 1 min，静置分层后将下层(甲醇-氯化钠溶液)放入第二个 250 mL 分液漏斗中，加 25 mL 甲醇-氯化钠溶液于第一个分液漏斗的石油醚层中，振摇 30 s，静置分层后，将下层并入第二个分液漏斗的甲醇-氯化钠溶液中。于盛有样品净化液的分液漏斗中，用二氯甲烷(50 mL，25 mL，25 mL)依次提取三次，每次振摇 1 min，静置分层后将二氯甲烷层经铺有无水硫酸钠(玻璃棉支撑)的三角漏斗(用二氯甲烷预洗过)过滤于 250 mL 蒸馏瓶中，用少量二氯甲烷洗涤漏斗，并入蒸馏瓶中。将蒸馏瓶接上减压浓缩装置，于 50 ℃水浴上减压浓缩至 1 mL 左右，取下蒸馏瓶，将残余物转入 10 mL 刻度离心管中，用二氯甲烷反复洗涤蒸馏瓶并入离心管中，然后吹氮气除尽二氯甲烷溶剂，用丙酮溶解残渣并定容至 2.0 mL，待分析用。

②蔬菜样品　称取约 20 g 蔬菜样品，精确至 0.001 g，置于 250 mL 具塞锥形瓶中，加入 80 mL 无水甲醇，塞紧，摇匀，于电动振荡器上振荡 30 min。然后经铺有快速滤纸的布氏漏斗抽滤于 250 mL 抽滤瓶中，用 50 mL 无水甲醇分次洗涤提取瓶及滤器。将滤液转入 500 mL 分液漏斗中，用 100 mL 50 g/L 氯化钠水溶液分次洗涤滤器，并入分液漏斗中。于盛有样品提取液的 500 mL 分液漏斗中加入 50 mL 石油醚，振荡 1 min，静置分层后将下层放入第二个 500 mL 分液漏斗中，并加入 50 mL 石油醚，振荡 1 min，静置分层后将下层放入第三个 500 mL 分液漏斗中，然后加 25 mL 甲醇-氯化钠溶液于第二个分液漏斗的石油醚层中，振摇 30 s，静置分层后，将下层并入第三个分液漏斗的甲醇-氯化钠溶液中。于盛有样品净化液的分液漏斗中，用二氯甲烷(50 mL，25 mL，

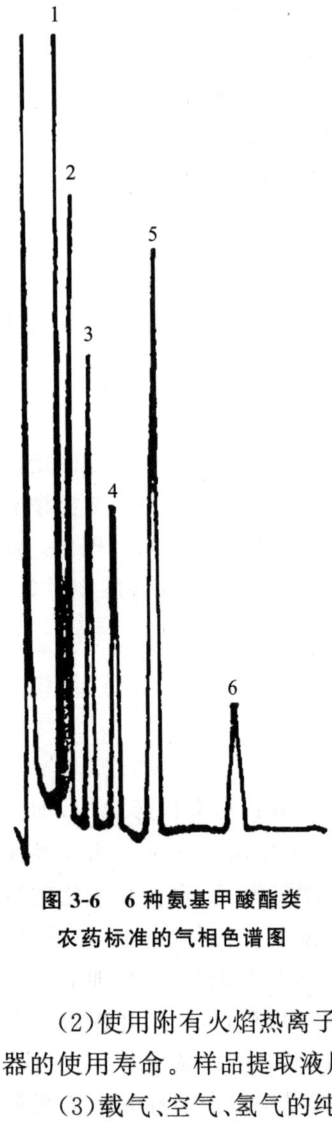

图 3-6　6 种氨基甲酸酯类农药标准的气相色谱图

25 mL)依次提取 3 次，每次振摇 1 min，静置分层后将二氯甲烷层经铺有无水硫酸钠(玻璃棉支撑)的三角漏斗(用二氯甲烷预洗过)过滤于 250 mL 蒸馏瓶中，用少量二氯甲烷洗涤漏斗，并入蒸馏瓶中。将蒸馏瓶接上减压浓缩装置，于 50 ℃水浴上减压浓缩至 1 mL 左右，取下蒸馏瓶，将残余物转入 10 mL 刻度离心管中，用二氯甲烷反复洗涤蒸馏瓶并入离心管中，然后吹氮气除尽二氯甲烷溶剂，用丙酮溶解残渣并定容至 2.0 mL，待分析用。

(3)测定　取样品液及标准样液各 1 μL 进样，做色谱分析。根据组分在两根色谱柱上的出峰时间与标准组分比较定性；用外标法与标准组分比较定量。6 种氨基甲酸酯类农药标准的气相色谱图参见图 3-6，参考色谱出峰顺序依次为速灭威、异丙威、残杀威、克百威、抗蚜威、甲萘威。

8. 结果参考计算

$$X_i = E_i A_i \times 2.0 \times 1\,000 / (m A_E \times 1\,000)$$

式中：X_i—样品中组分 i 的含量，mg/kg；E_i—标准样品中组分 i 的含量，ng；A_i—样品中组分 i 的峰面积或峰高；A_E—标准样品中组分 i 的峰面积或峰高；m—样品质量，g；2.0—进样液的定容体积，mL；1 000—换算单位。

9. 方法分析与评价

(1)本方法是 GB/T 5009.104—2003 选定方法。速灭威、异丙威、残杀威、克百威、抗蚜威、甲萘威的最低检出限分别为 0.02 mg/kg，0.02 mg/kg，0.03 mg/kg，0.05 mg/kg，0.02 mg/kg，0.10 mg/kg。

(2)使用附有火焰热离子检测器 FTD 的气相色谱仪时样品中不能带水，否则将影响检测器的使用寿命。样品提取液用无水硫酸钠脱水后才可以进样。

(3)载气、空气、氢气的纯度要求比较高，载气要求纯度 99.999%以上；空气最好是选钢瓶空气，无油；氢气要求纯度 99.999%以上。

(4)使用 FTD 检测器时，不能使用含氰基固定液的色谱柱，比如 OV-1701。

3.2.6　农药残留危害性分析评价

农药使用的目的是为了保护农作物免受病虫害的侵袭，然而农药在使用后一般会在目标作物上、使用者身上、环境中产生相应的农药残留，控制这种风险，就要从农药的使用量、造成的残留范围、作用效果和危害性及农药的暴露状况等方面做全面的风险评估。依据农药的风险评价设定最大农药使用量，它既能满足有效地防治植物病虫害，又能保证农药使用者的风险降到最低，而且还能使食品和环境中的有毒物质残留降低到人类可接受水平。农药残留危险性评价是对人体所接触的食品中残留的农药产生的已知或潜在的不良作用所进行的科学评价。主要包括危害识别、剂量-反应评价、人群暴露评价、风险性特征几方面的内容。

(1)危害识别　农药残留危害识别的目的是识别人体暴露在一种农药残留物质下对健康

所造成的潜在的负面影响，识别这种负面影响发生的可能性及与之相关联的确定性和不确定性。危害识别不是对暴露人群的风险进行定量的外推，而是对暴露人群发生不良作用的可能性作定量评价。农药残留危害识别需进行流行病学研究、动物毒理学研究、体外试验以及定量结构活性关系的研究，从而了解各种农药残留物质的毒性。

(2)剂量-反应评价　由农药残留物质动物毒理学研究获得的未观察到有害作用剂量(NOAEL)或观察到有害作用的最低剂量(LOAEL)值除以合适的安全系数可得到农药残留物质安全阈值水平的量，即每日允许摄入量(ADI)。ADI值表示如果按小于或等于ADI值的量摄入某一种化学物，对健康没有明显的危险性。ADI值这种评价方法只适用于有阈值的农药残留物质，不适用于遗传毒性致癌物，具有致癌效应和致突变效应的农药残留物质的致突变或致癌效应在除零剂量以外的所有剂量均可能发生。这些农药残留物质的剂量-反应评价要在动物实验基础上建立外推数学模型，以数学模型对可接受危险性的剂量水平进行推导，再结合大量的人群流行病学数据确定评估结果。

(3)人群暴露评价　人群暴露评价又称摄入量评估，它是农药残留危险性评价的第三个阶段，目的是确定特定人群摄入待评农药的总量。对于农药残留的膳食摄入量的估计，需要有相应的食物消费量与这些食物中要评估的农药残留物质浓度的基本数据。膳食摄入量评估一般有三种方式：总膳食研究法；单一食品的选择研究法；双份膳食研究法。利用这三种方法的数据确定农药残留的最大膳食摄入量。把农药残留的理论总膳食摄入量和可能接受水平进行比较，农药残留的理论总膳食摄入量必须低于相应ADI值。很多情况下，农药残留的实际摄入量低于ADI值。准确可靠的食品摄入量对于农药残留的暴露评估是必不可少的，消费者平均(中值)食品消费量和不同人群的食品消费数据对于暴露评估非常重要，特别是易感人群。另外，在制定国际性食品安全风险评估办法时必须注重膳食摄入量资料的可比性，特别是世界上不同地方的主要食品消费情况。

(4)风险性特征描述　风险性特征描述是农药残留危险性评价的最后总结阶段。通过对危害识别、剂量-反应评价和暴露评估这前三个阶段的评定结果进行综合、分析、判断，对所摄入农药残留物质对人群健康产生不良作用的可能性做出定性和定量估计，得出风险性评价结论，并以文件的形式阐明该物质可能引起的公众健康问题，为政府管理机构决策提供科学依据。

对于有阈值的农药残留物质，人类的风险就是通过暴露量与ADI值的比较。在这种情况下，当暴露量的比较结果小于ADI值时，概念上的负面影响作用的可能性为零。当暴露量的比较结果大于ADI值时该农药残留物质对食品安全影响的风险超过了可以接受的限度，应当采取适当的风险管理措施。对于无阈值的农药残留物质，人类的风险在于暴露量和潜在的危害。对人群的风险是摄入量和危害程度的综合结果，即：

$$\text{食品安全风险}=\text{摄入量}\times\text{危害程度}$$

在风险描述这一步，风险评估过程每一步的不确定度都要考虑在内。风险描述的不确定度将反映这些步骤之前的不确定性。从动物研究外推到人的结果将产生两种不确定性：试验动物和人的相关性产生的不确定性；人体对某种化学物质的特异敏感性未必能在试验动物上发现。在实际工作中，这些不确定性可以通过专家判断和进行额外的试验(特别是人体试验)加以验证。农药残留的风险性特征描述应当遵守以下两个重要原则：①农药残留的结果不应当高于“良好农业操作规范”的结果；②日摄入食品总的农药残留量（如膳食摄入量）不应当超过可以接受的摄入量。

3.3 食品中兽药残留的检测技术

3.3.1 兽药的分类

典型的兽药是指用于预防和治疗畜禽疾病的药物。但是，随着集约化养殖生产的开展，一些化学的、生物的药用成分被开发成具有某些功效的动物保健品或饲料添加剂，也属于兽药的范畴。因为动物性食品的药物残留会对人类健康产生非常大的影响，为提高食品的卫生质量，保证食品的安全性，保护消费者身体健康，许多国家都对允许使用的各种兽药在动物性食品中的最大残留限量做了规定，我国对允许使用的各种兽药在动物性食品中的最大残留限量见GB 31650—2019。兽药按其作用大致可分为抗生素类药物、抗寄生虫类药物、激素类药物三大类。

1. 抗生素类药物

抗生素由微生物（包括细菌、真菌、放线菌属）产生，在低微浓度下即可对某些生物的生命活动有特异抑制作用。抗生素分为天然品和人工合成品，前者是微生物的代谢产物，后者是对天然抗生素进行结构改造获得的半合成产品，对各种病原微生物有强大的抑制或杀灭作用。如β-内酰胺类抗生素、四环素族抗生素、氨基糖苷类抗生素、大环内酯类抗生素、林可霉素类抗生素和氯霉素等天然发酵抗生素类药物；磺胺类抗生素、喹诺酮类抗生素和硝基呋喃类抗生素等人工合成的化学治疗药物。

（1）β-内酰胺类抗生素　包括了种类繁多的天然和半合成化合物，所有这些化合物都具有β-内酰胺环的共同结构，如青霉素类和头孢菌素类，以及新发展的头霉素类、硫霉素类、单环β-内酰胺类等。β-内酰胺类对细菌的选择性作用强，而对人几乎没有毒性，适应证广及临床疗效好，是一类高效低毒应用广泛的抗生素。β-内酰胺类抗生素容易引发超敏反应，轻至中度的超敏反应一般表现为短时间内出现血压下降、皮疹、身体发热、血管神经性水肿、血清病样反应等，极度超敏反应可能导致过敏性休克甚至死亡。

（2）四环素族抗生素　是由链霉菌产生或经半合成而得，化学结构上具有氢化并四苯基母核的一类碱性抗生素。四环素族抗生素为广谱抗生素，对革兰氏阳性和阴性细菌，立克次氏体等均有抑菌作用，属快效抑菌剂。四环素族抗生素会对肝、肾造成损害，影响牙齿及骨骼的发育，会引发过敏反应，使用时间稍长，易导致肠道菌群失调，影响消化。

（3）大环内酯类抗生素　在结构上都具有大环内酯环，如红霉素、麦迪霉素、乙酰螺旋霉素、阿奇霉素等。大环内酯类抗生素口服后可引起恶心、呕吐、食欲降低、腹痛、腹泻等胃肠道反应，可发生耳鸣、听觉障碍症状，会引起药热、药疹等过敏反应，对肝脏和中枢神经系统有毒害作用，部分药物易透过胎盘对子代造成伤害如克拉霉素、阿奇霉素等。

（4）氨基糖苷类抗生素　是由氨基糖与氨基环醇通过氧桥连接而成的苷类抗生素，如链霉素、来自小单胞菌的庆大霉素等天然氨基糖苷类。长期摄入含氨基糖苷类残留超标的动物性食品，可损害肌肉、听力及肾脏功能，也可引起过敏性休克。

（5）林可霉素类抗生素　是林可链霉菌产生的林可酰胺类抗生素，包括林可霉素和克林霉素，作用于敏感菌核糖体，通过与 50 S 亚基 23S rRNA 基因的中心环相结合，阻止肽链的延长，从而抑制细菌细胞的蛋白质合成。由于其价格低廉，是常用的抗生素之一。长期摄入含林可霉素类残留超标的动物性食品，可发生胃肠道反应、肝脏损害、过敏反应、心血管反应，还可导致口周麻木、耳鸣、眩晕等。

(6)氯霉素　是由委内瑞拉链丝菌产生的抗生素。氯霉素的化学结构含有对硝基苯基、丙二醇与二氯乙酰胺三个部分，是一种广谱抗生素，常用于动物各种传染性疾病的治疗，对多种病原菌有较强的抑制作用，在水产养殖业中广泛应用，同时也带来了水产品中氯霉素残留的严重问题。氯霉素存在严重的毒副作用，能抑制人体骨髓造血功能，引起人类的再生障碍性贫血，粒状白细胞缺乏症，新生儿、早产儿灰色综合征等疾病，低浓度的药物残留还会诱发致病菌的耐药性，因此动物食品中的氯霉素残留对人类的健康构成了巨大威胁。许多国家禁止或严格限制使用氯霉素，我国也规定氯霉素在动物性食品中不得检出。

(7)磺胺类药物　是指具有对氨基苯磺酰胺结构的一类药物的总称，是一类用于预防和治疗细菌感染性疾病的人工合成的化学治疗药物，常作为饲料添加剂广泛应用在兽医临床上，也作为治疗畜禽细菌感染性疾病和治疗球虫病的药物。磺胺类抗生素主要用于抗菌消炎，有磺胺噻唑、磺胺嘧啶、复方新诺明等。由于磺胺类药物大部分以原形由机体排出，而且它们在环境中不易被生物降解，因此容易造成磺胺类药物在体内和环境中残留。磺胺类药物在动物性食品中的残留在所有兽药中是最严重的。长期摄入含磺胺类药物残留的动物性食品，药物可不断在体内蓄积，从而引起敏感人群的过敏反应、中毒和导致耐药性菌的产生，磺胺类药主要经肾脏排出，在尿中浓度较高，其溶解度较低，尤其当尿液偏酸性时，可在肾盂、输尿管或膀胱内析出结晶，产生刺激和阻塞，造成泌尿系统损伤，引起结晶尿、血尿、管型尿，磺胺二甲基嘧啶具有高度致癌性。

(8)喹诺酮类抗生素　是人工合成的含 4-喹诺酮基本结构的抗菌药，以细菌的脱氧核糖核酸(DNA)为靶，妨碍 DNA 回旋酶，进一步造成细菌 DNA 的不可逆损害，达到抗菌效果。喹诺酮类抗生素具有抗菌谱广、抗菌活性强、与其他抗菌药物无交叉耐药性和毒副作用小等特点，被广泛应用于畜牧、水产等养殖业中。喹诺酮类抗生素包括诺氟沙星、氧氟沙星、洛美沙星、培氟沙星、环丙沙星、依诺沙星、氟罗沙星、加替沙星等几十种。有关研究证明喹诺酮类药物会造成一些胃肠道反应、轻微中枢神经系统反应、一般性过敏反应等症状和耐药性等危害。目前喹诺酮类兽药在畜禽水产业滥用的危害较严重，其中洛美沙星、培氟沙星、氧氟沙星、诺氟沙星四种 2016 年已经禁止使用。

(9)硝基呋喃类抗生素　是一类人工合成的广谱抗菌药，包括呋喃唑酮、呋喃它酮、呋喃西林、呋喃妥因等，在畜禽和水产养殖业中曾被广泛应用，用于治疗由大肠杆菌、沙门氏菌和原虫引起的痢疾、肠炎、胃溃疡等胃肠道疾患，也可用作畜禽和水产促生长的添加剂等。有关研究证明硝基呋喃类抗生素及其代谢物具有相当大的毒性和致癌致畸致突变作用。鉴于硝基呋喃类抗生素及其代谢物的危害性，1995 年起欧盟、日本、美国等开始禁止硝基呋喃类抗生素在食用的畜禽及水产动物中使用，并严格执行对输入的食用鱼、虾及禽类进行残留检测。中国农业部 2002 年发布《食品动物禁用的兽药及其他化合物清单》中明文禁止在所有食品动物的所有用途中使用硝基呋喃类抗生素。

2. 抗寄生虫类药物

寄生虫对动物的危害较为严重，其在宿主细胞、组织或腔道内寄生，可引起一系列的损伤，例如夺取营养导致宿主贫血、对宿主的组织和器官产生机械性损伤、引发毒性反应等。目前在动物性食品生产过程中对动物寄生虫病的治疗仍主要为药物治疗，如苯并咪唑、左旋咪唑、克球酚、吡喹酮、莫能菌素、盐霉素等，因此抗寄生虫类药物残留比较普遍。长期食用抗寄生虫类药物残留超标的动物性食品，对人主要的潜在危害是致畸和致突变作用，对于妊娠期的孕妇有可能发生胎儿畸形，如短肢、兔唇等。

3. 激素类药物

激素是机体某些组织分泌的特殊的有机物质，能够活化或抑制不同的组织细胞，调节机体的各种代谢活动。国内外在兽医临床和动物养殖过程中允许使用经过批准使用的激素类兽药，在畜牧生产中使用激素类药物主要是用于防治疾病，提高动物的繁殖，加快生长发育速度，科学合理地使用激素类药物不会出现安全问题。用于动物的激素类药物包括性激素、生长激素、β-兴奋剂三大类。

（1）性激素　是一类由动物性腺分泌或者人工合成的低分子质量、强亲脂性、具有生物活性的化学物质，对各种生理机能和代谢过程起着重要的调节作用。常用的有雌激素、孕激素、雄激素等。摄入性激素残留超标的动物性食品，可能会影响消费者的正常生理机能，并具有一定的致癌性，可导致儿童早熟、儿童发育异常、儿童异性趋向等，有些国家已限制性激素在食品动物上的应用。

（2）生长激素　生长激素可以提高畜禽每日的净增重量，提高饲料利用率，改进动物体内的胴体蛋白含量以及脂肪含量，从而改进动物肉类的品质。目前在畜牧业上应用得比较多的生长激素有牛生长激素、猪生长激素以及绵羊生长激素等。动物生长激素的作用靶标是动物组织以及细胞，长期食用生长激素残留超标的肉类，会对身体产生较大的危害，可能会促进肿瘤细胞的繁殖，出现诱发肿瘤的风险，可能会出现头疼、呕吐、头晕等颅内压增高的症状，还可能出现激素导致的糖尿病等。

（3）β-兴奋剂　即β-肾上腺素受体激动剂，其化学结构和药理性质与肾上腺素相似。这类药物能促进瘦肉生长、改进酮体品质（瘦肉与脂肪比例），能够大大提高畜禽的瘦肉率。常见的β-受体激动剂主要有克伦特罗、沙丁胺醇、莱克多巴胺等。β-兴奋剂在动物体内代谢较慢，易形成残留，长期食用β-兴奋剂残留超标的动物性食品，会出现心动过速、心律失常、心悸，头晕、头痛、呼吸困难，四肢麻痹、肌肉震颤等中毒症状，还可能会产生过敏反应，出现红斑、皮肤瘙痒等症状。

3.3.2　食品中抗生素残留检测技术

3.3.2.1　食品中青霉素类兽药残留检测技术

青霉素类抗生素自20世纪40年代投入使用以来，由于高效、低毒，为人类和动物感染性疾病的防治发挥了重大作用，迄今为止青霉素仍然是医学及兽医学临床上广泛应用的药物之一。但是青霉素类抗生素容易造成细菌耐药性的提高和引发剧烈的过敏反应，严重时导致休克危及生命。根据抗菌谱和抗菌作用的特点，可将青霉素类抗生素分为六类：①天然青霉素类如青霉素G、非奈西林（苯氧乙青霉素）等；②抗葡萄球菌青霉素类如甲氧西林、奈夫西林等；③氨苄西林类如海他西林、阿莫西林等；④抗假单胞菌青霉素类如羧苄西林、阿洛西林等；⑤美西林类如美西林；⑥甲氧青霉素类如坦莫西林。

青霉素类兽药残留常用检测技术有高效液相色谱法（HPLC）、高效液相色谱串联质谱法（HPLC-MS/MS）、液相色谱-荧光检测法（HPLC-FL）、酶联免疫法（ELISA）、杯碟法、薄层色谱法等。这里主要介绍液相色谱-串联质谱法。

1. 方法目的

学习液相色谱-串联质谱法测定青霉素类兽药残留的原理与方法，了解液相色谱、串联质谱仪联用的工作原理，掌握样品制备、预处理、C_{18} 固相萃取柱净化、LC-MS 定性与定量测定 9 种青霉素类药物残留的操作步骤。

2. 原理

样品中青霉素类药物残留，用 0.15 mol/L 磷酸二氢钠(pH＝8.5)缓冲溶液提取，经离心，上清液用固相萃取柱净化，液相色谱-串联质谱仪测定，外标法定量。

3. 适用范围

本方法适用于牛、羊、猪和鸡肉中 9 种青霉素类药物残留量的测定。

4. 试剂和材料

(1)甲醇、乙腈为色谱纯试剂；磷酸二氢钠、氢氧化钠、乙酸为优级纯试剂。

(2)乙腈-水溶液(1＋1)。

(3)5 mol/L 氢氧化钠溶液，0.15 mol/L 磷酸二氢钠(pH＝8.5)缓冲溶液。

(4)9 种青霉素标准物质：阿莫西林、氨苄西林、哌嗪西林、青霉素 G、青霉素 V、苯唑西林、氯唑西林、萘夫西林、双氯西林标准物质的纯度＞99%。准确称取适量的每种标准物质，分别用水配制成浓度为 1.0 mg/mL 的标准储备溶液。储备液贮存在－18 ℃冰柜中。根据需要分别吸取青霉素标准储备溶液稀释成适当浓度的基质混合标准工作溶液。

(5)C_{18} 固相萃取柱，使用前分别用 5 mL 甲醇、5 mL 水和 10 mL 磷酸二氢钠缓冲溶液预处理，保持柱体湿润。

5. 仪器设备

液相色谱-串联四极杆质谱仪(配有电喷雾离子源)，分析天平，振荡器，固相萃取真空装置，离心机，25 μL 微量注射器，刻度吸管，pH 计，50 mL 贮液器，0.2 μm 滤膜。

6. 液相色谱-串联质谱参考条件

(1)液相色谱条件　色谱柱：SunFire™-C_{18} 柱，3.5 μm，150 mm×2.1 mm(i.d.)；柱温 30 ℃；进样量 20 μL；流动相梯度程序及流速见表 3-3。

表 3-3　流动相梯度程序及流速

时间/min	流速/(μL/min)	水(含 0.3%乙酸)/%	乙腈(含 0.3%乙酸)/%
0.00	200	95.0	5.0
3.00	200	95.0	5.0
3.01	200	50.0	50.0
13.00	200	50.0	50.0
13.01	200	25.0	75.0
18.00	200	25.0	75.0
18.01	200	95.0	5.0
25.00	200	95.0	5.0

(2)质谱条件　离子源:电喷雾离子源;扫描方式:正离子扫描;检测方式:多反应监测;电喷雾电压(IS)5 500 V;雾化器压力 0.055 MPa;气帘气压力 0.079 MPa;辅助气(AUX)流速 6 L/min;离子源温度 400 ℃;定性离子对、定量离子对、去簇电压(DP)、聚焦电压(FP)、碰撞气能量(CE)及碰撞室出口电压质谱参数见表 3-4。

表 3-4　质谱分析参数

名称	定性离子对 (m/z)	定量离子对 (m/z)	碰撞气能量/eV	去簇电压/V	聚焦电压/V	碰撞室出口电压/V
阿莫西林	366/114	366/208	30	21	90	10
	366/208		19			
氨苄西林	350/192	350/160	23	20	90	10
	350/160		20			
哌嗪西林	518/160	518/143	35	27	90	10
	518/143		35	25		
青霉素 G	335/160	335/160	20	23	90	10
	335/176		20			
青霉素 V	351/160	351/160	20	40	90	10
	351/192		15			
苯唑西林	402/160	402/160	20	23	90	10
	402/243		20			
氯唑西林	436/160	436/160	21	20	90	10
	436/277		22			
萘夫西林	415/199	415/199	23	23	90	10
	415/171		52			
双氯西林	470/160	470/160	20	20	90	10
	470/311		22			

7. 分析测定步骤

(1)样品制备　取有代表性样品用绞肉机绞碎混匀(<5 mm),装入洁净容器内,于−18 ℃保存。

(2)样品处理及净化　称取 3 g 样品置于离心机中,加入 25 mL 磷酸二氢钠缓冲溶液,于振荡器上振荡 10 min,然后以 4 000 r/min 离心 10 min,把上层提取液移至下接 C_{18} 固相萃取柱的贮液器中,以 3 mL/min 的流速通过固相萃取柱后,用 2 mL 水洗柱,弃去全部流出液。用 3 mL 乙腈-水洗脱,收集洗脱液于刻度样品管中,用乙腈-水定容至 3 mL,摇匀后过 0.2 μm 滤膜,供液相色谱-串联质谱仪测定。按照上述操作步骤制备空白样品提取液。

(3)测定

①定性测定　选择每种待测物质的一个母离子,两个以上子离子,在相同试验条件下,样品中待测物质的保留时间与基质标准溶液中对应物质的保留时间的比值偏差在±2.5%之内;样品色谱图中各定性离子相对丰度与浓度接近的基质标准溶液的色谱图中离子相对丰度相对

应，若偏差不超过表3-5规定的范围，则可判定为样品中存在对应的待测物。

表3-5　定性确证时相对离子丰度的最大允许偏差　　%

相对离子丰度	＞50	20～50	10～20	≤10
允许的最大偏差	±20	±25	±30	±50

②定量测定　用9种青霉素标准储备溶液配成的基质混合标准溶液分别进样，以峰面积为纵坐标，标准工作溶液浓度为横坐标绘制标准工作曲线，用标准工作曲线对样品进行定量，样品溶液中9种青霉素的响应值均应在仪器测定的线性范围内。在上述色谱条件下9种青霉素标准物质的总离子流图参见图3-7。9种青霉素的保留时间见表3-6。

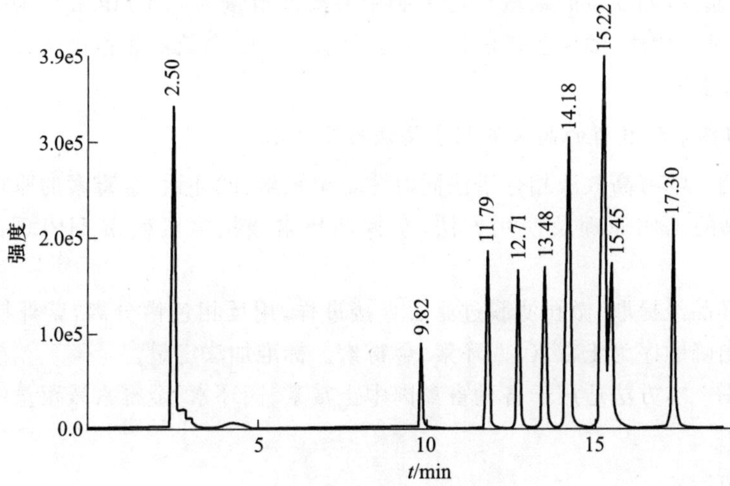

图3-7　9种青霉素标准物质的总离子流图

表3-6　9种青霉素的参考保留时间　　min

青霉素名称	保留时间	青霉素名称	保留时间
阿莫西林	2.50	苯唑西林	14.18
氨苄西林	9.82	氯唑西林	15.22
哌拉西林	11.79	萘夫西林	15.45
青霉素G	12.71	双氯西林	17.30
青霉素V	13.48		

8. 结果参考计算

$$X=cV\times1\,000/(m\times1\,000)$$

式中：X—样品中被测组分残留量，μg/kg；c—从标准工作曲线得到的被测组分溶液浓度，ng/mL；V—样品溶液最终定容体积，mL；m—最终样品溶液所代表的样品的质量，g。

9. 方法分析与评价

(1)本方法是GB/T 20755—2006所选方法。萘夫西林、青霉素G、哌拉西林、青霉素V、苯唑西林、阿莫西林、氨苄西林、氯唑西林、双氯西林9种青霉素类药物残留量的检测限依次为0.25 μg/kg、0.5 μg/kg、1.0 μg/kg、1.0 μg/kg、1.0 μg/kg、2.0 μg/kg、2.0 μg/kg、2.0 μg/kg、2.0 μg/kg。

(2)本法用BUND ELUT C_{18} 固相萃取柱提取纯化样品,用乙腈-水洗脱,可以得到较好的效果,固相萃取柱提取纯化时上样量尽量少,吸附洗脱速度尽量慢,萃取柱最好只用1次。

3.3.2.2 食品中四环素族抗生素残留检测技术

在畜禽生产中四环素族抗生素被广泛作为药物添加剂,用于防治肠道感染和促生长,例如在奶牛养殖中四环素用来治疗乳腺炎等疾病,养蜂业中四环素用来治疗细菌性疾病。四环素容易诱导耐药菌株和导致在食品中残留从而对人体健康造成危害,许多国家对四环素族抗生素残留实施例行监控,如欧盟的限量规定牛奶中最高残留量为0.1 mg/kg。四环素族药物残留的分析方法有微生物法、薄层色谱法、毛细管区域电泳法、高效液相色谱法、酶联免疫法和液相色谱-串联质谱法等。

1. 食品中四环素族残留的高效液相色谱法检测技术

(1)方法目的　学习高效液相色谱法同时测定土霉素、四环素、金霉素的原理与方法,了解高效液相色谱仪的工作原理及使用方法,掌握四环素族抗生素残留HPLC法测定的操作步骤。

(2)原理　样品经提取、微孔滤膜过滤后直接进样,用反相色谱分离,紫外检测器检测,与标准比较定量,出峰顺序为土霉素、四环素、金霉素。标准加法定量。

(3)适用范围　本方法适用于各种畜禽肉中土霉素、四环素、金霉素残留量的测定。

(4)试剂材料

①乙腈:分析纯。

②0.01 mol/L磷酸二氢钠溶液:称取1.56 g(精确到±0.01 g)磷酸二氢钠($NaH_2PO_4 \cdot 2H_2O$)溶于纯水中,用30%硝酸溶液调节pH为2.5,定容到1 000 mL,经0.45 μm微孔滤膜过滤,备用。

③土霉素(OTC)标准溶液:称取土霉素0.010 0 g(精确到±0.000 1 g),用0.1 mol/L盐酸溶液溶解并定容至10.00 mL,此溶液每毫升含土霉素1 mg。

④四环素(TC)标准溶液:称取四环素0.010 0 g(精确到±0.000 1 g),用0.1 mol/L盐酸溶液溶解并定容至10.00 mL,此溶液每毫升含四环素1 mg。

⑤金霉素(CTC)标准溶液:称取金霉素0.010 0 g(精确到±0.000 1 g),溶于蒸馏水并定容至10.00 mL,此溶液每毫升含金霉素1 mg。

以上标准品均按1 000 U/mg折算,标准溶液于4 ℃以下保存,可使用1周。

⑥混合标准溶液:取土霉素、四环素标准溶液各1.0 mL,取金霉素标准溶液2.00 mL,置于10 mL容量瓶中,加蒸馏水至刻度。此溶液每毫升含土霉素、四环素各0.1 mg,金霉素0.2 mg,临用时现配。

⑦5%高氯酸溶液。

(5)仪器设备　高效液相色谱仪-紫外检测器,振荡器,离心机,分析天平,超声波清洗机,小型绞肉机,超纯水仪,pH计,0.45 μm滤膜。

(6)液相色谱测定参考条件　色谱柱:ODS-C_{18} 6.2 mm×15 cm(5 μm);检测波长

355 nm；柱温：室温；流速 1.0 mL/min；进样量 10 μL；流动相：乙腈-0.01 mol/L 磷酸二氢钠溶液(35∶65)，用前超声波脱气 10 min。

(7)分析测定步骤

①样品制备　取代表性样品用绞肉机绞碎(<5 mm)，均分为两份，装入洁净容器内，于 −18 ℃保存。

②样品处理及净化　称 5.00 g 绞碎的肉样，置 50 mL 锥形烧瓶中，加入 5%高氯酸 25 mL，振荡器振荡提取 10 min，移入离心管中，以 2 000 r/min 离心 3 min，上清液经 0.45 μm 滤膜过滤待用。

称 7 份绞碎的肉样，每份 5.00 g，置 50 mL 锥形烧瓶中，分别加入混合标准溶液 0 μL、25 μL、50 μL、100 μL、150 μL、200 μL、250 μL(含土霉素、四环素各为 0.0 μg、2.5 μg、5.0 μg、10.0 μg、15.0 μg、20.0 μg、25.0 μg，含金霉素 0.0 μg、5.0 μg、10.0 μg、20.0 μg、30.0 μg、40.0 μg、50.0 μg)，再分别加入 5%高氯酸 25.0 mL，于振荡器上振荡提取 10 min，移入离心管中，以 2 000 r/min 离心 3 min，取上清液经 0.45 μm 滤膜过滤，滤液待用。

③测定　进 10 μL 加标溶液，以峰高为纵坐标，以抗生素含量为横坐标，绘制工作曲线。进 10 μL 样品溶液，记录峰高，从工作曲线上查得含量。各抗生素参考色谱保留时间为土霉素 4.027 min、四环素 4.757 min、金霉素 9.578 min。

(8)结果参考计算

$$X = A \times 1\,000/(m \times 1\,000)$$

式中：X—样品中抗生素含量，mg/kg；A—试液测得抗生素质量，μg；m—样品质量，g。

(9)方法分析与评价

①本方法是 GB/T 5009.116—2003 所选方法。土霉素、四环素、金霉素检出限依次为 0.15 mg/kg、0.20 mg/kg、0.65 mg/kg。

②可采用 $CuSO_4$ 溶液螯合的琼脂糖树脂来富集浓缩四环素残留物，再用 EDTA/琥珀酸溶液洗脱，洗脱液再经 XAD-2 柱进行离子交换型吸附，用甲醇洗脱，经蒸除溶剂，溶解残渣等步骤制得分析样品，用 HPLC/UV 检测。也可采用氨基键合的固相萃取柱方式提取、净化样品，用 HPLC 后接 $AlCl_3$ 溶液进行柱后衍生化，经荧光检测。

③四环素族在高 pH 条件下，极易与金属离子结合，给色谱分析造成负面影响，因此在 HPLC 分析中，经常用磷酸盐等缓冲溶液控制酸度，但由于这类缓冲溶液具有较强的离子抑制作用，不适合 HPLC-MS 法。在 HPLC-MS 分析时，常用于控制酸度的是甲酸、乙酸、草酸等具有一定挥发性的酸性物质。

2. 食品中四环素族残留的酶联免疫法检测技术

(1)方法目的　学习酶联免疫法测定四环素抗生素残留的原理与方法，了解酶标仪的工作原理及使用方法，掌握四环素族抗生素残留酶联免疫法测定的操作步骤。

(2)原理　样品中残留的四环素族抗生素与微孔板中结合的四环素族抗生素共同竞争四环素族抗生素抗体，在酶标记物的作用下，形成的酶标记抗原抗体复合物与显色剂发生反应，用酶标仪测定吸光度，根据吸光度值得出样品中四环素族抗生素的含量。

(3)适用范围　本方法适用于蜂蜜等样品中四环素族抗生素残留量的测定。

(4)试剂材料

①四环素族抗生素试剂盒:96 孔板(12 条×8 孔)、四环素族抗生素标准溶液、四环素族抗生素抗体溶液、四环素族抗生素酶标记物溶液、基质、显色剂、反应停止液。

②磷酸二氢钠、磷酸氢二钠、氯化钠为优级纯试剂,吐温-20 为分析纯。

③pH 为 7.4 磷酸盐缓冲溶液:分别称取 0.62 g 磷酸二氢钠、5.73 g 磷酸氢二钠和 9 g 氯化钠于 1 000 mL 水中,用 pH 计调节溶液 pH 为 7.4。

④pH 为 7.2～7.4 洗板溶液:分别称取 0.62 g 磷酸二氢钠、5.73 g 磷酸氢二钠和 9 g 氯化钠于 1 000 mL 水中,再加 1 mL 吐温-20,用 pH 计调节溶液 pH 为 7.2～7.4。

⑤四环素族抗生素基质标准工作溶液:根据四环素族抗生素试剂盒的线性范围,用空白蜂蜜样品提取液将四环素族抗生素标准溶液按 1∶9 稀释成不同浓度(μg/L)的标准工作溶液。每次测定用的标准工作溶液均应现配现用。

(5)仪器设备　酶标仪、8 道移液器(50～300 μL)、单道移液器(5～50 μL,100～1 000 μL 和 2～10 mL)、液体混匀器、超声波水浴、注射过滤器(2～5 mL,并带有孔径为 0.45 μm 的水相针头式过滤膜)、具塞试管(10 mL,50 mL)、pH 计。

(6)酶联免疫测定条件　所有操作应在 20～24 ℃室温进行,四环素族试剂盒中所有试剂温度均应回升至 20～24 ℃后方可使用。酶标仪测定波长为 450 nm。人工洗板条件:洗涤次数 5 次以上,每次注水量为 250 μL。将测定需用的微孔板备齐并插入微孔架上,记录标准及样品等在微孔架上的位置。

(7)分析步骤

①样品制备　对无结晶的实验室样品,将其搅拌均匀。对有结晶的实验室样品,在密闭的情况下,置于不超过 60 ℃的水浴中温热、振荡,待样品全部熔化后搅匀,冷却至室温,分出 0.5 kg 作为样品。制备好的样品置于样品瓶中,密封,并加以标识。将样品于室温下保存。

②样品处理及净化　称取 1.00 g 样品,置于 50 mL 具塞试管中,加入 10 mL 磷酸盐缓冲溶液于液体混匀器上快速混匀 1 min,使样品完全溶解。再加入 39 mL 磷酸盐缓冲溶液后,将试管置于超声波水浴中超声 5 min,取出摇匀,用注射过滤器将适量的样品溶液过滤至 10 mL 具塞试管中,供酶标仪测定。此溶液稀释系数为 50。

③测定　分别吸取 50 μL 四环素族抗生素标准工作溶液和样品溶液等,按模板图位置依次加入各自的微孔底部。吸取 50 μL 四环素族抗体溶液于每一个微孔底部,然后,用封口膜密封孔口以防溶液挥发。持微孔板在台面上以圆周运动方式混匀后,于 20～24 ℃避光孵育 60 min。倒出孔中的液体,将微孔架反扣在吸水纸上反复拍打,以除去孔中过多的残液(但不能使微孔干燥),然后立即用洗板溶液进行洗板,洗涤次数 5 次以上,每次注水量为 250 μL。每次弃去洗板溶液后,均应将微孔架反扣在吸水纸上反复拍打,以除去孔中过多的残液,但不能使微孔干燥。迅速加入 100 μL 四环素族酶标记物溶液于每一个微孔底部,然后持微孔板在台面上以圆周运动方式混匀后,于 20～24 ℃避光孵育 15 min。倒出孔中的液体,将微孔架反扣在吸水纸上反复拍打,以除去孔中过多的残液(但不能使微孔干燥),然后立即用洗板溶液进行洗板,洗涤次数 5 次以上,每次注水量为 250 μL。每次弃去洗板溶液后,应将微孔架反扣在吸水纸上反复拍打,除去孔中过多的残液,但不能使微孔干燥。迅速加入 50 μL 基质和 50 μL 显色剂于每一个微孔底部,然后,持微孔板在台面上以圆周运动方式混匀后,于 20～24 ℃避光孵育 15 min。迅速加入 100 μL 反应停止液于每一个微孔底部。然后,持微孔板在台面上以圆

周运动方式混匀后，将微孔架置于酶标仪中，在 450 nm 处测量吸光度(加入反应停止液后应在 60 min 内读取吸光度)。按以上步骤对同一标准工作溶液、同一样品溶液均应进行平行试验测定。每次测定均应做不称取样品的空白实验及添加四环素族抗生素标准工作溶液的空白样品实验。

(8)结果参考计算　在半对数坐标纸上，以吸光度值为纵坐标(%)，四环素族抗生素标准工作溶液浓度(μg/kg)为横坐标，绘制标准工作曲线。从标准工作曲线上得到样品中相应的四环素族抗生素浓度后，结果按下式计算(计算结果应扣除空白值)：

$$X = cV \times 1\,000/(m \times 1\,000)$$

式中：X—样品中四环素族抗生素残留量，μg/kg；c—从标准工作曲线上得到的样品中四环素族抗生素浓度，μg/L；V—样品溶液的体积，mL；m—样品溶液所含的样品质量，g。

(9)方法分析与评价

①本方法是 GB/T 18932.28—2005 所选方法。四环素族抗生素检出限为 15 μg/kg。如被测样品中四环素族抗生素残留量的值大于检出限时，应用 LC-MS/MS 法进行确证。

②试剂盒在使用前应使微孔板及所有试剂回复至室温，整个试验应在 20～24 ℃完成。不用的微孔板条应立即放回原锡箔袋中，密封，放回 2～8 ℃保存。

③稀释的抗体、酶结合物、标准液及底物溶液不稳定，现用现配，底物溶液避光保存。

④测定中吸取不同的试剂和样品溶液时应更换吸头，加抗体和洗板时，吸头不可接触到酶联板中的液体。

3.3.2.3　食品中磺胺类兽药残留检测技术

磺胺类药物作为消炎抗菌药广泛应用在兽医临床上，因为磺胺类药物易引起敏感人群的过敏反应、中毒、致癌和导致耐药性菌的产生而危害人体健康，所以很多国家对食品中磺胺类药物的最高残留限量有严格规定，如英、美等国家对磺胺类药物在肉类及乳品中的允许残留量限制为 100 μg/kg，欧盟第 675/92 号令中规定，在肉类及牛奶中磺胺的最大残留总量不得超过 100 μg/kg，日本要求的最高残留限量更严格，单个磺胺残留限量为 20 μg/kg，最大残留总量不得超过 100 μg/kg，我国对磺胺类药物在肉类及乳品中的允许残留量限制为 100 μg/kg。磺胺类药物残留的检测方法有液相色谱-质谱/质谱法、放射受体分析法、高效液相色谱法、气相色谱法、分光光度法、薄层色谱法。这里主要介绍液相色谱-质谱/质谱法和放射受体分析法两种方法。

1. 食品中磺胺类兽药残留高效液相色谱-质谱/质谱法检测技术

(1)方法目的　学习液相色谱-质谱/质谱法测定磺胺类兽药残留的原理与方法，了解液相色谱、串联质谱仪联用的工作原理及使用方法。

(2)原理　样品中加入 C_{18} 填料后研磨均匀，其中磺胺类药物残留用乙腈-水在微波辐照下进行提取，用乙腈饱和的正己烷溶液分配净化，用液相色谱-质谱/质谱测定，外标法定量。

(3)适用范围　本方法适用于肝、肾、肌肉、水产品和牛奶等动物源性食品中磺胺类兽药残留量的定性确证和定量测定。

(4)试剂材料

①甲醇、乙腈、正己烷为色谱纯试剂；甲酸、无水硫酸钠为优级纯试剂；正丙醇为分析纯试剂，硅藻土为化学纯试剂，超纯水。

②40 μm C_{18} 填料。

③流动相：乙腈-水（1 000：30 和 1：1 两种）；水-甲酸（999：1）；乙腈饱和正己烷溶液。

④23 种标准物质：磺胺咪 SGN、甲氧苄啶 TMP、磺胺索嘧啶 SIM、磺胺醋酰 SAA、磺胺嘧啶 SDZ、磺胺吡啶 SPD、磺胺噻唑 STZ、磺胺甲嘧啶 SMR、磺胺噁唑 SMO、磺胺二甲嘧啶 SDM、磺胺甲氧嗪 SMP、磺胺甲二唑 SMT、磺胺对甲氧嘧啶 SMD、磺胺间甲氧嘧啶 SMM、磺胺氯达嗪 SCP、磺胺多辛 SDX、磺胺甲噁唑 SMZ、磺胺异噁唑 SFZ、磺胺苯酰 SBA、磺胺地索辛 SDT、磺胺喹沙啉 SQX、磺胺苯吡唑 SPA、磺胺硝苯 SAN，纯度≥99％。

⑤23 种磺胺标准储备溶液：准确称取适量的每种标准物质，分别用乙腈配制成浓度为 0.1 mg/mL 的标准储备溶液。储备液－20℃避光保存，有效期 12 个月。

⑥23 种磺胺混合标准中间溶液：吸取适量的每种磺胺标准储备溶液，用乙腈配成浓度为 10 μg/mL 的混合标准中间溶液，该混合标准中间溶液－20 ℃避光保存，有效期 6 个月。

(5)仪器设备　液相色谱-串联质谱仪（配有电喷雾离子源）、高速组织捣碎机、均质器、旋转蒸发器、氮吹仪、涡旋混合器、真空泵、分析天平、移液器、棕色鸡心瓶、样品瓶（2 mL，带聚四氟乙烯旋盖）、大号玻璃研钵、棕色分液漏斗、聚四氟乙烯离心管（50 mL，具螺旋盖）、超纯水仪、超声波发生器、微波炉、离心机、pH 计。

(6)色谱条件　色谱柱：intersil ODS-3，150 mm×4.6 mm(i.d.)，5 μm；柱温 20 ℃；进样量 20 μL；流速 0.8 mL/min；流动相及洗脱条件见表 3-7。

表 3-7　流动相梯度洗脱条件

时间/min	流动相 A（乙腈）/％	流动相 B（含 0.1％甲酸）/％
0.0	0.5	99.5
5.0	10	90
25.0	50	50
30.0	40	60
30.5	0.5	99.5
40.0	0.5	99.5

(7)质谱条件　离子源：电喷雾离子源；扫描方式：正离子扫描；检测方式：多重反应监测；电喷雾电压（IS）5 500 V；雾化器压力 0.065 MPa；气帘气压力 0.016 MPa；辅助气压力 0.060 MPa；离子源温度 475 ℃；定性离子对、定量离子对、去簇电压（DP）及碰撞室出口电压质谱参数见表 3-8。

表 3-8　磺胺的定性离子对、定量离子对、去簇电压及碰撞电压质谱分析参数

名称	定性离子对（m/z）	定量离子对（m/z）	去簇电压/V	碰撞室电压/V
磺胺咪	215/156	215/156	55	18
	215/108		55	30
甲氧苄啶	291.1/230	291.1/230	85	33
	291.1/261		85	35

续表3-8

名称	定性离子对(*m*/*z*)	定量离子对(*m*/*z*)	去簇电压/V	碰撞室电压/V
磺胺索嘧啶	279.2/124	279.2/124	70	30
	279.2/186		70	25
磺胺醋酰	215/156	215/156	55	18
	215/108		55	30
磺胺嘧啶	251/156	251/156	55	20
	251/108		60	35
磺胺吡啶	250/156	250/156	65	24
	250/184		65	24
磺胺噻唑	256/156	256/156	60	24
	256/108		60	35
磺胺甲嘧啶	265/199	265/199	60	25
	465/172		60	24
磺胺噁唑	268/156	268/156	60	22
	268/113		65	24
磺胺二甲嘧啶	279/156	279/156	70	26
	279/186		70	26
磺胺甲氧嗪	281/156	281/156	70	25
	281/108		70	37
磺胺甲二唑	271/156	271/156	40	22
	271/108		50	35
磺胺对甲氧嘧啶	281/156	281/156	70	25
	281/108		70	37
磺胺间甲氧嘧啶	281/156	281/156	70	25
	281/108		70	37
磺胺氯达嗪	285/156	285/156	40	22
	285/108		40	35
磺胺多辛	311/156	311/156	75	25
	311/108		75	40
磺胺甲噁唑	254/156	254/156	65	23
	254/108		65	35
磺胺异噁唑	268/156	268/156	60	22
	268/113		65	24
磺胺苯酰	276.9/156	276.9/156	67	20
	276.9/108		67	35
磺胺地索辛	311/156	311/156	75	25
	311/108		75	40

续表3-8

名称	定性离子对(m/z)	定量离子对(m/z)	去簇电压/V	碰撞室电压/V
磺胺喹沙啉	301/156	301/156	70	25
	301/108		70	36
磺胺苯吡唑	315/156	315/156	80	30
	315/222		80	30
磺胺硝苯	336.1/294	336.1/294	75	21
	336.1/198		75	26

(8)分析测定步骤

①样品制备　肌肉、内脏、鱼和虾样品:经组织捣碎机捣碎,用四分法缩分出适量样品,均分成两份,分别装入清洁容器内,加封后做出标记,一份作为样品,一份作为留样,放于−20 ℃保存。

肠衣样品:用剪刀剪成4 mm^2 的碎片,用四分法缩分出适量样品,均分成两份,分别装入清洁容器内,加封后做出标记,一份作为样品,一份作为留样,放于−20 ℃保存。

牛奶样品:均分成两份,分别装入清洁容器内,加封后做出标记,一份作为样品,一份作为留样,放于−20 ℃保存。

②样品处理及净化　肉、内脏、鱼、虾和肠衣样品称2.00 g,置于玻璃研钵内,再称取约6.00 g C_{18} 填料加至样品中用玻璃杵轻轻研磨,使样品和填料混合(色泽均匀,状态分散),装于50 mL具螺旋盖聚四氟乙烯离心管中,加入25 mL乙腈-水(1 000∶30),涡旋振荡1 min,放入微波炉中光波模式微波辐照30 s,3 000 r/min离心5 min,将乙腈层移入100 mL棕色分液漏斗中,离心后的沉淀物再加入25 mL乙腈摇匀,微波辅助提取30 s,3 000 r/min离心5 min,合并乙腈提取液,待净化。

牛奶样品称2.00 g,置于玻璃研钵内,加入6.00 g硅藻土,另加入6.00 g C_{18} 填料加至样品上用玻璃杵轻轻研磨30 s,使样品和填料混合(色泽均匀,状态分散),装于50 mL具螺旋盖聚四氟乙烯离心管中,加入25 mL乙腈-水(1 000∶30),涡旋振荡1 min,放入微波炉中光波模式微波辐照30 s,3 000 r/min离心5 min,将乙腈层移入100 mL棕色分液漏斗中,离心后的沉淀物再加入25 mL乙腈摇匀,微波辅助提取30 s,3 000 r/min离心5 min,合并乙腈提取液,待净化。

提取液中加入25 mL乙腈饱和正己烷溶液振摇5 min,将底层乙腈溶液移入150 mL棕色鸡心瓶中,加入10 mL正丙醇,用旋转蒸发器于45 ℃水浴中减压蒸发至近干,氮气流吹干,准确加入1 mL乙腈-水(1∶1)溶液,超声30 s溶解残渣,将溶解液移入10 mL棕色离心管中,加入0.5 mL乙腈饱和正己烷溶液,涡旋振荡2 min,于3 000 r/min离心5 min,弃去正己烷溶液,取底层乙腈-水过0.22 μm微孔滤膜,供高效液相色谱-质谱/质谱测定。

③测定　定性测定:按上述液相色谱、质谱条件规定测定样品,如果样品中化合物质量色谱峰的保留时间与标准溶液中对应物质的保留时间的比值偏差在±2.5%之内;样品色谱图中各定性离子对的相对丰度与浓度相当的标准溶液相比,相对丰度的偏差不超过表3-9规定的范围,则可判定为样品中存在对应的待测物。

表 3-9　定性确证时相对离子丰度的最大允许偏差　%

相对离子丰度	>50	20～50	10～20	≤10
允许的最大偏差	±20	±25	±30	±50

定量测定：用相应空白样品基质提取液制备23种磺胺混合标准浓度系列，分别为10 ng/mL、20 ng/mL、100 ng/mL、200 ng/mL、1 000 ng/mL（分别相当于待测样品中含有5 μg/kg、10 μg/kg、20 μg/kg、100 μg/kg、500 μg/kg目标化合物），按上述液相色谱、质谱条件规定测定标准溶液和样品溶液。以峰面积为纵坐标，标准工作溶液浓度为横坐标绘制标准工作曲线，对样品进行定量，溶液磺胺的响应值均应在仪器测定的线性范围内。23种磺胺标准物质的总离子流图参见图3-8。23种磺胺的保留时间见表3-10。对样品进行平行和空白试验测定。

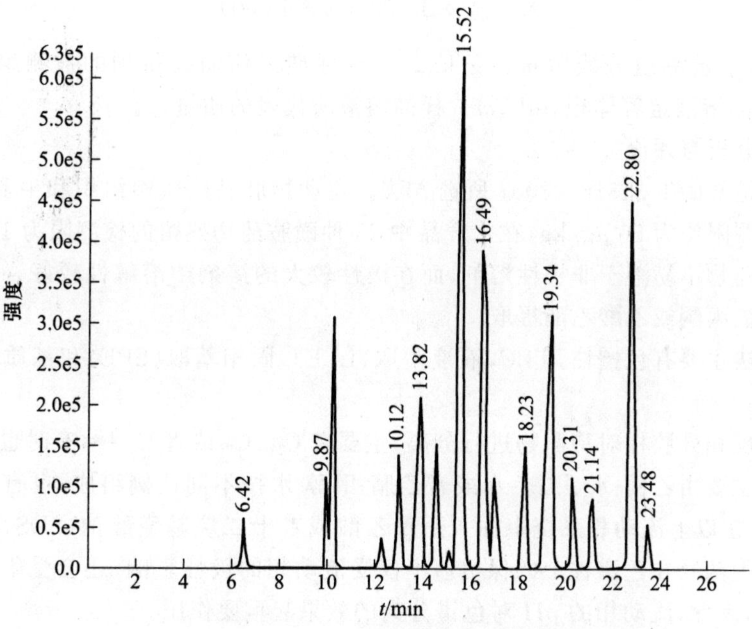

图 3-8　23种磺胺标准工作溶液液相色谱/串联质谱色谱图

表 3-10　23种磺胺的参考保留时间　min

化合物名称	保留时间	化合物名称	保留时间
磺胺咪	6.4	磺胺噻唑	13.8
甲氧苄啶	9.9	磺胺甲嘧啶	14.5
磺胺索嘧啶	10.1	磺胺噁唑	15.1
磺胺醋酰	12.2	磺胺二甲嘧啶	15.5
磺胺嘧啶	12.9	磺胺甲氧嗪	16.5
磺胺吡啶	13.7	磺胺甲二唑	16.6

续表3-10

化合物名称	保留时间	化合物名称	保留时间
磺胺对甲氧嘧啶	17.0	磺胺苯酰	22.7
磺胺间甲氧嘧啶	18.2	磺胺地索辛	22.8
磺胺氯达嗪	19.1	磺胺喹沙啉	22.8
磺胺多辛	19.3	磺胺苯吡唑	23.5
磺胺甲噁唑	20.3	磺胺硝苯	26.4
磺胺异噁唑	21.1		

(9)结果参考计算

$$X=cV\times 1\,000/(m\times 1\,000)$$

式中：X—样品中被测组分残留量，μg/kg；c—从标准工作曲线得到的被测组分溶液浓度，ng/mL；V—样品溶液定容体积，mL；m—样品溶液所代表的质量，g。

(10)方法分析与评价

①本方法是GB/T 21316—2007所选方法。在动物肝、肾、肌肉组织和牛乳中23种磺胺药物残留的检测限均为50 μg/kg，在水产品中23种磺胺药物残留的检测限为10 μg/kg。

②磺胺类药物不易溶于非极性溶剂，而在极性较大的溶剂中溶解性较好，一般常用乙腈、氯仿、二氯甲烷、丙酮或乙酸乙酯提取。

③净化方法主要有色谱柱，TLC，液液萃取(LLE)，固相萃取(SPE)和基质固相分散萃取(MSPD)等。

④常采用反相硅胶柱对待测物进行分离，主要有C_{18}、C_8或者C_4柱，有时也采用离子对色谱柱。流动相主要由乙腈-水、甲醇-水或者乙腈-甲醇-水按不同比例组成，也有文献报道采用乙醇-水系统。在以上流动相系统中加入适量乙酸或者十二烷基磺酸钠(SDS)常用于提高分离效率。磺胺类药物在色谱柱上的保留值不仅受流动相的极性影响，还会受磺胺类药物的解离形式的影响，因此，流动相的pH对色谱分离的效果起重要作用。

⑤检测方法主要有UV(紫外检测器)，FLD(荧光检测器)，DAD(二极管阵列检测器)，或者MS。其中UV检测器是最常用的检测方法，波长一般在270～280 nm，有时用255 nm。荧光检测(FLD)的激发波长一般为405～420 nm，发射波长一般为485～495 nm。二极管阵列检测(DAD)常采用267 nm、268 nm或263 nm。MS由于特异性好，一般用于确证实验。

2. 食品中磺胺类残留放射受体分析法检测技术

(1)方法目的　学习食品中磺胺类药物残留放射受体分析法的原理，掌握磺胺类兽药残留放射受体分析法的操作步骤、液体闪烁计数仪的工作原理、使用方法及检验结果的评定方法。

(2)原理　测定的基础是竞争性受体免疫反应，^3H标记的磺胺二甲嘧啶和样品中残留的磺胺类药物与微生物细胞上的特异性受体竞争性结合，用液体闪烁计数仪测定样品中^3H含量的计数值，计数值与样品中的磺胺类药物残留量成反比。

(3)适用范围　本方法适用于肉类和水产品中磺胺类药物残留的快速筛选测定。

(4)试剂材料

①磺胺类药物测定试剂盒:包括阴性对照浓缩干粉、MSU 多种抗生素标准品、MSU 萃取缓冲液浓缩干粉、M_2 缓冲液浓缩干粉、受体试剂片剂、^3H 标记的磺胺二甲嘧啶药物片剂 6 种物质。

②1 mol/L 盐酸,闪烁液,pH 试条。

③阴性对照液:把浓缩干粉用 10 mL 水溶解配成阴性组织液、MSU 萃取缓冲液浓缩干粉配成 MSU 萃取缓冲液,取阴性组织液 2 mL,加入 6 mL MSU 萃取缓冲溶液中混匀,制成阴性对照液,该对照液可在室温下保存 6 h。

④阳性对照液:取 0.3 mL MSU 多种抗生素标准溶液,加入 6 mL 阴性组织液中混匀,然后从中取 2 mL 混合溶液加入 6 mL MSU 萃取缓冲溶液中混匀,制成阳性对照液,该对照液可在室温下保存 6 h。

(5)仪器设备　Charm Ⅱ 液体闪烁计数仪、离心机、高速组织捣碎机、涡旋混合器、加热器、移液器(1～5 mL,100～1 000 μL)、50 mL 离心管、硅硼酸盐玻璃试管及试管塞、药片压杆。

(6)分析步骤

①样品制备　取有代表性的样品,尽可能将脂肪剔除,将可食部分放入高速组织捣碎机均质,充分混匀,用四分法缩分不少于 50 g 样品,装入清洁容器内于－18 ℃以下保存。

②样品处理及净化　称取 10.0 g 均质好的样品于 50 mL 离心管,加入 30 mL MSU 萃取缓冲溶液,涡旋振荡 5 min,将离心管置(80±2)℃孵育器中孵育 45 min,再将离心管置冰水内 10 min 后,3 300 r/min 离心 10 min。吸取上清液,注意不要将漂浮的脂肪颗粒混入上清液内,恢复室温后,用 pH 试条检查 pH 是否为 7.5。如不准确,用 M_2 缓冲液或 1 mol/L 盐酸调整至 pH 7.5,为样品液。

③测定　用药片压杆的平端将受体试剂片剂压入一洁净的玻璃试管中,加 300 μL 水到试管内用涡旋混合器振荡 15 s,使药片振碎均匀,用移液器加 4 mL 样品测试液,或阴性对照液或阳性对照液到试管中。用药片压杆的平端压入 ^3H 标记的磺胺二甲嘧啶药物片剂,用涡旋混合器振荡 15 s,上下来回 10 次,置(65±1)℃孵育器中孵育 3 min,取出试管,于 3 300 r/min 离心 3 min。离心停止后立即将试管取出,倒掉上清液,用吸水材料吸干管口边缘处的污渍。加 300 μL 水到试管内,振荡并混合均匀,再加入 3 mL 闪烁液到试管内,将试管塞盖上后,涡旋混匀。将试管放入液体闪烁计数仪内,读 ^3H 项的计数值。

(7)结果判断

①控制点的确定。控制点是判断样品阴性与初筛阳性的一个界定值,可根据筛选水平自行设定。筛选水平为 20 μg/kg 时控制点的确定步骤为:称取 10 g 均质好的同类空白组织样品,加入 0.2 mL MSU 多抗生素标准溶液,充分混匀制成标准样品,按样品的处理和测定步骤进行测定。测定 6 个非重复的加标样品的计数值,求出平均值乘上系数 1.2,即为筛选水平为 20 μg/kg 的控制点。当筛选水平为大于 20 μg/kg 的样品时,可将样品测试液适当稀释后测定。

②当样品的计数值大于控制点时,判定为"阴性"。

③当样品的计数值小于或等于控制点时,应重新测定样品,且同时需要测定阴性对照液和阳性对照液。阴性对照液和阳性对照液的计数值需在正常范围内波动。当重新测定样品的计数值大于控制点时,判定为"阴性";小于或等于控制点时,则判定为"初筛阳性"。

(8)方法分析与评价

①本方法是 GB/T 21173—2007 所选方法。是一种快速初筛方法,阳性结果应用 LC-MS/MS 法进行确证。

②在肉类和水产品中,本方法检测限以磺胺二甲嘧啶计磺胺类药物(包括磺胺甲基嘧啶、磺胺二甲基嘧啶、磺胺间甲氧嘧啶、磺胺间二甲氧嘧啶、磺胺喹噁啉、磺胺甲塞二唑、磺胺吡啶、磺胺异噁唑、磺胺甲基异噁唑、磺胺嘧啶、磺胺噻噁唑、磺胺甲氧哒嗪、磺胺氯哒嗪),总量为 20 μg/kg。

3.3.2.4 食品中氯霉素类兽药残留检测技术

氯霉素存在严重的毒副作用,许多国家禁止或严格限制使用氯霉素,我国也规定氯霉素在动物性食品中不得检出。但是由于氯霉素的抑菌效果好,以及相对廉价,目前仍有人非法将其用于家禽、畜类以及水产品中。为了保障人民的身体健康以及扩大动物性食品的贸易往来,建立灵敏度高、特异性强、简便易行又经济的氯霉素残留的分析方法是很有必要的。目前氯霉素残留的检测方法大致可分为微生物法、仪器分析法、免疫分析法三大类。微生物法易受组织中其他抗生素的影响,特异性低,灵敏度也不高,但操作简便,样品用量少,预处理简单,主要用在基层大规模初步筛选工作中。免疫分析法主要有酶联免疫法和胶体金免疫层析法,具有操作简便、灵敏度高、样品容量大、仪器化程度和分析成本低的优点,是目前最理想的氯霉素残留筛选性分析方法之一。仪器分析法主要包括气相色谱法、液相色谱法、GC-MS 联用、HPLC-MS 联用等定量确证方法,这些方法分离效能好、选择性高、灵敏度高,在氯霉素残留检测中应用广泛。这里主要介绍气相色谱法和胶体金免疫层析法两种方法。

1. 食品中氯霉素残留气相色谱法检测技术

(1)方法目的　学习气相色谱法测定食品中氯霉素残留量的原理,了解带电子捕获检测器的气相色谱仪的结构、工作原理及正确使用方法,掌握氯霉素残留气相色谱法中样品制备、预处理与固相萃取柱净化、气相色谱测定等操作步骤。

(2)原理　试样中残留的氯霉素在碱性条件下用乙酸乙酯提取,正己烷去脂,固相萃取柱净化,硅烷化试剂衍生化,用配有电子捕获检测器的气相色谱仪测定,外标法定量。

(3)适用范围　本方法适用于鱼、虾、鳖、贝、海参等水产品可食组织中氯霉素残留量的测定。

(4)试剂材料

①氯霉素标准品:纯度≥98%。

②甲醇、乙酸乙酯、乙腈、乙酸、正己烷、甲苯均为色谱纯,浓氨水、N,O-双(三甲基硅烷基)三氟乙酰胺(BSTFA)、三甲基氯硅烷(TMCS)为分析纯。

③乙酸乙酯-氨水:取浓氨水 2 mL,用乙酸乙酯稀释至 100 mL,现用现配。

④甲醇-氨水:取浓氨水 2 mL,用甲醇稀释至 100 mL,现用现配。

⑤5%乙酸溶液:取乙酸 5 mL,用水稀释至 100 mL。

⑥衍生化试剂:取 N,O-双(三甲基硅烷基)三氟乙酰胺(BSTFA)与三甲基氯硅烷(TMCS),按体积比 99∶1 混合,现用现配。

⑦氯霉素标准储备液:准确称取氯霉素标准品 15 mg,加乙腈适量使溶解并稀释定容至 100 mL 棕色容量瓶,配制成浓度为 150 μg/mL 的标准储备液。−18 ℃以下保存,有效期 3 个月。

⑧氯霉素标准工作液：临用前，取上述储备液，用乙腈稀释成浓度为 3 μg/mL 的标准工作液。−18 ℃以下保存，有效期 1 个月。

(5)仪器设备　气相色谱仪(配有^{63}Ni 电子捕获检测器)、万分之一天平、均质机、离心机、涡旋混合器、电热恒温水浴锅、旋转蒸发器、SPE 固相萃取装置、氮吹仪、超声波清洗器、20～200 μL 和 200～1 000 μL 移液器、100 mL 细口鸡心瓶、10 mL 玻璃离心管、15 mL 和 50 mL 聚乙烯具塞刻度离心管、2 mL 棕色反应瓶、60 mg/3 mL MCX 固相萃取柱或相当者。

(6)色谱参考条件　DB-5MS 石英毛细管柱(30 m×0.25 mm，膜厚 0.25 μm)，或与之相当的色谱柱；进样方式为不分流进样；载气为氮气，纯度 99.999%；柱流速为 1.0 mL/min，尾吹为 25 mL/min；进样口温度 230 ℃，检测器温度 310 ℃；柱温程序：起始 80 ℃保持 1 min，以 30 ℃/min 升温至 280 ℃，保持 5 min；进样量 1.0 μL。

(7)分析步骤

①试样的制备　取适量新鲜或解冻的空白或供试水产品组织，用绞肉机绞碎，充分均质混匀。

取均质后的供试样品，作为供试试样；

取均质后的空白样品，作为空白试样；

取均质后的空白样品，添加适宜浓度的标准工作液，作为空白添加试样。

②试样的保存　−18 ℃以下保存。

③样品处理和净化

将样品解冻，精称样品 5.000 g 左右，置于 50 mL 玻璃离心管中，加入乙酸乙酯-氨水 20 mL，立即涡旋 1 min，超声 15 min，4 000 r/min 离心 5 min，取上清液于 100 mL 鸡心瓶中，重复提取 1 次，合并上清液，加入 5%乙酸溶液 3 mL，振荡混匀，40 ℃旋转蒸发至约 1.5 mL，备用。

取备用液于 10 mL 离心管，用 5%乙酸 1.5 mL 洗涤鸡心瓶，洗液并于离心管。加正己烷 5 mL，涡旋混合 1 min，4 000 r/min 离心 5 min，取水层，用正己烷 5 mL 重复脱脂 1 次，取水层，备用。取 MCX 固相萃取柱，依次用甲醇 3 mL、水 3 mL 活化，取经正己烷脱脂后的备用液，过柱，用 5%乙酸溶液 2 mL 淋洗，弃去淋洗液，用甲醇-氨水 6 mL 洗脱，收集洗脱液，65 ℃氮气吹至近干，再依次用甲醇 1 mL、乙酸乙酯 1 mL 洗涤离心管壁，氮气吹至近干，备用。

④样品和标准品衍生化　取吹干的样品净化物，加乙腈 100 μL 复溶，移至 2 mL 棕色反应瓶中，再用 100 μL 乙腈清洗并合并至棕色反应瓶中，加衍生化试剂 100 μL，盖塞并涡旋混合 10 s，60 ℃烘箱中反应 30 min。冷却至室温，50～55 ℃氮气吹干，准确加入甲苯 1.0 mL，涡旋混匀，供气相色谱仪测定。

取氯霉素标准工作液适量于 2 mL 棕色反应瓶中，置 50 ℃氮吹仪吹干。以下按样品衍生化的步骤操作。

⑤标准曲线的制备　精密量取氯霉素标准工作液适量，用乙腈稀释氯霉素浓度为 1.0 μg/L、1.5 μg/L、5.0 μg/L、15.0 μg/L、50 μg/L、150 μg/L 的系列标准溶液，经衍生化后，供气相色谱测定。以测得峰面积为纵坐标、对应的标准浓度为横坐标，绘制标准曲线。求回归方程和相关系数。

⑥样品测定　分别注入 1 μL 适当浓度的氯霉素标准硅烷化衍生物溶液及样品提取物硅

烷化衍生物溶液于气相色谱仪中，按上述色谱条件进行分析，记录峰面积，响应值均应在仪器检测的线性范围之内。根据标准样品的保留时间定性，外标法定量。同法做空白试验。此法可以同时测定氯霉素、甲砜霉素、氟苯尼考及氟苯尼考胺四种药物，四种药物的标准溶液气相色谱图见图 3-9，出峰顺序从左到右依次为氟苯尼考胺、氯霉素、氟苯尼考、甲砜霉素。

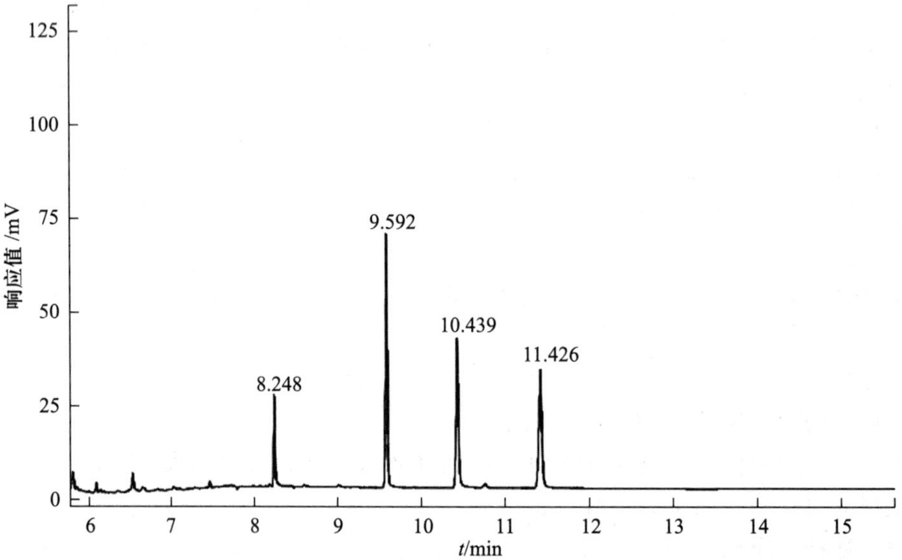

图 3-9 氟苯尼考胺、氯霉素、氟苯尼考和甲砜霉素四种药物标准溶液色谱图

(8)结果参考计算

$$X = AVC_s \times 1\,000/(mA_s)$$

式中：X—样品中氯霉素残留量，μg/kg；C_s—标准衍生物溶液相当氯霉素含量，μg/mL；A—样品溶液中氯霉素衍生物的峰面积或峰高，μV·s 或 mm；A_s—氯霉素标准衍生物的峰面积或峰高，μV·s 或 mm；V—样品提取物衍生化溶液定容体积，mL；m—样品质量，g。

(9)方法分析与评价

①本方法是 GB 31656.16—2022 所选方法。本方法氯霉素的检测限为 0.1 μg/kg，定量限为 0.3 μg/kg。在 0.3～30 μg/kg 添加浓度水平上的回收率为 70%～120%。

②对于大部分样品，到脱脂净化这一步净化效果已可达到要求，对于净化不完全的样品可经 MCX 固相萃取柱进一步净化，固相萃取柱净化步骤必须连续做完，切莫让吸附剂变干。

③通常的玻璃器皿洗涤程序对于从玻璃表面除去痕量氯霉素不总是很有效的，建议使用甲醇淋洗所有玻璃器皿，以避免污染问题。均质机清洗方法，先用大量水浸洗，再用甲醇浸洗，最后用蒸馏水浸洗。

2. 食品中氯霉素残留胶体金免疫层析法检测技术

(1)方法目的　学习胶体金免疫层析法测定氯霉素残留量的原理，了解胶体金免疫层析试纸条或卡使用方法，掌握氯霉素残留胶体金免疫层析法中样品制备、预处理与净化、免疫测定等操作步骤。

(2)原理　本法为竞争抑制法，将氯金酸用还原法制成一定直径的金溶胶颗粒，标记抗体。

样品中残留的氯霉素，经乙酸乙酯提取，正己烷净化，滴加在氯霉素免疫胶体金快速检测试剂板的加样孔中，样品溶液以硝酸纤维素(NC)膜为载体，利用微孔膜的毛细管作用缓慢向另一端渗移，在移动过程中，样品溶液中的氯霉素与胶体金标记的特异性单克隆抗体结合，从而抑制了抗体和检测线上特异性结合抗原的结合，未被氯霉素结合的抗体与检测线上的抗原反应，并通过胶体金的颜色而显示红色条带。用胶体金读卡仪或目测比较板/卡上控制线(C线)和检测线(T线)上红色条带的有无及颜色的相对深浅进行判定。当试样中的氯霉素含量达到或超过本方法检出限时，检测线较控制线显色淡甚至无显色，判定为阳性；反之，当试样中的氯霉素含量在本方法检出限以下或无残留时，检测线与控制线显色一致或偏深，判定为阴性。

(3)适用范围　本方法适用于鱼、甲鱼、龟肌肉组织和虾、蟹去壳、肠腺的可食用组织中氯霉素残留的快速筛查检测。

(4)试剂材料

①甲醇、正己烷、乙酸乙酯为分析纯，水为超纯水。

②氯霉素免疫胶体金快速检测试剂板。样品垫为玻璃纤维或纸质薄片；金释放垫为聚酯纤维片，免疫金释放时间小于5 min，释放效率大于80%；NC膜为4 cm，毛细管时间121～149 s；吸水垫为滤纸或玻璃纤维或吸水纸；背衬为PVC塑料模板。密封包装，干燥阴凉处保存，用前恢复至室温，即开即用。

③氯霉素结合抗原：偶联率为1：(10～20)(载体蛋白：CAP)。

④抗氯霉素抗体：多抗或单抗。多抗效价应大于5 000(间接ELISA法)，或有效抗体含量应大于0.05 mg/mL；特异性应大于5 000(间接抑制ELISA法)。单抗效价应大于15 000(间接ELISA法)，或有效抗体含量应大于0.5 mg/mL；特异性应大于5 000(间接抑制ELISA法)。抗体相对亲和力应大于3.0×10^{9}(结合率下降50%时，相对应的抗体浓度的倒数)。

⑤PBST缓冲液。

(5)仪器设备　电子天平(感量0.01 g)、均质机(转速≥8 000 r/min)、离心机(离心力≥3 000g)、微量移液器(10～100 μL，100～1 000 μL)、氮吹仪、胶体金读卡仪。

(6)分析步骤

①样品制备　鱼去鳞、去皮，取肌肉部分；甲鱼、龟取肌肉部分；虾、蟹去壳、肠腺，取可食部分。切成0.5 cm×0.5 cm×0.5 cm的小块后混合，用均质机制成糜状。

②样品处理及净化　称取(2.0±0.1)g均质后的样品于5 mL离心管中，加入3 mL乙酸乙酯，剧烈振荡3 min，室温下，3 000g离心5 min；移取2 mL上清液于5 mL离心管中，置于60 ℃水浴或吹干仪中，用氮气吹至近干；依次加入0.3 mL正己烷、0.3 mL PBST缓冲液，充分混匀；静置2 min，下层溶液待测。

③测定　取出氯霉素免疫胶体金快速检测试剂板，恢复至室温，置于水平台面上。吸取上述待测下层溶液100 μL，加至氯霉素免疫胶体金快速检测试剂板的加样孔中，在3～5 min内目测或通过胶体金读卡仪读取结果。每个样品的平行样数量≥2。以PBST缓冲液代替试样提取净化液，同法做空白对照，每批样品需做一孔空白对照。

(7)结果判断及表述

①试剂板有效性判定　失效检测试剂板：空白对照控制线(C线)不出现红色条带(图3-10a)，则检测试剂板失效，不能进行检测。

有效检测试剂板：空白对照控制线（C 线）和检测线（T 线）均出现红色条带，而且 T 线比 C 线颜色深或一样深（图 3-10b），则检测试剂板有效，可进行检测。

②结果及表述　阴性：试样检测线（T 线）出现红色条带，且颜色比控制线（C 线）深或一样深（图 3-10b），结果为阴性（氯霉素残留量<0.3 μg/kg）。

阳性：试样检测线（T 线）出现红色条带，但颜色比控制线（C 线）浅或检测线（T 线）未出现红色条带（图 3-10c），结果为阳性（氯霉素残留量≥0.3 μg/kg）。

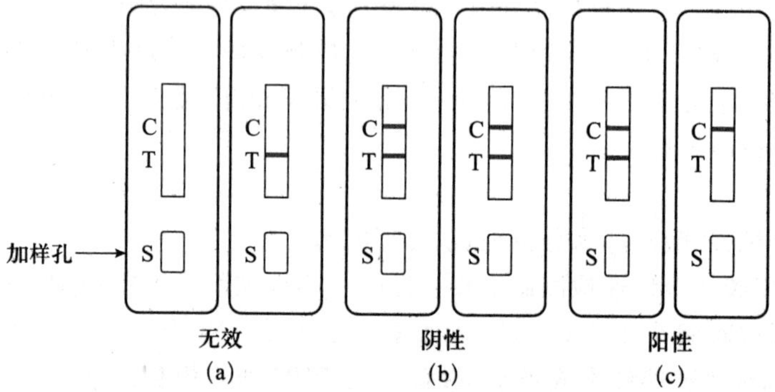

图 3-10　目视结果示意图

（8）方法分析与评价

①本方法是 DB34/T 2254—2014 所选方法。本方法的检测限为 0.3 μg/kg。

②试纸条应常温（一般为 2～30 ℃）保存，防止温度过高或过低，不能冷冻保存，避免在炎热高湿的环境中保存；使用前将检测卡和待检样本恢复至室温；检测卡保持干燥，避免受潮，打开包装尽快使用；检测时避免阳光直射和电风扇空调风直吹；尽量不要触摸检测卡中央的白色膜面；样液滴管不可混用，以免交叉污染。

③不同试剂板制造商的产品组成和操作会有细微的差别，应严格按说明书要求规范操作。

④酶联免疫法是一种快速筛选方法，阳性结果需要经过 HPLC-MS 或 GC-MS 法确证。

3.3.3　食品中重要激素残留检测技术

食品中激素类药物残留的含量虽然很低，但是它们的生理作用显著，所以对食品安全性带来的问题不容忽视，应加强我国动物性食品中激素类残留物质的检测与控制。激素类药物残留的检测方法有生物学法、组织学法、免疫学法、薄层色谱法、荧光分析法、气相色谱及高效液相色谱等方法。生物学法比较烦琐，且个体差异性大，应用较少。组织学法对己烯雌酚、己烷雌酚、玉米赤霉酮较为敏感，对天然激素则不灵敏。免疫学法目前应用的有放射性标记免疫法及酶标记免疫法，酶标记免疫法包括酶放大免疫分析技术及酶联免疫吸附分析。免疫学法测定激素类药物残留灵敏度高，特异性强，可同时检测多个样品，是一种很有前途的快速筛选方法。气相色谱法、高效液相色谱法、气相色谱-质谱法及高效液相色谱-质谱法这些仪器分析方法灵敏度高，使用很广泛，是激素类药物残留分析检测的主要方法。由于激素类药物残留的种类众多，测定方法各不相同，这里主要介绍雌激素残留液相色谱-串联质谱法和盐酸克伦特罗残留液相色谱法、酶联免疫法等分析技术。

3.3.3.1　食品中多种雌激素残留的液相色谱-串联质谱法测定技术

1. 方法目的

学习 HPLC-MS/MS 法测定多种雌激素残留量的原理，了解液相色谱-串联质谱仪的工作原理及使用方法，掌握多种雌激素残留 HPLC-MS/MS 法中样品制备、预处理与净化、液相色谱-串联质谱测定等操作步骤。

2. 原理

试样中残留的药物经酶解后用乙腈提取，固相萃取柱净化，液相色谱-串联质谱仪测定，同位素稀释内标法定量。可以同时对雌三醇、雌酮、炔雌醇、17α-雌二醇、17β-雌二醇、己烯雌酚、己烷雌酚和己二烯雌酚等多种雌激素进行分析。

3. 适用范围

本方法适用于猪、牛、羊、鸡组织（肌肉、肝脏、肾脏和脂肪），鸡蛋，牛奶，羊奶，猪尿和牛尿中雌激素类药物（雌三醇、雌酮、炔雌醇、17α-雌二醇、17β-雌二醇、己烯雌酚、己烷雌酚和己二烯雌酚）残留量的测定。

4. 试剂材料

（1）乙腈色谱纯；甲醇、氢氧化钠、正己烷、二氯甲烷、氯化钠、乙酸铵、乙酸均为分析纯；β-葡萄糖醛酸酶 4.5 U/mL；芳基硫酸酯酶 14 U/mL。

（2）二氯甲烷-甲醇溶液：取二氯甲烷 70 mL、甲醇 30 mL，混合。

（3）甲醇-水溶液：取甲醇 40 mL、水 60 mL，混合。

（4）乙酸铵溶液（0.02 mol/L）：取乙酸铵 1.54 g，加水溶解并稀释至约 800 mL，调节 pH 至 5.2，稀释至 1 000 mL，混匀。

（5）40%乙腈溶液：取乙腈 200 mL、水 300 mL，混匀。

（6）标准品：雌三醇、雌酮、炔雌醇、17α-雌二醇、17β-雌二醇、己烯雌酚、己烷雌酚、己二烯雌酚、雌三醇-D_3、雌酮-D_2、炔雌醇-D_4、17α-雌二醇-D_2、17β-雌二醇-D_2、己烯雌酚-D_8、己烷雌酚-D_4 和己二烯雌酚-D_6，含量均≥95%。

（7）标准储备液：取各雌激素类药物标准品、同位素标记标准品各 10 mg，精密称定，分别加乙腈适量使溶解并稀释至 100 mL 棕色容量瓶，制成浓度均为 100 μg/mL 的标准储备液。−18 ℃保存，有效期 12 个月。

（8）混合标准储备溶液：分别准确移取雌三醇、雌酮、炔雌醇、17α-雌二醇、17β-雌二醇、己烯雌酚、己烷雌酚、己二烯雌酚标准储备液各 5 mL 于 100 mL 棕色容量瓶中，用乙腈稀释至刻度。−18 ℃保存，有效期 12 个月。

（9）混合内标储备溶液：分别准确移取雌三醇-D_3、雌酮-D_2、炔雌醇-D_4、17α-雌二醇-D_2、17β-雌二醇-D_2、己烯雌酚-D_8、己烷雌酚-D_4 和己二烯雌酚-D_6 标准储备液各 5 mL 于 100 mL 棕色容量瓶中，用乙腈稀释至刻度。−18 ℃保存，有效期 12 个月。

（10）混合内标工作液：准确移取混合内标储备液 0.2 mL 于 10 mL 棕色容量瓶，用乙腈稀释至刻度。该溶液中各内标浓度为 100 μg/L，现用现配。

（11）混合标准工作液：准确移取混合标准储备液、混合内标工作液适量，用 40%乙腈溶液稀释成浓度为 1 μg/L、2 μg/L、5 μg/L、20 μg/L、50 μg/L 和 200 μg/L 的系列标准工作溶液，每一标准工作溶液含各内标浓度均为 5 μg/L,现用现配。

(12)HLB 固相萃取柱:200 mg/6 mL,或相当者。

(13)氨基固相萃取柱:500 mg/6 mL,或相当者,使用前用二氯甲烷-甲醇溶液 6 mL 活化。

(14)针头式过滤器(通用型滤膜):尼龙材质,孔径 0.22 μm 或性能相当者。

5. 仪器设备

液相色谱-串联质谱仪(配自动进样器和电喷雾离子源)、小型绞肉机、分析天平、氮吹仪、固相萃取装置、50 mL 聚丙烯塑料离心管、10 000 r/min 或以上离心机、pH 计、涡旋混合器。

6. 液相色谱-质谱参考条件

(1)液相色谱参考条件　C_{18} 色谱柱:100 mm×2.1 mm,1.7 μm;流速 0.4 mL/min;柱温 40 ℃;进样量 10 μL;流动相:A 为水,B 为乙腈,梯度洗脱条件见表 3-11。

表 3-11　梯度洗脱条件

时间/min	流动相 A(水)/%	流动相 B(乙腈)/%
0.0	80	20
1.0	80	20
7.0	45	55
8.0	45	55
8.1	80	20
10.0	80	20

(2)质谱参考条件　离子源:电喷雾离子源;扫描方式:负离子扫描;检测方式:多反应监测(MRM);毛细管电压 2.5 kV;RF 透镜电压 0.5 V;离子源温度 150 ℃;脱溶剂气温度 600 ℃;锥孔气流速 50 L/h;脱溶剂气流速 1 100 L/h;倍增器电压 650 V;二级碰撞气:氩气;保留时间、定性离子对、定量离子对、锥孔电压和碰撞能量参考值见表 3-12。

表 3-12　保留时间、定性离子对、定量离子对、锥孔电压和碰撞能量

化合物名称	保留时间/min	定性离子对 (m/z)	定量离子对 (m/z)	锥孔电压/V	碰撞能量/eV
雌三醇	2.83	287.0>145.1	287.0>171.1	60	34
		287.0>171.1			32
17β-雌二醇	5.49	271.0>145.1	271.0>145.1	62	42
		271.0>183.1			42
17α-雌二醇	5.87	271.0>145.1	271.0>145.1	62	42
		271.0>183.1			42
炔雌醇	6.03	295.0>145.0	295.0>145.0	54	34
		295.0>159.1			36
雌酮	6.13	269.0>145.0	269.0>145.0	46	36
		269.0>159.0			32

续表3-12

化合物名称	保留时间/min	定性离子对（m/z）	定量离子对（m/z）	锥孔电压/V	碰撞能量/eV
己烯雌酚	6.66	267.1>237.1	267.1>251.1	40	24
		267.1>251.1			24
己烷雌酚	6.87	269.0>134.1	269.0>134.1	34	36
		269.0>119.1			14
己二烯雌酚	6.87	265.0>93.0	265.0>93.0	40	26
		265.0>249.1			24
雌三醇-D_3	2.83	290.1>173.1	290.1>173.1	60	34
17β-雌二醇-D_2	5.46	273.1>147.1	273.1>147.1	60	36
17α-雌二醇-D_2	5.81	273.1>147.1	273.1>147.1	60	36
炔雌醇-D_4	5.99	299.1>147.1	299.1>147.1	52	38
雌酮-D_2	6.13	271.0>145.0	271.0>145.0	50	32
己烯雌酚-D_8	6.61	275.2>259.1	275.2>259.1	40	24
己烷雌酚-D_4	6.87	273.0>136.2	273.0>136.2	34	18
己二烯雌酚-D_6	7.13	271.0>95.0	271.0>95.0	40	24

7. 分析测定步骤

(1)试料的制备　取适量新鲜或解冻的空白或供试组织，用绞肉机绞碎，充分均质混匀。

取均质后的供试样品，作为供试试料；

取均质后的空白样品，作为空白试料；

取均质后的空白样品，添加适宜浓度的标准工作液，作为空白添加试料。

(2)试料的保存　−18 ℃以下保存，3 个月内进行分析检测。

(3)样品处理及净化

①动物组织、牛奶、羊奶和鸡蛋　取试样(5±0.05)g 于 50 mL 离心管，准确加入混合内标工作液 50 μL，混合 15 s，加乙酸铵溶液 10 mL、β-葡萄糖醛酸酶/芳基硫酸酯酶 50 μL，涡旋 1 min，盖盖子，(37±1)℃振荡酶解 12 h。取出，冷却至室温，加氯化钠 4 g，振摇溶解，加乙腈 20 mL，涡旋 1 min，10 000 r/min 离心 5 min，取乙腈层，加乙腈 15 mL 重复提取。合并 2 次提取液，加正己烷 10 mL，涡旋 1 min，10 000 r/min 离心 2 min，取乙腈层，40 ℃氮吹至干，用甲醇 1 mL 溶解，再加水 9 mL，备用。

取 HLB 固相萃取柱，依次用二氯甲烷-甲醇 6 mL、甲醇 6 mL 和水 6 mL 活化，取备用液，过柱，控制流速不超过 2 mL/min，依次用甲醇-水 3 mL、水 3 mL 淋洗小柱，抽干，再将活化过的氨基固相萃取柱串联在 HLB 固相萃取柱下方，用二氯甲烷-甲醇 8 mL 洗脱，收集洗脱液，取下 HLB 柱，再用二氯甲烷-甲醇 2 mL 洗氨基柱，合并洗脱液，40 ℃水浴氮气吹干，用 40%乙腈溶液 1.0 mL 溶解残渣，涡旋混匀，0.22 μm 滤膜过滤，供液相色谱-串联质谱测定。

②动物尿液　取试样 5.00 mL 于 50 mL 离心管，用乙酸调节 pH 至 5.2，准确加混合内标

工作液 50 μL，混合 15 s，加乙酸铵溶液 10 mL、β-葡萄糖醛酸酶/芳基硫酸酯酶 50 μL，后续提取净化步骤同动物组织、牛奶、羊奶和鸡蛋样品。

(4)测定

①标准曲线的制备　取 1.0 μg/L、2.0 μg/L、5.0 μg/L、20 μg/L、50 μg/L 和 200 μg/L 的系列混合标准工作溶液，供液相色谱串联质谱测定。以激素类药物与相应内标物峰面积的比值为纵坐标、标准溶液浓度为横坐标，绘制标准曲线，求回归方程和相关系数。

②样品测定　取混合标准工作液与试样溶液交替进样，作单点或多点校准，按内标法以色谱峰面积定量，每种雌激素选择对应的同位素内标物进行定量。试样溶液中待测物的响应值均应在仪器测定的线性范围内。试样中待测物质的保留时间与相应内标物保留时间的比值与标准溶液中待测物质的保留时间与相应内标物保留时间的比值偏差在±2.5%之内，且样品中各组分的相对离子丰度与浓度接近的标准溶液的相对离子丰度一致，偏差不超过表 3-13 规定的范围，则可判定为样品中存在对应的待测物。雌激素类药物标准溶液(1.0 μg/L)和雌激素类药物同位素标准溶液(5.0 μg/L)MRM 色谱图见图 3-11。同法做空白试验。

表 3-13　定性确证时相对离子丰度的允许偏差　%

相对离子丰度	允许偏差
>50	±20
20～50	±25
10～20	±30
≤10	±50

8. 结果参考计算

试料溶液中雌激素类药物浓度按标准曲线或按下式计算

$$c=A_iA'_{iS}c_Sc_{iS}/(A_{iS}A_Sc'_{iS})$$

动物性食品中的残留量

$$X=cV\times1\,000/(m\times1\,000)$$

尿液中的残留量

$$X=cV/v$$

式中：X—试料中雌激素类药物残留量的数值，μg/kg 或 μg/L；c—试料溶液中雌激素类药物浓度的数值，μg/L；c_{iS}—试料溶液中雌激素类药物内标浓度的数值，μg/L；c_S—标准溶液中雌激素类药物浓度的数值，μg/L；c'_{iS}—标准溶液中雌激素类药物内标浓度的数值，μg/L；A_i—试料溶液中雌激素类药物的峰面积；A_{iS}—试料溶液中雌激素类药物内标的峰面积；A_S—标准溶液中雌激素类药物的峰面积；A'_{iS}—标准溶液中雌激素类药物内标的峰面积；V—定容体积的数值，mL；m—试料质量的数值，g；v—试料体积的数值，mL。

9. 方法分析与评价

(1)本方法是 GB 31658.9—2021 所选方法。本方法可以同时对雌三醇、雌酮、炔雌醇、17α-雌二醇、17β-雌二醇、己烯雌酚、己烷雌酚、己二烯雌酚等 8 种雌激素进行分析。

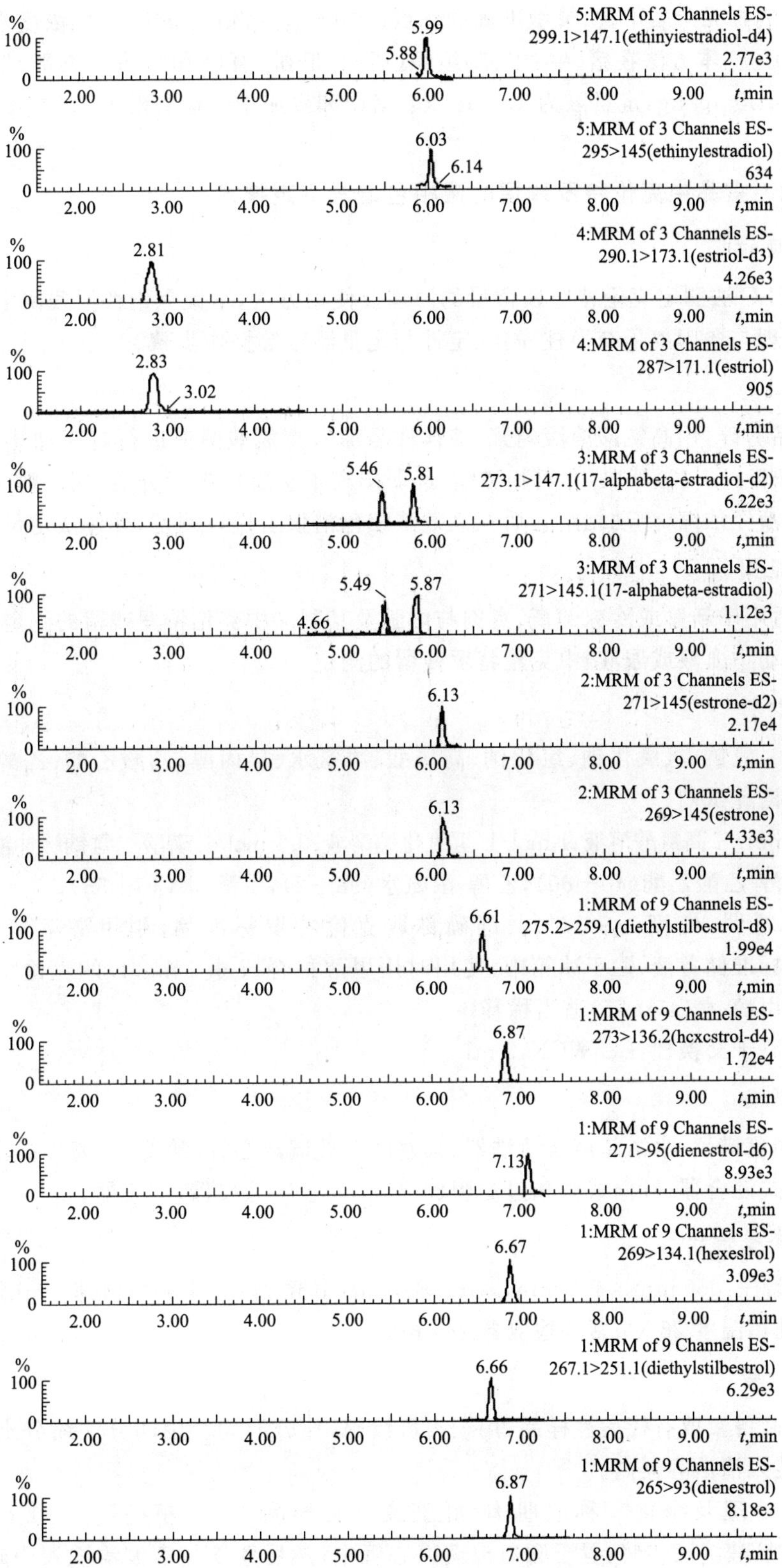

图 3-11　雌激素类药物标准溶液(1.0 μg/L)和雌激素类药物同位素标准溶液(5.0 μg/L)MRM 色谱图

(2)本法具有无杂质干扰、灵敏准确的优点，在 1～5 μg/kg(μg/L)添加浓度水平上的回收率为 80～130%。本方法在猪、牛、羊、鸡组织（肌肉、肝脏、肾脏和脂肪），鸡蛋，牛奶和羊奶中的检测限为 0.50 μg/kg，定量限为 1.0 μg/kg；猪尿和牛尿中的检测限为 0.50 μg/L，定量限为 1.0 μg/L。

3.3.3.2 食品中克伦特罗残留的液相色谱法测定技术

1. 方法目的

学习 HPLC 法测定克伦特罗残留量的原理及使用方法，掌握克伦特罗残留 HPLC 法中样品制备、预处理与弱阳离子交换柱净化、定性与定量测定等操作步骤。

2. 原理

固体样品剪碎，用高氯酸溶液匀浆，液体样品加入高氯酸溶液进行超声加热提取后，用异丙醇-乙酸乙酯(40＋60)萃取，有机相浓缩，经弱阳离子交换柱进行分离，用乙醇-氨(98＋2)溶液洗脱，洗脱液经浓缩，流动相定容后在高效液相色谱仪上进行测定，外标法定量。

3. 适用范围

本方法适用于新鲜或冷冻的畜、禽肉与内脏及其制品中克伦特罗残留的测定，也适用于生物材料（人或动物血液或尿液）中克伦特罗残留的测定。

4. 试剂材料

(1)磷酸二氢钠、氢氧化钠、氯化钠、高氯酸、浓氨水、异丙醇、乙酸乙酯、乙醇为分析纯试剂，甲醇为色谱纯试剂。

(2)0.1 mol/L 高氯酸溶液；1 mol/L 氢氧化钠溶液；0.1 mol/L 磷酸二氢钠缓冲液(pH 6.0)。

(3)异丙醇-乙酸乙酯(40＋60)，乙醇-浓氨水(98＋2)，甲醇-水(45＋55)。

(4)克伦特罗：纯度＞99.5%。准确称取克伦特罗标准品，用甲醇溶解配成浓度为 250 mg/L 的标准储备液，贮于冰箱中，使用时用甲醇稀释成 0.5 mg/L 的克伦特罗标准使用液，进一步用甲醇-水(45＋55)适当稀释。

(5)弱阳离子交换柱：LC-WCX，3 mL。

5. 仪器设备

高效液相色谱仪、水浴超声波清洗器、具塞磨口玻璃离心管、酸度计、离心机、振荡器、旋转蒸发器、涡旋式混合器、针筒式微孔过滤膜(0.45 μm)、N_2-蒸发器、匀浆器。

6. 色谱参考条件

ODS 色谱柱：250 mm×4.6 mm，5 μm；流动相：甲醇-水(45＋55)；流速 1 mL/min；进样量 20～50 μL；柱箱温度 25 ℃；紫外检测器 244 nm。

7. 分析步骤

(1)样品制备　取有代表性样品，用绞肉机绞碎，充分混匀。用四分法缩分出不少于 50 g 样品，混匀，装入清洁容器内。

(2)样品处理及净化　称取肌肉、肝脏或肾脏样品 10 g(精确到 0.01 g)，用 20 mL 0.1 mol/L 高氯酸溶液匀浆，置于磨口玻璃离心管中；然后置于超声波清洗器中超声 20 min，取出置于 80 ℃水浴中加热 30 min。取出冷却后 4 500 r/min 离心 15 min。倾出上清液，沉淀用5 mL 0.1 mol/L高氯酸溶液洗涤，再离心，将两次的上清液合并。用1 mol/L氢氧化钠溶液调pH至9.5，若有沉淀产生，再离心10 min，将上清液转移至磨口玻璃离心管中，加入8 g氯化钠。混匀，加入2 mL异丙醇-乙酸乙酯(40+60)，置于振荡器上振荡提取20 min。提取完毕，放置5 min(若有乳化层稍离心一下)。用吸管小心将上层有机相移至旋转蒸发瓶中，用20 mL异丙醇-乙酸乙酯(40+60)再重复萃取1次，合并有机相，于60 ℃在旋转蒸发器上浓缩至近干。用1 mL 0.1 mol/L磷酸二氢钠缓冲液(pH=6.0)充分溶解残留物，经针筒式微孔过滤膜过滤，洗涤3次后完全转移至5 mL玻璃离心管中，并用0.1 mol/L磷酸二氢钠缓冲液(pH=6.0)定容至刻度。

尿液样品用移液管量取5 mL，加入20 mL 0.1 mol/L高氯酸溶液，超声20 min混匀。80 ℃水浴中加热30 min。以下按肉类样品提取步骤从"用1 mol/L氢氧化钠溶液调pH至9.5"起开始操作。

血液样品于4 500 r/min离心，用移液管量取上层血清1 mL置于5 mL玻璃离心管中，加入2 mL 0.1 mol/L高氯酸溶液，混匀，置于超声波清洗器中超声20 min，取出置于80 ℃水浴中加热30 min。取出冷却后4 500 r/min离心15 min。倾出上清液，沉淀用1 mL 0.1 mol/L高氯酸溶液洗涤，离心10 min，合并上清液，再重复洗涤1遍，合并上清液。向上清液中加入约1 g氯化钠，加入2 mL异丙醇-乙酸乙酯(40+60)，在涡旋式混合器上振荡萃取5 min，放置5 min(若有乳化层再离心)，小心移出有机相于5 mL玻璃离心管中，重复萃取两次，合并有机相。将有机相在N_2-浓缩器上吹干。用1 mL 0.1 mol/L磷酸二氢钠缓冲液(pH=6.0)充分溶解残留物，经筒式微孔过滤膜过滤完全转移至5 mL玻璃离心管中，并用0.1 mol/L磷酸二氢钠缓冲液(pH=6.0)定容至刻度。

依次用10 mL乙醇、3 mL水、3 mL 0.1 mol/L磷酸二氢钠缓冲液(pH=6.0)、3 mL水冲洗弱阳离子交换柱，取适量上述样品提取液至弱阳离子交换柱上，弃去流出液，分别用4 mL水和4 mL乙醇冲洗柱子，弃去流出液，用6 mL乙醇-浓氨水(98+2)冲洗柱子，收集流出液。将流出液在N_2-蒸发器上浓缩至干。于净化、吹干的样品残渣中加入100～500 μL流动相，在涡旋式混合器上充分振摇，使残渣溶解，液体浑浊时用0.45 μm的针筒式微孔过滤膜过滤，上清液待进行液相色谱测定。

(3)测定　吸取20～50 μL标准校正溶液及样品液注入液相色谱仪，以保留时间定性，用外标法单点或多点校准法定量。克伦特罗标准品的液相色谱图见图3-12。

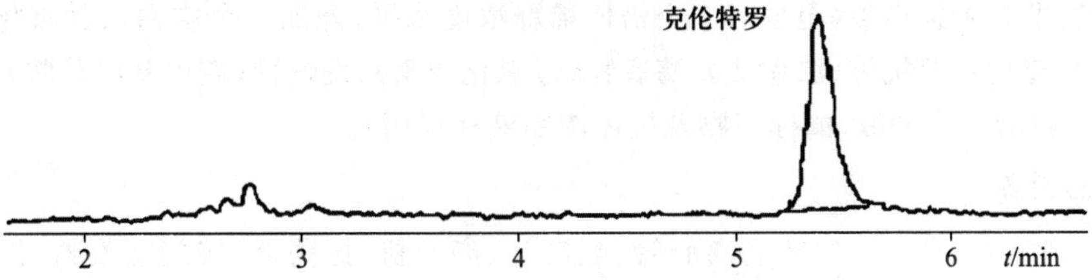

图3-12　克伦特罗标准品的液相色谱图

8. 结果参考计算

$$X = Af/m$$

式中：X—样品中克伦特罗的含量，$\mu g/kg$ 或 $\mu g/L$；A—样品色谱峰与标准色谱峰的峰面积比值对应的克伦特罗质量，ng；f—样品稀释倍数；m—样品的取样量，g 或 mL。

9. 方法分析与评价

(1)本方法是 GB/T 5009.192—2003 所选方法第二法。方法检出限为 0.5 μg/kg，线性范围为 0.5～4 ng。

(2)弱阳离子交换柱填料尽量少，样品提取液过弱阳离子交换柱时流速尽量慢。

3.3.3.3 食品中克伦特罗残留的酶联免疫法测定技术

1. 方法目的

学习酶联免疫法测定克伦特罗残留量的原理，了解酶标仪的工作原理及使用方法，掌握克伦特罗残留酶联免疫法测定中样品制备、预处理、酶标测定等操作步骤。

2. 原理

基于抗原抗体反应进行竞争性抑制测定。微孔板包被有针对克伦特罗 IgG 的包被抗体。克伦特罗抗体被加入，经过孵育及洗涤步骤后，加入竞争性酶标记物、标准或样品溶液。克伦特罗与竞争性酶标记物竞争克伦特罗抗体，没有与抗体连接的克伦特罗标记酶在洗涤步骤中被除去。将底物(过氧化尿素)和发色剂(四甲基联苯胺)加入孔中孵育，结合的标记酶将无色的发色剂转化为蓝色的产物。加入反应停止液后使颜色由蓝转变为黄色。在 450 nm 处测量吸光度值，吸光度比值与克伦特罗浓度的自然对数成反比。

3. 适用范围

本方法适用于新鲜或冷冻的畜、禽肉与内脏及其制品中克伦特罗残留的测定，也适用于生物材料如血液或尿液中克伦特罗残留的测定。

4. 试剂材料

(1)磷酸二氢钠、氢氧化钠、高氯酸、异丙醇、乙酸乙酯均为优级纯试剂。

(2)0.1 mol/L 高氯酸溶液；1 mol/L 氢氧化钠溶液；0.1 mol/L 磷酸二氢钠缓冲液(pH 6.0)。

(3)异丙醇-乙酸乙酯(40＋60)。

(4)0.45 μm 针筒式微孔过滤膜。

(5)克伦特罗酶联免疫试剂盒：96 孔板(12 条×8 孔)包被有针对克伦特罗 IgG 的包被抗抗体、克伦特罗系列标准液(至少有 5 个倍比稀释浓度水平，外加 1 个空白)、过氧化物酶标记物(浓缩液)、克伦特罗抗体(浓缩液)、酶底物(过氧化尿素)、发色剂(四甲基联苯胺)、反应停止液(1 mol/L 硫酸)、缓冲液(酶标记物及抗体浓缩液稀释用)。

5. 仪器设备

超声波清洗器、具塞磨口玻璃离心管、酸度计、离心机、振荡器、转旋蒸发器、涡旋式混合器、匀浆器、酶标仪(450 nm 滤光片)、微量移液器(单道 20 μL、50 μL、100 μL 和多道 50～250 μL，可调)。

6. 分析步骤

(1)样品制备　取有代表性样品，用绞肉机绞碎，充分混匀。用四分法缩分出不少于 50 g 样品，混匀，装入清洁容器内。

(2)样品处理及净化　称取肉、肝脏或肾脏样品 10 g(精确到 0.01 g),用 20 mL 0.1 mol/L 高氯酸溶液匀浆,置于磨口玻璃离心管中;然后超声清洗 20 min,取出置于 80 ℃水浴中加热 30 min。取出冷却后 4 500 r/min 离心 15 min。倾出上清液,沉淀用 5 mL 0.1 mol/L 高氯酸溶液洗涤,再离心,合并上清液。用 1 mol/L 氢氧化钠溶液调 pH 至 9.5,若有沉淀再离心 10 min,将上清液转移至磨口玻璃离心管中,加入 8 g 氯化钠混匀,加入 25 mL 异丙醇-乙酸乙酯(40+60),振荡提取 20 min。放置 5 min(若有乳化层再离心)。用吸管小心将上层有机相移至浓缩瓶中,用 20 mL 异丙醇-乙酸乙酯再重复萃取 1 次,合并有机相,于 60 ℃在旋转蒸发器上浓缩至近干。用 1 mL 0.1 mol/L 磷酸二氢钠缓冲液(pH=6.0)充分溶解残留物,经针筒式微孔过滤膜过滤,洗涤 3 次后完全转移至 5 mL 玻璃离心管中,并用 0.1 mol/L 磷酸二氢钠缓冲液(pH=6.0)定容至刻度。

尿液样品若浑浊先 3 000 r/min 离心 10 min,将上清液适当稀释后上酶标板进行酶联免疫法筛选实验。血清或血浆 3 000 r/min 离心 10 min,取血清适当稀释后上酶标板进行酶联免疫法筛选实验。

(3)测定

①试剂的准备　竞争酶标记物:提供的竞争酶标记物为浓缩液,由于稀释的酶标记物稳定性不好,仅稀释实际需用量的酶标记物。在吸取浓缩液之前,要仔细振摇。用 1∶10 的缓冲液稀释酶标记物浓缩液(如 400 μL 浓缩液∶4.0 mL 缓冲液,足够 4 个微孔板条 32 孔用)。

克伦特罗抗体:提供的克伦特罗抗体为浓缩液,由于稀释的克伦特罗抗体稳定性差,仅稀释实际需用量的克伦特罗抗体。在吸取浓缩液之前,要仔细振摇。用 1∶10 的缓冲液稀释抗体浓缩液(如 400 μL 浓缩液∶4.0 mL 缓冲液,足够 4 个微孔板条 32 孔用)。

包被有抗抗体的微孔板条:将锡箔袋沿横向边压皱外沿剪开,取出需用数量的微孔板及框架,将不用的微孔板放进原锡箔袋中并且与提供的干燥剂一起重新密封,保存于 2~8 ℃。

②测定　取样品提取净化溶液 20 μL 进行分析。高残留的样品用蒸馏水进一步稀释。使用前将试剂盒在室温 19~25 ℃下放置 1~2 h。将标准和样品(至少按双平行实验计算)所用数量的孔条插入微孔架,记录标准和样品的位置。加入 100 μL 稀释后的抗体溶液到每一个微孔中。充分混合并在室温孵育 15 min。倒出孔中的液体,将微孔架倒置在吸水纸上拍打(每行拍打 3 次)以保证完全除去孔中的液体。用 250 μL 蒸馏水充入孔中,再次倒掉微孔中液体,再重复操作两遍以上。加入 20 μL 标准或处理好的样品到各自的微孔中。标准和样品至少做两个平行实验。加入 100 μL 稀释的酶标记物,室温孵育 30 min。倒出孔中的液体,将微孔架倒置在吸水纸上拍打(每行拍打 3 次)以保证完全除去孔中的液体。用 250 μL 蒸馏水充入孔中,再次倒掉微孔中液体,再重复操作两次以上。加入 50 μL 酶底物和 50 μL 发色试剂到微孔中,充分混合并在室温暗处孵育 15 min。加入 100 μL 反应停止液到微孔中。混合好尽快在 450 nm 波长处测量吸光度值。

7. 结果参考计算

$$相对吸光度值 = B/B_0 \times 100\%$$

式中:B—标准(或样品)溶液的吸光度值;B_0—空白(浓度为 0 的标准溶液)的吸光度值。

将计算的相对吸光度值(%)对应克伦特罗浓度(ng/L)的自然对数作半对数坐标系统曲线图,校正曲线在 0.004~0.054 ng(200~2 000 ng/L 范围内)呈线性,对应的样品浓度可从校正曲线算出。样品中克伦特罗的含量按下式计算：

$$X = AV \times 1\,000/(m \times 1\,000)$$

式中：X—样品中克伦特罗的含量，μg/kg 或 μg/L；A—样品的相对吸光度值(%)对应的克伦特罗含量，ng/L；V—样品处理最后定容体积，mL；m—样品的取样量，g 或 mL。

8. 方法分析与评价

(1)本方法是 GB/T 5009.192—2003 所选方法第三法。酶联免疫法检出限为 0.5 μg/kg，线性范围为 0.004～0.054 ng。

(2)酶联免疫法是一种快速筛选方法，阳性结果需要经过 GC-MS 法确证。

(3)试剂盒的储存条件是 2～8 ℃，不要冷冻。温度低于 20 ℃或试剂及标品没有回到室温(20～25 ℃)会导致所有标准的值偏低。标准物质和显色液对光敏感，最好避免直接暴露在光线下。不要使用过了有效期的试剂盒，也不要稀释或掺杂使用不同生产厂家的试剂盒这样会引起灵敏度降低。

(4)混合要均匀(包括加样品和标准液的时候都必须充分混合均匀)，洗板要彻底。洗板过程中如果出现板孔干燥的情况，则会出现标准曲线不成线性，重复性不好的现象，所以洗板排干后应立即进行下一步操作。反应停止液为强酸性物质，避免接触皮肤。

3.3.4 兽药残留危害性分析评价

兽药是用来预防、治疗动物疾病的化学物质，同时可起到促进动物生长、繁殖和提高生产性能的作用。食源性动物用药后，在动物体内经过吸收、分布、排出和生物转化，以兽药原形及其代谢产物在食源性动物的细胞、组织或器官内蓄积或储存。兽药残留不仅直接对人体产生急慢性毒性作用，引起细菌耐药性增加，还通过环境和食物链的作用间接对人体健康造成潜在危害。要控制这种风险，就要从兽药的使用量，在食源性动物的细胞、组织或器官内蓄积或储存情况，各种兽药原形及其代谢产物的作用效果和致命性上做全面的风险评估。兽药残留危险性评价程序和农药残留危险性评价程序一样，包括危害鉴定、剂量-反应评价、人群暴露评价、风险性特征描述四方面内容。通过兽药残留危险性评价对人体所接触的动物源食品中残留的兽药产生的已知或潜在的不良作用进行科学评价，在此基础上修订动物产品卫生标准或制定动物生产管理规范，从而保障农牧渔业生产，保护人体健康和生态平衡。

思考题

1. 什么是农药残留和残留毒性？农药残留有哪些来源？食品中农药残留有哪几类？

2. 兽药残留的种类有哪些？兽药残留的来源主要有哪几种途径？兽药残留超标对人类健康造成的危害体现在哪些方面？

3. 有机磷农药残留检测的方法有哪些？对于含脂肪、油等杂质的有机磷农药，采取弗罗里硅土柱层析净化时，应注意哪些问题？

4. 常见抗生素残留的种类有哪些？抗生素残留检测的方法有哪些？解释这些方法的原理。

5. 查阅文献比较残留物质提取过程中微波辅助提取、超声波辅助提取、超临界流体萃取等技术的区别，各有哪些特点？三种提取技术的应用效果如何？

6. 气相色谱法检测农药残留时常用的检测器有哪几种？基本原理如何？

7. 说明气相色谱法测定食品中六六六、滴滴涕残留量的原理和方法。

8. 液相色谱法检测兽药残留时常用的检测器有哪几种？基本原理如何？

9. 说明高效液相色谱法测定畜、禽肉中土霉素、四环素、金霉素残留量的原理和方法。

10. 色谱-质谱联用技术的优势体现在哪些方面？

11. 说明气相色谱-串联质谱法测定植物性食品中有机氯和拟除虫菊酯类农药多种残留量的原理和方法。

12. 食品中激素类残留有哪些危害？常见激素类残留的种类有哪几种？

13. 说明液相色谱-串联质谱同位素内标法测定动物性食品及尿液中雌激素类药物多残留的原理和方法。

14. 说明胶体金免疫层析法测定水产品中氯霉素的原理和方法。

15. 食品中克伦特罗残留量的常用检测方法有哪些？说明酶联免疫分析法测定动物性食品中克伦特罗的原理和方法？免疫分析法的优点？

参考文献

[1] 陈士恩，田晓静．现代食品安全检测技术．北京：化学工业出版社，2019.

[2] DB34/T 2254—2014 水产品中氯霉素残留的检测　胶体金免疫层析法．

[3] GB 2763—2021 食品安全国家标准 食品中农药最大残留限量．

[4] GB 31650—2019 食品安全国家标准 食品中兽药最大残留限量．

[5] GB 31656.16—2022 食品安全国家标准　水产品中氯霉素、甲砜霉素、氟苯尼考和氟苯尼考胺残留量的测定　气相色谱法．

[6] GB 31658.9—2021 食品安全国家标准　动物性食品及尿液中雌激素类药物多残留的测定　液相色谱-串联质谱法．

[7] GB/T 18932.28—2005 蜂蜜中四环素族抗生素残留量测定方法　酶联免疫法．

[8] GB/T 20755—2006 畜禽肉中九种青霉素类药物残留量的测定 液相色谱-紫外检测法．

[9] GB/T 21173—2007 动物源性食品中磺胺类药物残留测定方法　放射受体分析法．

[10] GB/T 21316—2007 动物源性食品中磺胺类药物残留量的测定　液相色谱-质谱/质谱法．

[11] GB/T 5009.104—2003 植物性食品中氨基甲酸酯类农药残留量的测定．

[12] GB/T 5009.110—2003 植物性食品中氯氰菊酯、氰戊菊酯和溴氰菊酯残留量的测定．

[13] GB/T 5009.116—2003 畜禽肉中土霉素、四环素、金霉素残留量的测定(高效液相色谱法)．

[14] GB/T 5009.146—2008 植物性食品中有机氯和拟除虫菊酯类农药多种残留量的测定．

[15] GB/T 5009.163—2003 动物性食品中氨基甲酸酯类农药多组分残留高效液相色谱测定．

[16] GB/T 5009.192—2003 动物性食品中克伦特罗残留量的测定．

[17] GB/T 5009.199—2003 蔬菜中有机磷和氨基甲酸酯类农药残留量快速检测．

[18] GB/T 5009.19—2008 食品中有机氯农药多组分残留量的测定．

[19] GB/T 5009.20—2003 食品中有机磷农药残留量的测定．

[20] 葛宇．食品分析与检验．2版．北京:中国质检出版社,2015.
[21] 黄玉坤,陈祥贵．食品安全与检测．2版．北京:中国轻工业出版社,2022.
[22] 刘绍．食品分析与检验．2版．武汉:华中科技大学出版社,2019.
[23] 王硕,王俊平．食品安全检测技术．北京:化学工业出版社,2016.
[24] 姚玉静,翟培．食品安全快速检测．北京:中国轻工业出版社,2019.
[25] 邹小波,赵杰文．现代食品检测技术．3版．北京:中国轻工业出版社,2021.

第4章

食品中有害金属检测技术

本章学习目的与要求

1. 了解金属元素形态与毒性的关系，元素的迁移途径、来源、毒性分析。
2. 掌握不同金属元素的前处理方法。
3. 熟悉不同金属元素的测定方法。

4.1 概述

在人类生活的地球上，含有多种金属和类金属元素，这些金属元素以不同的形态存在于环境中、食品中，人们通过食物、饮水等生活方式接触和摄入这些元素。许多金属元素是人体代谢所必需的，在一般膳食情况下不至于造成对机体的危害，有些元素对人体有明确的毒害作用。金属元素的污染常指重金属的污染，重金属通常指密度在 4.5 g/cm^3 以上的几十种元素，主要包括镉、铬、汞、铅、铜、锌、锡等，从毒性学角度一般把砷、硒和铝等也包括在内。

4.1.1 食品中无机金属元素的污染及危害评价

重金属的污染主要来源于大气、水、土壤。大气中的污染一方面来自地球上各种物质的作用而自然释放到空气中的某些重金属，另一方面由于工业废气、汽车尾气等排放到大气中的含重金属的有害气体和粉尘等。人类生产活动释放到大气中的重金属铅、镉、镍、钴、铜的数量远大于它们的自然输入量。水中重金属污染主要来自工矿业废水、生活污水以及大气沉降物的污染等。土壤的污染主要是人类生产活动造成的，矿产资源的开发与工业化进程的加剧，产生了大量的重金属污染物，含金属的化肥、农药的使用，既污染水体，又导致了土壤中重金属的大量积累，金属污染物通过干、湿沉降进入周边土壤或被植物叶片直接吸收，通过食物链形成潜在的食品安全危害因素。

食物中重金属污染是 UNDP/FAO/WHO 全球食物污染监测计划中的重要项目，也是我国重点监测的项目。重金属污染的特点表现在以下几个方面：水中的某些重金属可在微生物作用下转化为毒性更强的金属化合物，如汞在微生物的作用下甲基化形成甲基汞；生物从环境中摄取重金属可以经食物链的生物放大作用，在较高级生物体内成千上万倍地富集，然后通过食物进入人体的某些器官中积蓄而造成慢性中毒，如镉在海产品中浓度是海水中的数千倍；微量重金属也可产生毒性效应，一般重金属产生毒性的范围在 1～10 mg/L，毒性较强的重金属，如汞、镉等产生毒性的范围在 0.001～0.01 mg/L。

重金属的生物累积性、生物有效性和生物毒性是当前重金属评价研究的热点问题之一。生物评价主要有三方面：一是通过测定生物体内重金属的含量来判断重金属污染程度，并获得不同生物体对不同重金属的不同富集能力的数据；二是通过毒理试验，研究重金属元素对生物的联合作用、生物拮抗作用以及环境因子对重金属元素化学毒性的影响，并为致毒机理的研究积累资料；三是通过生态学分析，研究重金属对生物群落之间的相互关系，并对重金属污染进行生态危害评价。

4.1.2 食品中有机金属元素的污染及危害评价

食品中的金属元素的积累能力和生物毒性，不仅与其总量有关，而且与其形态密切相关，不同的形态产生不同的环境效应。1958 年 Goldbery 等首先提出了金属存在形态的概念，但到目前为止还没有统一的定义。国际纯粹和应用化学联合会给出的定义为“形态分析是指某一待测物的原子和分子状态获得证实的过程”。分析化学家根据自己的研究领域不同，对形态分析的理解不同。作为金属元素的形态分析，主要研究目标是金属环境污染物(如丁基锡、烷基铅)、有害元素(如砷、汞)及其转化产物(甜菜碱砷、甲基汞)、有益或有害元素(包括非金属元素）与生物分子形成的络合物。金属和类金属元素在生物体中都具有一定的存在形态，包括游离水合离子、与生物配体形成的络合物，以及构成硬组织的难溶化合物等。金属的生物功能和毒性效应不仅与其含量有关，更与其化学形态如氧化态、配体及分子结构等密切相关。大量的研究表明，仅仅依据元素的总量来评价其对环境和生物体系的影响是不够的，甚至有可能产生误导。

由于金属元素与生物大分子的结合能力主要取决于金属元素的化学形态，因此同一种金属元素的不同化学形态可以产生不同的生物效应。在元素的形态中，以对砷的研究最为广泛，一般认为总砷的含量越高毒性越强。然而研究表明，不同形态的砷化合物的毒性差异很大，无机砷的毒性最大，甲基化砷的毒性较小，而海产品中含量较高的砷甜菜碱和砷胆碱常被认为是无毒的。对铬的研究表明，不同价态的铬会产生不同的生理作用。Cr^{3+} 是人体维持生命的必需元素，它可以促进人体内葡萄糖的利用；而 Cr^{6+} 在生物体系内具有很强的流动性，它可以以 CrO_4^{2-}、$Cr_2O_7^{2-}$ 的形态通过带负电荷的细胞膜，并且促使其氧化，从而导致病变发生。重金属的毒理特性规律一般表现为：自然态转变为非自然态，毒性增加；离子态的毒性大于络合态；金属有机态的毒性大于无机态。

汞是人类较早认识的元素之一，它的地壳丰度为 0.08 mg/kg。汞是常温下唯一的液体金属元素，在空气中稳定，高温加热就变成了红色的氧化物。汞在自然界以单质汞、无机汞、有机汞等形式存在。在无机汞化合物中，呈 Hg^{+} 价和 Hg^{2+} 价的氧化态。Hg^{+} 价汞化合物只有少数的盐可以溶于水，最重要的一价汞化合物是 Hg_2Cl_2，通常被称为甘汞。二价的汞化合物形成络离子的倾向很强，能与卤素离子、氢氧离子、氰离子及有机配位体发生络合反应，形成的化合物具有一定的稳定性。有机汞主要有甲基汞、乙基汞和苯基汞等。各种形态的汞及其化合物都会对机体造成以神经毒性和肾脏毒性为主的多系统损害，其中以金属汞和甲基汞对人体的危害最显著。汞及其化合物的毒性大小与汞的存在形式、汞化合物的吸收途径有关。金属汞在常温下呈液态，具有挥发性，可通过呼吸由肺部进入人体，进入的汞在体内代谢为汞离子，汞离子的脂溶性较高，容易通过细胞膜进入大脑，给中枢神经带来伤害，表现为发抖、失眠、记忆力降低、极度内向等症状。但金属汞几乎不被消化道吸收，摄入时基本上是无毒的；二价的汞离子肠道吸收率低，口服几乎不吸收，毒性小，但进入体内的汞主要集中在肾部，表现为肾毒性。有机汞特别是烷基汞，脂溶性强，很容易通过细胞膜，所以肠道吸收率高，分布到体内的各个组织，甲基汞的人体吸收率可达到 90%以上。因此，有机汞的毒性大于无机汞。由于汞具有蓄积性，被污染的鱼贝类是人类食物中汞的主要来源，通过食物链的富集作用，鱼贝类体内的汞达到十万倍以上，而且几乎全部是以甲基汞的形式存在。甲基汞进入人体后几乎完全吸收进入血液并分配到全身组织包括大脑，并且能很容易进入胎盘而影响胎儿的大脑发育。另外大剂量接触甲基汞可对人类神经系统造成损害，出现反应迟钝、脑中风、耳聋、失明等现象。汞化合物具有较强的挥发性和流动性，使它在自然环境或生物间有较大的迁移和分配能力。按其迁移速率大小可分为迁移毒性态、亚迁移态和惰性态，其中迁移毒性态汞有甲基汞、乙基汞、$HgCl_2$、$Hg(OH)_2$、$Hg(NO_3)_2$ 等。

大气中的重金属除一部分来自火山活动、土壤和矿藏释放等途径外，冶炼、煤、石油等燃烧过程也是重要的来源。煤燃烧过程中产生的污染物，除烟尘、SO_x 和 NO_x 外，还会释放出一些有害的金属元素，其中 Hg、Cd、Pb、Cr 和 As 等已被美国环保局定义为有毒大气污染物，由于汞、砷和硒具有较高的挥发性，不易被除尘器捕获，大部分随烟气排入大气。煤燃烧过程中的重金属如汞的形态转化同煤品种、燃烧温度、烟气成分和除尘脱硫系统的布置有关。烟气中的汞的存在形式主要包括气态汞和固相颗粒汞，固相颗粒汞易被除尘器脱除，而气态汞更容易排放到大气中。

水中的一些重金属可能是单质的或无机和有机化合物，也可能吸附在各种固体颗粒表面。自然水体中腐殖酸易与重金属反应，产物有多种存在形式，可在自然界中存在几百年甚至几千年，使土壤和河水变色。天然水体中，不同形态的重金属具有各自的化学反应特点，它们影响着各类重金属的化学行为，并决定水环境中各类重金属的迁移过程。水环境中的各类重金属可以转变为挥发态进入大气中，还可以与各种离子结合进入水相中或进入沉积物中。不同形态重金属的总量和无机形式的含量变化主要取决于外界环境。比如外界环境的汞流入量大时总汞和无机汞含量会相应地增加，同时，沉积物中的汞也会通过循环方式进入外界环境。有机态重金属含量的变化主要取决于无机态重金属含量的变化。沉积物中无机态重金属在微生物的参与下，能转变成剧毒性的有机态重金属。当然，在一定条件下有机态重金属也可以转化为无机态重金属。

土壤中重金属一方面来自土壤母质本身，不同母质、母岩形成的土壤其重金属含量存在很大差异；另一方面，由于人类工农业生产活动，使各类重金属进入环境，污染大气、水体、土壤。农药的使用曾是造成土壤含汞、砷、铅量普遍增加的一个重要原因。污水灌溉、污水施肥等也是引起土壤重金属增加的原因。

重金属形态分析常用的方法有冷原子吸收法、原子荧光光度法、分光光度法、气相色谱法、高效液相色谱法、等离子发射光谱法、质谱技术及分子生物学法等。

传统的金属检测方法，如化学仪器分析方法虽然能够测定样品中金属的含量，但所用的仪器相对昂贵，检测过程需要对样品进行前处理，比较费时、费力，检测需要在室内进行，不利于现场检测。此外，金属的毒性与它的化学形式、物理状态和氧化状态有关，而上述仪器分析法大多无法得到金属的氧化状态或者演变信息，只能得到某一金属元素的总量。

分子生物学的抗原-抗体反应是特异、灵敏、快速的免疫检测方法，所用的仪器简单、易于携带，费用低廉，已在农药、兽药、环境激素等检测中得到了广泛的应用。20 世纪 90 年代后，作为 21 世纪最具竞争性和挑战性的痕量检测技术，开始在金属检测方面进行研究和开发，越来越受到人们的重视，已成为相关领域的前沿技术和研究热点之一。

抗体是免疫技术开发的核心和关键。由于金属离子的分子量很小，没有良好的免疫原性，而且金属本身带有电荷，易引起蛋白分子构型变化，因此需要将金属离子与选择性金属螯合剂生成复合物，再与载体蛋白如 BSA、OVA、KLH 等耦联形成的金属-螯合剂-蛋白复合物作为免疫原诱导动物机体产生抗体。自从 1985 年 D. T. Reardan 等成功地利用 EDTA 做中介物连接铟和血蓝蛋白(BSA)，制备了铟的特异性单克隆抗体 CHA255 和 CHB23 以来，基于抗体的免疫学检测方法为金属检测提供了一种新的思路。1994 年 Chakrabarti 等探讨了可溶性铟的免疫测定技术。应用制备和纯化的抗 EDTA-铟螯合物单克隆抗体，分别以 EDTA-铟螯合物、铟-硝基苯-EDTA、铟-EDTA-BSA 为竞争性抑制抗原，建立了一种测定可溶性铟的竞争 ELISA 方法，检测范围为 0.005 ng 到 320 μg，而且在 Mn、Mg 和 Cu 等干扰元素超过 100 倍以上时，检测结果仍然不受影响，定量测定与原子吸收测定法结果比较一致，表明了应用免疫学方法检测金属的可行性。此后，越来越多抗 Hg^{2+}、In^{3+}、Cd^{2+}、Pb^{2+}、U^{6+} 等金属-螯合剂复合物抗体被研制出来。迄今为止，免疫检测技术已经成功用于水中多种金属离子的检测。

金属离子的免疫检测是传统检测方法的补充，它可以满足快速检测的需要，提高检测的效率和质量，国内外的研究机构都在进行相关方面的研究，如何筛选或合成新的特异性好的螯合剂，提高检测的特异性和灵敏性成为研究的热点，随着重组单克隆抗体的建构技术、基因工程抗体和蛋白质工程技术的发展，重金属特异性单克隆抗体的制备技术也随着不断发展、提供。近年来，新型免疫分析尤其是基于表面增强拉曼散射（SERS）的免疫分析引起了广泛的关注，为重金属离子的免疫学检测提供了广阔的前景。

4.2　食品中汞及有机汞化合物的检测技术

4.2.1　食品中总汞的原子荧光光谱法检测技术

1. 方法目的

了解掌握氢化物原子荧光光谱技术分析重金属汞的原理和方法。

2. 原理

样品消解后，在酸性介质中，样品中汞被硼氢化钾（KBH_4）还原成原子态汞，由载气（氩气）带入原子化器中，在汞空心阴极灯照射下，基态汞原子被激发至高能态，由高能态回到基态时，发射出特征波长的荧光，其荧光强度与汞含量成正比，外标法定量。

3. 试剂材料

优级纯硝酸，过氧化氢，硼氢化钾，汞标准试剂。

4. 仪器设备

原子荧光光谱仪，微波消解装置或消化炉，超纯水仪，用稀硝酸处理后的玻璃仪器。

5. 分析步骤

（1）仪器参考条件　光电倍增管负高压 240 V；汞空心阴极灯电流 30 mA；原子化器温度 200 ℃，高度 8.0 mm；载气流速 500 mL/min，屏蔽气（氩气）1 000 mL/min；测量方式为标准曲线法；读数方式：峰面积；读数延迟时间 1.0 s；读数时间 10.0 s；硼氢化钾溶液加液时间 8.0 s；标液或样液加液体积：连续进样 2 mL。

（2）样品处理　粮食及豆类等干样粉碎；蔬菜、水果、肉类及水产品等含水量高的样品匀浆。

样品压力罐消解法：根据样品中汞的含量和样品的含水量称取不同质量的样品。一般含水量低的样品称取 0.2～1.0 g；含水量高的样品可增加至 2.00 g，在消解罐中加 5 mL 硝酸，放置 1 h 或过夜，盖上内盖放入不锈钢外套中，旋紧密封。然后将消解器放入烘箱中加热，140～160 ℃后保持恒温 4～5 h，至消解完全，自然冷至室温。将消解内罐取出，用少量水冲洗内盖，将消解罐放在控温电热板上或超声水浴箱中，80 ℃下加热或超声脱气 3～6 min，赶去棕色气体，取出消解内罐，用水将消解液转移并定容至 25 mL，摇匀。同时做试剂空白试验。

样品微波消解法：称取 0.20～0.5 g 样品于消解罐中加入 5～8 mL 硝酸，加盖放置 1 h，对难消化的样品再加入 0.5～1 mL 过氧化氢，拧紧罐盖，将消解罐放入微波炉消解仪中，根据样品设置微波炉消解条件，至消解完全。冷却后取出，缓慢打开罐盖排气，用少量水冲洗内盖，将消解罐放在控温电热板上或超声水浴箱中，80 ℃下加热或超声脱气 3～6 min，赶去棕色气体，取出消解内罐，用水转移并定容至 25 mL，混匀待测。

(3)测定　设定仪器最佳条件，仪器稳定 10～20 min 后开始测量。连续用硝酸-水(1∶9)进样，待读数稳定之后，转入标准系列测量，绘制标准曲线。按同样方法测定样品空白和样品消化液，每测不同的样品前都应清洗进样器。

6. 方法分析及评价

(1)汞元素易挥发，在消解过程中要注意控制消解温度。

(2)分析纯的盐酸和硝酸中一般含有较高的汞，建议使用优级纯的盐酸和硝酸，并在使用时做试剂空白。

(3)玻璃器皿容易吸附汞，实验所用玻璃仪器均需以硝酸-水(1∶1)浸泡过夜，用水反复冲洗，最后用去离子水冲洗干净，晾干后使用。

(4)硼氢化钾浓度降低灵敏度会增加，但不能低于 0.01%。

4.2.2　食品中汞的冷原子吸收光谱法检测技术

1. 方法目的

了解掌握冷原子吸收光谱技术分析重金属汞的原理和方法。

2. 原理

样品经消解后，在强酸性介质中样品中离子态的汞被氯化亚锡还原成元素汞，在常温下以氮气或干燥空气作为载体，将元素汞吹入汞测定仪，汞蒸气对波长 253.7 nm 的共振线具有强烈的吸收作用，在一定浓度范围其吸收值与汞含量成正比，与标准系列比较定量。

3. 试剂材料

优级纯硫酸、硝酸，氯化亚锡，汞标准物质。

4. 仪器设备

测汞仪，压力消解仪，沙浴，玻璃仪器。

5. 分析步骤

(1)样品处理　回流消化法：粮食或水分少的样品可称取 1.00～4.00 g 样品，对含水量高的样品称取 10～20 g 置于锥形瓶中，加玻璃珠数粒，依次加 45 mL 硝酸、10 mL 硫酸，转动锥形瓶防止局部炭化；油脂类样品先加硫酸 7 mL，小火混匀至溶液颜色变为棕色，再加硝酸 40 mL。然后在锥形瓶上装上冷凝管后，小火加热，待开始发泡后停止加热，发泡停止后，加热回流 2 h。如加热过程中溶液变棕色，再加 5 mL 硝酸，继续回流 2 h，放冷后从冷凝管上端小心加 20 mL 水，加热回流 10 min，放冷，用适量水冲洗冷凝管，洗液并入消化液中，将消化液经玻璃棉过滤于 100 mL 容量瓶内，用少量水洗锥形瓶、滤器，洗液并入容量瓶内，加水至刻度，混匀。同时做试剂空白试验。

微波消解法和压力消解法：同原子荧光光谱法。

(2)测定　打开测汞仪，预热 1 h，并将仪器性能调至最佳状态。分别吸取浓度为 0.0 μg/mL、0.01 μg/mL、0.02 μg/mL、0.03 μg/mL、0.04 μg/mL、0.05 μg/mL 的汞标准液 5 mL，置于汞蒸气发生器内，连接抽气装置，沿壁迅速加入 3 mL 还原剂 10%氯化亚锡，立即通过流速为

1.0 L/min 的氮气或经活性炭处理的空气，使汞蒸气经过氯化钙干燥管进入测汞仪中，读取测汞仪上最大读数，然后，打开吸收瓶上的三通阀将产生的汞蒸气吸收于 5%高锰酸钾溶液中，待测汞仪上的读数达到零点时进行下一次测定。根据汞含量和其所对应的吸光值绘制标准曲线计算线性方程。吸取 5.0 mL 空白及样品消化液，按同样方法测定样品中汞的吸光值，计算样品中汞的含量。

6. 方法分析及评价

(1)该方法的仪器简单易于操作，但检测灵敏度相对较低。

(2)仪器的光路、气路管道要保持干燥、无水汽凝结，汞原子蒸气必须先经过干燥管脱水后进入仪器。

(3)压力法消解、微波消解较其他消解方法迅速、简便、安全、污染小、回收率高。

4.2.3　食品中甲基汞的测定——液相色谱-原子荧光光谱联用法

1. 方法目的

了解掌握液相色谱-原子荧光光谱联用法分析甲基汞的原理和方法。

2. 原理

试样中甲基汞经超声波辅助 5 mol/L 盐酸溶液提取后，使用 C_{18} 反相色谱柱分离，色谱流出液进入在线紫外消解系统，在紫外光照射下与强氧化剂过硫酸钾反应，甲基汞转变为无机汞。酸性环境下，无机汞与硼氢化钾在线反应生成汞蒸气，由原子荧光光谱仪测定。保留时间定性，外标法定量。

3. 试剂材料

(1)甲醇，色谱纯；盐酸、硝酸，优级纯；氢氧化钠、氢氧化钾、硼氢化钾、乙酸铵、重铬酸钾，分析纯；*L*-半胱氨酸，生化试剂。

(2)汞标准品：氯化汞、氯化甲基汞、氯化乙基汞。

(3)流动相：称取 0.5 g *L*-半胱氨酸、1.6 g 乙酸铵，用 100 mL 水溶解，加入 15 mL 甲醇，用水稀释至 500 mL，经 0.45 μm 有机滤膜过滤，现用现配。

4. 仪器设备

液相色谱-原子荧光光谱仪由液相色谱、在线紫外消解系统及原子荧光光谱仪组成。冷冻离心机、超声波清洗器。

5. 分析步骤

(1)样品处置　大米、食用菌、水产动物及其制品的干剂样品，取可食部分粉碎均匀，粒径达 425 μm 以下(相当于 40 目以上)，装入洁净聚乙烯瓶中，密封保存备用。食用菌、水产动物等湿剂样品，洗净晾干，取可食部分匀浆至均质，装入洁净聚乙烯瓶中，密封，于 2～8 ℃冰箱冷藏备用。

(2)样品提取　称取固体样品 0.20～1.0 g 或新鲜样品 0.50～2.0 g，置于 15 mL 塑料离心管中，加入 10 mL 盐酸溶液(5 mol/L)。室温下超声水浴提取 60 min，期间振摇数次。4 ℃下以 8 000 r/min 离心 15 min。准确吸取 2.0 mL 上清液至 5 mL 容量瓶或刻度试管中，逐滴加入氢氧化钠溶液(6 mol/L)至样液 pH 3～7。加入 0.1 mL 的 *L*-半胱氨酸溶液(10 g/L)，用水稀释定容至刻度。经 0.45 μm 有机系滤膜过滤，待测。同时做空白试验。

(3)测定

①液相色谱参考条件　色谱柱：C_{18} 分析柱(150 mm×4.6 mm，5 μm)或等效色谱柱，C_{18} 预柱(10 mm×4.6 mm，5 μm)或等效色谱预柱；流动相：3%甲醇+0.04 mol/L 乙酸铵+1 g/L *L*-半胱氨酸；流速 1 mL/min；进样体积 100 μL。

②原子荧光检测参考条件　负高压 300 V；汞灯电流 30 mA；原子化方式：冷原子；载液：10%盐酸溶液；载液流速 4.0 mL/min；还原剂：2 g/L 硼氢化钾溶液；还原剂流速 4.0 mL/min；氧化剂：2 g/L 过硫酸钾溶液；氧化剂流速 1.6 mL/min；载气(氩气)流速 500 mL/min；辅助气(氩气)流速 600 mL/min。

③绘制标准曲线　设定仪器最佳条件，待基线稳定后，将甲基汞标准系列溶液按质量浓度由低到高分别注入液相色谱-原子荧光光谱联用仪中进行测定，以标准系列溶液中目标化合物的浓度为横坐标，以色谱峰面积为纵坐标，制作标准曲线。

④样品测定　依次将空白溶液和试样溶液注入液相色谱-原子荧光光谱联用仪中，得到色谱图，以保留时间定性。根据标准曲线得到试样溶液中甲基汞的浓度。参考色谱图见图 4-1。

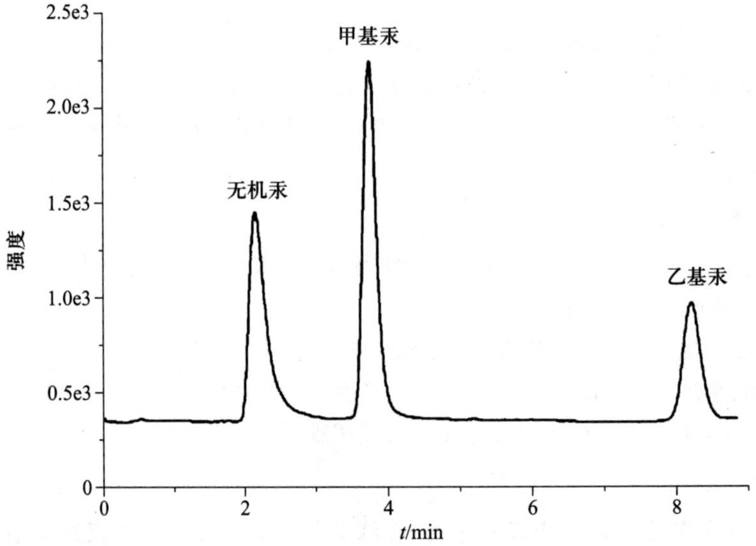

图 4-1　汞标准溶液色谱图

6. 方法分析及评价

(1)所用玻璃仪器均需用硝酸溶液(1∶4)浸泡 24 h，用自来水反复冲洗，最后用水冲洗干净。

(2)样品制备过程中，应避免试样污染。

(3)滴加 6 mol/L 氢氧化钠溶液时应缓慢逐滴加入，避免酸碱中和产生的热量来不及扩散，使温度很快升高，导致汞化合物挥发，造成测定值偏低。

(4)调节样品提取液 pH 时，可加入 1～2 滴 0.1%的甲基橙溶液作为指示剂，当滴定至溶液由红色变为橙色时即可。

(5)分析样品前，应调整仪器的状态，确定各汞形态的分离度，当分离度大于 1.5 时，再进行分析。

4.3　食品中砷及有机砷化合物的检测技术

4.3.1　砷的形态分析

砷是自然环境中普遍存在的一种非金属元素，在地壳中的丰度为 1.8 mg/kg，主要以负三价、正三价、正五价等价态存在。自然界的砷广泛存在于熔积岩和沉积岩中，主要与硫形成矿物质。由于其许多理化性质类似于金属，因此常称其为“类金属”。近年来，伴随着砷在玻璃制造、半导体工业、木材的防腐剂等工业中的应用，以及作为杀虫剂、除草剂、猪的生长促进剂、家禽的饲料添加剂在农业生产中的大量应用，大量的砷进入环境中。

砷化合物可以通过化学过程和生物转化以不同形态存在于水、底泥、土壤、植物、海洋生物和人体中。矿石中的砷主要以雌黄、雄黄及砷铁等形式存在，在风蚀、雨淋、水浸等情况下，砷可以进入水体和土壤中。空气、土壤、沉积物、水以及陆生植物中砷主要以亚砷酸盐(As^{3+})、砷酸盐(As^{5+})、一甲基砷酸(MMA)和二甲基砷酸(DMA)形态存在。在水环境中，砷的形态最为丰富，砷的不同形态之间可以相互转化。在海水中砷主要以两种无机砷(氧化/还原态)和两种甲基化的有机砷存在，其他的有机砷形态的浓度较低，主要被浓缩到海洋生物的有机体内。研究发现，砷酸盐(As^{5+})是氧化性海水中的主要形态，As^{3+} 在酸性海水中不稳定，可慢慢转化为 As^{5+}。在海水中，甲基砷占溶解的总砷的 5%～20%，有机砷(MMA、DMA)相对稳定，它们在海水中的浓度及相对比值的变化可作为生物活性指示剂，海产品中可含有砷甜菜碱(AsB)和砷胆碱(AsC)。另外砷可以与大的有机基团结合形成更复杂的砷化合物，如砷糖、砷酯等。

砷元素在环境和生态中的效应并不取决于它的总水平，而是取决于它存在的形态，不同形态的砷毒性相差甚远。元素砷在自然界环境中极少出现，因其不溶于水，故毒性较小。砷的不同化合物的半致死量 LD_{50} 差异很大，见表 4-1。从表中可以看出无机砷的毒性大于有机砷，甲基化砷由于甲基的存在毒性降低，而砷甜菜碱和砷胆碱常被认为是无毒的。在有机体内无机砷含量较少，有机砷的比例相对较高。

表 4-1　不同砷化合物的半致死量　　g/kg

砷的形态	LD_{50}	砷的形态	LD_{50}
As^{3+}	0.034 5	TMAO	10.6
MMA	1.8	AsC	>6.5
DMA	1.2	AsB	>10
TeMA	0.89		

砷在环境中可以相互转化，通常 As^{5+} 和 As^{3+} 在样品中可同时存在，在还原环境下则以 As^{3+} 为主，氧化环境下主要以 As^{5+} 为主，有时在某些微生物作用和化学还原反应中，可将无机砷还原成有机砷的衍生物，如甲基砷等。

针对样品基质及砷的形态不同，检测方法较多，高效液相色谱与其他仪器联用技术如高效液相色谱与等离子发射光谱-质谱、原子荧光光谱等联用，提高了砷的检测范围和灵敏度，成为砷形态分析的主要研究技术。

4.3.2 食品中总砷的原子荧光光谱法检测技术

1. 方法目的

了解掌握氢化物原子荧光光谱技术分析食品中砷的原理、方法和样品处理技术。

2. 原理

样品处理后，加入硫脲使五价砷还原为三价砷，再加入硼氢化钠或硼氢化钾使其还原生成砷化氢，由氩气载入原子化器中，样品中的砷在特制砷空心阴极灯的发射光激发下产生原子荧光，其荧光强度在一定条件下与被测液中的砷浓度成正比，与标准系列比较定量。

3. 试剂

(1)优级纯硝酸、硫酸、高氯酸、盐酸，氢氧化钾，硫脲、抗坏血酸。

(2)2%硼氢化钾溶液：称取硼氢化钾 20 g，溶于 1 000 mL 0.5%氢氧化钾溶液中，混匀。此液于 4 ℃冰箱可保存 10 d。

(3)硫脲+抗坏血酸溶液：称取 10.0 g 硫脲，加约 80 mL 水，加热溶解，待冷却后加入 10.0 g 抗坏血酸，稀释至 100 mL。现用现配。

(4)砷标准储备液(0.1 mg/mL)：精确称取于 100 ℃干燥 2 h 以上的三氧化二砷(As_2O_3) 0.013 2 g，加 10%氢氧化钠 1 mL 溶解，用适量水转入 100 mL 容量瓶中，加适量盐酸调整其酸度近中性，用水定容至刻度。吸取 1.00 mL 砷标准储备液于 100 mL 容量瓶中，用硝酸溶液(2∶98)稀释至刻度，浓度为 1 μg/mL，此液应当日配制使用。

4. 仪器设备

原子荧光光度计。

5. 分析步骤

(1)仪器参考条件　光电倍增管电压 400 V；砷空心阴极灯电流 35 mA；原子化器温度 820～850 ℃，高度 7 mm；氩气流速：载气 600 mL/min；测量方式：荧光强度或浓度；进样量：连续进样 2 mL，直读；读数方式：峰面积；读数延迟时间：1 s；读数时间：15 s；硼氢化钠溶液加入时间：5 s。

(2)微波消解法　蔬菜、水果等含水分高的样品，称取 2.0～4.0 g 样品于消解罐中，加入 5 mL 硝酸，放置 30 min；粮食、肉类、鱼类等样品，称取 0.2～0.5 g 样品于消解罐中，加入 5 mL 硝酸，放置 30 min。盖好安全阀，将消解罐放入微波消解系统中，根据不同类型的样品，设置适宜的微波消解程序，按相关步骤进行消解，消解完全后赶酸，将消化液转移至 25 mL 容量瓶或比色管中，用少量水洗涤内罐 3 次，合并洗涤液并定容至刻度，混匀。同时做空白试验。

(3)高压密闭消解法　称取固体试样 0.20～1.0 g，湿样 1.0～5.0 g 或取液体试样 2.00～5.00 mL 于消解内罐中，加入 5 mL 硝酸浸泡过夜。盖好内盖，旋紧不锈钢外套，放入恒温干燥箱，140～160 ℃保持 3～4 h，自然冷却至室温，然后缓慢旋松不锈钢外套，将消解内罐取出，用少量水冲洗内盖，放在控温电热板上于 120 ℃赶去棕色气体。取出消解内罐，将消化液转移至25 mL容量瓶或比色管中，用少量水洗涤内罐3次，合并洗涤液并定容至刻度，混匀。同时做空白试验。

(4)标准溶液的配制　准确吸取1 μg/mL砷使用标准液0.0 mL、0.1 mL、0.25 mL、0.5 mL、1.5 mL和3.0 mL加入25 mL容量瓶中，各加12.5 mL硫酸-水(1∶9)，2.0 mL硫脲＋抗坏血酸，用水定容待测。

仪器预热稳定后，分别测定试剂空白、标准和样品消化液，以原子吸收强度为纵坐标，砷浓度为横坐标绘制标准曲线，根据回归方程求出试剂空白液和样品被测液的砷浓度，计算样品的砷含量。

6. 结果参考计算

$$X=(c_1-c_0)V\times 1\,000/(m\times 1\,000\times 1\,000)$$

式中：X—样品的砷含量，mg/kg或mg/L；c_1—样品被测液的浓度，ng/mL；c_0—试剂空白液的浓度，ng/mL；V—样品定容体积，mL；m—样品的质量或体积，g或mL；1 000—换算系数。

7. 方法分析及评价

(1)使用硫脲和抗坏血酸将五价砷还原为三价砷时，还原时间应在15 min以上，温度低时，要延长还原时间，温度高时可缩短还原时间。

(2)硼氢化钾浓度对测定有较大影响，应保证硼氢化钾的浓度。

(3)氢氧化钠中可能含有少量的砷，对测定结果有一定的影响，尽可能使用优级纯的试剂。

(4)硼氢化钾需储存在聚乙烯材质的容器中，避免使用玻璃仪器。

4.3.3　食品中总砷的银盐法检测技术

1. 方法目的

了解掌握分光光度法测定食品中砷的原理和方法。

2. 原理

样品经消化后，在碘化钾、氯化亚锡的作用下将五价砷还原为三价砷，然后与锌粒和酸产生的新生态氢生成砷化氢，经银盐溶液吸收后，形成红色胶态物，与标准系列比较定量。

3. 试剂

(1)硝酸、硫酸、盐酸、高氯酸、氧化镁、锌粒。

(2)15%硝酸镁溶液，15%碘化钾溶液，10%乙酸铅溶液，20%氢氧化钠溶液。

(3)酸性氯化亚锡溶液：称取40 g氯化亚锡，加盐酸溶解并稀释至100 mL，加入数颗金属锡粒。

(4)乙酸铅棉花。

(5)二乙基二硫代氨基甲酸银-三乙醇胺-三氯甲烷溶液(银盐溶液)：称取0.25 g二乙基二硫代氨基甲酸银置于乳钵中，加少量三氯甲烷研磨，移入100 mL量筒中，加入1.8 mL三乙醇胺，再用三氯甲烷分次洗涤乳钵，洗液一并移入量筒中，再用三氯甲烷稀释至100 mL，放置过夜。滤入棕色瓶中贮存。

(6)砷标准储备液(0.1 mg/mL)：准确称取0.132 0 g在100 ℃干燥2 h的三氧化二砷，加5 mL 20%氢氧化钠溶液，溶解后加25 mL硫酸-水(6∶94)，移入1 000 mL容量瓶中，加新煮沸冷却的水稀释至刻度，贮存于棕色玻塞瓶中。吸取 1.0 mL 砷标准储备液，置于 100 mL 容量瓶中，加 1 mL 硫酸-水(6：94)，加水稀释至刻度，为 1.0 μg/mL 砷标准使用液。

4. 仪器设备

分光光度计，测砷装置。

5. 样品处理

(1)硝酸-高氯酸-硫酸消化　根据样品的含水量称取样品 1.00～10.00 g，置于 50～100 mL 三角瓶中，固体样品先加水少许使湿润，加数粒玻璃珠、10～15 mL 硝酸-高氯酸混合液(4：1)，放置过夜，次日小火缓缓加热，待作用缓和，放冷。沿瓶壁加入 5～10 mL 硫酸，再加热，至瓶中液体开始变成棕色时，不断沿瓶壁滴加硝酸-高氯酸混合液(4：1)至有机质分解完全。继续消化，至瓶内液体产生白烟消化完全，溶液应无色或微带黄色，放冷。加 20 mL 水煮沸，除去残余的硝酸至产生白烟为止，如此处理两次，放冷。将冷却后的溶液移入 50 mL 容量瓶中，用水洗涤三角瓶，洗液并入容量瓶中，放冷，加水至刻度，混匀。取与消化样品相同量的硝酸-高氯酸混合液和硫酸，按同一方法做试剂空白试验。

含酒精性饮料或含二氧化碳饮料应小火加热除去乙醇或二氧化碳后，再加硝酸-高氯酸混合液(4：1)；含糖量高的样品易起泡、炭化，加入硫酸待反应缓和停止起泡后，先用小火缓缓加热，不断沿瓶壁补加硝酸-高氯酸混合液(4：1)，待泡沫消失后，再加大火力，至有机质分解完全。

(2)干灰化法　称取 1.00～5.00 g 样品，置于坩埚中，加 1 g 氧化镁及 10 mL 硝酸镁溶液，混匀，浸泡 4 h。置水浴锅上蒸干，用小火炭化至无烟后移入马弗炉中加热至 550 ℃，灼烧 3～4 h，冷却后取出。加 5 mL 水湿润后，用细玻璃棒搅拌，再用少量水洗下玻璃棒上附着的灰分至坩埚内。放水浴上蒸干后移入马弗炉 550 ℃灰化 2 h，冷却后取出。加 5 mL 水湿润灰分，再慢慢加入 10 mL 盐酸-水(1：1)，然后将溶液移入 50 mL 容量瓶中，坩埚用盐酸-水(1：1)洗涤 3 次，每次 5 mL，洗液均并入容量瓶中，再加水至刻度，混匀。其加入盐酸量不少于(中和需要量除外)1.5 mL。全量供银盐法测定时，不必再加盐酸。按同一操作方法做试剂空白试验。

6. 分析步骤

标准曲线的配制：吸取 0 mL、2 mL、4 mL、6 mL、8 mL、10 mL 砷标准使用液(相当 0 μg、2.0 μg、4.0 μg、6.0 μg、8.0 μg、10.0 μg)，分别置于 150 mL 锥形瓶中，加水至 40 mL，再加 10 mL 盐酸-水(1：1)。

吸取一定量的消化液及空白液，分别置于 150 mL 三角瓶中，补加硫酸至总量为 5 mL，加水至 50～55 mL。在消化液、试剂空白液及砷标准溶液中各加 3 mL 15%碘化钾溶液、0.5 mL 酸性氯化亚锡溶液，混匀，静置 15 min。各加入 3 g 锌粒，立即给测砷三角瓶塞上装有乙酸铅棉花的导气管，并使管尖端插入盛有 4 mL 银盐溶液的离心管中的液面下，在常温下反应 45 min 后，取下离心管，加三氯甲烷补足 4 mL。用 1 cm 比色杯，以零管调节零点，于波长 520 nm 处测吸光度，绘制标准曲线。

7. 结果参考计算

$$X=(m_1-m_0)V_1\times 1\,000/(mV_2\times 1\,000)$$

式中：X—样品中砷的含量，mg/kg 或 mg/L；m_1—测定用样品消化液中砷的质量，μg；m_0—试剂空白液中砷的质量，μg；m—样品质量或体积，g 或 mL；V_1—样品消化液的总体积，mL；V_2—测定用样品消化液的体积，mL。

8. 方法分析及评价

(1)注意锌粒应为无砷锌粒。

(2)乙酸铅棉花用 10%乙酸铅溶液浸透脱脂棉后，压除多余溶液，并使疏松，在 100 ℃以下烘干，贮存于玻璃瓶中。装乙酸铅棉花时要松紧合适，不要太松或太紧。

4.3.4 食品中砷化物的液相色谱-原子荧光光谱法检测技术

1. 方法目的

了解掌握液相色谱-原子荧光光谱分析砷化物的方法特点。

2. 原理

样品中的无机砷经稀硝酸提取、砷化物经液相色谱分离后，目标物与硼氢化钾反应，生成气态砷化物，在载气的带动下进入原子荧光光谱仪进行检测。

3. 试剂

(1)磷酸二氢铵、硼氢化钾、硝酸、盐酸、氨水、正己烷。

(2)流动相：15 mmol/L 磷酸二氢铵(用 4%乙酸调 pH 6.0)。

(3)砷储备液(1 mg/mL)。

(4)3%硼氢化钾：称取 30 g 硼氢化钾，用 0.5%氢氧化钾溶解并定容至 1 000 mL。

4. 仪器设备

液相色谱-原子荧光光谱联用仪，由液相色谱仪、氢化物发生-原子荧光光谱仪组成。

5. 仪器参考条件

色谱柱：阴离子交换柱(250 mm×4.1 mm，10 μm)；流动相 15 mmol/L 磷酸二氢铵；流速 1 mL/min；进样量 20 μL。

原子荧光光谱仪：负高压 320 V；灯电流 90 mA；载液：20% HCl，流速 4.0 mL/min；还原剂：3%硼氢化钾；载气：氩气，流速 400 mL/min。

6. 分析步骤

干燥样品用粉碎机粉碎，含水高的样品用匀浆机捣碎。称取 1 g 样品，放入 50 mL 离心管中，加入 20 mL 0.15 mol/L 硝酸溶液，放置过夜。于 90 ℃恒温箱中热浸提 2.5 h，每 0.5 h 振摇 1 min。提取完毕，取出冷却至室温，8 000 r/min 离心 15 min，取上层清液，经 0.45 μm 有机滤膜过滤后进样测定。按同一操作方法做空白试验。参考色谱图见图 4-2。

7. 方法分析及评价

(1)含脂肪高的样品，可吸取样品提取液，用正己烷去除脂肪后，利用 C_{18} 小柱净化后，再进行仪器分析。

(2)缓冲液的浓度对分离条件影响较大，浓度低时，分离效果好，但最后的 As^{5+} 脱尾严重；浓度高时 DMA 与 MMA 不易分离，因此，要控制流动相的 pH 6.0 左右。

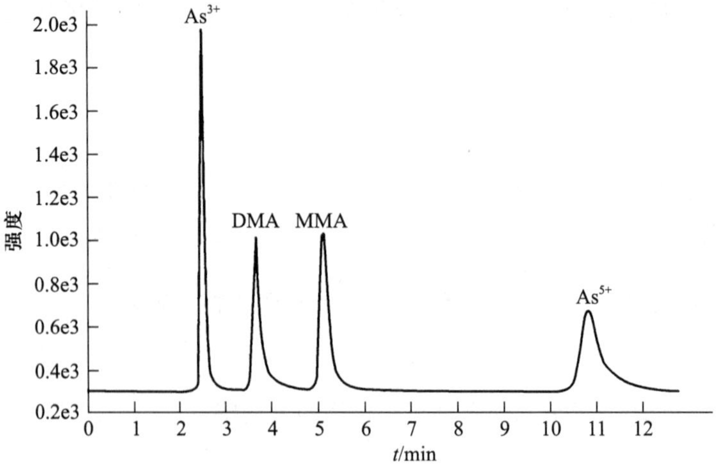

图 4-2 典型的砷化合物色谱图

4.3.5 食品中砷化物的液相色谱-电感耦合等离子质谱法检测技术

1. 方法目的

了解掌握高效液相色谱-电感耦合等离子质谱法分析砷化物的基本原理和方法。

2. 原理

食品中无机砷经稀硝酸提取后，以液相色谱进行分离，分离后的目标化合物经过雾化由载气送入 ICP 炬焰中，经过蒸发、解离、原子化、电离等过程，大部分转化为带正电荷的正离子，经离子采集系统进入质谱仪，质谱仪根据质荷比进行分离测定。以保留时间定性和质荷比定性，外标法定量。

3. 试剂

(1)硝酸、无水乙酸钠、硝酸钾、磷酸二氢钠、乙二胺四乙酸二钠、无水乙醇、氨水、正己烷。

(2)流动相：分别准确称取 0.820 g 无水乙酸钠、0.303 g 硝酸钾、1.56 g 磷酸二氢钠、0.075 g 乙二胺四乙酸二钠，用水定容至 1 000 mL，用氨水调节 pH 为 10，混匀。经 0.45 μm 水系滤膜过滤后，超声脱气 30 min，备用。

(3)砷标准溶液：砷甜菜碱(AsB)、亚砷酸(As(Ⅲ))、砷酸(As(Ⅴ))、一甲基砷(MMA)、二甲基砷(DMA)、五价砷等标准储备液浓度 100 μg/mL；标准工作液浓度为 1.0～20.0 μg/L。

4. 仪器设备

液相色谱-电感耦合等离子质谱联用仪，包括液相色谱仪与电感耦合等离子质谱仪，离心机、pH 计、恒温干燥箱。

5. 分析步骤

(1)样品处理　干燥样品用粉碎机粉碎，含水高的样品用匀浆机捣碎。称取 1 g 样品，放入 50 mL 离心管中，加入 20 mL 0.15 mol/L 硝酸溶液，放置过夜。于 90 ℃恒温箱中热浸提 2.5 h，每 0.5 h 振摇 1 min。提取完毕，取出冷却至室温，8 000 r/min 离心 15 min，取上层清液，经 0.45 μm 有机滤膜过滤后进样测定。按同一操作方法做空白试验。

(2)仪器参考条件　色谱条件：阴离子交换色谱柱(250 mm×4 mm，10 μm)；流动相(含 10 mmol/L 无水乙酸钠、3 mmol/L 硝酸钾、10 mmol/L 磷酸二氢钠、0.2 mmol/L 乙二胺四乙酸二钠的缓冲液，氨水调节 pH 为 10)：无水乙醇＝99：1(体积比)。进样体积 50 μL。

电感耦合等离子体质谱仪：RF 电压 1.55 kW；载气为高纯氩气，流速 0.85 L/min；补偿气 0.15 L/min。泵速 0.3 r/s；检测质量数 $m/z=75$(As)，$m/z=35$(Cl)。

(3)标准曲线绘制　分别准确吸取 1.00 mg/L 混合标准使用液 0.00 mL、0.025 mL、0.050 mL、0.10 mL、0.50 mL 和 1.0 mL 于 6 个 10 mL 容量瓶，用水稀释至刻度，此标准系列溶液的浓度分别为 0.0 ng/mL、2.5 ng/mL、5 ng/mL、10 ng/mL、50 ng/mL 和 100 ng/mL。

吸取标准系列溶液 50 μL 注入液相色谱-电感耦合等离子质谱联用仪，得到色谱图，以保留时间定性。以目标化合物的浓度为横坐标，色谱峰面积为纵坐标，绘制标准曲线。

(4)样品的测定　吸取试样溶液 50 μL 注入液相色谱-电感耦合等离子质谱联用仪，得到色谱图，以保留时间定性。根据标准曲线得到试样溶液中 As(Ⅲ)与 As(Ⅴ)含量，As(Ⅲ)与 As(Ⅴ)含量的加和为总无机砷含量，砷混合标准溶液色谱图见图 4-3。

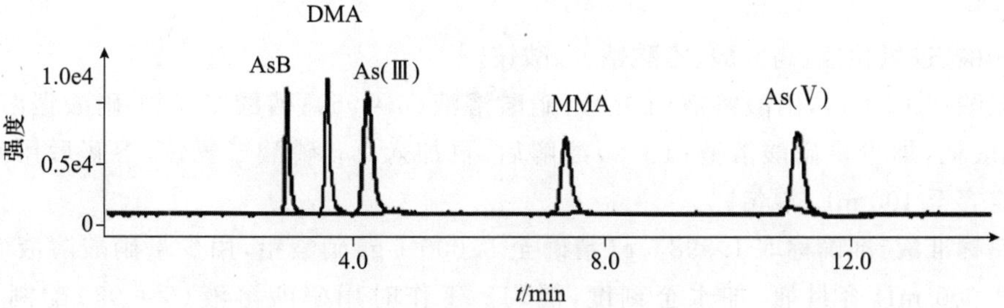

图 4-3　砷混合标准溶液色谱图

6. 方法分析与评价

(1)色谱的分离取决于 pH、不同的砷化物 pK_a 不同。

(2)测试前，需用调谐液调整仪器各项指标，使仪器灵敏度、氧化物、双电荷、分辨率等指标达到测定要求。

4.4　食品中铅及有机铅化合物的检测技术

4.4.1　铅的形态分析

铅元素是有代表性的重金属元素之一，在地壳丰度为 14 mg/kg，分布很广。天然的铅主要产自铅矿，在自然界中铅主要与其他元素结合以化合态的形式存在。近年来，随着采矿、金属冶炼、污泥使用、污水灌溉以及含铅汽油的使用，铅已成为土壤污染的主要元素之一。

铅在自然界不断迁移、转化。铅是通过有机的形态进入环境中，并在环境中传播。铅在工业中主要用于生产石油产品中的抗爆剂和蓄电池，作为汽车抗爆剂的四甲基铅、四乙基铅是空气中铅的主要污染来源，其在空气中的半衰期夏天为 10 h 和 2 h，冬天为 34 h 和 8 h。四烷基铅在水中会降解成三烷基铅、二烷基铅，由于一烷基铅不稳定，最终会成为无机铅离子。四烷基铅被人和动物吸收,在体液或组织中降解成三烷基铅。

各种铅化合物的毒性差异较大,在有机铅化合物中,带毒性的大小与取代基的种类及数目密切相关,研究表明,烷基铅的毒性比苯基铅要大,带正电荷的有机铅如三乙基铅的毒性比中性的四乙基铅的毒性大。有机铅进入人体后,会与血红蛋白结合,造成血液缺氧,损害人的神经中枢,造成记忆减退,引发血压增高及心血管疾病,严重时可以导致窒息、死亡。

4.4.2 食品中总铅的原子吸收光谱法检测技术

1. 方法目的

学习掌握原子吸收光谱法分析食品中铅的原理和方法及样品处理技术。

2. 原理

样品经灰化或湿法消解后,在原子吸收分光光度计中,铅原子吸收 283.3 nm 共振线,在一定浓度范围,其吸收值与铅含量成正比,与标准系列比较定量。

3. 试剂

(1)硝酸、过氧化氢、高氯酸、乙酸钠、乙酸铵。

(2)硝酸-水(1∶1),硝酸溶液(1∶9),硝酸溶液(5∶95);磷酸二氢铵-硝酸钯溶液:称取 0.02 g 硝酸钯,加少量硝酸溶液(1∶9)溶解后,再加入 2 g 磷酸二氢铵,溶解后用硝酸溶液(5∶95)定容至 100 mL,混匀。

(3)铅标准液:准确称取 1.598 5 g(精确至 0.000 1 g)硝酸铅,用少量硝酸溶液(1∶9)溶解,移入 1 000 mL 容量瓶,加水至刻度,混匀。工作时用硝酸溶液(5∶95)配制 0 μg/L、2.0 μg/L、5.0 μg/L、10.0 μg/L、20.0 μg/L 和 40.0 μg/L 铅标准工作液。

4. 仪器设备

原子吸收分光光度计,马弗炉,瓷坩埚,电热板;固相萃取柱:填料为亚氨基二乙酸型树脂。

5. 分析步骤

(1)干灰化法　根据样品中铅的含量,称取 1.00～5.00 g 样品于瓷坩埚中,先小火在电热板上炭化至无烟,移入马弗炉 500 ℃灰化 6～8 h,冷却。若个别样品灰化不彻底,需冷却后小心加入 1 mL 混合酸在电炉上小火加热,反复多次直到消化完全,放冷,用 0.5 mol/L 硝酸将灰分溶解,过滤至 25 mL 容量瓶中,用水少量多次洗涤瓷坩埚,洗液合并于容量瓶中,用水定容至刻度,混匀备用。同时做试剂空白。

(2)湿式消解法　称取样品 0.2～3.00 g 于三角瓶中,含乙醇或二氧化碳的样品先在电热板上加热除去乙醇或二氧化碳,放数粒玻璃珠,加 10 mL 硝酸,0.5 mL 高氯酸,在电炉上消解,若溶液变棕色,需再加少量硝酸,直至消化液呈无色透明或略带黄色,放冷后将样品消化液转移至 25 mL 容量瓶中,用水少量多次洗涤三角瓶,洗液合并于容量瓶中定容至刻度,混匀。同时做试剂空白。

(3)固相萃取净化　基质复杂的样品可以选择固相萃取方法净化。样品消解至无色透明或略带黄色后,赶酸至近干,冷却后用 2 mol/L 乙酸钠溶液洗涤消解罐 2～3 次,合并洗涤液于 25 mL 容量瓶中并用 2 mol/L 乙酸钠溶液定容,混匀备用。同时做试剂空白试验。

固相萃取柱的活化:吸取 10 mL 硝酸溶液(1∶99)以 5 mL/min 的流速过柱,然后分别用

5 mL 水和 5 mL 乙酸铵溶液(1 mol/L)以 5 mL/min 的流速过柱。

铅的吸附与解吸:分别吸取试剂空白液和上述样液 25 mL,以 5 mL/min 的流速过柱,然后用 5 mL 乙酸铵溶液(1 mol/L)过柱洗涤,再用 10 mL 水分两次洗去乙酸铵溶液(1 mol/L),最后用 10 mL 硝酸(1∶99)洗脱,收集洗脱液,备测。

(4)仪器参考条件 波长 283.3 nm;狭缝 0.2～1.0 nm;灯电流 5～7 mA;干燥温度 120 ℃,20 s;灰化温度 450 ℃,持续 15～20 s;原子化温度 1 700～2 300 ℃,持续 4～5 s;背景校正为氘灯或塞曼效应。

(5)标准曲线绘制 吸取铅标准使用液各 10 μL 和 5 μL 磷酸二氢铵-硝酸钯溶液同时注入石墨炉,测得其吸光值并求得吸光值与浓度关系,制作标准曲线。

(6)样品测定 在相同的实验条件下,将 10 μL 空白溶液或试样溶液与 5 μL 磷酸二氢铵-硝酸钯溶液同时注入石墨炉,后测其吸光度值,与标准系列比较定量。

6. 结果参考计算

$$X=(c_1-c_0)V/(m\times 1\,000)$$

式中:X—样品中铅含量,mg/kg 或 mg/L;c_1—测定样液中铅含量,μg/mL;c_0—空白液中铅含量,μg/mL;V—样品消化液定量总体积,mL;m—样品质量或体积,g 或 mL。

7. 方法分析与评价

(1)铅元素在 500 ℃开始有挥发损失,因此采用石墨炉测定时灰化温度不能太高。

(2)基质复杂的样品可以用固相萃取柱净化后直接测定。使用固相萃取柱净化,在消解时需要赶酸,并用乙酸钠定容,定容后溶液 pH 为 4.5～6.5。

(3)可根据所使用的仪器确定最佳进样量,最佳基体改进剂。如不进行样品净化,可加入基体改进剂,生成铅磷酸盐的熔点在 1 000 ℃以上,可使灰化温度达到 900 ℃,以减少损失。

4.4.3 食品中总铅的原子荧光光谱法检测技术

1. 方法目的

了解掌握原子荧光光谱法分析食品中铅的原理及方法特点。

2. 原理

样品消解后,在酸性介质中,铅与硼氢化钠($NaBH_4$)反应生成挥发性铅的氢化物(PbH_4)。以氩气为载气,将氢化物导入原子化器中原子化,在铅空心阴极灯照射下,基态铅原子被激发至高能态,在去活化回到基态时,发射出特征波长的荧光,其荧光强度与铅含量成正比,根据标准系列进行定量。

3. 试剂

(1)硝酸-高氯酸(4∶1),盐酸-水(1∶1),1%草酸溶液,10%铁氰化钾溶液,0.2%氢氧化钠溶液。

(2)1%硼氢化钠溶液:称 5.0 g 硼氢化钠溶于 500 mL 的 0.2%氢氧化钠溶液中,现用现配。

(3)铅标准储备液(1.0 mg/mL),铅标准工作液(1.0 μg/mL)。

4. 仪器设备

原子荧光光度计，铅空心阴极灯，电热板。

5. 分析步骤

(1)样品消化　称取样品 1.00～10.00 g 置于 50 mL 三角瓶中，加入硝酸-高氯酸(4∶1) 10 mL 摇匀浸泡，放置过夜。次日置于电热板上加热消解，至消化液呈淡黄色或无色，稍冷加入 20 mL 水加热赶酸，至消解液为 0.5～1.0 mL，冷却后用少量水转移、过滤至 25 mL 容量瓶中，并加入盐酸-水(1∶1)0.5 mL，1%草酸溶液 0.5 mL，摇匀，再加入 10%铁氰化钾 1.0 mL，用水定容至 25 mL，摇匀，放置 30 min 后测定。同时做试剂空白。

(2)标准曲线绘制　分别吸取一定量铅标准工作液于 25 mL 容量瓶，加入 0.5 mL 盐酸-水(1∶1)、0.5 mL 1%草酸摇匀，再加入 10%铁氰化钾溶液 1.0 mL，用水稀释至刻度，摇匀。配制成铅浓度为 0.0 ng/mL、5.0 ng/mL、10.0 ng/mL、20.0 ng/mL、30.0 ng/mL、40.0 ng/mL、50.0 ng/mL 的标准系列样品，放置 30 min 后待测。

(3)仪器参考条件　负高压 320 V；铅空心阴极灯电流 75 mA；原子化器炉温 800 ℃，炉高 8 mm；氩气流速 800 mL/min；屏蔽氩气 1 000 mL/min；加还原剂时间 7.0 s；读数时间 15 s；延迟时间 0.0 s；测量方式：标准曲线法；读数方式：峰面积；进样体积 2.0 mL 或连续进样。

6. 方法分析及评价

(1)炉温升至所需温度，稳定 10～20 min 后开始测量，先用空白管进样，待读数稳定之后，对标准系列样品进行测量，绘制标准曲线，转入样品测量，分别测定样品空白和样品消化液，测定不同的样品前都应清洗进样器。

(2)用原子荧光测定铅，对消解液的酸度要求很高，要求尽可能除净酸。

(3)载气纯度对测定有影响，应使用高纯氩气。

(4)载气流量的大小影响氢化物反应效果、发生器的停滞时间和原子化器的温度，测定时应考虑载气的流量。

4.4.4　食品中铅的极谱法检测技术

1. 方法目的

了解掌握极谱法分析食品中铅的原理、方法和特点。

2. 原理

样品经消解后，铅以离子形式存在。在酸性介质中，铅离子与碘离子形成的碘化铅络离子具有电活性，在滴汞电极上产生还原电流，峰电流与铅含量呈线性关系，可与标准比较定量。

3. 试剂

(1)盐酸，磷酸，碘化钾，酒石酸钾钠，抗坏血酸。

(2)铅标准 1 mg/mL。

(3)底液组成：称取 10.0 g 碘化钾、8.0 g 酒石酸钾钠、1.0 g 抗坏血酸于 500 mL 烧杯中，用水溶解后，加入 5 mL 盐酸，用水定容至 500 mL。

4. 仪器设备

极谱仪，电热板或微波消化装置。

5. 方法步骤

(1)标准曲线绘制　吸取预先配制的铅标准工作液 0.00 μg/mL、0.50 μg/mL、1.00 μg/mL、2.00 μg/mL、3.00 μg/mL、4.00 μg/mL 于 10 mL 比色管中，分别加入盐酸、磷酸 0.25 mL，底液 5.0 mL，用水定容至 10 mL，混匀后转入电解池中，初始电位－0.35 V、终止电位－0.85 V、扫描速度 250 mV/s，于峰电位约－0.45 V 处测量铅峰电流。

(2)样品处理　称取 1～2 g 样品于 50 mL 烧杯中，加入 10～20 mL 混合酸，加盖浸泡放置过夜后电热板上用低温加热消解，适时补加适量混合酸至消解溶液无色透明或略带黄色。同时做试剂空白。

(3)样品测定　样品液及试剂空白中分别加入盐酸、磷酸 0.25 mL 和底液 5.0 mL，溶解残渣，定容至 10 mL 混匀。上清液转入电解池中，以下按绘制标准曲线项的仪器条件操作，记录样品峰电流，用标准曲线法计算样品中铅含量。

6. 方法分析与评价

(1)本方法线性范围为 0.50～20 μg/L，最低检出限 0.06 μg/L。方法的精密度 0.32%，添加回收率 82.4%～108%。

(2)钾、钠、钙、镁(300 μg)，铁、锰、锌、铜(20 μg)，铬、钴、镍、镉、银(10 μg)，锡、砷、硒、汞(5 μg)不干扰分析。

4.5　食品中镉及有机镉化合物的检测技术

4.5.1　镉的形态分析

镉是一种银白色金属，在自然界中分布广泛，但含量甚微，地壳丰度为 0.2 mg/kg，主要以正一价和正二价形式存在。镉元素较易挥发，稍经加热就会挥发，并与空气中的氧结合。在还原条件下，土壤中的硫离子与镉离子形成不溶于水的硫化镉，因而不易被农作物吸收；但在氧化条件下，硫离子先被氧化成硫酸根，再与镉离子起作用，形成易溶于水的硫酸镉，被农作物吸收，镉的这一特性对农作物质量有一定影响。

在自然环境中，镉的含量相当低，一般不会对人体健康造成危害。食品中的镉主要来自环境污染，而污染环境的镉主要来自冶炼、电镀、塑料、颜料、印刷等行业排放的废水、废气、废渣。环境中的镉与人类的健康密切相关，镉在生物体内可以蓄积，通过食物链的生物富集作用，使镉在海产品、动物肾脏中浓度每千克高达几十至数百毫克。镉对肾、肺、睾丸、脑、骨髓等均可产生毒性，美国毒物管理委员会将镉列为第 6 位危及人体健康的有毒物质。镉在人体内的半衰期长达 10～30 年，为已知的最易在人体内蓄积的毒物，所以，机体摄入很微量的镉，也会对肾脏产生危害。镉对人体的主要危害是引起近曲小管上皮细胞的损害，临床上出现高钙尿、蛋白尿、糖尿、酸尿等，最后导致负钙平衡，引起骨质疏松症。自从日本发生因过多摄入镉导致的“骨痛病”这一新的公害病以后，世界各国对镉污染问题均给予极大的关注。

镉的检测方法有很多，有紫外可见分光光度法、原子吸收分光光度法、溶出伏安法、电感耦合等离子发射光谱法、色谱法、分子生物学法等。

4.5.2 食品中总镉的原子吸收光谱法检测技术

1. 方法目的

了解掌握原子吸收光谱法分析食品中镉的技术原理及特点。

2. 原理

样品处理后，注入原子吸收分光光度计中，镉原子化后吸收 228.8 nm 共振线，在一定浓度范围，其吸收值与镉含量成正比，与标准系列比较定量。

3. 试剂

(1)硝酸-高氯酸(4∶1)，硝酸溶液(5∶95)、硝酸溶液(1∶9)；磷酸二氢铵-硝酸钯溶液：称取 0.02 g 硝酸钯，加少量硝酸溶液(1∶9)溶解后，再加入 2 g 磷酸二氢铵，溶解后用硝酸溶液(5∶95)定容至 100 mL，混匀。

(2)镉标准储备液(0.1 mg/mL)：准确称 0.203 2 g 氯化镉，加少量硝酸溶液(1∶9)溶解，移入 1 000 mL 容量瓶，加水至刻度，混匀。工作时用硝酸溶液(5∶95)将镉标准储备液稀释至 100 ng/mL。

4. 仪器

原子吸收分光光度计，电热板，压力消解罐。

5. 分析步骤

(1)湿式消解法　称取固体试样 0.2～3 g，液体试样准确移取或称取 0.500～5.00 mL(g)于锥形瓶中，含乙醇或二氧化碳的样品先低温加热除去乙醇或二氧化碳，加入 10 mL 硝酸和 0.5 mL 高氯酸，在可调式电热板上消解，120 ℃保持 0.5～1 h，升至 180 ℃保持 2～4 h，再升至 200～220 ℃。若消化液呈棕褐色，冷却后，再加少量硝酸，消解至冒白烟，消化液呈无色透明或略带黄色，赶酸至 1 mL 左右后取出消化管，冷却后用水定容至 10 mL 或 25 mL，混匀备用。同时做空白试验。

(2)压力罐消解法　固体试样称取 0.2～1 g，含水分较多的样品可适当增加取样量至 2 g，液体试样准确移取或称取 0.500～5.00 mL(g)于消解内罐中，含乙醇或二氧化碳的样品先低温加热除去乙醇或二氧化碳，加入 5～10 mL 硝酸。盖好内盖，旋紧不锈钢外套，放入恒温干燥箱，于 140～160 ℃下保持 4～5 h。必要时，在加酸后加盖放置 1 h 或过夜后再旋紧不锈钢外套，放入恒温干燥箱消解试样。冷却后缓慢旋松不锈钢外套，取出消解内罐，于 140～160 ℃赶酸至 1 mL 左右。冷却后将消化液转移至 10 mL 或 25 mL 容量瓶中，用少量水洗涤内罐和内盖 2～3 次，合并洗涤液于容量瓶中并用水定容至刻度，混匀备用。同时做空白试验。

(3)仪器参考条件　波长 228.8 nm；狭缝 0.5～1.0 nm；灯电流 8～10 mA；干燥温度 120 ℃，20 s；灰化温度 350 ℃，15～20 s；原子化温度 1 700～2 300 ℃，4～5 s。

(4)标准曲线绘制　分别吸取镉标准使用液 0.0 mL、0.20 mL、0.50 mL、1.0 mL、2.0 mL、4.0 mL 于 100 mL 容量瓶中稀释至刻度，相当于 0.0 ng/mL、0.2 ng/mL、0.50 ng/mL、1.0 ng/mL、2.0 ng/mL、4.0 ng/mL，各吸取 10 μL 注入石墨炉，测得其吸光值并求得吸光值与浓度关系的一元线性回归方程。

(5)样品测定　分别吸取样液和试剂空白液各 10 μL 注入石墨炉，测得其吸光值，代入标准系列的一元线性回归方程中求得样液中镉含量。样品如有干扰，需注入5 μL的基体改进剂以消除干扰。绘制镉标准曲线时也要加入与样品测定时等量的基体改进剂。

6. 方法分析与评价

(1)镉元素在500 ℃开始挥发，因此采用石墨炉测定时灰化温度不能太高。

(2)对基质复杂的样品，可加入磷酸二氢铵-硝酸钯作为基体改进剂，生成镉的磷酸盐，可使灰化温度达到900 ℃。

4.5.3　食品中总镉的原子荧光光谱法检测技术

1. 方法目的

了解掌握原子荧光光谱法分析食品中镉的原理及方法特点。

2. 原理

样品消化后，样品中的镉与硼氢化钾反应生成镉的挥发性物质。由氩气带入原子化器中，在特制镉空心阴极灯的发射光激发下产生原子荧光，其荧光强度在一定条件下与被测定液中的镉浓度成正比。与标准系列比较定量。

3. 试剂

(1)硫酸、硝酸、高氯酸、过氧化氢。

(2)二硫腙-四氯化碳溶液(0.05%)：称取0.05 g二硫腙用四氯化碳溶解于100 mL容量瓶中，稀释至刻度，混匀。

(3)0.2 mol/L硫酸溶液：将1.1 mL硫酸小心倒入90 mL水中，冷却后稀释至100 mL。

(4)5%硫脲溶液：称取5 g硫脲用0.2 mol/L硫酸溶解并稀释至100 mL，混匀，现用现配。

(5)含钴溶液：称取0.403 8 g六水氯化钴($CoCl_2 \cdot 6H_2O$)，或0.220 g氯化钴($CoCl_2$)，用水溶解于100 mL容量瓶中，稀释至刻度。此溶液每毫升相当于1 mg钴，临用时逐级稀释至含钴离子浓度为50 μg/mL。

(6)3%硼氢化钾溶液：称取15 g硼氢化钾，溶于0.5 g氢氧化钾溶液中。并定容至500 mL，混匀，临用现配。

(7)镉标准储备液(1 mg/mL)：准确称取0.100 g金属镉(99.99%)，加2 mL盐酸-水(1：1)溶解，加2滴硝酸，移入100 mL容量瓶，加水至刻度，混匀。吸取镉标准储备液，用0.2 mol/L硫酸逐级稀释至50 ng/mL。

4. 仪器设备

原子荧光光谱仪，电热板。

5. 分析步骤

(1)样品处理　称取0.50～5.00 g样品，置于消解罐中，水分含量高的样品应先置于80 ℃鼓风烘箱中烘至近干。加入5 mL硝酸-高氯酸(4：1)，1 mL过氧化氢，放置过夜。次日加热消解，至消化液呈淡黄色或无色，放冷，加水煮沸赶尽硝酸，用0.2 mol/L硫酸约25 mL将样品消解液转移至50 mL容量瓶中，精确加入5.0 mL二硫腙-四氯化碳，剧烈振荡2 min，加入5%硫脲10 mL及1 mL含钴溶液，用0.2 mol/L硫酸定容至50 mL，混匀待测，同时做试剂空白试验。

(2)标准系列配制　分别吸取 50 ng/mL 镉标准使用液 0.0 mL、0.5 mL、1.0 mL、2.0 mL、4.0 mL、6.0 mL 于 50 mL 容量瓶中，各加入 0.2 mol/L 硫酸约 25 mL，精确加入 5.0 mL 二硫腙-四氯化碳溶液，剧烈振荡 2 min，加入 5%硫脲 10 mL 及 1 mL 含钴溶液，用 0.2 mol/L 硫酸定容至 50 mL。

(3)仪器参考条件　负高压 380 V；镉空心阴极灯电流 60 mA；原子化器：炉温 760 ℃，炉高 12 mm；氩气流速 700 mL/min；屏蔽气 1 100 mL/min；读数时间 10.0 s；延迟时间 0.0 s；测量方式：标准曲线法；读数方式：峰面积；进样体积 1.0 mL 或连续进样。

6. 方法分析及评价

(1)镉形成氢化物的酸度范围很窄，要严格控制标准及样品的酸度。

(2)加二硫腙-四氯化碳和硫脲-钴的先后顺序不能错。

(3)如果样品基质复杂，应尽可能排除铅、铜的干扰。

4.5.4 镉-金属硫蛋白酶联免疫吸附分子生物学法检测技术

1. 方法目的

了解掌握 Cd-MT 的聚合及抗体制备、酶联免疫技术方法原理。

2. 原理

金属硫蛋白(metallothionein，MT)是一种小分子富含巯基的蛋白质，可以与多种金属结合，并可被多种金属(镉、锌、汞、银等)诱导产生，是体内唯一结合镉的蛋白质，具有重金属解毒、清除自由基等作用。用 Cd-MT 免疫家兔，获得 Cd-MT 抗血清并以此建立了 MT 含量测定的酶联免疫吸附方法。

3. 试剂材料

(1)200～250 g 雄性大鼠和 2 kg 雄性家兔；Sephdex G-25(层析柱 2 cm×50 cm)；卡介苗；纯化的特异性抗体或抗 Ig 抗体；辣根过氧化物酶 HRP(比值>3.0)。

(2)0.1 mol/L pH 6.8 磷酸缓冲盐水(PBS)：取 0.2 mol/L Na_2HPO_4 49 mL，0.2 mol/L NaH_2PO_4 51 mL，1.8 g NaCl，加蒸馏水至 200 mL。

(3)1.25%戊二醛液：取 25%戊二醛 50 mL 与 pH 6.8 的 PBS 1 mL 混合。

(4)1 mol/L pH 9.5 碳酸盐缓冲液：取 1 mol/L 碳酸钠 3 mL 与 1 mol/L 碳酸氢钠 7 mL 混合。

(5)0.2 mol/L 赖氨酸溶液：称赖氨酸 29.2 mg 溶于 0.01 mol/L pH 9.5 碳酸缓冲液 1 mL 中。

(6)0.15 mol/L pH 7.4 PBS 及生理盐水。

(7)pH 7.8 饱和硫酸铵溶液及半饱和硫酸铵溶液。萘氏试剂及聚乙二醇(PEG，MW2000)。

4. 仪器设备

酶标仪，搅拌器，分光光度计，离心机，透析袋，烧杯，试管，吸管等。

5. 方法步骤

(1)Cd-MT 的聚合及抗体制备　以自制的 Cd-MT 作为抗原采用戊二醛法交联制得 Cd-MT 聚合体。取 Cd-MT 聚合体加完全福氏佐剂，乳化，于家兔趾间、皮下、皮内及大腿肌肉多点注射，剂量为 1～2 mg/次，每 2 周注射 1 次，共 6 次。用琼脂糖免疫双扩散法进行效价检测，12 周后麻醉家兔，颈动脉采血，37 ℃孵育 1 h，4 ℃、1 000 r/min 离心 15 min，取血清分装后贮存于－20 ℃。

（2）羊抗兔第二抗体的辣根过氧化物酶（HRP）标记　辣根过氧化物酶（horseradish peroxidase，HRP）广泛分布于植物界，辣根中含量高，它是由无色的酶蛋白和棕色的铁卟啉结合而成的糖蛋白，糖含量 18%。HRP 由多个同工酶组成，相对分子质量为 40 000，等电点为 pH 3～9，酶催化的最适 pH 因供氢体不同而稍有差异，但多在 pH 5 左右。酶溶于水和 58%以下饱和度硫酸铵溶液。HRP 的辅基和酶蛋白最大吸收光谱分别为 403 nm 和 280 nm，一般以 403 nm/280 nm 比值表示酶的纯度。高纯度的酶比值应在 3.0 左右，值越小非酶蛋白就越多。值得注意的是，纯度并不表示酶活性，当酶变性后，比值仍可不变。

HRP 的催化反应需要底物过氧化氢（H_2O_2）和供氢体（DH_2）。供氢体多为无色的还原型染料，通过反应可生成有色的氧化型染料（D）。酶促反应的过程如下：

$$DH_2 + H_2O_2 \xrightarrow{HRP} D + 2H_2O$$

戊二醛为一种双功能试剂，通过其醛基分别与酶和免疫球蛋白上的氨基共价结合，形成酶-戊二醛-免疫球蛋白结合物。

标记方法：称取 HRP 25 mg 溶于 1.25%戊二醛溶液中，于室温静置过夜；反应后的酶溶液经 Sephadex G-25 层析柱，用生理盐水洗脱，流速控制在 1 mL/min，收集棕色流出液，如体积大于 5 mL，则浓缩至 5 mL，放置 25 mL 小烧杯中，缓慢搅拌；将待标记的抗体 12.5 mg 用生理盐水稀释至 5 mL，搅拌下逐滴加入酶溶液中；用 1 mol/L pH 9.5 碳酸缓冲液 0.25 mL，继续搅拌 3 h；加 0.2 mol/L 赖氨酸 0.25 mL，混匀后，置室温 2 h；搅拌下逐滴加入等体积饱和硫酸铵，4 ℃放置 1 h；3 000 r/min 离心 30 min，弃上清液，沉淀物用半饱和硫酸铵洗 2 次，最后沉淀物溶于少量 0.15 mol/L pH 7.4 的 PBS 中；将上述溶液装入透析袋中，于 0.15 mol/L pH 7.4 的 PBS 缓冲盐水透析，去除铵离子后（用萘氏试剂检测），10 000 r/mim 离心 30 min 去除沉淀，上清液即为酶结合物，分装后，冰冻保存。

（3）ELISA 方法的建立　在 96 孔微孔板上加入不同剂量的标准 Cd-MT，对照试验加 PBS，替代试验加正常兔血清替代一抗，4 ℃过夜。用含 0.05%吐温-20 的 0.01 mol/L PBS（pH 7.4）洗涤 3 min×3 次，拍干；用 1%牛血清白蛋白 0.1 mL/孔封闭非特异位点，室温放置 30 min；直接加入兔抗鼠抗体，置湿盒中 37 ℃，1～1.5 h，抗体分别用 0.01 mol/L PBS（pH 7.4）稀释；洗涤液洗 3 次；加 HRP 标记的羊抗兔二抗，置 37 ℃湿盒中 1～1.5 h，二抗同样以 0.01 mol/L PBS（pH 7.4）稀释；洗涤液洗涤；加底物邻苯二胺（OPD）-H_2O_2 显色，避光放置 20 min 后加入 2 mol/L 的硫酸终止反应；10 min 后用酶标仪测定 492 nm 处的吸光值。

（4）组织中 Cd-MT 的测定　大鼠随机分组，用 $CdCl_2$ 尾静脉注射建立镉中毒模型，剂量 2.5 mg Cd^{2+}/kg 体重，分别在注射后 0.5 h、1 h、3 h、6 h、24 h 和 48 h 处死，取无血的肝脏组织 1 g 加 10 mL 0.25%蔗糖溶液，4 ℃离心（15 000g×30 min），取上清液，80 ℃水浴 5 min，4 ℃离心（15 000g×15 min），取上清液用 0.01 mol/L PBS（pH 7.4）稀释 1 倍，加入微孔板中，4 ℃过夜，加 30%甲醇过氧化氢 30 min，去除内源性过氧化氢酶，按上述方法进行检测。

6. *方法分析与评价*

（1）Cd-MT 抗体的制备中，鉴于 MT 的弱抗原性，在家兔的免疫过程中加大了佐剂卡介苗的量，结果可在第5周出现抗体，并且抗体效价升高较快，在第10周抗体效价可达1∶32，此后效价基本恒定，且免疫双扩散实验呈单一沉淀线。

(2)羊抗兔二抗的HRP标记参考值$A_{403\ nm}$1.057，$A_{280\ nm}$1.604，标记率$A_{403\ nm}/A_{280\ nm}=0.659$。

(3)当兔抗鼠Cd-MT抗体稀释至256倍、HRP标记的羊抗兔二抗稀释至500倍时，对照组背景染色最低，而标准MT的测定具有良好的线性相关关系。最低检测限为100 ng/mL，最佳检测范围为1 000～25 000 ng/mL，加入已知量的标准MT测定回收率为90.5%。

(4)制备的Cd-MT抗体具有特异性，并且效价较高。因为MT的弱抗原性，如在家兔免疫中，加大卡介苗与MT的比例，由原来的1∶3改为1∶8，抗体产生可比原来提前1周，并且效价在第10周可达1∶32。MT是富含巯基的小分子蛋白，含有20个半胱氨酸残基，每3个巯基可与一个金属配位结合。镉可诱导肝脏组织的MT产生，MT的产生对肝脏内的镉具有掩蔽作用，它的7个金属结合位点均可被镉饱和，从而减轻镉对细胞的毒性作用。镉的诱导发生在转录水平，MT的mRNA从诱导1 h起就有上升，4～6 h达最高峰，而MT的合成升高发生在诱导后3 h，6 h时为最高峰。

(5)用ELISA方法测定MT含量比以往的汞结合法、银饱和法和镉-血红蛋白饱和法等更快速灵敏、简便易行，无须经过柱层析收集MT，避免了MT的丢失，增加了实验的精确性，无需特殊的试剂和检测仪器，避免了同位素的危害。

4.6 食品中硒及有机硒化合物的检测技术

4.6.1 硒的形态分析

硒属于稀有元素，地壳丰度为0.05 mg/kg，在自然界中以多种形式存在，分布在大气、水体、土壤和底泥中。自然界中硒主要以微量形式分散于重金属硫化矿物中，它的化学性质也与硫相似。硒元素的存在形式主要有硒元素、硒化物、亚硒酸盐和硒酸盐等。有机硒化物主要以硒代半胱氨酸和硒代蛋氨酸等形式存在。在生物体内，含硒的化合物常被还原生成硒化物或甲基化二甲基硒和三甲基硒，通常认为生物甲基化是一种解毒机制。

土壤的pH和透气性在很大程度上决定着植物对硒的利用率。在酸性和透气差的土壤中硒多为不溶性的硒化物或以元素硒的形式存在，不能被植物所利用。在酸性、透气良好和pH中性的土壤，硒是以亚硒酸盐的形式被利用，而当土壤成碱性、疏松和透气良好时，硒则成为可溶性的硒酸盐，容易被植物所利用。

早期研究认为，硒是一种毒性元素，甚至有致癌性，因此对硒的研究主要是集中于毒性的研究。后来的研究发现，硒是人体必需的微量元素之一，具有抗癌作用。生物体中硒的存在形式主要是含硒的蛋白质，硒结合进入蛋白质可以有两种途径，一种是蛋白质合成时硒随机取代了硫形成的硒代蛋氨酸，另一种是通过密码子UGA翻译形成硒代半胱氨酸。由这两种方式形成的含硒氨基酸及其衍生物称为硒代氨基酸。

4.6.2 食品中硒的原子荧光光谱法检测技术

1. 方法目的

了解掌握原子荧光光谱法分析食品中硒的技术原理及特点。

2. 原理

样品消化后，在 6 mol/L 盐酸介质中，样品中六价硒还原成四价硒，用硼氢化钠或硼氢化钾作还原剂，将四价硒还原成硒化氢，由载气带入原子化器中进行原子化，在硒特制空心阴极灯照射下，基态硒原子被激发至高能态，在去活化回到基态时，发射出特征波长的荧光，其荧光强度与硒含量成正比。与标准系列比较定量。

3. 试剂

(1)硝酸、高氯酸、盐酸、氢氧化钠。

(2)混合酸：硝酸-高氯酸(4∶1)。

(3)0.8%硼氢化钠溶液：称取 4.0 g 硼氢化钠，溶于 0.5%氢氧化钠溶液中，定容至 500 mL。

(4)10%铁氰化钾：称取 10.0 g 铁氰化钾，溶于 100 mL 蒸馏水中，混匀。

(5)硒标准储备液(1 mg/mL)：准确称取高纯硒粉 1.000 g，用 20 mL 硝酸-水(1∶1)水浴加热溶解后，去离子水定容。工作时将标准储备液稀释至 0.1 μg/mL 左右。

4. 仪器设备

原子荧光光度计，电热板。

5. 分析步骤

(1)称取 0.5～2.0 g 样品于 100 mL 三角瓶中，加 10.0 mL 混合酸及数粒玻璃珠，盖上表面皿冷消化过夜。次日于电热板上加热消解，如溶液变棕色及时补加混酸。当溶液变为清亮无色并伴有白烟时，再继续加热至剩余体积 2 mL 左右，切不可蒸干。冷却后加入 6 mol/L 盐酸 5 mL，继续加热至溶液变为清亮无色并伴有白烟出现，将六价硒完全还原成四价硒。冷却，转移至 50 mL 容量瓶中，定容。同时做空白试验。

(2)标准曲线的绘制：分别取 0.0 mL，0.5 mL，1.0 mL，2.0 mL，4.0 mL，5.0 mL 标准工作液于 15 mL 离心管中，用去离子水定容至 10 mL，再分别加浓盐酸 2 mL，铁氰化钾 1 mL，混匀，制成标准工作曲线。

(3)吸取 10 mL 样品消化液于 15 mL 离心管中，加浓盐酸 2 mL，铁氰化钾 1 mL，待测。

(4)仪器参考条件：负高压 220～350 V；灯电流 50～100 mA；原子化温度 200 ℃；炉高 8 mm；载气流速 500 mL/min；屏蔽气流速 1 000 mL/min；测量方式：标准曲线法；读数方式：峰面积；延迟时间 1 s；读数时间 15 s；加液时间 8 s；进样体积 2 mL 或连续进样。

6. 方法分析与评价

(1)硫酸中含有较多的硒，所以消解时尽量避免用硫酸作介质。

(2)硒受热易挥发，消解时温度不宜过高。

(3)六价硒不与硼氢化钾反应，测定总硒时需将六价硒还原成四价硒。

4.6.3　食品中硒的荧光光度法检测技术

1. 方法目的

掌握荧光光度法分析食品中硒的原理方法及样品处理技术。

2. 原理

样品经混合酸消化后，硒被氧化为四价硒(Se^{4+})，与 2,3-二氨基萘反应生成 4,5-苯并苤硒脑，然后用环己烷萃取。在激发光波长 376 nm，发射光波长 520 nm 处测定荧光强度，从而计算出样品中硒的含量。

3. 试剂

(1)环己烷，2,3-二氨基萘(DAN)，乙二胺四乙酸二钠(EDTA)，盐酸溶液(1∶9)，氨水-水(1∶1)，硝酸-高氯酸(9∶1)。

(2)10%盐酸羟胺：称取 10 g 盐酸羟胺，用水溶解并稀释至 100 mL，混匀。

(3)0.2 mol/L EDTA：称取 EDTA 二钠 7.4 g，热水溶解，冷却后稀释至 100 mL。

(4)0.02%甲酚红指示剂：称取甲酚红 20 mg 溶于少量水中，加几滴氨水-水(1∶1)，待完全溶解后，用水稀释至 100 mL。

(5)EDTA 混合液：取 0.2 mol/L EDTA 和 10%盐酸羟胺溶液各 5 mL，加 0.02%甲酚红指示剂 0.5 mL，加水稀释至 100 mL，混匀。

(6)0.1% DAN：称取 200 mg DAN 于具塞三角瓶中，加入 0.1 mol/L 盐酸 200 mL，振摇约 15 min 使其全部溶解。加入约 40 mL 环己烷，继续振荡 5 min，将此液转入塞脱脂棉的分液漏斗中，待分层后滤去环己烷层，收集 DAN 溶液层，反复用环己烷纯化 DAN 直至环己烷中的荧光降至最低时为止。将纯化后的 DAN 溶液储于棕色瓶中，加入约 1 cm 厚的环己烷覆盖表层，至冰箱内保存。

(7)硒标准溶液(100 μg/mL)：准确称取元素硒 10 mg，溶于少量浓硝酸中，加入 0.2 mL 高氯酸，至沸水浴中加热 3～4 h，冷却后加入 0.1 mol/L 盐酸 10 mL，再放到沸水浴中煮 2 min。准确稀释至 100 mL，此为储备液。应用时用 0.1 mol/L 盐酸将储备液稀释至 0.5 μg/mL 硒。

4. 仪器设备

荧光分光光度计，水浴锅。

5. 分析步骤

(1)准确称取 0.5～3 g 固体试样，或准确吸取液体试样 1.0～5.0 mL 于磨口三角瓶内，加 10 mL 硝酸-高氯酸(9∶1)放置过夜。次日于电热板加热，并及时补加硝酸。当溶液变为清亮无色，继续加热至白烟产生，再继续加热至剩余体积 2 mL 左右，但不能蒸干。冷却后再加 5 mL 盐酸溶液(1∶1)，继续加热至溶液变为清亮无色并伴有白烟出现，再继续加热至剩余体积 2 mL 左右，冷却。同时做试剂空白。

(2)硒标准曲线绘制：准确量取硒标准使用液(0.05 μg/mL)0.0 mL、0.2 mL、1.0 mL、2.0 mL 及 4.0 mL，加盐酸溶液(1∶9)至 5 mL 后，加入 20 mL EDTA 混合液，用氨水-水(1∶1)或盐酸(1∶9)调至淡红橙色(pH 1.5～2.0)。以下步骤在暗室进行：加 DAN 试剂 3 mL，混匀后，置沸水浴中煮 5 min，取出冷却后，加环己烷 3.0 mL，振摇 4 min，将全部溶液移入分液漏斗，待分层后弃去水层，将环己烷层转入具塞试管中。取消化液及试剂空白，按标准测定步骤进行处理。

(3)仪器条件：激发光波长 376 nm，发射光波长 520 nm。

6. 方法分析与评价

(1)DAN 需在暗室内配制。此试剂有一定毒性，使用本试剂的人员应有正规实验室工作经验。DAN 如有荧光干扰，可用环己烷纯化。

(2)环己烷使用前应测试有无荧光杂质,必要时重蒸后使用。

(3)玻璃仪器要用无荧光干扰物质的洗涤剂清洗。

4.6.4 食品中硒的示波极谱法检测技术

1. 方法目的

学习掌握示波极谱法分析食品中硒的方法原理与技术。

2. 原理

在 0.2 mol/L 的甲酸-甲酸钠缓冲液(pH 3.5)中,硒(Ⅳ)于−0.70 V 处有一灵敏的极谱波。在 1×10^{-5}~0.5 g/L 范围内峰电流与样品浓度呈线性关系,检出限为 1×10^{-6} g/L,加标回收率为 95.0%~114.5%,相对标准偏差为 4.44%~7.39%。

3. 试剂

(1)0.2 mol/L 甲酸-甲酸钠缓冲液(pH 3.5),硝酸,硫酸,盐酸。

(2)硒标准 10 μg/mL。

4. 仪器设备

示波极谱,酸度计。

5. 分析步骤

(1)标准曲线的绘制:分别配制浓度为 0.0 ng/mL、1.0 ng/mL、5.0 ng/mL、10.0 ng/mL、20.0 ng/mL 的硒标准溶液于 10 mL 比色管中,加甲酸-甲酸钠缓冲溶液至刻度,摇匀。于示波极谱仪用三电极系统,阴极化,进行单扫描示波极谱测定,记录二阶导数还原波。原点电位为−0.40 V,Ep 为−0.70 V。

(2)称取 1~5 g 样品于三角瓶中,加 5%去硒硫酸 10 mL,待样品湿润后,再加 20 mL 混合酸液放置过夜。次日于电热板逐渐加热。当剧烈反应发生后,溶液呈无色,继续加热至白烟产生,溶液逐渐变成淡黄色即达终点。某些蔬菜样品消化后常出现混浊,难以确定终点,这时可注意瓶内出现滚滚白烟,此刻立即取下溶液冷却后又变为无色,含硒较高的蔬菜需要在消化完成后再加入 10%盐酸 10 mL,将硒(Ⅵ)还原为硒(Ⅳ),定容。

根据标准曲线进行定量分析。

6. 方法分析与评价

(1)0.1 μg/mL 的硒(Ⅳ)标准管中,分别加入不同 pH 的缓冲溶液,试验结果随 pH 的升高,峰电位负移,当 pH 在 3.2~3.8 时,峰电流最大且稳定。

(2)分析时最好在室温条件下工作。

4.6.5 食品中硒代半胱氨酸和硒代蛋氨酸的液相色谱-电感耦合等离子体质谱检测技术

1. 方法目的

学习掌握液相色谱-电感耦合等离子体质谱法分析食品中有机硒的方法原理与技术。

2. 原理

试样中硒代半胱氨酸和硒代蛋氨酸用蛋白酶水解提取,经反相离子对液相色谱分离,电感耦合等离子体质谱仪测定，外标法定量。

3. 试剂

(1)盐酸、三羟甲基氨基甲烷、乙酸铵、四丁基氢氧化铵、乙酸、甲醇。

(2)蛋白酶：酶活力≥3.5 U/mg。

(3)三羟甲基氨基甲烷-盐酸(Tris-HCl)缓冲液(30 mmol/L，pH 7.5)：称取 1.817 g 三羟甲基氨基甲烷溶于约 450 mL 水中，用盐酸调节 pH 至 7.5，加水稀释至 500 mL，摇匀。

(4)流动相：称取 1.156 g 乙酸铵溶于 900 mL 水中，加入 0.2 mL 四丁基氢氧化铵，用乙酸调节 pH 至 5.5，加入 50 mL 甲醇，加水稀释至 1 000 mL，摇匀。

(5)标准溶液配制：硒代半胱氨酸标准储备液(1 000 mg/L，按 Se 计)，称取 21.2 mg 硒代半胱氨酸标准品，用水溶解并定容至 10 mL。硒代蛋氨酸标准储备液(1 000 mg/L，按 Se 计)，称取 24.8 mg 硒代蛋氨酸标准品，用水溶解并定容至 10 mL。分别准确吸取 1 mL 至 100 mL 容量瓶中，配成 10.0 mg/L 混合标准储备液。

(6)混合标准使用液：用流动相将混合标准储备液逐级稀释成浓度为 0.10 μg/L、0.50 μg/L、1.0 μg/L、2.0 μg/L、5.0 μg/L 和 10 μg/L 的混合标准使用液，现用现配。

4. 仪器设备

液相色谱电感耦合等离子质谱仪(配碰撞反应池)、离心机、超声波清洗器、恒温振荡器。

5. 分析步骤

(1)试样制备　取代表性谷物，用粉碎机捣碎，过 425 μm 孔径圆孔筛，混匀。

(2)试样提取　称取试样 1 g 于 50 mL 离心管中，加入 10 mL Tris-HCl 缓冲液，室温下于超声水浴中超声 30 min。取出，加入 25 mg 蛋白酶，混匀，置于(37±2) ℃恒温振荡器中 300 r/min 振荡酶解 20 h，取出，于 5 000 r/min 下离心 10 min。吸取 2 mL 上清液至 10 mL 容量瓶中，加流动相稀释至刻度，混匀，过 0.22 μm 滤膜，待测。

(3)仪器参考条件　液相色谱仪：色谱柱，反相 C_{18} 色谱柱(4.6 mm×250 mm，5 μm)；流动相流速 1.0 mL/min；柱温 30 ℃；进样量 50 μL。

电感耦合等离子体质谱仪：雾化器，同心雾化器；雾化室温度 2 ℃；炬管内径 2.5 mm；采样锥/截取锥(Ni)孔径 1.0/0.4 mm；采样深度 6.4 mm；采集质量数 78；高频等离子体发射功率 1 550 W：载气流量 1.02 L/min；载气补偿气流量 0.11 L/min；稀释气流量 0.34 L/min；等离子体气体流量 15 L/min；氢气流量 3.5 mL/min；蠕动泵转速 0.3 r/s；积分时间 1.0 s。

(4)标准曲线绘制　取混合标准使用液，按浓度由低到高依次进样测定，以各硒形态色谱峰面积和浓度作图，绘制标准曲线。

(5)试样溶液测定　取试样溶液进样测定，根据标准溶液的色谱保留时间定性，从标准曲线得到样液中硒代半胱氨酸和硒代蛋氨酸浓度。

6. 方法分析与评价

(1)蛋白酶活力在 pH 7.5 和 37 ℃条件下，每分钟水解酪蛋白产生不少于 3.5 μmol 酪氨酸。

(2)流动相使用前，应在水浴中超声脱气 10 min。

(3)1 000 mg/L 硒代标准品可在 0～4 ℃避光保存 3 个月。10 mg/L 硒代标准品可在 0～4 ℃避光保存 1 个月。

(4)试样溶液中 2 种硒形态的响应值应在标准曲线线性范围内，当试液超出线性范围时，应用流动相进行适当稀释后进样测定。

4.7　食品中锡及有机锡化合物的检测技术

4.7.1　锡的形态分析

锡是一种柔软的银白色金属，地壳丰度为 2.2 mg/kg。有机锡在人类的生产生活中广泛存在，它的大规模使用是在 20 世纪中期，主要应用于工业、农业、化工、交通、卫生等各个行业。一甲基锡、二甲基锡是 PVC 中最有效的稳定剂，也用于生产农药和杀虫剂，防治甜菜褐斑病、马铃薯晚疫病、大豆炭疽病、水稻稻瘟病等。三苯基氯化锡是有机锡杀菌农药中不可缺少的原料，可以用来合成毒菌锡和暑瘟锡，还可用作昆虫不育剂。作为船体防污剂的三丁基锡、三苯基锡是海洋环境中有机锡的主要来源，有机锡释放到水体中可以通过软体动物、鱼贝类和海洋藻类的富集，最终经过食物链进入人体，危害人类健康。由于海洋生物对有机锡有很强的富集能力(5 000～10 000 倍)，因此，在浓度很低的情况下就能引起中毒或生理逆向性变化。研究表明，有机锡是一类环境内分泌干扰物质，它能影响生物的生殖功能，干扰体内激素的分泌，造成生殖和遗传的不良后果。引起海洋生物的性畸变，出现雄多雌少的情况，致使其性别比例失调，威胁到族群生存结构。

不同形态的元素性质差异很大，对有机锡的研究表明，其毒性与其分子结构和理化性质有关。有机锡化合物的通式为 $R_nS_nX_{4-n}$，R 代表烷基或芳香基，n 从 1～4 代表不同的有机锡化合物，X 基团的影响作用不大。通式中 n 为 3 的有机锡化合物毒性最强，主要破坏线粒体，并与某些蛋白质键合；n 为 1 和 2 的毒性居次，n 为 4 的毒性很低或无毒。在同一取代系列的有机锡化合物中，取代烷基数目越多，毒性越大，但当取代烷基数增加到一定程度后，由于分子体积过大，毒性反而降低。

4.7.2　食品中总锡的分光光度法检测技术

1. 方法目的

了解掌握分光光度法测定食品中锡的原理及特点。

2. 原理

样品经消化后，在弱酸性溶液中四价锡离子与苯芴酮形成微溶性橙红色络合物，在保护性胶体存在下与标准物质比较定量。

3. 试剂

(1)硝酸、硫酸、10%酒石酸溶液、1%抗坏血酸溶液、0.5%动物胶溶液、1%酚酞指示液(10 g/L)。

(2)氨水-水(1∶1)，硫酸-水(1∶9)，硝酸-硫酸(5∶1)。

(3)0.01%苯芴酮溶液：称取 0.010 g 苯芴酮，加少量甲醇及硫酸数滴溶解，以甲醇稀释至 100 mL。

(4)锡标准溶液(1 mg/mL)：准确称取 0.100 0 g 金属锡，置于小烧杯中，加 10 mL 硫酸，盖以表面皿，加热至锡完全溶解，移去表面皿，继续加热至发生浓白烟，冷却，慢慢加 50 mL 水，移入 100 mL 容量瓶中，用硫酸-水(1∶9)多次洗涤烧杯，并入容量瓶中，稀释至刻度。工作时用硫酸-水(1∶9)稀释锡标准使用液为 10 μg/mL。

4. 仪器设备

分光光度计，电热板。

5. 分析步骤

(1)湿式消解法　称取样品 1.00～5.00 g 于三角瓶中，放数粒玻璃珠，加 20 mL 硝酸-高氯酸(4∶1)，1 mL 硫酸，加盖浸泡过夜，次日在电炉上消解，若溶液变棕色，需再加硝酸，直至消化液呈无色透明或略带黄色，待溶液体积接近 1 mL 时，取下冷却，转入 50 mL 容量瓶中定容，同时做试剂空白。

(2)测定　吸取 0.0 mL、0.2 mL、0.4 mL、0.6 mL、0.8 mL、1.0 mL 锡标准使用液(相当于 0.0 μg、2.0 μg、4.0 μg、6.0 μg、8.0 μg、10.0 μg 锡)，分别置于 25 mL 比色管中，加入 0.5 mL 酒石酸溶液及 1 滴酚酞指示液，混匀，加氨水-水(1∶1)中和至淡红色，再加 3 mL 硫酸溶液(1∶9)、0.5%动物胶溶液 1 mL 及 2.5 mL 抗坏血酸溶液，再加水至 25 mL，混匀，再各加 0.01%苯芴酮溶液 2 mL，混匀，放置 1 h 后，分别取样品消化液和试剂空白液在波长 490 nm 处比色测定，绘制标准曲线。

6. 结果参考计算

$$X=(m_1-m_0)V_1\times 1\,000/(mV_2\times 1\,000)$$

式中：X—样品中锡的含量，mg/kg；m_1—测定用样品消化液中锡的质量，μg；m_0—试剂空白液中锡的质量，μg；m—样品质量，g；V_1—样品消化液的总体积，mL；V_2—测定用样品消化液的体积，mL。

7. 方法分析及评价

(1)抗坏血酸、动物胶需现用现配。

(2)苯芴酮试剂本身的颜色会影响变色反应后的颜色。因此苯芴酮用量的多少将关系到比色结果的准确度。

4.7.3　食品中总锡的原子荧光光谱法检测技术

1. 方法目的

了解掌握原子荧光光谱法分析食品中锡的技术原理及特点。

2. 原理

样品经消化后，锡被氧化成四价锡。在硼氢化钾作用下生成锡的氢化物，并由载气带入原子化器中进行原子化，在锡空心阴极灯照射下，基态锡原子被激发至高能态，在去活化回到基态时，发射出特征波长的荧光，其荧光强度与锡的含量成正比。与标准系列比较定量。

3. 试剂

(1)硝酸、高氯酸、硫脲、抗坏血酸、硼氢化钠、氢氧化钠。

(2)0.7%硼氢化钠溶液：称取 7.0 g 硼氢化钠用 0.5%氢氧化钠溶解并稀释至 1 000 mL，

混匀，现用现配。

(3)硫脲+抗坏血酸溶液：称取15.0 g硫脲和15.0 g抗坏血酸，用水溶解并稀释至100 mL，混匀。临用现配。

(4)锡标准使用液(1 μg/mL)：准确吸取锡标准溶液(1 mg/mL)用硫酸(1∶9)逐渐稀释到10 μg/mL。

4. 仪器设备

原子荧光光度计，电热板，石墨消解装置(配消解罐)。

5. 分析步骤

(1)试样消解　称取试样1～5 g或准确移取液体试样1.00～5.00 mL于玻璃消解器皿中，含乙醇或二氧化碳的试样于90 ℃加热30 min除去乙醇或二氧化碳。加入10.0 mL硝酸-高氯酸混合溶液(4∶1)，加入1.0 mL硫酸，于电热板上或石墨消解装置上消解。消解过程中消解液若变棕黑色，应立即取下放冷，适当补加硝酸或硝酸-高氯酸混合溶液(4∶1)，再继续消解。当消解液冒白烟并呈无色透明或略带黄色时，继续加热至剩余体积为1 mL左右，取下冷却，用水定容至50 mL，混匀备用，得到试样溶液。

根据试样溶液中锡的含量，需要时将试样溶液用水稀释至适当浓度，并在稀释过程中补加一定量的硫酸溶液(1∶9)，使最终试样溶液的硫酸浓度与标准系列溶液相同。同时做空白试验。

分别准确移取10.0 mL空白溶液和试样溶液，置于25 mL容量瓶中，加入3.0 mL硫酸溶液(1∶9)，加入2.0 mL硫脲+抗坏血酸溶液，再用水定容至25 mL，混匀，得到空白测定液和试样测定液。

(2)湿式消解法　称取样品1.00～2.00 g于三角瓶中，放数粒玻璃珠，加10 mL混合酸，加盖浸泡过夜，次日在电炉上消解，若溶液变棕色，需再加混合酸，直至消化液呈无色透明或略带黄色，加1 mL浓盐酸转移至25 mL容量瓶中，加入2%草酸溶液5 mL、2%铁氰化钾2.5 mL，定容，同时做试剂空白。

(3)测定　吸取0.0 mL、0.5 mL、1.0 mL、2.0 mL、3.0 mL、4.0 mL、5.0 mL锡标准使用液，分别置于25 mL比色管中，用硫酸(1∶9)补充体积至5.0 mL，加入硫脲-抗坏血酸溶液2.0 mL，再用水定容到25 mL。

(4)仪器参考条件　负高压380 V；灯电流70 mA；原子化温度850 ℃；载气流速500 mL/min；屏蔽气流速1 200 mL/min；测量方式：标准曲线法；读数方式：峰面积；延迟时间1 s；读数时间15 s；加液时间8 s；进样体积2 mL或连续进样。

仪器预热稳定后，将标准系列溶液注入原子荧光光谱仪中，测定锡荧光强度，以标准系列溶液中锡的质量浓度为横坐标、荧光强度为纵坐标，绘制标准曲线。

将空白测定液和试样测定液分别注入原子荧光光谱仪中，测定锡的荧光强度，根据标准曲线得到溶液中锡的质量浓度。

6. 方法分析及评价

(1)锡形成氢化物的酸度范围很窄，应严格控制样品的酸度。

(2)锡化氢不稳定易分解，应控制实验室的室内环境。

(3)本方法也可用硼氢化钾作为还原剂，用氢氧化钾溶液溶解配制，并可根据仪器的灵敏度调整还原剂中硼氢化钠或硼氢化钾的浓度(7～20 g/L)。

(4)样品消化后，大部分锡被氧化，需加入硫脲和抗坏血酸还原。

4.7.4 食品中三苯基锡的气相色谱法检测技术

1. 方法目的

了解掌握气相色谱法分析食品中锡的原理及样品处理技术。

2. 原理

在酸性条件下用丙酮提取样品中的三苯基锡，转溶至正己烷中，用乙基溴化镁-乙醚乙基化，经硅酸镁柱净化后，通过气相色谱-火焰光度检测器分析，外标法定量。

3. 试剂

(1)6 mol/L 盐酸，0.5 moL/L 硫酸，10%氯化钠，丙酮，正己烷，乙腈，无水硫酸钠。

(2)3 mol/L 乙基溴化镁-乙醚溶液。

(3)三苯基锡标准品。

4. 仪器设备

气相色谱仪(附火焰光度检测器)。

5. 分析步骤

(1)提取方法　样品粉碎后，称取干样 10 g，加入 20 mL 水，放置 2 h。水果、蔬菜类等含水多的样品直接称取 20 g，加入 6 mol/L 盐酸 1 mL 和 100 mL 丙酮，均质后抽滤。滤纸上的残留物再加入 50 mL 丙酮，均质后过滤。合并滤液，40 ℃浓缩至 30 mL。加入 10%的氯化钠溶液 200 mL，用 100 mL、50 mL 正己烷振荡提取两次，提取液经无水硫酸钠脱水后，40 ℃浓缩，除去溶剂。残留物加入乙酸-正己烷(3∶97)混合液溶剂，定容至 10 mL，待测。

含脂肪多的样品，经正己烷提取浓缩后，残留物中再加入 20 mL 正己烷，每次用 40 mL 正己烷饱和乙腈，振荡提取 3 次。以去除脂肪。提取液在 40 ℃下浓缩，除去溶剂，残留物用乙酸-正己烷(3∶97)混合液溶剂溶解，定容至 10 mL，待测。

(2)乙基化　取 1 mL 待测液，加入 3 mol/L 乙基溴化镁-乙醚溶液 1 mL，在室温下放置 20 min。慢慢加入 0.5 mol/L 硫酸 10 mL，再加入 10 mL 水，混匀。用 10 mL、5 mL、5 mL 正己烷振荡提取 3 次，提取液加入无水硫酸钠脱水后，40 ℃下浓缩至 2 mL。

(3)净化方法　在玻璃管中加入 5 g 悬浮在正己烷中的合成硅酸镁，上层加入约 5 g 的无水硫酸钠。加入乙基化的样品提取液后，再加 15 mL 正己烷。接着注入 50 mL 乙醚-正己烷(1∶99)混合液，合并全部流出液，40 ℃浓缩，除去溶剂，残渣用正己烷溶解，定容至 1 mL。

(4)标准曲线的制作　用乙酸-正己烷(3∶97)混合液将三苯基锡标准品配成 0.02～1 mg/L 溶液，乙基化后同样操作，注入 2 μL 于气相色谱中，用峰高或峰面积绘成标准曲线。

(5)仪器参考条件

色谱柱：甲基硅酮，内径 0.32 mm，长 25 m，膜厚 1.0 μm。

升温程序：120 ℃保持 1 min，以 10 ℃/min 到 200 ℃，再以 20 ℃/min 到 300 ℃，保持 5 min。进样口温度 280 ℃；检测器温度 300 ℃。

6. 方法分析及评价

(1)本方法还可用于测定三苯锡、氢氧化三苯锡、乙酸三苯锡、氯化三苯锡等。

(2)豆类和种子类含脂肪多的样品需经乙腈-正己烷分配脱除脂肪后乙基化。

(3)加硫酸时,因反应较为剧烈,应缓慢加入。

4.8　食品中铝及有机铝化合物的检测技术

4.8.1　铝的形态分析

铝在自然界中含量丰富,仅次于氧和硅,地壳丰度为 82 000 mg/kg,在金属元素中含量最高。由于铝在中性条件下溶解度低,过去一直被认为是无毒元素,因此其在环境与生物学上的作用和意义长期为人们所忽视。自从 20 世纪 70 年代以来,随着全球范围内酸沉降问题严重和工业酸性废水排放量的增加,使得土壤和地表水中溶解铝含量增加,导致森林枯萎,谷物收成下降和水生生物的死亡。环境与生物体系中铝的形态分析引起了人们的广泛关注,已成为人们对生态系统和人类健康关注的热点。

土壤中铝的固定和转移经过几个过程:原生岩石风化形成土壤时,铝被淋滤到土壤底层;植物通过根部吸收将铝从深层提升到表层;植物叶片中的有机物如有机酸、黄酮类化合物等,随叶片等凋落物落地腐烂,并与游离铝结合,促进土壤中铝溶解,经过淋溶过程向下层土壤迁移,以铝-有机质配合物的形式进入河流和湖泊。长期以来,科学家认为植物和微生物是岩石风化和土壤形成的核心因素,铝能够作为腐殖质与黏土矿物结合的桥梁阳离子,影响土壤的物理性质乃至森林生态系统。

土壤溶液中可溶态铝的形态较为复杂,含量取决于土壤 pH、原生和次生含铝矿物的数量和类型、铝与无机矿物表面的交换平衡以及与各种配体组分的络合反应。环境与生物体系中铝的毒性与其在水溶液中的性质有关。在水生体系中铝的形态比较复杂:主要有自由铝(Al^{3+})、羟基铝络合物 $AlOH^{2+}$ 和 $Al(OH)_2^+$、$Al(OH)_3$、$Al(OH)_4^-$、单核氟化铝(AlF^{2+}、AlF_2^+、AlF_3)、单核硫酸铝($Al\text{-}SO_4^+$)以及天然有机配体形成的有机铝(Al-Org)和聚合铝(Al-Poly)等。它们的分布取决于体系的 pH、不同配体浓度和总溶解有机碳等。

目前,得到广泛认同铝的形态为:在 pH<4 时,自由 Al^{3+} 占主导地位;在 pH 4～6 之间,不稳定形态的铝如 $Al(OH)^{2+}$、$Al(OH)_2^+$、AlF^{2+}、AlF_2^+、$AlSO_4^+$、硅氧基铝占主导;在 pH>5 后才可能开始出现 $Al(OH)_4^-$,在 pH>8 左右该形态占主导地位。有机态铝一般带负电,是低毒或无毒的;无机态铝或不稳定态铝通常带正电,易穿透细胞膜,具有生物毒性。通过对植物、藻类和鱼类的研究表明单体态铝比聚合态铝毒性强,无机态铝比有机态铝毒性强。

铝对人体具有毒性,虽然目前对其致毒机理尚不清楚,但大量的体外实验证明了铝能抑制许多基础代谢如三羧酸循环和糖酵解中的酶的活性,通过多种途径进入人体中的铝会导致一系列神经系统疾病,如阿尔茨海默病、帕金森症、透析脑病、骨软化和贫血症等。虽然铝本身不具备氧化还原能力,也不能启动脂质过氧化反应,但它能通过激发 Fe^{2+} 间接促进脂质过氧化反应的发生,铝对脑组织中脂质过氧化反应的促进作用是铝作为慢性蓄积性神经毒素发挥其毒作用的重要机制。

从毒性的角度来看,直接测定环境中总铝的含量意义不大。在环境化学、土壤学、作物学、林学、地球化学、湖泊学和生物学中,为了判断和预测铝的毒性、生物利用度和转移机制,对存在于环境中的不同铝配位系统必须有清楚的认识,因此作为流动的可溶铝主要载体的土壤溶液以及天然水中铝形态的研究引起了人们极大的兴趣，食品中的铝的形态及含量方面研究是人们非常关注的热点之一。

4.8.2 食品中铝的分光光度法检测技术

1. 方法目的

了解掌握分光光度法分析食品中铝的原理及样品处理技术。

2. 原理

样品处理后，三价铝离子在乙酸-乙酸钠介质中，与铬天青 S 及溴化十六烷基三甲胺反应生成蓝色三元络合物，于 640 nm 波长处测定吸光度并与标准系列比较测定。

3. 试剂

(1)硝酸，高氯酸，硫酸，6 mol/L 盐酸，硝酸-高氯酸(5∶1)。

(2)0.05%铬天青 S 溶液，1%抗坏血酸溶液。

(3)乙酸-乙酸钠溶液：称取 34 g 乙酸钠溶于 450 mL 水中，加入 2.6 mL 冰乙酸，调整 pH 至 5.5，用水稀释至 500 mL。

(4)溴化十六烷基三甲胺溶液：称取 20 mg 溴化十六烷基三甲胺用水溶解并稀释至 100 mL。

(5)铝标准储备液(1 mg/mL)：准确称取 0.100 0 g 金属铝，加 6 mol/L 盐酸溶液 5 mL，加热溶解，冷却后，移入 100 mL 容量瓶中，用水稀释至刻度。使用时将标准储备液用水稀释制成标准工作液 1 μg/mL。

4. 仪器设备

分光光度计，电热板。

5. 分析步骤

(1)称取粉碎好的样品 15 g，置于 100 mL 三角瓶中，加数粒玻璃珠，加 10 mL 硝酸-高氯酸混合酸，盖好表面皿，放置过夜，次日置于电热板上消解至消解液无色透明，并放出大量烟雾，取下三角瓶，冷却后加入 0.5 mL 左右的硫酸，再置于电热板上加热除去高氯酸，加 10 mL 水煮沸，放冷后，用水定容至 50 mL。同时做试剂空白。

(2)吸取 0.0 mL、0.5 mL、1.0 mL、2.0 mL、3.0 mL、4.0 mL、6.0 mL 铝标准工作液，置于 25 mL 比色管中，依次加入 1 mL 硫酸溶液，8.0 mL 乙酸-乙酸钠溶液，1%抗坏血酸溶液 1.0 mL，混匀，加 2 mL 溴化十六烷基三甲胺溶液，混匀后再加入 2.0 mL 铬天青 S 溶液，用水定容。室温下放置 20 min 后在 640 nm 下测定吸光度。吸取 1.0 mL 消化好的样品及试剂空白按相同步骤加入试剂分析。

6. 方法分析及评价

(1)随铬天青 S 加入量增加，络合物的颜色加深，但铬天青 S 本身有颜色，加入量过多会干扰显色。

(2)消解液中加入硫酸既有利于除去高氯酸，又可以保证样品液中含 1%硫酸。

4.8.3　食品中铝的电感耦合等离子体发射光谱法检测技术

1. 方法目的

了解掌握电感耦合等离子体发射光谱法分析食品中铝的原理及样品处理技术。

2. 原理

样品消解后，由电感耦合等离子体发射光谱仪测定，铝元素的特征吸收波长为 396.15 nm，在一定范围内信号强度与元素浓度成正比。

3. 试剂

(1)高氯酸、硝酸。

(2)铝标准溶液(1 000 mg/L)。

4. 仪器设备

电感耦合等离子体发射光谱、微波消解仪、压力消解罐、恒温干燥箱、电热板。

5. 分析步骤

(1)微波消解法　称取固体样品 0.2～0.5 g，含水分较多的样品可适当增加取样量至 1 g 或准确移取液体试样 1.00～3.00 mL 于微波消解内罐中，含乙醇或二氧化碳的样品先在电热板上低温加热除去乙醇或二氧化碳，加入 5～10 mL 硝酸，加盖放置 1 h 或过夜，旋紧罐盖，按照微波消解仪操作步骤进行消解。冷却后取出，缓慢打开罐盖排气，用少量水冲洗内盖，将消解罐放在控温电热板上或超声水浴箱中，于 100 ℃加热 30 min 或超声脱气 2～5 min，用水定容至 25 mL，混匀备用，同时做空白试验。

(2)压力罐消解法　称取固体干样 0.2～1 g，含水分较多的样品可适当增加取样量至 2 g 或准确移取液体试样 1.00～5.00 mL 于消解内罐中，含乙醇或二氧化碳的样品先在电热板上低温加热除去乙醇或二氧化碳，加入 5 mL 硝酸，放置 1 h 或过夜，旋紧不锈钢外套，放入恒温干燥箱消解，80 ℃保持 2 h、120 ℃保持 2 h，160～170 ℃消解 4 h，冷却后，缓慢旋松不锈钢外套，将消解内罐取出，在控温电热板上或超声水浴箱中，100 ℃加热 30 min 或超声脱气 2～5 min，用水定容至 25 mL，混匀备用，同时做空白试验。

(3)干式消解法　准确称取 1～5 g 或准确移取 10.0～15.0 mL 试样于坩埚中，置于 500～550 ℃的马弗炉中灰化 5～8 h，冷却。若灰化不彻底有黑色炭粒，则冷却后滴加少许硝酸湿润，在电热板上干燥后，移入马弗炉中继续灰化成白色灰烬，冷却取出，加入 10 mL 硝酸溶液(5∶95)溶解，并用水定容至 25 mL，混匀备用，同时做空白试验。

(4)仪器参考条件　观测方式：水平观测；功率 1 150 W；等离子体气流量 15 L/min；载气流量 0.8 L/min；辅助气流量 0.5 L/min；雾化气气体流量 0.65 L/min；分析泵速 50 r/min。

(5)标准曲线的制作　配置浓度为 0 mg/L、0.10 mg/L、0.50 mg/L、1.0 mg/L、3.0 mg/L、5.0 mg/L 标准系列工作溶液，注入电感耦合等离子体发射光谱仪中，以浓度为横坐标，分析谱线强度响应值为纵坐标，绘制标准曲线。

将空白溶液和试样溶液分别注入电感耦合等离子体发射光谱仪中，测定待测元素分析谱线强度的信号响应值，根据标准曲线得到消解液中待测元素的浓度。

6. 方法分析与评价

(1)依据样品溶液中元素质量浓度水平，可适当调整标准系列的浓度范围。

(2)样品中元素含量高时,可采用垂直观测方式测定。

思考题

1. 汞在环境中是如何迁移的?
2. 举例说明元素的形态与毒性的关系。
3. 利用原子荧光光度法测定砷元素时应注意哪些问题?
4. 简述原子荧光光谱法测定硒的原理。
5. 有机锡污染主要来自哪些方面?
6. 镉元素的分析方法有哪些?各有什么特点?

参考文献

[1] GB 5009.11—2014 食品安全国家标准　食品中总砷及无机砷的测定.

[2] GB 5009.12—2023 食品安全国家标准　食品中铅的测定.

[3] GB 5009.15—2023 食品安全国家标准　食品中镉的测定.

[4] GB 5009.17—2021 食品安全国家标准　食品中总汞及有机汞的测定.

[5] GB 5009.182—2017 食品安全国家标准　食品中铝的测定.

[6] GB 5009.268—2016 食品安全国家标准　食品中多元素的测定.

[7] GB 5009.93—2017 食品安全国家标准　食品中硒的测定.

[8] 金慧英,魏尧梅,胡惠民,等.镉-金属硫蛋白的抗体制备及酶联免疫吸附法测定.中国公共卫生,1998,14(2):301-401.

[9] 林孔亮,孙帅,夏海龙.间接竞争酶联免疫吸附(IC-ELISA)法测定地表水中溶解态镉.仪器仪表与分析监测,2021(2):39-42.

[10] NY/T 3556—2020 粮谷中硒代半胱氨酸和硒代蛋氨酸的测定　液相色谱-电感耦合等离子体质谱法.

[11] 樊瑾,王融融,丛士翔,等.不同重金属污染水平下生物结皮及下层土壤细菌群落的差异性分析.生态学报,2024,44(1):1-4.

[12] 王安杏,张庆,张瑜.食品中重金属检测方法研究进展.中国食品添加剂,2022,33(10):284-291.

[13] 赵志鹏.重金属镉的土壤空间分布机制及迁移转化过程研究.贵州:贵州大学,2015.

[14] 朱敏睿,史海鹏.影响测定土壤中汞的优化分析研究//河海大学,武汉大学,长江水利委员会网络与信息中心,湖北省水利水电科学研究院.2023(第十一届)中国水利信息化技术论坛论文集.2023:36.

[15] Gil F and Olmedo P. Food safety heavy metals and metalloids, in Encyclopedia of Human Nutrition (Fourth Edition), B. Caballero, B. Caballero Editors. Oxford: Academic Press, 2023.

[16] Samuel M S, Datta S, Khandge R S, et al. A state of the art review on characterization of heavy metal binding metallothioneins proteins and their widespread applications. Science of the Total Environment, 2021, 775: 145829.

[17] Shan J, Shi L, Li Y, et al. SERS-based immunoassay for amplified detection of

food hazards: recent advances and future trends. Trends in Food Science & Technology, 2023, 140: 104149.

[18] Sodhi K K, Mishra L C, Singh C K, et al. Perspective on the heavy metal pollution and recent remediation strategies. Current Research in Microbial Sciences, 2022, 3: 100166.

第 5 章
食品添加剂检测技术

本章学习目的与要求

1. 了解食品添加剂的分类、主要作用。
2. 掌握食品中山梨酸、苯甲酸、BHA、BHT、主要乳化剂和稳定剂的测定方法。
3. 熟悉食品中三聚氰胺的检测方法。
4. 了解食品中几种非法添加物的性质、检测方法。

5.1　概述

联合国粮食及农业组织/世界卫生组织(FAO/WHO)食品法规委员会(CAC)1983 年规定:“食品添加剂是指本身不作为食品消费,也不是食品特有成分的任何物质,而不管其有无营养价值;它们在食品的生产、加工、调制、处理、充填、包装、运输、贮存等过程中,由于技术(包括感官)的目的,有意加入食品中或者预期这些物质或其副产物会成为(直接或间接)食品的一部分,或者改善食品的性质。它不包括污染物或者为保持、提高食品营养价值而加入食品中的物质”。此定义既不包括食品营养强化剂,也不包括污染物。

《中华人民共和国食品安全法》中规定,食品添加剂(food additives)指“为改善食品品质和色、香、味以及为防腐、保鲜和加工工艺的需要而加入食品中的人工合成或天然物质,包括营养强化剂”。食品添加剂是食品加工必不可少的主要基础配料,其应用水平是食品工业现代化的重要标志之一。食品添加剂已被列为我国加速开发发展的重要基础行业。“没有食品添加剂,很难有现代化的食品工业”。

食品添加剂的主要作用有:

(1)有利于食品的保藏,防止食品腐败变质。如防腐剂可以防止由微生物引起的食品腐败变质,延长食品的保质期,同时它还具有防止由微生物污染引起的食物中毒的作用。抗氧化剂则可阻止或推迟食品的氧化变质,以提高食品的稳定性和耐藏性,同时也防止油脂自动氧化产物的形成。此外,抗氧化剂还可用来防止食品,特别是水果、蔬菜的酶促褐变与非酶褐变,这同样对食品的保藏具有一定的意义。

(2)改善食品的感官性状。适当使用着色剂、护色剂、漂白剂、食用香料以及乳化剂、增稠剂等食品添加剂,可明显提高食品的感官质量,满足人们的不同需要。

(3)保持或提高食品的营养价值。防腐剂、抗氧化剂在防止食品败坏变质的同时,对保持食品的营养价值具有一定意义。食品营养强化剂,可大大提高食品的营养价值,这对防止营养不良和营养缺乏,促进营养平衡,提高人们健康水平具有重要意义。

(4)增加食品的品种和方便性。如香料、香精的使用。

(5)有利于食品的加工处理,适应生产的机械化和自动化。在食品加工中使用消泡剂、助滤剂、稳定和凝固剂等,可有利于食品的加工操作。

(6)满足其他特殊需要。可用无营养甜味剂或低热能甜味剂,如三氯蔗糖或天门冬酰苯丙氨酸甲酯加工无糖食品。碘强化食盐,可防治缺碘性甲状腺肿。

在食品添加剂的使用中,除保证其发挥应有的功能和作用外,最重要的是应保证食品的安全卫生。如果过量使用则有可能产生不良后果。通过严格控制使用范围和最大使用量避免过剩性中毒作用。随着食品工业和添加剂工业的发展,食品添加剂的种类和数量越来越多,对人们健康的影响也越来越大。随着毒理学研究方法的不断改进和发展,原来认为无害的食品添加剂,近年来又发现还可能存在慢性毒性、致癌、致畸及致突变等各种潜在的危害。另外,超范围、超标准使用和滥用违禁添加剂,会给食品质量、安全卫生以及消费者的健康带来巨大的损害。所以,食品加工企业必须严格遵照执行食品添加剂的安全标准,加强食品添加剂的卫生管理,规范、合理、安全地使用添加剂,保证食品质量,保证人民身体健康。重视食品添加剂的检测与分析,则会对食品的安全起到很好的监督、保证和促进作用。

5.2 食品添加剂的分类与评价

5.2.1 食品添加剂的分类

随着全球工业食品总量的快速增加和化学合成技术的进步,食品添加剂品种不断增加,产量持续上升。据报道,目前,全世界应用的食品添加剂品种已多达25 000余种,其中80%为香料,直接使用的有3 000~4 000种,其中常用的有600~1 000种。由于各国对食品安全控制的要求和技术上存在着一定的差异,所以允许使用的食品添加剂品种和范围也有所不同。如美国食品和药物管理局(FDA)公布使用的食品添加剂有2 922种,受管理的有1 755种,其中包括新近出版的美国食品用化学品法典(FCC Ⅳ)中所列1 967种。日本使用的食品添加剂约有1 100种,其中包括日本食品添加剂公定书(第6版)所列化学合成品350种。欧盟允许使用的有1 000~1 500种。我国食品添加剂实际允许使用的品种有1 750多种,其中包括香精香料1 250种,其余20大类近500种。

食品添加剂可按其来源、功能和安全评价的不同进行分类。

1. 按来源划分

可分为天然食品添加剂和人工化学合成食品添加剂。前者主要由动、植物提取制得,也有一些来自微生物的代谢产物或矿物;后者则是通过化学合成的方法所得,其中又可分为一般化学合成品和人工合成天然等同物,如天然等同香料、天然等同色素。我国生产的食品添加剂按来源分类,则有化学合成、生物合成(酶法和发酵法)、天然提取物三大类。谷氨酸、柠檬酸、乳酸等用发酵法生产的品种,由于其化学结构和天然提取的完全一样,在人体中能吸收和代谢,有一定的营养功能和生理活性,国际上也视同天然物。

2. 按功能作用划分

食品添加剂可有很多类别,各国亦有不同。如美国FDA“食品药品和化妆品法”按功能作用将食品添加剂分为32类,而在第3版“食品用化学品法典(1981 Ⅲ)”中又曾分为45类。FAO/WHO基于食品添加剂专家联合委员会(JECFA)的工作,于1984年曾将其细分为95类,而1994年则将其分为40类。分类过细,一方面有不少类别仅1~2个品种,另一方面又有某些类别中重复出现某一品种的情况,给使用食品添加剂带来混乱。然而欧洲共同体仅分为9类,对食品添加剂的选用也有一定困难。日本将食品添加剂分为25类。

我国《食品添加剂使用卫生标准》(GB 2760—2014),将食品添加剂分为22类,包括酸度调节剂、抗结剂、消泡剂、抗氧化剂、漂白剂、膨松剂、胶基糖果中基础剂物质、着色剂、护色剂、乳化剂、酶制剂、增味剂、面粉处理剂、被膜剂、水分保持剂、防腐剂、稳定剂和凝固剂、甜味剂、增稠剂、食品用香料、食品工业用加工助剂,还有其他类别,共2 400多种。其中香料1 870种,加工助剂115种,酶制剂54种。

3. 按食品添加剂的安全卫生评价进行划分

FAO/WHO食品添加剂法规委员会(CCFA)根据安全评价资料,在食品添加剂联合专家委员会(JECFA)讨论的基础上,将食品添加剂分为以下四类:

(1)一般认为是安全的物质,可以按正常需要使用,不需建立人体每日容许摄入量(ADI)。

(2)A 类,又分为 A1 类和 A2 类。JECFA 已经制定出 ADI 或暂定 ADI 者,其中:A1 类经过 JECFA 评价认为毒理学资料清楚,可以使用并已经制定出 ADI 值;A2 类 JECFA 已经制定暂定 ADI 值,但毒理学资料不够完善,暂时允许用于食品者。

(3)B 类,又分为 B1 类和 B2 类。JECFA 曾经进行过安全评价,但因毒理学资料不足未建立 ADI 值,或者未进行过安全评价者,其中:B1 类 JECFA 曾经进行过安全评价,但因毒理学资料不足未建立 ADI 值;B2 类未进行过安全评价者。

(4)C 类,又分为 C1 类和 C2 类。认为在食品中使用不安全或应该严格限制作为某些食品的特殊用途者,其中:C1 类 JECFA 根据毒理学资料认为在食品中作用不安全者;C2 类 JECFA 认为应该严格限制在某些食品中作为特殊应用者。

5.2.2 食品添加剂的评价

食品添加剂最重要的是要确保其安全性。无论国内或国外,任何一种新开发的食品添加剂都需要经过安全性评价。安全性评价是根据有关法规与卫生要求,以食品添加剂的理化性质、质量标准、使用效果、使用范围、使用量、毒理学评价等为依据而做出的综合性评价。其中最重要的是毒理学评价,通过毒理学评价确定食品添加剂在食品中无害的最大限量,并对有害的物质提出禁用或放弃的理由,它是制定食品添加剂使用标准的重要依据。食品添加剂的毒理学评价依据如下:

1. 半数致死量(LD_{50})

半数致死量或称致死中量(50% lethal dose),即一组受试动物死亡 50%的剂量(单位 mg/kg 体重),这是经口一次量给予或 24 h 内多次给予受试动物后,在短时间内动物所产生的毒性反应,包括致死的和非致死的指标参数,是判断食品添加剂急性毒性的重要指标。致死剂量通常用半数致死剂量 LD_{50} 表示。相同的受试动物、不同的给饲途径,其 LD_{50} 不同。对食品添加剂来说,主要采用经口 LD_{50},其经口 LD_{50} 越大,毒性就越低。按大鼠口服 LD_{50}(mg/kg)将急性毒性作用划分为:极毒,$LD_{50}<1$;剧毒,LD_{50} 1～50;中等毒,LD_{50} 51～500;低毒,LD_{50} 501～5 000;实际无毒,LD_{50} 5 001～15 000;无毒,$LD_{50}>15\ 000$。通常,对动物毒性很低的物质,对人的毒性往往也低。作为食品添加剂来说,其 LD_{50} 大都属于实际无毒或无毒级,仅个别品种如亚硝酸钠属于中等毒性,其 LD_{50} 为 220 mg/kg 体重。

2. 日允许摄入量(ADI)

通过小动物的长期毒性试验,测定其无作用量(no-observed-effect level,NOEL),即长期摄入该受试物质仍无任何中毒表现的每日摄入剂量,其单位以 mg/(kg・d)表示。再将动物试验所得结果推论到人,得到人的日允许摄入量(acceptable daily intake,ADI)。但将动物试验所得最大无作用量用到人时,考虑个体和种属差异,必须引入安全系数。安全系数(safety factor,SF)是根据所得的最大无有害作用剂量(NOAEL)提出安全限值时,为解决由动物实验资料外推至人的不确定因素及人群毒性资料本身所包含的不确定因素而设置的转换系数。安全系数一般采用 100,是物种间差异(10)和个体间差异(10)两个安全系数的乘积。对于动物毒性试验观察期较短,毒理学资料不足情况下,则可增大安全系数,例如采用 200 甚至更高的安全系数。即:

人体每日允许摄入量(ADI)=最大无作用量(mg/kg 体重)/安全系数

根据不同动物试验，所得ADI有所不同。目前国际上最广泛采用的是由JECFA所制订的ADI。这是评价食品添加剂安全性最重要、也是最终的标准。ADI有以下不同情况：

(1)类别ADI　指用于食品中对毒性作用类似的几种化合物所制订的ADI，用以限制其累加摄入。

(2)ADI无须规定　指根据已有资料(化学、生化、毒理等)表明某受试物毒性很低，且使用量和人膳食中的总摄入量对人体健康不产生危害，可不必制定具体ADI，但必须有良好的生产规范制约，并不得用于掺假、掩盖食品质量缺陷或导致营养不平衡。

(3)暂定ADI　指某物质的安全性资料有限，或根据最新资料对已制订ADI使用较大的安全系数(通常100×2)，并规定有效期。在此期间若资料充分，表明该受试物安全，则将暂定ADI改为ADI。如确有安全问题，则撤销其暂定ADI。

(4)ADI不能提出　指安全性资料不充分，在食品中应用不安全，以及未制订特性鉴别与纯度检测方法、说明等，不能制订ADI。

3. 一般公认安全(GRAS)

美国食品与药物管理局(FDA)曾将1958年以前就已实际使用的300多种食品添加剂(不包括香料)列为GRAS物质。又根据“香料生产者协会”(FEMA)的推荐将1 754种香料列入GRAS物质，一般均以良好生产规范(GMP)生产为限。按FDA规定，它应属于下列一种或几种情况：①在某一天然食品中存在；②已知在人体内极易代谢(一般剂量范围)；③其化学结构与某一已知安全的物质非常近似；④在一定范围内证实已有长期安全食用历史(如在某些国家已经使用30年以上)；⑤或者同时具备以下各条件：在某一国家已使用10年以上，在任何一种最终食品中平均最高用量不超过10 mg/kg，在美国的年消费量低于454 kg，从化学结构、成分分析或实际应用中，均证明在安全性方面没有问题。

食用香料由于品种繁多，FAO/WHO联合食品添加剂专家委员会(JECFA)不可能一一评价。JECFA对天然食用香料和天然等同香料均加以认可。我国食品添加剂标准化技术委员会规定，从动植物可食部分提取的天然食用香料一般不进行毒理学试验即可使用。对凡属WHO建议批准使用或已制订ADI者，以及FEMA、欧洲理事会(COE)、国际香料工业组织(IOFI)等4个国际组织中2个或2个以上允许使用的品种，我国均允许使用。

5.3 食品中主要防腐剂的检测技术

防腐剂是指能抑制食品中微生物的繁殖，防止食品腐败变质，延长食品保存期的物质。我国允许在一定量内使用的防腐剂有30多种，包括苯甲酸及其钠盐、山梨酸、山梨酸钾、亚硝酸钠、二氧化硫、焦亚硫酸钠、对羟基苯甲酸乙酯、脱氢醋酸、乳酸链球菌素等。新开发的有果胶分解产物、香辛料提取物、琼脂低聚糖、甜菜碱、日扁柏醇、类黑精、葡萄糖氧化酶、熏液、马酸二甲酯、溶菌酶、鱼精蛋白等。其中较多的是山梨酸和苯甲酸及其盐类。禁用的防腐剂有甲醛、硼酸、β-萘酚、焦碳酸二乙酯等。

由于食品的成分很复杂，而且这些成分可能与其含有的防腐剂发生化学反应而产生干扰，再者，食品中的防腐剂往往浓度很低，需要富集，所以在进行测定时，第一步几乎总是要把防腐剂从食品中分离出来。为此必须使用溶剂提取、蒸汽蒸馏或采用特殊的分离方法进一步纯化。防腐剂的定量测定可以根据被测物质的具体情况选用化学法、色谱法、比色法、光谱法或其他方法进行。

苯甲酸及苯甲酸钠是目前使用的主要防腐剂之一。它属于酸型防腐剂，在酸性条件下防腐效果较好，特别适用于偏酸性食品（pH 4.5～5）。《食品添加剂使用卫生标准》规定：苯甲酸及其钠盐在碳酸饮料、特殊用途饮料中的最大使用量为 0.2 g/kg；配制酒中的最大使用量为 0.4 g/kg；蜜饯凉果、腌制的蔬菜中最大使用量为 0.5 g/kg；复合调味料中的最大使用量为 0.6 g/kg；果酒、除胶基糖果以外的其他糖果中的最大使用量为 0.8 g/kg；果酱（除罐头）、醋、酱油、果蔬汁饮料、风味饮料、半固体复合调味料、蚝油、虾油、鱼露等中最大使用量为 1.0 g/kg；在胶基糖果中的最大使用量为 1.5 g/kg；浓缩果蔬汁（浆）中最大使用量为 2.0 g/kg（以苯甲酸计）。

山梨酸是一种直链不饱和脂肪酸，可参与人体内的正常代谢，并被同化而产生 CO_2 和水，所以几乎对人体没有毒性。山梨酸和山梨酸钾是目前国际上公认的安全防腐剂，已被很多国家和地区广泛使用。《食品添加剂使用卫生标准》规定：山梨酸及其钾盐用于熟肉、预制水产品（半成品）时的最大使用限量为 0.075 g/kg；水果、经表面处理的新鲜蔬菜及饮料类最大使用限量为 0.5 g/kg；干酪和再制干酪及其类似品、除胶基糖果以外的其他糖果、鱼干制品、豆干再制品、糕点、面包、乳酸菌饮料、醋、酱油等最大使用限量为 1.0 g/kg；浓缩果蔬汁（浆）最大使用限量为 2.0 g/kg。当山梨酸与山梨酸钾同时使用时，以山梨酸计，不得超过最大使用量。

本节主要介绍苯甲酸、苯甲酸钠、山梨酸、山梨酸钾的定量测定方法及硼酸、硼砂的定性测定方法。

5.3.1　食品中苯甲酸、山梨酸及其盐的检测技术

5.3.1.1　食品中苯甲酸、山梨酸及其盐的高效液相色谱法检测技术

1. 方法目的

掌握高效液相色谱法同时测定食品中苯甲酸、山梨酸及其盐的原理及方法。

2. 原理

样品经水提取，高脂肪样品经正己烷脱脂、高蛋白样品经蛋白沉淀剂沉淀蛋白，采用液相色谱分离、紫外检测器检测，外标法定量。

3. 适用范围

本法适用于食品中苯甲酸、山梨酸的测定。可同时测定糖精钠的含量。

4. 试剂材料

(1)氨水溶液（1＋99）：取氨水 1 mL，加到 99 mL 水中，混匀。

(2)亚铁氰化钾溶液（92 g/L）：称取 106 g 亚铁氰化钾，加入适量水溶解，用水定容至 1 000 mL。

(3)乙酸锌溶液（183 g/L）：称取 220 g 乙酸锌溶于少量水中，加入 30 mL 冰乙酸，用水定容至 1 000 mL。

(4)乙酸铵溶液（20 mmol/L）：称取 1.54 g 乙酸铵，加入适量水溶解，用水定容至 1 000 mL，经 0.22 μm 水相微孔滤膜过滤后备用。

(5)甲酸-乙酸铵溶液(2 mmol/L 甲酸+20 mmol/L 乙酸铵):称取 1.54 g 乙酸铵,加入适量水溶解,再加入 75.2 μL 甲酸,用水定容至 1 000 mL,经 0.22 μm 水相微孔滤膜过滤后备用。

(6)苯甲酸、山梨酸标准储备溶液(1 000 mg/L):分别准确称取苯甲酸钠、山梨酸钾和糖精钠 0.118 g、0.134 g 和 0.117 g(精确到 0.000 1 g),用水溶解并分别定容至 100 mL。于 4 ℃贮存,保存期为 6 个月。当使用苯甲酸和山梨酸标准品时,需要用甲醇溶解并定容。

(7)苯甲酸、山梨酸混合标准中间溶液(200 mg/L):分别准确吸取苯甲酸、山梨酸和糖精钠标准储备溶液各 10.0 mL 于 50 mL 容量瓶中,用水定容。于 4 ℃贮存,保存期为 3 个月。

(8)苯甲酸、山梨酸混合标准系列工作溶液:分别准确吸取苯甲酸、山梨酸和糖精钠混合标准中间溶液 0 mL、0.05 mL、0.25 mL、0.50 mL、1.00 mL、2.50 mL、5.00 mL 和 10.0 mL,用水定容至 10 mL,配制成质量浓度分别为 0 mg/L、1.00 mg/L、5.00 mg/L、10.0 mg/L、20.0 mg/L、50.0 mg/L、100 mg/L 和 200 mg/L 的混合标准系列工作溶液。临用现配。

5. 仪器设备

高效液相色谱仪:配紫外检测器;分析天平:感量为 0.001 g 和 0.000 1 g;涡旋振荡器;匀浆机;恒温水浴锅;超声波发生器;离心机:转速>8 000 r/min。

6. 分析步骤

(1)试样制备　均匀的饮料、液态奶等样品,取多个预包装的饮料、液态奶等均匀样品直接混合;非均匀的液态、半固态样品用组织匀浆机匀浆;固体样品用研磨机充分粉碎并搅拌均匀;奶酪、黄油、巧克力等 50～60 ℃加热熔融,并趁热充分搅拌均匀。取其中的 200 g 装入玻璃容器中,密封,液体试样于 4 ℃保存,其他试样于−18 ℃保存。

(2)试样提取

①一般性试样　准确称取约 2 g(精确到 0.001 g)试样于 50 mL 具塞离心管中,加水约 25 mL,涡旋混匀,于 50 ℃水浴超声 20 min,冷却至室温后加亚铁氰化钾溶液 2 mL 和乙酸锌溶液 2 mL,混匀,于 8 000 r/min 离心 5 min,将水相转移至 50 mL 容量瓶中,于残渣中加水 20 mL,涡旋混匀后超声 5 min,于 8 000 r/min 离心 5 min,将水相转移到同一 50 mL 容量瓶中,并用水定容至刻度,混匀。取适量上清液过 0.22 μm 滤膜,待液相色谱测定。

注意:碳酸饮料、果酒、果汁、蒸馏酒等测定时可以不加蛋白沉淀剂。

②含胶基的果冻、糖果等试样　准确称取约 2 g(精确到 0.001 g)试样于 50 mL 具塞离心管中,加水约 25 mL,涡旋混匀,于 70 ℃水浴加热溶解试样,于 50 ℃水浴超声 20 min,之后的操作同前面①。

③油脂、巧克力、奶油、油炸食品等高油脂试样　准确称取约 2 g(精确到 0.001 g)试样于 50 mL 具塞离心管中,加正己烷 10 mL,于 6 ℃水浴加热约 5 min,并不时轻摇以溶解脂肪,然后加氨水溶液(1+99)25 mL,乙醇 1 mL,涡旋混匀,于 50 ℃水浴超声 20 min,冷却至室温后,加亚铁氰化钾溶液 2 mL 和乙酸锌溶液 2 mL,混匀,于 8 000 r/min 离心 5 min,弃去有机相,水相转移至 50 mL 容量瓶中,残渣同①再提取一次后测定。

(3)仪器参考条件　色谱柱:C_{18} 柱,柱长 250 mm,内径 4.6 mm,粒径 5 μm,或等效色谱柱;流动相:甲醇+乙酸铵溶液=5+95;流速 1 mL/min;检测波长 230 nm;进样量 10 μL。

注:当存在干扰峰或需要辅助定性时,可以采用加入甲酸的流动相来测定,如流动相:甲

醇＋甲酸－乙酸铵溶液＝8＋92。

(4)标准曲线的制作　将混合标准系列工作溶液分别注入液相色谱仪中，测定相应的峰面积，以混合标准系列工作溶液的质量浓度为横坐标，以峰面积为纵坐标，绘制标准曲线。

(5)试样溶液的测定　将试样溶液注入液相色谱仪中，得到峰面积，根据标准曲线得到待测液中苯甲酸、山梨酸的质量浓度。

7. 结果参考计算

试样中苯甲酸、山梨酸的含量按下式进行计算

$$X=\rho V/(m\times 1\ 000)$$

式中：X—试样中待测组分含量，单位为克每千克(g/kg)；ρ—由标准曲线得出的试样液中待测物的质量浓度，单位为毫克每升(mg/L)；V—试样定容体积，单位为毫升(mL)；m—试样质量，单位为克(g)；1 000—由 mg/kg 转换为 g/kg 的换算因子。

8. 方法分析与评价

(1)计算结果保留三位有效数字。在重复条件下获得的两次独立测定结果的绝对差值不得超过算术平均值的10%。

(2)样品中如含有 CO_2、酒精时应先加热除去，富含脂肪和蛋白质的样品应除去脂肪和蛋白质，以防用乙醚提取时发生乳化。

(3)被测溶液 pH 对测定和色谱柱使用寿命均有影响，pH＞8 或 pH＜2 时影响被测组分的保留时间，对仪器有腐蚀作用。以中性为宜。

(4)本方法可同时测定糖精钠。测定苯甲酸、山梨酸和糖精钠也可以用 Micro PAK CN-10 4 mm×300 mm 柱，流动相可用甲醇-水。

(5)山梨酸的灵敏波长为 254 nm，在此波长测苯甲酸、糖精钠灵敏度较低，苯甲酸、糖精钠的灵敏波长为 230 nm，为照顾三种被测组分灵敏度，方法采用波长为 230 nm。

(6)对共存物进行干扰试验表明：蔗糖在 230 nm 处无吸收，柠檬酸吸收很小，在此色谱条件下，咖啡因和人工合成色素不被洗脱，因此，这些共存物不影响苯甲酸、山梨酸、糖精钠的定性、定量测定。

(7)食品样品往往含有大量的油脂、蛋白质，对提取极为不利；如处理不干净也会污染色谱柱，影响检测工作。对于豆粉、奶粉、月饼等高油脂、高蛋白样品可用10%钨酸钠溶液作为沉淀剂，效果好些，用10%亚铁氰化钾溶液和20%醋酸锌溶液则效果更理想。

5.3.1.2　食品中苯甲酸、山梨酸及其盐的气相色谱法检测技术

1. 方法目的

掌握气相色谱法同时测定食品中苯甲酸、山梨酸及其盐的原理及使用方法。

2. 原理

试样经盐酸酸化后，用乙醚提取苯甲酸、山梨酸，采用气相色谱-氢火焰离子化检测器进行分离测定，外标法定量。

3. 适用范围

本法适用于酱油、水果汁、果酱中苯甲酸、山梨酸的测定。

4. 试剂材料

(1)乙醚($C_2H_5OC_2H_5$)、乙醇(C_2H_5OH)、正己烷(C_6H_{14})、乙酸乙酯($CH_3CO_2C_2H_5$):色谱纯;盐酸(HCl)、氯化钠(NaCl)、无水硫酸钠(Na_2SO_4):500 ℃烘 8 h,于干燥器中冷却至室温后备用。

(2)盐酸溶液(1+1):取 50 mL 盐酸,边搅拌边慢慢加入 50 mL 水中,混匀。

(3)氯化钠溶液(40 g/L):称取 40 g 氯化钠,用适量水溶解,加盐酸溶液 2 mL,加水定容到 1 L。

(4)正己烷-乙酸乙酯混合溶液(1+1):取 100 mL 正己烷和 100 mL 乙酸乙酯,混匀。

(5)苯甲酸、山梨酸标准储备溶液(1 000 mg/L):分别准确称取苯甲酸、山梨酸各 0.1 g(精确到 0.000 1 g),用甲醇溶解并分别定容至 100 mL。转移至密闭容器中,于−18 ℃贮存,保存期为 6 个月。

(6)苯甲酸、山梨酸混合标准中间溶液(200 mg/L):分别准确吸取苯甲酸、山梨酸标准储备溶液各 10.0 mL 于 50 mL 容量瓶中,用乙酸乙酯定容。转移至密闭容器中,于−18 ℃贮存,保存期为 3 个月。苯甲酸、山梨酸混合标准系列工作溶液:分别准确吸取苯甲酸、山梨酸混合标准中间溶液 0 mL、0.05 mL、0.25 mL、0.50 mL、1.00 mL、2.50 mL、5.00 mL 和 10.0 mL,用正己烷-乙酸乙酯混合溶剂(1+1)定容至 10 mL,配制成质量浓度分别为 0 mg/L、1.00 mg/L、5.00 mg/L、10.0 mg/L、20.0 mg/L、50.0 mg/L、100 mg/L 和 200 mg/L 的混合标准系列工作溶液。临用现配。

5. 仪器设备

气相色谱仪:带氢火焰离子化检测器(FID);分析天平:感量为 0.001 g 和 0.000 1 g;涡旋振荡器;离心机:转速>8 000 r/min;匀浆机;氮吹仪。

6. 分析步骤

(1)试样制备　取多个预包装的样品,其中均匀样品直接混合,非均匀样品用组织匀浆机充分搅拌均匀,取其中的 200 g 装入洁净的玻璃容器中,密封,水溶液于 4 ℃保存,其他试样于−18 ℃保存。

(2)试样提取　准确称取约 2.5 g(精确至 0.001 g)试样于 50 mL 离心管中,加 0.5 g 氯化钠、0.5 mL 盐酸溶液(1+1)和 0.5 mL 乙醇,用 15 mL 和 10 mL 乙醚提取两次,每次振摇 1 min,于 8 000 r/min 离心 3 min。每次均将上层乙醚提取液通过无水硫酸钠滤入 25 mL 容量瓶中。加乙醚清洗无水硫酸钠层并收集至约 25 mL 刻度,最后用乙醚定容,混匀。准确吸取 5 mL 乙醚提取液于 5 mL 具塞刻度试管中,于 35 ℃氮吹至干,加入 2 mL 正己烷-乙酸乙酯(1+1)混合溶液溶解残渣,待气相色谱测定。

(3)仪器参考条件　色谱柱:聚乙二醇毛细管气相色谱柱,内径 320 μm,长 30 m,膜厚度 0.25 μm,或等效色谱柱;载气:氮气,流速 3 mL/min;空气流速 400 L/min;氢气流速 40 L/min;进样口温度 250 ℃;检测器温度 250 ℃;柱温程序:初始温度 80 ℃,保持 2 min,以 15 ℃/min 的速率升温至 250 ℃,保持 5 min;进样量 2 μL;分流比 10∶1。

(4)标准曲线的制作　将混合标准系列工作溶液分别注入气相色谱仪中,以质量浓度为横坐标,以峰面积为纵坐标,绘制标准曲线。

(5)试样溶液的测定　将试样溶液注入气相色谱仪中,得到峰面积,根据标准曲线得到待测液中苯甲酸、山梨酸的质量浓度。

7. 分析结果的表述

试样中苯甲酸、山梨酸含量按下式计算：

$$X=\rho V\times 25/(m\times 5\times 1\,000)$$

式中：X —试样中待测组分含量，单位为克每千克(g/kg)；ρ—由标准曲线得出的样液中待测物的质量浓度，单位为毫克每升(mg/L)；V—加入正己烷-乙酸乙酯(1+1)混合溶剂的体积，单位为毫升(mL)；25—试样乙醚提取液的总体积，单位为毫升(mL)；m—试样的质量，单位为克(g)；5—测定时吸取乙醚提取液的体积，单位为毫升(mL)；1 000—由 mg/kg 转换为 g/kg 的换算因子。

8. 方法分析与评价

(1)计算结果保留三位有效数字。在重复条件下获得的两次独立测定结果的绝对差值不得超过算术平均值的 10%。

(2)样品处理时，酸化的目的是使苯甲酸钠、山梨酸钠转变为苯甲酸或山梨酸，便于乙醚提取。

(3)由测得苯甲酸的量乘以相对分子质量比 1.18，即为样品中苯甲酸钠含量；由测得山梨酸的量乘以相对分子质量比 1.34，即为样品中山梨酸钾的含量。

(4)通过无水硫酸钠层过滤后的乙醚提取液应达到去除水分的目的，否则乙醚提取液在 40 ℃挥发去乙醚后如仍残留水分会影响测定结果。如有残留水分必须将其挥发干，但会析出极少量白色氯化钠，当出现此情况时，应搅动残留的无机盐后加入石油醚-乙醚(3：1)振摇，取上清液进样，否则氯化钠会覆盖苯甲酸和山梨酸使测定结果偏低。

(5)气相色谱仪的操作按仪器操作说明进行。注意点火前严禁打开氮气调节阀，以免氢气逸出引起爆炸；点火后，不允许再转动放大调零旋钮。

5.3.1.3　食品中苯甲酸、山梨酸及其盐的薄层色谱法检测技术

1. 方法目的

掌握薄层色谱法测定食品中苯甲酸、山梨酸及其盐的原理及方法，了解其适用范围。

2. 原理

试样酸化后，用乙醚提取苯甲酸、山梨酸。将试样提取液浓缩，点于聚酰胺薄层板上，展开、显色，根据薄层板上苯甲酸、山梨酸的比移值，与标准比较定性，并可进行概略定量。

3. 适用范围

本法适用于果酱、汽水、果汁、配制酒等食品中苯甲酸、山梨酸含量的测定。

4. 试剂材料

(1)石油醚(30～60 ℃)，乙醚(不含过氧化物)，聚酰胺粉(200 目)，盐酸-水(1：1)。

(2)4%氯化钠酸性溶液：于 4%氯化钠溶液中加少量盐酸(1：1)酸化。

(3)展开剂：正丁醇-氨水-无水乙醇(7：1：2)；异丙醇-氨水-无水乙醇(7：1：2)。

(4)山梨酸标准溶液：准确称取 0.200 0 g 山梨酸，用少量乙醇溶解后移入 100 mL 容量瓶中，并稀释至刻度，此溶液每毫升相当于 2.0 mg 山梨酸。

(5)苯甲酸标准溶液：准确称取 0.200 0 g 苯甲酸，用少量乙醇溶解后移入 100 mL 容量瓶中，并稀释至刻度，此溶液每毫升相当于 2.0 mg 苯甲酸。

(6)显色剂：溴甲酚紫-50%乙醇溶液(0.04%)，用 0.4%氢氧化钠溶液调至 pH 为 8。

5. 仪器设备

吹风机；层析缸；10 cm×18 cm 玻璃板；10 μL、100 μL 微量注射器；喷雾器。

6. 分析步骤

(1)试样提取　称取 2.50 g 均匀的试样，置于 25 mL 带塞量筒中，加 0.5 mL 盐酸-水(1∶1)酸化，用 15 mL、10 mL 乙醚提取 2 次，每次振摇 1 min，将上层醚提取液吸入另一个 25 mL 带塞量筒中，合并乙醚提取液。用 3 mL 4%氯化钠酸性溶液洗涤两次，静止 15 min，用滴管将乙醚层通过无水硫酸钠滤入 25 mL 容量瓶中。加乙醚至刻度，混匀。吸取 10.0 mL 乙醚提取液分两次置于 10 mL 带塞离心管中，在约 40 ℃的水浴上挥干，加入 0.10 mL 乙醇溶解残渣，备用。

(2)测定

①聚酰胺粉板的制备　称取 1.6 g 聚酰胺粉，加 0.4 g 可溶性淀粉，加约 15 mL 水，研磨 35 min，立即倒入涂布器内制成 10 cm×18 cm、厚度 0.3 mm 的薄层板两块，室温干燥后，于 80 ℃干燥 1 h，取出，置于干燥器中保存。

②点样　在薄层板下端 2 cm 的基线上，用微量注射器点 1 μL、2 μL 试样液，同时各点 1 μL、2 μL 山梨酸、苯甲酸标准溶液。

③展开与显色　将点样后的薄层板放入预先盛有展开剂的展开槽内，展开槽周围贴有滤纸，待溶剂前沿上展至 10 cm，取出挥干，喷显色剂，斑点成黄色，背景为蓝色。试样中所含山梨酸、苯甲酸的量与标准斑点比较定量(山梨酸、苯甲酸的比移值依次为 0.82、0.73)。

7. 结果参考计算

$$X = AV_1 \times 25 \times 1\ 000 / (mV_2 \times 10 \times 1\ 000)$$

式中：X—试样中苯甲酸或山梨酸的含量，g/kg；A—测定用试样液中苯甲酸或山梨酸的质量，mg；V_1—加入乙醇的体积，mL；V_2—测定时点样的体积，mL；m—试样质量，g；10—测定时吸取乙醚提取液的体积，mL；25—试样乙醚提取液总体积，mL。

8. 方法分析与评价

(1)样品处理酸化目的是使苯甲酸钠、山梨酸钾转化为苯甲酸或山梨酸，再用乙醚提取。

(2)样品中如含有二氧化碳、酒精时应先加热除去，富含脂肪和蛋白质的样品应除去脂肪和蛋白质，以防用乙醚萃取时发生乳化。

(3)薄层色谱用的溶剂系统不可存放太久，否则浓度和极性都会变化，影响分离效果，应在使用前配制。

(4)用湿法制薄层，应在水平的台面上，否则会造成薄层厚度不一致；晾干应放在通风良好的地方，无灰尘，以防薄层被污染；烘干后应放在干燥器中冷却、贮存。

(5)在展开之前，展开剂在缸中应预先平衡 1 h，使缸内蒸汽压饱和，以免出现边缘效应。

(6)展开剂液层高度 0.5～1 cm 不能超过原线高度，展开至上端，待溶液前沿上展至 10 cm 时，取出挥干。

(7)在点样时最好用吹风机边点边吹干，在原线上点，直至点完一定量。且点样点直径不宜超2 mm。

(8)本法可同时测定食品中苯甲酸、山梨酸和糖精钠的含量，适用于酱油、果汁、果酱。本方法灵敏度高，但操作烦琐、重现性差。

(9)本方法最低检出量山梨酸为3 μg，苯甲酸为3 μg，回收率分别为82%～90%、90%～105%。

5.3.2　食品中硼酸、硼砂的检测技术

1. 方法目的

掌握定性检测食品中禁用防腐剂硼酸、硼砂的方法。

2. 原理

通过乙基己二醇-三氯甲烷溶液对样品中的硼酸进行快速的富集、萃取，除去共存盐类的影响，利用硫酸与姜黄混合生成的质子化姜黄与硼酸反应生成红色产物。溶液颜色的深浅与样品中硼酸含量成正比，通过比色可以测定样品中硼酸的含量。

3. 适用范围

本法适用于水产品、肉制品(如肉丸)、豆类、面食类、腐竹、粽子、糕点、酱油、凉粉、凉皮等食品中硼酸的测定。

4. 试剂材料

(1)硫酸(H_2SO_4)，无水乙醇(CH_3CH_2OH)，甲醇(CH_3OH)，亚铁氰化钾[$K_4Fe(CN)_6 \cdot 3H_2O$]，乙酸锌[$Zn(CH_3COO)_2 \cdot 2H_2O$]，姜黄色素，冰乙酸($CH_3COOH$)，乙基-1,3-己二醇[$CH_3CH_2CH_2CH(OH)CH(C_2H_5)CH_2OH$]，三氯甲烷($CHCl_3$)，硼酸($H_3BO_3$)。

(2)硫酸溶液(1+1)：取等体积的硫酸和水，将硫酸沿烧杯壁缓慢注入水中，并用玻璃棒不断搅拌，使热量及时散失。

(3)亚铁氰化钾溶液：称取106.0 g亚铁氰化钾，用水溶解，并稀释至1 000 mL。

(4)乙酸锌溶液：称取220.0 g乙酸锌，先加30 mL冰乙酸溶解，用水稀释至1 000 mL。

(5)姜黄-冰乙酸溶液：称取姜黄色素0.10 g溶于100 mL冰乙酸中，此溶液保存于塑料容器中。

(6)2-乙基-1,3-己二醇-三氯甲烷溶液(EHD-$CHCl_3$溶液)：取2-乙基-1,3-己二醇10 mL，加三氯甲烷稀释至100 mL，此溶液保存于塑料容器中。

(7)硼酸标准储备液：准确称取在硫酸干燥器中干燥5 h以上的硼酸0.500 0 g，溶于水并定容至1 000 mL，保存于塑料容器中。此硼酸标准储备液的浓度为500 μg/mL。

(8)硼酸标准溶液：取硼酸标准储备液10.00 mL，加水定容至1 000 mL，保存于塑料容器中。此硼酸标准溶液的浓度为5 μg/mL。所配制溶液于0～4 ℃冰箱中可储存3个月。

5. 仪器设备

电子天平：感量为0.01 g和0.000 1 g；分光光度计；高速捣碎机；涡旋振荡器。

6. 分析步骤

(1)试样制备

固体样品：称取经高速捣碎机捣碎的样品2～10 g(精确至0.01 g)于150 mL塑料烧杯

中，加 40～60 mL 水混匀，缓慢滴加 2 mL 硫酸，超声 10 min 促进溶解混合。加乙酸锌溶液 5 mL，亚铁氰化钾溶液 5 mL，加水定容至 100 mL，过滤后作为制备的试样溶液。根据样品含量取 1.00～3.00 mL 制备的试样溶液于 25 mL 塑料试管中，加水至 5 mL。加硫酸溶液（1＋1）1 mL，振荡混匀，加 EHD-$CHCl_3$ 溶液 5.00 mL，盖上盖子，涡旋振荡器振摇 2 min，静置分层，吸取下层的 EHD-$CHCl_3$ 溶液并通过 ϕ7cm 干燥快速滤纸过滤。过滤液作为样品测试液。

液体样品：称取样品 2～10 g（精确至 0.01 g）于 150 mL 塑料烧杯中，加 40 mL 水混匀，加乙酸锌溶液 5 mL，亚铁氰化钾溶液 5 mL，加水定容至 100 mL，过滤后作为制备的试样溶液。根据样品含量取 1.00～3.00 mL 制备的试样溶液于 25 mL 塑料试管中，加水至 5 mL，加硫酸溶液（1＋1）1 mL，振荡混匀，加 EHD-$CHCl_3$ 溶液 5.00 mL，盖上盖子，涡旋振荡器振摇 2 min，静置分层，吸取下层的 EHD-$CHCl_3$ 溶液并通过 ϕ7 cm 干燥快速滤纸过滤。过滤液作为样品测试液。

注意：如果萃取过程出现乳化现象，可将萃取液 3 000 r/min 离心 3 min 或在测定体系中加入 1 mL 甲醇以避免乳化或沉淀现象，如加入甲醇应保持加水定容总体积为 5 mL。

（2）标准曲线的制作　准确吸取硼酸标准溶液 0.00 mL、1.00 mL、2.00 mL、3.00 mL、4.00 mL、5.00 mL 于 25 mL 塑料试管中，各加水至 5 mL。加硫酸溶液（1＋1）1 mL，振荡混匀，加 EHD-$CHCl_3$溶液 5.00 mL，盖上盖子，涡旋振荡器振摇 2 min，静置分层，吸取下层的 EHD-$CHCl_3$溶液并通过 ϕ7 cm 干燥快速滤纸过滤。各取 1.00 mL 过滤液于 50 mL 塑料试管中，依次加入姜黄-冰乙酸溶液 1.0 mL，硫酸 0.5 mL，摇匀，静置 30 min，加无水乙醇 25 mL，静置 10 min，于 550 nm 处 1 cm 比色皿测定吸光度。以标准系列的硼酸含量（μg）为横坐标，以吸光度为纵坐标绘制标准曲线。

（3）试样溶液的测定　准确吸取样品测试液 1.00 mL 于 50 mL 塑料试管中，以下操作同（2）中的显色、比色步骤。测定吸光度值，根据标准曲线得到试样溶液中硼酸的浓度。

7. 结果参考计算

试样中硼酸含量按下式计算：

$$X = C \times 1\,000 \times V_1 / (m \times 1\,000 \times V_2)$$

式中：X —试样中硼酸的含量，单位为毫克每千克（mg/kg）；C—由标准曲线得到的试样溶液中的硼酸的浓度，单位为微克（μg）；1 000—换算系数；V_1—试样定容体积，单位为毫升（mL）；m —试样的质量，单位为克（g）；V_2—测定所量取的试样溶液的体积，单位为毫升（mL）。

8. 说明

本方法的检出限为 2.50 mg/kg，定量限为 7.50 mg/kg。硼酸过去曾作为防腐剂，硼砂还作为面制品品质改良剂使用。硼酸的防腐作用较弱，用量须大，容易引起中毒。硼酸对人的致死量约为 10 g，每日摄入 0.5 g，长期摄入后，会发生消化器官和同化作用的障碍。现硼酸及硼砂已禁止作为防腐剂使用。

5.4　食品中主要抗氧化剂的检测技术

抗氧化剂主要是为了防止食品被氧化而变质，延长食品的保质期和具有保鲜作用的一种食品添加剂。抗氧化剂的作用机理比较复杂，如有的抗氧化剂是由于本身极易被氧化首先与氧反应，从而保护食品，如抗坏血酸；有的抗氧化剂可以放出氢离子将油脂在自动氧化过程中所产生的过氧化物分解破坏，使其不能形成醛或酮的产物，如硫代二丙酸二月桂酯等；有的抗氧化剂可能与其所产生的过氧化物结合，形成氢过氧化物，使油脂氧化过程中断，而本身则形成抗氧化自由基，抗氧化自由基可形成稳定的二聚体，或与过氧化自由基(ROO·)结合形成稳定的化合物，如丁基羟基茴香醚(BHA)、二丁基羟基甲苯(BHT)、叔丁基对苯二酚(TBHQ)、没食子酸丙酯(PG)、异抗坏血酸及其钠盐等。

我国《食品添加剂使用卫生标准》(GB 2760—2014)规定 BHA、BHT 和 TBHQ 单独在食品中最大使用量为 0.2 g/kg，胶基糖果为 0.4 g/kg。*D*-异抗坏血酸及其钠盐在葡萄酒中最大使用量为 0.15 g/kg，在浓缩果蔬汁(浆)中按生产需要适量使用(以抗坏血酸计)。本节主要介绍食品中 BHA、BHT、TBHQ 和异抗坏血酸钠的测定方法。

5.4.1　食品中丁基羟基茴香醚(BHA)与二丁基羟基甲苯(BHT)的检测技术

5.4.1.1　食品中丁基羟基茴香醚(BHA)与二丁基羟基甲苯(BHT)的气相色谱法检测技术

1. 方法目的

掌握气相色谱法测定食品中丁基羟基茴香醚(BHA)与二丁基羟基甲苯(BHT)的原理及方法，掌握气相色谱仪的使用。

2. 原理

样品中的 BHA 和 BHT 用石油醚提取，通过层析柱使 BHA 与 BHT 净化，浓缩后，经气相色谱分离后用氢火焰离子化检测器检测，根据样品峰高与标准峰高比较定量。

3. 适用范围

本法适用于植物油、油炸制品、面包、饼干、蛋糕、方便米面制品、肉制品、水产品等食品中 BHA 和 BHT 含量的测定。本方法检出限量为 2.0 μg，油脂取样量为 0.50 g 时检出浓度为 4.0 mg/kg。最佳线性范围为 0.0～10.00 μg。

4. 试剂材料

(1)石油醚(沸程 30～60 ℃)，二氯甲烷，二硫化碳，无水硫酸钠。

(2)硅胶 G(60～80 目)、弗罗里硅土(60～80 目)，于 120 ℃活化 4 h 放干燥器中备用。

(3)BHA、BHT 混合标准储备液：准确称取 BHA、BHT 各 0.100 0 g，混合后用二硫化碳溶解，定容至 100 mL，此溶液分别为每毫升含 1.0 mg BHA、BHT，置冰箱中保存。

(4)BHA、BHT 混合标准使用液：吸取标准储备液 4.0 mL 于 100 mL 容量瓶中，用二硫化碳定容至 100 mL，此溶液分别为每毫升含 0.040 mg BHA、BHT，置冰箱中保存。

5. 仪器设备

气相色谱仪：附 FID 检测器；旋转蒸发器；振荡器；1 cm×30 cm 具塞层析玻璃柱。

6. 试样处理

(1)样品的处理　称取 0.5 kg 含油脂较多的样品，1 kg 含油脂少的样品，然后用对角线 2/4、2/6 或根据样品情况取具有代表性的样品，在玻璃乳钵中研碎，混合均匀后放置广口瓶内，于冰箱中保存。

(2)脂肪的提取

①含油脂高的样品(如桃酥等) 称取 50.0 g,混合均匀,置于 250 mL 具塞锥形瓶中,加 50 mL 石油醚(沸程为 30～60 ℃),放置过夜,用快速滤纸过滤后,减压回收溶剂,残留脂肪备用。

②含油脂中等的样品(如蛋糕、江米条等) 称取 100 g 左右,混合均匀,置于 500 mL 具塞锥形瓶中,加 100～200 mL 石油醚(沸程为 30～60 ℃),放置过夜,用快速滤纸过滤后,减压回收溶剂,残留脂肪备用。

③含油脂少的样品(如面包、饼干等) 称取 250～300 g 混合均匀后,置于 500 mL 具塞锥形瓶中,加适量石油醚(沸程为 30～60 ℃)浸泡过夜,用快速滤纸过滤后,减压回收溶剂,残留脂肪备用。

7. 分析步骤

(1)试样的制备

①层析柱的制备 于层析柱底部加入少量玻璃棉,少量无水硫酸钠,将硅胶-弗罗里硅土(6 : 4) 共 10 g,用石油醚湿法混合装柱,柱顶部再加入少量无水硫酸钠。

②试样制备 称取制备的脂肪 0.50～1.00 g,用 25 mL 石油醚溶解移入制备好的层析柱上,再以 100 mL 二氯甲烷分 5 次淋洗,合并淋洗液,减压浓缩近干时,用二硫化碳定容至 2.0 mL,该溶液为待测溶液。

③植物油试样的制备 称取混合均匀样品 2.00 g 放入 50 mL 烧杯中,加 30 mL 石油醚溶解转移到制备好的层析柱上,再用 10 mL 石油醚分数次洗涤烧杯并转移到层析柱,用 100 mL 二氯甲烷分 5 次淋洗,合并淋洗液,减压浓缩近干,用二硫化碳定容至 2.0 mL,待测。

(2)测定

①气相色谱参考条件 玻璃色谱柱:长 1.5 m,内径 3 mm,内涂 10%的 QF-1 Gas Chrom Q(80～100 目);检测器:FID;检测室温度 200 ℃;进样口温度 200 ℃;柱温 140 ℃;氮气(N_2)流量 70 mL/min;氢气(H_2)流量 50 mL/min;空气流量 500 mL/min。

②色谱分析 进 3.0 μL 标准使用液和 3.0 μL 样品待测溶液(应视样品含量而定),绘制色谱图,与标准峰高或面积比较计算含量。

8. 结果参考计算

待测溶液 BHA(或 BHT)的质量按下式进行计算:

$$m = h_i V_m V_x c_x / (h_x V_i)$$

式中:m—待测溶液 BHA(或 BHT)的质量,mg;h_i—样品中 BHA(或 BHT)峰高或面积;h_x—标准使用液中 BHA(或 BHT)峰高或面积;V_i—注入色谱样品溶液的体积,mL;V_m—待测样品定容的体积,mL;V_x—注入色谱标准使用液的体积,mL;c_x—标准使用液的浓度,mg/mL。

食品中以脂肪计 BHA(或 BHT)的含量按下式进行计算:

$$X = m_1 \times 1\,000 / (m_2 \times 1\,000)$$

式中:X—食品中以脂肪计 BHA(或 BHT)的含量,g/kg;m_1—待测溶液中 BHA(或 BHT)的质量,mg;m_2—油脂质量(或食品中脂肪的质量),g。

9. 方法分析与评价

(1)计算结果保留3位有效数字。在重复性条件下获得的两次独立测定结果的绝对差值不得超过算术平均值的15%。

(2)抗氧化剂本身会被氧化,样品随着存放时间的延长含量会下降,所以样品进入实验室应尽快分析,避免结果偏低。

(3)用柱层分离含油脂多的食品,会受到温度的影响,室内温度低,流速缓慢,使分离效果受一些影响,最好温度在20 ℃以上进行分离。

(4)BHT稳定性较差,易受阳光、热的影响,操作时应尽量避光。

(5)脂肪过柱净化处理时应注意:待湿法装柱石油醚自色谱柱停止流出时,立即将样品提取液倾入柱内,以防止时间过长柱层断裂,影响净化效果。

(6)色谱柱进样口端管壁如出现小油点,必须换掉柱头玻璃棉。

(7)抗氧化剂在层析柱中停留的时间不宜太长,但淋洗速度也不能太快,控制在每分钟70滴左右为宜。

(8)本实验检出限为2.0 μg,油脂取样量为0.50 μg时最低检出浓度为4.0 mg/kg。气相色谱最佳线性范围为0.0～100.0 μg。

(9)本方法BHA与BHT色谱峰分离较好,BHA在本条件下先出峰。

5.4.1.2 食品中BHT、BHA的薄层色谱法检测技术

1. 方法目的

掌握薄层色谱分离鉴定食品BHT、BHA的实验技术方法。

2. 原理

用甲醇提取油脂或食品中抗氧化剂,薄层色谱定性,根据其在薄层板上显色的检出量与标准品检出量比较而概略定量,对高脂肪食品中的BHT、BHA能定性检出。

3. 适用范围

本法适用于油脂及含油脂的食品中BHT、BHA的测定。

4. 试剂材料

(1)甲醇(沸程为30～60 ℃),石油醚,异辛烷,丙酮,冰醋酸,正己烷,二氧六环均为分析纯。

(2)硅胶G(薄层用)。

(3)BHT、BHA混合标准溶液:准确称取BHT、BHA(纯度为99.9%以上)各10 mg,分别用丙酮溶解,转入2个10 mL容量瓶中,用丙酮定容。BHT、BHA浓度为1.0 mg/mL。分别吸取上述BHT溶液1.0 mL、BHA溶液0.3 mL置5 mL容量瓶中,用丙酮定容。此溶液BHT浓度为0.20 mg/mL、BHA浓度为0.060 mg/mL。

(4)显色剂:2,6-二氯醌-氯亚胺的乙醇溶液(2 g/L),放棕色瓶中保存。

(5)展开剂:正己烷-二氧六环-乙酸(体积比为42∶6∶3)。

(6)异辛烷-丙酮-乙酸(体积比为70∶5∶12)。

5. 仪器设备

减压蒸馏装置;具有刻度尾管的浓缩瓶;5 cm×5 cm玻璃板;层析槽;10 μL微量注射器。

6. 分析步骤

(1)样品提取处理

①植物油(花生油、豆油、菜籽油、芝麻油)样品处理　于 10 mL 具塞离心管中称取 5.00 g 油,加入 5.0 mL 甲醇,密塞振摇 5 min,放置 2 min 后离心(3 000～3 500 r/min)。吸取上层清液置 25 mL 容量瓶中,如此重复提取共 5 次,合并每次甲醇提取液,用甲醇定容。吸取 5.0 mL 甲醇提取液置于浓缩瓶中,于 40 ℃水浴减压浓缩至 0.5 mL,留作薄层色谱用。

②猪油样品的处理　于 50 mL 具磨口的锥形瓶中称取 5.00 g 猪油,加入 25.0 mL 甲醇,装上冷凝管于 75 ℃水浴上放置 5 min,待猪油完全溶解后将锥形瓶连同冷凝管一起自水浴中取出,振摇 30 s,再放入水浴 30 s;如此振摇 3 次后放入 75 ℃水浴,使甲醇层与油层分清后,将锥形瓶同冷凝管一起置冰水浴中冷却,猪油凝固。甲醇提取液通过滤纸滤入 50 mL 容量瓶中,再自冷凝管顶端加入 25 mL 甲醇,重复振摇提取 1 次,合并 2 次甲醇提取液,将该容量瓶置暗处放置,待升至室温后,用甲醇定容。吸取 10 mL 甲醇提取液置浓缩瓶中,于 40 ℃水浴上减压浓缩至 0.5 mL,留作薄层色谱用。

(2)薄层色谱

①薄层色谱板的制备　称取 1.4 g 硅胶 G 置玻璃乳钵中,加 3.5 mL 水。研磨至黏稠状,体态均匀后,铺成 5 cm×20 cm 薄层板,置空气中干燥后于 80 ℃烘 1 h,存放于干燥器中。

②点样　用 10 μL 微量注射器在硅胶 G 薄层板上距下端 2.5 cm 等间距三点分别点样:标准溶液 5.0 μL;试样提取液 1.5～3.6 μL;试样提取液加标准溶液,点样量与标准溶液与试样提取液量相同。

③展开　把点样的硅胶 G 薄层板,放入预先经溶剂饱和的展开槽内展开 16 cm。

④显色　将硅胶板自层析槽中取出,薄层板置通风橱中用吹风筒吹干溶剂,喷显色剂,置 110 ℃烘箱中加热 10 min。比较色斑颜色及深浅。趁热将板置氨气蒸汽槽中放置 30 min,观察各颜色点的变化。

7. 结果评定

(1)结果定性评定　根据试样中显示出的 BHT、BHA 与标准 BHT、BHA 点比较 R_f 值和显色后斑点的颜色反应定性。如果样液点显示检出某种抗氧化剂,则试样中抗氧化剂的斑点应与加入内标的抗氧化剂斑点重叠。

(2)参考定量　根据薄层板上样液点抗氧化剂所显示色斑深浅与标准抗氧化剂色斑比较而估算含量。

$$X = m_1 D V_1 \times 1\,000 / (m_2 V_2 \times 1\,000 \times 1\,000)$$

式中:X—试样中抗氧化剂 BHT、BHA(以脂肪计)的含量,g/kg;m_1—薄层板上测得试样点抗氧化剂的质量,μg;V_1—供薄层色谱用点样液定容后的体积,mL;V_2—点加样液的体积,mL;D—样液的稀释倍数;m_2—定容后的薄层色谱用样液相当于试样脂肪质量,g。

8. 方法分析与评价

(1)此法也适用于其他含油食品的测定。对于油炸花生米、酥糖、巧克力、饼干等食品的处理分析可首先测定脂肪含量,与气相色谱法中固体样品提取脂肪方法相同。而后称取约 2.00 g 的脂肪,视提取的油脂是植物油还是动物油而决定提取方法。

(2)BHT、BHA 薄层色谱最低检出量、R_f 值及斑点颜色变化如表 5-1 所示。

表 5-1　色斑颜色与最低检出量关系

抗氧化剂	硅胶 G 板结果		
	R_f 值	最低检出量/μg	色斑颜色
BHT	0.73	1.00	橘红→紫红
BHA	0.37	0.30	紫红→蓝紫

(3)如果试样点的色斑颜色较标准点深,可稀释后重新点样,估算含量。

(4)显色剂溶液见光易变质,应将此溶液配制后存于棕色瓶,最好临用时配制。配制的溶液保存于冰箱中可供 3 d 使用。

(5)若点样量较大,可边点样边用吹风机吹干,点上一滴吹干后再继续点加。以免样点过大,影响展开结果。

(6)增大点样量,杂质干扰明显,尤其对硅胶板上的 BHA。薄层板必须涂布均匀。

5.4.2　食品中 BHA、BHT、TBHQ 的检测技术

1. 方法目的

掌握毛细管气相色谱法同时测定食品中 BHA、BHT、TBHQ 的原理和方法。

2. 原理

样品中抗氧化剂经石油醚提取、乙腈萃取后采用毛细管柱分离,利用气相色谱法进行定性或定量。

3. 适用范围

本法适用于食用油、富油食品中 BHA、BHT、TBHQ 含量的测定。最低检出量分别为 5 ng、10 ng、5 ng。

4. 试剂材料

(1)石油醚、乙腈、丙酮均为分析纯。

(2)BHA、BHT、TBHQ 对照品:纯度>99%。分别准确称取 0.100 0 g BHA、BHT、TBHQ,用丙酮溶解并定容至 100 mL,制得组分浓度均为 1.000 mg/mL 的混合标准储备液,低温避光保存。准确移取上述混合标准储备液 10 mL 于 100 mL 容量瓶中,用丙酮定容得到 0.1 mg/mL 混合标准使用液。

5. 仪器设备

气相色谱仪:配自动进样器、氢火焰离子化检测器(FID)及色谱数据处理工作站;分析天平;旋转蒸发仪。

6. 气相色谱参考条件

HP 19091J-413 色谱柱,30 m×0.32 mm (i. d.),0.25 μm;柱温:初温 120 ℃,以 5 ℃/min 升温至 160 ℃,8 min 后以 30 ℃/min 升温至 250 ℃;进样口温度 220 ℃;检测器温度 250 ℃;柱前压 40 kPa;气体流速:氮气为 30 mL/min,氢气为 40 mL/min,空气为 450 mL/min;进样量

5.0 μL;分流比 20∶1。

7. 分析步骤

(1)样品提取　称取 2.0 g 样品于烧杯中,用 30 mL 石油醚多次转入分液漏斗中,加 50 mL 乙腈于漏斗中,振荡分层后,弃去上层石油醚层,再于剩余的乙腈层中加入 20 mL 石油醚,再次振荡,待分层,弃去上层石油醚层。将下层乙腈层液体过滤入旋转蒸发瓶中,蒸发至干,用 5 mL 丙酮定容,待上机测定。

(2)测定　进 5.0 μL 标准使用液和 5.0 μL 样品待测溶液,绘制色谱图,分别量取峰高或面积,与标准峰高或面积比较计算含量。本方法参考色谱出峰顺序为 BHA、BHT、TBHQ。

8. 方法分析与评价

(1)油分的存在会严重影响色谱分离的效果,且会污染色谱柱,对色谱柱寿命有较大的影响,所以此实验的关键就是保证高回收率的前提下进行除油。本实验采取石油醚提取,然后用乙腈振荡萃取,效果理想。

(2)本方法样品处理简单,耗用试剂少。且方法简便、快速、灵敏,精密度好,回收率高,可以一次实现定性与定量分析,可用于植物油及基质复杂的富油食品中 BHA、BHT、TBHQ 的快速同时检测和确证。

(3)本方法的回收率为 82.8%～95.6%,相对标准偏差为 1.06%～3.11%。

5.4.3　食品中 *D*-异抗坏血酸钠的检测技术

1. 方法目的

掌握高效液相色谱法测定食品中 *D*-异抗坏血酸钠含量的原理及方法。

2. 原理

试样中 *D*-异抗坏血酸溶于偏磷酸溶液中,滤膜过滤后注入高效液相色谱仪中,测得峰高与标准比较定量。

3. 适用范围

罐头类食品、水产品及其制品、熟肉制品、果蔬汁(肉)饮料和葡萄酒等食品中 *D*-异抗坏血酸钠含量的测定。

4. 试剂材料

(1)乙腈色谱纯,偏磷酸分析纯。

(2)4%偏磷酸溶液:取偏磷酸 4 g,加水溶解成 100 mL,如产生不溶物,需过滤。2%偏磷酸溶液:取偏磷酸 2 g,加水溶解成 100 mL,如产生不溶物,需过滤,阴暗处保存。

(3)标准液:准确称取异抗坏血酸钠 10 mg,放入 100 mL 棕色容量瓶中,用 2%偏磷酸溶液溶解并加至刻度,作为标准液(此液 1 mL 相当于异抗血酸钠 100 μg)。准确吸取标准液 1 mL、2 mL、3 mL,分别加入 10 mL 棕色容量瓶中,并用 2%偏磷酸溶液稀释至刻度。此液作为标准曲线用标准液(此液分别相当于异抗坏血酸钠 10 μg/mL、20 μg/mL、30 μg/mL)。

5. 仪器设备

具有紫外可见分光检测器的高效液相色谱仪,超声波振荡器。

6. 分析步骤

(1)样品处理

①液体和半固体食品　一般准确称取相当于 15 mg 异抗坏血酸的样品 20 g 以下，放入 100 mL 棕色容量瓶中，再加入等量的 4%偏磷酸溶液，然后加 2%偏磷酸溶液至刻度。用 0.45 μm 滤膜过滤器过滤，将此溶液作为样品溶液。

②粉状和固体食品　一般准确称取相当于 15 mg 异抗坏血酸的样品 10 g 以下，放入 100 mL 棕色容量瓶中，加入等体积的 4%偏磷酸溶液，再加入 60 mL 2%偏磷酸溶液成悬浊液。然后用超声波振荡提取 15 min，用滤纸过滤，用 100 mL 棕色容量瓶接收滤液。容器和残渣用 10 mL 2%偏磷酸溶液分两次冲洗，洗液与滤液合并，再加 2%偏磷酸溶液至刻度。此液用 0.45 μm 滤膜过滤器过滤，将此溶液作为样品溶液。

(2)测定

①色谱条件　ODS C_{18} 色谱柱：内径约为 4.6 mm，长约 250 mm；柱温 50 ℃；洗脱液为乙腈-水-乙酸(83∶15∶2)；流速 3.0 mL/min；测定波长 254 nm；进样量 15 μL。

②标准曲线　分别吸取 15 μL 标准曲线用标准液，注入高效液相色谱仪中。用所测得的峰高，绘制标准曲线。

③样品测定　准确吸取 15 μL 样品溶液，注入高效液相色谱仪中。测得峰高，从标准曲线上求出样品溶液中异抗坏血酸钠的含量(μg/mL)，然后按公式计算样品中异抗坏血酸钠的含量(mg/100 g)。

7. 结果参考计算

$$X=\rho V\times 10/m$$

式中：X—异抗坏血酸钠含量，mg/100 g；ρ—样品溶液的含量，μg/mL；V—取样体积，μL；m—取样量，g。

8. 方法分析与评价

计算结果保留两位有效数字。在重复性条件下获得的两次独立测定结果的绝对差值不得超过算术平均值的 10%。

5.5　食品中主要甜味剂的检测技术

甜味剂是指能够赋予食品甜味的食品添加剂，按其来源可分为天然甜味剂和人工合成甜味剂，按其营养价值可分为营养型与非营养型甜味剂，通常所讲的甜味剂是指人工合成的非营养型甜味剂，如糖精钠、环己基氨基磺酸钠(甜蜜素)、乙酰磺胺酸钾(安赛蜜)、天冬酰苯丙氨甲酯(甜味素、阿斯巴甜)等。

我国《食品添加剂使用卫生标准》(GB 2760—2014)规定，糖精钠用于冷冻饮品、腌渍蔬菜、复合调味料、配制酒中最大使用量为 0.15 g/kg；果酱中最大使用量为 0.2 g/kg；蜜饯凉果、新型豆制品(大豆蛋白及其膨化食品、大豆素肉等)、熟制豆类、脱壳熟制坚果与籽类最大使用量为 1.0 g/kg；带壳熟制坚果与籽类最大使用量为 1.2 g/kg；水果干类(仅限芒果干、无花果干)、凉果类、话化类、果糕类最大使用量为 5.0 g/kg。环己基氨基磺酸钠在冷冻饮品、水果罐头、腐乳类、饼干、配制酒、复合调味料、果冻、饮料类等食品中最大使用量为 0.65 g/kg；果酱、蜜饯凉果、腌渍的蔬菜、熟制豆类最大使用量为 1.0 g/kg；面包、糕点中最大使用量为 1.6 g/kg；带壳熟制坚果与籽类 6.0 g/kg。

5.5.1 食品中糖精钠的检测技术

1. 方法目的

掌握气相色谱法测定食品中糖精钠的原理及方法，了解其测定范围。

2. 原理

样品经水提取，高脂肪样品经正己烷脱脂、高蛋白样品经蛋白沉淀剂沉淀蛋白，采用液相色谱分离、紫外检测器检测，外标法定量。

3. 适用范围

本法适用于食品中苯甲酸、山梨酸和糖精钠的测定。

4. 试剂材料

(1)氨水溶液(1+99)：取氨水 1 mL，加到 99 mL 水中，混匀。

(2)亚铁氰化钾溶液(92 g/L)：称取 106 g 亚铁氰化钾，加入适量水溶解，用水定容至 1 000 mL。

(3)乙酸锌溶液 (183 g/L)：称取 220 g 乙酸锌溶于少量水中，加入 30 mL 冰乙酸，用水定容至 1 000 mL。

(4)乙酸铵溶液 (20 mmol/L)：称取 1.54 g 乙酸铵，加入适量水溶解，用水定容至 1 000 mL，经 0.22 μm 水相微孔滤膜过滤后备用。

(5)甲酸-乙酸铵溶液(2 mmol/L 甲酸+20 mmol/L 乙酸铵)：称取 1.54 g 乙酸铵，加入适量水溶解，再加入 75.2 μL 甲酸，用水定容至 1 000 mL，经 0.22 μm 水相微孔滤膜过滤后备用。

(6)苯甲酸、山梨酸和糖精钠(以糖精计)标准储备溶液(1 000 mg/L)：分别准确称取苯甲酸钠、山梨酸钾和糖精钠 0.118 g、0.134 g 和 0.117 g(精确到 0.000 1 g)，用水溶解并分别定容至 100 mL。于 4 ℃贮存，保存期为 6 个月。当使用苯甲酸和山梨酸标准品时，需要用甲醇溶解并定容。注意：糖精钠含结晶水，使用前需在 120 ℃烘 4 h，干燥器中冷却至室温后备用。

(7)苯甲酸、山梨酸混合标准中间溶液(200 mg/L)：分别准确吸取苯甲酸、山梨酸标准储备溶液各 10.0 mL 于 50 mL 容量瓶中，用乙酸乙酯定容。转移至密闭容器中，于−18 ℃贮存，保存期为 3 个月。

(8)苯甲酸、山梨酸混合标准系列工作溶液：分别准确吸取苯甲酸、山梨酸混合标准中间溶液 0 mL、0.05 mL、0.25 mL、0.50 mL、1.00 mL、2.50 mL、5.00 mL 和 10.0 mL，用正己烷-乙酸乙酯混合溶剂(1+1)定容至 10 mL，配制成质量浓度分别为 0 mg/L、1.00 mg/L、5.00 mg/L、10.0 mg/L、20.0 mg/L、50.0 mg/L、100 mg/L 和 200 mg/L 的混合标准系列工作溶液。临用现配。

5. 仪器设备

高效液相色谱仪：配紫外检测器；分析天平：感量为 0.001 g 和 0.000 1 g；涡旋振荡器；离心机：转速＞8 000 r/min；匀浆机；恒温水浴锅；超声波发生器。

6. 分析步骤

(1)试样制备　取多个预包装的饮料、液态奶等均匀样品直接混合；非均匀的液态、半固态样品用组织匀浆机匀浆；固体样品用研磨机充分粉碎并搅拌均匀；奶酪、黄油、巧克力等采用50～60 ℃加热熔融，并趁热充分搅拌均匀。取其中的200 g装入玻璃容器中，密封，液体试样于4 ℃保存，其他试样于－18 ℃保存。

(2)试样提取

①一般性试样　准确称取约2 g(精确到0.001 g)试样于50 mL具塞离心管中，加水约25 mL，涡旋混匀，于50 ℃水浴超声20 min，冷却至室温后加亚铁氰化钾溶液2 mL和乙酸锌溶液2 mL，混匀，于8 000 r/min离心5 min，将水相转移至50 mL容量瓶中，于残渣中加水20 mL，涡旋混匀后超声5 min，于8 000 r/min离心5 min，将水相转移到同一50 mL容量瓶中，并用水定容至刻度，混匀。取适量上清液过0.22 μm滤膜，待液相色谱测定。注意：碳酸饮料、果酒、果汁、蒸馏酒等测定时可以不加蛋白沉淀剂。

②含胶基的果冻、糖果等试样　准确称取约2 g(精确到0.001 g)试样于50 mL具塞离心管中，加水约25 mL，涡旋混匀，于70 ℃水浴加热溶解试样，于50 ℃水浴超声20 min，之后的操作同上面①。

③油脂、巧克力、奶油、油炸食品等高油脂试样　准确称取约2 g(精确到0.001 g)试样于50 mL具塞离心管中，加正己烷10 mL，于60 ℃水浴加热约5 min，并不时轻摇以溶解脂肪，然后加氨水溶液(1＋99)25 mL，乙醇1 mL，涡旋混匀，于50 ℃水浴超声20 min，冷却至室温后，加亚铁氰化钾溶液2 mL和乙酸锌溶液2 mL，混匀，于8 000 r/min离心5 min，弃去有机相，水相转移至50 mL容量瓶中，残渣同上面①再提取一次后测定。

(3)仪器参考条件　色谱柱：C_{18}柱，柱长250 mm，内径4.6 mm，粒径5 μm，或等效色谱柱；流动相：甲醇＋乙酸铵溶液＝5＋95；流速1 mL/min；检测波长230 nm；进样量10 μL。

(4)标准曲线的制作　将混合标准系列工作溶液分别注入液相色谱仪中，测定相应的峰面积，以混合标准系列工作溶液的质量浓度为横坐标，以峰面积为纵坐标，绘制标准曲线。

(5)试样溶液的测定　将试样溶液注入液相色谱仪中，得到峰面积，根据标准曲线得到待测液中苯甲酸、山梨酸和糖精钠(以糖精计)的质量浓度。

7. 分析结果的表述

试样中糖精钠(以糖精计)的含量按下式计算：

$$X=\rho V/(m\times 1\ 000)$$

式中：X—试样中待测组分含量，单位为克每千克(g/kg)；ρ—由标准曲线得出的样液中待测物的质量浓度，单位为毫克每升(mg/L)；V—加入正己烷-乙酸乙酯(1＋1)混合溶剂的体积，单位为毫升(mL)；m—试样的质量，单位为克(g)；1 000—由mg/kg转换为g/kg的换算因子。

8. 方法分析与评价

(1)计算结果保留三位有效数字。在重复条件下获得的两次独立测定结果的绝对差值不得超过算术平均值的10%。

(2) 按取样量2 g，定容50 mL时，糖精钠(以糖精计)的检出限均为0.005 g/kg，定量限均为0.01 g/kg。

5.5.2 食品中环己基氨基磺酸钠(甜蜜素)的检测技术

5.5.2.1 食品中环己基氨基磺酸钠的气相色谱法检测技术

1. 方法目的

掌握气相色谱法测定食品中环己基氨基磺酸钠的测定原理及方法，了解其测定范围。

2. 原理

食品中的环己基氨基磺酸钠用水提取，在硫酸介质中环己基氨基磺酸钠与亚硝酸反应，生成环己醇亚硝酸酯，利用气相色谱氢火焰离子化检测器进行分离及分析，保留时间定性，外标法定量。

3. 适用范围

本法适用于饮料类、蜜饯凉果、果丹类、话化类、带壳及脱壳熟制坚果与籽类、水果罐头、果酱、糕点、面包、饼干、冷冻饮品、果冻、复合调味料、腌渍的蔬菜、腐乳食品中环己基氨基磺酸钠的测定。气相色谱法不适用于白酒中该化合物的测定。

4. 试剂材料

(1)正庚烷 [$CH_3(CH_2)_5CH_3$]；氯化钠($NaCl$)；石油醚：沸程为 30～60 ℃；氢氧化钠($NaOH$)；硫酸(H_2SO_4)；亚铁氰化钾{$K_4[Fe(CN)_6] \cdot 3H_2O$}；硫酸锌($ZnSO_4 \cdot 7H_2O$)；亚硝酸钠($NaNO_2$)。

(2)氢氧化钠溶液(40 g/L)：称取 20 g 氢氧化钠，溶于水并稀释至 500 mL，混匀。

(3)硫酸溶液(200 g/L)：量取 54 mL 硫酸小心缓缓加入 400 mL 水中，后加水至 500 mL，混匀。

(4)亚铁氰化钾溶液(150 g/L)：称取折合 17.2 g 亚铁氰化钾，溶于水稀释至 100 mL，混匀。

(5)硫酸锌溶液(300 g/L)：称取折合 30 g 硫酸锌，溶于水并稀释至 100 mL，混匀。

(6)亚硝酸钠溶液(50 g/L)：称取 25 g 亚硝酸钠，溶于水并稀释至 500 mL，混匀。

(7)环己基氨基磺酸标准储备液(5.00 mg/mL)：精确称取 0.561 2 g 环己基氨基磺酸钠标准品，用水溶解并定容至 100 mL，混匀，此溶液 1.00 mL 相当于环己基氨基磺酸 5.00 mg (环己基氨基磺酸钠与环己基氨基磺酸的换算系数为 0.890 9)。置于 1～4 ℃冰箱保存，可保存 12 个月。

(8) 环己基氨基磺酸标准使用液(1.00 mg/mL)：准确移取 20.0 mL 环己基氨基磺酸标准储备液用水稀释并定容至 100 mL，混匀。置于 1～4 ℃冰箱保存，可保存 6 个月。

5. 仪器设备

气相色谱仪：配有氢火焰离子化检测器(FID)；涡旋混合器；离心机：转速≥4 000 r/min；超声波振荡器；样品粉碎机；10 μL 微量注射器；恒温水浴锅；天平：感量 1 mg、0.1 mg。

6. 分析步骤

(1)试样溶液的制备

①液体试样处理　普通液体试样：摇匀后称取 25.0 g 试样(如需要可过滤)，用水定容至 50 mL 备用。

含二氧化碳的试样：称取 25.0 g 试样于烧杯中，60 ℃水浴加热 30 min 以除去二氧化碳，放冷，用水定容至 50 mL 备用。

含酒精的试样：称取 25.0 g 试样于烧杯中，用氢氧化钠溶液调至弱碱性 pH7～8，60 ℃水浴加热 30 min 以除去酒精，放冷，用水定容至 50 mL 备用。

②固体、半固体试样处理　低脂、低蛋白样品（果酱、果冻、水果罐头、果丹类、蜜饯凉果、浓缩果汁、面包、糕点、饼干、复合调味料、带壳熟制坚果和籽类、腌渍的蔬菜等）：称取打碎、混匀的样品 3.00～5.00 g 于 50 mL 离心管中，加 30 mL 水，振摇，超声提取 20 min，混匀，离心（3 000 r/min）10 min，过滤，用水分次洗涤残渣，收集滤液并定容至 50 mL，混匀备用。

高蛋白样品（酸乳、雪糕、冰淇淋等奶制品及豆制品、腐乳等）：冰棒、雪糕、冰淇淋等分别放置于 250 mL 烧杯中，待融化后搅匀称取；称取样品 3.00～5.00 g 于 50 mL 离心管中，加 30 mL 水，超声提取 20 min，加 2 mL 亚铁氰化钾溶液，混匀，再加入 2 mL 硫酸锌溶液，混匀，离心（3 000 r/min）10 min，过滤，用水分次洗涤残渣，收集滤液并定容至 50 mL，混匀备用。

高脂样品（奶油制品、海鱼罐头、熟肉制品等）：称取打碎、混匀的样品 3.00～5.00 g 于 50 mL 离心管中，加入 25 mL 石油醚，振摇，超声提取 3 min，再混匀，离心（1 000 r/min 以上）10 min，弃石油醚，再用 25 mL 石油醚提取一次，弃石油醚，60 ℃水浴挥发去除石油醚，残渣加 30 mL 水，混匀，超声提取 20 min，加 2 mL 亚铁氰化钾溶液，混匀，再加入 2 mL 硫酸锌溶液，混匀，离心（3 000 r/min）10 min，过滤，用水洗涤残渣，收集滤液并定容至 50 mL，混匀备用。

③衍生化　准确移取液体试样溶液，固体、半固体试样溶液 10.0 mL 于 50 mL 带盖离心管中。离心管置试管架上冰浴中 5 min 后，准确加入 5.00 mL 正庚烷，加入 2.5 mL 亚硝酸钠溶液，2.5 mL 硫酸溶液，盖紧离心管盖，摇匀，在冰浴中放置 30 min，其间振摇 3～5 次；加入 2.5 g 氯化钠，盖上盖后置涡旋混合器上振动 1 min（或振摇 60 ～80 次），低温离心（3 000 r/min）10 min 分层或低温静置 20 min 至澄清分层后取上清液放置 1～4 ℃冰箱，冷藏保存以备进样用。

（2）标准溶液系列的制备及衍生化　准确移取 1.00 mg/mL 环己基氨基磺酸标准溶液 0.50 mL、1.00 mL、2.50 mL、5.00 mL、10.0 mL、25.0 mL 至 50 mL 容量瓶中，加水定容。配成标准溶液系列浓度为：0.01 mg/mL、0.02 mg/mL、0.05 mg/mL、0.10 mg/mL、0.20 mg/mL、0.50 mg/mL。临用时配制以备衍生化用。

准确移取标准系列溶液 10.0 mL 方法同上面③。

（3）测定

①色谱条件　色谱柱：弱极性石英毛细管柱（内涂 5%苯基甲基聚硅氧烷，30 m×0.53 mm×1.0 μm）或等效柱；柱温升温程序：初温 55 ℃保持 3 min，10 ℃/min 升温至 90 ℃保持 0.5 min，20 ℃/min 升温至 200 ℃保持 3 min；进样口温度 230 ℃；进样量 1 μL，不分流/分流进样，分流比 1∶5（分流比及方式可根据色谱仪器条件调整）；检测器：氢火焰离子化检测器（FID），温度 260 ℃；载气：高纯氮气，流量 12.0 mL/min，尾吹 20 mL/min；氢气 30 mL/min；空气 330 mL/min（载气、氢气、空气流量大小可根据仪器条件进行调整）。

②色谱分析　分别吸取 1 μL 经衍生化处理的标准系列各浓度溶液上清液，注入气相色谱仪中，可测得不同浓度被测物的响应值峰面积，以浓度为横坐标，以环己醇亚硝酸酯和环己醇两峰面积之和为纵坐标，绘制标准曲线。

在完全相同的条件下进样 1 μL 经衍生化处理的试样待测液上清液，保留时间定性，测得峰面积，根据标准曲线得到样液中的组分浓度；试样上清液响应值若超出线性范围，应用正庚烷稀释后再进样分析。平行测定次数不少于两次。

7. 分析结果的表述

试样中环己基氨基磺酸含量按下式计算：

$$X_1 = cV/m$$

式中：X_1—试样中环己基氨基磺酸的含量，单位为克每千克(g/kg)；c —由标准曲线计算出定容样液中环己基氨基磺酸的浓度，单位为毫克每毫升(mg/mL)；m —试样质量，单位为克(g)；V —试样的最后定容体积，单位为毫升(mL)。

计算结果以重复性条件下获得的两次独立测定结果的算术平均值表示，结果保留三位有效数字。

8. 方法分析与评价

(1)使用本法在重复性条件下获得的两次独立测定结果的绝对差值不得超过算术平均值的 10%，结果保留三位有效数字。

(2)含二氧化碳的样品需经加热除去二氧化碳；含酒精的样品加氢氧化钠溶液调至碱性，于沸水浴中加热以除去酒精。

(3)环己基氨基磺酸钠与亚硝酸钠的反应必须在冰浴中进行。

5.5.2.2 食品中环己基氨基磺酸钠的高效液相色谱法检测技术

1. 方法目的

掌握高效液相色谱法测定食品中环己基氨基磺酸钠的原理及方法。

2. 原理

食品中的环己基氨基磺酸钠用水提取后，在强酸性溶液中与次氯酸钠反应，生成 N,N-二氯环己胺，用正庚烷萃取后，利用高效液相色谱法检测，保留时间定性，外标法定量。

3. 适用范围

本法适用于饮料类、蜜饯凉果、果丹类、话化类、带壳及脱壳熟制坚果与籽类、配制酒、水果罐头、果酱、糕点、面包、饼干、冷冻饮品、果冻、复合调味料、腌渍的蔬菜、腐乳食品中环己基氨基磺酸钠的测定。

4. 试剂材料

(1)正庚烷 [$CH_3(CH_2)_5CH_3$]：色谱纯；乙腈(CH_3CN)：色谱纯；硫酸(H_2SO_4)；次氯酸钠($NaClO$)；碳酸氢钠($NaHCO_3$)；硫酸锌($ZnSO_4 \cdot 7H_2O$)；亚铁氰化钾{$K_4[Fe(CN)_6] \cdot 3H_2O$}；石油醚：沸程为 30～60 ℃。

(2)硫酸溶液(1+1)：50 mL 硫酸小心缓缓加入 50 mL 水中，混匀。

(3)次氯酸钠溶液：用水稀释次氯酸钠，保存于棕色瓶中，保持有效氯含量 50 g/L 以上，混匀，市售产品需及时标定，临用时配制。

(4)碳酸氢钠溶液(50 g/L)：称取 5 g 碳酸氢钠，用水溶解并稀释至 100 mL，混匀。

(5)硫酸锌溶液(300 g/L)：称取折合 30 g 硫酸锌，溶于水并稀释至 100 mL，混匀。

(6)亚铁氰化钾溶液(150 g/L):称取折合 17.2 g 亚铁氰化钾,溶于水并稀释至 100 mL,混匀。

(7)环己基氨基磺酸标准储备液(5.00 mg/mL):精确称取 0.561 2 g 环己基氨基磺酸钠标准品(纯度>99%),加水溶解并定容至 100 mL,此溶液 1.00 mL 相当于环己基氨基磺酸 5.00 mg。置于 1～4 ℃冰箱中保存,可保存 12 个月。

(8)环己基氨基磺酸钠标准中间液 (1.00 mg/mL):准确移取 20.0 mL 环己基氨基磺酸钠标准储备液用水稀释并定容至 100 mL。置于 1～4 ℃冰箱中可保存 6 个月。

(9)环己基氨基磺酸标准曲线系列工作液:分别吸取标准中间液 0.50 mL、1.0 mL、2.5 mL、5.0 mL、10.0 mL 至 50 mL 容量瓶中,用水定容。该标准系列浓度分别为 10.0 μg/mL、20.0 μg/mL、50.0 μg/mL、100 μg/mL、200 μg/mL。临用现配。

5. 仪器设备

液相色谱仪,配有紫外检测器或二极管阵列检测器;超声波振荡器;离心机:转速≥4 000 r/min;样品粉碎机;恒温水浴锅;天平:感量 1 mg、0.1 mg。

6. 分析步骤

(1)试样溶液的制备

①固体类和半固体类试样处理　称取均质后试样 5.00 g 于 50 mL 离心管中,加入 30 mL 水,混匀,超声提取 20 min,离心(3 000 r/min)20 min,将上清液转出,用水洗涤残渣并定容至 50 mL 备用。含高蛋白类样品可在超声提取时加入 2.0 mL 硫酸锌溶液和 2.0 mL 亚铁氰化钾溶液。含高脂质类样品可在提取前先加入 25 mL 石油醚振摇后弃去石油醚层除脂。

②液体类试样处理　普通液体试样:摇匀后可直接称取样品 25.0 g,用水定容至 50 mL 备用(如需要可过滤)。

含二氧化碳的试样:称取 25.0 g 试样于烧杯中,60 ℃水浴加热 30 min 以除去二氧化碳,放冷,用水定容至 50 mL 备用。

含酒精的试样:称取 25.0 g 试样于烧杯中,用氢氧化钠溶液调至弱碱性 pH 7～8,60 ℃水浴加热 30 min 以除去酒精,放冷,用水定容至 50 mL 备用。

含乳类饮料:称取试样 25.0 g 于 50 mL 离心管中,加入 3.0 mL 硫酸锌溶液和 3.0 mL 亚铁氰化钾溶液,混匀,离心分层后将上清液转出,用水洗涤残渣并定容至 50 mL 备用。

③衍生化　准确移取 10 mL 已制备好的试样溶液,加入 2.0 mL 硫酸溶液,5.0 mL 正庚烷和 1.0 mL 次氯酸钠溶液,剧烈振荡 1 min,静置分层,除去水层后在正庚烷层中加入 25 mL 碳酸氢钠溶液,振荡 1 min。静置取上层有机相经 0.45 μm 微孔有机相滤膜过滤,滤液备进样用。

(2)仪器参考条件　色谱柱:C_{18} 柱,5 μm,150 mm×3.9 mm(i,d),或同等性能的色谱柱;流动相:乙腈+水(70+30);流速 0.8 mL/min;进样量 10 μL;柱温 40 ℃;检测器:紫外检测器或二极管阵列检测器;检测波长 314 nm。

(3)标准曲线的制作　移取 10 mL 环己基氨基磺酸标准系列工作液按上面③方法衍生化。取过 0.45 μm 微孔有机相滤膜后的溶液 10 μL 分别注入液相色谱仪中,测定相应的峰面积,以标准工作溶液的浓度为横坐标,以环己基氨基磺酸钠衍生化产物 N,N-二氯环己胺峰面积为纵坐标,绘制标准曲线。

(4)样品的测定　将衍生后试样溶液 10 μL 注入液相色谱仪中，保留时间定性，测得峰面积，根据标准曲线得到试样定容溶液中环己基氨基磺酸的浓度，平行测定次数不少于两次。

7. 结果参考计算

试样中环己基氨基磺酸含量按下式计算：

$$X_2 = cV/(m \times 1\,000)$$

式中：X_2—试样中环己基氨基磺酸的含量，单位为克每千克(g/kg)；c—由标准曲线计算出试样定容溶液中环己基氨基磺酸的浓度，单位为微克每毫升(μg/mL)；V—试样的最后定容体积，单位为毫升(mL)；m—试样的质量，单位为克(g)；1 000—由 μg/g 换算成 g/kg 的换算因子。

8. 方法分析与评价

计算结果保留三位有效数字。在重复条件下获得的两次独立测定结果的绝对差值不得超过算术平均值的 10%。取样量 5 g 时，本方法检出限为 0.010 g/kg，定量限 0.030 g/kg。

5.5.2.3　食品中环己基氨基磺酸钠的液相色谱-质谱/质谱法检测技术

1. 方法目的

掌握液相色谱-质谱/质谱法测定环己基氨基磺酸钠的原理和方法。

2. 原理

酒样经水浴加热除去乙醇后以水定容，用液相色谱-质谱/质谱仪测定其中的环己基氨基磺酸钠，外标法定量。

3. 适用范围

本法适用于白酒、葡萄酒、黄酒、料酒中环己基氨基磺酸钠的测定。

4. 试剂材料

(1)所用试剂均为分析纯，水为 GB/T6682 规定的一级水。甲醇(CH_3OH)：色谱纯；乙酸铵(CH_3COONH_4)。

(2) 10 mmol/L 乙酸铵溶液：称取 0.78 g 乙酸铵，用水溶解并稀释至 1 000 mL，摇匀后经 0.22 μm 水相滤膜过滤备用。

(3)环己基氨基磺酸标准储备液(5.00 mg/mL)：精确称取 0.561 2 g 环己基氨基磺酸钠标准品(纯度>99%)，加水溶解并定容至 100 mL，此溶液 1.00 mL 相当于环己基氨基磺酸 5.00 mg。置于 1～4 ℃冰箱中保存，可保存 12 个月。

(4)环己基氨基磺酸标准中间液 (1.00 mg/mL)：准确移取 20.0 mL 环己基氨基磺酸钠标准储备液用水稀释并定容至 100 mL。置于 1～4 ℃冰箱中可保存 6 个月。

(5)环己基氨基磺酸标准工作液(10 μg/mL)：用水将 1.00 mL 标准中间液定容至 100 mL。放置于 1～4 ℃冰箱可保存一周。

(6)环己基氨基磺酸标准曲线系列工作液：分别吸取适量体积的标准工作液，用水稀释，配成浓度分别为 0.01 μg/mL、0.05 μg/mL、0.1 μg/mL、0.5 μg/mL、1.0 μg/mL、2.0 μg/mL 的系列标准工作溶液。使用前配置。

(7)微孔滤膜：0.22 μm，水相。

5. 仪器设备

液相色谱-质谱/质谱仪，配有电喷雾(ESI)离子源；分析天平，感量 0.1 mg、0.1 g；恒温水浴锅。

6. 分析步骤

(1)试样溶液制备　称取酒样 10.0 g，置于 50 mL 烧杯中，于 60 ℃水浴上加热 30 min，残渣全部转移至 100 mL 容量瓶 中，用水定容并摇匀，经 0.22 μm 水相微孔滤膜过滤后备用。

(2)仪器参考条件　色谱柱：C_{18} 柱，1.7 μm，100 mm×2.1 mm(i.d.)，或同等性能的色谱柱；流动相：甲醇、10 mmol/L 乙酸铵溶液；梯度洗脱：洗脱条件如表 5-2 所示；流速 0.25 mL/min；进样量 10 μL；柱温 35 ℃。

表 5-2　梯度洗脱条件

序号	时间/min	甲醇含量/%	10 mmol/L 乙酸铵溶液含量/%
1	0	5	95
2	2.0	5	95
3	5.0	50	50
4	5.1	90	10
5	6.0	90	10
6	6.1	5	95
7	9	5	95

(3)质谱操作条件　离子源：电喷雾电离源(ESI)；扫描方式：多反应监测(MRM)扫描；质谱调谐参数应优化至最佳条件，确保环己基氨基磺酸钠在正离子模式下的灵敏度达到最佳状态，并调节正、负模式下定性离子的相对丰度接近。

(4)标准曲线的制作　将配制好的标准系列溶液按照浓度由低到高的顺序进样测定，以环己基氨基磺酸钠定量离子的色谱峰面积对相应的浓度作图，得到标准曲线回归方程。

(5)定性测定　在相同的试验条件下测定试样溶液，若试样溶液质量色谱图中环己基氨基磺酸钠的保留时间与标准溶液一致(变化范围在±2.5%以内)，且试样定性离子的相对丰度与浓度相当的标准溶液中定性离子的相对丰度，其偏差不超过表 5-3 的规定，则可判定样品中存在环己基氨基磺酸钠。

表 5-3　定性离子相对丰度的最大允许偏差　%

相对离子丰度	>50	20～50	10～20	≤10
允许的相对偏差	±20	±25	±30	±50

(6)定量测定　将试样溶液注入液相色谱-质谱/质谱仪中，得到环己基氨基磺酸钠定量离子峰面积，根据标准曲线计算试样溶液中环己基氨基磺酸的浓度，平行测定次数不少于两次。

7. 结果参考计算

试样中环己基氨基磺酸含量按下式计算：

$$X_3 = cV/m$$

式中：X_3—试样中环己基氨基磺酸的含量，单位为毫克每千克(mg/kg)；c—由标准曲线计算出的试样溶液中环己基氨基磺酸的浓度，单位为微克每毫升(μg/mL)；V—试样的定容体积，单位为毫升(mL)；m—试样的质量，单位为克(g)。

8. 方法分析与评价

计算结果保留三位有效数字。在重复条件下获得的两次独立测定结果的绝对差值不得超过算术平均值的10%。本方法检出限为0.03 mg/kg，定量限为0.1 mg/kg。

5.5.3 食品中乙酰磺胺酸钾的检测技术

1. 方法目的

掌握高效液相色谱法测定饮料中乙酰磺胺酸钾的原理及方法。

2. 原理

试样中乙酰磺胺酸钾经水提取，针对不同样品类型采用亚铁氰化钾/乙酸锌溶液沉淀蛋白处理或中性氧化铝固相萃取柱净化，用水定容后经微孔滤膜过滤，经液相色逆分离，紫外检测器或二极管阵列检测器检测，保留时间定性，外标法定量。

3. 适用范围

本法适用于乳及乳制品、冷冻饮品、水果制品、蔬菜制品、食用菌和藻类、豆类制品、坚果与籽类糖果、粮食制品、焙烤食品、调味品、饮料、酒类、果冻中乙酰磺胺酸钾的测定。

4. 试剂材料

(1)甲醇(CH_3OH)：色谱纯；乙腈(CH_3CN)：色谱纯；亚铁氰化钾[$K_4Fe(CN)_6 \cdot 3H_2O$]；乙酸锌[$Zn(CH_3COO)_2 \cdot 2H_2O$]；硫酸铵[$(NH_4)_2SO_4$]；冰乙酸($CH_3COOH$)。

(2)亚铁氰化钾溶液(92 g/L)：称取亚铁氰化钾106 g，加水溶解，定容至1 000 mL。

(3)乙酸锌溶液(183 g/L)：称取乙酸锌219 g，溶于少量水中，加入冰乙酸32 mL，用水定容至1 000 mL。

(4)硫酸铵溶液(0.02 mol/L)：称取硫酸2.64 g，加水溶解，定容至1 000 mL。

(5)洗脱液：将甲醇、乙腈和硫酸铵溶液按5∶10∶85的体积比混合均匀，得到甲醇-乙腈-硫酸铵溶液(5+10+85)，为洗脱液。

5. 仪器设备

高效液相色谱仪：配有紫外检测器或二极管阵列检测器；电子天平：感量分别为0.1 mg和1 mg；高速离心机：转速≥10 000 r/min；食物粉碎机；涡旋混合器；恒温水浴锅；超声波发生器；固相萃取装置；匀浆机。

6. 分析步骤

(1)试样制备　均匀性液态样品直接混匀，含气试样使用前转入烧杯中于50 ℃水浴10 min除气或超声5 min除气；非均匀的液态、半固态样品用组织匀浆机匀浆；固体样品用食物粉碎机充分粉碎并搅拌均匀。试样处理后取其中的200 g储于洁净的塑料瓶中，并标明标记，于室温下或按样品标示的保存条件下保存备用。

(2)样品处理

①饮料(除蛋白饮料外)、水果制品、蔬菜制品　称取约 5 g(精确至 0.001 g)试样于 50 mL 离心管中,加水 20 mL,涡旋混匀,超声 20 min;10 000 r/min 离心 5 min,上清液转移至 50 mL 容量瓶中。再向离心管中加水 20 mL,混后超声 5 min 并离心。合并上清液,用水定容至刻度,混匀。取 5.00 mL 提取液加至活化后的中性氧化铝固相萃取柱中,收集流出液。分别用 2 mL 洗脱液洗涤固相萃取柱 2 次,收集流出液,合并 3 次流出液,并用洗脱液定容至 10 mL,混匀。经 0.45 μm 的微孔滤膜过滤,待进行液相色谱测定。

②其他试样　称取 5 g(精确至 0.001 g)试样于 50 mL 离心管中,加水 20 mL,涡旋混匀,超声 20 min。分别加入亚铁氰化钾溶液(92 g/L)、乙酸锌溶液(183 g/L)各 1 mL,混匀,10 000 r/min 离心 5 min,上清液转移至 50 mL 容量瓶中。再向离心管中加入 20 mL 水,混匀后超声提取 5 min 并离心。合并上清液,用水定容至刻度,混匀,经 0.45 μm 的微孔滤膜过滤,待测。

注意:胶基糖果、果冻试样提取时可于 70 ℃水浴中加热溶解。胶基糖果、果冻以及配制酒等测定时可以不加蛋白沉淀剂。

(3)测定

①色谱参考条件　色谱柱:C_{18} 柱(柱长 250 mm、内径 4.6 mm、粒径 5 μm),或性能相当的色谱柱;流动相:A 相为硫酸铵溶液(0.02 mol/L),B 相为甲醇+乙腈(体积比 1∶2)。梯度洗脱,梯度洗脱程序见表 5-4;流速 1.0 mL/min;柱温 30 ℃;检测波长 227 nm;进样量 10 μL。

表 5-4　流动相梯度洗脱程序

时间/min	A 相/%	B 相/%
0	85	15
6	85	15
6.1	10	90
15	10	90
15.1	85	15
20	85	15

②标准曲线　将标准系列工作液按浓度由低到高依次注入高效液相色谱仪中,测定相应的峰面积,以标准工作液中乙酰磺胺酸钾的浓度为横坐标,以峰面积为纵坐标,绘制标准曲线。

③试样测定　将试样溶液注入高效液相色谱仪中,以保留时间定性,测得峰面积,根据标准曲线得到试样溶液中乙酰磺胺酸钾的浓度。超过线性范围的则应稀释后重新进样分析。试样中目标化合物色谱峰的保留时间与相应标准色谱峰的保留时间相比较,变化范围应在±2.5%之内,必要时可采用二极管阵列检测器定性。

7. 结果参考计算

试样中乙酰磺胺酸钾的含量按下式计算:

$$X=\rho Vf/(m\times 1\ 000)$$

式中：X—试样中乙酰磺胺酸钾的含量，g/kg；ρ—试样溶液中乙酰磺胺酸钾的质量浓度，mg/L；V—试样提取液的定容体积，mL；f—稀释倍数；m—试样的取样量，g；1 000—换算因子。

8. 方法分析与评价

(1)计算结果保留三位有效数字。在重复性条件下获得的两次独立测定结果的绝对差值不得超过算术平均值的10%。

(2)取样量5 g，定容体积50 mL时，乙酰磺胺酸钾的检出限为0.000 6 g/kg，定量限为0.003 g/kg。

(3)样品须温热，搅拌除去二氧化碳或超声脱气。通过微孔滤膜过滤。

5.6 食品中主要乳化剂和稳定剂的检测技术

乳化剂是能改善乳化体中各构成相之间的表面张力，形成均匀分散体或乳化体的物质。它能稳定食品的物理状态，改进食品组织结构，简化和控制食品加工过程，改善风味、口感、提高食品质量，延长货架寿命等。目前广泛用于饮料、乳品、糖果、糕点、面包、方便面等食品加工中。稳定剂是能使食品成型并保持形态、质地稳定的食品添加剂。将乳化剂和稳定剂结合在一起，可以获得较好的乳化效果。常用的有甘油脂肪酸酯、蔗糖脂肪酸酯、山梨糖醇和山梨糖醇液、海藻酸丙二醇酯、三聚甘油单硬脂酸酯、聚氧乙烯木糖醇酐单硬脂酸酯等。

5.6.1 食品中甘油脂肪酸酯的检测技术

1. 方法目的

掌握气相色谱法测定食品中甘油脂肪酸酯的原理及方法。

2. 原理

食品中的甘油脂肪酸酯是通过将其主要成分的单酸甘油酯转化成二甲基硅烷化物，由气相色谱测定单酸甘油酯来定量的，食品中单酸甘油酯，以脂肪成分广泛存在于食品之中，因而定量值是食品天然和添加的单酸甘油酯的总量。

3. 适用范围

本法适用于人造奶油、酥油、冰淇淋、雪糕、带调料快餐食品、植物蛋白饮料、乳酸菌饮料等甘油脂肪酸酯含量的测定。

4. 试剂材料

(1)三甲基氯化硅烷，1,1,1,3,3,3-六甲基二硅氨烷(hexame thyl disilazane)，吡啶(硅烷化用)，月桂酸单甘油酯(纯度99%)。

(2)单酸甘油酯：棕榈酸单甘油酯或硬脂酸单甘油酯，或高纯度饱和酸单甘油酯，用乙醇两次重结晶，测定纯度后应用。

(3)内标液：称取50 μg月桂酸单甘油酯，放入100 mL容量瓶中，加吡啶溶解定容，密封。

(4)标准液的配制：准确称取单甘油酯100 mg，加乙醚溶解，定容至100 mL。准确取该液5 mL，加乙醚定容至100 mL，作为标准液(含单甘油酯50 μg/mL)。

5. 仪器设备

带氢火焰检测器的气相色谱仪。

6. 分析步骤

(1)样品溶液的制备

①脂溶性食品(人造奶油、酥油等)　准确称样品约 5 g(取样品根据食品中含单甘酯量而定),放入三角瓶中,加入约 50 mL 乙醇,仔细摇匀,按需要稍稍加温。样品完全溶解时,用乙醚定量地移入 100 mL 容量瓶中,加乙醚定容至 100 mL,作为样品溶液,样品不完全溶解时,在此液中加入约 20 g 无水硫酸钠(脱水),仔细混匀,放置稍许后,用干滤纸过滤,滤液置于 200 mL 锥形瓶中,用 30 mL 乙醚洗涤第一个三角瓶,洗液用上述滤纸过滤,合并滤液,反复操作两次,全部洗液和滤液合并后,蒸馏除去乙醚,使液量约为 70 mL,用乙醚定量移入 100 mL 容量瓶中,加乙醚定容,作为样品液。

②水溶性食品(冰淇淋等)　准确称取样品约 2 g,加入约 30 g 无水硫酸钠,混匀,用索氏提取器以乙醚提取,按需要馏去乙醚,至液量约 70 mL,以乙醚定量地移入 100 mL 容量瓶,加乙醚,定容至 100 mL,作为样品溶液。

③其他食品(带调料快餐食品等)　准确称取样品 5~10 g,用索氏提取器以乙醚提取,按需要馏去乙醚至 70 mL 左右液量,以乙醚定量地移入 100 mL 容量瓶中,加乙醚定容,作为样品液,若需要则进行过滤。

(2)测定

①色谱条件　色谱柱为内径 3 mm、长 0.5~1.5 m 的不锈钢柱,填充剂为 80~100 目硅藻土担体,按 2%比例涂以硅酮 OV-17;柱温以 10 ℃/min 升温至 100~330 ℃;进样口和 FID 检测器温度为 350 ℃;载气为氮气,流量 20~40 mL/min。

②测定液的配制　准确吸取 5 mL 样品溶液,于浓缩器中,准确加入 1 mL 内标液,在约 50 ℃的水浴中,减压蒸干。加 1 mL 吡啶溶解,加 0.3 mL 1,1,1,3,3,3-六甲基二硅氨烷,充分振摇,再加入 0.2 mL 三甲基氯代硅烷,充分振摇,放置 10 min 后,用 5 mL 吡啶定量地将其转移到 10 mL 容量瓶中,加吡啶定容至 10 mL,作测定液。

③标准曲线制作　准确吸取标准液 5 mL、10 mL、15 mL、20 mL,分别放入浓缩器,与测定液配制同样操作,作为标准曲线用标准液(这些溶液 1 mL 分别含 25 μg、50 μg、75 μg、100 μg 单甘油酯及均含 50 μg 月桂酸单甘油酯)。取 2 μL 各标准液,进样,求出测得的棕榈酸单甘油酯及硬脂酸单甘油酯的峰高与月桂酸单甘油酯的峰高比率,绘制标准曲线。

7. 结果参考计算

$$f = (A_s/m_s)/(A_r/m_r)$$

$$m_i = f \times A_i/(A_s/m_s)$$

式中:m_i—单甘油酯含量,g;f—校正因子;A_s—内标液中月桂酸单甘油酯的峰面积或峰高;A_r—标准液中单甘油酯的峰面积或峰高;A_i—测定液中单甘油酯的峰面积或峰高;m_s—内标液中月桂酸单甘油酯的含量,g;m_r—标准液中单甘油酯的含量,g。

8. 方法分析与评价

(1)使用本法重复测定的相对标准误差<7%。两次平行测定相对允许误差绝对值≤10%,平行测定结果用算术平均值表示,可保留两位小数。

(2)至少每 3 个月重新配制 1 次标准液(月桂酸单甘油酯易加水水解)。

(3)当水溶性食品及其他食品萃取困难时,可按下述方法进行:准确称取样品约 5 g,放入 200 mL 三角烧瓶中,加 50 mL 水浸于热水中溶解,不断搅拌至无块状物存在后,使温度在 70～80 ℃,加 1 mL 盐酸溶液,振摇 10 min,冷却后按顺序加 5 mL 亚铁氰化钾,5 mL 乙酸锌,每次均须充分混合,生成沉淀,用滤纸过滤,用水洗 3 次,向滤纸上的残渣上加 5 g 轻石粒,充分混合,用约 100 ℃的干燥器干燥成适当硬块,连滤纸一同放入乳钵中研磨粉碎。把内容物转入滤纸筒中,用乙醚湿润的脱脂棉将乳钵中黏着的粉末擦掉,一同放入滤纸筒中,放入索氏提取器中用乙醚提取。另外,滤过的滤液混浊时,转移到分液漏斗,用乙醚提取,提取液与索氏提取器中的提取滤液合并,用于样品溶液的制备。

(4)溶于乙醚时,如有混浊和沉淀的情况,可按"脂溶性食品"进行处理,如有糖类不纯物(特别是双糖)时,作 GC 时可能出现干扰。

(5)除三甲基硅烷化外,也可使用无水乙酸-吡啶的乙酰化方法。

5.6.2 食品中蔗糖脂肪酸酯的检测技术

1. 方法目的

掌握薄层扫描定量法测定食品中蔗糖脂肪酸酯的原理及方法,了解其测定范围。

2. 原理

食品中的蔗糖脂肪酸酯可用异丁醇抽提,再用薄板层析分离单、双、三酯,最后用比色法定量。

3. 适用范围

本法适用于冷饮制品、稀奶油、八宝粥罐头、肉制品、调味品等食品中蔗糖脂肪酸酯含量的测定。

4. 试剂材料

(1)蒽酮试剂　取 0.4 g 蒽酮,预先溶于 20 mL 硫酸中,用 75 mL 硫酸将其洗入 100 mL 硫酸、60 mL 水和 15 mL 乙醇的混合液中。放冷、暗处保存,2 个月内有效。

(2)乙醇溶液　于 4 份乙醇中加 1 份水,混合。

(3)展开剂　石油醚-乙醚(1∶1);氯仿-甲醇-乙酸-水(40∶5∶4∶1)。

(4)桑色素液　将 50 mg 桑色素溶于 100 mL 甲醇中。

5. 仪器设备

分光光度计。

6. 分析步骤

(1)样品溶液的制备　准确称取含蔗糖脂肪酸酯 100 mg 左右的样品 20 g 以下,放入第一个分液漏斗中,加 200 mL 异丁醇和 200 mL 氯化钠溶液,将分液漏斗置于 60～80 ℃水浴中并振摇 10 min。把水层转入第二个 500 mL 分液漏斗中,加 200 mL 异丁醇,在 60～80 ℃水浴中并振摇 10 min,弃去水层。将第一、第二个分液漏斗的异丁醇层用异丁醇定量地通过滤纸移入浓缩器,在 70 ℃减压浓缩,除去异丁醇。残渣中加入 20 mL 氯仿溶解,转入 25 mL 容量瓶中,浓缩器每次用少量氯仿洗涤 2 次,将洗液转入容量瓶中,加氯仿至刻度,作为样品溶液。用微量注射器准确吸取 20 μL,点在薄层板下端 2 cm 处。将薄层板放入预先加入第一次展开溶剂的第一展开槽中,展开至点样处以上 12 cm,取出薄层板,于 60 ℃干燥 30 min 后,放冷,放入预先加入第二次展开溶剂的第二展开槽中，展开至点样处以上 10 cm 处，取出薄层板，在通风橱中挥散溶剂，然后于 100 ℃干燥箱中干燥 20 min，至溶剂完全挥散为止。

为确认各点，向薄层上喷桑色素液，在暗室中用紫外灯照射，划出确认的各蔗糖单、双、三酯边线。刮取单、双、三酯各色带，分别置于 T_M、T_D、T_T 试管中，向 T_M 加 4 mL 乙醇，向 T_D 和 T_T 中各加 2 mL 乙醇，分别作为样品液。另外刮取未点样品溶液的相应各部位上的薄层，置于 T_{BM}、T_{BD}、T_{BT} 试管中，在 T_{BD}、T_{BT} 中各加 2 mL 乙醇，分别作为空白溶液。

(2)薄板　硅胶薄层板 110 ℃活化 1.5 h，2 d 内有效。

(3)标准液的制备　准确称取预干燥蔗糖 200 mg，加入 1 mL 硫酸及乙醇液至 200 mL。取此液 10 mL，加乙醇定容至 200 mL，作为标准液(该液含蔗糖 50 μg/mL)。

(4)测定

①测定液的制备　把装有 T_M、T_D、T_T 的试管在流水中边冷却边向 T_M 管中加入 20 mL 蒽酮，向 T_D 和 T_T 管中各加入 10 mL 蒽酮，3 个管分别于 60 ℃水浴中浸渍 30 min，其间混摇 2～3 次，然后在冷水中冷至室温。将上述试管中溶液分别转入离心管中，以 4 000 r/min 离心 5 min，其上清液作为样品测定液。另外，单、双和三酯所对应的空白溶液与上法同样操作，作为各相对应的空白测定液。

②标准曲线的制作　准确吸取标准液 0 mL、1 mL、2 mL，分别放入试管 T_B、T_{S1} 和 T_{S2} 中，向 T_B 管中加 2 mL 乙醇，向 T_{S1} 管中加 1 mL 乙醇，将 3 支试管分别置流水中冷却，同时向各管中加入 10 mL 蒽酮，以下操作同上面①。分别作为标准曲线用空白测定液和标准曲线用标准测定液。

标准曲线用标准测定液和标准曲线用空白测定液，分别以乙醇作为参比，在 620 nm 处测定吸光度 E_{S1}、E_{S2} 和 E_B，计算 E_{S1}、E_{S2} 和 E_B 的差 ΔE_1、ΔE_2 绘制标准曲线。

③定量　各样品测定液均以乙醇作为参比，在 620 nm 处，测定 E_{AM}、E_{AD}、E_{AT} 的吸光度，并测定相对应的空白测定液 E_{BM}、E_{BD}、E_{BT} 的吸光度，计算它们的差 ΔE_M、ΔE_D、ΔE_T，在标准曲线上求出各样品测定液中的各酯的结合糖浓度(μg/mL)。

7. 结果参考计算

$$X=(M\rho_M V_M+D\rho_D V_D+T\rho_T V_T)\times 1.25/m$$

式中：X—蔗糖脂肪酸酯含量，g/kg；ρ_M—样品测定液中单酯结合糖的浓度，μg/mL；ρ_D—样品测定液中双酯结合糖的浓度，μg/mL；ρ_T—样品测定液中三酯结合糖的浓度，μg/mL；m—取样量，g；M、D、T—系数，根据蔗糖脂肪酸酯的种类，查表 5-5；V_M—单酯的测定液量，mL；V_D—双酯的测定液量，mL；V_T—三酯的样品测定液量，mL。

表 5-5　脂肪酸酯系数表

系数种类	硬脂酸酯	棕榈酸酯	油酸酯	月桂酸酯
系数 M	1.753	1.720	1.749	1.556
系数 D	2.507	2.440	2.497	2.111
系数 T	3.260	3.160	3.246	2.667

8. 方法分析与评价

(1)计算结果保留 3 位有效数字。在重复条件下获得的两次独立测定结果的绝对差值不得超过算术平均值的10%。

(2)在样品不含油脂或几乎不含油脂的情况下,也可省去第一次展开。

(3)也可用氯仿和氯化钠溶液代替异丁醇和氯化钠溶液。

(4)由于单、双、三酯的标准斑点图形,如图5-1所示,故可引出边界线。

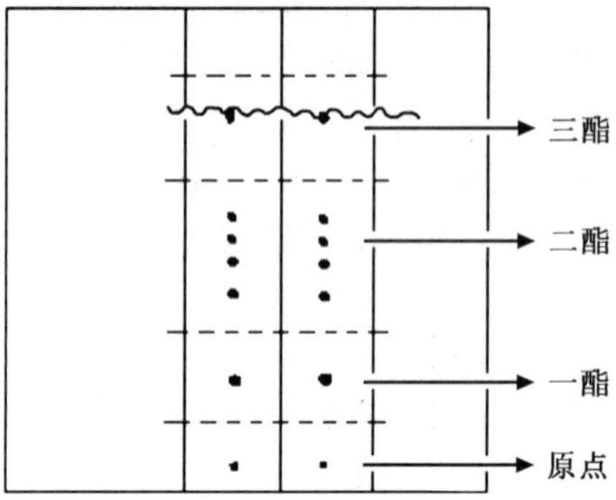

图 5-1 参考薄层斑点图

5.7 食品中非法添加物的检测技术

在食品加工中,常常把非法添加物当作食品添加剂使用,而引起食品安全事件,如苏丹红、甲醛合次硫酸氢钠(又名吊白块)、孔雀石绿、结晶紫、三聚氰胺等。

"苏丹红"色素是一种人造化学制剂,全球各国家都禁止将其用于食品生产。这种色素常用于工业方面,比如溶解剂、机油、蜡和鞋油等产品的染色。科学家通过实验发现,"苏丹红"会导致鼠类患癌,它在人类肝细胞研究中也显现出可能致癌的特性。目前,苏丹红系列常见4种,其中二号、三号和四号均为一号的化学衍生物。苏丹红一号为暗红色;二号为红色;三号为有绿色光泽的棕红色;四号为深褐色。

吊白块是甲醛次硫酸钠与甲醛次硫酸氢钠混合物的俗称,是一种工业用的漂白剂。食品加工过程添加吊白块是因为其分解产生的甲醛具有增加食品弹性、分解产生的亚硫酸盐具有漂白食品的作用,但使用后,会有相当的甲醛以及亚硫酸盐残留在食品中。吊白块具有慢性毒性和致癌性,属致癌物。2001年10月,国家卫生部在下发的《关于禁止在食品中使用非食品添加剂的紧急通知》中明确规定,在食品加工、销售过程中严禁使用吊白块。

孔雀石绿是一种可有效杀灭霉菌的染料类药物,具有相当好的杀真菌效果。由于鱼类在运输中易发生碰撞,造成鱼鳞脱落而引起鱼体真菌感染,以致出现霉烂、死亡等现象,孔雀石绿恰恰可以治疗这些鱼类碰撞伤。因价格廉、容易得、用量少、疗效高,在过去水产养殖疾病防治中曾被广泛使用。一些不法商贩滥用孔雀石绿,包括在运输前使用孔雀石绿溶液对车厢进行消毒,不少储放活鱼的鱼池也采用这种方式进行消毒。研究结果表明,孔雀石绿具有高毒素、高残留和致癌、致畸、致突变等副作用,有"苏丹红第二"之称。鉴于孔雀石绿的危害性,美国、英国、日本等许多国家已禁止将其用于水产养殖业。我国也于2002年5月将孔雀石绿列入《食品动物禁用的兽药及其化合物清单》中,禁止用于所有食品动物中。

三聚氰胺是一种用途广泛的具有氮杂环结构的有机化工原料,因其结构中含有多个氨基氮,因而被一些不法商贩添加到植物蛋白或牛乳中以提高蛋白的含量。人或动物长期摄入三聚氰胺会造成生殖、泌尿系统的损害,膀胱、肾部形成结石,因此严禁人为将三聚氰胺添加在食品中。

5.7.1 食品中苏丹红染料的检测技术

1. *方法目的*

掌握高效液相色谱法测定食品中苏丹红的原理及方法。

2. 原理

样品经溶剂提取、固相萃取净化后，用反相高效液相色谱-紫外可见光检测器进行色谱分析，采用外标法定量。

3. 适用范围

本方法适用于红辣椒粉、红辣椒油、火锅料、奶油、辣椒酱、番茄沙司、肉制品等食品中苏丹红染料的检测。最低检测限：苏丹红Ⅰ、苏丹红Ⅱ、苏丹红Ⅲ、苏丹红Ⅳ均为 10 μg/kg。

4. 试剂材料

(1)乙腈，丙酮，甲酸，乙醚，正己烷，无水硫酸钠等试剂(色谱纯或分析纯)。

(2)层析柱：1 cm(内径)×5 cm(高)的注射器管。

(3)层析用氧化铝(中性 100～200 目)：105 ℃干燥 2 h，于干燥器中冷至室温，每 100 g 中加入 2 mL 水降活，混匀后密封，放置 12 h 后使用。

(4)氧化铝层析柱：在层析柱管底部塞入一薄层脱脂棉，干法装入处理过的氧化铝至 3 cm 高，轻敲实后加一薄层脱脂棉，用 10 mL 正己烷预淋洗，洗净柱中杂质后，备用。

(5)5%丙酮的正己烷液：吸取 50 mL 丙酮用正己烷定容至 1 L。

(6)标准物质：苏丹红Ⅰ、苏丹红Ⅱ、苏丹红Ⅲ、苏丹红Ⅳ，纯度≥95%。

(7)标准储备液：分别称取苏丹红Ⅰ、苏丹红Ⅱ、苏丹红Ⅲ及苏丹红Ⅳ各 10.0 mg(按实际含量折算)，用乙醚溶解后用正己烷定容至 250 mL。

5. 仪器设备

高效液相色谱仪：带有紫外可见光检测器，分析天平，旋转蒸发仪，均质机，离心机，0.45 μm 有机滤膜。

6. 分析步骤

(1)样品处理

①红辣椒粉等粉状样品　称取 1～5 g(准确至 0.001 g)样品于三角瓶中，加入 10～30 mL 正己烷，超声 5 min，过滤，用 10 mL 正己烷洗涤残渣数次，至洗出液无色，合并正己烷液，用旋转蒸发仪浓缩至 5 mL 以下，慢慢加入氧化铝层析柱中，为保证层析效果，在柱中保持正己烷液面为 2 mm 左右时上样，在层析过程中不应使柱干涸，用正己烷少量多次淋洗浓缩瓶，一并注入层析柱。控制氧化铝表层吸附的色素带宽宜小于 0.5 cm，待样液完全流出后，视样品中含油类杂质的多少用 10～30 mL 正己烷洗柱，直至流出液无色，弃去全部正己烷淋洗液，用含 5%丙酮的正己烷液 60 mL 洗脱，收集、浓缩后，用丙酮转移并定容至 5 mL，经 0.45 μm 有机滤膜过滤后待测。

②红辣椒油、火锅料、奶油等油状样品　称取 0.5～2 g(准确至 0.001 g)样品于小烧杯中，加入适量正己烷溶解(1～10 mL)，难溶解的样品可于正己烷中加温溶解。按前面①中“慢慢加入氧化铝层析柱中……过滤后待测”操作。

③辣椒酱、番茄沙司等含水量较大的样品　称取 10～20 g(准确至 0.01 g)样品于离心管中，加 10～20 mL 水将其分散成糊状，含增稠剂的样品多加水，加入 30 mL 正己烷-丙酮(3∶1)，匀浆 5 min，3 000 r/min 离心 10 min，吸出正己烷层，于下层再加入 20 mL×2 次正己烷匀浆，离心，合并 3 次正己烷，加入无水硫酸钠 5 g 脱水，过滤后于旋转蒸发仪上蒸干并保持 5 min，

用 5 mL 正己烷溶解残渣后，按前面①中“慢慢加入氧化铝层析柱中……过滤后待测”操作。

④香肠等肉制品　称取粉碎样品 10～20 g(准确至 0.01 g)于三角瓶中，加入 60 mL 正己烷充分匀浆 5 min，滤出清液，再以 20 mL×2 次正己烷匀浆，过滤。合并 3 次滤液，加入 5 g 无水硫酸钠脱水，过滤后于旋转蒸发仪上蒸至 5 mL 以下，然后按前面①操作。

(2)测定

①参考色谱条件　色谱柱为 Zorbax SB-C_{18}，粒径 3.5 μm、4.6 mm×150 mm(或相当型号色谱柱)。流动相：溶剂 A，0.1%甲酸的水溶液-乙腈(85∶15)；溶剂 B，0.1%甲酸的乙腈溶液-丙酮(80∶20)。

梯度洗脱：流速 1 mL/min；柱温 30 ℃；检测波长：苏丹红Ⅰ 478 nm；苏丹红Ⅱ、苏丹红Ⅲ、苏丹红Ⅳ 520 nm，于苏丹红Ⅰ出峰后切换；进样量 10 μL。梯度条件见表 5-6。

表 5-6　梯度条件

时间/min	流动相/%		曲线
	A	B	
0	25	75	线性
10.0	25	75	线性
25.0	0	100	线性
32.0	0	100	线性
35.0	25	75	线性
40.0	25	75	线性

②标准曲线　吸取标准储备液 0 mL、0.1 mL、0.2 mL、0.4 mL、0.8 mL、1.6 mL，用正己烷定容至 25 mL，此标准系列浓度为 0 μg/mL、0.16 μg/mL、0.32 μg/mL、0.64 μg/mL、1.28 μg/mL、2.56 μg/mL，绘制标准曲线。标准色谱图见 5-2。

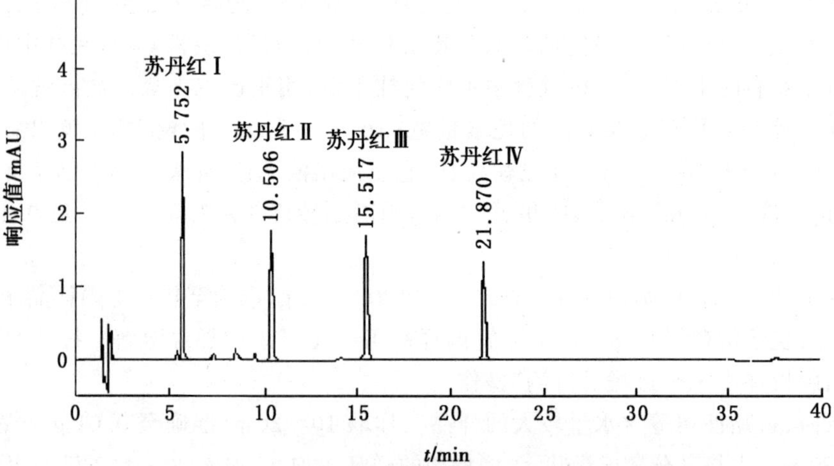

图 5-2　苏丹红标准色谱图

7. 结果参考计算

$$R = c\ V/M$$

式中：R—样品中苏丹红含量，mg/kg；c—由标准曲线得出的样液中苏丹红的浓度，μg/mL；V—样液定容体积，mL；M—样品质量，g。

8. 方法分析与评价

(1)计算结果保留两位有效数字。在重复性条件下获得的两次独立测定结果的绝对差值不得超过算术平均值的 10%。

(2)不同厂家和不同批号氧化铝的活度有差异，须根据具体购置的氧化铝产品略做调整，活度的调整采用标准溶液过柱，将 1 μg/mL 的苏丹红的混合标准溶液 1 mL 加到柱中，用 5% 丙酮正己烷溶液 60 mL 完全洗脱为准，4 种苏丹红在层析柱上的流出顺序为苏丹红Ⅱ、苏丹红Ⅳ、苏丹红Ⅰ、苏丹红Ⅲ，可根据每种苏丹红回收率做出判断。苏丹红Ⅱ、苏丹红Ⅳ的回收率较低表明氧化铝活性偏低，苏丹红Ⅲ的回收率偏低时表明活性偏高。

(3)检测过程中，标准物质乙醚溶解用正己烷定容，并用正己烷稀释配制的标准系列溶液，不能直接进标样测定，而必须经氧化铝层析柱固相萃取处理蒸干后，用丙酮溶解并定容，再进样测定。

(4)检测过程中，标准物质用丙酮溶解并定容，再用乙腈稀释配制的标准系列溶液，由于丙酮是解吸液，含丙酮的标准溶液通过层析柱时，会发生柱解吸现象，一部分被测物解吸出去，从而影响结果，因此可直接进样测定。但是样品必须按标准方法处理后进样，固相萃取的样品不能含丙酮。做样品回收率验证时最好先调整层析柱氧化铝的活性。

(5)层析用氧化铝活化时，应注意活化温度及活化时间，降活化时应注意加水量及平衡时间。样品处理用的氧化铝与标样处理用的氧化铝最好在一个器皿中一次活化，否则对样品检测结果有影响。

5.7.2 食品中甲醛次硫酸氢钠的检测技术

1. 方法目的

使学生了解甲醛次硫酸氢钠(又名吊白块)作为工业用还原剂和漂白剂对人体的危害，掌握分光光度法测定食品中甲醛次硫酸氢钠的原理及方法。

2. 原理

吊白块在酸性条件下可分解出甲醛，甲醛沸点很低，样品进行水蒸气蒸馏，使甲醛馏出后再与乙酰丙酮作用，生成黄色的二乙酰基二氢吡啶，根据颜色深浅比色定量。

3. 适用范围

本法用于馒头、米线、腐竹等食品中吊白块的测定。

4. 试剂材料

(1)10%磷酸溶液，液体石蜡。

(2)乙酰丙酮溶液：在 100 mL 蒸馏水中加入醋酸铵 25 g，冰醋酸 3 mL 和乙酰丙酮 0.40 mL，振摇使其溶解，贮于棕色瓶中。此液可稳定 1 个月。

(3)甲醛标准储备液：吸取 36%～38%分析纯甲醛 0.3 mL，用蒸馏水定容至 100 mL，依下述方法标定:吸取上述液 10.00 mL 置于 250 mL 碘量瓶中,加入 0.1 mol/L 碘溶液 25.00 mL,1 mol/L 氢氧化钠溶液 7.5 mL,放置 15 min,再加入 0.5 mol/L 硫酸溶液 10 mL,放置 15 min;用 0.025 mol/L 硫代硫酸钠溶液滴定,当滴至淡黄色时,加入淀粉指示剂 1 mL,继续滴至蓝色消失,记录用量。同时做空白滴定。临用时以蒸馏水将标准储备液稀释成 5 μg/mL。

5. 仪器设备

分光光度计。

6. 分析步骤

(1)样品处理　称取经粉碎的湿样馒头 5.00 g,置于蒸馏瓶中,加入蒸馏水 20 mL,液体石蜡 2.5 mL 和 10%磷酸溶液 10 mL,立即通水蒸气蒸馏。冷凝管下口应事先插入盛有 10 mL 蒸馏水且置于冰浴的容器中,准确收集蒸馏液至 150 mL。另做空白蒸馏。

(2) 显色操作　视检样品中吊白块含量高低,吸取样品蒸馏液 2～10 mL,补充蒸馏水至 10 mL,加入乙酰丙酮溶液 1 mL 混匀,置沸水浴中 3 min,取出冷却。然后以蒸馏水调零,于波长 435 nm 处,以 1 cm 比色杯进行比色,记录吸光度。查标准曲线计算结果。

(3)标准曲线制备　吸取 5 μL/mL 甲醛标准液 0 mL、0.5 mL、1.00 mL、3.00 mL、5.00 mL、7.00 mL,补充蒸馏水至 10 mL,以下从加乙酰丙酮溶液起同样品操作。减去 0 管吸光度后,绘制标准曲线。

7. 结果参考计算

$$X=V_1W_1\times 5.133/(W_2V_2/V_3)$$

式中:X—吊白块含量,mg/kg;V_1—样品管相当标准管体积,mL;W_1—每毫升甲醛标准液含甲醛量,mg/mL;W_2—样品重,kg;V_3—蒸馏液总体积,mL;V_2—显色操作取蒸馏液体积,mL;5.133—甲醛换算为吊白块系数。

8. 方法分析与评价

(1)计算结果保留两位有效数字。在重复性条件下获得的两次独立测定结果的绝对差值不得超过算术平均值的 10%。

(2)本法实际应用时,须做定性检验,收集蒸馏液 30～50 mL,经显色呈黄色者为阳性反应。

(3)水蒸气蒸馏过程中,回收瓶底部要稍稍加热,促使样品酸化过程中反应完全。

(4)最小检出量为 2 mg/kg(以游离甲醛计)。

(5)部分产品原材料中可能含有醛糖类物质,经酸化处理后测出含有甲醛,但浓度很低(≤20 mg/kg),所以,当测试值>20 mg/kg 时,才考虑样品中是否加入吊白块。

5.7.3　水产品中孔雀石绿和结晶紫的检测技术

1. 方法目的

掌握高效液相色谱法测定水产品中孔雀石绿和结晶紫的原理和方法。

2. 原理

试样中的残留物用乙腈-乙酸盐缓冲混合液提取,乙腈再次提取后,液液分配到二氯甲烷层并浓缩，经酸性氧化铝柱净化后，高效液相色谱 PbO_2 柱后衍生测定，外标法定量。

3. 适用范围

本法适用于鲜活水产品及其制品中孔雀石绿及其代谢物隐色孔雀石绿、结晶紫及其代谢物隐色结晶紫残留量的检验。本方法孔雀石绿、隐色孔雀石绿、结晶紫、隐色结晶紫的检测限均为 2.0 μg/kg。

4. 试剂材料

(1)乙腈、甲醇均为色谱纯，二氯甲烷分析纯。

(2)乙酸盐缓冲液：溶解 4.95 g 无水乙酸钠及 0.95 g 对-甲苯磺酸于 950 mL 水中，用冰乙酸调节溶液 pH 到 4.5，最后用水稀释到 1 L。

(3)20%盐酸羟胺溶液。

(4)1.0 mol/L 对-甲苯磺酸：称取 17.2 g 对-甲苯磺酸，并用水稀释至 100 mL。

(5)50 mmol/L 乙酸铵缓冲溶液：称取 3.85 g 无水乙酸铵溶解于 1 000 mL 水中，冰乙酸调 pH 到 4.5。

(6)二甘醇，二氧化铅，酸性氧化铝(80～120 目)，硅藻土 545(层析级)。

(7)标准品：孔雀石绿(MG)、隐色孔雀石绿(LMG)、结晶紫(CV)、隐色结晶紫(LCV)，纯度大于 98%。准确称取适量的孔雀石绿、隐色孔雀石绿、结晶紫、隐色结晶紫，用乙腈分别配制成 100 μg/mL 的标准储备液，再用乙腈稀释配制 1 μg/mL 的标准溶液。−18 ℃避光保存。

(8)混合标准工作溶液：用乙腈稀释标准溶液，配制成每毫升含孔雀石绿、隐色孔雀石绿、结晶紫、隐色结晶紫均为 20 ng 的混合标准溶液。−18 ℃避光保存。

(9)25% PbO_2 氧化柱：不锈钢预柱管 5 cm×4 mm(i. d.)，两端附 2 μm 过滤板，抽真空下，填装含有 25% PbO_2 的硅藻土，添加数滴甲醇压实，旋紧。临用前用甲醇冲洗。并将 PbO_2 氧化柱连接在紫外-可见光检测器与液相色谱柱之间。

(10)酸性氧化铝柱：1 g/3 mL，使用前用 5 mL 乙腈活化。

5. 仪器设备

高效液相色谱仪：配有紫外-可见光检测器，匀浆机，离心机，固相萃取装置。

6. 样品制备

(1)提取　称取 5.00 g 样品于 50 mL 离心管内，加入 1.5 mL 20%的盐酸羟胺溶液、2.5 mL 1.0 mol/L 的对-甲苯磺酸溶液、5.0 mL 乙酸盐缓冲溶液，用匀浆机以 10 000 r/min 的速度均质 30 s，加入 10 mL 乙腈剧烈振荡 30 s。加入 5 g 酸性氧化铝，再次振荡 30 s。3 000 r/min 离心 10 min。把上清液转移至装有 10 mL 水和 2 mL 二甘醇的 100 mL 离心管中。然后在 50 mL 离心管中加入 10 mL 乙腈，重复上述操作，合并乙腈层。

(2)净化　在离心管中加入 15 mL 二氯甲烷，振荡 10 s，3 000 r/min 离心 10 min，将二氯甲烷层转移至 100 mL 的梨形瓶中，再用 5 mL 乙腈、10 mL 二氯甲烷重复上述操作一次，合并二氯甲烷层于 100 mL 梨形瓶中。45 ℃旋转蒸发至约 1 mL，用 2.5 mL 乙腈溶解残渣。

将酸性氧化铝柱安装在固相萃取装置上，将梨形瓶中的溶液转移到柱上，再用乙腈洗涤瓶两次，每次 2.5 mL，把洗涤液依次通过柱，控制流速不超过 0.6 mL/min，收集全部流出液，45 ℃旋转蒸发至近干，残液准确用 0.5 mL 乙腈溶解，过 0.45 μm 滤膜，滤液待测。

7. 测定

(1)参考色谱条件　色谱柱：C_{18} 柱，250 mm×4.6 mm(i. d.)，粒径 5 μm，在 C_{18} 柱和检测器之间连接 25% PbO_2 氧化柱；流动相为乙腈-乙酸铵缓冲溶液，梯度洗脱参数见表 5-7；流速 1.0 mL/min；柱温：室温；检测波长：618 nm(孔雀石绿)，588 nm(结晶紫)；进样量 50 μL。

表 5-7　流动相梯度表

时间/min	乙腈/%	乙酸铵缓冲溶液/%
0	60	40
4	80	20
15	80	20
15.1	95	5
17	95	5
17.1	60	40
20	60	40

(2)液相色谱测定　根据样液中被测孔雀石绿、隐色孔雀石绿、结晶紫或隐色结晶紫含量情况，选定峰高相近的标准工作溶液。标准工作溶液和样液中孔雀石绿、隐色孔雀石绿、结晶紫或隐色结晶紫响应值均应在仪器检测线性范围内。对标准工作溶液和样液等体积参插进样测定。在上述色谱条件下，孔雀石绿、隐色孔雀石绿、结晶紫和隐色结晶紫的保留时间约为 6.10 min、7.88 min、17.77 min、18.22 min，标准参考出峰顺序为孔雀石绿、隐色孔雀石绿、结晶紫、隐色结晶紫。

(3)空白试验　除不加试样外，均按上述测定步骤进行。

8. 结果参考计算

按下式计算样品中孔雀石绿、隐色孔雀石绿、结晶紫和隐色结晶紫残留量。计算结果需扣除空白值。

$$X=cAV/(A_sW)$$

式中：X—样品中待测组分残留量，mg/kg；c—待测组分标准工作液的浓度，μg/mL；A—样品中待测组分的峰面积；A_s—待测组分标准工作液的峰面积；V—样液最终定容体积，mL；W—最终样液所代表的试样量，g。

9. 方法分析与评价

(1)孔雀石绿的残留量测定结果系指孔雀石绿和它的代谢物隐色孔雀石绿残留量之和，以孔雀石绿表示。

(2)结晶紫的残留量系指结晶紫和它的代谢物隐色结晶紫残留量之和，以结晶紫表示。

(3)检测样本中不能有明显沉淀物，若有沉淀，可以先过滤。本方法色谱分离效果较好。

5.7.4　食品中三聚氰胺的检测技术

5.7.4.1　食品中三聚氰胺的固相萃取液相色谱-质谱法检测技术

1. 方法目的

了解掌握固相萃取液相色谱-质谱法检测食品中三聚氰胺的原理和方法。

2. 原理

样品经均质，1%三氯乙酸溶液提取，用 OASIS MCX 固相萃取小柱净化，减压浓缩后以甲醇溶解定容，用色谱柱分离，乙腈和水为流动相，经液相色谱-串联质谱法检测。

3. 适用范围

本法适用蛋白粉、面粉、肉及肉制品等中三聚氰胺的检测。检出限为 0.5 mg/kg。

4. 试剂材料

①三聚氰胺标准品：纯度 98%。

②乙腈、甲醇为色谱纯，三氯乙酸、氨水、甲酸为分析纯。

5. 仪器设备

液-质联用仪，电子天平，旋转蒸发仪，固相混合仪，OASIS MCX，SPE 固相萃取柱。

6. 样品制备

准确称取粉碎后的样品 2.0 g 至 50 mL 塑料离心管中，加入 1%三氯乙酸溶液 15 mL，超声提取 30 min 后，以 5 000 r/min 离心 10 min，将上清液经滤纸过滤后转入另一 50 mL 离心管中。分别用 10 mL 甲醇、10 mL 水活化 SPE 柱，将样品溶液上柱，再用 10 mL 水、10 mL 甲醇洗涤 SPE 柱，弃去洗脱液。抽干 SPE 柱后用 5%氨水-甲醇溶液（5：95）15 mL 洗脱，收集洗脱液，将洗脱液于 40 ℃水浴旋转蒸发至近干，氮气吹干。用甲醇-水（2：8）定容至 1.0 mL，过 0.2 μm 滤膜，待测。

7. 测定

（1）参考液相色谱条件　色谱柱：Water BEH-C_8 50 mm×2.1 mm (i. d.)，粒径 1.7 μm；流动相 A 为 0.1%甲酸水，B 为 0.1%甲酸乙腈；梯度 0～0.8 min，A 为 90%，0.8～32.5 min，A 从 90%变为 20%，3.5～5.0 min，A 从 20%变为 90%；柱温 30 ℃；进样量 2 μL。

（2）参考质谱条件　离子化方式：电喷雾电离-正离子模式 ESI(+)；电离电压 3.2 kV；离子源温度 120 ℃；脱溶剂温度 350 ℃；锥孔电压 30 V；采集方式：多反应监测（MRM）；选择离子 127>85（定量离子），127>68（辅助定性离子）；碰撞能量均为 20 eV。

（3）测定　用甲醇-水（7：3）作为溶剂配制标准溶液。将浓度分别为 0.1 mg/L、0.5 mg/L、1.5 mg/L、3.0 mg/L、10.0 mg/L 的三聚氰胺标准系列溶液依次进样，进样量均为 2 μL，外标法定量。以峰面积为纵坐标，浓度为横坐标进行标准曲线的绘制，得出标准线性回归方程，根据标准回归方程计算样品中三聚氰胺含量。标准提取离子谱图如图 5-3 所示。

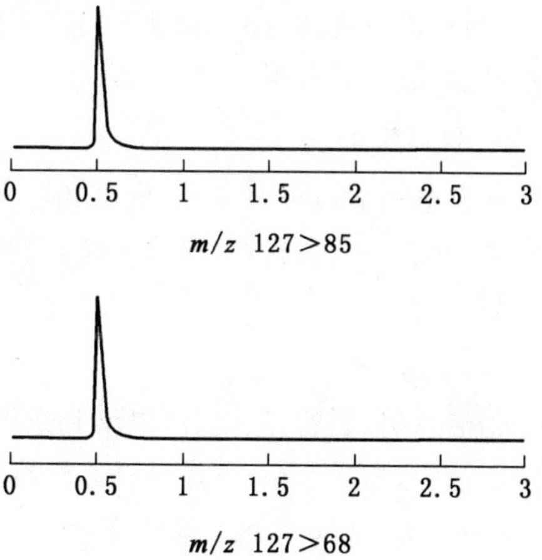

图 5-3　三聚氰胺标准提取离子谱图

8. 方法分析与评价

（1）三聚氰胺微溶于水，而在甲醇-水体系中比较容易溶解。因此采用甲醇-水（7：3）作为溶剂配制标准溶液。

(2)由于三氯乙酸有沉淀蛋白的作用,并在酸性条件下有助于溶解三聚氰胺,因此选择1%三氯乙酸溶液作为提取液。

(3)在流动相中添加0.1%甲酸,来改善质谱的离子化效果,从而提高质谱检测的灵敏度。

(4)本方法的检出限为0.5 mg/kg。平均回收率为71%～95%,相对标准偏差为4.56%～9.82%。

5.7.4.2 食品中三聚氰胺的液相色谱-质谱/质谱法检测技术

1. 方法目的

使学生掌握液相色谱-质谱/质谱法测定原料乳及乳制品中三聚氰胺的检测原理及方法。

2. 原理

试样用三氯乙酸溶液提取,经阳离子交换固相萃取柱净化后,用液相色谱-质谱/质谱法测定和确证,外标法定量。

3. 适用范围

本标准适用于原料乳、乳制品以及含乳制品中三聚氰胺的定性确证和定量。

4. 试剂材料

(1)甲醇、乙腈为色谱纯,氨水,甲醇-水(1∶1),1%三氯乙酸溶液,乙酸。

(2)5%氨化甲醇溶液:准确量取5 mL氨水和95 mL甲醇,混匀后备用。

(3)三聚氰胺标准品:CAS 108-78-01,纯度大于99.0%。

(4)三聚氰胺标准储备液:准确称取100 mg(精确到0.1 mg)三聚氰胺标准品于100 mL容量瓶中,用甲醇溶解定容至刻度,配制成浓度为1 mg/mL的标准储备液,于4 ℃避光保存。

(5)阳离子交换固相萃取柱:基质为苯磺酸化的聚苯乙烯-二乙烯基苯高聚物,60 mg。使用前依次用3 mL甲醇、5 mL水活化。

(6)海沙:化学纯,粒度0.65～0.85 mm,二氧化硅(SiO_2)含量为99%。

(7)离子对试剂缓冲液:准确称取2.10 g柠檬酸和2.16 g辛烷磺酸钠,加入约980 mL水溶解,调节pH 3.0后,定容至1 L备用。

(8)氮气:纯度大于等于99.999%。

(9)乙酸铵溶液(10 mmol/L):准确称取0.772 g乙酸铵于1 L容量瓶中,用水溶解并定容至刻度,混匀后备用。

5. 仪器设备

配有电喷雾离子源(ESI)的液相色谱-质谱/质谱(LC-MS/MS)仪,分析天平,离心机,超声波水浴,固相萃取装置,氮气吹干仪,涡旋混合器。

6. 样品处理

(1)提取

①液态奶、奶粉、酸奶、冰淇淋和奶糖等　称取1 g(精确至0.01 g)试样于50 mL具塞塑料离心管中,加入8 mL 1%三氯乙酸溶液和2 mL乙腈,超声提取10 min再振荡提取10 min后,以不低于4 000 r/min离心10 min。上清液经三氯乙酸溶液润湿的滤纸过滤后,待净化。

②奶酪、奶油和巧克力等　称取1 g(精确至0.01 g)试样于研钵中,加入适量海沙(试样质量的4～6倍)研磨成干粉状,转移至50 mL具塞塑料离心管中,加入8 mL 1%三氯乙酸溶液

分数次清洗研钵，清洗液转入离心管中，再加入 2 mL 乙腈，余下操作同前面①。

（2）净化　将待净化液转移至固相萃取柱中。依次用 3 mL 水和 3 mL 甲醇洗涤，抽至近干后，用 6 mL 氨化甲醇溶液洗脱。整个固相萃取过程流速不超过 1 mL/min。洗脱液于 50 ℃下用氮气吹干，残留物（相当于 1 g 试样）用 1 mL 流动相定容，涡旋混合 1 min，过 0.2 μm 微孔滤膜后，供 LC-MS/MS 测定。

7. 测定

（1）色谱参考条件　色谱柱：强阳离子交换与反相 C_{18} 混合填料，混合比例（1∶4），150 mm×2.0 mm(i. d.)，粒径 5 μm；流动相：等体积的乙酸铵溶液和乙腈充分混合，用乙酸调节 pH 3.0 后备用；进样量 10 μL；柱温 40 ℃；流速 0.2 mL/min。

（2）MS/MS 参考条件　电离方式为电喷雾电离，正离子；离子喷雾电压 4 kV。雾化气为氮气，40 psi；干燥气为氮气，流速 10 L/min，温度 350 ℃；碰撞气为氮气；分辨率：Q1(单位)Q3(单位)；扫描模式为多反应监测（MRM），母离子（m/z）127，定量子离子（m/z）85，定性子离子（m/z）68；停留时间 0.3 s；裂解电压 100 V；碰撞能量：（m/z）127>85 为 20 V，（m/z）127>68 为 35 V。

（3）标准曲线的绘制　取空白样品按照样品处理。用所得的样品溶液将三聚氰胺标准储备液逐级稀释得到浓度为 0.01 μg/mL、0.05 μg/mL、0.1 μg/mL、0.2 μg/mL、0.5 μg/mL 的标准工作液，浓度由低到高进样检测，以定量子离子峰面积-浓度作图，得到标准曲线回归方程。

（4）定量测定　待测样液中三聚氰胺的响应值应在标准曲线线性范围内，超过线性范围则应稀释后再进样分析。

（5）定性判定　按照条件测定试样和标准工作溶液，如果试样中的质量色谱峰保留时间与标准工作溶液一致（变化范围在±2.5%之内）；样品中目标化合物的两个子离子的相对丰度与浓度相当标准溶液的相对丰度一致，相对丰度偏差不超过表 5-8 的规定，则可判断样品中存在三聚氰胺。三聚氰胺保留时间 4.2 min，定性离子 m/z 127>85 和 m/z 127>68。

表 5-8　定性离子相对丰度的最大允许偏差　%

相对离子丰度	>50	20～50	10～20	≤10
允许的相对偏差	±20	±25	±30	±50

8. 结果参考计算

试样中三聚氰胺的含量按下式计算：

$$X = AcV \times 1\,000 \times f / (A_s m \times 1\,000)$$

式中：X—试样中三聚氰胺的含量，mg/kg；A—样液中三聚氰胺的峰面积；c—标准溶液中三聚氰胺的浓度，μg/mL；V—样液最终定容体积，mL；A_s—标准溶液中三聚氰胺的峰面积；m—试样的质量，g；f—稀释倍数。

9. 方法分析与评价

（1）方法定量限为 0.01 mg/kg。在添加浓度 0.01～0.5 mg/kg 浓度范围内，回收率在 80%～110%，相对标准偏差小于 10%。

(2)在重复性条件下获得的两次独立测定结果的绝对差值不得超过算术平均值的15%。

(3)样品中脂肪含量较高,可用三氯乙酸饱和的正己烷液-液分配除脂后再用SPE柱净化。

思考题

1. 简述食品添加剂的定义及其测定意义。
2. 分析样品中苯甲酸、山梨酸的存在形式和测定时的形式是否一致,在结果参考计算中应注意什么?
3. 测定食品中的苯甲酸钠和山梨酸钾,在处理样品时为什么要先将样品酸化后,再用乙醚提取?乙醚提取液为什么要用无水硫酸钠脱水?
4. 说明糖精钠的测定原理,如何消除样品中有机物对测定的干扰?
5. 含有酒精的样品为什么要先除去酒精再提取糖精钠进行测定?
6. 薄层色谱法测定糖精钠,在样品提取时加入硫酸铜和氢氧化钠的作用是什么?
7. 高效液相色谱法测定饮料中乙酰磺胺酸钾,在取样时如果不除去样品中的二氧化碳对测定结果有何影响?
8. 在进行食品中BHA与BHT的含量测定时,不同油脂含量样品处理上有何不同?为什么?
9. 气相色谱图上的峰高和面积表示什么?
10. 利用气相色谱法测定环己基氨基磺酸钠的含量时,影响结果准确性的主要因素有哪些?
11. 气相色谱法测定环己基氨基磺酸钠的基本原理是什么?
12. 测定食品中苏丹红染料,样品前处理时,使色素提取液过氧化铝层析柱可去除哪些杂质?
13. 说明分光光度法测定食品中吊白块的原理及方法。
14. 说明高效液相色谱法测定水产品中孔雀石绿的原理及方法。
15. 说明液相色谱-质谱/质谱法测定牛乳中三聚氰胺的原理和方法。

参考文献

[1] GB/T 22388—2008 原料乳与乳制品中三聚氰胺检测方法.

[2] GB 5009.275—2016 食品中硼酸的测定.

[3] GB 5009.28—2016 食品中苯甲酸、山梨酸和糖精钠的测定.

[4] GB 5009.97—2016 食品中环己基氨基磺酸钠的测定.

[5] 郝利平,聂乾忠,周爱梅,等.食品添加剂.4版.北京:中国农业大学出版社,2021

[6] 刘梅,李金强,田德金,等.固相萃取-液相色谱-串联质谱法检测食品中的三聚氰胺.化学分析计量,2008,17(2):48-49.

[7] 马良,李诚,李巨秀,等.食品分析.2版.北京:中国农业大学出版社,2021.

[8] 毛江胜,陈子雷,杜红霞,等.毛细管气相色谱法测定食用油中的酚类抗氧化剂BHA、BHT、TBHQ.化学分析计量,2006,15(6):11-12.

[9] 汪东风,徐莹.食品质量与安全检测技术.3版.北京:中国轻工业出版社,2018.

[10] 王启军,戚穗坚,吴晓萍,等. 食品分析实验.2版. 北京:中国轻工业出版社,2011.

[11] 王叔淳. 食品卫生检验技术手册.3版. 北京:化学工业出版社,2002.

[12] 吴广臣. 食品质量检验. 北京:中国计量出版社,2006.

[13] 张蕊.2004食品卫生检验新技术标准规程手册(上、中、下). 北京:光明日报出版社,2004.

第6章

食品中天然毒素物质检测技术

本章学习目的与要求

1. 了解天然毒素的概念、种类、常用检测技术。
2. 掌握食品中黄曲霉毒素、棒曲霉素的检测技术原理及方法。
3. 熟悉细菌毒素的种类及其危害。
4. 了解食品中肉毒毒素、海豚毒素、龙葵素、皂苷等检测方法。
5. 熟悉食品中胰蛋白酶抑制剂的检测方法。
6. 掌握食品中生物胺的种类、危害及检测方法。

6.1　概述

食品中天然存在的毒性物质(food toxicants)、致癌物质、诱发过敏物质和非食品用的动植物中天然存在的有毒物质一般统称为天然毒素。

食品中天然毒素物质种类繁多,按其来源可分为动物性天然毒素、植物性天然毒素和微生物性天然毒素,其中大多数天然毒素物质具有很强毒性,常造成食物中毒事件的发生。我国食品中常被检测到的天然毒素物质有真菌毒素(mycotoxin)、细菌毒素(bacterial toxin)、有毒蛋白类、生物碱类等。目前为止还有很多天然毒素物质的危害机理还不甚清楚,但是所有天然毒素物质具有共同的特点是天然存在于食品而非人为添加,尽管污染量小,但危害性大,往往与食品混为一体而难以去除和降解。因此,目前对食品中已知天然毒素物质的管理大多是在风险评估的基础上设置法定限量标准的方法来控制其对人体的危害。

由于天然毒素物质多以痕量形式存在于食品中,加上食品介质及不同毒素理化特性的差异等,采取何种检测技术能灵敏、有效地检测天然毒素物质一直是监督管理的主要瓶颈问题。天然毒素物质检测技术经历了三个发展阶段,即色谱技术时代,免疫分析时代,现代集成技术时代。发展天然毒素物质的检测技术最突出的特点是精确化、简便化、在线化、规范化、国际化,同时在检测技术领域引入尖端生物技术、计算机技术、化学技术、数控技术、物理技术等,并集成各类高新技术形成检测样品的前处理、分离、测定、数据处理等一体化系统,不仅提高了检测效率而且也提高了检测精密度和检测限。

生活中常见的天然毒素

但是目前常见的天然毒素物质如真菌毒素、细菌毒素、鱼贝类毒素和其他生物碱类毒素等的标准检测方法还是主要依赖于传统技术,随着对天然毒素物质危害性认识的提高,世界各国都在不断加强对天然毒素物质检测技术方法方面的研究,我国也通过“十五”至“十一五”食品领域的重大科技攻关计划的组织实施,加强了对天然有害性物质检测方法的研究进程。

6.2　食品中真菌毒素检测技术

真菌毒素主要根据其结构、化学性质以及干扰因子的不同,其样品前处理和测定方法多种多样,传统的前处理方法主要采用溶剂提取法、柱层析法等,而测定方法多采用色谱等方法。20 世纪 80 年代后期开始在真菌毒素检测领域应用单克隆抗体技术,相继出现了放射免疫分析技术、酶联免疫吸附技术、荧光极性免疫分析技术、生物传感器免疫分析技术以及免疫亲和分离技术等。

目前,真菌毒素检测的标准方法主要还是利用薄层色谱法(thin layer chromatography, TLC)、酶联免疫吸附法(enzyme linked immunosorbent assay,ELISA)、高效液相色谱法(high performance liquid chromatography,HPLC)、气相色谱法(gas chromatography,GC)以及气质联用、液质联用等方法。其中 TLC 是最早应用于真菌毒素检测的方法之一,随着薄层扫描仪用于真菌毒素等内容的定性、定量分析,其精确度得到了显著提高,TLC 也成为目前最常用的仪器分析方法之一。在快速检测分析中,ELISA 方法是较为普遍采用的方法。但是在精确定性、定量检测中还是以 GC、HPLC、GC-MS、HPLC-MS 等方法为主。我国对真菌毒素的检测标准以国标方法为主，美国有 Association of Official Analytical Chemists（AOAC）、American Association of Cereal Chemists（AACC）等标准检测方法，近年来，也有人研究利用红外光谱分析（infrared spectroscopy）、荧光极性免疫分析（fluorescence polarization immunoassay）、生物传感器检测分析（biosensor based immunoassay）等对真菌毒素进行检测，也取得了良好测定结果。

6.2.1 真菌毒素的特征及危害评价

真菌毒素（mycotoxin）一词源于希腊语"mykes"和拉丁语"toxicum"，它是由产毒真菌在适宜的环境条件下产生的有毒代谢产物，也有人称为霉菌毒素（mold toxins）。20 世纪 60 年代英国发生了 10 万多只火鸡突然中毒死亡事件，究其原因发现火鸡饲料中含有的一种荧光物质（黄曲霉毒素）是导致火鸡死亡的病因，从此科技界开始对真菌毒素进行了广泛而系统的研究，使这门边缘科学逐步发展起来。

真菌毒素的特征主要表现在污染的普遍性、种类的多样性、危害的严重性上。由于自然界中真菌（fungi）分布非常广泛，可以说所有食品都有可能污染真菌（或真菌孢子），也就可能使食品中残留有真菌毒素。虽然产毒的真菌只占整个真菌的一小部分，但是从世界各国的研究报告可知，因真菌污染而造成的粮食及食品中真菌毒素残留现象非常普遍，即便发达的北美、欧盟、日本等每年也有大量食品或粮食作物受到真菌毒素污染的报告，联合国粮农组织（FAO）统计数据显示，全球每年农产品的真菌毒素污染率高达 25%左右，其中常见的产毒真菌有曲霉菌属（*Aspergillus*）、青霉菌属（*Penicillium*）和镰刀菌属（*Fusarium*）等。

目前已知的真菌毒素有 300 种左右，虽然每年都有新的真菌毒素被发现和检测到，但是对食品、饲料和粮食污染最为普遍、各国最为关注的真菌毒素主要有黄曲霉毒素（aflatoxin，简称 AFT）、赭曲霉毒素（ochratoxin，简称 OTA）、棒曲霉素（棒状曲霉）、伏马毒素（fumonisin）、呕吐毒素（deoxynivalenol，简称 DON）、玉米赤霉烯酮（zearalenne，简称 ZEN）、T-2 毒素等几类毒素。

真菌毒素直接的危害是由于毒素的暴露而引发急性疾病或许多慢性症状，如生长减慢、免疫功能下降、抗病能力差以及肿瘤的形成等。不同动物对不同种类的真菌毒素的敏感程度也有很大的差别，而且与年龄、性别、血缘和营养状况有关。真菌毒素对人类的间接暴露也是经常存在的，消费的牛奶、禽蛋、内脏组织等食品中可能存在真菌毒素残留物和代谢物。

随着对真菌毒素危害性认识的提高，各国政府以及世界卫生组织、世界粮农组织为了保护消费者的饮食安全性对真菌毒素的残留限量进行了严格的规定，其中欧盟是对真菌毒素监控最为严格的地区之一，其标准见表 6-1。随着全球经济的自由化进程，欧美及日本等将真菌毒素的限量标准作为技术性贸易壁垒的主要手段之一。

6.2.2 食品中黄曲霉毒素检测技术

黄曲霉毒素（aflatoxin，AFT）是由黄曲霉菌（*Aspergillus flavus*）和寄生曲霉菌（*Aspergillus parasiticus*）在生长繁殖过程中所产生的对人类危害极为突出的一类强致癌性物质。黄曲霉毒素的化学结构见图 6-1。

表 6-1　欧盟对真菌毒素的限量标准(张艺兵等,2006)

产品	最高限量/(μg/kg)			取样方法	分析方法的操作标准
	B1	B1+B2+G1+G2	M1		
黄曲霉毒素					
花生、坚果和干果					
花生在食用或用作食品成分前,拟直接供人类食用或作为食品成分	2	4		指令 98/53/EC	指令 98/53/EC
花生在食用或用作食品成分前先分选或进行其他物理处理	8	15		指令 98/53/EC	指令 98/53/EC
坚果和干果在人用作食品之前应进行分选或其他物理处理	5	10		指令 98/53/EC	指令 98/53/EC
谷类(包括荞麦)					
谷类(包括荞麦)及加工品拟直接食用或用作食品成分	2	4		指令 98/53/EC	指令 98/53/EC
谷类(包括荞麦,不包括玉米)及加工产品	2	4		指令 98/53/EC	指令 98/53/EC
玉米,用作食品之前应进行分选或其他物理处理	5	10		指令 98/53/EC	指令 98/53/EC
奶及奶制品			0.05		
辣椒、辣椒粉、白胡椒、肉豆蔻、生姜、姜黄	5	10		指令 98/53/EC	指令 98/53/EC
含谷类在内的婴幼儿食品及具有特殊医疗目的的婴儿食品	0.1				
婴儿配方食品及改进配方食品以及具有特殊医疗目的的婴儿食品			0.025		
棒曲霉素					
水果汁,水果酒,特别是苹果汁,还原的浓缩果汁		50		2003/78/EC	2003/78/EC
苹果或含有苹果汁的酒精饮料、苹果酒和发酵饮料		50.0		2003/78/EC	2003/78/EC
供直接食用的固体苹果制品,包括煮熟的糖渍苹果和苹果酱		25.0		2003/78/EC	2003/78/EC
供婴幼儿食用的苹果汁和固体苹果制品等		10.0		2003/78/EC	2003/78/EC
赭曲霉毒素 A					
含谷类在内的婴幼儿食品及具有特殊医疗目的的婴儿食品		0.5			
谷物		5			

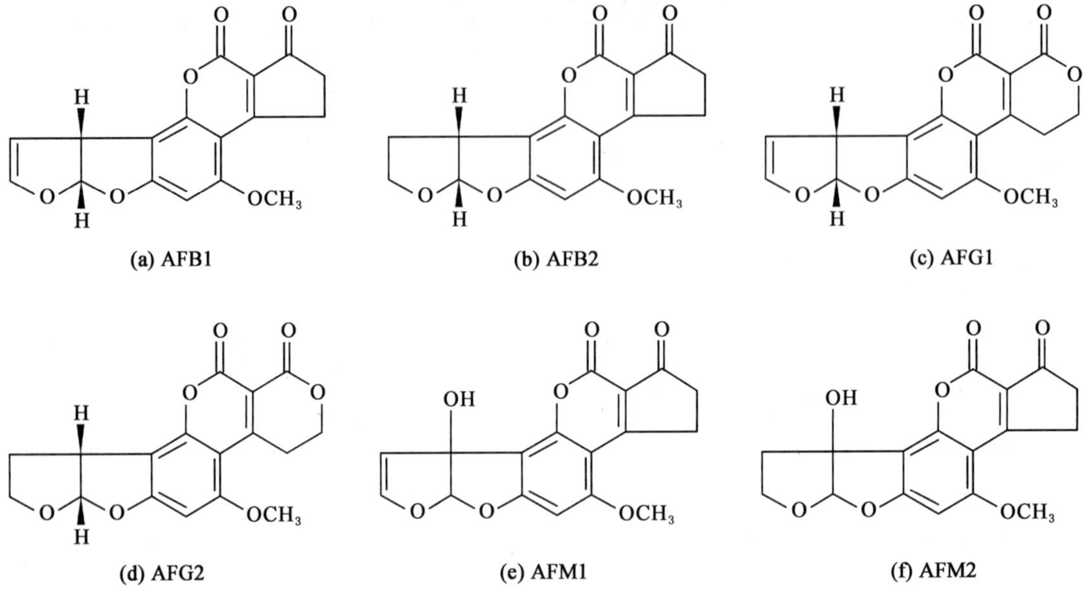

图 6-1　黄曲霉毒素的化学结构式

目前已分离鉴定的有 AFB1、AFB2、AFG1、AFG2、AFM1、AFM2 以及其他结构类似物共 12 种，其基本结构为一个双呋喃环和一个氧杂萘邻酮。黄曲霉毒素在紫外线照射下，B 族毒素发出蓝色荧光，G 族毒素发出绿色荧光。黄曲霉毒素难溶于水、乙烷、石油醚，可溶于甲醇、乙醇、氯仿、丙酮等有机溶剂。黄曲霉毒素容易侵染的农作物有花生、玉米、棉籽、调味品和发酵食品等。在奶制品中，常常见到的是黄曲霉毒素 M1，在哺乳动物的肝脏和尿中，能见到黄曲霉毒素 P1 和 Q1。通常黄曲霉毒素的检测主要是依据其荧光性、理化性质的特点以及污染介质的特性等来采用不同的提取、净化和测定方法。

黄曲霉毒素是最早为人们所认识的真菌毒素，其检测技术的发展可以认为代表了整个真菌毒素检测技术的最新发展趋势，由于黄曲霉毒素等真菌毒素在食品中的含量极小，因此现代真菌毒素分析方法首先考虑的是准确度、精密度，其次是快速性和简便性，这也是目前检测真菌毒素往往采用色谱-质谱、色谱-免疫亲和柱、酶联免疫分析等各类集成技术的原因之一。但是，最终选择什么方法还是应根据实际需要和目的来确定。

考虑到各类黄曲霉毒素检测的类似性，每一种黄曲霉毒素基本都可以应用光谱法、色谱法和酶联免疫法进行测定，本节主要介绍利用纳米金免疫快速检测技术检测黄曲霉毒素 B1，AOAC 中的色谱方法和 ELISA 试剂盒方法检测黄曲霉毒素 M1。

6.2.2.1　食品中黄曲霉毒素的纳米金免疫法检测技术

纳米金(nanogold)是直径为 1～100 nm 的金微小粒子。免疫学分析中常以分散在水中所形成的金溶胶微粒作为载体。纳米金是带负电的疏水胶体，具有胶体的一般特性，金溶胶又被称为胶体金。由于纳米金独特的特点，被广泛应用于免疫标记、生物分子识别、DNA 生物传感器、基因治疗和临床诊断中痕量物质的快速分析等领域。纳米金标记不存在内源酶干扰及放射性同位素污染等问题，因此纳米金已成为继荧光素、酶、同位素及乳胶标记技术之后的一种新型标记技术。

1. 方法目的

掌握纳米金免疫快速检测技术定性检测食品中黄曲霉毒素 B1 的方法及要求。

2. 原理

该方法的原理见图 6-2(彩图 6-2)。测试条由下至上依次为样品垫、金标垫、NC 膜和样品吸收垫。NC 膜上包被有 AFB1-O-BSA 抗原和二抗 IgG，分别作为检测线(T)和质控线(C)。将 AFB1 标准溶液或样品溶液加入测试条的下端，液体样品由于层析作用迁移至硝酸纤维素薄膜区域。若样品中不含有 AFB1(图 6-2 B，阴性)，缓冲液首先迁移至金标垫，金标抗体探针迅速溶解，并由于层析作用继续向前移动，在迁移至检测区时，与包被抗原发生特异性免疫反应，形成免疫复合物，在测试区域(T)即形成一条红色条带。若样品中存在 AFB1 时(图 6-2 B，阳性)，AFB1 溶液会首先与金标抗体探针发生免疫反应，形成免疫复合物，使得与检测区包被抗原反应的金标探针减少，致使检测区(T)带变浅。若 AFB1 足够多，金标探针发生完全反应，当迁移至检测区(T)处，就不会再与包被抗原发生反应，测试区域的红色条带就会消失，T 带消失则指示一定浓度的 AFB1 的存在。样品中 AFB1 与检测区包被抗原直接竞争与金标探针的反应，样品中 AFB1 含量与检测区(T)线的颜色强度呈反比。羊抗鼠等二抗 IgG 被固定在对照区(C)，在这里不管有无 AFB1 存在，抗体探针及其复合物均会与二抗 IgG 结合，形成红色条带。

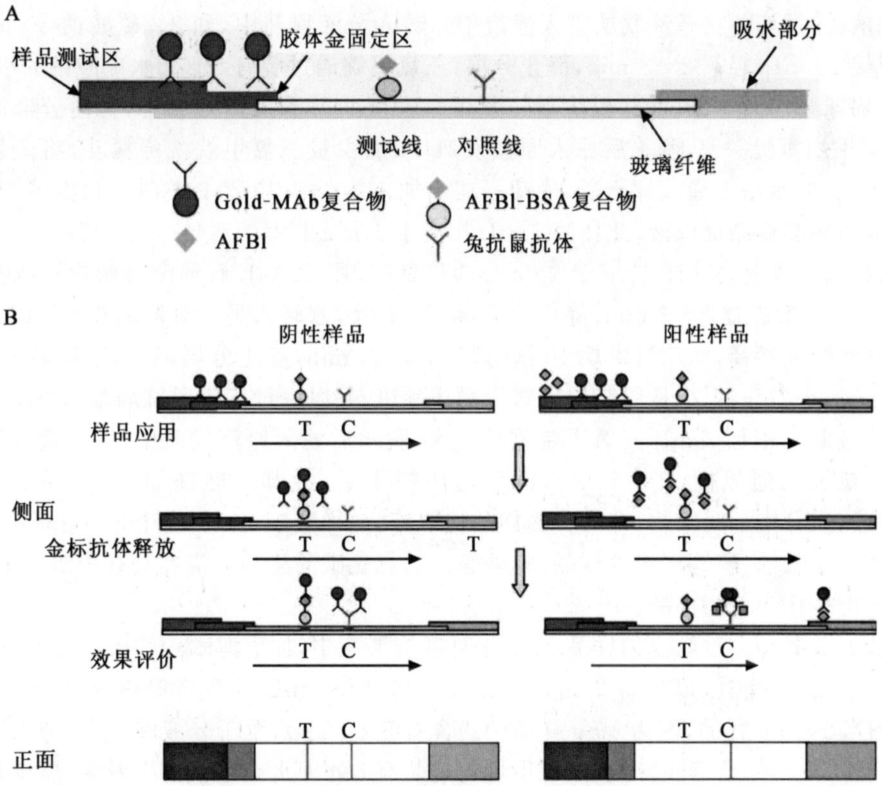

图 6-2　纳米金免疫快速检测技术方法原理图

3. 适用范围

纳米金免疫层析法适用于液体食品、粮食、饲料以及其他各类食品中黄曲霉毒素B1含量的测定，其中在粮食和饲料中黄曲霉毒素B1的检测灵敏度可达1.0 ng/mL。

4. 试剂材料

AFB1-O-BSA，金标McAb探针，二抗，纤维膜，金标垫，样品吸水垫、吸水纸，AFB1标准溶液（溶于甲醇），去离子水，待检样品。

5. 仪器设备

制备纳米金免疫快速检测试纸条金标点样仪、金标切条机、金标试条扫描仪、微量移液器、小型粉碎机、微量振荡器、恒温水浴锅、隔水式电热恒温培养箱、pH计、超声波清洗器等。

6. 分析步骤

(1)AFB1标准溶液的制备　精确称量10 mg AFB1，用1 mL甲醇溶解后再用甲醇-PBS溶液（20∶80）稀释至浓度为10 mg/kg的标准溶液。检测时，用甲醇-PBS溶液将该标准溶液稀释至所需浓度后将工作液滴加于微孔中，将测试条垂直插入微孔，5～10 min时目测结果。

(2)样品提取与纯化

①粮食、花生及其制品　取粉碎过筛（20目）样品20 g于具塞锥形瓶中，加100 mL甲醇水溶液，30 mL石油醚，具塞振摇30 min，静止片刻，过滤于50 mL具塞量筒中，收集50 mL甲醇水滤液（注意切勿将石油醚层带入滤液中），转入分液漏斗中，加2%硫酸钠50 mL稀释，加三氯甲烷10 mL，轻摇2～3 min，静止分层，三氯甲烷通过装有5 g无水硫酸钠的小漏斗（以少量脱脂棉球塞住漏斗颈口，并以少量三氯甲烷润湿），并滤入蒸发皿中，再向分液漏斗中加3 mL三氯甲烷重提一次，脱水后滤入原蒸发皿中，加少量三氯甲烷洗涤漏斗，将蒸发皿放入通风橱，于65 ℃水浴上通风挥干后，冷却。准确加入10 mL甲醇-PBS（1∶1）溶液，充分溶解凝结物，即为待测样品提取液，此样液1 mL相当于1.0 g样品。

②植物油　称混匀油样10 g于10 mL的烧杯中，用50 mL石油醚分数次洗入分液漏斗中，加50 mL甲醇轻摇2～3 min，静止分层，将下层甲醇水转入另一分液漏斗中，加50 mL的2%硫酸钠水溶液稀释，加三氯甲烷10 mL，轻摇2～3 min，静止分层，三氯甲烷通过装有5 g无水硫酸钠的小漏斗（以少量脱脂棉球塞住漏斗颈口，并以少量三氯甲烷润湿），并滤入蒸发皿中，再向分液漏斗中加3 mL三氯甲烷重提一次，脱水后滤入原蒸发皿中，以少量三氯甲烷洗涤，将蒸发皿放入通风橱，于65 ℃水浴上通风挥干后，冷却。准确加入10 mL甲醇-PBS（1∶1）溶液，充分溶解凝结物，即为待测样品提取液，此样液1 mL相当于1.0 g样品。

③发酵酒、酱油、醋等水溶性样品，啤酒等含二氧化碳的样品　需在烧杯中水浴上加热、搅拌、除去气泡后作为待测样品。

④腐乳、黄酱类　称取混匀样品20 g于具塞锥形瓶中，加甲醇水100 mL，石油醚20 mL。振荡30 min，静止片刻，以折叠快速定性滤纸过滤于50 mL具塞量筒中，收集甲醇水溶液50 mL（相当于10 g样品，因为10 g样品中约含有5 mL水），置于分液漏斗中，加入三氯甲烷10 mL，轻摇2～3 min，静止分层，三氯甲烷通过装有5 g无水硫酸钠的小漏斗（以少量脱脂棉球塞住漏斗颈口，并以少量三氯甲烷润湿），并滤入蒸发皿中，再向分液漏斗中加3 mL三氯甲烷重提一次，脱水后滤入原蒸发皿中，加少量三氯甲烷洗涤漏斗，将蒸发皿放入通风橱，于65 ℃水浴上通风挥干后，冷却。准确加入10 mL甲醇-PBS（1∶1）溶液，充分溶解凝结物，即

为待测样品提取液，此样液 1 mL 相当于 1.0 g 样品。

(3)样品测定分析　将经预处理的待测样品溶液滴加于微孔中，测试条垂直插入微孔，5～10 min 时目测结果。

7. 结果参考计算

观察 NC 膜上检测区(T 区)和质控区(C 区)情况。检测区和质控区均出现红线，表明测样品中不含有 AFB1；质控区出现 1 条红线，而检测区未出现红线，表明测样品中含有 AFB1；如果检测区出现红线而质控区未出现红线则实验或试纸条有问题，需重新做。

8. 方法分析与评价

(1)回收率实验：AFB1 在食品样品提取液和食品样品中加标回收实验见表 6-2。加标 1 μg/kg 时，三种样品提取液和样品中加标回收率都在 110% 以上，说明实际应用中，1 μg/kg 超出了有效检测范围。在 2～50 μg/kg 范围内，AFB1 添加入大米提取液和大米样品中的加标回收率分别为 101.77% 和 84.79%。

AFB1 添加入玉米提取液和玉米样品中的加标回收率分别为 104.24% 和 83.09%。

AFB1 添加入小麦粉提取液和小麦粉中的加标回收率分别为 108.81% 和 80.54%。

2～50 μg/kg 范围内所有检测的变异系数 CV 为 6.07%～14.63%。

表 6-2　大米、玉米和小麦粉中 AFB1 的加标回收(孙秀兰，2005)

加入 AFB1 /(μg/kg)	回收率(变异系数)/%					
	大米提取液	大米样品	玉米提取液	玉米样品	大麦提取液	大麦样品
1	117.26(11.14)	129.06(14.50)	119.71(11.96)	140.90(13.41)	124.49(14.06)	136.36(14.56)
2	96.30(6.07)	83.09(10.09)	104.72(8.27)	82.15(14.63)	102.03(7.07)	81.1(11.74)
5	103.20(8.90)	85.57(10.64)	101.03(9.34)	86.16(13.71)	109.05(10.65)	83.9(14.65)
10	105.05(6.13)	82.96(10.21)	106.54(6.88)	84.91(9.42)	105.12(8.26)	84.72(8.65)
20	101.09(9.86)	88.10(9.7)	102.73(7.30)	82.19(10.51)	109.02(6.93)	80.62(9.25)
50	103.21(6.60)	84.23(13.5)	106.17(7.74)	80.05(10.64)	106.44(8.97)	80.54(10.92)

(2)油脂含量对测定结果产生一定影响，分析油脂含量较高的样品一定要先除掉油脂。

(3)该方法检测黄曲霉毒素不仅简便、快速，而且对检验人员有较好的安全性，既有利于该项目检测工作的开展，又有利于提高卫生检验水平。但是，由于该方法中的金纳米颗粒的活性较敏感，某些特殊样品需经特殊处理，以避免对胶体金稳定性产生影响，防止出现假阳性、假阴性，提高测定准确性。

6.2.2.2　食品中的黄曲霉毒素 M1 的 ELISA 试剂盒法检测技术

1. 方法目的

分析测定试剂盒的目的是用来快速定量检测牛奶、奶粉和乳酪中的 AFM1。黄曲霉毒素 M1 是黄曲霉毒素 B1 在动物体内的代谢产物，并能够进入乳汁，乳品中经常受到黄曲霉毒素 M1 的污染，由于黄曲霉毒素 M1 一般条件较难分解，采用巴氏灭菌等方法处理不易被破坏，因此对乳及其制品的检测是保障食品安全的重要措施。

2. 原理

AFM1 检测试剂盒分析测定是一种固相竞争酶联免疫分析测定方法。聚苯乙烯微孔板中包被有抗 AFM1 的高亲和力抗体。将标准品或者样品与等体积 HRP(辣根过氧化物酶)标记的 M1 毒素混合加入微孔中,如果存在 AFM1,它将和标记毒素竞争性地与包被抗体结合,孵育一段时间后,倒出孔里的液体,清洗后加入显色底物,在酶的作用下孔里将会出现蓝色。显色颜色的深浅与标准品或样品中 AFM1 的量成反比例关系。所以,标准品或样品中的 AFM1 浓度越高,显色的蓝色将会越浅。加入酸终止反应,底物颜色由蓝色变为棕黄色。微孔板放进酶标仪里,在 450 nm 读取吸光度值。样品值与试剂盒中标准值相比较,得出结果。

3. 适用范围

黄曲霉毒素 M1 的检测对象一般都是动物的组织、乳及其制品,酶联免疫吸附法适用于乳、乳粉和乳酪中黄曲霉毒素 M1 含量的测定。乳中黄曲霉毒素 M1 的检测灵敏度≤10 pg/mL,乳酪中黄曲霉毒素 M1 的检测灵敏度≤250 pg/mL。

4. 试剂材料

(1)生牛奶　标准品溶解在经过均质处理的脱脂乳中,未加工的全脂奶应该低温过夜,使脂肪球上升,在表面自然形成乳状油层,这时就没有必要离心分离。如果样品是在室温或者经过运输混合,低温放置 12 h,2 000g 离心力离心 5 min,分离出上层脂肪层。抽掉上层脂肪层,分析时用较底层的乳浆。

(2)脱脂牛乳　经过均质处理的脱脂乳应该被直接用来检测。因为均质过程使得脂肪球很稳定,很难再分离,即使是高速离心分离也很难从均质的全脂乳分离乳浆。所以均质脱脂乳可以直接用来检测分析。

(3)奶粉　奶粉首先溶解于一定量的水,处理过程如上所述。

(4)乳酪　带盖的离心管中用 5 mL 甲醇混合 1 g 被精细碾碎的或其他方式浸渍的乳酪,混合 5 min,5 000g 离心力离心 5 min,转移上清。将 0.5 mL 上清液移到玻璃试管中,利用氮吹仪使甲醇蒸发后在玻璃管内壁上会沉积一层黏稠的半固体物质。在试管中加入 0.5 mL 空白脱脂乳,涡旋混匀 1 min,取 200 μL 奶提取物进行测定。

(5)黄曲霉毒素 M1 测定试剂盒　见表 6-3。

表 6-3　黄曲霉毒素 M1 测定 ELISA 试剂盒内容物

数量	试剂	状　态
1×小袋	微孔板	96 孔板(用鼠源 AFM1 单克隆抗体包被)
6×小瓶	AFM1 标准品	3.0 mL/瓶,AFM1 的浓度分别为 0.0、5.0、10.0、25.0、50.0、100.0 pg/mL 溶解在稳定脱脂乳中
1×小瓶	HRP-AFM1 偶联物	15 mL HRP-AFM1 添加防腐剂的缓冲溶液,可以直接使用
1×小瓶	底物试剂	15 mL TMB,可以直接使用
1×小瓶	终止液	15 mL 酸性液体,可以直接使用
1×小袋	洗液	PBST (PBS 中加入 0.05%的吐温-20)
1×小瓶	M1 脱脂乳	15 mL 脱脂乳用来制备乳酪提取物

5. 仪器设备

100 μL 或 200 μL 单道或多道移液器，玻璃试管，计时器，洗瓶，吸水纸，离心机，450 nm 滤光片的酶标仪。

6. 分析条件

试剂贮存在 28 ℃，不要使用过期的产品。使用前将所有的试剂置于室温（19～25 ℃），试剂盒内容物见表 6-3。不要冰冻试剂盒，没有用完的试剂不要回收到原试剂瓶中。操作过程中要求精确量取试剂体积，整个操作过程不要用口移取试剂或样品。终止液里含有酸，不要接触皮肤和眼睛。如果有接触，一定要用清水清洗。所有的材料、试剂和仪器可能被样品或标准品中的 AFM1 污染，在操作过程中一定要戴手套。使用完毕，处理好所有的材料、试剂和仪器。

7. 分析步骤

（1）使用前将试剂拿到室温，将装试剂的小袋开封，根据待测的标准品和样品的数量取出一定量的微孔。将不使用的微孔重新放入小袋，封好口避免潮湿的空气进入（分析检测完毕微孔支架将来可以继续使用）。

（2）每次都要使用新吸头，吸取 200 μL 标准品或样品加到两个复孔里。

（3）将板子装入袋子中封口，避免水蒸气和紫外光的照射。

（4）在室温（19～25 ℃）下孵育 2 h。

（5）将孔里的液体倒入合适的容器中，从洗瓶里吸取 PBST 洗板或用多道洗板洗孔，然后迅速弃掉洗液到合适的容器中，重复洗 3 次。在一层厚的吸水纸上拍板，去掉残留的洗液。

（6）每个孔中加入 100 μL 的偶联物。

（7）再次用袋子封好板子，室温下孵育 15 min，重复步骤（5）。

（8）每个孔中加入 100 μL 酶反应底物（TMB）孵育 15～20 min。

（9）加入 100 μL 的终止液终止反应，板中颜色将会由蓝色变为棕黄色。

（10）450 nm 下读取每个孔的吸光度值（使用一个空白对照）。

8. 结果参考计算

使用原有的吸光值或实验获得的吸光值与标准曲线中 AFM1 浓度为 0 时吸光值的百分比值建立剂量效应曲线。通过在标准品曲线中添加新数值计算被测物质中 AFM1 的浓度。标准品和样品获得的平均吸光度值除以标准品浓度为 0 时的吸光度值乘以 100，标准品浓度为 0 时为 100%，其他标准品和样品吸光度值都以这样的形式表示。

$$吸光值=标准品吸光值(或样品)/标准品\ 0\ 浓度时吸光值\times 100\%$$

标准品数值输入坐标图的坐标系统中，计算 AFM1 的浓度。根据相应的吸光度值每个样品都能从坐标曲线中读出 AFM1 的浓度。为了获得样品中 AFM1 的精确含量数据，从标准曲线读取的浓度应该乘以相应的稀释倍数。

9. 方法分析与评价

回收率和再现性见表 6-4，回收率在 60.5%～100%，试剂盒检测黄曲霉毒素 M1 虽然具有简便、快速、灵敏的特点，非常适合于初期筛选，但是作为精密检测乳制品中的黄曲霉毒素污染还需要利用液相色谱和质谱等技术。

表 6-4 牛奶中添加 AFM1 回收率

添加量/pg	回收率/%	标准差系数批内分析/%
脱脂乳 50	100	4.2
1%脂均质奶 50	93	4.4
全脂均质奶 50	92	2.2
乳酪添加 100	60.5	5.5

6.2.2.3 食品中黄曲霉毒素 M1 免疫亲和柱层析净化高效液相色谱法检测技术

1. 方法目的

分析测定的目的是用来精确定量检测牛奶、奶粉和乳酪中的 AFM1。

2. 原理

样品通过免疫亲和柱时，黄曲霉毒素 M1 被提取。亲和柱内含有的黄曲霉毒素 M1 特异性单克隆抗体交联在固体支持物上，当样品通过亲和柱时，抗体选择性地与黄曲霉毒素 M1（抗原）键合，形成抗体-抗原复合体。用水洗柱除去柱内杂质，然后用洗脱剂洗脱吸附在柱上的黄曲霉毒素 M1，收集洗脱液，用带有荧光检测器的高效液相色谱仪测定洗脱液中黄曲霉毒素 M1 含量。

3. 适用范围

免疫亲和柱层析净化高效液相色谱法适用于乳、乳粉，以及低脂乳、脱脂乳、低脂乳粉和脱脂乳粉中黄曲霉毒素 M1 含量的测定。乳粉中的最低检测限是 0.08 μg/kg，乳中的最低检测限是 0.008 μg/L。

4. 试剂材料

(1)免疫亲和柱应该含有黄曲霉毒素 M1 的抗体。亲和柱的最大容量不小于 100 ng 黄曲霉毒素 M1（相当于 50 mL 浓度为 2 μg/L 的样品），当标准溶液含有 4 ng 黄曲霉毒素 M1（相当于 50 mL 浓度为 80 ng/L 的样品）时回收率不低于 80%。应该定期检查亲和柱的柱效和回收率，对于每个批次的亲和柱至少检查 1 次。

柱效检查方法是用移液管移取 1.0 mL 的黄曲霉毒素 M1 储备液到 20 mL 的锥形试管中。用恒流氮气将液体慢慢吹干，然后用 10 mL 的 10%乙腈溶解残渣，用力摇荡。将该溶液加入 40 mL 水中，混匀，全部通过免疫亲和柱。淋洗免疫亲和柱，洗脱黄曲霉毒素 M1，将洗脱液进行适当稀释后，用高效液相色谱仪测定免疫亲和柱键合的黄曲霉毒素 M1 含量。

回收率的检查方法是用移液管移取 0.005 μg/mL 的黄曲霉毒素 M1 标准工作液到 0.8～10 mL 水中，混匀，全部通过免疫亲和柱，淋洗免疫亲和柱洗脱黄曲霉毒素 M1。将洗脱液进行适当稀释后，用高效液相色谱仪测定免疫亲和柱键合的黄曲霉毒素 M1 含量。

(2)色谱级乙腈，氮气，三氯甲烷（加入 0.5%～1.0%质量比的乙醇），超纯水。

(3)黄曲霉毒素 M1 标准校准溶液：黄曲霉毒素 M1 三氯甲烷溶液标准浓度为 10 μg/mL。根据在 340～370 nm 处的吸光度值确定黄曲霉毒素 M1 的实际浓度。以三氯甲烷为空白，测定 λ_{max}360 nm 最大吸光度值，计算方法：

$$X = AM \times 100/(\varepsilon b)$$

式中：X—标准溶液浓度，μg/mL；A—在 λ_{max} 处测得的吸光度值；M—328，黄曲霉毒素 M1 摩尔质量，g/mol；ε—1995，溶于三氯甲烷中的黄曲霉毒素 M1 的吸光系数，m^2/mol；b—光程，cm。

(4)标准储备液：确定黄曲霉毒素 M1 标准溶液的实际浓度值后，继续用三氯甲烷将其稀释至浓度为 0.1 μg/mL 的储备液。储备液密封后于冰箱中 5 ℃以下避光保存。在此条件下，储备液可以稳定 2 个月。2 个月后，应该对储备液的稳定性进行核查。

(5)黄曲霉毒素 M1 标准工作液：从冰箱中取出储备液放置至室温，移取一定量的储备液进行稀释制备成工作液。工作液当天使用当天制备。用移液管准确移取 1.0 mL 的储备液到 20 mL 锥形试管中，用和缓的氮气将溶液吹干后用 20 mL 10%的乙腈将残渣重新溶解，振摇 30 min，配成浓度为 0.005 μg/mL 的黄曲霉毒素 M1 标准工作液。在用氮气对储备液吹干的过程中，一定要仔细操作，不能让温度降低太多而出现结露。

在作标准曲线时黄曲霉毒素 M1 的进样量分别为 0.05 ng、0.1 ng、0.2 ng 和 0.4 ng。根据高效液相色谱仪进样环的容积量，用工作液配制一系列适当浓度的黄曲霉毒素 M1 标准溶液，稀释液用 10%乙腈。

5. 仪器设备

高效液相色谱仪，十八烷基硅胶柱，分光光度计，天平，一次性注射器 10 mL 和 50 mL，真空系统，离心机，移液管，玻璃烧杯，容量瓶，水浴，滤纸，带刻度的磨口锥形玻璃试管。

6. 色谱分析条件要求

根据色谱柱的型号调整乙腈-水的比例，以保证使黄曲霉毒素 M1 与其他成分的分离效果最佳。乙腈-水溶液的体积流速根据所用色谱柱而定。对于普通色谱柱(柱长约 25 cm、柱内径约 4.6 mm)而言，流速在 1 mL/min 左右，效果最好；柱内径为 3 mm 时，流速在 0.5 mL/min 左右效果最好。为了确定最佳的色谱条件，可以先将不含有黄曲霉毒素 M1 的阴性样品提取液注入高效液相色谱仪，然后再注入样品提取液与黄曲霉毒素 M1 标准溶液的混合液。

标准曲线的线性度和色谱系统的稳定性需要经常检查，多次反复地注入固定量的黄曲霉毒素 M1 标准溶液，直至获得稳定的峰面积和峰高。相邻两次峰面积和峰高的差异不得超过 5%。黄曲霉毒素 M1 的保留时间与温度有关，所以对测定系统的漂移需要补偿。每隔一段时间测定固定量的黄曲霉毒素 M1 标准溶液，这些标准溶液的测定结果可以根据漂移的情况进行校正。进样 20 μL。

7. 分析步骤

(1)乳样品处理　将乳样品在水浴中加热到 35～37 ℃。4 000g 离心力下离心 15 min。收集 50 mL 乳样。

(2)乳粉处理　精确称取 10.0 g 样品置于 250 mL 的烧杯中。将 50 mL 已预热到 50 ℃的水多次少量地加入乳粉中，用搅拌棒将其混合均匀。如果乳粉不能完全地溶解，将烧杯在 50 ℃的水浴中放置至少 30 min。仔细混匀后将溶解的乳粉冷却至 20 ℃，移入 100 mL 容量瓶中，用少量的水分次淋洗烧杯，淋洗液一并移入容量瓶中，再用水定容至刻度。用滤纸过滤乳，或者在 4 000g 离心力下离心 15 min。至少收集 50 mL 的乳样品。

(3)免疫亲和柱的准备　将一次性的 50 mL 注射器筒与亲和柱的顶部相连，再将亲和柱与真空系统连接起来。

(4)样品的提取与纯化　用移液管移取 50 mL 样品到 50 mL 的注射器筒中，控制样品以 2～3 mL/min 稳定的流速过柱。取下 50 mL 的注射器，装上 10 mL 注射器。注射器内加入 10 mL 水，以稳定的流速洗柱，然后，抽干亲和柱。脱开真空系统，装上另一个 10 mL 注射器，加 4 mL 乙腈。缓缓推动注射器栓塞，通过柱塞控制流速，洗脱黄曲霉毒素 M1，洗脱液收集在锥形管中，洗脱时间不少于 60 s。然后用和缓的氮气在 30 ℃下将洗脱液蒸发至体积为 50～500 μL 后定容待用。

(5)黄曲霉毒素 M1 标准曲线　利用色谱仪分析，分别注入含有 0.05 ng、0.1 ng、0.2 ng 和 0.4 ng 的黄曲霉毒素 M1 标准溶液，绘制峰面积或峰高与黄曲霉毒素 M1 浓度的标准曲线。

(6)样品分析　采用与标准溶液相同的色谱条件分析样品中的黄曲霉毒素 M1。从标准曲线上得出样品中的黄曲霉毒素 M1 含量。

8. 结果参考计算

$$X = m_A V_f / (V_i V)$$

式中：X—黄曲霉毒素 M1 的含量，μg/L；m_A—样品液黄曲霉毒素 M1 的峰面积或峰高从标准曲线上得出的黄曲霉毒素 M1 的质量数，ng；V_i—样品洗脱液的体积数，μL；V_f—样品液的最终体积数，μL；V—通过免疫亲和柱被测样品的体积数，mL。

9. 方法分析与评价

(1)免疫亲和柱能特效性地、高选择性地吸附黄曲霉毒素 M1，而让其他杂质通过柱子，可将提取、净化、浓缩一次完成，大大简化了前处理过程，提高工作效率，所以免疫亲和柱和高效液相色谱联用，是一种快速、高效、灵敏、准确、方便、安全的分析方法。

(2)实验室分析操作时应该有适当的避光措施，黄曲霉毒素标准溶液需要避光保护。

(3)非酸洗玻璃器皿(如试管、小瓶、容量瓶、烧杯和注射器)应用于黄曲霉毒素水溶液时会造成黄曲霉毒素含量的损失。所以新的玻璃器皿首先应在稀酸(比如 2 mol/L 的硫酸)中浸泡几个小时，然后用蒸馏水冲洗除掉所有残留的酸液。

6.2.3　食品中的棒状曲霉检测技术

棒状曲霉主要由展青霉产生，许多种霉菌也可产生这种毒素，如扩展青霉、圆弧青霉、木瓜青霉、土曲霉、棒曲霉、雪白丝衣霉等。棒状曲霉在水果及水果制品中较为常见，在饲料中也经常发现霉菌毒素。棒状曲霉可溶于水、丙酮、乙酸乙酯和氯仿，微溶于乙醚和苯，不溶于石油醚，对酸稳定，对碱不稳定。最初由于它对许多革兰氏阳性和阴性细菌有抑制作用而当作抗生素来研究，但后来发现它对动物具有较强的毒性而放弃，转而研究它的毒性及对食品和饲料的污染情况。棒状曲霉主要为神经毒性，可造成动物的痉挛、肺出血、心率加快、呼吸困难甚至死亡，有致癌性。

薄层色谱法是棒状曲霉检测的经典方法，该方法成本低、使用简单。回收率 85%～119%，检出限为 100 μg/L。

高效液相色谱-紫外检测法是目前国际上最流行的检测棒状曲霉的方法。毒素有相对极性并显示了较强的吸收光谱。在前处理中，乙酸乙酯是常用的提取剂，而净化方式有多种形式，包括液液萃取、固相萃取等。由于棒状曲霉是极性小分子物质，因此，色谱条件应选择反相柱以及含水量高的流动相。常用的流动相是水和乙腈混合液（90%的水）或者四氢呋喃水溶液（95%的水）。在分析工作中，常常选择梯度条件来获得较好的色谱分离。气相色谱法检测包括乙酸乙酯提取、硅胶柱净化、棒状曲霉衍生化、电子捕获检测等步骤，检出限为 10 μg/L。目前，尚没有酶联免疫法检测棒状曲霉的报道，不过，国际上针对棒状曲霉及其衍生物的抗体研究一直在进行。

6.2.3.1　食品中棒状曲霉的高效液相色谱法检测技术

1. 方法目的

掌握高效液相色谱法分析棒状曲霉的方法原理。

2. 原理

样品中的棒状曲霉经乙酸乙酯提取，用碳酸钠溶液净化或经 Mycosep228 净化柱净化后，高效液相色谱紫外检测器法测定，外标法定量。

3. 试剂材料

(1)乙酸乙腈，乙腈，乙酸，乙酸盐缓冲液，1.4%碳酸钠溶液。

(2)棒状曲霉标准品(纯度≥99%)：称取约 1.0 mg 棒状曲霉，用乙酸盐缓冲液稀释成 100 μg/mL 的标准储备液或用紫外分光光度计法进行浓度标定，避光于 0 ℃下保存。将上述标准储备液用乙酸盐缓冲液配备成浓度为 0.5 μg/mL 的标准工作液，避光于 0 ℃下保存。

4. 仪器设备

高效液相色谱分析仪-紫外检测器，旋转蒸发仪；MycoSep228 净化柱(Romer labs)，分液漏斗 125 mL，刻度移液管 1 mL，一次性滤膜(0.45 μm)。

5. 分析步骤

(1)提取　量取样品 5 mL，置于 125 mL 分液漏斗，加入 20 mL 水和 25 mL 乙酸乙酯，振摇 1 min，静置分层。将水层放入另一分液漏斗，用乙酸乙酯重复提取 2 次（每次用量 25 mL）。弃去水层，合并三次乙酸乙酯提取液于原分液漏斗。

(2)净化　将提取液加入 10 mL 碳酸钠溶液，立即振摇，静置分层（此净化操作应尽可能在 2 min 内完成）。再用 10 mL 乙酸乙酯提取碳酸钠水层 1 次。弃去碳酸钠水层，合并乙酸乙酯提取液，并加入 5 滴乙酸。全部转移至旋转蒸发器内，于 40～45 ℃下，蒸至剩余溶液为 1～2 mL，用乙酸乙酯将此溶液转移至 5 mL 棕色小瓶内于 40 ℃下用氮气吹干。用 1.0 mL 乙酸盐缓冲液溶解残留物，经 0.45 μm 滤膜滤至样液小瓶内，供高效液相色谱测定。

利用 MycoSep228 净化柱进行净化时移取 10 mL 上层提取液至小试管中，将超过 4 mL 的提取液推入 MycoSep228 净化柱，移取 4 mL 净化液至棕色小瓶，于 40 ℃下蒸发至接近干燥（要保留一薄层样品在小瓶内，避免棒状曲霉的蒸发或降解）。用 0.4 mL 流动相溶解残留物，涡旋振荡 30 s，经 0.45 μm 滤膜滤至样液小瓶内，供高效液相色谱测定。

(3)色谱条件　高效液相色谱-紫外检测器，检测波长 276 nm；ODS 反相色谱柱，长 250 mm，内径 4.6 mm；流动相为乙腈-水(10∶90)；流速 1.0 mL/min。

(4)色谱测定　分别准确注射 20 μL 样液及标准工作溶液于高效液相色谱仪中，按照色谱条件进行色谱分析，响应值均应在仪器检测的线性范围内。对标准工作液和样液进样测定，以外标法定量。在色谱条件下，棒状曲霉的保留时间约为 4.9 min。

6. 结果参考计算

$$X=S_1cV/(S_0V_f)$$

式中：X—样品中棒曲霉素含量，mg/L；S_1—样液中棒状曲霉峰面积，mm^2；S_0—标准工作液中棒状曲霉的峰面积，mm^2；c—标准工作液中棒状曲霉的浓度，μg/mL；V—最终样液体积，mL；V_f—最终样液相当的样品体积，mL。

7. 方法分析与评价

方法的最小检测量：10 μg/kg。方法的回收率试验是以空白样品为基底，进行三水平(10 μg/kg、20 μg/kg、50 μg/kg)添加，每水平 2 个样品的回收率试验，结果见表 6-5。方法的线性范围 0～100 μg/kg，棒状曲霉含量与峰面积间线性良好，相关系数为 0.999 99。

表 6-5 棒状曲霉添加回收率试验

添加水平/(μg/kg)	测得值/(μg/kg)	平均回收率/%
Ⅰ 10	8.5;8.8	86.5
Ⅱ 20	19.9;18.7	96.5
Ⅲ 50	46.8;47.5	94.3

6.2.3.2 食品中棒状曲霉的薄层色谱法检测技术

1. 方法目的

了解掌握薄层色谱法分析棒状曲霉的原理特点。

2. 原理

用乙酸乙酯提取果汁中棒状曲霉，并用硅胶柱进一步纯化。棒状曲霉的洗出液经浓缩后，在薄层板点样、展开，用 3-甲基-2-苯并噻唑酮腙盐酸溶液喷湿后进行检测，在波长 360 nm 紫外光下，棒状曲霉呈黄棕色荧光斑点，检测限值约为 20 μg/L。

3. 试剂材料

(1)棒状曲霉标准溶液　称取 0.500 mg 展青霉素标准品，溶于三氯甲烷中，使其浓度为 10 μg/mL，0 ℃避光保存，用时避光升至室温。

(2)3-甲基-2-苯并噻唑啉酮腙盐酸(MBTH・HCl)溶液　把 0.5 g MBTH・HCl・H_2O 溶于 100 mL 水中，4 ℃保存，每 3 d 制备 1 次。

(3)无水硫酸钠　柱层析用 E. Merk 硅胶 60(0.063～0.2 mm)，薄层用 E. Merk 硅胶 G。苯、乙酸乙酯均重蒸后使用。

4. 仪器设备

小型粉碎机，电动振荡器，薄层色谱玻璃板 20 cm×20 cm，涂布器，固定盘，10 μL 微量注射器，展开糟，360 nm 紫外灯，喷洒瓶。

5. 样品的提取

将 50 mL 样品放入 250 mL 分液漏斗中，用 3 份 50 mL 乙酸乙酯剧烈提取 3 次，将上层提取液合并，用 20 g 无水硫酸钠干燥约 30 min，用玻璃棒将开始形成的团块捣碎，将上清液转入

250 mL 有刻度的烧杯中，用 2 份 25 mL 乙酸乙酯洗涤硫酸钠，并加到提取液中。在蒸汽浴上用缓慢的氮气流蒸发至 25 mL 以下（不要蒸干）。冷却至室温，如需要，可用乙酸乙酯调整体积至 25 mL，并用苯稀释至 100 mL。

6. 纯化方法

(1)在装有约 10 mL 苯的色谱管的底部放一团玻璃棉并弄实，加 15 g 用苯调制的硅胶浆。

(2)用苯洗涤管壁，待硅胶沉降后，将溶剂放至硅胶顶部。小心地把样品提取物加入管中，放至硅胶顶部，弃去洗脱液。

(3)用 200 mL 苯-乙酸乙酯 (75∶25)以约 10 mL/min 速度洗涤棒状曲霉。

(4)在蒸汽浴上通入氮气流将洗提液蒸发近干。用三氯甲烷将残留物移入具聚乙烯塞的小瓶中，在氮气流下蒸汽浴蒸干，加入 500 μL 三氯甲烷溶解残渣，供薄层色谱分析用。

7. 薄层色谱分析

用 10 μL 注射器吸取样品提取液。在 0.25 mm 的薄板上距底边 4 cm 线上滴 2 个 5 μL、1 个 10 μL 的样液点及 1 μL、3 μL、5 μL、7 μL、10 μL 的标准溶液点。在一个 5 μL 样液点上加滴 5 μL 标准液。用甲苯-乙酸乙酯-90%甲酸 (5∶4∶1)将板展开至溶剂前沿达到距离板端 4 cm 处时，取出薄层板，在通风橱中干燥。用 0.5%的 MBTH 喷板，130 ℃加热 15 min；在波长 360 nm 紫外灯下观察，棒状曲霉呈黄棕色荧光斑点，其 R 值约 0.5，检出能力应正好为 1 μL 标准液 (10 μg/mL)。

8. 结果测定

用目测比较样品与标准溶液荧光斑点强度。当样品斑点与内标斑点重叠，且样品斑点的颜色与棒状曲霉标准液相同时，可认为样品的荧光斑点即为棒状曲霉。含内标的样品斑点，其荧光强度应比样品或内标单独存在时更强。如果样品斑点的强度介于两个标准斑点之间，可用内推法确定其浓度，或重新点滴适当体积的样品及标准溶液，以得到较为接近的估计值。如果最弱的样品斑点仍比对应的标准溶液斑点强，则应将样品提取物稀释，并重新点样进行薄层分析。如有条件，可采用薄层色谱扫描仪定量分析。

9. 方法分析与评价

(1)展青霉素是一种抗生素，已证明有致突变性，在对此种物质操作时应尽量小心。

(2)在第一步的提取中，蒸发至 25 mL 就不要再蒸发或干燥了。

(3)在空气中不到几小时喷过的薄层色谱板就会慢慢变蓝，因此需盖上玻璃板。

(4)本方法为 AOAC 974.18 方法。

6.2.4　食品中伏马毒素检测技术

伏马毒素(fumonisin，FB)是一组镰刀菌产生的真菌毒素。到目前为止，发现的伏马毒素有 11 种，即 FA_1、FA_2、FB_1、FB_2、FB_3、FB_4、FC_1、FC_2、FC_3、FC_4 和 FP_1，其中 FB_1 是污染玉米的主要成分。研究证明，FB_1 可引起马的脑白质软化病(equine leukoencephalomalacia，ELEM)和猪的肺水肿综合征(porcine pulmonary edema，PPE)。流行病学资料显示，人类膳食中 FB_1 污染与食管癌高发有一定的关联，如在南非 Transkei、意大利东北部地区及我国河南省林县均发现玉米中 FB_1 含量与食管癌发病率之间有明显的相关性，但缺乏直接证据。国际癌症研究机构(International Agency for Research on Cancer，IARC) 把 FB 划分到 2B 组，即人类可能的致癌物。欧美等国均投入大量的人力、物力研究 FB 的毒性作用、检测方法等。我国开展全国性的粮食中 FB_1 污染状况调查及制定粮食中推荐限量标准建议值，迫切需要建立切实可行的 FB_1 检测方法。

6.2.4.1 食品中伏马毒素的酶联免疫吸附法检测技术

1. 方法目的

本方法利用竞争性酶标免疫法定量测定谷物和饲料中的伏马毒素。

2. 原理

测定的基础是抗原抗体反应。微孔板包被有针对 IgG(伏马毒素抗体)的羊抗体。加入伏马毒素标准或者样品溶液、伏马毒素抗体、伏马毒素酶标记物。游离的伏马毒素和伏马毒素酶标记物竞争性地与伏马毒素抗体发生反应，同时伏马毒素抗体与羊抗体连接。没有连接的酶标记物在洗涤步骤中被除去。将酶基质（过氧化尿素）和发色剂（四甲基联苯胺）加入孔中孵育，结合的酶标记物将无色的发色剂转化为蓝色的产物。加入反应停止液后使颜色由蓝转变为黄色。在 450 nm 处测量，吸收光强度与样品中的伏马毒素浓度成反比。

3. 试剂材料

每一个盒中的试剂足够进行 48 个测量（包括标准分析孔）。

(1)48 孔酶标板(6 条 8 孔板)，包被有伏马毒素羊抗体。

(2)伏马毒素标准溶液：1.3 mL/瓶用甲醇/水配制的伏马毒素溶液，浓度分别为 0 mg/kg，0.222 mg/kg，0.666 mg/kg，2 mg/kg，6 mg/kg。这些浓度值已经包括了样品处理过程中的稀释倍数 70，所以测定样品时，可以直接从标准曲线上读取测定结果。

(3)过氧化物酶标记的伏马毒素浓缩液(3 mL/瓶，红色瓶盖)，伏马毒素抗体(3 mL/瓶，黑色瓶盖)，底物/发色剂混合液(红色，6 mL/瓶，白色滴头)，1 mol/L 硫酸反应停止液(6 mL/瓶，黄色滴头)。

4. 仪器设备

微孔板酶标仪(450 nm)，250 mL 的玻璃或者塑料量筒，可以处理 300 mL 溶液的漏斗、容量瓶，样品粉碎机，摇床，Whatman 1 号滤纸，50 μL、100 μL、1 000 μL 微量加样器。

5. 样品处理

样品应当在暗处及冷藏保存。有代表性的样品在提取前应该磨细、混匀。称取 5 g 磨细的样品置于合适的试管中，加 25 mL 的 70%甲醇/水。用均质器均质 2 min，或者用手或者摇床摇匀 3 min。用 Whatman 1 号滤纸过滤。用纯水以 1∶13 的比例将滤液稀释（即 100 μL 的滤液加 1.3 mL 的水）。在酶标板上每孔加 50 μL。

6. 酶标免疫分析程序（室温 18～30 ℃条件下操作）

(1)分析要求　使用之前将所有试剂回升至室温 18～30 ℃，使用之后立即将所有试剂放回 28 ℃，在使用过程中不要让微孔干燥。分析中的再现性，很大程度上取决于洗板的一致性，仔细按照推荐的洗板顺序操作是测定程序中的要点。在所有恒温孵育过程中，避免光线照射，用盖子盖住微孔板。

(2)伏马毒素酶标板　沿着拉锁边将锡箔袋剪开，取出所需要使用的孔条和板架。不需要的板条与干燥剂一起重新放入锡箔袋，封口后置于 28 ℃。

(3)伏马毒素标准溶液　这些标准溶液的浓度值已经包括了样品处理过程中的稀释倍数，所以测定样品时，可以直接从标准曲线上读取测定结果。

(4)测定程序

①将标准和样品的孔条插入微孔板架中，记录下标准和样品的位置。

②加入 50 μL 标准和样品到各自的微孔中，每个标准和样品必须使用新的吸头。

③加入 50 μL 酶标记物(红色瓶盖)到每一个微孔底部。

④加入 50 μL 伏马毒素抗体(黑色瓶盖)，充分混匀，在室温(18～30 ℃)温育 10 min。

⑤倒出孔中的液体，将微孔架倒置在吸水纸上拍打（每行拍打 3 次）以保证完全除去孔中的液体。用多道移液器将纯水注满微孔，再次倒掉微孔中液体，再重复操作 2 次。

⑥加 2 滴(100 μL)底物/发色剂混合液(白色滴头)到微孔中，充分混合并在室温（18～30 ℃)暗处孵育 30 min。

⑦加入 2 滴(100 μL)反应停止液(黄色滴头)到微孔中，混合好在 450 nm 处测量吸光度值以空气为空白，必须在加入停止液后 30 min 内读取吸光度值。

7. 测定结果

$$\text{吸光度值}=(\text{样品的吸光值}/\text{标准的吸光值})\times 100\%$$

将计算的标准吸光度百分值与对应的伏马毒素浓度值(mg/kg)在半对数坐标纸上绘制成标准曲线图，测定样品的浓度值。

8. 方法分析与评价

(1)伏马毒素试剂盒的平均检测下限为 0.222 mg/kg。

(2)酶联免疫吸附法作为初筛用于检测玉米及饲料中的伏马毒素，已有多家公司开发了商品化的成套试剂盒。这种方法简单、经济、设备投资小，一次可以同时测定多个样品。但在使用过程中需要注意试剂的有效性、试验条件的一致性控制、假阳性的确认。

(3)标准液含有伏马毒素，应特别小心，避免接触皮肤。

(4)所有使用过的玻璃器皿和废液最好在 10%次氯酸钠中(pH=7)过夜。

(5)反应停止液为 1 mol/L 硫酸，避免接触皮肤。

(6)不要使用过了有效日期的试剂盒，稀释或掺杂使用会引起灵敏度的降低。不要交换使用不同批号试剂盒中试剂。

(7)试剂盒保存于 28 ℃，不要冷冻。

(8)将不用的微孔板放进原锡箔袋中并且与提供的干燥剂一起重新密封。

(9)底物/发色剂对光敏感，因此要避免直接暴露在光线下。

(10)微红色的底物/发色剂混合液变成蓝色表明该溶液已变质，应当弃之。标准的吸光度值小于 0.6 个单位 ($A_{450\ \text{nm}}<0.6$)时，表示试剂可能变质，不要再使用。

6.2.4.2　食品中伏马毒素的高效液相色谱法检测技术

1. 方法目的

测定玉米中伏马毒素 B_1、伏马毒素 B_2、伏马毒素 B_3。

2. 原理

利用甲醇-水溶液提取玉米中的伏马毒素。用固相离子交换柱过滤纯化提取物，用醋酸和甲醇溶液溶解伏马毒素。邻苯二醛和 2-巯基乙醇将与溶解在甲醇中的提取物反应形成伏马毒素衍生物,用带有荧光检测器的反相液相色谱仪进行测定。

3. 使用范围

本方法适用于测定玉米中的伏马毒素大于等于 1 μg/g 的情况。

4. 试剂材料

(1)甲醇,磷酸,2-巯基乙醇(MCE),乙腈-水溶液(1∶1),乙酸-甲醇溶液(1∶99),0.1 mol/L 磷酸氢二钠盐溶液,甲醇-水溶液(3∶1),1 mol/L 氢氧化钠溶液,0.1 mol/L 硼酸二钠溶液。

(2)流动相:0.1 mol/L 甲醇-NaH_2PO_4 溶液(77∶23),用磷酸溶液调整 pH 为 3.3。滤液通过滤膜过滤,流速为 1 mL/min。

(3)邻苯二醛(OPA)试剂:将 40 mg OPA 溶解在 1 mL 甲醇中,用 5 mL 的 0.1 mol/L NaB_4O_7 溶液稀释。加 50 μL MCE 溶液,混匀。装于棕色容量瓶中,在室温避光处可以贮藏 1 周。

(4)伏马毒素标准品:制备 FB_1、FB_2、FB_3 浓度为 250 μg/mL 的乙腈-水贮存溶液。移取 100 μL 贮存溶液于干净玻璃小瓶中,并加入 200 μL 乙腈-水溶液,摇匀,即可获得 FB_1、FB_2、FB_3 浓度为 50 μg/mL 的工作标准溶液,该标准溶液在 4 ℃下,可以稳定贮藏 6 个月。

5. 仪器设备

液相色谱仪,反相 C_{18} 不锈钢管的液相色谱柱,荧光检测器,组织均质器,固相萃取柱(SPE),500 mg 硅胶键合强阴离子交换试剂,SPE 管,溶剂蒸发器,0.45 μm 滤膜。

6. 提取和净化

(1)称取 50 g 样品放入 250 mL 离心管中,加入 100 mL 甲醇-水溶液,以均质器 60%的速度均质 3 min。如采用搅拌器提取,过程也不能超过 5 min。

(2)提取物在 500g 的离心力下离心 10 min,过滤。调整滤液的 pH 为 5.8,如果需要可以用 2～3 滴 pH 为 5.8～6.5 的 NaOH 溶液调整。

(3)SPE 注射筒要与 SPE 管匹配。用 5 mL 甲醇清洗注射筒,然后用 5 mL 甲醇-水溶液清洗。将 10 mL 过滤后的提取液加入 SPE 注射筒中,控制流速小于等于 2 mL/min。用 5 mL 甲醇-水溶液清洗注射筒,然后用 3 mL 甲醇清洗。不要让注射筒干燥。用 10 mL 乙酸-甲醇溶液洗脱伏马毒素,流速小于等于 1 mL/min(注意:严格遵守流速不得超过 1 mL/min)。收集洗脱液到 20 mL 玻璃小瓶中。

(4)将洗脱液转移到 4 mL 玻璃小瓶中,在氮气 60 ℃蒸气浴作用下将洗脱液蒸干。用 1 mL 甲醇冲洗收集残渣到 4 mL 小瓶内。蒸发剩下的甲醇,确保所有乙酸已蒸发。蒸干的残渣可在 4 ℃下保留 1 周用于液相色谱分析。

7. 衍生分析

(1)标准衍生物制备　转移 25 μL 标准伏马毒素工作溶液到一个小试管里。添加 225 μL OPA 试剂,混匀后,将 10 μL 混合液加到液相色谱仪中(注意:添加 OPA 试剂与注射到液相色谱分析仪里之间的连续时间是非常关键的,在荧光作用下 OPA-伏马毒素在 2 min 内开始减少)。

(2)检测器和记录效应　设定荧光检测器的灵敏度,使 FB_1 标准品-OPA 衍生物能达到至少80%的记录效应。

(3)分析　用200 μL甲醇再次溶解提取残渣。将25 μL溶液转移到小试管中，加入225 μL OPA试剂(1 min内添加)。混匀后，将10 μL混合液加到液相色谱仪中。所有伏马毒素的峰值应该在一定范围内。通过比较提取物与已知的伏马毒素标准品的保留时间来鉴定峰值。如果伏马毒素色谱峰超过伏马毒素标准，再用甲醇稀释提取物和加入OPA试剂，重复衍生试验。

8. 结果参考计算

$$F = S_u m_0 / S_f$$

式中：F—测定伏马毒素的浓度，ng；S_u—测试溶液伏马毒素波峰面积；S_f—伏马毒素标准品溶液波峰面积；m_0—注入LC系统中伏马毒素标准品浓度，ng。

9. 方法分析与评价

伏马毒素在肝脏中有致癌作用；对人体的影响并不完全清楚。工作时要戴防护手套，以避免皮肤接触玉米提取物中的伏马毒素。任何实验接触泄漏物器皿都要用有5%工业次氯酸钠的溶液清洗，然后用水冲洗。

6.3　食品中细菌毒素检测技术

细菌毒素的检测通常采用的方法有生物学检测法、免疫学方法、聚合酶链技术、超抗原方法和生物传感器法等。其中生物学检测法虽然简便易行但是灵敏度低，免疫学方法种类很多，包括免疫琼脂扩散法、反向间接血凝试验、免疫荧光法和ELISA方法，免疫学方法是目前普遍采用的方法。

虽然目前国内外对各类细菌毒素研究的方法很多，但是制定的标准方法还不够全面，像vero毒素、链霉菌(*Bacterium streptomyces*)产生的缬氨霉素(valinomycin)等细菌毒素还没有标准方法。

6.3.1　细菌毒素的特征及危害评价

细菌毒素(bacterial toxins)是由细菌分泌产生于细胞外或存在于细胞内的致病性物质，通常分为内毒素和外毒素，是食品中的主要天然毒素物质之一。主要的细菌毒素有肠毒素(enterotoxins)、肉毒毒素(clostridium botulinum)和vero毒素(verotoxins)。肠毒素产生菌主要有金黄色葡萄球菌(*Styphylococcus aureus*)和蜡样芽孢杆菌(*Bacillus cerus*)，肉毒毒素产生菌主要是肉毒梭菌(*Clostridium botulinum*)，vero毒素产毒菌主要是肠出血性大肠杆菌(Enterohemorrhagic *E. coli*，EHEC，*E. coli* O157：H7)，此外还有链霉菌(*Bacterium streptomyces*)产生的缬氨霉素(valinomycin)等细菌毒素。

外毒素产生菌主要是革兰阳性菌中的破伤风梭菌、肉毒梭菌、白喉杆菌、产气荚膜梭菌、A群链球菌、金黄色葡萄球菌等。某些革兰阴性菌中的痢疾志贺菌、鼠疫耶氏菌、霍乱弧菌、肠产毒素型大肠埃希菌、铜绿假单胞菌等也能产生外毒素。大多数外毒素是在菌细胞内合成后分泌至细胞外；也有存在于菌体内，待菌溶溃后才释放出来的，痢疾志贺菌和肠产毒素型大肠埃希菌的外毒素属此类。外毒素的毒性强，几微克量就可使实验动物致死。1 mg肉毒毒素纯品能杀死2亿只小鼠，毒性比KCN大1万倍。不同细菌产生的外毒素，对机体的组织器官具有选择作用，可引起特殊的病变，不引起宿主发热反应；可抑制蛋白质合成，引起细胞毒性、神经毒性、紊乱水盐代谢等。例如肉毒毒素能阻断神经末梢释放乙酰胆碱，使眼和咽肌等麻痹，引起眼睑下垂、复视、斜视、吞咽困难等，严重者可因呼吸麻痹而死。又如白喉毒素对外周神经末梢、心肌等有亲和性，通过抑制靶细胞蛋白质的合成而导致外周神经麻痹和心肌炎等。多数外毒素不耐热，如白喉外毒素在58～60 ℃经1～2 h，破伤风外毒素在60 ℃经20 min可被破坏。但葡萄球菌肠毒素是例外，能耐100 ℃ 30 min。大多外毒素是蛋白质，具有良好的抗原性。在0.3%～0.4%甲醛液作用下，经一定时间，可以脱去毒性，但仍保有免疫原性，属类毒素(toxoid)。类毒素注入机体后，可刺激机体产生具有中和外毒素作用的抗毒素抗体。类毒素和抗毒素在防治一些传染病中有实际意义，前者主要用于人工主动免疫，后者常用于治疗和紧急预防。

内毒素是革兰阴性菌细胞壁中的脂多糖(lipopolysaccharide，LPS)组分，只有当细菌死亡裂解或用人工方法破坏菌体后才释放出来。螺旋体、衣原体、支原体、立克次体亦有类似的LPS，有内毒素活性。内毒素的相对分子质量大于10万，其分子结构由O特异性多糖、非特异核心多糖和脂质A三部分组成。内毒素耐热，加热100 ℃、1 h不被破坏；需160 ℃加热2～4 h，或用强碱、强酸、强氧化剂加温煮沸30 min才灭活。不能用甲醛液脱毒成类毒素。内毒素注射机体可产生相应抗体，但中和作用较弱。内毒素LPS能刺激巨噬细胞、血管内皮细胞等产生IL-1、IL-6、TNF-α及趋化因子等。小量内毒素诱生的这些细胞因子，可导致适度发热、微血管扩张、炎症反应等对宿主有益的免疫保护应答。但当革兰阴性菌进入血液循环发生败血症时，内毒素大量释出，诱生的细胞因子过量，常致患者休克甚至死亡。高浓度的内毒素也可激活补体替代途径，引发高热、低血压，以及活化凝血系统，最后导致弥散性血管内凝血(disseminated intravascular)，对实验动物致死作用的量比外毒素大。各种细菌内素的毒性作用大致相同。引起发热、弥漫性血管内凝血、粒细胞减少血症、施瓦兹曼现象等。因此，能够及时有效地检测并杜绝食品中细菌毒素，对保证食品安全性意义重大。

6.3.2 食品中肉毒毒素的检测分析

1. 方法目的

检测食品和食物中毒样品中的肉毒毒素。

2. 原理

当肉毒毒素与相应的抗毒素混合后，发生特异性结合，致使毒素的毒性完全被抗毒素中和失去毒力。以含有大于1个小白鼠最小致死量(MLD)的肉毒毒素的食品或培养物的提取液，注射于小白鼠腹腔内，在出现肉毒中毒症状之后，于96 h内死亡。相应的抗毒素中和肉毒毒素并能保护小白鼠免于出现症状，而其他抗毒素则不能。

3. 范围

本标准适用于各类食品和食物中毒样品中肉毒毒素的检验。

4. 试剂材料

肉毒分型抗毒诊断血清；胰酶：活力1：250。

5. 仪器设备

冰箱；恒温培养箱；离心机；架盘药物天平；灭菌吸管；90 mm 灭菌平皿；灭菌锥形瓶；灭菌注射器；12～15 g 小白鼠。

6. 分析测定步骤

(1)肉毒毒素检验　液状检样可直接离心，固体或半流动检样须加适量(例如等量、倍量或 5 倍量、10 倍量)明胶磷酸盐缓冲液，浸泡，研碎。然后离心，上清液进行检测。

另取一部分上清液，调节 pH 至 6.2，每 9 份加 10%胰酶(活力 1∶250)水溶液 1 份，混匀，不断轻轻搅动，37 ℃作用 60 min，进行检测。肉毒毒素检测以小白鼠腹腔注射法为标准法。

(2)检出试验　取上述离心上清液及其胰酶激活处理液分别注射小白鼠 3 只，每只 0.5 mL，观察 4 d，注射液中若有肉毒毒素存在，小白鼠一般多在注射后 24 h 内发病、死亡。主要症状为竖毛、四肢瘫软，呼吸困难，呼吸呈风箱式，腰部凹陷，宛若蜂腰，最终死于呼吸麻痹。

如遇小鼠猝死以至症状不明显时，则可将注射液做适当稀释，重做试验。

(3)验证试验　不论上清液或其胰酶激活处理液，凡能致小鼠发病、死亡者，取样分成 3 份进行试验，一份加等量多型混合肉毒抗毒诊断血清，混匀，37 ℃作用 30 min；一份加等量明胶磷酸盐缓冲液，混匀，煮沸 10 min；一份加等量明胶磷酸盐缓冲液，混匀即可，不做其他处理。3 份混合液分别注射小鼠各 2 只，每只 0.5 mL，观察 4 d，若注射加诊断血清与煮沸加热的两份混合液的小白鼠均获保护存活，而唯有注射未经其他处理的混合液的小白鼠以特有的症状死亡，则可判定检样中的肉毒毒素存在，必要时要进行毒力测定及定型试验。

(4)毒力判断测定　取已判定含有肉毒毒素的检样离心上清液，用明胶磷酸盐缓冲液稀释 50 倍、100 倍及 5 000 倍的液样，分别注射小鼠各 2 只，每只 0.5 mL，观察 4 d。根据动物死亡情况，计算检样所含肉毒毒素的大体毒力(MLD/mL，或 MLD/g)。例如 5 倍、50 倍及 500 倍稀释致动物全部死亡，而注射 5 000 倍稀释液的动物全部存活，则可大体判定检样上清液所含毒素的毒力为 1 000～10 000 MDL/mL。

(5)定性试验　按毒力测定结果，用明胶磷酸盐缓冲液将上清液稀释至所含毒素的毒力大体在 10～1 000 MLD/mL 的范围，分别与各单型肉毒抗诊断血清等量混匀，37 ℃作用 30 min，各注射小鼠 2 只，每只 0.5 mL，观察 4 d。同时以明胶磷酸盐缓冲液代替诊断血清，与稀释毒素液等量混合作为对照。能保护动物免于发病、死亡的诊断血清型即为检样所含肉毒毒素的型别。

6.4　食品中其他天然毒素检测技术

食品中可能存在的天然毒素物质有河豚毒素(tetrodotoxin)、皂苷(saponins)、胰蛋白酶抑制剂(trypsin inhibitor)、龙葵素(solanen)、生物胺(biogenic amine，简称 BA)等，目前对这些天然毒素的检测通常采用小鼠试验法。但是小鼠试验法仅能指出毒性的大小而无法确定毒素的组成和含量，所测得的毒性和小鼠的品系有关，可比性较差，必须进行标准毒素的校准才有可能相比。另外该方法具有测定结果的重复性差、毒性测试所需时间长、操作人员需要受专门训练和小鼠维持费用较高等不足。因此很多研究者试图利用免疫检测法、化学检测法以及各类色谱法对其进行检测，其中国内外研究报告较多的是利用 HPLC 方法进行检测，虽然我国已研究出河豚毒素的免疫检测试剂盒，但是还未得到普及应用。

6.4.1 河豚毒素的检测技术

6.4.1.1 河豚毒素的危害评价

河豚毒素(TTX)是一种存在于河豚、蝾螈、斑足蟾等动物中的毒素。分子式 $C_{11}H_{17}N_3O_8$。无色棱柱状晶体。对热不稳定。难溶于水，可溶于弱酸的水溶液。在碱性溶液中易分解，在低的 pH 溶液中也不稳定。河豚毒素是强烈的神经毒素，很低浓度的河豚毒素就能选择性地抑制钠离子通过神经细胞膜。河豚毒素还有其他药理作用，是神经生理学和肌肉生理学研究的有用工具。

河豚的种类很多。体长的河豚毒性相对高些，其组织器官的毒性强弱也有差异。河豚毒素毒性从大到小依次排列的顺序为：卵巢、肝脏、脾脏、血筋、鳃、皮、精巢。冬春季节是河豚的产卵季节，此时，河豚的肉味最鲜美，但是毒素也最高。

6.4.1.2 河豚中河豚毒素酶联免疫分析法检测技术

1. 方法目的

了解掌握河豚中河豚毒素酶联免疫法分析原理与技术特点。

2. 原理

样品中的河豚毒素经提取、脱脂后与定量的特异性酶标抗体反应，多余的酶标抗体则与酶标板内的包被抗原结合，加入底物后显色，与标准曲线比较测定 TTX 含量。

3. 适用范围

适用于鲜河豚中 TTX 的测定。对 TTX 的最小检出量为 0.1 μg/L，相当于样品中 1 μg/kg，标准曲线线性范围为 5～500 μg/L。

4. 试剂材料

(1)抗河豚毒素单克隆抗体：杂交瘤技术生产并经纯化的抗 TTX 单克隆单体。

(2)牛血清白蛋白(BSA)人工抗原：牛血清白蛋白-甲醛-河豚毒素连接物(BSA-HCHO-TTX)，−20 ℃保存，冷冻干燥后的人工抗原可室温或 4 ℃保存。

(3)河豚毒素标准品：纯度 98%；乙酸(CH_3COOH)。

(4)氢氧化钠，乙酸钠，乙醚，N，N-二甲基甲酰胺，3，3，5，5-四甲基联苯胺(TMB)(4 ℃避光保存)，碳酸钠，碳酸氢钠，磷酸二氢钾，磷酸氢二钠，氯化钠，氯化钾，过氧化氢，纯水(Milli Q 系统净化)，吐温-20(Tween-20)，柠檬酸，浓硫酸。

(5)辣根过氧化物酶(HRP)标记的抗 TTX 单克隆抗体：−20 ℃保存，冷冻干燥的酶标抗体可室温或 4 ℃保存。

(6)0.2 mol/L pH 4.0 乙酸盐缓冲液：取 0.2 mol/L 乙酸钠(1.64 g 乙酸钠加水溶解定容至 100 mL)2.0 mL 和 0.2 mol/L 乙酸(1.14 g 乙酸加水溶解定容至 100 mL)8.0 mL 混合而成。

(7)0.1 mol/L 的 pH 7.4 磷酸盐缓冲液(PBS)：取 0.2 g 磷酸二氢钾、2.9 g 磷酸氢二钠、8.0 g 氯化钠、0.2 g 氯化钾，加纯水溶解并定容至 1 000 mL。

(8)TTX 标准储存液:用 0.01 mol/L PBS 配制成浓度分别为 5 000.00 μg/L、2 500.00 μg/L、1 000.00 μg/L、500.00 μg/L、250.00 μg/L、100.00 μg/L、50.00 μg/L、25.00 μg/L、10.00 μg/L、5.00 μg/L、1.00 μg/L、0.50 μg/L、0.10 μg/L、0.05 μg/L 的 TTX 标准工作溶液,现用现配。

(9)包被缓冲液(0.05 mol/L 的 pH 9.6 碳酸盐缓冲液):称取 1.59 g 碳酸钠、2.93 g 碳酸氢钠,加纯水溶解并定容至 1 000 mL。

(10)封闭液:2.0 g BSA 加 PBS 溶解并定容至 1 000 mL。

(11)洗液:999.5 mL PBS 溶液中加入 0.5 mL 的吐温-20。

(12)抗体稀释液:1.0 g BSA 加 PBS 溶解并定容至 1 000 mL。

(13)底物缓冲液:0.1 mol/L 柠檬酸(2.101 g 柠檬酸加水溶解定容至 100 mL)∶0.2 mol/L 磷酸氢二钠(7.16 g 磷酸氢二钠加水溶解定容至 100 mL)∶纯水＝24.3∶25.7∶50,现用现配。

(14)底物溶液

TMB 储存液:200 mg TMB 溶于 20 mL N,N-二甲基甲酰胺中而成,4 ℃避光保存。

底物溶液:将 75 μL TMB 储存液、10 mL 底物缓冲液和 10 μL H_2O_2混合而成。

终止液:2 mol/L 的 H_2SO_4 溶液。

0.1%乙酸溶液,1 mol/L NaOH 溶液。

5. 仪器设备

组织匀浆器;温控磁力搅拌器;高速离心机;全波长光栅酶标仪或配有 450 nm 滤光片的酶标仪;可拆卸 96 孔酶标微孔板;恒温培养箱;微量加样器及配套吸头(100 μL、200 μL、1 000 μL);分析天平;架盘药物天平;125 mL 分液漏斗;100 mL 量筒;100 mL 烧杯;剪刀;漏斗;10 mL 吸管;100 mL 磨口具塞锥形瓶;容量瓶(50 mL、1 000 mL);pH 试纸;研钵。

6. 分析步骤

(1)样品采集　现场采集样品后立即 4 ℃冷藏,最好当天检验。如果时间长可暂时冷冻保存。

(2)取样　对冷藏或冷冻后解冻的样品,用蒸馏水清洗鱼体表面污物,滤纸吸干鱼体表面的水分后用剪刀将鱼体分解成肌肉、肝脏、肠道、皮肤、卵巢等部分,各部分组织分别用蒸馏水洗去血污,滤纸吸干表面的水分后称重。

(3)样品提取　将待测河豚组织用剪刀剪碎,加入 5 倍体积 0.1%的乙酸溶液(即 1 g 组织中加入 0.1%乙酸 5 mL),用组织匀浆器磨成糊状。取相当于 5 g 河豚组织的匀浆糊(25 mL)于烧杯中,置温控磁力搅拌器上边加热边搅拌,100 ℃时持续 10 min 后取下,冷却至室温后,8 000 r/min 离心 15 min,快速过滤于 125 mL 分液漏斗中。滤纸残渣用 20 mL 的 0.1%乙酸分次洗净,洗液合并于烧杯中,温控磁力搅拌器上边加热边搅拌,达 100 ℃时持续 3 min 后取下,8 000 r/min 离心 15 min 过滤,合并滤液于分液漏斗中。向分液漏斗中的清液中加入等体积乙醚振摇脱脂,静置分层后,放出水层至另一个分液漏斗中并以等体积乙醚再重复脱脂一次,将水层放入 100 mL 锥形瓶中,减压浓缩去除其中残存的乙醚后,提取液转入 50 mL 容量瓶中,用 1 mol/L NaOH 调 pH 至 6.5～7.0,用 PBS 定容到 50 mL,立即用于检测(每毫升提取液相当于 0.1 g 河豚组织样品)。当天不能检测的提取液经减压浓缩去除其中残存的乙醚后不用 NaOH 调 pH，密封后－20 ℃以下冷冻保存，在检测前调节 pH 并定容至 50 mL 检测。

(4)测定　用 BSA-HCHO-TTX 人工抗原包被酶标板，120 μL/孔，4 ℃静置 12 h。将辣根过氧化物酶标记的纯化 TTX 单克隆抗体稀释后分别做以下步骤：

①与等体积不同浓度的河豚毒素标准溶液在 2 mL 试管内混合后，4 ℃静置 12 h 或备用。此液用于制作 TTX 标准抑制曲线。

②与等体积样品提取液在 2 mL 试管内混合后，4 ℃静置 12 h 或 37 ℃温育 2 h 备用。

③已包被的酶标板用 PBS-T 洗 3 次(每次浸泡 3 min)后，加封闭液封闭，200 μL/孔，置 37 ℃温育 2 h。

④封闭后的酶标板用 PBS-T 洗 3 次×3 min 后，加抗原抗体反应液(在酶标板的适当孔位加抗体稀释液作为阴性对照)，100 μL/孔，37 ℃温育 2 h，酶标板洗 5 次×3 min 后，加新配制的底物溶液，100 μL/孔，37 ℃温育 10 min 后，每孔加入 50 μL 2 mol/L 的 H_2SO_4 终止显色反应，于波长 450 nm 处测定吸光度值。

7. 结果参考计算

$$X = m_1VD/(V_1m)$$

式中：X—样品中 TTX 的含量，μg/kg；m_1—酶标板上测得的 TTX 的含量，ng，根据标准曲线按数值插入法求得；V—样品提取液的体积，mL；D—样品提取液的稀释倍数；V_1—酶标板上每孔加入的样液体积，mL；m—样品质量，g。

6.4.2 食品中龙葵素的检测技术

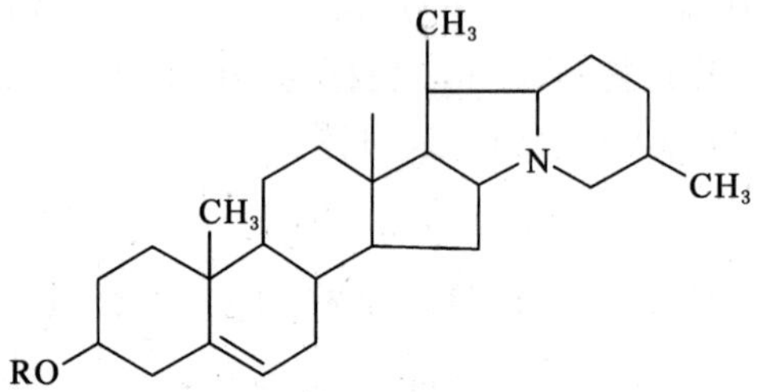

图 6-3　龙葵素的化学结构

龙葵素又称茄素，属生物碱，其化学结构见图 6-3。龙葵素是一种有毒物质，人、畜使用过量均能引起中毒。龙葵素中毒的潜伏期为数分钟至数小时，轻者恶心、呕吐、腹泻、头晕、舌咽麻痹、胃痛、耳鸣；严重的丧失知觉、麻痹、休克，若抢救不及时会造成死亡。

马铃薯块茎中含有龙葵素。一般成熟的正常马铃薯中，龙葵素含量为 7～10 mg/100 g，小于 20 mg/100 g 的为安全限值。但马铃薯块茎生芽或经日光暴晒后，表皮会出现绿色区域，同时产生大量龙葵素，其含量可增至 500 mg/100 g，远远超过了安全阈值。另外，在未成熟的青色西红柿当中也有结构类似的番茄碱存在。

6.4.2.1 食品中龙葵素的分光光度法检测技术

1. 方法目的

了解掌握龙葵素的定性、定量分析方法的原理特点。

2. 原理

当样品含有龙葵素时，可与硒酸钠、钒酸铵在一定温度条件下耦合反应，有不同颜色变化，反应显色过程较快不稳定，可定性鉴定，灵敏度较高。龙葵素在酸化乙醇中于 568 nm 左右有一较强稳定的吸收值，依此可定量分析。

3. 试剂材料

(1)酸化乙醇Ⅰ:95%乙醇-5%乙酸(1∶1);酸化乙醇Ⅱ:95%乙醇-20% H_2SO_4(1∶1)。

(2)60%硫酸,甲醛溶液(用60% H_2SO_4 配制,浓度为0.5%),氨水。

(3)龙葵素标准溶液(浓度分别为0.05 mmol/L、0.1 mmol/L、0.2 mmol/L、0.3 mmol/L、0.4 mmol/L、0.5 mmol/L)。

(4)钒酸铵溶液:用50%的硫酸溶液配制,浓度为0.1%。

(5)硒酸钠溶液:用50%的硫酸溶液配制,浓度为1.5%。

4. 仪器设备

可见光分光光度计。

5. 分析步骤

(1)定性分析　取50 g样品压榨出汁,残渣用蒸馏水洗涤,合并为样液。样液用氨水调节pH至10左右,3 000 r/min离心10 min得残渣。将残渣蒸干,在60 ℃水浴中用乙醇回流提取30 min,然后过滤。滤液再次用氨水调节pH至10,龙葵素沉淀析出,收集沉淀备用。

①取少量沉淀,加入钒酸铵溶液1 mL,呈现黄色,后慢慢转为橙红、紫色、蓝色和绿色,最后颜色消失。

②取少量沉淀,加入硒酸钠溶液1 mL,60 ℃保温3 min,冷却后呈现紫红色,随后转为橙红、黄橙和黄褐色,最后颜色消失。

如有上述现象发生,则可定性判断样品中含有龙葵素。

(2)定量分析　取10 g样品,加入适量酸化乙醇Ⅰ研磨10 min。研磨后的匀浆通过滤纸过滤,滤液在70 ℃的水浴中加热30 min后取出冷却。用氨水将滤液的pH调至10,然后在5 000 r/min的条件下离心5 min使龙葵素沉淀。用氨水洗涤收集到的沉淀,干燥至恒重。

干燥的沉淀溶于酸化乙醇Ⅱ中并定容100 mL。取定容后的溶液1 mL,加入5 mL 60%的 H_2SO_4,5 min后,加甲醛溶液5 mL。静置3 h后,在565～570 nm处测定混合液的吸光度值。

标准溶液的测定操作同上。取龙葵素系列标准溶液各1 mL,加入5 mL的60% H_2SO_4 后,加入甲醛溶液5 mL,静置3 h后,在565～570 nm测定混合液的吸光度值。以浓度为横坐标,吸光度值为纵坐标绘制标准曲线。样品含量高可适当稀释。

6. 方法分析与评价

定性方法灵敏度可达0.01 μg。定量分析方法灵敏度在5 μg左右。

6.4.2.2　食品中生物碱的高效液相色谱法检测技术

1. 方法目的

利用高效液相色谱法检测马铃薯块茎中的生物碱(α-龙葵素和α-卡茄碱)。

2. 原理

用稀醋酸提取新鲜块茎组织中生物碱,一次性固相萃取浓缩和纯化提取物。最终分离并在202 nm处通过液相色谱紫外测量α-龙葵碱和α-卡茄碱量。

3. 适用范围

适于新鲜土豆块茎中10～200 mg/kg的α-龙葵素和20～250 mg/kg的α-卡茄碱的质量

测定。

4. 试剂材料

(1)色谱级乙腈。

(2)提取液:100 mL 的 5%冰醋酸溶液,加入 0.5 g 亚硫酸氢钠混合溶解。

(3)15%乙腈固相萃取洗液。

(4)0.1 mol/L 磷酸氢二钾(称 1.74 g 无水磷酸氢二钾,定容至 100 mL),0.1 mol/L 磷酸二氢钾(称 1.36 g 磷酸二氢钾,定容至 100 mL)。

(5)0.1 mol/L 的 pH 7.6 磷酸盐缓冲溶液:取 100 mL 磷酸氢二钾至具有磁搅拌器和 pH 电极的烧杯中,再加入磷酸二氢钾溶液,使 pH 达到 7.6,通过 0.45 μm 过滤膜过滤。

(6)液相色谱流动相:将 60 mL 乙腈与 40 mL 0.01 mol/L 的磷酸盐缓冲液混合。

(7)60%乙腈色谱冲洗溶液:配制成 600 mL 的乙腈溶液,加入 400 mL 的水。将其中的毒气除去。

(8)生物碱的标准溶液:称量大约 25.00 mg α-龙葵素和 α-卡茄碱,定量转移至 100 mL 的容量瓶中,加 0.1 mol/L 磷酸二氢钾定容。

5. 仪器设备

液相色谱仪;液相色谱柱 250 mm×4.6 mm,离心机,分析天平,pH 计,高速均质机,固相萃取柱,多功能真空固相萃取机。

6. 分析步骤

(1)样品制备　在食物处理器中将 10～20 个马铃薯块茎切成细条状。混合后立即转移约 200 g 至 2 L 的装满液氮的不锈钢烧杯中并搅拌,以免它们黏合在一起。均质并使马铃薯离解成微粒,均质后将均质浆液转移到塑料容器中,置于阴凉处,让液氮蒸发。在马铃薯组织开始解冻之前,盖在密闭容器内并储存在 −18 ℃或更低温度下。样品在下次操作前,至少能够贮存 6 个月。

(2)提取　除去上层可能包含浓缩水的冰冻马铃薯样品,称取 10.00 g 冰冻的马铃薯样品迅速加入 40 mL 提取溶液,均质机搅拌约 2 min(控制搅拌速度,以防止产生泡沫)。4 000 r/min 离心 30 min 并澄清。收集上清液。提取物可在 4 ℃下至少稳定存放 1 周。

(3)纯化　将 5.0 mL 乙腈加入 SPE 柱子,加 5.0 mL 样液,接下来加 5.0 mL 的萃取液,经柱子萃取,用 10.0 mL 冲洗液分两次冲洗柱子(速度 12 滴/s)。合并各液,定容至 25 mL。

(4)色谱分析方法　在规定的液相色谱测定条件下,α-龙葵素和 α-卡茄碱在 10 min 就出现峰值,如果操作时间持续 20 min,α-龙葵素和 α-卡茄碱的单苷类会出现峰值。建立 α-龙葵素和 α-卡茄碱的标准曲线,通过标准回归曲线计算样品含量,单位 μg/mL 来表示。

7. 方法分析与评价

(1)α-龙葵素和 α-卡茄碱是有毒的,避免接触皮肤。

(2)处理液氮时要谨慎。特别是在极低温度(−196 ℃)可导致皮肤损伤、霜冻害或类似烧伤一样。将液氮加入热的容器中或是向液氮中加入药品时会沸腾并飞溅,所以应用皮手套和安全眼罩将手和眼保护起来。每次操作时,要尽量降低沸腾和喷溅的程度。蒸发的氮气和凝结的氧气在密闭空间内所占一定百分比可以降低危险性。所以通常要在通风良好的情况下使用和贮藏液氮。由于从液态变成气体体积膨胀,那么,液氮贮存在密封的容器中可能会产生危险的超压。

(3)结果参考计算时，注意样品含水率的换算误差，样品稀释误差及倍数换算。

6.4.3　食物中氰苷的检测技术

氰苷(cyanogenic glycoside)是由*D*-葡萄糖与氰醇衍生物的羟基缩合形成的糖苷，根据取代基性质分为芳香族类与脂肪族类，在1万余种植物中广泛存在，如木薯、竹笋、亚麻叶、三叶草、苦杏仁等。

氰苷的理化特征：氰苷一般味苦，易溶于水、醇；极易被酸或同存于同种植物中的酶所水解。这是通过加工处理去除与降低氰苷毒性的化学基础。氰苷分解的最后产物是糖类、醛酮和氢氰酸(HCN)，HCN沸点26℃，极易挥发散失。

氰苷的毒害作用：氰苷(生氰苷)结构中含氰基(—C≡N)，水解后产生HCN。氰基易与氧化型细胞色素氧化酶分子中的Fe结合，抑制呼吸酶活性，阻断或丧失细胞呼吸时氧化与还原的电子传递功能，不能激活分子氧，使细胞代谢停止，发生细胞窒息，最后导致呼吸麻痹死亡。

6.4.3.1　食物中氰苷的离子选择性电极法分析

1. 方法目的

掌握离子选择性电极法分析氰苷的原理特点。

2. 原理

样品中氰苷在淀粉酶作用下水解为氰离子，溶液中一定离子浓度在氰离子选择性电极产生的电极电位，与标准溶液比较可进行定量分析。

3. 试剂材料

α-淀粉酶、*β*-淀粉酶、0.025 mol/L的pH 6.9磷酸盐缓冲液、0.05 mol/L氰化钾标准储备液、0.01 mol/L盐酸、2 mol/L氢氧化钠溶液、去离子水。

4. 仪器设备

电化学分析仪或离子计、氰离子选择性电极、甘汞电极。

5. 分析步骤

样品真空干燥后磨成粉状，精确称取5 g左右粉状样品放入烧杯中，视样品中淀粉含量的多少加入*α*-淀粉酶和*β*-淀粉酶，再加入50 mL去离子水。用稀盐酸调节pH至5.0，在30 ℃条件下回流水解30 min。

将水解液冷却后过滤至100 mL容量瓶，然后加入10 mL缓冲液和1 mL的2 mol/L NaOH，再用去离子水定容，此时体系的pH为11～12。

用甘汞电极作参比电极、氰离子选择性电极作指示电极，对照标准曲线测定样品中氰离子总量，样品中氰苷的含量以氢氰酸计。

6. 结果参考计算

$$X = MVM_0/m$$

式中：X—样品中氰苷的含量(以氢氰酸计)，mg/g；M—从标准曲线上查得的样品溶液中氰离子总量，mol/L；V—样品定容体积，mL；M_0—氢氰酸的毫摩尔质量，27 mg/mmol；m—样品质量，g。

7. 方法分析与评价

(1)样品杯在测定中最好是恒温搅拌条件下进行，减少分析误差。

(2)测定过程最好在通风条件下进行(通风橱)。

(3)方法检测灵敏度较高，可达 0.01 μg。

6.4.3.2 食物中氰苷的气相色谱法分析

1. 方法目的

掌握气相色谱法分析氰苷的原理方法和特点。

2. 原理

样品在酶和酸解后，用碱吸收，在特定缓冲溶液体系中，通过有机溶剂提取，经气相色谱分析，与标准物质比较定量分析。

3. 试剂材料

(1)氢氧化钠试纸(滤纸滴加 10%氢氧化钠溶液润湿)，0.01 mol/L 的 pH 7.0 磷酸盐缓冲液，1%氯胺 T 溶液，5%亚砷酸溶液，20%盐酸溶液，甲醇，乙醚。

(2)氢氰酸标准储备液(100 mg/mL)，用时稀释至 1～20 μg/mL。

4. 仪器设备

气相色谱仪(色谱柱 PORAPAK-QS)，检测器(FID)，载气(高纯氮)。

5. 分析步骤

样品真空干燥后磨成粉状。精确称取 5 g 左右粉状样品放入烧杯中，视样品中淀粉含量的多少加入 α-淀粉酶和 β-淀粉酶，再加入 50 mL 去离子水，用稀盐酸调节 pH 至 5.0，在 30 ℃条件下回流水解 30 min。

回流结束后冷却水解液，将其过滤至 100 mL 烧杯中，加入 20%的盐酸溶液 40 mL 后立即封口，并在封口膜的内侧固定氢氧化钠试纸，然后将烧杯放入 30 ℃恒温箱中 1.0 h。

将氢氧化钠试纸移入烧杯中，用 5 mL 蒸馏水分次浸提。合并浸提液，加入缓冲液和氯胺 T 溶液各 2 mL，5 min 后加入亚砷酸溶液 2 mL 和乙醚 5 mL 振摇 3 min。乙醚层用 K-D 浓缩器浓缩至干，用甲醇定容至 2.00 mL 备用。

配制标准系列浓度样品，依据标准溶液定性、定量分析。

6. 色谱工作条件

进样温度 220 ℃，柱温 150 ℃，检测器温度 250 ℃，载气流速 35 mL/min。

7. 结果参考计算

$$X=S_1cV/(S_0m)$$

式中：X—样品中氰苷的含量(以氢氰酸计)，mg/g；S_1—样品峰面积；c—氢氰酸标样的浓度，mg/mL；V—样品的定容体积，mL；S_0—标样峰面积；m—样品的质量，g。

8. 方法分析与评价

采用顶空进样的气相色谱方法也可用于氰苷释放的氢氰酸的测定。该方法的样品处理过程与上述步骤略有不同。首先,样品也须先真空干燥后磨碎,然后在淀粉酶的作用下水解,并除去不溶性杂质。顶空密闭容器中事先加入 1 mL 2 mol/L 的硫酸溶液,然后用微量注射器加入一定体积的样品水解后的过滤液。将密闭容器激烈振荡后静置 1 h,然后用微量进样器取上层气体供气相色谱分析。采用顶空进样的方法时,进样温度、柱温和检测器温度均采用较低的值,对于毛细管柱,可参考采用下列数值:160 ℃、100 ℃、180 ℃。

6.4.4 食品中胰蛋白酶抑制剂的检测技术

6.4.4.1 胰蛋白酶抑制剂的特征

胰蛋白酶抑制剂(trypsin-inhibitor,TI)或称抗胰蛋白酶因子(antitrypsin),是大豆以及其他一些植物性饲料中存在的重要的抗营养因子。在饲料工业生产和畜禽饲养中,尤其是在用豆粕-玉米型日粮饲养畜禽的条件下,如何防止胰蛋白酶抑制剂对畜禽的危害是国内外普遍关注的问题。目前国外的研究较多地集中在胰蛋白酶抑制剂的结构及其与靶酶的作用机理、胰蛋白酶抑制剂的基因表达等方面。

胰蛋白酶抑制剂广泛存在于豆类、谷类、油料作物等植物中。胰蛋白酶抑制剂在这些作物各部位均有分布,但主要存在于作物的种子中。在种子内,胰蛋白酶抑制剂主要分布于蛋白质含量丰富的组织或器官,定位于蛋白体、液泡或细胞液中。例如大豆和绿豆种子中胰蛋白酶抑制剂的含量可达总蛋白的 6%~8%。在不同作物种子中,胰蛋白酶抑制剂的活性各不相同,通常以大豆中胰蛋白酶抑制活性最高,相对分子质量较小(通常低于 50 000)。目前研究得最多的是大豆胰蛋白酶抑制剂(soybean trypsin inhibitor,STI),它根据氨基酸序列同源性可分为以下两类:

Kunitz 类抑制剂(Kunitz trypsin inhibitor,KTI),此类抑制剂由 Kunitz(1945)首次从大豆中分离并结晶出来,因此而命名。这类抑制剂的相对分子质量为 20 000~25 000,由 181 个氨基酸和 2 个二硫键组成,活性中心(即直接参与和胰蛋白酶相互作用的部位)位于第 63 个氨基酸(精氨酸)和第 64 个氨基酸(异亮氨酸)之间。由于分子内只有一个活性中心,因而又被叫作单头(single-headed)抑制剂,主要对胰蛋白酶直接、专一地起作用。这类抑制剂与胰蛋白酶的结合是定量地进行的,即 1 mol 的抑制剂可以结合 1 mol 的胰蛋白酶。

Bowman-Birk 类抑制剂(Bowman-Birk inhibitor,BBI),此类抑制剂是因为 Bowman(1994)首先从大豆中分离并由 Birk 鉴定而得名。这类抑制剂的相对分子质量为 6 000~10 000,由 71 个氨基酸组成,含有 7 个二硫键。它有两个活性中心,分别位于第 16 个氨基酸(赖氨酸)和第 43 个氨基酸(亮氨酸)与第 44 个氨基酸(丝氨酸)之间,可分别与胰蛋白酸和糜蛋白酶结合。由于抑制剂分子内有两个活性中心,故被称为双头(double-headeb)抑制剂。

Kunitz 类和 Bowman-Birk 类抑制剂是大豆中最主要的两类胰蛋白酶抑制剂,它们在大豆中的含量分别为 1.4%和 0.6%。这两类胰蛋白酶抑制剂对热、酸、碱的稳定性有所差异。纯化的 Kunitz 类抑制剂在 30 ℃以下温度和 pH 12 范围内保持其活性。在 80 ℃短时间加热能使它可逆变性,而在 90 ℃加热则使它不可逆失活。Bowman-Birk 类抑制剂比 Kunitz 类抑制剂对热、酸、碱的稳定性强。当在干燥状态、105 ℃加热 10 min,仍可保存它们的活性。关于它们对热的稳定性也有不同的报道,有人认为 BBI 比 KTI 热稳定性差。

综上所述,不论在食品安全检测方面,还是胰蛋白酶抑制剂药物等方面,建立胰蛋白酶抑制剂快速、灵敏和准确的检测技术都显得尤为重要。

6.4.4.2 胰蛋白酶抑制剂的比色法分析

1. 方法目的

掌握分光光度法测定作物中胰蛋白酶抑制剂的方法原理。

2. 原理

胰蛋白酶可与苯甲酰-*L*-精氨酸-对硝基苯胺（*L*-BAPA）发生反应，生成对硝基苯胺，该物质在 410 nm 下有特征吸收。大豆制品中的胰蛋白酶抑制剂可抑制此反应，使吸光度值下降，其下降程度与胰蛋白酶抑制活性成正比。采用分光光度计在 410 nm 处测定该反应前后的吸光度值，可定量分析胰蛋白酶抑制剂活性。本方法适用于大豆制品中胰蛋白酶抑制剂的测定。

3. 试剂材料

(1)氢氧化钠溶液（0.01 mol/L）：称取 0.40 g 氢氧化钠，溶于 500 mL 水中，用水稀释至 1 000 mL。

(2)0.001 mol/L 三羟甲基氨基甲烷(Tris)缓冲液，0.01 mol/L 氢氧化钠溶液，1 mmol/L 盐酸，戊烷-己烷(1∶1)。

(3)氯化钙盐酸溶液：称取 0.735 g 氯化钙溶解于 1 L 0.001 mol/L 盐酸溶液中，用 1 mol/L 盐酸溶液和 0.1 mol/L 盐酸溶液调节 pH 至 3.0±0.1。

(4)胰蛋白酶储备液（0.270 mg/mL）：将胰蛋白酶放置至室温，称取胰蛋白酶 27.0 mg 于小烧杯中，用氯化钙盐酸溶液溶解，转移至 100 mL 容量瓶中，以氯化钙盐酸溶液定容至刻度。保存于 0～4 ℃ 冰箱中，最多可使用 5 d。

(5)胰蛋白酶使用液（0.013 5 mg/mL）：用移液管量取 5.0 mL 胰蛋白酶储备液于 100 mL 容量瓶中，用氯化钙盐酸溶液定容至刻度。

(6)三羟甲基氨基甲烷-氯化钙缓冲液：称取 6.05 g 三羟甲基氨基甲烷和 0.735 g 氯化钙溶于预先加入 900 mL 水的带有刻度的 1 000 mL 烧杯中，用 1 mol/L 盐酸溶液和 0.1 mol/L 盐酸溶液调节 pH 至 8.2±0.1，加水至 1 000 mL。

(7)*L*-BAPA 溶液：称取 60 mg *L*-BAPA 用 1 mL 二甲亚砜溶解，用三羟甲基氨基甲烷-氯化钙缓冲溶液转移至 100 mL 容量瓶中，稀释至刻度。用时现配。

4. 仪器设备

分光光度计，分析天平，酸度计，离心机，恒温水浴箱，涡旋搅拌器。

5. 分析步骤

(1)样品制备　对于粉末状样品，取有代表性的样品至少 200 g，充分混匀后备用。对于块状或颗粒状样品，取有代表性的样品至少 200 g，粉碎至 425 μm 以下，充分混匀备用。粉碎过程中避免样品过热。

(2)样品提取　称取 1～10 g（精确至 0.001 g）制备好的试样于 100 mL 锥形瓶中，加入 50 mL 0.01 mol/L 氢氧化钠溶液，摇匀。用 1 mol/L 盐酸溶液和 0.1 mol/L 盐酸溶液调节 pH 至 9.5±0.1，置于 0～4 ℃ 冰箱中静置 15～24 h。

将样品提取液取出放置至室温，转移至 100 mL 容量瓶中，用水定容至刻度，摇匀。经过 15 min 沉淀后，根据需要对样品提取液进行稀释。稀释度取决于预期的样品 TIA 值。将提取液保存于 0～4 ℃ 冰箱中，可保存 1 d 。必要时，可对样品进行稀释。

(3)胰蛋白酶使用液活性测定　按表 6-6 分别吸取一定量的四种溶液分别加入四个 10 mL 离心管中。用涡旋振荡器混匀离心管中的溶液，并置于 37 ℃ 恒温水浴锅中，保温 10 min。在四个离心管中各加入 1 mL 胰蛋白酶使用液，用涡旋振荡器将管内溶液混匀后，将试管放回到恒温水浴锅中。在 37 ℃ 水浴中保温 10 min±5 s 后，在标准试管中和样品管中加入 1 mL 乙酸溶液，混匀。将离心管置于离心机中，以 4 000 r/min 速度离心 10 min 。采用可见分光光度计，于 410 nm 波长，用 10 mm 比色皿，以水调零，测定上清液的吸光度。该溶液可在 2 h 内保持稳定。

表 6-6　胰蛋白酶抑制剂活性测定时各溶液加入量

加入物	标准空白	标准	样品空白	样品
L-BAPA 溶液	5	5	5	5
试样稀释液	0	0	1	1
水	3	3	2	2
乙酸溶液	1	0	1	0

每一样品的试样稀释液均需准备相应的空白溶液。样品提取液和相应的空白溶液在测定过程中应同时进行操作(包括离心步骤)。

6. 结果表示

(1)样品提取液的抑制率

$$i=(A_r-A_{br})-(A_s-A_{bs})/(A_r-A_{br})\times 100\%$$

式中：i —抑制率；A_r—标准溶液的吸光度；A_{br}—标准空白溶液的吸光度；A_s—样品溶液的吸光度；A_{bs}—样品空白溶液的吸光度；100% —换算系数。

(2) 胰蛋白酶抑制剂活性

$$\text{TIA}=(i\rho f)/(mF\times 100\%)$$

式中：TIA — 胰蛋白酶抑制剂活性，mg/g；i — 抑制百分率；100% —换算系数；ρ — 胰蛋白酶使用液的质量浓度，mg/mL；f — 5.6×10^3，该数值是满足本实验胰蛋白酶活性条件下的胰蛋白酶纯度折算系数；m — 试样的质量浓度，g/mL；F — 样品提取液的稀释度，mL/100 mL。计算结果精确至 0.1 mg/g 。

7. 方法分析与评价

重复条件下，两次独立测定结果的绝对差值不超过其算术平均值的 10%。

6.4.5　食品中生物胺类的检测技术

6.4.5.1　生物胺的特征及危害评价

生物胺是一类主要由氨基酸脱羧或醛和酮氨基化形成的弱碱性低分子量含氮化合物。生物胺是动物、植物和多数微生物体内的正常生理成分，在机体细胞活动中发挥着重要作用，少量的生物胺对人体有益，如儿茶胺、组胺等能调节神经活动，控制血压；苯乙胺和酪胺有升压作用。但是，高浓度的生物胺不仅会严重影响食品风味甚至改变其成分，还会对人体有着严重的毒害作用，可造成人神经系统和心血管系统损伤。食品中常见的含有生物胺的食品种类多样，包括鱼类及其制品、肉类及其制品、乳制品和发酵食品等。在这些食品中常见的生物胺主要包括脂肪族（腐胺、尸胺、精胺、亚精胺、胍基丁胺等）、芳香族（酪胺、苯乙胺、多巴胺、肾上腺素、去甲肾上腺素等）和杂环族（组胺、色胺、5-羟色胺）。

生物胺中组胺对人类健康的影响最大，其次是酪胺。摄入 8～40 mg 组胺产生轻微中毒症状，超过 40 mg 产生中等中毒症状，超过 100 mg 产生严重中毒症状。酪胺超过 100 mg 会引起偏头痛。当食品中生物胺含量达到 1 000 mg/kg 时会对人体健康造成极大的危害。除了组胺、酪胺本身的作用外，其他生物胺的存在会增强组胺和酪胺的不良作用。因此，很难确定一个标准来衡量生物胺的毒性。美国 FDA 通过对暴发组胺中毒的大量数据的研究，确定食品中组胺的危害作用水平为 500 mg/kg；欧盟规定鲭科鱼类中组胺含量不得超过 100 mg/kg，其他食品中组胺不得超过 100 mg/kg，酪胺不得超过 100～800 mg/kg；我国《食品安全国家标准　鲜、冻动物性水产品》（GB 2733—2015）中规定高组胺鱼类中生物胺含量不得高于 40 mg/kg，其他海水鱼类不得高于 20 mg/kg。

6.4.5.2　食品中生物胺的分光光度法检测分析

1. 方法目的

组胺是生物胺中对人危害最大的一类有害物，利用分光光度计检测组胺，此方法操作简单，可以快速检测食品中组胺，且成本较低。

2. 原理

鱼体中的组胺经正戊醇提取后，与偶氮试剂在弱碱性溶液中进行偶氮反应，产生橙色化合物，与标准比较定量。

3. 适用范围

水产品中的青皮红肉类鱼，因含有较高的组氨酸，在脱羧酶和细菌作用后，脱羧而产生组胺，分光光度计检测水产品中组胺是我国现行采用的标准检验方法。

4. 试剂材料

(1)正丁醇，三氯乙酸溶液，碳酸钠溶液，氢氧化钠溶液，盐酸。

(2)组胺标准储备液：准确称取 0.276 7 g 于(100±5) ℃干燥 2 h 的磷酸组胺溶于水，移入 100 mL 容量瓶中，再加水稀释至刻度，此溶液为 1.0 mg/mL 组胺。使用时吸取 1.0 mL 组胺标准溶液，置于 50 mL 容量瓶中，加水稀释至刻度。此溶液每毫升相当于 20.0 μg 组胺。

(3)偶氮试剂甲液：称 0.5 g 对硝基苯胺，加 5 mL 盐酸溶解后，再加水稀释至 200 mL，置冰箱中；乙液：0.5%亚硝酸钠溶液，临时现配。吸取甲液 5 mL、乙液 40 mL 混合后立即使用。

5. 仪器设备

分光光度计。

6. 分析步骤

(1)样品处理　称取 5.00～10.00 g 切碎样品置于具塞三角瓶中，加三氯醋酸溶液 15～20 mL，浸泡 2～3 h，过滤。吸取 2 mL 滤液置于分液漏斗中，加氢氧化钠溶液使呈碱性，每次加入 3 mL 正戊醇，振摇 5 min，提取 3 次，合并正戊醇并稀释至 10 mL。吸取 2 mL 正戊醇提取液于分液漏斗中，每次加 3 mL 盐酸(1∶11)振摇提取 3 次，合并盐酸提取液并稀释至 10 mL 备用。

(2)测定分析　吸取 2 mL 盐酸提取液于 10 mL 比色管中。另吸取 0 mL、0.20 mL、0.40 mL、0.6 mL、0.80 mL、1.00 mL 组胺标准溶液(相当于 0 μg、4 μg、8 μg、12 μg、16 μg、20 μg 组胺)，分别置于 10 mL 比色管中，各加盐酸 1 mL。样品与标准管各加 3 mL 的 5%碳酸钠溶液，3 mL 偶氮试剂，加水至刻度，混匀，放置 10 min 后，以零管为空白，于波长 480 nm 处测吸光度，绘制标准曲线计算。

7. 结果参考计算

$$X = m_1 \times 100/[m_2 \times (2/V) \times (2/10) \times (2/10) \times 1\,000]$$

式中：X—样品中组胺的含量，mg/100 g。V—加入三氯乙酸溶液(100 g/L)的体积，mL。m_1—标准溶液中组胺的含量，μg。m_2—样品质量，g。2—第一个是三氯乙酸提取液的体积，mL；第二个是正戊醇提取液的体积，mL；第三个是盐酸提取液的体积，mL；10—第一个是正戊醇提取液的体积，mL；第二个是盐酸提取液的体积，mL。

8. 方法分析与评价

在重复性条件下获得的两次独立测定结果的绝对差值不得超过算术平均值的 10%。

6.4.5.3　食品中生物胺的高效液相色谱法检测分析

1. 方法目的

本方法是使用苯甲酰氯衍生化-高效液相色谱-紫外检测法测定水中腐胺、尸胺、亚精胺、精胺及组胺含量的方法。

2. 原理

样品经苯甲酰氯衍生化后用乙醚萃取，萃取物经溶剂转换后用高效液相色谱-紫外检测器检测，外标法定量。

3. 适用范围

此方法适用于水中 2.0～40.0 mg/L 的腐胺、尸胺、亚精胺、精胺及组胺的测定。

4. 试剂材料

(1)苯甲酰氯，乙醚，甲醇，乙腈，氯化钠，氮气(99.99%)，2.0 mol/L 氢氧化钠，0.02 mol/L 乙酸铵，0.45 μm 滤膜，ϕ 13～15 mm 过滤器。

(2)浓度均为 1.00 mg/mL 的腐胺标准溶液、尸胺($C_5H_{14}N_2$)标准溶液、亚精胺($C_7H_{19}N_3$)标准溶液、精胺($C_{10}H_{26}N_4$)标准溶液、组胺($C_5H_9N_3$)标准溶液。使用时分别取 10 mL 腐胺、尸胺、亚精胺、精胺及组胺标准溶液，置于 100 mL 容量瓶中，用水稀释至刻度，混匀，获得标准混合溶液。此标准混合溶液含腐胺、尸胺、亚精胺、精胺及组胺各 0.100 mg/mL。按表 6-7 分别移取不同体积的标准混合溶液置于 50 mL 容量瓶中，用水稀释至刻度，混匀。

表 6-7　标准工作溶液配制

标准混合溶液体积/mL	1.00	2.00	5.00	10.00	20.00
腐胺、尸胺、亚精胺、精胺、组胺浓度/(mg/L)	2.00	4.00	10.00	20.00	40.00
定容体积/mL	50	50	50	50	50

5. 仪器设备

高效液相色谱，紫外检测器，C_{18} 色谱柱，液体混匀器（或称涡旋混匀器），恒温水浴箱，具塞刻度试管，分析天平。

6. 分析步骤

（1）样品的衍生和萃取　移取 2.00 mL 水样置于 10 mL 具塞刻度试管中，加入 1 mL 氢氧化钠溶液，20 μL 苯甲酰氯，在液体混匀器上涡旋 30 s，置于 37 ℃水浴中振荡，反应时间 20 min，反应期间间隔 5 min 涡旋 30 s。

衍生反应完毕后，加入 1 g 氯化钠，2 mL 乙醚，振荡混匀，涡旋 30 s，静置。待溶液分层后，用滴管将乙醚层完全移取至 10 mL 具塞刻度试管中，用氮气或洗耳球缓缓吹干乙醚，加 1.00 mL 甲醇溶解，再用一次性过滤器过滤后，作为高效液相色谱分析用样品。

（2）不同浓度标准工作溶液的衍生和萃取　移取 2.00 mL 不同浓度的标准工作溶液分别置于 5 个 10 mL 具塞刻度试管中，加入 1 mL 氢氧化钠溶液，20 μL 苯甲酰氯，在液体混匀器上涡旋 30 s 充分混匀。萃取步骤同上。

（3）色谱条件　C_{18} 色谱柱：粒径 5 μm，4.6 mm×250 mm；柱温为室温；流动相 A（乙腈），B（0.02 mol/L 乙酸铵），梯度洗脱条件见表 6-8；检测波长 254 nm；进样量 20 μL。

表 6-8　梯度洗脱条件

时间/min	流速/（mL/min）	A：乙腈/%	B：0.02 mol/L 乙酸铵/%
0.00	1.0	30	70
5.00	1.0	75	25
10.00	1.0	75	25
15.00	1.0	30	70

（4）液相色谱分析测定　根据腐胺、尸胺、亚精胺、精胺及组胺的标准物质的保留时间，确定样品中物质。定量分析，校准方法为外标法。

（5）校准曲线的制作　使用衍生化的标准工作溶液分别进样，以标准工作溶液浓度为横坐标，以峰面积为纵坐标，分别绘制腐胺、尸胺、亚精胺、精胺及组胺的标准曲线。

（6）样品测定　使用样品分别进样，每个样品重复 3 次，获得每个物质的峰面积。根据校准曲线计算被测样品中腐胺、尸胺、亚精胺、精胺及组胺的含量（mg/L）。样品中各待测物质的响应值均应在方法的线性范围内。当样品中某种生物胺的响应值高于方法的线性范围时，需将样品稀释适当倍数后再进行衍生、萃取和测定。

7. 结果参考计算

$$X = Dc$$

式中：X—水样中被测物质含量，mg/L；c—从标准工作曲线得到样品溶液中被测物质的含量，mg/L；D—稀释倍数。

8. 方法分析与评价

方法重复性和再现性值以 95%的置信度计算，精密度结果应满足表 6-9 要求。

表 6-9　水质中5种生物胺含量范围及重复性和再现性方程

成分	水平范围/(mg/L)	重复性限(r)	再现性限(R)
腐胺	2.0～40.0	$r=0.7265+0.2501\ m$	$R=0.9081+0.3814\ m$
尸胺	2.0～40.0	$r=0.0908+0.3054\ m$	$R=0.4746+0.4333\ m$
亚精胺	2.0～40.0	$r=0.0084+0.2951\ m$	$R=0.7766+0.3910\ m$
精胺	2.0～40.0	$r=0.1886+0.3585\ m$	$R=1.3930+0.6097\ m$
组胺	2.0～40.0	$r=0.3334+0.3731\ m$	$R=0.3369+0.5897\ m$

注:m 表示两次测定结果的算术平均数,单位为 mg/L。如果两次测定值的差值超过重复性限 r,应舍弃试验结果并重新完成两次单个实验的测定。

思考题

1. 简述天然毒素的定义及其测定意义。
2. 单克隆抗体是如何应用在天然毒素检测中的?
3. 影响天然毒素检测准确性的因素有哪些?
4. ELISA 检测方法的原理及其优缺点是什么?
5. 细菌毒素的种类有哪些?主要利用何种方法进行检测?
6. 液氮在龙葵素检测样品的制备过程中有何作用?
7. α-淀粉酶和 β-淀粉酶在氰苷检测中起什么作用?
8. 脱脂处理在胰蛋白酶抑制物检测中有何作用?
9. 生物胺检测样品处理过程中的注意事项有哪些?

参考文献

[1] 程芬芬. 大豆胰蛋白酶抑制剂的制备、理化性质及多酚失活机理研究. 华南理工大学,2018.

[2] 冯玮. 植物蛋白酶抑制剂研究进展概述. 生物学教学,2020,45(12):61-63.

[3] GB 2733—2015 食品安全国家标准　鲜、冻动物性水产品.

[4] GB 5009.224—2016 食品安全国家标准　大豆制品中胰蛋白酶抑制剂活性的测定.

[5] GB 5009.240—2016 食品安全国家标准　食品中伏马毒素的测定.

[6] 赫丹,徐剑宏,仇剑波等. 伏马毒素的理化性质、检测方法及在我国玉米和玉米制品中的污染现状综述. 江苏农业科学,2021,49(21):33-39.

[7] 李华,夏伟,臧学运等. 霉菌毒素对家禽的危害及其脱毒方法. 家禽学,2023,45(9):55-59.

[8] 李伟,杨敏. 生物胺对食品质量和安全的影响. 食品安全导刊,2023(11):32-35.

[9] 李越佳. 豆制品中胰蛋白酶抑制剂活性测定方法的改进. 中国食品添加剂,2022,33(7):212-218.

[10] LS/T 6130—2017,粮油检验　粮食中伏马毒素 B1、B2 的测定　超高效液相色谱法.

[11] 隋雨萌,王慧平,刘嘉琪等. 传统发酵食品中基于微生物多样性的生物胺形成研究进展. 食品工业科技:2023,1-11[2023-11-17]. https://doi.org/10.13386/j.issn1002-0306.2023020123.

[12] 孙秀兰．食品中黄曲霉毒素B1金标免疫层析检测方法研究．江南大学,2005.

[13] 殷帅,姜成君,田洪等．豆浆中胰蛋白酶抑制剂活性测定方法的研究．食品安全质量检测学报,2016,7(3):1000-1005.

[14] 张杰,杨玺,李游山．蛋白酶及其抑制剂关键活性位点研究进展．生物工程学报,2021,37(02):561-579.

[15] 张琳,金玉娥,汪国权．食物中毒常见天然毒素及其检测技术．环境与职业医学,2021,38(3):321-327.

[16] 张艺兵,鲍蕾,褚庆华．农产品中真菌毒素的检测分析．北京:化学工业出版社,2006.

[17] Coker R . Recent Developments in the Analysis of Mycotoxins. 2021.

[18] Official Methods of Analysis of AOAC Inrernationnal 17th Edition. 2000.

[19] Umarphorn C ,Apinya S ,Umaporn P , et al. Production of a monoclonal antibody against aflatoxin M1 and its application for detection of aflatoxin M1 in fortified milk. Journal of Food and Drug Analysis,2016,24(4):780-787.

[20] Velappan M , Munusamy D . Occurrence of Mycotoxins in Certain Freshwater Fish Species and the Impact on Human Health: a General Review. 2021.

第7章
食品中持久有机污染物检测技术

本章学习目的与要求

1. 了解食品中持久有机污染物的种类。
2. 掌握食品中多氯联苯类/二噁英、多溴联苯醚、烷基酚的检测技术。

7.1 概述

持久性有机污染物(persistent organic pollutants)简称 POPs,是指具有毒性、生物蓄积性和半挥发性,难降解、可发生长距离迁移,并能在环境中持久存在的天然或人工合成的有机污染物质。2001 年 5 月 22 日通过的《关于持久性有机污染物的斯德哥尔摩公约》初步集中限制了 12 种持久性有机污染物(通常叫作“十二污染物”),它们分别是艾氏剂(aldrin)、氯丹(chlordane)、狄氏剂(dihedron)、异狄氏剂(endrin)、七氯(heptachor)、六氯代苯(hexachlorobenzene)、灭蚁灵(mirex)、毒杀芬(toxaphene)、多氯联苯(PCBs)、滴滴涕(DDT)、多氯二苯并对二噁英(PCDDs)和多氯二苯并呋喃(PCDFs)。

持久性有机污染物质通常具有以下特点:①稳定性极强、毒性持久性长,一旦摄入生物体就无法分解也不会排出,只能随生物的食物链和生命延续不断传递;②危害潜伏期长,即使浓度极低,也可能绕过人体血液的自然保护与受体结合,往往在令人意想不到的情况下就突然来临和暴发;③危害范围宽,随着工业发展,大量持久性有机污染物在制药、塑料制品、添加剂生产、除草剂的使用和垃圾处理等过程中不断释放,其中许多物质已造成区域性或全球性的环境和生态威胁;④毒性的协调效应大,持久性有机污染物与内分泌系统的相互作用相当复杂,除单独作用外,还有相加、相乘、拮抗作用。

关于持久性有机污染物的斯德哥尔摩公约

持久性污染物主要分布在下列物质中:在大气中,POPs 可以气体的形式存在,或者吸附在悬浮颗粒物上,从而发生扩散和迁移,导致 POPs 的全球性污染;水和沉积物是 POPs 聚集的主要场所之一,世界绝大多数的城市污水、水库、江河和湖海都不同程度地受到 POPs 的污染;土壤是植物和一些生物的营养来源,从而会引起 POPs 在食物链上发生传递和迁移;对我国生产的各类食品的调查表明,蛋、乳制品及植物油等脂类农产品中有机氯农药总量仍很高;目前无论海洋生物还是陆地物种,无论是低等的浮游生物或动物,还是人类自身,都遭受到 POPs 的污染和威胁。

持久性有机污染物作为极性较弱的半挥发性有机化合物,其分析程序一般包括溶剂提取、净化和仪器测定三个步骤。

1. 样品的提取方法

样品的提取主要有索氏提取、液液萃取、加速溶剂萃取、加压流体萃取、微波萃取、超声提取和超临界流体提取等。皂化和硫酸前处理提取方法也被应用于样品中多氯联苯的提取。这些方法中加速溶剂萃取、加压流体萃取和超临界流体提取等现代提取方法在有机溶剂的消耗量和提取时间等方面与经典的索氏提取方法相比具有明显的优势,但是这些方法所需的专用设备较为昂贵。索氏提取方法虽然需要大量的溶剂和较长的提取时间,但其具有设备成本低、容易操作的特点,而且被视为有机溶剂提取方法的“基准”(benelllnark),可用于其他萃取方法的验证。由于上述的提取方法是非选择性的,因此海洋沉积物或生物样品的提取液中存在大量的干扰物质(如类脂类、蛋白质、色素、酞酸酯和分子态硫等),这些物质不仅会干扰仪器对目标化合物的测定,而且还会影响仪器性能的稳定性。因此需要对提取液进行净化处理,以期最大限度地减轻干扰物质对分析测定和仪器的影响。

2. 样品的净化方法

样品提取液的净化方法主要有氧化铝(中性、酸性和碱性)净化方法、弗罗里土方法、硅胶净化方法、凝胶渗透方法、去硫方法和硫酸-高锰酸钾方法等。这些方法的基本原理涉及吸附色谱、分子排阻色谱和氧化方法。去除提取液中的脂类物质可以采用氧化铝、弗罗里土和凝胶渗透(GPC)净化方法。其中凝胶渗透法的工作原理就是使高于分子排阻要求的大分子化合物能较快地通过色谱柱,而在分子排阻限范围内的小分子化合物渗透于聚苯乙烯聚合物的空隙中,因此需要花较长的时间通过色谱柱,从而实现大、小分子化合物的分离。GPC 也被称为分子排阻色谱(SEC)。GPC 具有样品的净化是非破坏性的、色谱柱可重复使用的优点;GPC(低压至中压)的缺点是需要较大体积的有机溶剂作为淋洗剂,同时收集的淋出液中还含有少量的脂类物质,需要作进一步净化。基于氧化还原的硫酸-高锰酸钾方法能较彻底地去除提取液中的有机干扰物质,适用于样品中多氯联苯类目标化合物的净化,但不适用于稳定性较差的多环芳烃和部分有机氯农药组分的净化。硅胶和弗罗里土除用于样品的净化外,还用于有机化合物的分离,通过吸附方法进行分离,消除了化合物的测定干扰(如部分有机氯农药干扰多氯联苯的测定),为多残留分析测定技术提供了比较有效的样品前处理方法。

3. 仪器测定方法

GC-ECD 是目前最常用的检测氯代有机化合物的方法,具有技术成熟、成本消耗少、检出限低(ng/g 级水平或更低)等优点。但 ECD 容易受到硫、钛酸酯和碳氢化合物等物质的干扰影响,可能会出现假阳性的测定结果。如美国 EPA8081 和 8082 方法中推荐使用两个不同极性的毛细管柱进行测定,其中一根柱作为定性识别目标化合物,或者用 GC/MS 作为定性的手段。该方法线性范围较窄,实际分析中需要做多水平的校正曲线进行校正。

气相色谱-高分辨质谱(HRGC-HRMS)的分辨率可以达到 10 000 以上,具有极高的灵敏度,被应用于二噁英和非邻位取代 PCBs 的检测。但高分辨质谱仪的购置维护费用高昂,结构复杂,技术难度大。台式小型质谱具有价格较低、操作简单的特点而被广泛应用。目前气相色谱-低分辨质谱仪(GC-LRMS)在选择离子监测(EI-SIM)模式下可以达到皮克(10^{-12})级水平。与 ECD 检测器相比,其线性动态范围更宽。而 GC-LRMS 在电子捕获负离子模式下的检出限更是达到了飞克(10^{-15})水平。目前,用于有机物分析的台式小型质谱主要有:单四极杆质谱、三重四极杆质谱和离子阱质谱。其中三重四极杆质谱和离子阱质谱都采用了串联质谱技术(MS/MS),具有定性准确、抗干扰能力强和测定灵敏度高的特点。相比于采用空间串联技术的三重四极杆质谱,时间串联技术的离子阱质谱在仪器体积、价格和分析成本上具有明显的优势。目前,离子阱串联质谱已被广泛地应用于样品中有机污染物的分析。

7.2　食品中多氯联苯类/二噁英的检测技术

7.2.1　多氯联苯类/二噁英的特征及危害评价

二噁英(dioxins, 简称 DXNs)是多氯代三环芳烃类化合物的统称,包括多氯二苯并对二噁英(PCDDs)和多氯二苯并呋喃(PCDFs),缩写为 PCDD/Fs。PCDDs 由 2 个氧原子连接 2 个被氯原子取代的苯环;PCDFs 由 1 个氧原子连接 2 个被氯原子取代的苯环。每个苯可以取代

14 个氯原子，从而形成众多异构体。PCDDs 有 75 种异构体，PCDFs 有 135 种异构体。多氯联苯(polychlorinated biphenyls, PCBs)是氯代的联苯化合物，有 10 个位置可以被取代，因此，有 209 种同系物的异构体单体，有些为非平面的化合物，有些为平面的“二噁英样”化学结构，而且在理化和毒理学特性上与 2,3,7,8-四氯二苯并对二噁英(2,3,7,8-TCDD)极相似，因此被称为二噁英样多氯联苯。它们无色、无臭、沸点与熔点较高，具有亲脂性而不溶于水，在环境中具有以下 4 个特征：

(1)热稳定性　PCDD/Fs 仅在温度超过 800 ℃时才会被降解；对该化合物破坏较彻底时温度要在 1 000 ℃以上。

(2)低挥发性　这类化合物的蒸气压极低，因此除了气溶胶颗粒吸附外在大气中分布较少，因而在地面可以持续存在。

(3)脂溶性　氯代芳烃化合物极具亲脂性，在辛烷/水中分配系数的对数极高，在 6 左右，因而可以通过食物链进行富集。

(4)环境中稳定性高　这类化合物对于理化因素和生物降级具有抵抗作用，因而可以在环境中持续存在。

人类接触二噁英，除了通过直接吸入空气或摄入空气中的颗粒、污染的土壤及皮肤吸收等途径外，食品消费是最重要的途径。膳食接触的二噁英超过人体接触量的 90%，其中动物性食品是主要来源。膳食中存在的共平面化合物很容易通过肠道进入血液。经口给予 2,3,7,8-TCDD，人和动物的吸收率在 50%～90%之间。在动物实验中发现大多数 PCDD/Fs 通过胆汁排泄，尿不是主要的排泄途径。母体化合物主要出现在器官中，而代谢物仅在胆汁中出现，这揭示了肝脏代谢的重要作用。2,3,7,8-TCDD 在小鼠体内的生物半衰期为 8～24 d，大鼠为 16～28 d；人体内的降解更加缓慢，估计为 5.5～11 年。PCDD/F 和共平面的 PCBs 的生化和毒理学效应直接取决于组织浓度，而不是每天的染毒剂量。评估这类化合物摄入量按一个月计算。将动物机体负荷等效于人每月摄入量(equivalent human monthly intake，EHMI)，并使用简单的经典毒物代谢动力学，就可以恰当地表征机体负荷转化为人每天摄入量。1990 年 Bilthoven 会议上，WHO 制定了 TCDD 的每日耐受量(tolerable daily intake，TDI)为 10 pg/kg 体重，1998 年修订为 1～4 pg/kg 体重。2001 年 6 月 JECFA 首次修订 PCDD/F 和共平面的 PCBs，暂定每月耐受量(PTMI)为 70 pg/kg 体重。

7.2.2　食品中多氯联苯类/二噁英的检测技术

7.2.2.1　食品中多氯联苯总量的气相色谱法检测技术

1. 方法目的

使用气相色谱-电子捕获检测器测定多氯联苯总量。

2. 原理

海产食品中多氯联苯残留物用正己烷(或石油醚)提取，提取液经过净化、硅胶柱分离、浓缩处理，用连接电子捕获检测器的气相色谱仪测定其总量。

3. 适用范围

适用于海产食品中多氯联苯(PCBs)含量的测定。

4. 试剂材料

(1)正己烷:分析纯,于全玻璃蒸馏器中重蒸;石油醚:分析纯;浓硫酸:优级纯。

(2)无水硫酸钠:优级纯,经 550 ℃ 高温灼烧,干燥器中贮存。

(3)硅胶:层析用,60～100 目,于 360 ℃加热处理 10～12 h,冷却后加 3.0%水,振摇 2 h 以后,干燥器中贮存。

(4)多氯联苯标准溶液:准确称取 10.0 mg PCB3 和 PCB5,分别置于两个 100 mL 容量瓶中,用正己烷稀释至刻度,混匀。该溶液浓度为 100 μg/mL。使用前用正己烷稀释成标准使用液。此使用液每毫升含 PCB3 和 PCB5 各 0.20 μg。

5. 仪器设备

气相色谱仪(配 ECD Ni_{63}),100 mL 具塞三角烧瓶,刻度具塞离心管,10 mm×150 mm 具塞玻璃层析柱,离心机,恒温水浴锅,K-D 浓缩器。

6. 色谱分析条件

色谱柱:内径 3 mm,长 2 m 的玻璃柱。固定相:①2.8% OV-210+0.23% OV-17 Chrmosorb WAW DMCS 80～100 目;②3% OV-101 Chromosorb WAW DMCS 80～100 目。柱温 210 ℃,检测器温度 250 ℃,气化室温度 230 ℃。载气为高纯氮(纯度 99.999%)。

7. 分析步骤

(1)样本制备和提取　取捣匀可食部分鱼样 5.0 g,加 20.0 g 左右无水硫酸钠研磨成沙状,置具塞三角瓶中,加正己烷 40 mL,振摇 0.5 h 或浸泡过夜,过滤,残渣再用每次 10 mL 正己烷淋洗 2 次,合并滤液于刻度具塞离心管中,浓缩至 5 mL,加浓硫酸 5 mL,振摇,在 3 000 r/min 下离心 15 min,分出正己烷提取液。

(2)提取液的净化　取 1 mL 正己烷提取液,置于装有 2.0 g 硅胶的柱中(湿法装柱),硅胶的上下层各装有 1 cm 高的无水硫酸钠,用 7 mL 己烷淋洗,流速 30 滴/min,淋洗液浓缩至 1.0 mL,供色谱测定。

(3)测定　取相同体积的试样提取液和多氯联苯标准使用液,在同一色谱操作条件下进样,采用 PCB3 和 PCB5 主要峰的峰高之和进行定量。PCB3 至少采用一个主要峰,PCB5 至少采用三个主要峰之和计算定量。

8. 结果参考计算

$$X = H_1cV/(H_2m)$$

式中:X—试样中多氯联苯含量,mg/kg;H_1—试样中多氯联苯的峰高之和,mm;H_2— 标准使用液中多氯联苯的峰高之和,mm;c—标准使用液中多氯联苯的浓度,μg/mL;V—溶液试样浓缩后残余物所定容的体积,mL;m—进样体积(μL)相当于试样的质量,g;

9. 方法分析与评价

硅胶的品种、目数及减活后存放的时间,对吸附效果有一定影响。临用前应先用标准多氯联苯上柱,测试淋洗液的用量。硅胶用量视海产试样中有机氯含量高低而定,以排除有机氯农药 DDT 干扰。

7.2.2.2 食品中多氯联苯的气相色谱-电子捕获检测器法检测技术

1. 方法目的

应用气相色谱-电子捕获检测器(GC-ECD)测定食品中 7 种指示性多氯联苯(PCB28、PCB52、PCB101、PCB118、PCB138、PCB153、PCB180)含量。

2. 原理

以 PCB198 为定量内标,在试样中加入 PCB198,水浴加热振荡提取后,经硫酸处理、色谱柱层析净化,采用气相色谱-电子捕获检测器法测定,以保留时间定性,内标法定量。

3. 适用范围

适用于鱼类、贝类等组织及蛋类、肉类、奶类及其制品和油脂中指示性多氯联苯含量的测定。

4. 试剂材料

(1)正己烷、二氯甲烷和丙酮均为分析纯以上级。

(2)无水硫酸钠,优级纯。将无水硫酸钠装入玻璃色谱柱,依次用正己烷和二氯甲烷淋洗两次,每次使用的溶剂体积约为无水硫酸钠体积的两倍。淋洗后,将无水硫酸钠转移至烧瓶中,在 50 ℃下烘烤至干,并在 225 ℃烘烤过夜,冷却后干燥器中保存。

(3)浓硫酸,优级纯。

(4)碱性氧化铝,色谱层析用碱性氧化铝。将色谱填料在 660 ℃中烘烤 6 h,冷却后于干燥器中保存。

(5)指示性多氯联苯的系列标准溶液,见表 7-1。

表 7-1 GC-ECD 方法中指示性多氯联苯的系列标准溶液

化合物	浓度/(μg /L)				
	CS1	CS2	CS3	CS4	CS5
PCB28	5	20	50	200	800
PCB52	5	20	50	200	800
PCB101	5	20	50	200	800
PCB118	5	20	50	200	800
PCB138	5	20	50	200	800
PCB153	5	20	50	200	800
PCB180	5	20	50	200	800
PCB198(定量内标)	50	50	50	50	50

5. 仪器设备

气相色谱仪,配电子捕获检测器(ECD),组织匀浆器,绞肉机,旋转蒸发仪,氮气浓缩器,超声波清洗器,涡旋振荡器,分析天平,水浴振荡器,离心机,层析柱。

6. 色谱分析条件

色谱柱:DB-5 柱(30 m×0.25 mm,0.25 μm)或等效色谱柱。进样口温度 290 ℃。

升温程序：开始温度 90 ℃，保持 0.5 min；以 15 ℃/min 升温至 200 ℃，保持 5 min；以 2.5 ℃/min 升温至 250 ℃，保持 2 min；以 20 ℃/min 升温至 265 ℃，保持 5 min。

载气：高纯氮气（纯度>99.999%），柱前压 67 kPa。不分流进样 1 μL。

7. 分析步骤

(1)试样提取

①固体试样：称取试样 5.0～10.0 g，置具塞锥形瓶中，加入定量内标 PCB198，以适量正己烷-二氯甲烷(50+50)的混合溶剂为提取溶液，于水浴振荡器上提取 2 h，水浴温度为 40 ℃，振荡速度为 200 r/min。

②液体试样（不包括油脂类样品）：称取试样 10.0 g，置具塞离心管中，加入定量内标 PCB198 和草酸钠 0.5 g，加甲醇 10 mL 摇匀，加 20 mL 乙醚+正己烷(25+75)的混合溶剂振荡提取 20 min，以 3 000 r/min 离心 5 min，取上清液过装有 5.0 g 无水硫酸钠的玻璃柱；残渣加 20 mL 乙醚+正己烷(25+75)混合溶剂重复以上过程，合并提取液。

③将提取液转移到鸡心瓶中，旋转蒸发浓缩至近干。如分析结果以脂肪计，则需要测定试样脂肪含量。

④脂肪的测定：浓缩前准确称取鸡心瓶质量，将溶剂浓缩至干后，再次准确称取鸡心瓶及残渣质量，两次称重结果的差值即为试样的脂肪含量。

(2)净化

①硫酸净化　将浓缩的提取液转移至 10 mL 试管中，用约 5 mL 正己烷洗涤鸡心瓶 3～4 次，洗液并入浓缩液中，用正己烷定容至刻度，并加入 0.5 mL 浓硫酸，振摇 1 min，以 3 000 r/min 的转速离心 5 min，使硫酸层和有机层分离。如果上层溶液仍然有颜色，表明脂肪未完全除去，再加入一定量的浓硫酸，重复操作，直至上层溶液呈无色。

②碱性氧化铝柱净化　玻璃柱底端加入少量玻璃棉后，从底部开始，依次装入 2.5 g 经过烘烤的碱性氧化铝、2.0 g 无水硫酸钠，用 15 mL 正己烷预淋洗。将浓缩液转移至层析柱上，用约 5 mL 正己烷洗涤鸡心瓶 3～4 次，洗液一并转移至层析柱中。当液面降至无水硫酸钠层时，加入 30 mL 正己烷(2×15 mL)洗脱；当液面降至碱性氧化铝层时，用 25 mL 二氯甲烷-正己烷(5+95)的混合溶剂洗脱。洗脱液旋转蒸发浓缩至近干。

(3)样品溶液浓缩　将样品溶液转移至进样瓶中，用少量正己烷洗涤鸡心瓶 3～4 次，洗液并入进样瓶中，在氮气流下浓缩至 1 mL，待 GC 分析。

8. 结果参考计算

(1)PCBs 的定性分析　以保留时间或相对保留时间进行定性分析，要求 PCBs 色谱峰信噪比(S/N)大于 3。

(2)PCBs 的定量测定　采用内标法，以相对响应因子 RRF 进行定量计算。以校正标准溶液进样，计算 RRF 值。

$$\mathrm{RRF} = A_{\mathrm{n}} c_{\mathrm{s}} / (A_{\mathrm{s}} c_{\mathrm{n}})$$

式中：RRF—目标化合物对定量内标的相对响应因子；A_{n}—目标化合物的峰面积；c_{s}—定量内标的浓度，μg/L；A_{s}—定量内标的峰面积；c_{n}—目标化合物的浓度，μg/L。

按下式计算试样中的 PCBs 的含量：

$$X_n = A_n m_s / (A_s \mathrm{RRF} m)$$

式中：X_n—目标化合物的含量，μg/kg；A_n—目标化合物的峰面积；m_s—试样中加入定量内标的量，ng；A_s—定量内标的峰面积；RRF—目标化合物对定量内标的相对响应因子；m—取样量，g。

该方法检测限(DL)规定为 3 倍信噪比及相对保留时间符合要求的响应所对应的试样浓度。计算公式为：

$$\mathrm{DL} = 3N m_s / (H \mathrm{RRF} m)$$

式中：DL—检测限，μg/kg；N—噪声峰高；m_s—加入定量内标的量，ng；H—定量内标的峰高；RRF—目标化合物对定量内标的相对响应因子；m—试样量，g。

9. 方法分析与评价

(1)在分析实际样品前，实验室必须达到可接受的精密度和准确度水平。通过加标试样的分析，验证分析方法的可靠性。取不少于 3 份基质与实际试样相似的空白试样，分别加入精密度及准确度合适的实验标准溶液，再分别加入定量内标标准溶液。将准备好的加标试样按与实际试样相同的方法进行分析，计算目标化合物的回收率和定量内标回收率。每份试样的目标 PCBs 的测定值应在加入量的 75%～120%范围内，RSD<20%。

当试样的提取、净化方法进行修改后以及要更换分析操作人员后，必须重复上述实验至达到上述标准，实验室每 6 个月应进行上述试验直至达到上述标准要求。

(2)每个批次最多每 15 个试样后，需做一次方法空白试验。

(3)每个批次最多每 15 个试样后，需带一个质控样品，质控样品可以是标准参考物也可以是已知浓度的加标样品。目标化合物的测定值应在标准值的 75%～125%。

7.2.2.3　食品中二噁英气谱-质谱法检测技术

1. 实验目的

了解气-质联用仪的基本工作原理，掌握气-质联用法测定乳品中二噁英的方法。

2. 原理

样品用有机溶剂提取后，经过净化、浓缩，以^{13}C标记的 PCDD/Fs 为内标，用 GC-MS 进行定性和定量分析。

3. 试剂材料

(1)二氯甲烷、正己烷、正庚烷、甲苯、无水硫酸钠。

(2)吸附剂：硅胶(60～100 目)150 ℃活化 1.5 h，40%硫酸硅胶、碱性三氧化二铝(140～200 目)600 ℃通氮气活化过夜，二氧化硅玻璃柱中吸附剂用量见表 7-2。

表 7-2　不同口径柱中吸附剂用量　　cm

柱径	SiO_2 放置量	Al_2O_3 放置量
大口径 3	8～9	7
中口径 2	8	7
小口径		6.5

(3)标准品：^{13}C 标记多氯二苯并二噁英化合物(PCDD)和多氯并呋喃(PCDF)各 12.5 ng/mL，C_4～C_6 共 11 个。

4. 仪器材料

气-质联用仪、超声提取器、旋转蒸发仪、层析柱。

5. 样品处理

(1)取 50.0 g 样品加入用^{13}C 标记的多氯二苯并二噁英(PCDD)和多氯并呋喃(PCDF)混合液各 20 μL，加入无水硫酸钠 20.0 g 左右，混匀后相继加入 100 mL、50 mL、30 mL 1∶1 的二氯甲烷和正己烷溶液，超声提取 30 min，共 3 次。离心后分出提取液放置过夜。将溶液于旋转蒸发仪上蒸发至干，加 120 mL 正己烷溶解样品，再加入 40%硫酸硅胶 40～80 g，在 70～80 ℃下回流 20 min，冷却后分出正己烷溶液，以 10 mL/min 的速度流过装有二氧化硅和三氧化二铝口径为 3 cm 的净化柱，分别用(2∶98)和(1∶1)的二氯甲烷和正庚烷混合液各 100 mL 洗脱。收集 1∶1 洗脱液经旋转蒸发仪浓缩至干。加 20 μL 甲苯溶解待测。

(2)标准曲线。在 10 μL 提取液中分别加入^{13}C 标记化合物 PCDD 和 PCDF 各 10 μL，混匀，用 N_2 吹至 10 μL，各取 0.25 μL、0.5 μL、1.25 μL、5.0 μL 混合液，以 1 μL 注入 GC-MS 仪中，以提取液为直接法，以标记物为内标法分析。

6. 分析步骤

(1)GC-MS 参考条件　色谱柱(Chrompack CP-sil-88)50 m×0.25 mm，粒径 0.2 μm；色谱柱温度 130 ℃下 1 min，20 ℃/min 升温到 220 ℃，再以 1 ℃/min 升到 245 ℃保持 2 min；电离室温度 230 ℃；连接器温度 250 ℃；四极杆温度 150 ℃；电离电压 70 eV，EI 模式；溶解延缓时间 3.5 min；载气流速 0.7 mL/min。各标记物选两个 m/z 的单离子检测。见表 7-3。

表 7-3　重要成分

名　　称	选用检测碎片 (m_1/z)	选用检测碎片 (m_2/z)	峰高比值 ($R=m_1/m_2$)	浓度/ (ng/mL)
2,3,7,8-TCDD	320	322	0.78	35.5
2,3,7,8-TCDF	304	306	0.80	138
1,2,3,7,8-PCDD	356	358	1.56	91
1,2,3,7,8-PCDF	356	358	0.64	511
2,3,4,7,8-PCDF	388	340	0.64	466
1,2,3,4,7,8-HCDD	388	490	0.55	439
1,2,3,6,7,8-HCDD	388	390	0.52	649
1,2,3,7,8,9-HCDD	388	390	0.54	439
1,2,3,4,7,8-HCDF	372	374	0.52	637
1,2,3,6,7,8-HCDF	372	374	0.52	865
1,2,3,7,8,9-HCDF	372	374	0.52	133

(2)测定　吸取 2 μL 待测液，用 GC-MS 分析，保留时间与标记化合物完全一致，且所选的两个单离子信号比的范围在 0.5～0.8，则认为待测物与标记物一致，可作为定性分析的依据。用每个 ^{13}C 标记化合物作为内标进行直接定量。

7. 结果参考计算

$$X = h_2 cVK / h_1 W$$

式中：X—二噁英的含量，pg/g；h_2—样品二噁英在单离子检测中的信号值；h_1—标记二噁英在单离子检测中的信号值；c—^{13}C 标记化合物的浓度，pg/μL；V—向样品中加入 ^{13}C 标记化合物溶液的体积，μL；W—样品质量，g；K—标准与样品进样比。

8. 方法分析与评价

(1)PCDD 为极毒性化合物，在检测操作中应做好个人的安全防护工作，保证环境不被污染。因此，操作者应戴一次性手套、戴上口罩，防止吸入与接触 PCDD。

(2)样品在分离纯化后要尽早进行分析测定，以减少蒸发、吸附或降解造成的损失。

(3)二噁英的纯化可由氧化铝和弗罗里土柱除去非极性干扰物，还可用来去除氯代二苯醚。多层酸化硅胶柱可除去样品中的类脂和非持久性污染物。

(4)分析中最好每隔 12 h 重新校正一次。提取过程的精确度及回收率验证须在同批样品分析之前进行。该方法的最低检出限为 3 pg。

(5)每步提取溶剂量依据标准，视提取效果可调整增减。

7.3　食品中多溴联苯醚的检测技术

7.3.1　多溴联苯醚的特征及危害评价

多溴联苯醚(polybrominated diphenyl ethers, PBDEs)属于溴系阻燃剂(brominated flameretardants, BFRs)的一种。由于其阻燃效率高，热稳定性好，添加量少，对材料性能影响小，价格便宜，因而作为一种添加型阻燃剂被广泛地应用在电子、电器、化工、交通、建材、纺织、石油、采矿等领域中。

PBDEs 的化学通式为 $C_{12}H_{0\sim9}Br_{1\sim10}O$，依溴原子数量不同分为 10 个同系组，共有 209 种同系物。PBDEs 和多氯联苯(PCBs)一样都按 IUPAC 系统编号。PBDEs 在室温下具有蒸气压低和亲脂性强的特点，沸点为 310～425 ℃，在水中溶解度小。PBDEs 具有相当稳定的化学结构，很难通过物理、化学或生物方法降解。研究证实，这类有毒溴化物会干扰甲状腺激素分泌，妨碍人类和动物脑部与中枢神经系统的正常发育。此外，PBDEs 在制备、燃烧及高温分解时会生成剧毒致癌物多溴二苯并二噁英(polybrominated dibenzo-*p*-dioxin, PBDDs)及多溴二苯并呋喃(polybrominated dibenzo furan, PBDFs)。

PBDEs 不同的同系物的毒性差别很大。商业产品中五溴联苯醚毒性最大，在很低的剂量下就可以引起中毒，而十溴联苯醚则需很大剂量才能表现出毒性。PBDEs 对老鼠和兔子的毒性研究结果表明，五溴联苯醚主要是对神经系统的损害，浓度在 0.6～0.8 mg/kg 表现出毒性，浓度在 6～10 mg/kg 表现出对后代的甲状腺激素分泌的影响；而八溴联苯醚浓度≥2 mg/kg 就会引起胎儿的毒性和致畸性；十溴联苯醚浓度 80 mg/kg 会引起成熟动物的甲状腺、肝和肾组织细胞形态的改变。目前，PBDEs对人的危险评价是建立在动物模型上的。已有报道，人体组织中含有PBDEs，这些PBDEs的含量是否已达到对人类造成危害的水平还不是很清楚。但人类每天摄入的PBDEs量是远低于对动物产生影响的最低剂量的，这两种剂量相差106倍。目前对PBDEs在人体内的毒理动力学研究很少，如果基于人体的承受水平或PBDEs在某个器官中的浓度来评价，可能对于人体的真正的安全限会更低。另外，高溴代的联苯醚可能会降解为低溴代的联苯醚或其他溴代有机物，这可能会使毒性增大。有研究表明，PBDEs可以和芳香烃受体结合，具有类似于二噁英的致毒作用。

7.3.2　食品中多溴联苯醚的检测技术

7.3.2.1　食品中多溴联苯醚的气相色谱-质谱法检测技术

1. 方法目的

了解掌握多溴联苯醚单体的高分辨气相色谱/高分辨质谱分析方法和原理。

2. 原理

样品经索氏提取、多层复合硅胶柱分离，然后利用高分辨气相色谱/高分辨质谱定量测定19种多溴联苯醚单体的含量（BDE-3、BDE-7、BDE-15、BDE-17、BDE-28、BDE-49、BDE-71、BDE-47、BDE-66、BDE-77、BDE-100、BDE-119、BDE-99、BDE-85、BDE-126、BDE-154、BDE-153、BDE-138、BDE-183）。

3. 适用范围

适用于食品类、生物类、环境样品中多溴联苯的测定。

4. 试剂材料

(1)正己烷、二氯甲烷、丙酮、壬烷均为农残级。硅胶：0.063～0.100 mm。

(2)^{13}C标记添加内标：BDE-LCS；^{13}C标记PBDE回收率内标：68A-IS，PCB52，PCB 138。

(3)活化硅胶：将硅胶盛于蒸发皿中，在马弗炉中于550 ℃烘烤至少12 h，然后降温到180 ℃保持至少1 h，取出转至烧瓶中加塞密闭，保存于干燥器中，待用。

(4)酸性硅胶：称取100 g活化硅胶置于烧瓶中，逐滴滴入浓硫酸10～20 mL，置于摇床上振荡，直至硅胶结块消失为止。

(5)碱性硅胶：于100 g活化硅胶中加入30 mL 1 mol/L NaOH，方法同酸性硅胶的制备。

(6)硝酸银硅胶：将5.6 g硝酸银溶于21 mL超纯水中，然后加入100 g活化硅胶中，方法同上。然后用铝箔纸将烧瓶包裹，烧瓶口用铝箔疏松盖住，置于干燥烘箱中，于30 ℃停留至少5 h，升温至60 ℃停留3 h，最后升温至180 ℃停留至少12 h，干燥器中降温加塞密闭，避光保存。

(7)复合硅胶柱：采用干样法自行装填，从下到上依次为1 g活化硅胶、4 g碱性硅胶、1 g活化硅胶、8 g酸性硅胶、1 g活化硅胶、2 g硝酸银硅胶和4 g无水硫酸钠。

5. 仪器设备

气相色谱-质谱，冷冻干燥机。

6. 分析条件

(1)色谱条件　谱柱：HP-5(30 m×0.25 mm i.d.，粒径0.25 μm)；程序升温：初始温度

90 ℃，保持 2 min；以 25 ℃/min 的速度升至 210 ℃，保持 1 min；然后以 10 ℃/min 的速度升至 275 ℃，保持 10 min；再以 25 ℃/min 升至 330 ℃保持 10 min。载气（氩气）流速 1.2 mL/min。无分流进样，进样量为 1 μL。

（2）质谱条件　电离方式为电子轰击（EI），电子能量为 38 eV；分辨率 10 000；源温度 280 ℃；采集方式为电压选择离子检测模式（VSIR）。

7. 分析步骤

（1）提取　样品用铝箔包封以避光，然后置于冰箱中冷冻。使用前将冷冻的样品放入冷冻干燥机中冷冻干燥（一般为 40 h），然后移入研钵中研碎，称取约 5 g 样品，用微量注射器移入 100 μg/L ^{13}C 标记添加内标 10 μL，再加入 25 g 无水硫酸钠混匀，用 150 mL 二氯甲烷-正己烷（1∶1）的混合液索氏提取 24 h。

（2）净化　将提取液转入洁净的烧瓶中，加入一定量的酸性硅胶，磁力搅拌约 0.5 h，以去除脂肪等大分子杂质；再将提取液过无水硫酸钠小柱，之后用盐酸处理过的铜粉去除提取液中的硫；再将提取液过无水硫酸钠小柱；最后旋转蒸发将提取液浓缩至 2～3 mL 以便做进一步的处理。将浓缩好的提取液用复合硅胶柱进行纯化，先用约 20 mL 正己烷洗涤复合硅胶柱，然后上样，用 20 mL 正己烷预淋洗，再用 50 mL 二氯甲烷-正己烷（1∶1）的混合液洗脱并接取。

（3）浓缩　将接取的洗脱液旋转蒸发至 1～2 mL，然后转入 K-D 管中，用高纯氮气吹至 200 μL，转入样品管中吹至 10 μL，再加入 ^{13}C 标记 PBDE 回收率内标，准备进样。

8. 结果参考计算

结果计算参考 7.2.2.3。

9. 方法分析与评价

食品中有机污染物的色谱-质谱分析方法都比较复杂，主要是样品提取净化过程繁杂，转换步骤多，极易造成样品组分损失，影响结果判断。

7.3.2.2　深海鱼油中多溴联苯醚的气相色谱-负离子化学电离质谱法检测技术

1. 方法目的

了解掌握气相色谱-负离子化学电离质谱法（GC-NCI/MS）同时分析深海鱼油食品中 5 种多溴联苯醚（PBDE47、PBDE99、PBDE100、PBDE153、PBDE154）残留的方法。

2. 原理

深海鱼油食品用正己烷超声提取、中性与酸性硅胶色谱柱净化和正己烷洗脱后，以 PCB103 为内标物，采用 GC-NCI/MS 的选择离子监测方式（SIM）分析，内标法定量。

3. 适用范围

适用于深海鱼油食品中 5 种痕量多溴联苯醚残留的同时分析。

4. 试剂材料

（1）正己烷和二氯甲烷，均为农残级试剂，购于美国 Tedia 公司。

（2）异辛烷：纯度为 100%，购于美国 Accu Standard 公司。

（3）无水硫酸钠：分析纯，于 650 ℃马弗炉中烘烤 4 h。

(4)硅胶：分析纯 100～200 目，于 650 ℃马弗炉中烘烤 4 h，使用前于 140 ℃烘箱中烘烤 2 h 以上，加 5%超纯水去活化，按质量比 1∶1 加入浓硫酸，搅拌均匀，保存于密闭容器。

(5)PBDEs 标准物质：PBDE-47(2,2,4,4′-tetra-bromodiphenyl ether)，PBDE-99(2,2′,4,4′,5-pentabromodiphenyl ether)，PBDE-100(2,2′,4,4′,6-pentabromodiphenyl ether)，PBDE-153(2,2′,4,4′,5,5′-hexabromodiphenyl ether)，PBDE-154(2,2′,4,4′,5,6-hexabromodiphenyl ether)质量浓度均为 50.0 μg/mL，密封于玻璃安瓿瓶中，溶剂为异辛烷。

(6)内标物(IS)：PCB103(2,2′,4,5′,6-pentachlo-robiphenyl)。

(7)PBDEs 系列混合标准溶液的配制：用正己烷将上述 5 种 PBDE 标准溶液稀释成每种 PBDE 均为 10.0 μg/mL 的储备液，再根据分析需要，用正己烷稀释成不同浓度的含有 10.0 ng/mL PCB103 的系列混合标准溶液。

5. 仪器设备

气相色谱-质谱联用仪；超声波清洗器；电热恒温水浴锅；循环水式多用真空泵；氮吹浓缩装置；减压过滤装置。

6. 分析条件

(1)GC 分析条件　DB-5 MS 毛细管柱(30 m×0.25 mm，0.25 μm)；载气为 He(99.999%)；柱头压 61.8 kPa；载气恒线速度 36.8 cm/s；不分流进样，进样量 1.00 μL；进样口温度 270 ℃；GC-MS 接口温度 250 ℃。色谱柱升温程序：80 ℃(保持 2 min)，以 25 ℃/min 的速率升至 240 ℃，再以 3 ℃/min 的速率升至 280 ℃(保持 5 min)。

(2)MS 分析条件　甲烷反应气(纯度 99.95%)；反应气输出压力 0.25 MPa；离子源真空度 4.00 mPa；离子源电压 70 V；灯丝发射电流 60 μA；检测器电压 1.00 kV；离子源温度 200 ℃；溶剂延迟时间 6.5 min；质谱扫描方式，全扫描(Full Scan)间隔 0.4 s(定性分析)；SIM 扫描间隔 0.2 s(定量分析)。

7. 分析步骤

(1)提取　称取 0.5～1.0 g 深海鱼油食品于 25 mL 离心试管中，加入 5.0 mL 正己烷，置于超声波清洗器内水浴超声提取 10 min。

(2)净化　在 20 cm×1.5 cm 的玻璃色谱柱(带双通活塞)内填入适量的玻璃毛，再依次填入 1.0 cm 高无水硫酸钠、2.0 g 中性硅胶、7.0 g 酸化硅胶(用 50%的浓硫酸酸化)和 1.0 cm 高无水硫酸钠。先用 10 mL 正己烷淋洗玻璃色谱柱，再将提取液转移至玻璃色谱柱内，在减压过滤装置中先用 15 mL 正己烷洗脱，再用 10 mL 二氯甲烷洗脱，洗脱过程中控制双通活塞使洗脱液的流速为 1～2 滴/s。将洗脱液置于 40 ℃恒温水浴中氮吹浓缩近干，然后加入用正己烷配制的 10 ng/mL PCB103 标准溶液 1.00 mL 于带刻度的小测试瓶中，氮吹定容至 1.00 mL，供仪器分析。

8. 结果含量计算

依据标准曲线定量，依据质谱定性。也可参考方法 7.2.2.2。

9. 方法分析与评价

食品中有机污染物的色谱-质谱分析方法都比较复杂，主要是样品提取净化过程繁杂，转换步骤多，极易造成样品组分损失，影响结果判断。

7.4 食品中烷基酚的检测技术

7.4.1 烷基酚的特征及危害评价

烷基酚(alkylphenols,APs)包括壬基酚(nonylphenol,NP)、辛基酚(octylphenol,OP)、丁基酚等碳链长度为 $C_4 \sim C_9$ 的酚类物质(主要是壬基酚和辛基酚)。该类物质被广泛地用作塑料增塑剂、工业用洗涤剂、农药乳化剂、纺织行业的整理剂。大量体内、外实验证实,APs具有内分泌干扰的作用,可对哺乳动物与水生生物的生殖与发育造成不同程度的影响,从而引起了毒理学家、生态学家、环境流行病学家等的广泛关注。一些欧美国家分别提出了一系列控制污染的对策。目前相关研究主要集中在其环境行为及其可能的相关生态环境风险方面,有关食品中烷基酚的分析方法还不是很多。大量的研究表明,这些化合物广泛地存在于各种食品中,目前的数据还很难评价对人类可能的风险,但对人类长期的潜在风险,特别是与其他雌激素类物质的协同效应是不容忽视的。因此对食品中烷基酚的分析方法的研究应予以重视。

7.4.2 食品中烷基酚的液相色谱-质谱法检测技术

1. 方法目的

了解掌握液相色谱-质谱/质谱技术测定烷基酚和双酚 A(bisphenol A,BPA)的方法。

2. 原理

采用基质固相分散萃取提取、正相固相萃取净化、液相色谱-质谱/质谱技术测定食品中的烷基酚,尤其是壬基酚、辛基酚和双酚 A。

3. 适用范围

适用于半固体基质牛奶和鸡蛋等食品中烷基酚和双酚 A 的测定。

4. 试剂材料

(1)标准溶液 分别称取 10 mg BPA、NP、OP 和 4-n-NP 各标准物质(纯度>99.9%),用甲醇溶解到 10 mL 棕色容量瓶中,置于 4 ℃下保存。

(2)标准系列 用甲醇分别配制浓度为 1 ng/mL、5 ng/mL、10 ng/mL、20 ng/mL、50 ng/mL、100 ng/mL 和 500 ng/mL 的 BPA、NP 和 OP 标准混合溶液(内标物质的浓度均为 50 ng/mL),置于 10 mL 棕色容量瓶中,于 4 ℃下保存。

5. 仪器设备

液相色谱/质谱仪。

6. 分析条件

(1)色谱条件 色谱柱 C_{18}(3.5 μm,2.1 mm×150 mm)Waters XTerra™ MS,流动相甲醇(A)和水(B),含有 0.05%的氨水,柱温 30 ℃,进样量 10 μL。梯度洗脱程序:90%(A) 10 min 内线性降低到 45%(A),再于 10 min 内线性降到 15%(A),保持 7.5 min,然后在 1 min 内线性增加到 90%(A),保持 2.5 min,接着 1 min 内线性降到 0%,保持 10 min,再于 1 min 内线性增加到 90%,保持 15 min,等待下一针进样。

(2)质谱条件 ES(−);毛细管电压 3.5 kV;锥孔电压 70 V;RF lens 1 和 RF lens 2 分别为 40 和 0.5;源温度 100 ℃,脱溶剂温度 300 ℃;脱溶剂气流量 650 L/h;碰撞梯度:各化合物的质谱采集条件参数如表 7-4 所示。

表 7-4 NP、OP、4-n-NP 和 BPA 的质谱条件参数

化合物	保留时间/min	$MH^+(m/z)$	子离子(m/z)	碰撞能量/eV
NP	27.44	219.3	133.1,147.2,161.2	20
BPA	14.69	227.2	93.0,133.0,212.2	16
4-n-NP	30.27	219.3	106.1	17
OP	28.15	205.2	106.0,133.1	16

7. 分析步骤

标准样制备、样品处理及净化(纯化)、测定分析。

将鸡蛋打碎,去壳转移到 100 mL 于 400 ℃烘烤 4 h 的小烧杯中,用玻璃棒将其搅拌均匀取 1 g 作样品;牛奶开包后取 1 mL 置于 50 mL 小烧杯中,分别加入 50 ng 的 4-*n*-NP 内标溶液和 1 g C_{18} 填料粉末共同搅拌,充分均匀后用氮气吹干至可以自由流动的粉末。将吹干后的粉末填入事先经过特别处理的空固相萃取柱中,盖上垫片,压紧后用 10 mL 甲醇洗脱。洗脱液氮气吹至近干。残渣分别用 20 mL 二氯甲烷-正己烷(1∶1)溶解,通过预先用 10 mL 甲醇-丙酮(1∶1)的混合液淋洗,5 mL 正己烷活化的 NH_2 柱,之后再用 5 mL 正己烷淋洗 NH_2 柱,真空泵将 SPE 柱残留的液体抽去,最后用 10 mL 甲醇-丙酮(1∶1)的混合液洗脱。洗脱液用氮气吹干,然后用流动相定容到 0.5 mL,用于 LC-MS/MS 分析。

8. 结果含量计算

依据标准曲线定量,依据质谱定性。也可参考方法 7.2.2.2。

9. 方法分析与评价

食品中有机污染物的色谱-质谱分析方法都比较复杂,主要是样品提取净化过程繁杂,转换步骤多,极易造成样品组分损失,影响结果判断。

思考题

1. 测定指示性多氯联苯的方法是什么?原理是什么?
2. 多氯二苯并对二噁英和多氯二苯并呋喃的测定方法中使用的三个净化柱作用是什么?
3. 烷基酚包括什么?
4. 气相色谱-低分辨质谱联用仪测定食品中指示性多氯联苯中的玻璃器皿怎样清洗?

参考文献

[1] 方杰. 浙江沿海沉积物和海洋生物中持久性有机污染物及重金属的分析与研究. 杭州:浙江大学研究生院,2007.

[2] GB 5009.190—2014 食品安全国家标准 食品中指示性多氯联苯含量的测定.

[3] 林竹光,涂逢樟,等. 气相色谱-负离子化学电离质谱法分析深海鱼油食品中的五种多溴联苯醚残留. 色谱,2007,25:262-266.

[4] 邵兵,高迎新,等. 基质固相分散萃取-液相色谱-质谱/质谱测定牛奶和鸡蛋中的烷基酚和双酚 A. 环境化学,2005,24:483-484.

[5] 王亚伟,张庆华,刘汉霞,等. 高分辨气相色谱-高分辨质谱测定活性污泥中的多溴联苯醚. 色谱,2005,23:492-495.

[6] 吴永宁,江桂彬. 重要有机污染物痕量与超痕量检测技术. 北京:化学工业出版社,2006.

[7] 朱坚,邓晓军. 食品安全监测技术. 北京:化学工业出版社,2006.

第8章

食品加工中污染物检测技术

本章学习目的与要求

1. 了解食品加工中的污染物。

2. 掌握食品中N-亚硝基化合物检测技术与安全评价技术。

3. 了解食品中苯并(a)芘、杂环胺类、氯丙醇检测技术，掌握食品中丙烯酰胺、甲醛的检测技术。

8.1 概述

食品中有毒、有害污染物是影响食品安全问题的直接因素，是食品检验的重要内容。国际社会非常重视食品污染物检测技术研究，并以此为基础制定了先进、科学的标准分析方法。

在食品加工、包装、运输和销售过程中由于食品添加剂的使用、采取不恰当的加工贮藏条件或者由于环境的污染会使食品携带有毒有害的污染物质。如在肉类加工中亚硝酸盐和硝酸盐作为常用的食品添加剂，可以改善肉的色泽和风味，延迟脂肪的氧化和酸败，并且抑制肉毒梭状芽孢杆菌的繁殖，从而延长肉制品的货架期，但是亚硝酸盐可以和氨基酸等含氮化合物反应生成致癌物亚硝胺；食品经烟熏、烧烤、油炸等高温处理，可受到苯并芘的污染；生产炭黑、炼油、炼焦、合成橡胶等行业的废水污染水源和饲料，用其饲喂后可在动物体内蓄积，也会造成肉品、乳品及禽蛋的苯并芘污染；在煎烤的鱼及牛肉等食品中发现有诱变物杂环胺生成，目前已鉴定了 20 种诱变性杂环胺，其前体主要是食品中的氨基酸及肌酸等；在酱油等调味品生产过程中，以脱脂大豆、花生粕和小麦蛋白或玉米蛋白为原料用盐酸水解的方法分解植物原料中的蛋白质，制成酸水解植物蛋白调味液，如果水解条件方式不恰当就会产生氯丙醇；不法商贩在加工食品(如水产及水发食品等)过程中，用禁用添加剂甲醛或者甲醛次硫酸钠来改善食品的外观和延长保存时间；人们在油炸及焙烤的薯条、土豆片、谷物以及面包食品中发现了具有神经毒性的潜在致癌物丙烯酰胺。随着科学技术的发展，食品中不断发现潜在的新的有毒有害污染物，必须建立高灵敏度的检测分析方法来监测食品中有毒有害物质的污染水平，采取各种控制措施来减少或消除食品中有毒、有害物质对人体的损害，确保食品的安全性。

8.2 食品中 N-亚硝基化合物的检测技术

8.2.1 N-亚硝基化合物的分类

N-亚硝基化合物对动物是强致癌物，在对 100 多种亚硝基类化合物的研究中，发现 80 多种有致癌作用。N-亚硝基化合物是在食物贮存加工过程中或在人体内生成的。在天然食物中 N-亚硝基化合物的含量极微，但可通过各种污染途径进入食物，也可由食物中广泛存在的亚硝基化合物前体物在适宜条件下生成，即含有 N-结构化合物与亚硝酸盐反应生成。目前发现含 N-亚硝基化合物较多的食品有烟熏鱼、腌制鱼、腊肉、火腿、腌酸菜等。

N-亚硝基化合物，根据其化学结构可分为两大类，即 N-亚硝胺类与 N-亚硝酰胺类。亚硝胺化学性质较亚硝酰胺稳定，研究最多的 N-亚硝基化合物，其一般结构为 R2(R1)N—N＝O。R1 与 R2 可以相同也可以不同，当 R1 等于 R2 时，如 N-亚硝基二甲胺(NDMA)和 N-亚硝基二乙胺(NDEA)为对称性亚硝胺；当 R1 不等于 R2 时，如 N-亚硝基甲乙胺(NMEA)和 N-亚硝基甲苄胺(NMBzA)等为非对称性亚硝胺。此外，亚硝胺由于分子量不同，表现为蒸气压不同，其中能够被水蒸气蒸馏出来并不经衍生化直接由气相色谱测定的为挥发性 N-亚硝基化合物，反之为非挥发性 N-亚硝基化合物。低分子量的亚硝胺(如 N-亚硝基二甲胺)在常温下为黄色液体，高分子量的亚硝胺多为固体。除了某些 N-亚硝胺(如 N-亚硝基二甲胺、N-亚硝基二乙胺、N-亚硝基二乙醇胺以及某些 N-亚硝基氨基酸等)可以溶于水及有机溶剂外，大多数亚硝胺都不溶于水，仅溶于有机溶剂。通常，亚硝胺不易水解和氧化，化学性质相对稳定，在中性及碱性环境下较稳定。但在酸性溶液及紫外线照射下可缓慢分解，在机体发生代谢时才具有致癌能力。亚硝酰胺性质活泼，在酸性及碱性溶液中均不稳定。

8.2.2 N-亚硝基化合物的危害评价

N-亚硝基化合物的前体物（亚硝酸盐、氮氧化物和胺等）广泛存在于食品中，在食品加工过程中易转化成亚硝胺和其他 N-亚硝基化合物。根据目前已有的结果，鱼类、肉类、蔬菜类和啤酒类等食品中含有较多的 N-亚硝基化合物。腌制食品中常用到硝酸盐和亚硝酸盐，而鱼类和肉类食物在腌制过程中加入的硝酸盐和亚硝酸盐可与蛋白质分解产生的胺反应，可形成二甲基亚硝胺、吡咯亚硝胺等 N-亚硝胺类化合物。因而腌制的鱼体及肉制品中亚硝胺含量一般比较高，且腌制的食品一旦再烟熏，则 N-亚硝基化合物的含量会更高。植物类食品中含有较多的硝酸盐和亚硝酸盐，其中大白菜、菠菜、芹菜、油菜和莴苣中硝酸盐含量可达 600～3 912 mg/kg，尤以芹菜最高（由于施用农药）。在对蔬菜进行加工处理（如腌制）和贮藏过程中，硝酸盐在硝酸盐还原酶作用下，转化为亚硝酸盐，在适宜的条件下可与食品中蛋白质的分解产物胺反应，生成亚硝胺和其他 N-亚硝基化合物。发酵食品中酱油、醋、酒、啤酒和酸菜中均可检测出含有 N-亚硝基化合物，除啤酒及酸菜外，一般含量在 5 μg/kg 以下。啤酒中含有一些亚硝胺类化合物，如二甲基亚硝胺，但含量较低（可能与发酵过程有关），啤酒中 N-亚硝基化合物的形成与大麦芽的干燥有关，但许多国家都对啤酒中 N-亚硝基化合物的含量进行控制。此外，一些全乳制品，如干奶酪、奶粉和奶酒中也存在着微量挥发性 N-亚硝基化合物，其含量一般为 0.5～5.2 μg/kg。

人体可通过各种途径受到亚硝胺毒害，简单来说可分为直接摄入和体内合成两大途径。

（1）通过食物和水直接摄入 N-亚硝基化合物　食品加工和贮藏过程中形成的 N-亚硝基化合物，如鱼肉制品或蔬菜的加工（尤其是腌制）中，常添加硝酸盐作为防腐剂和护色剂，而这些食物如香肠、腊肉、火腿和热狗等，直接加热（如油炸、煎烤等）会引起亚硝胺的合成；麦芽在干燥过程中也会形成亚硝胺，其他食品如果采用明火直接干燥也会形成亚硝胺；蔬菜在贮藏过程中，其所含有的硝酸盐和亚硝酸盐也会在适宜的条件下与食品中蛋白质分解的胺反应生成亚硝胺类化合物；食品与食品容器或包装材料的直接接触，可以使挥发性亚硝胺进入食品；某些食品添加剂和中间处理过程可能含有挥发性亚硝胺。

（2）摄入前体物在胃肠道中合成亚硝胺　研究发现人体内能够内源性合成 N-亚硝基化合物。当人体摄入的食品中含有硝酸盐和亚硝基化的胺类时，它们常常以相当大的量进入胃中，胃中有适合亚硝基化反应的有利条件，如酸性、卤素离子等可以明显地加快体内 N-亚硝基化合物的形成，可合成 N-亚硝基化合物的前体物包括 N-亚硝化剂和可亚硝化含氮化合物，N-亚硝化剂有硝酸盐、亚硝酸盐和其他氮氧化物。亚硝酸盐和硝酸盐广泛存在于人类环境中，硝酸盐在生化系统的作用下，常伴随亚硝酸盐的存在。蔬菜植物体吸收的硝酸盐由于植物酶作用在植物体内还原为氮，经过光合作用合成的有机酸生成氨基酸和核酸而构成植物体，当光合作用不充分时，植物体内就积蓄多余的硝酸盐，如莴苣与生菜可以积蓄硝酸盐最高达 5 800 mg/kg、菠菜最高在 7 000 mg/kg、甜菜可在 6 500 mg/kg。

（3）体内合成前体物后再在体内合成亚硝胺　人体口腔中合成的硝酸盐进入胃肠道后，在适宜的条件下可以合成亚硝胺，唾液中的硝酸盐可以转化为亚硝酸盐，而且亚硝酸盐含量很高。由于唾液腺可以浓缩富集硝酸盐并分泌到口腔中，唾液中的硝酸盐水平是血液的 20 倍，而唾液中的硝酸盐可以还原为亚硝酸盐。尽管不同个体唾液中的硝酸盐和亚硝酸盐含量的波动水平差别较大，但 24 h 内唾液腺分泌的硝酸盐累积量均占硝酸盐摄入量的 28%左右，而唾液中产生的亚硝酸盐可以占硝酸盐摄入量的 5%～8%。此外，如在胃酸不足的情况下，造成细菌生长，还可以将硝酸盐还原为亚硝酸盐，使胃液中亚硝酸盐含量升高 6 倍。

硝酸盐、亚硝酸盐及 N-亚硝基化合物的毒理动力学及代谢途径是紧密相连的，这种转化联系是人们摄入硝酸盐后对人体危害的关键。硝酸盐的急性毒性表现为不同的受试动物其生物半致死剂量不同。按每千克体重计算，硝酸钠对小白鼠的半数致死量为 2 480～6 250 mg，大白鼠为 4 860～9 000 mg，兔为 2 680 mg；硝酸钾对大白鼠的半数致死量为 3 750 mg，兔为 1 900 mg；硝酸铵对大白鼠的半数致死量为 2 450～4 820 mg。硝酸盐的受试动物短期毒性表现出不同差异，据报道，用 F-344 大白鼠连续饲喂含不同量的硝酸钠饲料（对照、1.25%、2.55%、10%和 20%，占饲料质量百分数）6 周，结果发现，除高剂量组（10%和 20%）大白鼠的体重减少和高铁血红蛋白积累外，其他剂量组没有负面影响。硝酸盐的慢性中毒实验表明，不同性别 5 组大白鼠连续饲喂含不同量的硝酸钠饲料（对照、0.1%、1%、5%和 10%，占饲料质量百分数）2 年，除高剂量组大白鼠的生长率有轻微影响并表现有一定的迟钝外，其他剂量组没有负面影响。硝酸盐的致畸性实验表明，在猪交配及怀孕期前，连续 142 d 和 204 d，饮用含不同浓度的硝酸钾（对照、300 mg/L、3 500 mg/L、10 000 mg/L、30 000 mg/L）溶液，除高剂量组对母猪的生育能力有一定的影响外，其他剂量组没有影响。也就是说，按每天每千克体重计算，从食物中摄入 507 mg 的硝酸钾或 310 mg 的硝酸钾离子对猪的生殖能力没有负面影响。给怀孕 21 d 的羊连续 15 d 饮用浓度在 0.3%～1.2%的硝酸钠水溶液，也不足以使血红蛋白过量转化为高铁血红蛋白。硝酸盐的诱变性实验表明，在好氧条件下硝酸盐对微生物 *Salmonella typhimurium* 或 *Escherichia coli* 无诱变性影响，但在厌氧条件下硝酸盐对 *Escherichia coli* 有诱变性，这可能与硝酸盐在厌氧条件下被还原成亚硝酸盐有关。硝酸钾及硝酸钠对几种微生物菌株的 Ames 检测无诱变性。

亚硝酸盐的急性毒性表现为不同的受试动物其生物半致死剂量不同。按每千克体重计算，亚硝酸钠对小白鼠的半数致死量为 214 mg，大白鼠为 180 mg。按每千克体重 100 mg 的剂量每 2 h 给大白鼠饲喂一次亚硝酸钠，结果有高的死亡率，但如果间隔期变为 4 h，则无死亡出现。亚硝酸盐的短期毒性实验表明，大白鼠连续 200 d 饮用含 170 mg 和 340 mg（按每千克体重计算）的亚硝酸钠，结果发现，受试大白鼠体内有高铁血红蛋白积累现象，雌鼠的肝重及雌雄大白鼠的肾重也有变化。在正常情况下人血中高铁血红蛋白含量较低，一般保持在 1%～2%，当有少量的亚硝酸盐存在时，所引起的高铁血红蛋白可被人体酶促还原和非酶还原作用还原；当有高剂量的亚硝酸盐存在时，由于高铁血红蛋白的形成速度超过还原速度，高铁血红蛋白积累增多，血红蛋白的携氧和释氧能力下降，当体内高铁血红蛋白浓度达到 20%～40%时就会出现全身组织缺血等症状，如果高铁血红蛋白浓度达到 70%以上就可致死。按此计算，人体摄入 0.3～0.5 g 的亚硝酸盐就可引起中毒，3 g 可致死亡。亚硝酸盐的长期毒性及致癌性的实验表明，给雄性大鼠连续 2 年饮用浓度为 100 mg/L、1 000 mg/L、2 000 mg/L 和 3 000 mg/L 水，其中 1 000 mg/L、2 000 mg/L 和 3 000 mg/L 处理组的大鼠体内高铁血红蛋白有所增加，分别为血红蛋白的 5%、12%和 22%；而 100 mg/L 处理组，相当于按每千克体重摄入 5～10 mg 的亚硝酸钠，无明显影响。用含 0.2%或 0.5%的亚硝酸钠（按饲料质量比）的饲料连续饲喂大鼠 115 d，无致癌表现。给 ICR 小白鼠连续 18 个月饮用浓度为 1 000 mg/L、

2 500 mg/L 和 5 000 mg/L 水，无肿瘤发现。

据报道，在所知的 N-亚硝基化合物中约有 90%对受试动物具有致癌性，尤其是非挥发性亚硝基化合物。考虑到能形成 N-亚硝基化合物的前体较多，如硝酸盐、亚硝酸盐、胺类及氨基化合物等，而这些前体广泛存在于人类食物中，易被人类从食物中摄入。因此，过量摄入这些前体就要考虑它们在体内转化为亚硝基化合物的可能性。

按每天每千克体重摄入 2 500 mg 的硝酸盐，大鼠无负面影响。硝酸盐对生殖能力影响的数据尚不明确。硝酸盐在本质上是没有基因毒性，但它能转化为亚硝酸盐和 N-亚硝基化合物。亚硝酸盐虽有基因毒性，但啮齿动物实验表明，连续 2 年大鼠按每天每千克体重摄入 6.7 mg 的亚硝酸离子，无负面作用。亚硝酸盐能引起高铁血红蛋白的积累，当高铁血红蛋白超过 10%时，会产生毒性。N-亚硝基化合物具有强烈的致癌性。

8.2.3　食品中 N-亚硝基化合物的检测技术

8.2.3.1　食品中挥发性 N-亚硝胺的分光光度法检测技术

1. 方法目的

采用分光光度法测定挥发性 N-亚硝胺。

2. 原理

利用夹层保温水蒸气蒸馏对食品中挥发性亚硝胺提取吸收，在紫外光的照射下，亚硝胺分解释放亚硝酸根，再通过强碱性离子交换树脂浓缩，在酸性条件下与对氨基苯磺酸形成重氮盐，与 N-萘乙烯二胺二盐酸盐形成红色偶氮化合物，颜色的深浅与亚硝胺的含量成正比。

3. 适用范围

适用于食品中挥发性 N-亚硝基化合物的检测。

4. 试剂材料

(1)0.1 mol/L 磷酸缓冲溶液(pH 7.0)，0.5 mol/L 氢氧化钠溶液，1.7 mol/L 盐酸溶液，正丁醇饱和的 1.0 mol/L 氢氧化钠溶液，1%硫酸锌溶液。

(2)显色剂 A(0.1%对氨基苯磺酸，30%乙酸)，显色剂 B(0.2%N-1-萘乙烯二胺二盐酸盐，30%乙酸)。

(3)100 μg/mL 二乙基亚硝胺标准溶液，100 μg/mL 亚硝酸钠标准溶液。

(4)强碱性离子交换树脂(交链度 8，粒度 150 目)。

5. 仪器设备

分光光度计，紫外灯(10 W)。

6. 分析步骤

(1)亚硝胺标准曲线的绘制　用微量取样器准确吸取 100.0 μg 的亚硝胺标准溶液 0 mL、0.02 mL、0.04 mL、0.06 mL、0.08 mL、0.10 mL，并分别加入 pH 7.0 的磷酸缓冲液，使每份反应溶液的总体积达 2.0 mL。按顺序加入 0.5 mL 显色剂 A，摇匀后加入 0.5 mL 显色剂 B，待溶液呈玫瑰红色后，分别在 550 nm 波长下测定光密度，绘制标准曲线。

(2)样品制备　固体样品取经捣碎或研磨均匀的样品 20.0 g，加入正丁醇饱和的 1 mol/L 氢氧化钠溶液，移入 100 mL 容量瓶中，定容，摇匀，浸泡过夜，离心后取上清液待测。

(3)测定分析　吸取样品上清 50 mL,进行夹层保温水蒸气蒸馏,收集 25 mL 馏出液,用 30%醋酸调节至 pH 3～4。再移入蒸馏瓶内进行夹层保温水蒸气蒸馏,收集 25 mL 馏出液,用 0.5 mol/L 氢氧化钠调节至 pH 7～8。将馏出液在紫外光下照 15 min,通过强碱性离子(氯离子型)交换柱(1 cm×0.5 cm)浓缩,经少量水洗后,用 1 mol/L 氯化钠溶液洗脱亚硝酸根,分管收集洗脱液(每管 1 mL)。各管中加入 1.0 mL 的磷酸缓冲液(pH 7.0)和 0.5 mL 显色剂 A,摇匀后再加入 0.5 mL 显色剂 B,其他操作同标准曲线的绘制。根据测得的光密度,从标准曲线中查得每管亚硝胺的含量,并计算总含量。

7. 结果参考计算

$$X = c/(1\,000 \times W)$$

式中:X—食品中挥发性 N-亚硝胺含量,μg/kg;c—相当于挥发性 N-亚硝胺标准的量,μg;W—测定样品溶液相当质量,g。

8. 方法分析及评价

由于二甲胺与亚硝酸盐在酸性条件下能结合产生亚硝胺,对于亚硝酸盐含量高的样品,为了消除样品中的亚硝酸盐的影响,可采用同样方法先测出亚硝酸盐相当的挥发性 N-亚硝胺含量(X_0),样品中实际挥发性 N-亚硝胺含量为测定值减去 X_0。

8.2.3.2　食品中亚硝胺的薄层层析法检测技术

1. 方法目的

了解掌握食品中亚硝胺类物质的薄层测定分析方法。

2. 原理

经提取纯化所得的亚硝胺类化合物在薄层板上展开后,利用其光解生成亚硝酸和仲胺,分别用二氯化钯二苯胺试剂、格林(Griess)试剂(对亚硝酸)和茚三酮试剂(对仲胺)进行显色。对以上三种试剂的显色综合判定,计算出样品中亚硝胺含量。

3. 适用范围

适用于粉类、腌制类食物、蔬菜类食品中亚硝胺类物质的检测。

4. 试剂材料

(1)无水碳酸钾,无水硫酸钠,氯化钠,正己烷,二氯甲烷,乙醇,吡啶,30%乙酸溶液。

(2)阳离子交换树脂(强酸性,交联聚苯乙烯),层析用硅胶 G。

(3)磷酸盐缓冲液:混合 5 mL 1.0 mol/L 磷酸二氢钾溶液和 20 mL 0.5 mol/L 磷酸氢二钠溶液,用水稀释至 250 mL,pH 为 7～7.5。

(4)二氯化钯二苯胺试剂:1.5%二苯胺乙醇溶液和含 0.1%二氯化钯的 0.2%氯化钠溶液,保存于 4 ℃,使用前以 4∶1 混合使用。

(5) Griess 试剂:含 1%对氨基苯磺酸的 30%乙醇溶液和含 0.1% α-萘胺的 30%乙酸溶液,保存于 4 ℃,使用前以 1∶1 混合使用。

(6)茚三酮试剂:含 0.3%茚三酮的 2%吡啶乙醇溶液。

(7)无水无过氧化物的乙醚:乙醚中往往含有过氧化物而影响亚硝胺的测定。将 500 mL 乙醚置于分液漏斗中,加入 10 mL 硫酸亚铁溶液,不断摇动,20 min 后弃去硫酸亚铁溶液,再加 10 mL 硫酸亚铁重复处理一次，然后再用水洗两次。取出处理过的乙醚 5 mL，置于试管中，加入稀盐酸酸化的碘化钾溶液 2 mL，振摇，于 30 min 后碘化钾溶液不变黄，乙醚处理为合格。

5. 仪器设备

薄层层析用仪器，高速组织捣碎器，电热恒温水浴锅，薄层板，具塞三角瓶，长颈圆底烧瓶，分液漏斗，微量注射器，40 W、波长 253 nm 紫外灯，索氏抽提器，滤纸。

6. 分析步骤

(1)亚硝胺标准溶液　制备的二甲基亚硝胺、二乙基亚硝胺、甲基苯基亚硝胺、甲基苄基亚硝胺，重蒸馏或减压蒸馏 1～2 次，制得纯品。精确称取各类亚硝胺纯品，用无水、无过氧化物的乙醚作溶剂。配制成 10 μg/μL 的乙醚溶液，再稀释成 1 μg/μL 和 0.1 μg/μL 的乙醚溶液，用黑纸或黑布包裹后置于冰箱中保存。

(2)样品处理

①粉类食物(面粉、玉米粉、糠粉等)　取样 20.0 g，用处理过的滤纸包好，放入 250 mL 索氏抽提器内，加入已知去过氧化物的乙醚 100 mL，在 40～45 ℃恒温水浴上回流提取 10 h。将乙醚提取液移入圆底烧瓶中，并加入 20 mL 水，进行水蒸气蒸馏，收集水蒸馏液大约 40 mL，加 5 g 碳酸钾，搅拌，溶解，并转入分液漏斗内。分出乙醚层，置于 100 mL 带塞的三角瓶内。水层用无过氧化物的乙醚提取 3 次，每次用 10 mL，每次强烈振摇 8～10 min，收集乙醚于上述 100 mL 带塞的三角瓶内，并加入 5 g 无水硫酸钠，振摇 30 min 后用处理过的滤纸过滤。用无水乙醚 10 mL 洗涤滤纸上的硫酸钠；合并乙醚，在 40～45 ℃恒温水浴上浓缩至体积为 0.5 mL，浓缩液置于冰箱内备用。上述操作要尽量避光，有些步骤需要用黑布或黑纸遮盖。

②蔬菜类食品(腌菜、泡菜、菠菜、韭菜、芹菜等)　取样 20.0 g，切碎，于组织捣碎机中加入二氯甲烷 100 mL 和碳酸钠 2.0 g，捣碎 5 min，过滤于长颈圆底烧瓶中，再以二氯甲烷 10 mL 洗涤残渣，洗液合并于滤液中。加入 10 mL 磷酸缓冲液和 50 mL 水于滤液中，在 60 ℃水浴中除去二氯甲烷后，加热 10～15 min(二氯甲烷可回收)。然后用水蒸气蒸馏，收集馏出液 80 mL，蒸馏瓶需要用黑布包好。在馏出液中加入 5.0 g 碳酸钾，在 250 mL 分液漏斗中，以每次 20 mL 二氯甲烷，重复 3 次提取。用无水硫酸钠吸收，过滤，并用二氯甲烷洗涤残渣，洗液合并于滤液中，浓缩至 10 mL，取定量置于具塞试管中再浓缩至 0.5 mL 备用。上述操作要尽量避光，装浓缩液的试管需要用黑布或黑纸遮盖，置于冰箱内。

③腌制肉类、鱼干、干酪等　取样 20.0 g，切成小块，移入组织捣碎机中加入二氯甲烷 100 mL 和碳酸钠 2.0 g，捣碎 5 min，过滤于长颈圆底烧瓶中，再以二氯甲烷 20 mL 洗涤残渣，洗液合并于滤液中。加 10 mL 磷酸缓冲液和 50 mL 水于滤液中，在 60 ℃水浴中除去二氯甲烷后，加热 10～15 min(二氯甲烷可回收)；然后用水蒸气蒸馏，收集馏出液 80 mL，蒸馏瓶需要用黑布包好。在馏出液中加入 5%醋酸钠溶液(缓冲液)1 mL，使 pH 为 4.5，通过阳离子交换树脂(2.5 cm×2.5 cm)，约用水 10 mL 洗柱，合并流出物，加入 5.0 g 碳酸钾碱化，以下用二氯甲烷提取，与前面②操作相同。

(3)薄层层析

①制板活化　取硅胶 G 加双倍体积水调制到黏度适宜后涂板，于 105 ℃活化 1.5 h。

②点样　用微量注射器将亚硝胺标准溶液按 0.5 μg 和 1.0 μg 的量点于薄板两侧，再用微量注射器或毛细管将样品溶液 0.1 mL 点于薄板中间一点上，共点三块板。

③展开　第一次用正己烷展开至 10 cm，取出吹干。第二次用正己烷-乙醚-二氯甲烷(4∶3∶2)展开至 10 cm，取出吹干。展开缸用黑纸或黑布遮盖。

④光介和显色　薄层板喷二氯化钯二苯胺试剂，湿润状态放置在紫外灯下照射 3～5 min，亚硝胺化合物呈蓝色或紫色斑点；薄层板在紫外灯下照射 5～10 min 后，喷 Griess 试剂，亚硝胺化合物呈玫瑰红斑点；薄层板先喷 30%乙酸，然后紫外灯下照射 5～10 min 后，用热吹风机吹 5～10 min，使乙酸挥发，再喷茚三酮试剂，并将板放在 80 ℃烤箱内烤 10～15 min，亚硝胺化合物呈橘红色斑点。如果三种试剂均为阳性，则可以认为食物中存在亚硝胺；若样品中出现与标准品 R_f 值相同的斑点，可以初步认为样品中存在的亚硝胺与已知亚硝胺相同。样品中亚硝胺的量，需要做样品的限量实验，并与标准亚硝胺的灵敏度实验相比较，以计算出样品中亚硝胺的大概含量。

7. 结果参考计算

$$X = cV_2/(WV_1)$$

式中：X—试样中亚硝胺含量，μg/g；c—相当于亚硝胺标准的量，μg；W—样品重量，g；V_1—样品经纯化浓缩后的点样量，mL；V_2—样品经纯化浓缩后的容积，mL。

8. 方法分析与评价

操作时注意避光，避免氧化，回收率可达到 80%左右。薄层板活性较好时灵敏度为 0.5～1.0 μg。为避免假阳性，应对三种试剂的显色综合判定。

8.2.3.3　食品中挥发性亚硝胺的气相色谱-质谱法检测技术

1. 方法目的

掌握气相色谱-质谱法测定食品中挥发性亚硝胺的方法原理及特点。

2. 原理

样品中的挥发性亚硝胺用水蒸气蒸馏分离和有机溶剂萃取后，浓缩至一定量，采用气相色谱-质谱联用仪的高分辨峰匹配法进行确证和定量。

3. 适用范围

本法适用于肉及肉制品、水产动物及其制品、蔬菜、豆制品、调味品等食品中 N-二甲基亚硝胺含量的测定。

4. 试剂材料

(1)二氯甲烷，硫酸，无水硫酸钠，氯化钠，无水乙醇。

(2) N-亚硝胺($C_2H_6N_2O$，CAS 号：62-75-9)标准溶液：用二氯甲烷配制成 1 mg/mL 的溶液；N-亚硝胺标准中间液：用二氯甲烷配制成 1 μg/mL 的标准使用液。

5. 仪器设备

气相色谱-质谱联用仪，全玻璃水蒸气蒸馏装置或等效的全自动水蒸气蒸馏装置，旋转蒸发仪，氮吹仪，制冰机，电子天平。

6. 分析条件

毛细管气相色谱柱条件：INNOWAX 石英毛细管柱 0.25 mm，膜厚 0.25 μm，柱长 30 m；

进样口温度 220 ℃。

程序升温条件：初始柱温 40 ℃，以 10 ℃/min 的速率升至 80 ℃，以 1 ℃/min 的速率升至 100 ℃，再以 20 ℃/min 的速率升至 240 ℃，保持 2 min；载气为氦气；流速 1.0 mL/min；进样方式为不分流进样；进样体积 1.0 μL。

质谱条件：选择离子检测。9.9 min 开始扫描 N-二甲基亚硝胺，选择离子为 15.0，42.0，43.0，44.0，74.0；电子轰击离子化源(EI)，电压 70eV；离子化电流 300 μA；离子源温度 230 ℃；接口温度 230 ℃；离子源真空度 1.33×10^{-4} Pa。

7. 分析步骤

(1)水蒸气蒸馏　称取 200 g 切碎后的试样(精确至 0.01 g)，置于水蒸气蒸馏装置的蒸馏瓶中，加入 100 mL 水(液体试样不加水)，摇匀。在蒸馏瓶中加入 50 g 氯化钠，充分摇动，使氯化钠溶解。将蒸馏瓶与水蒸气发生器及冷凝器连接好，并在 500 mL 锥形接收瓶中加入 100 mL 二氯甲烷及少量冰块，收集 400 mL 冷凝液后关闭加热装置，停止蒸馏。

(2)萃取纯化　在锥形接收瓶中加入 20 g 氯化钠和 3 mL 硫酸-水(1+3)，搅拌溶解。然后转移到 500 mL 分液漏斗中，振荡 5 min，静置分层，将二氯甲烷层移至另一个锥形瓶中，再用 150 mL 二氯甲烷分 3 次萃取水层，合并 4 次萃取液，总体积为 250 mL。

(3)浓缩　有机层用 10 g 无水硫酸钠脱水后，转移至旋转蒸发仪中，于 40 ℃水浴上浓缩至 5～10 mL 改氮吹，并准确定容至 1.0 mL 备用。

(4)样品的测定　分别准确吸取 N-二甲基亚硝胺的混合标准储备液(1 μg/mL)，配制浓度为 0.01 μg/mL、0.02 μg/mL、0.05 μg/mL、0.1 μg/mL、0.2 μg/mL、0.5 μg/mL 的混合标准系列溶液，进样分析，用峰面积对浓度进行线性回归，结果表明在给定的浓度范围内 N-亚硝胺呈线性，回归方程 y 为峰面积，x 为浓度(μg/mL)。将试样溶液注入气相色谱-质谱联用仪中，获取某一特定监测离子的峰面积，并根据标准曲线计算得到试样溶液中 N-二甲基亚硝胺(μg/mL)的含量。

8. 结果参考计算

$$X=(h_1/h_2)\rho V/(m\times1\ 000)$$

式中：X—试样中某一 N-二甲基亚硝胺化合物的含量，μg/kg 或 μg/L；h_1—浓缩液中该 N-亚硝胺化合物的峰面积；h_2—标准工作液中该 N-亚硝胺化合物的峰面积；ρ—标准工作液中该 N-亚硝胺化合物的浓度，μg/mL；V—试样浓缩液的体积，mL；m—试样质量(体积)，g 或 mL。

9. 方法分析与评价

在重复性条件下获得的两次独立测定结果的绝对差值不得超过算术平均值的 15%。对于含较高浓度乙醇的试样如蒸馏酒、配制酒等，需用 50 mL 的 12%氢氧化钠溶液洗有机层 2 次，以除去乙醇的干扰。

8.3　食品中苯并(a)芘的检测技术

8.3.1　苯并(a)芘的特征及危害评价

1. 苯并(a)芘的理化性质

苯并(a)芘，又称 3,4-苯并(a)芘[3,4-benzo(a)pyrene，B(a)P]，主要是一类由 5 个苯环构

成的多环芳烃类污染物，它是常见的多环芳烃的一种，对食物的安全影响最大。多环芳烃是含碳燃料及有机物热解的产物，煤、石油、煤焦油、天然气、烟草、木柴等不完全燃烧及化工厂、橡胶厂、沥青、汽车废气、抽烟等都会产生，从而造成污染。

苯并(a)芘分子式为 $C_{20}H_{12}$，相对分子质量为 252。常温下苯并(a)芘为浅黄色针状结晶，可分为单斜晶或斜方晶，性质稳定，沸点 310～312 ℃(1.3 kPa)，熔点 179～180 ℃，在水中溶解度为 0.004～0.012 mg/L，易溶于环己烷、正己烷、苯、甲苯、二甲苯、丙酮等有机溶剂，微溶于乙醇、甲醇。在常温下不与浓硫酸作用，但能溶于浓硫酸，能与硝酸、过氯酸、氯磺酸起化学反应，人们可利用这一性质来消除苯并(a)芘。苯并(a)芘在碱性条件下较稳定。苯并(a)芘在有机溶剂中，用波长 360 nm 紫外线照射时，可产生典型的紫色荧光。苯并(a)芘能被带正电荷的吸附剂如活性炭、木炭或氢氧化铁所吸附，并失去荧光性，但不被带负电荷的吸附剂所吸附。

2. 食品中苯并(a)芘的污染来源

(1)熏烤食品污染　熏烤食品时所使用的熏烟中含有多环芳烃(包括苯并(a)芘)，其来源主要有以下 4 个方面：①熏烤所用的燃料木炭含有少量的苯并(a)芘，在高温下有可能伴随着烟雾侵入食品中。②烤制时，滴于火上的食物脂肪焦化产物热聚合反应，形成苯并(a)芘，附着于食物表面，这是烤制食物中苯并(a)芘的主要来源。③由于熏烤的鱼或肉自身的化学成分——糖和脂肪，其不完全燃烧也会产生苯并(a)芘以及其他多环芳烃。比如在熏鱼制作过程中，其脂肪燃烧不完全，加上烟雾的污染，成品中苯并(a)芘含量高达 67 μg/kg。④食物炭化时，脂肪高温裂解，产生自由基，热聚合成苯并(a)芘，如烧焦的咖啡豆、熏红肠甚至淀粉等，也含有不同程度的苯并(a)芘。经检测，烤焦的鱼皮苯并(a)芘可高达 53.6～70 μg/kg。

(2)高温油炸食品污染　经检测，多次使用的高温植物油、油炸过火的食品都会产生苯并(a)芘，油炸食品对身体健康的危害不容忽视。反复煎炸食品的植物油，极有可能发生上述反应，产生一定量的致癌成分。煎炸时所用油温越高，产生的苯并(a)芘越多。另外，食用油加热到 270 ℃时，产生的油烟中含有苯并(a)芘等化合物，吸入人体可诱发肿瘤和导致细胞染色体的损害。

(3)直接接触污染　油墨污染，油墨中含有炭黑，炭黑含有几种致癌性多环芳烃，尤其苯并(a)芘含量较高。有些食品包装纸的油墨未干时，炭黑里的多环芳烃可以直接污染食品。我国一些地方的农民将粮食铺在煤焦沥青马路上，从而使粮食受到沥青污染。包装纸上的不纯石蜡油可以使食品污染多环芳烃，不纯的石蜡纸中的多环芳烃还可污染牛奶。

(4)环境污染　大气、水和土壤如果含有多环芳烃，则可污染植物，一些粮食作物、蔬菜和水果受污染较突出。另外，不洁的空气和吸烟烟雾与厨房油烟可被一些食品吸附而受到苯并(a)芘污染。吸烟烟雾中的有害物质有 600 多种，其中可直接引起癌症的有 40 多种，其中最具有代表性的就是苯并(a)芘。食用油在 200 ℃左右的高温下可发生一系列化学变化并产生油烟而携带大量的苯并(a)芘，研究表明厨房空气中苯并(a)芘含量比普通房间高好几倍。

3. 苯并(a)芘的危害性评价

苯并(a)芘对人的健康有巨大危害，它主要是通过食物和饮水进入机体，在肠道被吸收，进入血液后很快分布于全身。乳腺和脂肪组织可以蓄积苯并(a)芘。苯并(a)芘对眼睛、皮肤有刺激作用，是致癌物和诱变剂，有胚胎毒性。动物实验发现，经口摄入苯并(a)芘可通过胎盘进入胎仔体内，引起毒性及致癌作用。苯并(a)芘主要经过肝脏、胆道从粪便排出体外。

致癌性：苯并(a)芘是目前世界上公认的强致癌物质之一。实验证明，经口饲喂苯并(a)芘对鼠及多种实验动物有致癌作用。随着剂量的增加，癌症发生率可明显提高，并且潜伏期可明显缩短。给小白鼠注射苯并(a)芘，引起致癌的剂量为4～12 μg，半数致癌量为80 μg。早在1933年已得到证实，苯并(a)芘对人体的主要危害是致癌作用。人群调查及流行病学调查资料证明，苯并芘等多环芳烃类化合物通过呼吸道、消化道、皮肤等均可被人体吸收，严重危害人体健康。苯并(a)芘对人体能引起胃癌、肺癌及皮肤癌等癌症。冰岛胃癌死亡率居世界第三位，经分析认为其原因主要是冰岛居民喜欢吃烟熏食品，几乎天天食用。而海边居民因食用大量咸鱼及熏鱼，其胃肠道和呼吸道的癌症发病率较内陆高3倍。苯并(a)芘对人引起癌症的潜伏期很长，一般要20～25年。1954年，在被调查的3 753例工业性皮肤癌中，有2 229人是接触沥青与煤焦油，20～25年的潜伏期，发病年龄在40～45岁。另外，现已有许多材料证实，大气中苯并(a)芘的浓度与肺癌发病率有关。德国有报道大气中的苯并(a)芘浓度达到10～12.5 μg/100 m^3 时，居民肺癌死亡率为25人/10万人，当苯并(a)芘浓度达到17～19 μg/100 m^3 时，居民肺癌死亡率为35～38人/10万人。

致畸性和致突变性：苯并(a)芘对兔、豚鼠、大鼠、鸭、猴等多种动物均能引起胃癌，并可经胎盘使子代发生肿瘤，造成胚胎死亡或畸形及仔鼠免疫功能下降。苯并(a)芘是许多短期致突变实验的阳性物，在Ames实验及其他细菌突变、细菌DNA修复、姊妹染色单体交换、染色体畸变、哺乳类细胞培养及哺乳类动物精子畸变等实验中均呈阳性反应。

长期性和隐匿性：苯并(a)芘如果在食品中有残留，即使人在当时食用后无任何反应，它也会在人体内形成长期性和隐匿性的潜伏，在人体表现出明显的症状之前有一个漫长的潜伏过程，甚至可以影响到下一代。

人体每日进食苯并(a)芘的量不能超过10 μg。假设每人每日进食物为1 kg，则食物中苯并(a)芘应在6 μg/kg以下。我国食品安全标准《食品安全国家标准 食品中污染物限量》(GB 2762—2022)中规定，食用油中苯并(a)芘限量为10 μg/kg，熏烤肉制品中苯并(a)芘限量为5 μg/kg。目前常用的苯并芘的检测方法主要有薄层层析法、荧光分光光度法、液相色谱法、气相色谱以及气-质联用法等。

8.3.2　食品中苯并(a)芘的检测技术

8.3.2.1　食品中苯并(a)芘的荧光分光光度法检测技术

1. 方法目的

了解掌握荧光分光光度法检测食品中的苯并(a)芘的原理方法。

2. 原理

样品先用有机溶剂提取，或经皂化后提取，再将提取液经液-液分配或色谱柱净化，然后在乙酰化滤纸上分离苯并(a)芘，因苯并(a)芘在紫外光照下呈蓝紫荧光斑点，将分离后有苯并(a)芘的滤纸部分剪下，用溶剂浸出后，用荧光分光光度计测荧光强度，与标准比较定量。

3. 试剂材料

(1)苯(重蒸馏)，环己烷(或石油醚，沸程：30～60 ℃，重蒸馏或经氧化铝柱处理至无荧光)，二甲基甲酰胺或二甲基亚砜，无水乙醇，95%乙醇，无水硫酸钠，氢氧化钾，丙酮(重蒸馏)，95%乙醇-二氯甲烷(2∶1)，乙酸酐，硫酸。

(2)硅镁型吸附剂:将 60～100 目筛孔的硅美吸附剂经水洗 4 次,每次用水量为吸附剂质量的 4 倍,于古氏漏斗上抽滤干后,再以等量的甲醇洗,甲醇与吸附剂克数相等,抽滤干后,吸附剂铺于干净瓷盘上,在 130 ℃干燥 5 h 后,装瓶贮存于干燥器内,临用前加 5%水减活,混匀并平衡 4 h 以上,放置过夜。

(3)层析用氧化铝:中性,120 ℃活化 4 h。

(4)乙酰化滤纸:将中速层析用滤纸裁成 30 cm×40 cm 的条状,逐条放入盛有乙酰化混合液(180 mL 苯、130 mL 乙酸酐、0.1 mL 硫酸)的 500 mL 烧杯中,使滤纸条充分接触溶液,保持溶液温度在 21 ℃以上,连续搅拌反应 6 h,再放置过夜。取出滤纸条,在通风柜内吹干,再放入无水乙醇中浸泡 4 h,取出后放在垫有滤纸的干净白瓷盘上,在室温内风干压平备用。一次处理滤纸 15～18 条。

(5)苯并(a)芘标准溶液:精密称取 10.0 mg 苯并(a)芘,用苯溶解后移入 100 mL 棕色容量瓶中,并稀释至刻度,此溶液浓度为 100 μg/mL,放置冰箱中保存;使用时用苯稀释成浓度为 1.0 μg/mL 及 0.1 μg/mL 苯并芘两种标准使用溶液,放置冰箱中保存。

4. 仪器设备

荧光分光光度计;脂肪提取器;层析柱(内径 10 mm,长 350 mm,上端有内径 25 mm、长 80～100 mm 漏斗,下端具活塞);层析缸;K-D 浓缩器;紫外灯(波长 365 nm、254 nm);回流皂化装置;组织捣碎机。

5. 分析步骤

(1)样品提取

①粮食或水分少的食品　称取 20～30 g 粉碎过筛的样品,装入滤纸筒内,用 35 mL 环己烷润湿样品,接收瓶内装入 3～4 g 氢氧化钾,50 mL 95%乙醇及 30～40 mL 环己烷,然后将脂肪提取器接好,于 90 ℃水浴上回流提取 6～8 h,将皂化液趁热倒入 250 mL 分液漏斗中,并将滤纸筒中的环己烷倒入分液漏斗,用 25 mL 95%乙醇分两次洗涤接收瓶,将洗液合并于分液漏斗。加入 50 mL 水,振摇提取 3 min,静置分层,下层液放入第二分液漏斗中,再用 35 mL 环己烷振摇提取 1 次,待分层后弃去下层液,将环己烷合并于第一分液漏斗中,用 6～8 mL 环己烷洗第二分液漏斗,洗液合并。用水洗涤合并后的环己烷提取液 3 次,每次 50 mL,3 次水洗液合并于第二分液漏斗中,用环己烷提取 2 次,每次 30 mL,振摇 30 s,分层后弃去水层液,收集环己烷液并转入第一分液漏斗中。再于 50～60 ℃水浴上减压浓缩至 20 mL,加适量无水硫酸钠脱水。

②植物油　称取 10～20 g 混合均匀的油料,用 50 mL 环己烷分次洗入 250 mL 分液漏斗中,以环己烷饱和过的二甲基甲酰胺提取 3 次,每次 20 mL,振摇 1 min,合并二甲基甲酰胺提取液,用 40 mL 经二甲基甲酰胺饱和过的环己烷提取 1 次,弃去环己烷液层。二甲基甲酰胺提取液合并于预先装有 120 mL 2%硫酸钠溶液的 250 mL 分液漏斗中,摇匀,静置数分钟后,用环己烷提取 2 次,每次 50 mL,振荡 3 min,环己烷提取液合并于第一分液漏斗。也可以用二甲基亚砜代替二甲基甲酰胺。用 40～50 ℃温水洗涤环己烷提取液 2 次,每次 50 mL,振摇 30 s,分层后弃去水层液,收集环己烷层,于 50～60 ℃水浴上减压浓缩至 20 mL,加适量无水硫酸钠脱水。

③鱼、肉及其制品　称取 25～30 g 切碎混匀的样品,再用无水硫酸钠搅拌(样品与无水硫

酸钠的比例为1：1或1：2，如水分过多则需在60 ℃左右先将样品烘干)，装入滤纸筒内，然后将脂肪提取器接好，加入50 mL环己烷，于90 ℃水浴上回流提取6～8 h，然后将提取液倒入250 mL分液漏斗中，再用6～8 mL环己烷淋洗滤纸筒，洗液合并于250 mL分液漏斗中，以下按上面②依法操作。

④蔬菜　称取100 g洗净、晾干的可食部分的蔬菜，切碎放入组织捣碎机内，加150 mL丙酮，捣碎2 min。在小漏斗上加少许脱脂棉过滤，滤液移入500 mL分液漏斗中，残渣用50 mL丙酮分数次洗涤，洗液与滤液合并，加100 mL水和100 mL环己烷，振摇提取2 min，静置分层，环己烷层转入另一500 mL分液漏斗，水层再用100 mL环己烷分2次提取，环己烷提取液合并于第一分液漏斗中，再用250 mL水分2次振摇，洗涤，收集的环己烷于50～60 ℃水浴上减压浓缩至20 mL，加适量无水硫酸钠脱水。

⑤饮料(如含二氧化碳，先在温水浴上加温除去)　吸取50～100 mL样品于500 mL分液漏斗中，加2 g氯化钠溶解，加50 mL环己烷振摇1 min，静置分层，水层分于第二分液漏斗中，再用50 mL环己烷提取1次，合并环己烷提取液，每次用100 mL水振摇、洗涤2次。收集的环己烷于50～60 ℃水浴上减压浓缩至20 mL，加适量无水硫酸钠脱水。

提取可用石油醚代替环己烷，但须将石油醚提取液蒸发至近干，残渣用20 mL环己烷溶解。

(2)净化　层析柱下端填少许玻璃棉，先装入5～6 cm氧化铝，轻轻敲管壁使氧化铝层填实，顶面平齐，再装入5～6 cm硅镁型吸附剂，上面再装入5～6 cm无水硫酸钠，用30 mL环己烷淋洗装好层吸柱，待环己烷液面流下至无水硫酸钠层时关闭活塞。将样品提取液倒入层吸柱中，打开活塞，调节流速为1 mL/min，必要时可用适当方法加压，待环己烷液面下降至无水硫酸钠层时，用30 mL苯洗脱，此时应在紫外光灯下观察，以紫蓝色荧光物质完全从氧化铝层洗下为止，如30 mL苯不够时，可适量增加苯量。收集苯液于50～60 ℃水浴上减压浓缩至0.1～0.5 mL(可根据样品中苯并芘含量而定，应注意不可蒸干)。

(3)分离　在乙酰化滤纸条上的一端5 cm处，用铅笔画一横线为起始线，吸取一定量净化后的浓缩液，点于滤纸条上，用电吹风从纸条背面吹冷风，使溶剂挥散，同时点20 μL苯并(a)芘标准液(1 μg/mL)，点样时，斑点的直径不超过3 mm，层吸缸内盛有展开剂，滤纸条下端浸入展开剂约1 cm，待溶剂前沿至约20 cm时，取出阴干。在365 nm或254 nm紫外光下观察展开后的标准及其同一位置样品的蓝色斑点，剪下此斑点分别放入小比色管中，各加4 mL苯加盖，插入50～60 ℃水浴中，不时振摇，浸泡15 min。

6. 结果参考计算

将样品及标准斑点的苯浸出液于激发波长365 nm下，在365～460 nm波长区间进行荧光扫描，所得荧光光谱与标准苯并(a)芘的荧光光谱比较定性。分析的同时做试剂空白，分别读取样品、标样、试剂空白在406 nm、411 nm、401 nm处的荧光强度，按基线法计算荧光强度：

$$F = F_{406} - (F_{401} + F_{411})/2$$

$$X = S(F_1 - F_2)V_1 \times 1\,000/(mV_2F)$$

式中：X—样品中苯并(a)芘的含量，μg/kg；S—苯并(a)芘标准斑点的含量，μg；F—标准的斑点浸出液荧光强度；F_1—样品斑点浸出液荧光强度；F_2—试剂空白浸出液荧光强度；V_1—样品浓缩体积，mL；V_2—点样体积，mL；m—样品的质量，g。

7. 方法分析

本法相对相差≤20%，样品量为 50 g，点样量为 1 g 时，最低检出限为 1 ng/g。

8.3.2.2 食品中苯并(a)芘的液相色谱法检测技术

1. 方法目的

掌握液相色谱法分析食品中 3,4-苯并(a)芘的测定原理方法。

2. 原理

样品中脂肪用皂化液处理，多环芳烃以环己烷抽提，再用 0.6%的硫酸净化，经 Sephadex LH-20 色谱柱富集样品中的多环芳烃，用高效液相色谱仪检测。

3. 试剂材料

(1)苯、环己烷、甲醇、异丙醇、硫酸、氢氧化钾、无水硫酸钠。

(2)硅胶(100～200 目)：120 ℃烘 4 h，加水 10%振荡 1 h 后使用。

(3)Sephadex LH-20(25～100 目)：使用前用异丙醇平衡 24 h。

(4)多环芳烃(PAH)标准液。

4. 仪器设备

高效液相色谱仪，旋转蒸发仪，玻沙漏斗。

5. 分析条件

ODS 柱 4.6 mm×250 mm，柱温 30 ℃，流动相 75%甲醇，流速 1.5 mL/min，紫外检测器 287 nm，进样量 20 μL。

6. 分析步骤

(1)样品处理　取待测样品用热水洗去表面黏附的杂质，将可食部分粉碎后备用。

(2)样品的提取、净化和富集

①提取　准确称取样品 50 g 于 250 mL 圆底烧瓶中，加入含 2 mol/L 氢氧化钾的甲醇-水(9∶1)溶液 100 mL，回流加热 3 h。

②净化　将皂化液移入 250 mL 分液漏斗中，用 100 mL 环己烷分两次洗涤回流瓶，倾入分液漏斗中，振摇 1 min，静置分层，下层水溶液放至另一 250 mL 分液漏斗中。用 50 mL 环己烷重复提取 2 次，合并环己烷。先用 100 mL 甲醇-水(1∶1)提取 1 min，弃去甲醇-水层，再用 100 mL 水提 2 次，弃水层。在旋转蒸发仪上浓缩环己烷至 40 mL，移入 125 mL 分液漏斗中，以少量环己烷洗蒸发瓶 2 次，合并环己烷。用硫酸 50 mL 提取 2 次，每次摇 1 min，弃去硫酸，水洗环己烷层至中性。将环己烷层通过 40～60 目玻沙漏斗，加 6 g 硅胶，以 10 mL 环己烷湿润，上面加少量无水硫酸钠将环己烷层过滤，另用 50 mL 环己烷洗涤，在旋转蒸发仪上浓缩环己烷至 2 mL。

③富集　将环己烷浓缩液转移至 10 g Sephadex LH-20 柱内，用异丙醇 100 mL 洗脱，收集馏分洗脱液。在旋转蒸发仪上蒸发至干，以甲醇溶解残渣，转移至 2.0 mL 刻度试管中，甲醇定容至 1.0 mL。

(3)样品的测定　在进行样品测定的同时做 8 种 PAH 化合物的标准曲线，以 PAH 含量(ng)为横坐标，以峰面积为纵坐标，绘制标准曲线。

$$X = m_1V_1/(m_2V_2 \times 1\ 000)$$

式中：X—样品中 PAH 的含量，μg/kg；m_1—由峰面积查得的相当 PAH 化合物的含量，μg；m_2—样品质量，g；V_1—样品浓缩体积，mL；V_2—进样体积，mL。

7. 方法分析与评价

(1)紫外波长选择　由于 PAH 化合物在不同波长处的摩尔吸光系数不同，灵敏度也不一样。波长在 287 nm 时，PAH 化合物间的干扰较小。

(2)硫酸浓度对 PAH 化合物的影响　硫酸能很好地净化样品中的脂肪和其他微量杂质。硫酸浓度高，净化效果好，而硫酸浓度过高则会引起多环芳烃化合物回收率降低。

8.4 食品中杂环胺类的检测技术

8.4.1 杂环胺类的特征及危害评价

杂环胺是在食品加工、烹调过程中由于蛋白质、氨基酸热解产生的一类化合物。杂环胺的发现对探明食品中具有致癌、致突变性物质的诱因意义重大。早在 1939 年，Widmark 就发现用烤马肉的提取物涂布于小鼠的背部可以诱发乳腺肿瘤，表示烤马肉中含有致癌物。20 世纪后期，人们发现，直接用明火或炭火炙烤的烤鱼在 Ames 试验中检出强烈的致突变性，其活性远远大于其所含的苯并(a)芘的活性；后来在烤焦的肉、甚至在“正常”烹调的肉中也同样检出强烈的致突变性。这才激起人们对氨基酸、蛋白质热解产物的研究兴趣，从而导致了新的致癌、致突变物——杂环胺的发现。

在化学结构上，杂环胺可分为氨基咪唑氮杂芳烃(amini-imidazo azaaren, AIA)和氨基咔啉(amino-carboline congener, ACC)两大类。AIA 又包括喹啉类(quinoline congener, IQ)、喹喔类(quinoxaline congener, IQx)、吡啶类(pyridine congeners)和苯并嗪类，陆续鉴定出新的化合物大多数为这类化合物。AIA 均含有咪唑环，其上的 α 位置有一个氨基，在体内可以转化为 N-羟基化合物而具有致癌、致突变活性。因为 AIA 上的氨基能耐受 2 mmol/L 的亚硝酸钠的重氮化处理，与最早发现的 AIA 类化合物 IQ 性质类似，又被称为 IQ 型杂环胺。氨基咔啉包括 α-咔啉(AαC, α-carboline congener)、γ-咔啉和 δ-咔啉。氨基咔啉类环上的氨基不能耐受 2 mmol/L 的亚硝酸钠的重氮化处理，在处理时氨基会脱落便成为 C-羟基失去致癌、致突变活性，称为非 IQ 型杂环胺。

杂环胺的诱变性：烹调食品中形成的杂环胺是一类间接诱变剂。研究证明杂环胺主要经细胞色素 P450IA2 催化 N-氧化，以后再经乙酰转移酶、硫酸转移酶或氨酰转移酶催化 O-酯化，活化成为诱变性衍生物。这些杂环胺绝大多数都是沙门氏菌的诱变剂。在有 Aroclor1254 预处理的啮齿类动物肝 S_p 活化系统中，对移码突变型菌株(TA1538、TA98 和 TA97)的诱变性较强。各种杂环胺对鼠伤寒沙门氏菌的诱变强度相差约 5 个数量级。杂环胺对沙门氏菌的高度诱变性与下列因素有关：杂环胺是可诱导的细胞色素 P450IA2 的良好底物；杂环结构使诱变剂(proximate mutagen)的稳定性增加，使其易于渗透进入细菌细胞。细菌富含 N-乙酰转移酶，可将 N—OH 转变为 N-乙酰衍生物。在细菌基因组附近，脱乙酰作用产生的亲电子硝鎓离子是一种碱基化学诱变剂，它与 DNA 富含 GC 碱基的亲核部位具有高度亲和性而形成共价结合，杂环的平面结构有助于嵌入碱基对之间，在缺乏 DNA 修复机理易误修复系统的菌株可产生诱变。

杂环胺的助诱变性：H 和 NH 是已知的助诱变剂，NH 的助诱变性强于 H。助诱变作用发生机理可能是通过影响代谢活化或 DNA 解螺旋，以使诱变剂易攻击 DNA，导致诱变率增加。除两种 β-咔唑外，氨基-α-咔啉（AαC，MeAαC）和氨基-γ-咔啉（Trp-P-1，Trp-P-2）之间，BaP 和 2AAF 与 Trp-P-2 或 AαC 之间，诱变性也有协同作用。De Meester 等发现 IQ、MeIQ 和 MeIQx 混合物的诱变性无协同作用或拮抗作用，加入 H 后这些杂环胺对 TA98 的诱变性降低。

杂环胺的致癌性：由烹调食品中发现诱变性杂环胺后所进行的啮齿类动物致癌试验得到阳性结果以来，该实验作为遗传毒理学预测致癌物针对性强，经试验大部分杂环胺致癌性具有多种靶器官。各杂环胺致癌靶器官在不同种属间的差别可能是由于不同种属各器官对杂环胺的代谢活化或灭活作用不同，或致癌物 DNA 加合物的转归不同所致。

食品中杂环胺的测定主要有高效液相色谱法串联二极管阵列检测器、荧光检测器、电化学检测器或质谱检测器的分析手段，以液-液萃取和固相萃取为净化方式，可采用固相萃取柱、硅藻土柱、硅胶柱、C_{18}硅胶柱和阳离子交换柱净化处理。

8.4.2 食品中杂环胺类的检测技术

食品中杂环胺的固相萃取-高效液相色谱法检测技术

1. 方法目的

利用高效液相色谱法分析食品中杂环胺类物质。

2. 原理

样品先用甲醇提取，再经固相萃取柱萃取，然后经过洗脱、浓缩等处理，最后用高效液相色谱仪检测杂环胺的含量。

3. 试剂材料

二氯甲烷，己烷，甲醇，三乙胺，乙腈，磷酸，氢氧化钠，标准杂环胺。

4. 仪器设备

高效液相色谱仪-二极管阵列检测器、固相萃取柱、pH 计。

5. 分析条件

反相苯基柱(orbax SBPheny 15 μm，46 mm×250 mm)或反相 C_{18} 柱(Chrospher RP18e 5 μm，4 mm×125 mm)；流动相：0.01 mol/L 三乙胺(磷酸调节 pH 3)-乙腈，梯度洗脱，在 30 min 内梯度由 95∶5 到 65∶35(若为 C_{18} 柱，在 20 min 内梯度由 95∶5 到 70∶30)；检测器：采用 HPLC-二极管阵列检测器检测；扫描波长为 220～400 nm，检测波长为 265 nm，检测温度为室温。

6. 分析步骤

(1)称取样品 0.5 g，用 0.7 mL 1 mol/L 氢氧化钠与 0.3 mL 甲醇溶液提取，离心，取上清液上 LiChrolutEN 的固相萃取柱(固相萃取柱用 3 mL 0.1 mol/L 氢氧化钠预平衡)。

(2)洗脱：①用甲醇-氢氧化钠(55∶45)3 mL洗脱，除去亲水性杂质；②用己烷0.7 mL洗脱2次；③用乙醇-己烷(20∶80)0.7 mL洗脱2次，除去疏水性杂质；④用甲醇-氢氧化钠(55∶45)3 mL溶液洗脱；⑤再用己烷0.7 mL洗脱2次；⑥最后用乙醇-二氯甲烷(10∶90)0.5 mL洗脱3次。

(3)洗脱液用 N_2 浓缩至近干，用三乙胺(用磷酸调节pH为3)-乙腈(50∶50)100 μL定容。

7. 方法分析与评价

本法以肉提取液为基质，变异系数为3%～5%，极性杂环胺IQ、MeIQ、MeIQx、IQx的回收率为62%～95%，检出限为3 ng/g；非极性杂环胺PhIP、MeAaC的回收率为79%，检出限为9 ng/g。

8.5 食品中氯丙醇的检测技术

8.5.1 氯丙醇的特征及危害评价

酱油工业因水解植物蛋白的应用从而提高了产量，降低了成本，但也引入了有害物质氯丙醇。人们关注氯丙醇是因为3-氯-1,2-丙二醇(3-MCPD)和1,3-二氯-2-丙醇(1,3-DCP)具有潜在致癌性，其中1,3-DCP属于遗传毒性致癌物。早在20世纪70年代，人们就发现氯丙醇能够使精子减少和精子活性降低，并有抑制雄性激素生成的作用，使生殖能力减弱，甚至有人将3-MCPD作为男性避孕药开发。由于氯丙醇的潜在致癌、抑制男子精子形成和肾脏毒性，国际社会纷纷采取措施限制食品中氯丙醇的含量。

氯丙醇(chloropropanols)是甘油(丙三醇)上的羟基被氯取代1～2个所产生的一类化合物的总称。氯丙醇化合物均比水重，沸点高于100 ℃，常温下为液体，一般溶于水、丙酮、苯、甘油乙醇、乙醚、四氯化碳或互溶。因其取代数和位置的不同形成4种氯丙醇化合物：单氯取代的氯代丙二醇，有3-氯-1,2-丙二醇(3-MCPD)和2-氯-1,3-丙二醇(2-MCPD)；双氯取代的二氯丙醇，有1,3-二氯-2-丙醇(1,3-DCP或DC2P)和2,3-二氯-1-丙醇。

天然食物中几乎不含氯丙醇，但随着盐酸水解蛋白质的应用，就产生了氯丙醇。这是由于蛋白质原料中不可避免地含有脂肪物质，在盐酸水解过程中发生副反应，形成氯丙醇物质。由于多种因素的影响，一氯丙醇生成量通常是二氯丙醇的100～10 000倍，而一氯丙醇中3-MCPD的量通常又是2-MCPD的数倍至10倍左右。所以水解蛋白质的生产过程，以3-MCPD为主要质控指标，而且3-MCPD是氯丙醇类化合物中污染最严重、毒性也相对较大的一种，以下主要以3-MCPD为例，对氯丙醇的毒性及危害做评述。

(1)一般毒性　3-MCPD的大鼠经口 LD_{50} 为150 mg/kg。在大鼠和小鼠的亚急性毒性试验中发现，肾脏是3-MCPD的毒性作用靶器官。大鼠4周喂养试验表明，在摄入剂量达到30 mg/(kg·d)时，3-MCPD使实验动物肾脏相对质量增加。3-MCPD代谢产物草酸钙晶体沉积于肾小管内膜造成大鼠肾脏损伤，引起大鼠多尿和糖尿。慢性毒性试验发现，大鼠从饮水中摄入3-MCPD后(3-MCPD的浓度分别为20 mg/kg、100 mg/kg、200 mg/kg)，试验组大鼠随着3-MCPD的摄入量增加肾脏绝对质量显著增加，组织学检验发现有肾小管增生，试验动物3-MCPD染毒剂量与一些器官的良性肿瘤发生率呈正相关。另有研究表明，如果3-MCPD使用30 mg/(kg体重·d)会使大鼠肾小管产生坏死和扩张，可诱导小鼠M2-纤维细胞恶性变异;而在此剂量下连续作用 4 周会引起猴子贫血、白细胞减少、血小板减少症状。1993 年,美国 FAO/WHO 的 WHO 第 837 号文件中报道了 3-MCPD 和 1,3-DCP 的毒性报告,指出 3-MCPD 会引起癌症,影响肾脏和生育。在 1999 年的食品工艺师协会(IFT)年会上,加拿大科学家发表了一篇"水解植物/动物蛋白质中的 3-MCPD 的健康风险评价"的报道,对 344 只大鼠经长期慢性病肾脏增生研究,得出其最低有害作用水平,会产生肾腺瘤,最终成为癌症。1,3-DCP 会引起肝脏、肾脏、甲状腺等的癌变。另外,对 2,3-DCP 的研究表明,经过 2 年致癌性研究发现,2.1 mg/(kg 体重·d)、6.3 mg/(kg 体重·d)、19 mg/(kg 体重·d)的饮水剂量会致癌,可引致肝、肾、甲状腺及口腔的恶性癌变。另外,1,3-DCP 在哺乳类细胞培养物染色体及细菌性基因突变试验中均显示有遗传毒性,能引起 M2-纤维细胞培养物的恶性变异。

(2)生殖毒性　早在 20 世纪 70 年代,人们发现 3-MCPD 对雄性大白鼠有逆反性作用,在附睾、睾丸组织及精子中通过抑制糖酵解的酶活性使精子活力减低,并干扰体内性激素平衡而使雄性动物生殖能力减弱。3-MCPD 对其他雄性哺乳动物生殖力的影响要比大鼠弱。饮水中 3-MCPD 的剂量水平是 1.1 mg/(kg 体重·d)、5.2 mg/(kg 体重·d)、28 mg/(kg 体重·d)均可产生致癌效应。而且分别会对雄性的肾脏及睾丸产生肿瘤,而乳腺和包皮腺癌的发生率也有所增加。人们过去曾经将 3-MCPD 用于生产男性避孕药,但是后来由于其毒副作用而舍弃。

(3)遗传毒性　一些体外实验研究认为,3-MCPD 经过代谢形成具有基因毒性的中间产物。但是 3-MCPD 在加 S-9 或不加 S-9 的情况下 Ames 试验均呈阳性。在活化系统存在时 3-MCPD 的体外 SCE 试验也呈阳性。另一体外实验表明 3-MCPD 具有使 M2-纤维细胞株恶性转变的作用。大鼠骨髓微核试验及肝脏 UDS 试验均未发现 3-MCPD 的遗传毒性。目前认为体外实验中 3-MCPD 呈现的遗传毒性,是由 3-MCPD 和培养基成分发生化学反应的产物所致,而不是生物转化的结果。目前大多数研究结果表明 3-MCPD 属于非遗传毒性致癌物。

(4)神经毒性　小鼠和大鼠对 3-MCPD 的神经毒作用敏感性相同,尤其是对脑干的对称性损伤。最早的神经毒性改变局限在神经系统胶质细胞中,主要是星状细胞的严重水肿、细胞器严重破坏。当 3-MCPD 染毒剂量大于 25 mg/(kg 体重·d)时,实验动物中枢神经系统损伤呈现显著的剂量效应关系。

由于氯丙醇易溶于水,特别是在水相中的 3-MCPD 很难用溶剂或者液-液分配的方法提取,一般是用液-固柱层析的方法提取。有报道表明,水相样品用乙酸乙酯洗脱比用乙醚洗脱其洗脱液中含水量低,有利于后续的操作。另外还有一个关键点是由于氯丙醇易挥发,在浓缩溶剂时,注意不能蒸干。采用衍生化的方法(衍生试剂有七氟丁酰咪唑(HFBI)、苯硼酸钠等),反应一般在 70 ℃进行。

氯丙醇的化学结构简单,允许的限量较低,必须低于 10 μg/kg,这对分析方法要求很高。3-MCPD 分子缺少发色团,沸点高。因此用液相色谱紫外检测不理想,而直接用气相色谱测定比较困难。最初采用二氯荧光黄喷雾的薄层层析法测定 HVP 中的 mg/kg 级的 3-MCPD 酯,但该法只能半定量。目前国际公认的 AOAC 2001.01 方法检测限可达到 10 μg/kg,基本可以满足对 3-MCPD 的控制要求。

8.5.2　食品中氯丙醇的气相色谱-质谱法检测技术

1. 方法目的

学习气相色谱-质谱法分析食品中 3-氯-1,2-丙二醇原理方法。

2. 原理

利用同位素稀释技术，以 D_5-3-氯-1，2-丙二醇（D_5-3-MCPD）为内标定量。样品中加入内标溶液，以 Extrelut® NT 柱为吸附剂采用柱色谱分离，正己烷-无水乙醚（9∶1）洗脱样品中非极性的脂质组分，无水乙醚洗脱样品中的 3-氯-1，2-丙二醇（3-MCPD），用七氟丁酰基咪唑（HFBI）溶液为衍生化试剂，采用 SIM 的质谱扫描模式进行定量分析，内标法定量。

3. 适用范围

本法适用于水解植物蛋白液、调味品、淀粉、谷物等食品中的 3-MCPD 的含量测定。

4. 试剂材料

（1）D_5-3-MCPD 标准品（纯度≥98%），3-MCPD 标准品（纯度≥98%），乙酸乙酯，正己烷，无水乙醚（使用前需重蒸，重蒸时加少量还原铁粉），氯化钠，无水硫酸钠（使用前于 120 ℃烘烤 4 h），七氟丁酰基咪唑（纯度≥98%）。

（2）氯化钠溶液（20%）：称取氯化钠 20 g，加入 80 mL 水，搅拌使氯化钠充分溶解。

（3）正己烷-无水乙醚溶液（9∶1）：将 450 mL 正己烷与 50 mL 无水乙醚混合均匀。

5. 仪器设备

气相色谱-质谱仪，离心机，旋转蒸发仪，超声振荡器，涡旋振荡器，恒温箱或其他恒温加热器，电子天平，DB-5 MS 色谱柱（30 m×0.25 mm，0.25 μm），Extrelut® NT 柱。

6. 分析条件

DB-5 MS 色谱柱（30 m×0.25 mm，0.25 μm）；进样口温度 250 ℃；传输线温度 280 ℃；程序温度 50 ℃保持 1 min，以 2 ℃/min 速度上升至 90 ℃，再以 40 ℃/min 上升至 270 ℃，并保持 5 min；载气为氦气，柱前压为 41.36 kPa；不分流进样，进样体积 1 μL。

质谱条件：能量 70 eV，离子源温度 250 ℃，分析器（电子倍增器）电压 450 V，溶剂延迟 10 min，质谱采集时间 12～18 min，扫描方式 SIM。

7. 分析步骤

（1）样品制备

①液体样品、固体与半固体植物水解蛋白　称取样品 4.0～10.0 g，置于 100 mL 烧杯中，加 D_5-3-MCPD 内标溶液（10 mg/L）20 μL，加饱和氯化钠溶液（20%）4 g，超声处理 5 min。

②香肠或奶酪　称取样品 4.0 g，置于 100 mL 烧杯中，加 D_5-3-MCPD 内标溶液（10 mg/L）20 μL，加饱和氯化钠溶液（20%）15.0 g，混匀，超声提取 10 min，离心（5 000 r/min）10 min，取上清液 10.0 g。

③面粉或淀粉或谷物或面包　称取样品 5.0 g，置于 100 mL 烧杯中，加 D_5-3-MCPD 内标溶液（10 mg/L）20 μL，加饱和氯化钠溶液 15.0 g，放置过夜。

（2）样品萃取　将 10.0 g Extrelut® NT 柱填料分成两份，取其中一份加到样品溶液中，混匀，将另一份柱填料装入层析柱中（层析柱下端填以玻璃棉）。将样品与吸附剂的混合物装入层析柱中，上层加 1 cm 高度的无水硫酸钠 15.0 g，放置 15 min，用 40 mL 正己烷-乙醚（9∶1）洗脱非极性成分，并弃去。用无水乙醚 150 mL 洗脱 3-MCPD（流速约为 8 mL/min）。在收集的乙醚中加入无水硫酸钠 15.0 g，放置 10 min 后过滤。滤液于 35 ℃温度下旋转蒸发至约 0.5 mL，用 2 mL 正己烷溶解残渣，定量转移至 5 mL 具塞试管中，待衍生化。

(3)衍生化　用气密针或微量注射器向正己烷复溶液加入 HFBI 0.04 mL,立即密塞。涡旋混匀 30 s 后,于 70 ℃保温 20 min。取出后放置室温,加饱和氯化钠溶液 2 mL,涡旋混合 1 min,使两相分离。取有机相加无水硫酸钠约为 0.3 g 干燥。将溶液转移至自动进样的样品瓶中,供 GC-MS 测定。

(4)空白样品制备　称取饱和氯化钠溶液(20%) 10 mL,置于 100 mL 烧杯中,加 D_5-3-MCPD 内标溶液(10 mg/L)20 μL,超声 15 min,以下步骤与样品萃取及衍生化方法相同。

(5)标准系列溶液的制备

①3-MCPD 和 D5-3-MCPD 标准储备液(1 000 mg/L)　分别准确称取 10 mg(精确至 0.01 mg) 3-MCPD 和 D_5-3-MCPD,用乙酸乙酯溶解,分别转移至 2 个 10 mL 容量瓶中,用乙酸乙酯定容至刻度,混匀。

②3-MCPD 标准中间液(10 mg/L)　准确移取 0.1 mL 3-MCPD 标准储备液(1 000 mg/L)于 10 mL 容量瓶中,用正己烷稀释至刻度,混匀。

③3-MCPD 标准工作液(1 mg/L)　准确移取 1 mL 3-MCPD 标准中间液(10 mg/L)于 10 mL 容量瓶中,用正己烷稀释至刻度,混匀。

④D_5-3-MCPD 标准工作液(10 mg/L)　准确移取 0.25 mL D_5-3-MCPD 标准储备液(1 000 mg/L)于 25 mL 容量瓶中,用正己烷稀释至刻度,混匀。

⑤3-MCPD 系列标准工作液　分别吸取 0.01 mL、0.05 mL、0.1 mL、0.2 mL、0.4 mL、0.8 mL、1.6 mL(1 mg/L) 3-MCPD 标准工作液和 0.32 mL(10 mg/L) 3-MCPD 标准中间液于密闭性很好的适当体积(5 mL 或 10 mL)的透明具塞(盖)玻璃管中,分别加入 20 μL D_5-3-MCPD 标准工作液(10 mg/L),加正己烷至 2 mL,配制成含 3-MCPD 质量分别为 10 ng、50 ng、100 ng、200 ng、400 ng、800 ng、1 600 ng、3 200 ng 的系列标准工作液,其中 D_5-3-MCPD 的质量均为 200 ng。临用现配。

(6)GC-MS 测定

①采集 3-MCPD 的特征离子 m/z 253、275、289、291、453 和 D_5-3-MCPD 的特征离子 m/z 257、278、294、296 和 m/z 456。选择不同的离子通道,以 m/z 253 作为 3-MCPD 的定量离子,m/z 257 作为 D_5-3-MCPD 的定量离子,以 m/z 253、257、289、291 和 m/z 453 作为 3-MCPD 的鉴别离子,参考各碎片离子与 m/z 453 离子的强度比,要求 4 个离子(m/z 253、275、289、291)中至少两个离子的强度比不超过标准溶液的相同离子强度比的±20%。

② 将 1 μL 3-MCPD 系列标准工作液的衍生液按浓度由低到高依次注入气相色谱-质谱仪中,测得 3- MCPD 和 D_5-3-MCPD 的衍生物的峰面积(保留时间约为 16 min),以 3-MCPD 系列标准工作溶液中的 3-MCPD(m/z 253)和 D_5-3-MCPD(m/z 257) 的质量比为横坐标,以 3-MCPD(m/z 253)和 D_5-3-MCPD (m/z 257)的衍生物的峰面积比为纵坐标,绘制标准曲线。将 1 μL 试样溶液注入气相色谱-质谱仪中,测得峰面积,根据标准曲线得到试样溶液中 3-MCPD 的质量。

8. 结果参考计算

内标法计算样品中 3-MCPD 的含量的公式如下:

$$X = Af/m$$

式中:X—样品中 3-MCPD 的含量,ng/g 或 ng/mL;A—试样色谱峰与内标色谱峰的峰面积比值对应的 3-MCPD 质量，ng；f —样品稀释倍数；m—样品的取样量，g 或 mL。

9. 方法分析与评价

计算结果保留 3 位有效数字，在重复性条件下获得的两次独立测定结果的绝对差值不得超过算术平均值的 20%。

8.6　食品中丙烯酰胺的检测技术分析

8.6.1　丙烯酰胺的特征及危害分析

丙烯酰胺(acrylamide)是制造塑料的化工原料，为已知的致癌物，并能引起神经损伤。2002 年 4 月 24 日，瑞典国家食品局(the Swedish National Food Administration，NFA)和斯德哥尔摩大学(Stockholm University)科学家的研究结果表明，一些普通食品在经过煎、炸、烤等高温处理时也会产生丙烯酰胺，如油炸薯条、土豆片等含碳水化合物高的食物，经 120 ℃以上高温长时间油炸，在食品内可检测出含有致癌可能性的丙烯酰胺。油炸食品中丙烯酰胺含量一般在 1 000 μg/kg 以上，炸透的薯片达 12 800 μg/kg。由于丙烯酰胺在动物试验中表现出致癌活性，因此食品中存在丙烯酰胺的问题引起了全球的关注。

丙烯酰胺为结构简单的小分子化合物，相对分子质量 71.09，分子式为 $CH_2CHCONH_2$，沸点 125 ℃，熔点 87.5 ℃。丙烯酰胺是聚丙烯酰胺合成中的化学中间体(单体)。丙烯酰胺以白色结晶形式存在，极易溶解于水、甲醇、乙醇、乙醚、丙酮、二甲醚和三氯甲烷中，不溶于庚烷和苯。在酸中稳定，而在碱中易分解。在熔点很容易聚合，对光线敏感，暴露于紫外线时较易发生聚合。固体的丙烯酰胺在室温下稳定，热熔或氧化作用接触时可以发生剧烈的聚合反应。其聚合物聚丙烯酰胺作为各种助剂广泛用于造纸业、石油业、纺织业、塑胶业、化工业，或用作建造坝基、隧道和污水管的浆料、肥皂和化妆品的增稠剂等，并在市政供水处理中作为絮凝剂加入水中，以吸附除去水中杂质。它还可以在农业上作为土壤的调节剂和发芽剂的配方成分用于改良土壤、保水抗旱等，在实验室可用于进行凝胶电泳。

动物实验发现丙烯酰胺单体是一种有毒的化学物质，引起动物致畸、致癌。丙烯酰胺进入人体之后，可以转化为另一种分子环氧丙烯酰胺，此化合物能与细胞中 RNA 发生反应，并破坏染色体结构，从而导致细胞死亡或病变为癌细胞。因此，丙烯酰胺是一种可以诱发癌症的危险物质，可导致基因损伤。一些实验已发现丙烯酰胺能导致哺乳动物细胞基因变异和染色体异常，诱发癌变。长期监测表明丙烯酰胺可致使雄性小鼠阴囊、甲状腺、肾上腺和雌性鼠乳腺、甲状腺、子宫产生肿瘤。此外，丙烯酰胺还可损伤雄性动物的生育能力，但对人类生殖系统的影响尚无数据证明。1994 年，国际癌症研究机构(International Agency for Research on Cancer，IARC)将其列为人类的可能致癌物质。丙烯酰胺可通过未破损的皮肤、黏膜、肺和消化道吸收入人体，分布于体液中。若通过皮肤接触和呼吸道吸入较高含量的丙烯酰胺，以及食用高含量的丙烯酰胺食品和饮用水，有增加大肠癌、胰腺癌、膀胱癌、乳腺癌、子宫癌或肾癌的危险。丙烯酰胺的毒性特点是在体内有一定的积蓄效应，并具有神经毒性效果，主要导致周围神经病变和小脑功能障碍，损坏神经系统，丙烯酰胺甚至还可能使人瘫痪。

(1)急性毒性　小鼠经口和经腹腔注射的半数致死量(LD_{50})为 170 mg/kg 体重，大鼠的

经口 LD_{50} 为 170 mg/kg 体重；豚鼠经口的最小致死量(MLD)为 252 mg/kg 体重，家兔经口 MLD 为 126 mg/kg 体重，经皮 MLD 为 1 000 mg/kg 体重。有研究表明，一次性经口给予实验动物大剂量丙烯酰胺，可造成神经系统损害，产生神经毒性效应。

(2)遗传毒性　实验研究表明，丙烯酰胺具有遗传毒性。虽然丙烯酰胺在鼠伤寒沙门菌突变试验(Ames 实验)中表现为阴性，但其代谢物环氧丙烯酰胺在不加代谢活化系统的情况下呈阳性反应。丙烯酰胺在哺乳动物细菌基因突变试验中结果为阴性或弱阳性。丙烯酰胺可诱导哺乳动物细胞的染色体畸变，微核的产生，姐妹染色单体交换，多倍体、非整倍体的产生以及其他有丝分裂的紊乱等。丙烯酰胺不能导致大鼠肝细胞的程序外 DNA 合成，环氧丙烯酰胺却可以诱导大鼠肝细胞和人体细胞的程序外 DNA 合成。在果蝇中，丙烯酰胺既可以诱导性连锁隐性致死突变，也可以诱导体细胞突变。对啮齿类动物，丙烯酰胺是生殖细胞致突变剂，可能在基因和染色体水平对生殖细胞产生损伤。

(3)亚急性毒性　对健康 BLAB/c 小鼠分别以 0 mg/kg、50 mg/kg、100 mg/kg、150 mg/kg 灌胃 6 周发现，小鼠的大多数血清酶学指标变化较明显，如谷丙转氨酶(AST)、谷草转氨酶(ALP)、乳酸脱氢酶(LDH)、肌酸激酶(CK)等均明显升高，肝、肾和脾的病理组织切片也可发现肝脏中央静脉扩张、充血，肝组织内出现散在肝细胞嗜酸性变化，胞体肿胀增大，胞浆嗜酸性增强；偶见肝细胞点状坏死；肾脏的肾小管上皮细胞出现变性，肾皮质近曲小管上皮细胞空泡变性，并呈局灶性嗜酸性增强；脾小体明显增生，生发中心扩大，数量增多，淋巴细胞聚集等变化，提示丙烯酰胺对小鼠的心、肝、脾均有一定的毒性。人亚急性中毒的症状及体征主要集中于皮肤、神经系统和消化道，以神经系统最为突出，表现为各种深反射减弱(肱二头肌反射、肱三头肌反射、膝反射、跟腱反射)等。

(4)生殖毒性　有充分证据表明，丙烯酰胺可以影响雄性动物的生育能力。给予雄性大鼠 15 mg/kg 体重丙烯酰胺，连续 5 d，或者给予小鼠 12 mg/kg 体重，连续 4 周，均可发现其生育能力受到损害，具体表现为精子计数减少和精子活动能力减弱。经口每天给予实验动物 36 mg/kg 体重丙烯酰胺，连续 8 周，导致精原细胞和精母细胞的变性。在大鼠的两代生殖能力试验中，未观察到有害作用的剂量(NOAEL)为 2 mg/(kg 体重・d)。

(5)慢性毒性　机体长期接触丙烯酰胺时，神经系统的相关症状会加剧，提示丙烯酰胺在体内有积蓄作用。在大白鼠饲料中添加 0.02%～0.04%的丙烯酰胺，饲养 1～6 个月，或者在水中加入 10～20 mg/kg 的丙烯酰胺，可发现末梢神经、神经轴突、髓鞘膜出现变性。人慢性中毒症状主要表现为中脑和末梢神经系统的功能障碍，出现肌无力、感觉缺失、反射消失以及平衡失调等。美国环境保护署(EPA)认为人类若每天摄入丙烯酰胺 0.2 μg/kg 体重或者低于此水平，不会发生慢性中毒作用。

(6)致癌性　分别在雄性和雌性小鼠的饮水中加入 0.01 mg/kg、0.1 mg/kg、0.5 mg/kg、2.0 mg/kg 的丙烯酰胺，饲喂 2 年，结果发现在 2.0 mg/kg 剂量组中，肿瘤发生率与对照组相比有统计学意义，肺、肾小腺、甲状腺、中枢神经系统、口腔、阴囊、乳腺和子宫的肿瘤发生率明显增加。除经口途径外，皮肤接触和腹腔给予途径也能够引起实验动物肺和皮肤肿瘤发生。目前尚未有证据表明丙烯酰胺可以使人类患癌的危险性增加。瑞典和美国哈佛公共卫生学院的一项流行病学调查比较了 987 名癌症患者和 538 名健康人的膳食习惯，结果发现患癌症的危险与是否经常食用富含丙烯酰胺的食物并无显著相关性。

目前，食品中丙烯酰胺的测定方法主要以仪器分析为主，经过一定的萃取、净化处理后，采用 GC、HPLC、MS 及三者间的联用进行丙烯酰胺的定性定量检测，大大提高了测定的灵敏度和准确度，已成为国际主流的检测技术。食品中丙烯酰胺的测定方法依然是研究的热点，许多实验室仍然在开发更加快速和高灵敏度的方法和手段。

8.6.2　食品中丙烯酰胺的检测技术

8.6.2.1　食品中丙烯酰胺的高效液相色谱-串联质谱法分析

1. 方法目的

掌握高效液相色谱-串联质谱分析食品中丙烯酰胺的方法原理。

2. 原理

通过正己烷脱脂、氯化钠提取、乙酸乙酯萃取以及 Oasis HLB 固相萃取柱净化和样品的分离等操作，以内标法定量，检测食品中丙烯酰胺的残留量。

3. 适用范围

本法适用于高温加热食品中丙烯酰胺的痕量分析。

4. 试剂材料

丙烯酰胺标准品（纯度＞99.8%），^{13}C 标记的丙烯酰胺，甲醇（色谱纯），甲酸。

5. 仪器设备

高效液相色谱-串联质谱仪，高速冷冻离心机，旋转蒸发仪，氮吹浓缩仪。

6. 分析条件

色谱条件：ACQUITY UPLC HSS T3 色谱柱（2.1 mm×150 mm，粒径 1.8 μm）；色谱柱温度 30 ℃；样品温度 25 ℃；流动相 0.1% 甲酸-甲醇（90∶10）；流速 0.15 mL/min；进样量 10 μL。

质谱条件：电喷雾电离（ESI），离子源温度 120 ℃，脱溶剂化温度 350 ℃，毛细管电压 3.50 kV，锥孔电压 50 V，碰撞能量均为 13 eV，测定方式 MRM 方式。

7. 分析步骤

（1）样品前处理　称取 2.0 g 经研磨粉碎后的样品（精确至 1 mg）置于 50 mL 带盖聚丙烯离心管中，加入 0.4 mL 1 μg/mL 的 ^{13}C 标记的丙烯酰胺内标标准液，静置 20 min。对于不同基质的样品前处理过程有所不同，样品分为高脂和低脂两类，对于含油脂高的样品需先经过脱脂过程，在提取前加入脱脂溶剂，充分混匀并超声处理 10 min，取出后弃去脱脂溶剂层，重复上述脱脂过程 1 次，然后进行后续提取过程。对于低脂含量的样品可直接向样品中加入一定比例的提取溶剂，即氯化钠溶液，充分混匀并超声 20 min，取出后离心，将上层清液转移至分液漏斗中，重复上述提取过程，并将离心后的上清液与前次样液合并，混匀备用。

样品提取液中加入乙酸乙酯充分萃取 3 次，将乙酸乙酯层合并至圆底烧瓶中，置于旋转蒸发仪上，在 50 ℃水浴中减压浓缩至约 1 mL，将浓缩液转移至 10 mL 试管中，在圆底烧瓶中加入少量乙酸乙酯充分洗涤 3 次，将洗涤液合并至试管中，50 ℃氮气吹干，再加入 1.5 mL 蒸馏水重溶并涡流混合。重溶液过 0.22 μm 微孔滤膜过滤器，再进行固相萃取（固相萃取柱事先用 5 mL 甲醇活化和 5 mL 蒸馏水平衡），2 mL 水洗脱，收集洗脱液上机测定。

(2)样品的测定　定性分析:在相同试验条件下,样品中待测物与同时检测的标准物质具有相同的保留时间,并且非定量离子对与定量离子对色谱峰面积的比值相对偏差小于20%,则可判定为样品中存在该残留。

定量分析:按照上述超高效液相色谱-串联质谱条件测定样品和标准工作溶液,以色谱峰面积按内标法定量,以^{13}C标记的丙烯酰胺为内标物计算丙烯酰胺残留量。结果按内标法计算,也可按下式计算:

$$X = cc_iAA_{si}V_1/(c_{si}A_iA_sW)$$

式中:X—样品中丙烯酰胺的含量,μg/g;c—丙烯酰胺标准工作液的浓度,mg/L;c_{si}—标准工作液中内标物的浓度,mg/L;c_i—样品中内标物的浓度,mg/L;A—样液中丙烯酰胺的峰面积;A_s—丙烯酰胺标准工作液的峰面积;A_{si}—标准工作液中内标物的峰面积;A_i—样液中内标物的峰面积;V_1—样品定容体积,mL;W—称样量,g。

8. 方法分析与评价

高温加热食品中的丙烯酰胺,在10～1 000 μg/kg范围内具有较好的线性相关性,该法的定性最小检出限为5 μg/kg,定量最小检出限为10 μg/kg,相对标准偏差<10%,该方法灵敏度高,适合痕量分析。需要注意的是样品过柱时最好使其自然下滴,采用加压或者抽真空的方式都可能影响其回收率。

8.6.2.2　食品中丙烯酰胺的高效气相色谱-串联质谱法分析

1. 方法目的

掌握气相色谱-串联质谱分析食品中丙烯酰胺的方法原理。

2. 原理

应用稳定性同位素稀释技术,在试样中加入^{13}C标记的丙烯酰胺内标溶液,以水为提取溶剂,试样提取液采用基质固相分散萃取净化、溴试剂衍生后,采用气相色谱-串联质谱仪的多反应离子监测(MRM)或气相色谱-质谱仪的选择离子监测(SIM)进行检测,内标法定量。

3. 适用范围

本法适用于高温加热食品中丙烯酰胺的痕量分析。

4. 试剂材料

(1)丙烯酰胺标准品(纯度>99%),^{13}C标记的丙烯酰胺标准品(纯度>98%),正己烷(分析纯),乙酸乙酯(分析纯),无水硫酸钠,硫酸铵,硫代硫酸钠,溴,氢溴酸,溴化钾,超纯水,溴试剂,硅藻土(ExtrelutTM 20或相当产品)。

(2)饱和溴水:取100 mL超纯水于200 mL的棕色试剂瓶中,加入8 mL溴,于4 ℃避光放置8 h,上层为饱和溴水溶液。

(3)溴试剂:取溴化钾20.0 g,加超纯水50 mL完全溶解,再加入1.0 mL氢溴酸和16.0 mL饱和溴水,摇匀,用超纯水稀释至100 mL,4 ℃避光保存。

(4)硫代硫酸钠溶液(0.1 mol/L):取硫代硫酸钠2.48 g,加超纯水50 mL,使完全溶解,用超纯水稀释至100 mL,4 ℃避光保存。

(5)饱和硫酸铵溶液:称取80 g硫酸铵晶体,加入超纯水100 mL,超声溶解,室温放置。

5. 仪器设备

气相色谱-质谱联用仪(GC-MS),组织粉碎机,旋转蒸发仪,氮气浓缩器,振荡器,涡旋混合器,分析天平(0.000 1 g),离心机。

6. 分析条件

色谱条件:DB-5 ms 色谱柱 30 m×0.25 mm(i.d.)×0.25 μm 或等效柱;程序温度:65 ℃保持 1 min,以 15 ℃/min 速度升至 200 ℃,再以 40 ℃/min 的速度升至 240 ℃,并保持 5 min;进样口温度 120 ℃保持 2 min,以 40 ℃/min 速度升至 240 ℃,并保持 5 min;高纯氦气(纯度>99.999%)为载气,柱前压为 69 mPa,相当于 10 psi;不分流进样,进样体积 1 μL。

质谱条件:SIM 离子扫描采集,电子轰击源(EI)的电离模式,能量为 70 eV,传输线温度 250 ℃,离子源温度 200 ℃,溶剂延迟 6 min,质谱采集时间在 6~12 min;丙烯酰胺监测离子为 m/z 106、133、150 和 152,定量离子为 m/z 150;^{13}C 标记丙烯酰胺内标监测离子为 m/z 108、136、153 和 155,定量离子为 m/z 155。

7. 分析步骤

(1)样品前处理　取 50 g 经粉碎机粉碎的样品,于−20 ℃冷冻保存。准确称取 2 g 样品,加入 10 μL 10.0 mg/L ^{13}C 标记的丙烯酰胺内标溶液。相当于 100 ng 的 ^{13}C 标记的丙烯酰胺内标,再加入 10 mL 超纯水,振荡 30 min 后,于 4 000 r/m 离心 10 min,取上清液备用。

(2)样品净化　在样品提取上清液中加入 15 g 硫酸铵,振荡 10 min,使其充分溶解,于 4 000 r/m 离心 10 min,取上清液 10 mL,备用。若上清液不足 10 mL,则用饱和硫酸铵补足。取洁净玻璃层析柱,在底部填少许玻璃棉,压紧,依次填装 10 g 无水硫酸钠、2 g ExtrelutTM 20 硅藻土。称取 5 g ExtrelutTM 20 硅藻土与上述样品上清液搅拌均匀后,装入层析柱中。用 70 mL 正己烷在 2 mL/min 流速下淋洗,弃去正己烷淋洗液。用 70 mL 乙酸乙酯在 2 mL/min 流速下洗脱,收集乙酸乙酯洗脱溶液,并在 45 ℃ 水浴下减压旋转蒸发至近干,用乙酸乙酯洗涤蒸发瓶残渣三次(每次 1 mL),并将其转移至已加入 1 mL 超纯水的试管中,涡旋振荡。氮吹上层有机相后,加入 1 mL 正己烷,涡旋振荡,于 3 500 r/m 离心 5 min,取下层水相备用衍生。

(3)衍生　在样品提取液中加入 1 mL 溴试剂,涡旋振荡,4 ℃放置 1 h 后,加入 0.1 mol/L 约 100 μL 的硫代硫酸钠溶液,涡旋振荡除去剩余的衍生剂;加入 2 mL 乙酸乙酯,涡旋振荡 1 min,于 4 000 r/m 离心 5 min,吸取上层有机相转移至加有 0.1 g 无水硫酸钠的试管中,加入 2 mL 乙酸乙酯重复萃取,合并有机相;静置至少 0.5 h 后转移至另一试管,氮吹近干,加 0.5 mL 乙酸乙酯溶解残渣,备用。量取标准系列溶液各 1.0 mL,按照上述试样衍生方法同步操作。

(4)标准曲线的测定　将衍生的标准系列工作液分别注入气相色谱-质谱系统,测定相应的丙烯酰胺和其内标的峰面积,以丙烯酰胺进样浓度(μg/L)为横坐标,以丙烯酰胺及其内标 ^{13}C 标记的丙烯酰胺定量离子质量色谱图上测得的峰面积比为纵坐标,绘制线性曲线。

(5)样品的测定　定性分析:分别将样品和标准系列工作液注入气相色谱-质谱仪中,记录总离子流图和质谱图及丙烯酰胺和内标的峰面积,以保留时间及碎片离子的丰度定性,要求所检测的丙烯酰胺 色谱峰信噪比(S/N)大于 3,被测样品中目标化合物的保留时间与标准溶液中目标化合物的保留时间一 致,同时被测样品中目标化合物的相应监测离子丰度比与标准溶液中目标化合物的色谱峰丰度比一致。

定量分析:将衍生的试样溶液注入气相色谱-质谱系统中,得到丙烯酰胺和内标^{13}C标记的丙烯酰胺的峰面积比,根据标准曲线得到待测液中丙烯酰胺进样浓度($\mu g/L$),平行测定次数不少于两次。结果按内标法计算试样中丙烯酰胺含量,也可按下式计算:

$$X = Af/M$$

式中:X—试样中丙烯酰胺的含量,单位为微克每千克(ng/g);A—试样中丙烯酰胺(m/z 55)色谱峰与^{13}C标记的丙烯酰胺内标(m/z 58)色谱峰的峰面积比值对应的丙烯酰胺质量,单位为纳克(ng);f—试样中内标加入量的换算因子(内标为 10 μL 时 $f=1$ 或内标为 20 μL 时 $f=2$);M—加入内标时的取样量,单位为克(g)。计算结果以重复性条件下获得的两次独立测定结果的算术平均值表示,结果保留三位有效数字(或小数点后 1 位)。

8. *方法分析与评价*

计算结果以重复性条件下获得的两次独立测定结果的算术平均值表示,结果保留三位有效数字(或小数点后 1 位)。在重复性条件下获得的两次独立测定结果的绝对差值不得超过算术平均值的 20%。

8.7 食品中甲醛的检测技术分析

8.7.1 甲醛的特征及危害评价

甲醛是无色、具有强烈气味的刺激性气体,其化学式为 CH_2O,相对分子质量为 30.03,常温下为无色、有辛辣刺鼻气味的气体。沸点 −19.5 ℃,熔点为 −92 ℃。甲醛 35%~40%的水溶液称为福尔马林。近几年来,个别不法商贩在加工食品过程中,非法添加甲醛(或者甲醛次硫酸钠)来改善食品的外观和延长保存时间。例如在米粉(湿切粉)、腐竹等食品的加工过程中加入甲醛次硫酸钠(俗称吊白块)来漂白,水发食品及蔬菜中加入甲醛,可延长其保质期、保鲜期,且色泽美观。但甲醛进入人体会严重影响人们的身体健康,所以,必须加强对食品中甲醛的检测。

甲醛是原生质毒,能与蛋白质结合,接触后即发生皮肤和黏膜强烈刺激作用,其蒸气可引起眼部烧灼感、流泪、结膜炎和角膜炎等;可引起鼻炎、嗅觉丧失、咽喉炎和支气管炎,严重者可发生肺水肿等;皮肤直接接触甲醛,可引起皮炎、色斑、坏死;经常吸入少量甲醛,能引起慢性中毒,出现黏膜充血、皮肤刺激症、过敏性皮炎、指甲角化和脆弱、甲床指端疼痛等;全身症状有头痛、乏力、心悸、失眠、体重减轻以及植物神经紊乱等。各种人造板材(刨花板、纤维板、胶合板等)中由于使用了黏合剂,因而可含有甲醛。此外,某些化纤地毯、油漆涂料也含有一定量的甲醛。甲醛还可来自化妆品、清洁剂、杀虫剂、消毒剂、防腐剂、印刷油墨、纸张、纺织纤维等多种化工轻工产品。甲醛为较高毒性的物质,在我国有毒化学品优先控制名单上甲醛高居第二位。甲醛已经被世界卫生组织确定为致癌和致畸形物质,是公认的变态反应源,也是潜在的强致突变物之一。

(1)急性毒性　人的嗅觉阈为 0.06~1.2 mg/m^3,眼刺激阈可低至 0.01~1.9 mg/m^3。

4.8～6.0 mg/m³ 即出现轻度流泪，一般可耐受 30 min；12～24 mg/m³ 时，鼻与咽喉严重灼伤、流涕、呼吸困难；60～120 mg/m³ 吸入 5～10 min 后即发生支气管和肺部严重损害。误服甲醛溶液的经口致死量为 10～20 mL。

(2)慢性毒性　长期接触低浓度甲醛蒸气，可有头痛、软弱无力等症状。甲醛浓度达 20～70 mg/m³ 的车间内，工人有食欲丧失、体重减轻、软弱、持久性头痛、心悸和失眠等现象。据报告，甲醛还可引起触觉、痛觉和温觉障碍，身体一侧（常为右侧）排汗过盛，身体两侧温度不等。

(3)诱变性　在细菌、霉菌和果蝇诱变短期测试中，甲醛作为诱变剂，可导致 HeLa 细胞非程序性 DNA 合成。在细菌和哺乳动物细胞中可见与 DNA 结合。仓鼠和人淋巴细胞，可使姐妹染色单体交换率增高。

(4)致癌性与致畸性　有研究报道指出，当大鼠吸入一定甲醛蒸气浓度及适量时间，可能引起鼻腔肿瘤(114 只受试大鼠中发生鼻腔鳞形细胞癌 52 只，鼻腔其他肿瘤 2 只)。对人的致癌危害尚需要人群流行病学资料证实。

8.7.2　食品中甲醛的检测技术

8.7.2.1　食品中甲醛的高效液相色谱法分析

1. 方法目的

采用液相色谱法分析食品中甲醛残留物。

2. 原理

对样品进行提取、用氯仿抽提等操作，最后将滤液经液相色谱测定其含量。

3. 试剂材料

甲醇，氯仿，2,4-二硝基苯肼，甲醛标准品，无水硫酸钠、硫代硫酸钠，氢氧化钠，硫酸，淀粉以及碘标准溶液。

4. 仪器设备

液相色谱仪；色谱柱：分析柱 Micropak MCH-5 N-Cap；保护柱 MC-5；紫外检测器；水蒸气蒸馏装置。

5. 分析条件

流动相为甲醇-水(57∶43)；流速 0.5 mL/min；柱温 30 ℃；压力 138 kg/cm²；波长 348 nm；灵敏度 0.05 AUFS。

6. 分析步骤

取 50 mL 样品于蒸馏瓶中加水 50 mL，另分别吸取甲醛标准应用液(10 g/mL)0.0 mL、0.5 mL、1.0 mL、2.0 mL、3.0 mL、4.0 mL 于蒸馏瓶中，加水至 100 mL。样品及标准均加磷酸 2 mL，分别进行水蒸气蒸馏(必加定氮球)，将冷凝管口插入吸收液(5 mL 0.2% 2,4-二硝基苯肼和 10 mL 氯仿)下端，收集馏出液 100 mL 移入 125 mL 分液漏斗中，振摇 2 min，静置分层，收集氯仿液，再用氯仿提取两次，每次 10 mL；合并氯仿液，用盐酸酸化(pH 5)的水 30 mL 洗涤氯仿液，氯仿通过无水硫酸钠过滤于蒸发器中，挥干，用氯仿处理定容各至 2 mL

混匀，取 0.4 μm 滤膜过滤，滤液作进样用，同时做空白实验。取上述处理好的空白、标准、样品分别进样 20 μL，根据保留时间定性，记录其峰高，外标法定量。根据样品、空白的峰高在工作曲线上查出相当于甲醛的量并按下式计算出每升样品中所含甲醛的毫克数。

7. 结果参考计算

$$甲醛(mg/L)=(A_x-A_o)V_2\times 1\,000/(V_xV_3\times 1\,000)$$

式中：A_x—测定用样液中甲醛的含量，μg；A_o—试剂空白液中甲醛的含量，μg；V_x—取样体积，mL；V_2—样品处理后定容体积，mL；V_3—进样量，mL。

8. 方法分析与评价

本法具有精密度好，回收率高，性能稳定，快速分析，结果准确等特点。甲醛衍生化及提取步骤简便、易操作，样品中被测组分保留时间短，用于检测食品中的甲醛含量具有很好的实用价值。

8.7.2.2 食品中甲醛的分光光度法分析

1. 方法目的

采用分光光度法分析食品中甲醛残留物。

2. 原理

食品中的甲醛在磷酸缓冲介质中经恒温加热蒸馏，冷凝后的馏出液与乙酰丙酮反应，生成草黄色的二乙酰基二氢二甲基吡啶，利用分光光度计在 412 nm 下比色，测量其吸光值，绘制甲醛标准曲线进行定量分析。

3. 适用范围

本法适用于水产品、牛乳、果蔬等食品中甲醛的含量测定。

4. 试剂材料

(1)甲醛，磷酸，乙酰丙酮，乙酸铵，冰乙酸，氢氧化钠，碘，碘化钾，浓硫酸，淀粉。

(2)甲醛标准贮备液：在 1 000 mL 棕色容量瓶中加入 2.8 mL 甲醛，并注水定容。

(3) 4.0 g/L 乙酰丙酮溶液：称取 25.0 g 乙酸铵溶解于少量水中，加入 0.4 mL 乙酰丙酮和 3.0 mL 冰乙酸，再加入水定容至 100 mL，搅拌均匀，贮存于棕色瓶中。

5. 仪器设备

UV-2600 紫外可见分光光度计。

6. 分析条件

显色时间为 15 min，水浴时间为 5 min，乙酰丙酮添加量为 1 mL。

7. 分析步骤

(1)样品前处理　将样品剪碎成 5 mm×5 mm 大小碎块，置于 250 mL 蒸馏瓶中，加入 160 mL 蒸馏水，5 mL 磷酸并浸泡 35 min，玻璃珠数粒，连接冷凝装置；冷凝管出口事先插入盛有 10 mL 水且置于冰浴的容量瓶中，立即加热蒸馏，蒸馏时间设定为 80 min，收集蒸馏液约 100 mL，定容至 100 mL。

(2)甲醛标准储备液的标定及标准曲线绘制　吸取待标定的甲醛标准储备溶液 20.0 mL

置于250 mL碘量瓶中，加20.0 mL碘溶液和15.0 mL氢氧化钠溶液，混合均匀，在室温(25 ℃左右)条件放置15 min后，加20.0 mL硫酸溶液酸化，再放置15 min，用硫代硫酸钠溶液滴定至草黄色，加入1 mL淀粉指示液继续滴定至蓝色消失为终点。另取水20.0 mL做空白实验，方法与甲醛标准储备液的标定相同。依次吸取上述甲醛标准储备液0.00 mL、0.10 mL、0.25 mL、0.50 mL、1.00 mL于25 mL具塞比色管中，补充水至10 mL，加入1 mL乙酰丙酮溶液，混匀，置沸水浴3 min，取出冷却至室温，立即以空白为参数比，于波长412 nm处，以1 cm比色皿进行比色，记录吸光度，绘制标准曲线。

(3)测定方法　分别吸取食品样品蒸馏液5 mL于25 mL具塞比色管中，补充蒸馏水至10 mL，乙酰丙酮添加量1 mL，混匀，显色15 min，沸水浴时间5 min，取出冷却至室温，立即以空白为参比，于412 nm处，用1 cm比色管进行比色，记录吸光度，由标准曲线计算试样溶液中甲醛的浓度。

8. 结果参考计算

$$W=(y-b)/a$$

式中：W—从校准曲线中查得的甲醛的含量，μg；y—食品样品中甲醛的校正吸光度；b—回归方程的截距；a—回归方程的斜率，1/μg。

$$\rho=W/m \text{ 或 } \rho=W/V$$

式中：ρ—食品样品中甲醛的浓度，mg/L或mg/kg；W—从校准曲线中查得的甲醛的含量，μg；m—试样的质量，g；V—试样的体积，mL。

9. 方法分析与评价

在重复性条件下获得的两次独立测定结果的绝对差值不得超过算术平均值的10%。相较于国标中甲醛的检测方法，本方法的建立减少了乙酰丙酮的用量和沸水浴时间，可以快速有效地测定食品中甲醛的含量。

思考题

1. 食品加工中有毒、有害污染物的来源主要有哪些方面？
2. N-亚硝基化合物有哪些特征？
3. 食品中苯并(a)芘的污染来源有哪些？有哪些检测方法？
4. 食品中杂环胺类污染物是如何产生的，有何危害？
5. 发酵调味品中氯丙醇污染物是如何产生的？有哪些检测方法？
6. 丙烯酰胺的危害性有哪些？
7. 食品中甲醛污染是如何产生的？如何检测？

参考文献

[1] GB 2762—2022　食品安全国家标准　食品中污染物限量.
[2] GB 5009.191—2016　食品安全国家标准　食品中氯丙醇及其脂肪酸酯含量的测定.
[3] GB 5009.204—2014　食品安全国家标准　食品中丙烯酰胺的测定.
[4] GB 5009.243—2016　食品安全国家标准　高温烹调食品中杂环胺类物质的测定.
[5] GB 5009.26—2016　食品安全国家标准　食品中N-亚硝胺类化合物的测定.

[6] 盛龙生，汤坚．液相色谱质谱联用技术在食品和药品分析中的应用．北京：化学工业出版社，2008.

[7] 汪东风．食品中有害成分化学．北京：化学工业出版社，2006.

[8] 许牡丹，毛跟年．食品安全性与分析技术．北京：化学工业出版社，2003.

[9] 朱坚，汪国权，陈正夫，等．食品中危害残留物的现代分析技术．上海：同济大学出版社，2003.

第9章
食品包装材料和食品接触材料检测技术

本章学习目的与要求

1. 了解食品包装材质及容器评价分析的方法。

2. 掌握食品接触材料评价技术和相应检测技术。

3. 掌握食品接触材料的总迁移量分析以及食品接触材料中Pb、Cd、Cr(Ⅵ)迁移量检测技术。

4. 掌握食品接触材料中聚乙烯、聚丙烯、聚酯、聚酰胺检测技术。

9.1 概述

食品接触材料(food contact materials,FCM)是指与食品接触的材料或物品,包括包装材料、餐具、器皿、食品加工设备、容器等,此外,还包括活性和智能型食品接触材料。

活性材料或物品是指为了延长食品保质期,或保持或改善包装食品品质的材料或物品,这些材料会释放一些特定物质进入包装食品或食品周围的环境,或从包装食品或食品周围的环境吸收某些特定物质,它们是特意设计的能够向食品或其周围环境中释放或被吸收的一种材料。

智能材料或物品是指能够监控包装食品条件或食品周围环境的材料或物品,能"识别"和"判断"感知到的信息并做出响应,主要着眼于信息显示和记录功能,可以将包装内部的变化转变为包装外部的显示信息。采用具有湿敏、光电、温敏、气敏等功能的智能材料,识别和显示包装内部的温度、湿度、压力以及密封的程度、时间等一些重要参数。例如,通过智能包装体系,在包装材料中加入氧气指示剂,利用颜色变化指示包装内氧气的浓度变化,可用于需要低氧环境保存的食品的包装;智能包装材料也可作为微生物污染标志,通过 pH 染色剂或与某些代谢物反应的染色剂来监测食品包装中的微生物。

根据国家标准(GB/T 4122.1—2008),食品包装是指用于盛装食品或为保护食品安全卫生、方便运输、促进销售,按一定的技术方法加工制成的与食品直接接触的容器、材料及辅助物等的总称。材料及辅助物包括纸、竹、木、金属、搪瓷、陶瓷、塑料、橡胶、天然纤维、化学纤维、玻璃制品和接触食品的涂料等。食品容器和包装材料对于食品安全有着双重意义:一是合适的包装方式和材料可以保护食品不受外界的污染,保持食品本身的水分、成分、品质等特性不发生改变。二是包装材料本身的化学成分会向食品中发生迁移,如果迁移的量超过一定界限,会影响到食品的卫生。包装材料作为食品的"贴身衣物",其在原材料、辅料、工艺方面的安全性将直接影响食品质量,继而对人体健康产生影响。

食品接触材料中有毒有害化学物质的迁移是污染食品的重要途径之一。食品接触材料迁移是指食品包装材料接触食品时,材料本身含有的化学物质扩散至食品中,成为内装食品的"特殊添加剂"。这些物质虽然微量,但长期食用,对人体健康造成的危害却不可小觑。

我国《食品安全法》规定食品容器、包装材料和食品用工具、设备必须符合食品安全标准和相应要求。利用新的原材料生产的食品容器、包装材料和食品用工具、设备的新品种,生产经营企业在投入生产前,必须提出该产品安全性评价所需的资料。上述新品种在投入生产前还需提供样品,并按照规定的食品安全标准审批程序报请审批。进口包装材料应依照国家标准进行检验,尚无标准的,进口单位必须提供输出国(地区)的卫生部门或者机构出具的卫生安全评价资料,经口岸食品监督检验机构审查检验并报国务院卫生行政部门批准。依据上述规定,我国近年来陆续颁布了一批食品容器、包装材料及加工助剂的国家标准,并出台相关产品的食品安全管理办法,作为对各类食品容器、包装材料进行管理的法规依据。卫计委全国食品卫生标准委员会设立了食品包装材料卫生标准协作组,承担新型包装材料及加工助剂的评价和标准制定工作。

食品包装材料相关国家标准

在世界各国食品接触材料的卫生标准中,均以各种液体来浸泡,然后测定这些液体的有关成分的迁移量(有的资料称溶出量),也称"浸泡实验"。目前所涉及的检测方法基本可以分为两类:一类为通用检测方法,如蒸发残渣、高锰酸钾消耗量、重金属含量等;另一类为针对各种具体材料的特性而制定的检测方法,如针对聚酯材料及容器中锑的检测方法。我国目前针对食品包装材料和包装容器制定的检测方法共有 30 多种,从检测所用的仪器看,包括化学方法、气相色谱法、液相色谱法、原子吸收分光光度法、紫外-可见分光光度法等。不同国家、地区、组织对食品包装材料的检测方法并不完全相同。对于包装材料出口时,往往采用出口国的检测标准和方法,进口时则采用进口国的检测标准和方法。

随着食品科技和包装工业的迅速发展,许多新型的包装材料和包装形式不断出现,随之而来的是食品接触性材料的安全问题。我国高度重视涉及食品安全的领域,强调要着力推动高质量发展,建设现代化产业体系,推动食品产业向智能、绿色的方向发展,同时在食品安全领域补齐短板,构建新能源、新材料、绿色环保等新的增长引擎。随着食品接触材料和包装技术越来越多样化、智能化,重视食品接触材料安全已成为建设食品安全体系的应有之义,只有建立更严格更完善的规章制度,才能保证食品在生产加工和流通贮藏过程中的质量和卫生安全。

9.2　食品包装材质及其评价技术

9.2.1　食品包装材质及检测技术发展趋势

9.2.1.1　食品包装材质发展趋势

食品包装材料很多,最常用的主要是玻璃、塑料、纸、金属、陶瓷等。

玻璃种类很多,主要组成是二氧化硅、氧化钾、三氧化二铝、氧化钙、氧化锰等。张力为 3.5～8.8 kg/mm^2,抗压力为 60～125 kg/mm^2。玻璃传热性较差,比热较大,是铁的 1.5 倍,具有良好的化学稳定性,盛放食品时重金属的溶出性一般为 0.04～0.13 mg/L,比陶瓷溶出量(0.08～2.72 mg/L)低,安全性高。玻璃的弹性和韧性差,属于脆性材料,所以抗冲击能力较弱。

目前我国规定,可用于接触食品的塑料是聚乙烯、聚丙烯、聚苯乙烯和三聚氰胺等,这些食品用塑料包装,具有以下特点:不透气及水蒸气;内容物几乎不发生化学作用,能较长期保持内容物质量;封口简便牢固;透明,可直观地看到内容物;开启方便,包装美观,并具有质量轻、耐腐蚀、易成型、易着色、不导电的特点。

塑料作为包装材料的主要缺点是:强度不如钢铁;耐热性不及金属和玻璃;部分塑料含有有毒助剂或单体,如聚氯乙烯的氯乙烯单体,聚苯乙烯的乙苯、乙烯;另外塑料产品中也会残留一些有害物质,如印刷油墨中的合成染料、重金属和有机溶剂等。食品包装用塑料一般禁止使用铅、氯化镉等稳定剂,相关标准指标中的重金属即与此有关;另外,塑料易带静电,废弃物处理困难,易造成公害等。

纸是食品行业使用最广泛的包装材料,大致可分为内包装和外包装两种,内包装有原纸、脱蜡纸、玻璃纸、锡纸等;外包装主要是纸板、印刷纸等。纸包装简便易行,表面可印刷各种图案和文字,形成食品特有标识。包装废弃纸易回收,可再生产其他用途纸。纸包装的众多优点使其受到广泛的青睐,但它也有不足之处,如刚性不足、密封性、抗湿性较差;涂胶或者涂蜡处理包装用纸的蜡纯净度还有一些不能达到标准要求,经过荧光增白剂处理的包装纸及原料中都含有一定量易使食品受到污染的化学物。只有不断改进纸的性能，开发新的产品才能适应新产品日新月异的包装要求。

在食品领域，金属容器大量地被用来盛装食品罐头、饮料、糖果、饼干、茶叶等。金属容器的材料基本上可分为钢系和铝系两大类。钢系有镀锡薄钢板、镀铬薄钢板、镀锌薄钢板、低碳薄钢板等；铝系主要是铝合金薄板和铝箔。金属以各种形式及规格的罐包装，主要采用全封闭包装，包装避光、避气、避微生物，产品保质期长，易贮藏运输，有的金属罐表面还能彩印，外形美观。这种包装形式，从保藏食品角度看，是最好的包装形式之一。金属容器质量较纸和塑料重，成本相对也较高。由于金属材料的化学稳定性较差，耐酸、碱能力较弱，特别易受酸性食品的腐蚀。因此，常需内涂层来保护，但内涂层在出现缝隙、弯曲、折叠时也可能有溶出物迁移渗透风险问题，这是金属材料的缺点。

陶瓷是我国使用历史最悠久的一类包装容器材料，其具有耐火、耐热、隔热、耐酸、透气性低等优点，可制成形状各异的瓶、罐、坛等。由于陶瓷原料丰富，废弃物不污染环境，与其他材料相比，更能保持食品的风味，包装更具民族特色，因而颇受消费者欢迎。然而，陶瓷容器易破碎，且通常质量较大，携带不便，同时不透明，无法对包装在内的食品进行观察，生产率低且一般不能重复使用，所以成本较高；另外，从安全角度而言，陶瓷制品在制作过程中必须上釉，而所使用釉彩含有较高浓度的铅(Pb)、镉(Cd)等重金属，与食品接触时表层釉可能会有铅、镉的溶出，造成食品污染，对人体健康造成危害。陶瓷的这些缺点，在一定程度上限制了其在食品包装中的应用。

食品包装容器可根据需要做成各种形态，来满足不同目的和性能的需要。食品包装保护了被包装食品的色、香、味、形，能够防止食品腐败，有利于食品销售。由于包装种类很多，分类方法也很多，从所用材料来源和用途方面划分，食品包装容器可做以下分类。

1. 按包装材料来源分类

(1)玻璃　玻璃罐透明无色，或略微带青色，罐体端正光滑、厚薄均匀，罐口圆而平整，底部平坦，罐身无严重气泡、裂纹、厚薄不均及条痕等缺陷，玻璃罐化学稳定性较好，与食品不发生作用，可保存食品原有风味，但其机械性能很差，易破碎，抗冷、热变化的性能也差，温度超过60 ℃时机械强度减弱，易破碎。

(2)塑料　食品用塑料包装材料，要求具有良好耐油性、不透气性及化学稳定性等。

可溶性包装：不必去除包装材料，一同放入水中溶化。如茶叶、粉末汤料等食品的内包装。

收缩包装：加热时即自行收缩，裹紧内容物、突出产品轮廓。常用于肉脯、糖果等聚乙烯薄膜包装。

吸塑包装：用真空吸塑热成型的包装。可先生产两个半圆透明薄膜，充满糖果后捏拢呈橄榄形、香蕉形等各种果型，再用塑条贴牢。很多糖果、膨化食品采用此种包装。

泡塑包装：将透明塑料按所需模式吸塑成型后，罩在食品的硬纸板或塑料板上，可供展示。如蔬菜、水果、糕点、巧克力糖等多采用该包装。

蒙皮包装：将食品与塑料底板同时用吸塑法成形，在食品上蒙上一层贴体的薄膜，它比收缩薄膜更光滑，内容物轮廓更突出，清晰可见，如鱼香肠的包装。

拉伸薄膜包装：将拉伸薄膜依序绕在集装板上垛的纸箱外，全部裹紧，以代替集装箱。

(3)纸与纸板　牛皮纸袋可用于盛装各种食品；硫酸纸用于包装乳酪、干酪及油脂；上蜡的透明纸习惯用于包装糖果，但其上所印彩色字画必须用无毒印色，上蜡的纸杯可装牛奶、冰淇淋，纸碟、小杯可盛装糕点、冷食及果酱等，使用后即弃去，轻便、卫生。但在使用前必须保持清洁。

（4）金属　马口铁罐：质量轻，机械强度高，可制成抗酸、抗粘、抗硫等专用料罐，适用面广。

易拉罐：拉环式易拉罐，还有用手指掀开的液体罐头，罐体有两个金属薄片封闭的小孔，用手指下掀，露出小孔，液体即可从罐中倾出。铝箔封盖的罐，外罩塑料套盖，开启时用三指捏铝箔上突出的箔片，将箔撕掉，塑料套盖还可以再盖上，出口的饮料常采用此种罐装。

轻质铝罐：多用于制造长圆形的冲拔罐，多用于啤酒、饮料包装。

（5）陶瓷　陶瓷制品作为食品包装容器主要用于酒类、酱腌菜、腐乳、豆豉等传统食品及风味食品的包装。

缸：大多为炻质容器，下小上大，敞口，内外施釉，缸盖是木制的，封口常用纸裱糊。

坛、罐：均为可封口的容器，坛较大、罐较小，有平口和小口之分；有的坛两侧或者一侧有耳环，便于搬运，坛外围多套有较稀但质地较坚实的竹筐或柳条、荆条筐；封口方式一般是用纸胶黏封口或胶泥封口。这类容器主要用于酒、酱油、酱腌菜、腐乳等商品的包装。

陶瓷瓶：其结构、造型、瓶口等与玻璃瓶相似，材料既有陶瓷也有瓷质，构型有鼓腰形、壶型、葫芦形等各种艺术形象。主要用于包装各类高级名酒。

（6）复合材料　复合包装材料可分为纸/塑复合材料、铝/塑复合材料、纸/铝/塑复合材料、纸/纸复合材料、塑/塑复合材料等。具有较高的力学强度、阻隔性、密封性、避光性、卫生性等。

（7）其他材料　木：木质类的包装材料一般不直接接触食品，但通常会在木材表面涂上涂料或釉等化学品，给食品带来风险，因而一般只制成木箱、木桶、木盒等容器用于食品运输包装。

竹：竹子自身具有抗菌性，使竹子在生长过程中无虫蛀、无腐烂、无须使用任何农药。使用竹材进行食品包装，不仅对食品无污染，还能保留竹子自身的风味和特色。应用方式主要有原生态竹筒（用于酒、茶叶等食品包装）、竹编器具（水果常采用）等。

橡胶：橡胶类的包装材料主要用于生产奶嘴、吸管、容器和垫圈等产品，天然橡胶的主要成分是异戊二烯，它不会分解，无法被人体吸收，不会对人体造成安全威胁。但橡胶类的主要污染来源于加工过程中的添加剂，容易产生食品安全隐患。

纤维：纤维素及其衍生物可制备各种复合膜，用于食品包装，具有良好的抗菌性能和阻隔性，延长食品保质期。

2. 按包装功能分类

（1）专用包装　饮料：用塑料瓶或塑料外加纸盒以及用玻璃瓶等。

肉、禽、鱼的包装：熟制品多用塑料复合袋、玻璃罐、金属罐等，生鲜制品多用塑料袋、塑料周转箱等。

粮油制品：多用麻袋、塑料袋或上蜡的纸包袋。

（2）运输包装　有脚的纸箱或塑料箱，便于叉车搬运、堆垛。容器上下端有供互相衔接的槽，如六角形罐头、有边纸箱，便于搬运堆高排列。

（3）展示包装　搬运陈列的包装，如瓦楞箱上部呈梯形，开启后即可显示出内容物。

（4）方便包装　主要用于一些食品的方便携带、加工和食用，如方便面袋、饮料瓶等。

3. 按新型材料分类

（1）纳米包装材料　通过纳米添加、纳米改性、纳米合成等方式，将纳米粒子与包装材料复合，加工成具有纳米尺寸和结构的特殊功能材料，具有低挥发性、高稳定性、高比表面积、高效催化活性以及广谱抗菌性。

纳米 Ag：耐光热性能好，可催化乙烯氧化分解，达到保鲜的目的。

纳米 TiO_2、ZnO：是一种光催化剂，对紫外线具有一定的抵御作用，能防止食品自动氧化，且对微生物有一定的抑制作用。

纳米 SiO_2：结构多孔、无毒无害、化学性质稳定，可在包装材料表层形成一层致密的纳米薄膜，具有抑菌保鲜作用。

纳米分子筛：结构多孔、高比表面积的结晶硅铝酸盐材料，对气体具有选择透过性，常用于果蔬保鲜包装。

（2）可降解包装材料　可降解包装材料是指稳定性差、易被环境所降解的一类材料，减少环境污染。目前，可降解食品包装材料主要有聚乳酸（PLA）、聚碳酸亚丙酯（PPC）、聚丁二酸丁二醇酯（PBS）、生物多糖及蛋白质等。多用于零食和糖果包装。

（3）可食性包装材料　可食性包装材料包括可食性包装膜和可食性油墨 2 类。可食性包装膜是以蛋白质、糖类、脂类等可使用材料为基料加工制成的薄膜，根据基料和辅料组分的不同，可分为蛋白型、多糖型、脂肪型和复合型。可食用油墨包括栀子黄、红花黄等可食性色料及花生油、色拉油等可食性连接料。

蛋白型：有良好的抗菌性能和理化性能，但蛋白型膜通常是亲水性的，温湿度的变化会影响膜的阻隔效果，应用范围较窄。

多糖型：通过多糖的凝胶作用形成可食性膜用于食品包装。

脂肪型：具有良好的疏水性，可有效阻止水分流失，可用于新鲜水果的运输。

复合型：将多种可食性组分作为基料加工制作而成，该材料可根据包装内容物的不同调节膜中各原料的组分，使膜的各项性能达到最优，是未来可食性包装膜发展的主流方向。

（4）控释包装材料　通过材料本身对外界物理或化学信号（光、温度、磁场等）变化的感应，有效控制材料中抗菌剂的释放速率，达到定时定量的抗菌效果。包括薄膜和微胶囊包裹两大类。

（5）智能包装材料　通过各种信号（颜色、荧光等信号）的变化向消费者提供有关食品质量和安全性的信息，从而实时监控包装内食品的品质。

指示剂包装：可根据包装内部的温度、pH、新鲜度和泄露量等指标的变化，并通过包装袋内指示剂颜色的改变直观反应食物新鲜度。例如，一种用于猪肉新鲜度的指示包装，以淀粉、聚乙烯醇和壳聚糖为基质，以玫瑰花青素为 pH 指示剂，猪肉在贮存过程中挥发性盐基氮水平升高会导致指示剂颜色由红变绿，实时检测猪肉新鲜度。

传感器包装：传感器包装利用传感器进行探测，将一种形式的信号转换成另一种形式。根据传感器的工作类型，传感器可分为主动型和被动型。化学和生物传感器已经成为智能包装的工具，并应用于食品领域，比如监测包装袋内的 pH、湿度、微生物等指标。

射频识别包装：利用射频通信实现的非接触式自动识别技术，这种技术可以在没有人为干预下使用无线传感器来识别产品，并收集数据。通常使用常规的方法（例如丝网印刷和喷墨）将 RFID 标签印刷在包装上。目前，市场上已经将 RFID 技术用于监测温度、湿度、光照、压力和 pH 等。

9.2.1.2　检测技术发展趋势

大多数情况下迁移到模拟溶媒中的物质不能完全反映真实情况下的迁移，目前国际上对食品进行了较为详细的分类和溶媒选用研究后，开始着手建立食品中迁移物的测定方法，研究包装材料中各种化学物在接触不同食品时的迁移特性，建立迁移模型等。我国积极开展食品包装材料中化学物直接接触食品的迁移试验，如搪瓷、陶瓷制食具中重金属铅、镉向酒精性饮料迁移的研究，食品中迁移物的存在形式研究，不同食品加工方式对迁移物转移、转化影响的研究等。

除了介绍的一些食品接触材料迁移检测方法，还有针对复合食品包装袋、玻璃、陶瓷等各种食品接触材料制定了多个卫生和检测方法标准，其各种检测分析技术仍在不断地发展完善中。

9.2.2　食品包装材料检测技术

食品包装材料和容器的检测，是保证食品包装安全的技术基础，是贯彻执行相关包装标准的保证。为了这个目的，各国制定的食品接触材料和容器的包装标准必须具有可操作性，并制定与之配套的相应的检测方法。食品包装材料的安全指标主要包括：蒸发残渣（乙酸、乙醇、正己烷）、高锰酸钾消耗量、重金属、残留毒素等。

9.2.2.1　食品包装材料蒸发残渣分析

1. 方法目的

模拟检测水、酸、酒、油等食品接触包装材料后的溶出情况。

2. 原理

蒸发残渣是指样品经用各种浸泡液浸泡后，包装材料在不同浸泡液中的溶出量。用水、4%乙酸、65%乙醇、正己烷四种溶液模拟水、酸、酒、油四类不同性质的食品接触包装材料后包装材料的溶出情况。

3. 适用范围

聚乙烯、聚苯乙烯、聚丙烯为原料制作的各种食具、容器及食品包装薄膜或其他各种食品用工具、管道等制品。

4. 试剂材料

水、4%乙酸、65%乙醇、正己烷、移液管等。

5. 仪器设备

烘箱、干燥器、水浴锅、天平等。

6. 分析步骤

（1）取样　每批按 1‰ 取样品，小批时取样数不少于 10 只（以 500 mL 容积/只计：小于 500 mL/只时，样品应相应加倍取量），样品洗净备用。用 4 种浸泡液分别浸泡 2 h。按每平方厘米接触面积加入 2 mL 浸泡液；或在容器中加入浸泡液至 2/3～4/5 容积。浸泡条件：60 ℃水，保温 2 h；60 ℃的 4%乙酸，保温 2 h；65%乙醇，室温下浸泡 2 h；正己烷，室温下浸泡 2 h。

（2）测定　取各浸泡液 200 mL，分次置于预先在（100±5）℃干燥至恒重的 50 mL 玻璃蒸发皿或恒重过的小瓶浓缩器(为回收正己烷用)中,在水浴上蒸干,于(100±5)℃干燥 2 h,在干燥器中冷却 0.5 h后称量,再于(100±5)℃干燥 1 h,取出,在干燥器中冷却 0.5 h,称量。

7. 结果参考计算

$$X=(m_1-m_2)\times 1\,000/200$$

式中:X—样品浸泡液(不同浸泡液)蒸发残渣,mg/L;m_1—样品浸泡液蒸发残渣质量,mg;m_2—空白浸泡液的质量,mg。计算结果保留 3 位有效数字。

8. 方法分析与评价

(1)浸泡实验实质上是对塑料制品的迁移性(migration)和浸出性(bleeding)的评价。当直接接触时包装材料中所含成分(塑料制品中残存的未反应单体以及添加剂等)向食品中迁移,浸泡试验对上述迁移进行定量的评价,即了解在不同介质下,塑料制品所含成分的迁移量的多少。

(2)蒸发残渣代表向食品中迁移的总可溶性及不溶性物质的量,它反映食品包装袋在使用过程中接触到液体时析出残渣、重金属、荧光性物质、残留毒素的可能性。

(3)因加热等操作,一些低沸点物质(如乙烯、丙烯、苯乙烯、苯及苯的同系物)将挥发散逸,沸点较高的物质(二聚物、三聚物,以及塑料成型加工时的各种助剂等)以蒸发残渣的形式滞留下来。应当指出,实际工作中蒸发残渣往往难以衡量。因此,仅要求在 2 次烘干后进行称量。

(4)在重复条件下获得的两次独立测定结果的绝对差值不得超过算术平均值的 10%。

9.2.2.2 食品包装材料脱色试验分析

1. 方法目的

以感官检验,了解着色剂向浸泡液迁移的情况。

2. 原理

食品接触材料中的着色剂溶于乙醇、油脂或浸泡液,形成肉眼可见的颜色,表明着色剂溶出。

3. 适用范围

适用于聚乙烯、聚氯乙烯、聚苯乙烯、聚丙烯树脂以及这些物质为原料制造的各种食具、容器及食品包装薄膜或其他各种食品用工具、容器等制品。

4. 试剂材料

冷餐油,65%乙醇,棉花,四种浸泡液(水、4%乙酸、65%乙醇、正己烷)。

5. 分析步骤

取洗净待测食具一个,用沾有冷餐油、乙醇(65%)的棉花,在接触食品部位的小面积内,用力往返擦拭 100 次。用 4 种浸泡液进行浸泡,浸泡条件:60 ℃水,保温 2 h;60 ℃的 4%乙酸,保温 2 h;65%乙醇,室温下浸泡 2 h;正己烷,室温下浸泡 2 h。

6. 结果判断

棉花上不得染有颜色,否则判为不合格。4 种浸泡液(水、4%乙酸、65%乙醇、正己烷)也不得染有颜色。

7. 方法分析与评价

塑料着色剂多为脂溶性，但也有溶于4%乙酸及水的，这些溶出物往往是着色剂中有色不纯物。着色剂迁移至浸泡液或擦拭试验有颜色脱落，均视为不符合规定。日本脱色试验是将4种浸泡液(水、4%乙酸、20%乙酸、正庚烷)置于50 mL比色管中，在白色背景下，观察其颜色，以判断着色剂是否从聚合物迁移至食品中。

9.2.2.3　食品包装材料重金属分析

1. 方法目的

模拟检测酸性物质接触包装材料后重金属的溶出情况。

2. 原理

浸泡液中重金属(以铅计)与硫化钠作用，在酸性溶液中形成黄棕色硫化铅，与标准比较变得更深，即表示重金属含量符合要求。

3. 适用范围

适用于以聚乙烯、聚氯乙烯、聚丙烯、聚苯乙烯树脂及这些物质为原料制造的各种食具、容器及食品用包装薄膜或其他各种食用工具、容器等制品中的重金属溶出量检测。

4. 试剂材料

(1)硫化钠溶液　称取5.0 g硫化钠，溶于10 mL水和30 mL甘油的混合液中，或将30 mL水和90 mL甘油混合后分成二等份，一份加5.0 g氢氧化钠溶解后通入硫化氢气体(硫化铁加稀盐酸)使溶液饱和后，将另一份水和甘油混合液倒入，混合均匀后装入瓶中，密塞保存。

(2)铅标准溶液　准确称取0.079 9 g硝酸铅，溶于5 mL的10%硝酸中，移入500 mL容量瓶内，加水稀释至刻度。此溶液相当于100 μg/mL铅。

(3)铅标准使用液　吸取10 mL铅标准溶液，置于100 mL容量瓶中，加水稀释至刻度。此溶液相当于10 μg/mL铅。

5. 仪器设备

天平、容量瓶、比色管等。

6. 分析步骤

吸取50 mL经迁移试验后所得食品模拟物试液于50 mL比色管中；另取2 mL铅标准使用液于50 mL比色管中，加20 mL 4%乙酸溶液。分别于两个比色管中加入1 mL柠檬酸铵溶液、3 mL氨水和1 mL氰化钾溶液，加水至刻度混匀，再各加硫化钠溶液2滴，混匀后，放置5 min，以白色为背景，从上方或侧面观察并比较模拟物试液及标准溶液的呈色。

7. 结果参考计算

若样品管呈色大于标准管样品，重金属(以Pb计)报告值>1。

8. 方法分析与评价

(1)从聚合物中迁移至浸泡液的铅、铜、汞、锑、锡、砷、镉等重金属的总量，在本试验条件下，能和硫化钠生成金属硫化物的上述重金属，均以铅计。

(2)对铅而言本法灵敏度为10～20 μg/50 mL。

(3)食品包装用塑料材料的重金属来源有两方面，首先，塑料添加剂(如稳定剂、填充剂、抗氧化剂等)使用不当,如硬脂酸铅、镉化合物,用于食品包装树脂;含重金属的化合物作为颜料或着色剂,都将使聚合物重金属增量。其次,聚合物生产过程中的污染,也能使聚合物含有较高的重金属,如管道、机械、器具的污染。

(4)食品包装材料中重金属其他分析技术可参考原子吸收光谱法和原子荧光光谱法等技术。

9.2.2.4 食品包装材料可溶出有机物质分析

1. 方法目的

检测食品包装材料水浸泡后可溶出有机物质。

2. 原理

试样浸泡液在酸性条件下,用高锰酸钾标准溶液滴定,根据样品消耗的滴定液的体积计算试样中高锰酸钾消耗量。

3. 试剂

硫酸(H_2SO_4)、高锰酸钾($KMnO_4$);标准品高锰酸钾标准溶液[c(15 $KMnO_4$)=0.1 mol/L]。

高锰酸钾标准滴定溶液[c(15 $KMnO_4$)=0.01 mol/L]配制:吸取10.0 mL高锰酸钾标准溶液[c(15 $KMnO_4$)=0.1 mol/L],置于100 mL容量瓶中,用水定容至刻度。

4. 试样的测定

(1)锥形瓶的处理　取100 mL水,放入250 mL锥形瓶中,加入5 mL硫酸(1+2)、0.04%高锰酸钾溶液5 mL,煮沸5 min,倒去,用水冲洗备用。

(2)滴定　准确吸取100 mL水浸泡液(可根据实际情况调整取样量)于上述处理过的250 mL锥形瓶中,加5 mL硫酸(1+2)及10.0 mL高锰酸钾标准滴定溶液(0.01 mol/L),再加玻璃珠2粒,准确煮沸5 min后,趁热加入10.0 mL草酸标准滴定溶液(0.01 mol/L),再以高锰酸钾标准滴定溶液(0.01 mol/L)滴定至微红色,并在0.5 min内不褪色,记取最后的高锰酸钾标准滴定溶液的滴定量。另取100 mL水做试剂空白试验。

5. 分析结果

(1)试样中高锰酸钾消耗量按下式计算:

$$X_1=\frac{(V_1-V_2)c\times 31.6\times V}{V_3 S}$$

式中:X_1—试样中高锰酸钾消耗量,mg/dm^2;V_1—试样浸泡液滴定时消耗高锰酸钾溶液的体积,mL;V_2—试剂空白滴定时消耗高锰酸钾溶液的体积,mL;c—高锰酸钾标准滴定溶液的实际浓度,mol/L;31.6—与1.00 mL的高锰酸钾标准滴定溶液[c(15 $KMnO_4$)=1.000 mol/L]相当的高锰酸钾的质量,mg;V—试样浸泡液总体积,mL;V_3—测定用浸泡液体积,mL;S—与浸泡液接触的试样面积,dm^2。

(2)当按实际使用情形计算试样中高锰酸钾消耗量时,按下式计算:

$$X_2=X_1\cdot\frac{S_2}{V_4}\times 1\,000$$

式中：X_2—按实际使用情形计算试样的高锰酸钾消耗量，mg/L 或 mg/kg；X_1—试样中高锰酸钾消耗量，mg/dm^2；S_2—试样实际包装接触面积，dm^2；V_4—试样实际包装的接触体积或质量，mL 或 g；1 000—换算系数。

计算结果以重复性条件下获得的两次独立测定结果的算术平均值表示，结果保留两位有效数字。

6. 精密度

在重复性条件下获得的两次独立测定结果的绝对差值不得超过算术平均值的 20%。

9.2.2.5 食品包装材料中丙烯腈残留气相色谱法检测技术

下面介绍食品接触材料及其制品中丙烯腈的测定方法和迁移量的测定方法。

1. 丙烯腈的测定

(1)原理 食品接触材料及制品经 N,N-二甲基甲酰胺溶解或分散于顶空瓶中，加热使待测成分达到气液平衡，然后定量吸取顶空气进行气相色谱测定。根据保留时间定性，丙腈作为内标物，以内标法定量。

(2)试剂和材料 本方法所用水为 GB/T 6682 规定的一级水。试验中容器及转移器具应避免使用塑料材质。

①试剂 N,N-二甲基甲酰胺(DMF)：分析纯，在丙烯腈和丙腈保留时间处无干扰峰。

②标准品 丙烯腈(C_3H_3N,CAS 号：107-13-1)：1 000 μg/mL，或经国家认证并授予标准物质证书的标准物质。丙腈(C_2H_5CN,CAS 号：107-12-0)：1 000 μg/mL，或经国家认证并授予标准物质证书的标准物质。

(3)标准溶液配制

①丙烯腈标准使用液 吸取丙烯腈标准品 0.1 mL、0.2 mL、0.3 mL、0.4 mL、0.5 mL 分别移入 10 mL 容量瓶中，各加入 N,N-二甲基甲酰胺稀释至刻度，混匀(每毫升相当于丙烯腈 10 μg、20 μg、30 μg、40 μg、50 μg)，使用当天配制。

②丙腈标准溶液 吸取丙腈标准品 0.5 mL 移入 10 mL 容量瓶中，加入 N,N-二甲基甲酰胺稀释至刻度，混匀，得到浓度为 50 μg/mL 的丙腈标准溶液。

(4)仪器和设备 气相色谱仪(带氮磷检测器)；顶空自动进样器；20 mL 顶空气测定瓶(配有表层涂聚氟乙烯硅橡胶盖及铝帽)，分析天平(感量为 0.1 mg)，10 mL 容量瓶，250 μL 微量注射器。

(5)分析步骤

①试样制备 取具代表性的食品包装材料 10 g，用粉碎机粉碎或用剪刀剪成粒径小于或等于 0.2 cm 的碎片，混匀，装入洁净的容器内。

②试液制备 称取 0.5 g(精确至 0.01 g)试样装入顶空瓶中，加入 5.0 mL N,N-二甲基甲酰胺，立即加盖密封，用 250 μL 微量注射器在顶空瓶中加入 200 μL 丙腈标准溶液，充分振摇，使瓶中试样完全溶解或充分分散，待测。同时做空白试验。

③仪器参考条件 顶空进样器条件：平衡时间 30min；炉温 80 ℃；压力 138 kPa；加压时间 2 min；进样时间 0.04 min；传输线温度 85 ℃。

气相色谱条件：色谱柱：交联键合聚乙二醇固定相毛细管色谱柱，柱长 30 m，内径 0.32 mm，膜厚 0.25 μm，或等效柱；柱温度程序：40 ℃保持 4 min，10 ℃/min 升至 70 ℃保持 1 min，

15 ℃/min 升至 170 ℃;进样口温度 150 ℃;检测器温度 280 ℃;载气:氮气流速 50 mL/min,氢气流速 1.5 mL/min,空气流速 145 mL/min;样口恒压进样 100 kPa。

④校准溶液配制与校准曲线制作　取 5 只顶空瓶分别加入 200 μL 丙腈标准溶液,再依次加入丙烯腈系列标准溶液,此时校准溶液中的丙烯腈含量分别相当于 2.0 μg、4.0 μg、6.0 μg、8.0 μg、10.0 μg。气相色谱调至最佳工作状态,将装有标准系列的顶空瓶置于顶空进样器中,取液上气进气相色谱,进行测定,得到相应丙腈和丙烯腈色谱峰。

以丙烯腈含量为横坐标,丙烯腈峰面积与丙腈峰面积的比值为纵坐标绘制校准曲线。

丙烯腈气相色谱图见图 9-1。

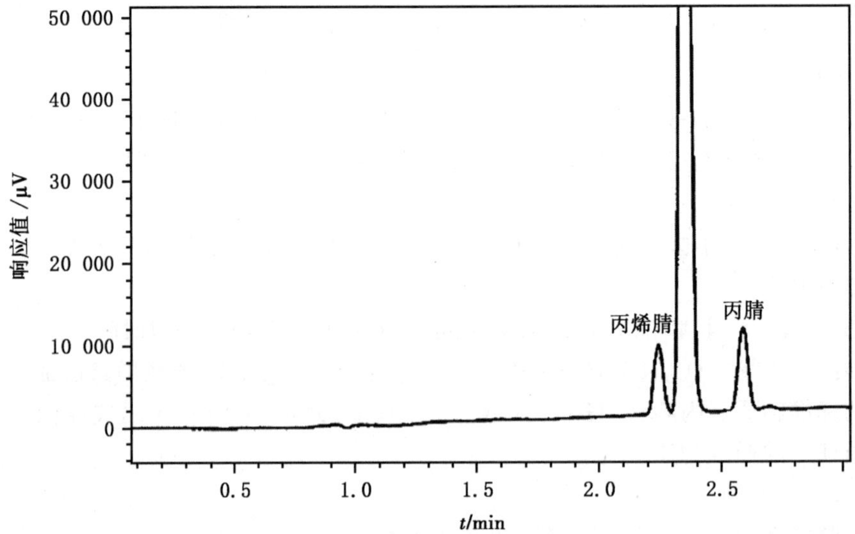

图 9-1　丙烯腈气相色谱图

⑤试样溶液的测定　气相色谱调至最佳工作状态,将装有待测试液的顶空瓶置于顶空进样器中,取液上气进气相色谱,进行测定,得到相应丙烯腈与丙腈的色谱峰,根据保留时间定性,根据试样中丙烯腈与内标物丙腈峰面积比值计算定量。

(6)分析结果的表述

试样中丙烯腈的含量按下式计算:

$$X=\frac{c\times 1\ 000}{m\times 1\ 000}$$

式中:X—试样中丙烯腈的含量,单位为毫克每千克(mg/kg);c—由标准曲线求得试样溶液中丙烯腈的含量,单位为微克(μg);1 000—换算系数;m—试样的称样量,单位为克(g)。

计算结果保留两位有效数字。

(7)精密度　在重复性条件下获得的两次独立测定结果的绝对差值不得超过算术平均值的 10%。

(8)其他　方法检出限为 0.1 mg/kg,定量限为 0.2 mg/kg。

2. 丙烯腈迁移量的测定

(1)原理　食品接触材料及制品采用食品模拟物浸泡,丙烯腈迁移到浸泡液中,取一定量模拟物浸泡液加入顶空瓶中，加热使待测成分达到气液平衡，然后定量吸取顶空气进行气相色谱测定。根据保留时间定性，丙腈作为内标物，以内标法定量。

(2)试剂和材料　本方法所用水为 GB/T 6682 规定的一级水。试验中容器及转移器具应避免使用塑料材质。

①试剂　N，N-二甲基甲酰胺(DMF)：分析纯，在丙烯腈和丙腈保留时间处无干扰峰。

水基、酸性、酒精类、油基食品模拟物：所用试剂依据 GB 31604.1 的规定。

②试剂配制　水基、酸性、酒精类、油基食品模拟物：按 GB 5009.156 操作。

③标准品　丙烯腈(C_3H_3N，CAS 号：107-13-1)：1 000 g/mL，或经国家认证并授予标准物质证书的标准物质。丙腈(C_2H_5CN，CAS 号：107-12-0)：1 000 g/mL，或经国家认证并授予标准物质证书的标准物质。

④丙烯腈标准溶液配制　丙烯腈系列标准使用液：分别吸取丙烯腈标准液 10 μL、20 μL、30 μL、40 μL、50 μL 移入 10 mL 容量瓶中，各加 N，N-二甲基甲酰胺稀释至刻度，混匀(每毫升相当于丙烯腈 1 μg、2 μg、3 μg、4 μg、5 μg)，使用当天配制。

⑤丙腈标准溶液配制　吸取丙腈标准品 50 μL 移入 10 mL 容量瓶中，加入 N，N-二甲基甲酰胺稀释至刻度，混匀，得到浓度为 5 μg/mL 的丙腈标准溶液。

(3)仪器和设备　气相色谱仪(带氮磷检测器)，顶空自动进样器，20 mL 顶空气测定瓶(配有表层涂聚氟乙烯硅橡胶盖及铝帽)，涡旋振荡器，分析天平(感量 0.1 mg)，10 mL 容量瓶，100 μL 微量注射器。

(4)分析步骤

①试液制备　水基、酸性、酒精类、油基食品模拟物：采用水基、酸性、酒精类、油基食品模拟物，所需试液通过迁移试验获取，可在 4 ℃冰箱中避光保存一周。

迁移试验：按照 GB 5009.156 及 GB 31604.1 的要求，对样品进行迁移试验，得到食品模拟物试液。如果得到的食品模拟物试液不能马上进行下一步试验，应将食品模拟物试液于 4 ℃冰箱中保存。所得食品模拟物试液应冷却或恢复至室温后进行下一步试验。

浸泡液的处理：食品模拟物配制过程参照 GB 5009.156。用 5 mL 移液器移取 5.0 mL 食品模拟物装入顶空瓶中，准确称量移入液体质量，立即加盖密封，用 100 μL 微量注射器在顶空瓶中加入 100 μL N，N-二甲基甲酰胺和 100 μL 丙腈标准溶液，混合均匀，待测。同时做空白试验。

②仪器参考条件　顶空进样器条件：平衡时间 30 min；炉温 80 ℃；压力 138 kPa；加压时间 2 min；进样时间 0.04 min；传输线温度 85 ℃。

气相色谱条件：色谱柱：交联键合聚乙二醇固定相毛细管色谱柱，柱长 30 m，内径 0.32 mm，膜厚 0.25 μm，或等效柱；柱温度程序：40 ℃保持 4 min，10 ℃/min 升至 70 ℃保持 1 min，15 ℃/min 升至 170 ℃；进样口温度 150 ℃；检测器温度 280 ℃；载气：氮气流速 50 mL/min，氢气流速 1.5 mL/min，空气流速 145 mL/min；进样口恒压进样 100 kPa。

③标准曲线制作　将 5 只顶空瓶分别按试液制备过程统一加入不含丙烯腈的食品模拟物，只将试液制备过程中加入的 100 μL N，N-二甲基甲酰胺换成加入 100 μL 丙烯腈系列标准溶液，此时校准溶液中的丙烯腈含量分别相当于 0.1 μg、0.2 μg、0.3 μg、0.4 μg、0.5 μg。同试样测定，顶空法注入色谱仪，计算丙烯腈与丙腈峰面积比值。以丙烯腈含量为横坐标，丙烯腈与丙腈峰面积比值为纵坐标绘制校准曲线，根据试样中丙烯腈与内标物丙腈峰面积比值计算

定量。

丙烯腈气相色谱图参见图 9-1。

④试样溶液的测定　气相色谱调至最佳工作状态，将装有待测试液的顶空瓶置于顶空进样器中，取液上气进气相色谱，进行测定，得到相应丙烯腈与丙腈的色谱峰，根据保留时间定性，并测量其相应的峰面积。

(5)分析结果的表述　由标准曲线得到试样溶液中丙烯腈的含量，按 GB 5009.156 进行迁移量计算，得到食品接触材料及制品中丙烯腈的迁移量。计算结果保留两位有效数字。

(6)精密度　在重复性条件下获得的两次独立测定结果的绝对差值不得超过算术平均值的 10%。

(7)其他　方法检出限为 0.01 mg/kg，定量限为 0.02 mg/kg。

9.3　食品接触材料评价技术

9.3.1　食品接触材料评价

食品直接或间接接触的材料必须足够稳定，以避免有害成分向食品迁移的含量过高而威胁人类健康，或导致食品成分不可接受的变化，或引起食品感官特性的劣变。活性和智能食品接触材料和制品不应改变食品组成、感官特性，或提供有可能误导消费者的食品品质信息。评估食品接触材料的安全性，需要毒理学数据和人体暴露后潜在风险的数据。但是人体暴露数据不易获得。因此，多数情况参考迁移到食品或食品类似物的数据，假定每人每天摄入含有此种食品包装材料的食品的最大量不超过 1 kg，迁移到食品中的食品包装材料越多，需要的毒理学资料越多。食品包装材料中迁移量 5～60 mg/kg 为高迁移量，介于 0.05～5 mg/kg 的食品包装材料为普通迁移量，迁移量小于 0.05 mg/kg 的食品包装材料为低迁移量。高迁移量食品包装材料通常需进行毒理学方面的安全性评价。

我国对食品及其包装材料的管理早已有法律法规和相应的安全标准，如《中华人民共和国食品安全法》《食品安全国家标准管理办法》以及《食品安全国家标准　食品接触材料及制品通用安全要求》等 53 项食品安全国家标准。

由于食品接触材料中物质的迁移往往是一个漫长的过程，在真实环境下进行分析难度较大，并且也不可能总是利用真实食品来进行食品接触材料的检测，因此，国际上测定食品包装材料中化学物迁移的方法通常是根据被包装食品的特性，选用不同的模拟溶媒(也称食品模拟物)，在规定的特定条件下进行试验，以物质的溶出量表示迁移量。因而，选用合适的溶媒进行实验是正确模仿包装材料中化学物迁移的前提条件。选用溶媒前，需要对食品进行分类。美国 FDA 根据食品的不同特性，将食品分为 9 类；欧盟 EC 指令根据食品的食用特性将食品分为 8 类；我国将食品分为 4 类：水性食品，酸性食品，脂肪类食品及酒精类食品。

我国的食品包装接触材料标准体系中，以各种材料中有毒有害单体的含量，模拟溶媒浸泡液的高锰酸钾消耗量、蒸发残渣、重金属含量等来反映包装材料中化学物迁移的状况，以此评判食品包装材料在包装食品时的安全性能。测定的各项指标中，高锰酸钾消耗量代表包装材料中能够迁移到食品中的小分子有机物的含量；蒸发残渣反映了食品包装材料及其制品在包装酸性、醇性、油脂性食品时迁移物质的总量、重金属迁移量的高低。常用食品包装材料中，潜在迁移较为显著的材料是塑料、涂覆材料、陶瓷和玻璃。本节重点介绍总迁移量、几种特定重金属、聚乙烯、聚丙烯、聚酯、聚酰胺分析方法。

9.3.2　食品接触材料的总迁移量分析

总迁移量(overall migration,也叫全面迁移量)是指可能从食品接触材料迁移到食品中的所有物质的总和。欧盟规定,如果使用的是82/711/EEC指令规定的液态食品模拟物,对样品释放的物质总量(全面迁移量)的分析测定,可通过蒸发食品模拟物后,测定残留物重量来进行。

总迁移限制(overall migration limit,OML)是指可能从食品接触材料迁移到食品中的所有物质的限制的最大数值,是衡量全面迁移量的一个指标。欧盟标准EN 1186-1—2002及EN 13130-1—2004中规定了全迁移试验中食品包装材料浸泡方法的通则;我国规定食品接触材料及制品迁移试验预处理方法通则,该通则规定了食品接触材料及制品迁移试验预处理方法的试验总则、试剂和材料、设备与器具、采样与制样方法、试样接触面积、试样接触面积与食品模拟物体积比、试样的清洗和特殊处理、试验方法、迁移量的测定要求和结果表述要求。

1. 方法目的

了解掌握检测食品接触材料接触不同种类食品时的总迁移量分析方法。

2. 原理

根据食品种类选用不同的溶媒浸泡接触材料,其蒸发残渣则反映了食品接触材料及其制品在包裹食品时迁移物质的总量。对水性食品选用水作溶媒,对酸性食品采用4%醋酸作溶媒,对油脂类食品采用正己烷作溶媒,对酒精类食品采用20%或65%乙醇水溶液作溶媒。

3. 适用范围

适用于食品接触材料及制品的迁移实验预处理。

4. 试剂材料

蒸馏水,4%醋酸,正己烷,20%或65%乙醇溶液等。

5. 仪器设备

天平、试样支架、玻璃棒和玻璃珠、迁移测试池、恒温设备等。

6. 采样与制样方法

(1)所采样品应具有代表性。样品应完整、无变形、规格一致。采样数量应能满足检验项目对试样量的需要,供检测与复测之用。

(2)样品的采集和存储应避免样品受污染和变质。当试样含有挥发性物质时,应采用低温保存或密闭保存等方式。

(3)迁移试验预处理应尽可能在样品原状态下进行。如因技术原因无法对样品进行直接测试,可将样品进行切割或按照实际加工条件制得符合测试要求的试样。切割时,应避免对试样测试表面造成机械损伤,应尽可能将切割操作过程产生的试样温升降至最低。

(4)对于组合材料及制品,应尽可能按接触食品的各材质材料的要求分别采样。

(5)对于形状不规则、容积较大或难以测量计算表面积的制品,可采用其原材料(如板材)或取同批制品中有代表性制品裁剪一定面积板块作为试样。

(6)对于树脂或粒料、涂料、油墨和黏合剂等与实际成型品有明显差异的食品接触材料，应当按照实际加工条件制成成型品或片材进行迁移试验预处理。

7. 试样接触面积

(1)一般要求　应采用合适的方法准确测定试样中与食品模拟物接触的面积。不同形态试样面积的测定参照后续方法进行，也可采用其他准确测定面积的方法。

(2)空心制品面积　空心制品的面积为接触食品模拟物的面积总和，即接触食品模拟物的空心制品的内底部和内侧面的面积之和。有规格的空心制品按其规格计算；无规格的空心制品，食品模拟物液面与空心制品上边缘（溢出面）的距离不超过 1 cm。需加热煮沸的空心制品加入食品模拟物的量应能保证加热煮沸时液体不会溢出，接触容积不得小于容积的 4/5。边缘有花彩者应浸过花面。

(3)扁平制品面积　将扁平制品（一体的圆形口）反扣于纸上，沿制品边缘画下轮廓，记下此参考面积(S)。对于圆形的扁平制品可以量取其直径(D)按下式计算其参考面积。对于盛放食品模拟物时液面至上边缘的距离小于 1 cm 的扁平制品，将制品反扣于纸上，沿制品边缘画下轮廓，轮廓面积即为制品单面面积。

$$S=(D/2-l)^2\pi$$

式中：S—面积，cm^2；D—直径，cm；l—食品模拟物至制品边缘距离，cm；π—圆周率，3.14。

(4)全浸没法中试样面积　全浸没试验时，试样厚度小于或等于 0.5 mm 时，计算面积取试样的单面面积；试样厚度大于 0.5 mm 并且小于或等于 2 mm 时，计算面积取试样正反两面面积之和，即单面面积乘以 2；试样厚度大于 2 mm 时，计算面积取试样正反两面面积及其侧面积之和。

(5)迁移测试池法中试样面积　试样面积以试样实际接触食品模拟物或其他化学溶剂的面积计算。

(6)不同形状的制品面积测定方法举例

①筷（尾方头圆）　全部浸入模拟物。其面积为长方形面积加圆柱形面积之和。计算公式如下：

$$S=A^2+4Ah_1+\pi Dh_2$$

式中：S—面积，cm^2；A—筷方头边长，cm；h_1—筷方形部分长度，cm；D—筷圆头直径，cm；h_2—筷圆形部分长度，cm；π—圆周率，3.14。

式中各字母意义见图 9-2。

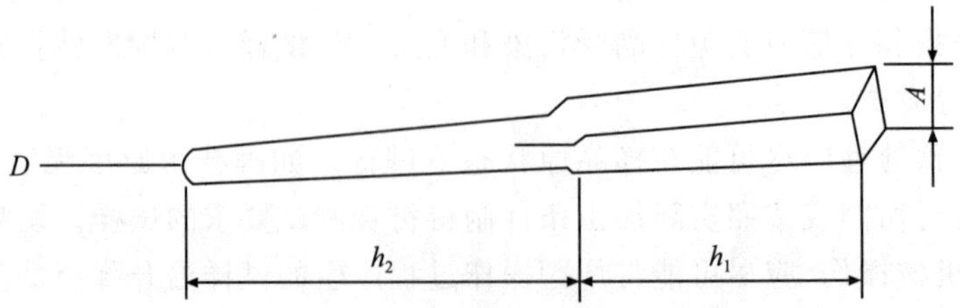

图 9-2　筷

②奶瓶盖　全部浸入模拟物。其面积为环面积加圆周面积之和的 2 倍。计算公式如下：

$$S=2[\pi(r_1^2-r_2^2)+2\pi r_1 h]$$

式中：S—面积，cm^2；r_1—奶瓶盖半径，cm；r_2—内孔半径，cm；h—奶瓶盖高度，cm；π—圆周率，3.14。

式中各字母意义见图 9-3。

③碗边缘　边缘有花饰者倒扣于模拟物，浸入 2 cm 深。其面积为被浸泡的圆台侧面积的 2 倍。计算公式如下：

$$S=[\pi l(r_1+r_2)]\times 2=4\pi(r_1+r_2)$$

式中：S—面积，cm^2；l—碗浸入模拟物的深度，cm；r_1—碗口半径，cm；r_2—碗浸入模拟物上层的半径，cm；π—圆周率，3.14。

式中各字母意义见图 9-4。

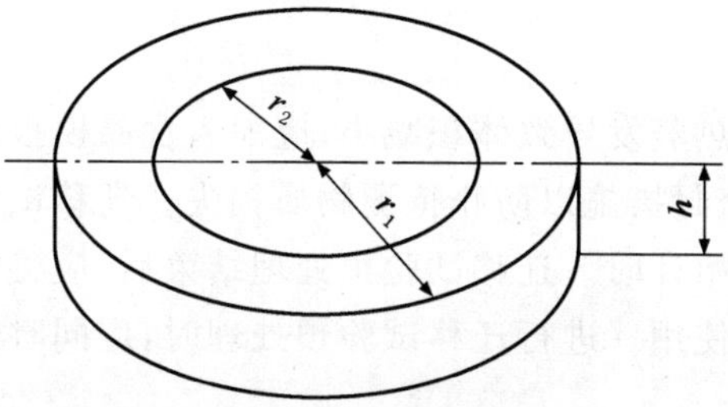

图 9-3　奶瓶盖

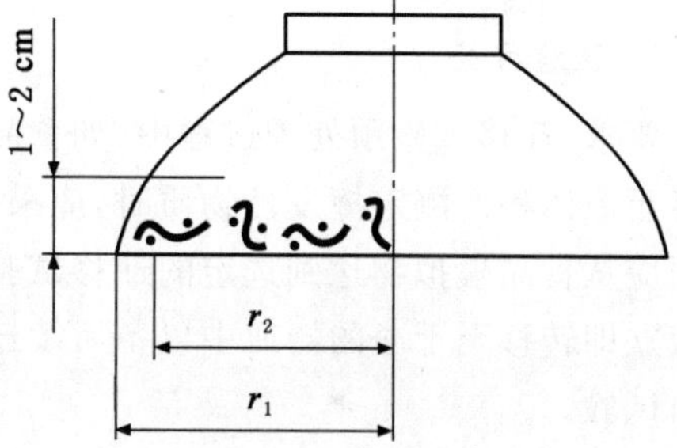

图 9-4　碗边缘

④圆柱形杯口边缘　边缘有花饰者倒扣于模拟物，浸入 2 cm 深。其面积为浸泡的圆柱体面积的 2 倍。计算公式如下：

$$S=2\pi rl\times 2=4\pi rl$$

式中：S—面积，cm^2；r—杯口半径，cm；l—杯子高度，cm；π—圆周率，3.14

式中各字母意义见图 9-5。

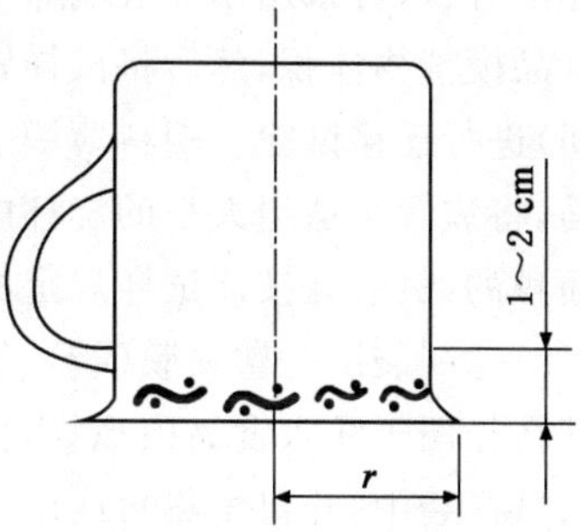

图 9-5　圆柱形杯口边缘

⑤汤勺　其面积为球冠面积。计算公式如下：

$$S=\pi(r^2+h^2)$$

式中：S—面积，cm^2；r—汤勺半径，cm；h—汤勺深度，cm；π—圆周率，3.14。

全部浸入模拟物时乘以 2。

式中各字母意义见图 9-6。

⑥塑料饮料吸管　全部浸入模拟物。其面积为圆柱体侧面积的 2 倍。计算公式如下：

$$S=\pi Dh\times 2$$

式中：S—面积，cm^2；D—直径，cm；h—吸管长度，cm；π—圆周率，3.14。

式中各字母意义见图 9-7。

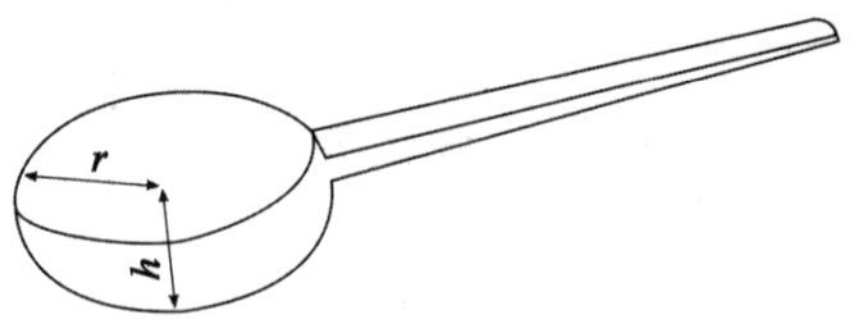

图 9-6　汤勺

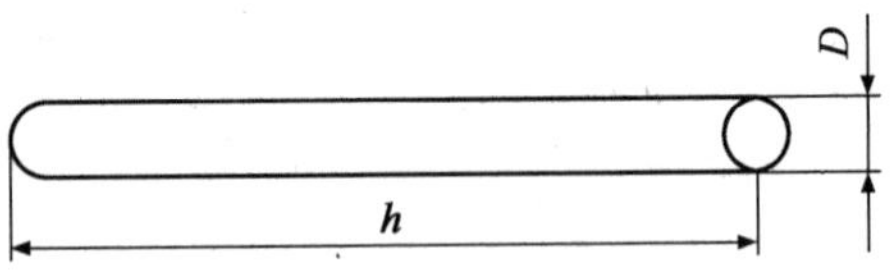

图 9-7　塑料饮料吸管

8. 试样接触面积与食品模拟物体积比(S/V)

(1)采用不同的试验方法,选择合适的 S/V 试样进行迁移试验预处理。

(2)因技术原因无法采用实际的 S/V 或常规 S/V(6 dm^2 接触面积对应 1 L 或 1 kg 食品模拟物)时,可调整 S/V 使模拟物中待测迁移物达到合适的浓度以满足方法检测要求。

(3)迁移试验预处理中试样 S/V 应确保在整个试验过程中,食品模拟物中待测迁移物的浓度始终处于不饱和状态。

9. 试验方法

要求:迁移试验预处理过程中,如食品模拟物受热蒸发导致体积减小,应加入食品模拟物定容至原体积。测定挥发性物质时,应采用适宜的密封措施以防止待测物质损失。迁移试验时间应从食品模拟物达到选定的迁移试验温度后开始计时。迁移试验预处理结束后,应将浸泡液立即转移至干净的器皿中以备后续迁移量测定使用。进行迁移试验预处理时,应同时做空白试验。

(1)灌装法

①一般方法　将已达到试验温度的食品模拟物加入空心制品中。如果空心制品有指定的标准容量,可采用添加玻璃棒或玻璃珠等方法对食品模拟物的液位做细微调整。记录加入的食品模拟物体积,然后将试样置于已达到试验温度的恒温设备中,按规定的试验条件(温度、时间)进行迁移试验。塑料薄膜袋、复合包装袋等试样应取其预期接触食品的接触面作为测试面,将袋置于适当大小的烧杯中,在袋中加入适量已达到试验温度的食品模拟物,接触已计算面积的区域,并按该试样规定的试验条件进行迁移试验预处理。

②制袋法　塑料膜(袋)、复合包装膜(袋)等也可采用制袋法,封合好后切开袋子的一角,其孔径便于注入食品模拟物,将试样袋放入试样支架中。将已达到试验温度的食品模拟物注入试样袋中,开口角热封或用夹子固定。

(2)全浸没法　在试验用容器中注入已达到试验温度的食品模拟物,将试样完全浸没在食品模拟物中,记录加入的食品模拟物体积,按规定的试验条件(温度、时间)进行迁移试验。为确保试样完全分开,可在每两片试样中间插入玻璃棒,可用添加玻璃棒和玻璃珠等方法压住易漂浮的试样(如薄膜等),使其完全浸入食品模拟物中。如试样无法完全浸入食品模拟物中,可采用添加玻璃棒或玻璃珠等方法对食品模拟物的液位做细微调整使试样表面完全浸入。薄膜、板材和样片也可使用支架来固定。

(3)回流法　将试样置于全玻璃蒸馏器的烧瓶中,加入食品模拟物 200 mL,确保试样完全浸入。保持温和回流至规定时间。

(4)迁移测试池法　用量筒量取食品模拟物装入烧瓶中。将烧瓶及迁移测试池放入恒温设备中,使之达到试验温度。另取面积大于迁移测试池密封区域的试样,装入从恒温设备中取出的迁移测试池中，重新装配迁移测试池，拧紧螺丝。将装有食品模拟物的烧瓶从恒温设备中取出，通过加注孔将食品模拟物从烧瓶转移至迁移测试池中，记录加入的食品模拟物体积。将迁移测试池放回已达到试验温度的恒温设备中。试验结束后，将迁移测试池从恒温设备取出，尽快恢复至室温，当食品模拟物为精制橄榄油或玉米油时，冷却后温度不得低于 10 ℃。

10. 迁移量的测定要求

(1)特定迁移量的测定要求　取适量浸泡液做分析。对于挥发性物质，可以用注射器通过铝箱盖抽取，如果使用广口玻璃容器，则通过封口膜抽取。采用迁移测试池法的试样应将注射器插入注入口膜，从每个迁移测试池中取出浸泡液，按照特定迁移量的测定方法进行分析。

(2)总迁移量的测定要求　取浸泡液，按照总迁移量的测定方法进行分析。

11. 结果表述要求

(1)一般要求　结果计算和表述应反映食品接触材料及制品在可预见使用情形下实际的接触面积与所接触食品体积(质量)比(S/V)。当实际 S/V 已知时，应按照可预见使用情形下的最大 S/V(如最小包装情况)对迁移试验所得数值进行计算和表述；当实际 S/V 未知时，应按照常规的 6 dm^2 表面积对应 1 kg 或 1 L 模拟物对迁移试验所得数值进行计算和表述。婴幼儿专用食品接触材料及制品，应按实际或可预见情形下的容器的实际容量进行计算和表述，以 mg/kg 表示。

结果表述应至少包括迁移试验条件(温度、时间、食品模拟物)以及结果表述所用的 S/V 等相关信息。

(2)总迁移量和特定迁移量

①总迁移量结果表示为每千克食品模拟物中非挥发性迁移物的毫克数(mg/kg)，或每平方分米接触面积迁移出的非挥发性迁移物的毫克数(mg/dm^2)。对婴幼儿专用食品接触材料及制品，以 mg/kg 表示。

②特定迁移量结果表示为每千克食品或食品模拟物中迁移物质的毫克数(mg/kg)，或食品接触材料及制品与食品或食品模拟物接触的每平方分米面积中迁移物质的毫克数(mg/dm^2)。

③如果按照实际 S/V 进行试验，则以试验中的接触面积和模拟物体积计算结果；如果未按实际 S/V 进行试验，则试验结果应按实际 S/V 进行换算；如果实际 S/V 未知且未按 6 dm^2 接触面积对应 1 kg 或 1 L 食品模拟物的比例进行试验时，试验结果应按照 6 dm^2 对应 1 kg 或 1 L 食品模拟物的比例进行换算。

(3)盖子、垫圈、连接件等密封制品　如果制品的预期用途已知，按预期密封的容器的实际容量计算，以 mg/L 或 mg/kg 表示，或按预期密封制品和密封容器总的接触面积计算，以 mg/dm^2 表示。如果制品的预期用途未知，以 mg/件(面积)表示。

9.3.3　食品接触材料中铅、镉、铬(Ⅵ)、镍迁移量检测技术

在衡量食品接触材料的化学物迁移进行评价时，除了考虑总迁移量，在塑料、陶瓷、不锈钢、铝等食品接触材料中还有一些特定物质对食品安全构成威胁，该类具体物质的迁移称为特定迁移(specific migration)。特定迁移限制(specific migration limit，SML)是有关的一种物质或一组物质的特殊迁移限制，特定迁移限制往往是基于毒理学评价而确定的。譬如多个国家对不锈钢食具容器卫生标准中都规定了铅、镉、铬(Ⅵ)、镍的迁移溶出限制。

9.3.3.1 食品接触材料及制品铅的测定和迁移量的测定

长期摄入铅后，可引起慢性铅中毒肾病。过量铅的摄入可使中枢神经系统与周围神经系统受损，引起脑病与周围神经病，出现狂躁、头痛、记忆力丧失、幻觉等症状。因此，铅是食品接触材料一个重要的安全检测指标。

Ⅰ铅的测定

1. 方法目的

掌握石墨炉原子吸收光谱分析食品接触材料及制品铅的测定和迁移量的方法原理。

2. 原理

纸制品、软木塞等经粉碎后，采用干法消解，消解液经石墨炉原子化，在 283.3 nm 处测定的吸收值，在一定浓度范围内与铅含量成正比，与标准系列比较定量。

3. 试剂材料

(1)硝酸溶液(5+95)　量取 50 mL 硝酸，加至 950 mL 水中，混匀。

(2)硝酸溶液(1+9)　量取 50 mL 硝酸，加至 450 mL 水中，混匀。

(3)硝酸溶液(1+1)　量取 50 mL 硝酸，加至 50 mL 水中，混匀。

(4)磷酸二氢铵-硝酸钯溶液　称取 0.020 g 硝酸钯，加少量硝酸溶液(1+9)溶解后，再加入 2.0 g 磷酸二氢铵，溶解后用硝酸溶液(5+95)定容至 100 mL，混匀。

(5)硝酸铅[$Pb(NO_3)_2$　CAS 号：10099-74-8]：纯度＞99.99%，或经国家认证并授予标准物质证书的一定浓度的铅标准溶液。

(6)铅标准储备液(1 000 mg/L)：准确称取 1.598 5 g(精确至 0.000 1 g)硝酸铅，用少量硝酸溶液(1+9)溶解，移入 1 000 mL 容量瓶，加水至刻度，混匀。

(7)铅标准中间液(1.00 mg/L)　吸取铅标准储备液 1.00mL 于 1 000 mL 容量瓶中，加硝酸溶液(5+95)至刻度，混匀。

(8)铅标准系列溶液　分别吸取铅标准中间液(1.00 mg/L)0 mL、0.500 mL、1.00 mL、2.00 mL、3.00 mL、4.00 mL 于 100 mL 容量瓶中，加硝酸溶液(5+95)至刻度，混匀。此铅标准系列溶液的浓度分别为 0 μg/L、5.00 μg/L、10.0 μg/L、20.0 μg/L、30.0 μg/L、40.0 μg/L。

注意：可根据仪器的灵敏度、线性范围及样品中铅的实际含量确定标准溶液系列中铅的具体浓度。

4. 仪器设备

注意：所有玻璃器皿均需硝酸溶液(1+5)浸泡过夜，用自来水反复冲洗，最后用水冲洗干净。

原子吸收光谱仪：配石墨炉原子化器，附铅空心阴极灯；可调式电热板；马弗炉；分析天平：感量为 0.1 mg 和 1 mg。

5. 分析条件

共振线 283.3 nm；狭缝 0.5 nm；灯电流 5～7 mA；内气流量 0.3 L/min；石墨炉升温程序为：干燥(85～130)℃/(30～50)s，灰化(500～700)℃/20 s，原子化(1 900～2 200)℃/(4～5)s。

6. 分析步骤

(1)试样的消解　取适量样品,粉碎混匀。称取试样 1～5 g(精确至 0.001 g)于坩埚中,先小火在可调式电热板上炭化至无烟,移入马弗炉 500 ℃灰化 6～8 h,冷却。若个别试样灰化不彻底,则加 1 mL 硝酸在可调式电热板上小火加热,反复多次直到消化完全,放冷,用硝酸溶液(1+1)将灰分溶解,并转移入 25 mL 容量瓶中,用水少量多次洗涤坩埚,洗液合并于容量瓶中并定容至刻度,混匀备用。同时做试剂空白。

(2)测定　标准曲线的制作:按浓度由低到高的顺序分别将 10 μL 铅标准系列溶液和 5 μL 硝酸钯-磷酸二氢铵溶液(可根据所使用的仪器确定最佳进样量)同时注入石墨炉,原子化后测其吸光度值,以浓度为横坐标,吸光度值为纵坐标,制作标准曲线。

试样测定:将 10 μL 空白溶液或试样溶液和 5 μL 硝酸钯-磷酸二氢铵溶液(可根据所使用的仪器确定最佳进样量)同时注入石墨炉,原子化后测其吸光度值,与标准系列比较定量。

7. 结果参考计算

$$X=\frac{(\rho-\rho_0)V}{m\times 1\,000}$$

式中:X—试样中铅的含量,单位为毫克每千克(mg/kg);ρ—试样溶液中铅的含量,单位为微克每升(μg/L);ρ_0—空白溶液中铅的浓度,单位为微克每升(μg/L);V—试样消化液的定容总体积,单位为毫升(mL);m—试样质量,单位为克(g);1 000—换算系数。

当铅含量≥1.00 mg/kg 时,计算结果保留三位有效数字,当铅含量<1.00 mg/kg 时,计算结果保留两位有效数字。

8. 精密度

在重复性条件下获得的两次独立测定结果的绝对差值不得超过算术平均值的 20%。

9. 其他

以称样量 1.0 g,定容至 25 mL 计算,方法检出限为 0.05 mg/kg,定量限为 0.10 mg/kg。

Ⅱ铅迁移量的测定

1. 方法目的

掌握石墨炉原子吸收光谱分析食品接触材料及制品铅的迁移量的方法原理。

2. 原理

采用食品模拟物浸泡食品接触材料及制品中预期与食品接触的部分,浸泡液经石墨炉原子化,在 283.3 nm 处测定的吸光度值在一定浓度范围内与铅含量成正比,与标准系列比较定量。

3. 试剂材料

(1)食品模拟物　按照 GB 5009.156—2016 的规定配制。

(2)硝酸溶液(5+95)　量取 50 mL 硝酸,加至 950 mL 水中,混匀。

(3)硝酸溶液(1+9)　量取 50 mL 硝酸,加至 450 mL 水中,混匀。

(4)磷酸二氢铵溶液(20 g/L)　称取 2.0 g 磷酸二氢铵,用水溶解,定容至 100 mL。

(5)硝酸铅[$Pb(NO_3)_2$　CAS号:10099-74-8]:纯度>99.99%,或经国家认证并授予标准物质证书的一定浓度的铅标准溶液。

(6)铅标准储备液(1 000 mg/L)　准确称取1.598 5 g(精确至0.000 1 g)硝酸铅,用少量硝酸溶液(1+9)溶解,移入1 000 mL容量瓶,加水至刻度,混匀。

(7)铅标准中间液(1.00 mg/L)　吸取铅标准储备液1.00 mL于1 000 mL容量瓶中,加硝酸溶液(5+95)至刻度,混匀。

(8)铅标准系列溶液　分别吸取铅标准中间液(1.00 mg/L)0 mL、0.500 mL、1.00 mL、2.00 mL、4.00 mL、6.00 mL于100 mL容量瓶中,加相应食品模拟物至刻度,混匀。此铅标准系列溶液的浓度分别为0 μg/L、5.00 μg/L、10.0 μg/L、20.0 μg/L、40.0 μg/L、60.0 μg/L。

注意:可根据仪器的灵敏度、线性范围及浸泡液中铅的实际浓度确定标准溶液系列中铅的具体浓度。若所选食品模拟物为中性或碱性,则需添加适量硝酸使该溶液中硝酸浓度约为5%(体积分数)。

4. 仪器和设备

注意:所有玻璃器皿均需硝酸溶液(1+5)浸泡过夜,用自来水反复冲洗,最后用水冲洗干净。

(1)石墨炉原子吸收光谱仪:配石墨炉原子化器,铅空心阴极灯。

(2)分析天平:感量为0.1 mg。

5. 分析步骤

(1)试样的预处理　根据待测样品的预期用途和使用条件,按照GB 5009.156—2016和GB 31604.1规定的迁移试验方法及试验条件进行迁移试验。浸泡液经充分混匀后,取部分浸泡试液用于分析。若浸泡试液为中性或碱性,则添加适量硝酸使试液中硝酸浓度约为5%(体积分数)。同时做试样空白试验。

(2)仪器参考条件　共振线283.3 nm;狭缝0.5 nm;灯电流:5~7 mA;内气流量0.3 L/min;原子化时停气;石墨炉升温程序为:干燥(85~130)℃/(30~50)s,灰化(500~700)℃/20 s,原子化(1 900~2 200)℃/(4~5)s。

(3)标准曲线的制作　按浓度由低到高的顺序分别将10 μL铅标准系列溶液和5 μL磷酸二氢铵溶液(20 g/L)(可根据所使用的仪器确定最佳进样量)同时注入石墨炉,测定其吸光值,以标准系列浓度为横坐标、对应的吸光值为纵坐标绘制标准曲线。

(4)试样溶液测定　将10 μL空白溶液或试样溶液与5 μL磷酸二氢铵溶液(20 g/L)(可根据所使用的仪器确定最佳进样量)同时注入石墨炉,原子化后测其吸光度值,与标准系列比较定量。

6. 分析结果的表述

由标准曲线得到试样溶液中铅的浓度,扣除空白值后按GB 5009.156—2016进行迁移量计算,得到食品接触材料及制品中铅的迁移量。计算结果保留三位有效数字。

7. 精密度

在重复性条件下获得的两次独立测定结果的绝对差值不得超过算术平均值的20%。

8. 其他

方法检出限为0.6 μg/L,定量限为2.0 μg/L。

9.3.3.2 食品接触材料中镉的迁移量石墨炉原子吸收光谱法检测技术

镉是一种毒性很大的重金属，其化合物也大都属毒性物质，其在肾脏和骨骼中会取代骨中钙，使骨骼严重软化；镉还会引起胃脏功能失调，干扰人体和生物体内锌的酶系统，使锌镉比降低。镉毒性是潜在性的，潜伏期可长达10～30年，且早期不易觉察。因此，多种食品接触材料都有镉含量限制。

1. 方法目的

测定食品接触材料中镉的迁移量。

2. 原理

采用食品模拟物浸泡食品接触材料及制品中预期与食品接触的部分，浸泡液经石墨炉原子化，在228.8 nm处测定的吸收值在一定浓度范围内与镉含量成正比，与标准系列比较定量。

3. 适用范围

食品接触材料及其制品中镉迁移量的测定。

4. 试剂材料

(1)食品模拟物　按照GB 5009.156—2016的规定配制。

(2)硝酸溶液(1+9)　量取10 mL硝酸，加至90 mL水中，混匀。

(3)硝酸溶液(5+95)　吸取50 mL硝酸，加至950 mL水中，混匀。

(4)磷酸二氢铵溶液(20 g/L)　称取2.0g磷酸二氢铵，用水溶解，定容至100 mL。

(5)标准品氯化镉($CdCl_2$ $2.5H_2O$，CAS号：7790-78-5)　纯度>99.99%，或经国家认证并授予标准物质证书的一定浓度的镉标准溶液。

(6)镉标准储备液(100.0 mg/L)　准确称取0.203 2 g(精确至0.000 1 g)氯化镉，用少量硝酸溶液(1+9)溶解，移入1 000 mL容量瓶，加水至刻度，混匀。

(7)镉标准中间液(100 μg/L)　吸取镉标准储备液1.00 mL于1 000 mL容量瓶中，加硝酸溶液(5+95)至刻度，混匀。

(8)镉标准系列溶液　分别吸取镉标准中间液(100 μg/L)0 mL、0.500 mL、1.00 mL、2.00 mL、3.00 mL、4.00 mL于100 mL容量瓶中，加相应的食品模拟物至刻度，混匀。使标准溶液系列浓度分别为0 μg/L、0.500 μg/L、1.00 μg/L、2.00 μg/L、3.00 μg/L、4.00 μg/L。

注意：可根据仪器的灵敏度、线性范围及浸泡液中镉的实际浓度确定标准溶液系列中镉的具体浓度。若所选食品模拟物为中性或碱性，则需添加适量硝酸使该溶液中硝酸浓度约为5%(体积分数)。

5. 仪器设备

注意：所有玻璃器皿均需硝酸溶液(1+5)浸泡过夜，用自来水反复冲洗，最后用水冲洗干净。

(1)石墨炉原子吸收光谱仪　配石墨炉原子化器，镉空心阴极灯。

(2)分析天平　感量0.1 mg。

6. 测定条件

波长228.8 nm；灯电流2～10 mA；狭缝0.5 nm；内气流量0.3 L/min；石墨炉升温程序

为：干燥(85～130)℃/(30～50)s，灰化(400～550)℃/20 s，原子温度(1 800～2 100)℃/(4～5 s)。

7. 分析步骤

(1)标准曲线制作　按浓度由低到高的顺序分别取 10 μL 镉标准系列溶液和 5 μL 磷酸二氢铵溶液(20 g/L)(可根据所使用的仪器确定最佳进样量)同时注入石墨炉中测定其吸光值，以标准系列浓度为横坐标、对应的吸光值为纵坐标制作标准曲线。

(2)试样溶液测定　分别取 10 μL 空白溶液、试样浸泡液和 5 μL 磷酸二氢铵溶液(20 g/L)(可根据所使用的仪器确定最佳进样量)，同时注入石墨炉中，原子化后测其吸光度值，与标准系列比较定量。

8. 分析结果的表述

由标准曲线得到试样溶液中镉的浓度，扣除空白值后按 GB 5009.156—2016 进行迁移量计算，得到食品接触材料及制品中镉的迁移量。计算结果保留三位有效数字。

9. 精密度

在重复性条件下获得的两次独立测定结果的绝对差值不得超过算术平均值的 20%。

10. 其他

方法检出限为 0.03 μg/L，定量限为 0.1 μg/L。

9.3.3.3　食品接触材料及制品中铬的迁移量石墨炉原子吸收光谱法检测技术

铬有二价、三价和六价化合物，其中三价和六价化合物较常见。所有铬的化合物都有毒性，六价铬的毒性最大。六价铬为吞入性毒物/吸入性极毒物，皮肤接触可能导致敏感；更可能造成遗传性基因缺陷，对环境有持久性危害。

1. 方法目的

学会石墨炉原子吸收光谱法测定食品接触材料中六价铬的迁移量分析原理及方法。

2. 原理

用食品模拟物浸泡食品接触材料及制品中预期与食品接触的部分，浸泡液经石墨炉原子化，在 357.9 nm 处测定的吸收值在一定浓度范围内与铬含量成正比，与标准系列比较定量。

3. 适用范围

适用于食品接触材料及其制品中铬迁移量的测定。

4. 试剂材料

(1)食品模拟物　按照 GB 5009.156—2016 的规定配制。

(2)硝酸溶液(5+95)　吸取 5 mL 硝酸，加至 950 mL 水，混匀。

(3)磷酸二氢铵溶液(20 g/L)　称取 2.0 g 磷酸二氢铵，用水溶解，定容至 100 mL。

(4)重铬酸钾($K_2Cr_2O_7$，CAS 号：7778-50-9)　纯度>99.99%，或经国家认证并授予标准物质证书的一定浓度的铬标准溶液。

(5)铬标准储备液(1 000 mg/L)　准确称取 1.431 5 g(精确至 0.000 1 g)重铬酸钾，溶于水中，移入 500 mL 容量瓶中，用硝酸溶液(5+95)稀释至刻度，混匀。

(6)铬标准中间液(1.00 mg/L)　吸取铬标准储备液 1.00 mL 于 1 000 mL 容量瓶中，加硝酸溶液(5+95)至刻度，混匀。

(7)铬标准系列溶液　分别吸取铬标准中间液 0 mL、0.200 mL、0.400 mL、0.800 mL、1.20 mL、1.60 mL 于 100 mL 容量瓶中，加相应食品模拟物至刻度，混匀。使标准溶液系列浓度分别为 0 μg/L、2.00 μg/L、4.00 μg/L、8.00 μg/L、12.0 μg/L、16.0 μg/L。

注意：可根据仪器的灵敏度、线性范围及浸泡液中铬的实际浓度确定标准溶液系列中铬的具体浓度。若所选食品模拟物为中性或碱性，则需添加适量硝酸使该溶液中硝酸浓度约为5%(体积分数)。

5. 仪器和设备

注意：所有玻璃器皿均需硝酸溶液(1+5)浸泡过夜，用自来水反复冲洗，最后用水冲洗干净。

(1)石墨炉原子吸收光谱仪　配石墨炉原子化器、铬空心阴极灯。

(2)分析天平　感量 0.1 mg。

6. 分析步骤

(1)试样的预处理　根据待测样品的预期用途和使用条件，按照 GB 5009.156—2016 和 GB 31604.1 规定的迁移试验方法及试验条件进行迁移试验。浸泡液经充分混匀后，取部分浸泡试液用于分析。若浸泡试液为中性或碱性，则添加适量硝酸使试液中硝酸浓度约为 5%(体积分数)。同时做试样空白试验。

(2)测定　仪器参考条件：波长 357.9 nm；灯电流 5～7 mA；狭缝 0.20 nm；石墨炉升温程序为：干燥(85～120)℃/(40～50)s，灰化 900 ℃/(20～30)s，原子化温度 2 700 ℃/(4～5)s。

标准曲线制作：分别取 10 μL 铬标准系列溶液和 5μL 磷酸二氢铵溶液(20 g/L)(可根据所使用的仪器确定最佳进样量)同时注入石墨炉中测定其吸光值，以标准系列浓度为横坐标、对应的吸光值为纵坐标制作标准曲线。

试样溶液测定：分别取 10 μL 空白溶液、试样浸泡液和 5 μL 磷酸二氢铵溶液(20 g/L)(可根据所使用的仪器确定最佳进样量)同时注入石墨炉中，原子化后测其吸光度值，与标准系列比较定量。

7. 分析结果的表述

由标准曲线得到试样溶液中铬的浓度，扣除空白值后按 GB 5009.156—2016 进行迁移量计算，得到食品接触材料及制品中铬的迁移量。计算结果保留三位有效数字。

8. 精密度

在重复性条件下获得的两次独立测定结果的绝对差值不得超过算术平均值的 20%。

9. 其他

方法检出限为 0.4 μg/L，定量限为 1.5 μg/L。

9.3.3.4　食品接触材料中镍的迁移量石墨炉原子吸收光谱法检测技术

镍是最常见的致敏性金属，约有 20%的人对镍离子过敏，女性患者的人数要高于男性患者。在与人体接触时，镍离子可以通过毛孔和皮脂腺渗透到皮肤里面去，从而引起皮肤过敏发炎，其临床表现为皮炎和湿疹。

1. 方法目的

掌握石墨炉原子吸收光谱分析食品接触材料中镍的迁移量的方法原理。

2. 原理

采用食品模拟物浸泡食品接触材料及制品中预期与食品接触的部分，浸泡液经石墨炉原子化，在 232.0 nm 处测定的吸收值在一定浓度范围内与镍含量成正比，与标准系列比较定量。

3. 适用范围

食品接触材料中镍的迁移量的测定。

4. 试剂材料

(1)硝酸(1+1) 量取 250 mL 硝酸，加入 250 mL 水中，混匀。

(2)硝酸溶液(5+95) 量取 50 mL 硝酸，加入 950 mL 水中，混匀。

(3)食品模拟物 按照 GB5009.156 的规定配制。

(4)磷酸二氢铵溶液(20 g/L) 称取 2.0 g 磷酸二氢铵，用水溶解，定容至 100 mL。

(5)镍标准储备液(1 000 mg/L) 准确称取 1 g 金属镍(精确至 0.001 g)，加少量硝酸溶液(1+1)，加热直至镍完全溶解，然后转入 1 000 mL 容量瓶，加水至刻度，混匀。或采用经国家认证并授予标准物质证书的标准溶液稀释。

(6)镍标准中间液(10.0 mg/L) 吸取镍标准储备液 1.00 mL 于 100 mL 容量瓶中，加硝酸溶液(5+95)稀释至刻度，混匀。

(7)镍标准使用液(1.00 mg/L) 吸取镍标准储备液 0.1 mL 于 100 mL 容量瓶中，加硝酸溶液(5+95)稀释至刻度，混匀。

(8)镍标准系列溶液 准确吸取镍标准使用液(1.00 mg/L)0 mL、0.500 mL、1.00 mL、2.00 mL、3.00 mL、4.00 mL 分别置于 50 mL 容量瓶中，用相应食品模拟物稀释至刻度，混匀，浓度为 0 μg/L、10.0 μg/L、20.0 μg/L、40.0 μg/L、60.0 μg/L、80.0 μg/L。

注意：可根据仪器的灵敏度、线性范围以及样液中镍实际含量确定标准系列溶液中镍的浓度和范围。若所选食品模拟物为中性或碱性，则需添加适量硝酸使该溶液中硝酸浓度约为 5%(体积分数)。

5. 仪器和设备

注意：所有玻璃器皿均需用硝酸溶液(1+5)浸泡过夜，用水冲洗干净备用。

(1)原子吸收光谱仪 配石墨炉原子化器，镍空心阴极灯。

(2)分析天平 感量 0.1 mg。

6. 分析步骤

(1)试样的预处理 根据待测样品的预期用途和使用条件，按照 GB 5009.156—2016 和 GB 31604.1 规定的迁移试验方法及试验条件进行迁移试验。浸泡液经充分混匀后，取部分浸泡试液用于分析。若浸泡试液为中性或碱性，则添加适量硝酸使试液中硝酸浓度约为 5%(体积分数)。同时做试样空白试验。

(2)测定 测定波长 232.0 nm；灯电流 5～7 mA；内气流量 0.3 L/min；狭缝 0.20 nm；石墨炉升温程序为：干燥(85～130)℃/(30～50)s，灰化(500～750)℃/20 s，原子化温度 2 600 ℃/(4～5)s。

(3)标准曲线的制作 按浓度由低到高的顺序分别吸取 10 μL 镍标准系列溶液和 5 μL 磷

酸二氢铵溶液(20 g/L)(可根据所使用的仪器确定最佳进样量)同时注入石墨炉中,经原子化后测定其吸光值,以标准系列浓度为横坐标、对应的吸光值为纵坐标绘制标准曲线。

(4)试样测定　在与测定标准溶液相同的试验条件下,吸取 10 μL 样品溶液和 5 μL 磷酸二氢铵溶液(20 g/L)(可根据所使用的仪器确定最佳进样量)同时注入石墨炉中,经原子化后测定其吸光度值,与标准系列比较定量。同时测试试样空白溶液。

7. 分析结果的表述

由标准曲线得到试样溶液中镍的浓度,扣除空白值后按 GB 5009.156—2016 进行迁移量计算,得到食品接触材料及制品中镍的迁移量。计算结果保留三位有效数字

8. 精密度

在重复性条件下获得的两次独立测定结果的绝对差值不得超过算术平均值的 20%。

9. 其他

方法检出限为 1 μg/L,定量限为 3 μg/L。

9.3.4　食品接触材料中聚乙烯检测技术

聚乙烯(polyethylene, PE)由乙烯聚合而成,因聚合方法、分子量、链结构不同细分为低密度聚乙烯(LDPE)、线性低密度聚乙烯(LLDPE)、高密度聚乙烯(HDPE)、超高聚乙烯(UWMPE)。LDPE 和 LLDPE 是薄膜生产的主要材料;HDPE 的硬度、强度、抗环境应力等性能较好,适于制造瓶、罐、盆、桶、槽、管、箱等制品和生活用品;其薄膜不透明,但韧性和阻气性能好,软化点多,可用于生产高强度包装袋及蒸煮袋等热物包装和重物包装。

聚乙烯的分析通常根据原材料和成品器具有多类分析项目,聚乙烯树脂原料,我国要求进行干燥失重、灼烧残渣、树脂中提取物测定;聚乙烯成品器具,要求检测蒸发残渣、高锰酸钾消耗量、重金属、脱色情况。其中蒸发残渣、高锰酸钾消耗量、重金属、脱色试验可参考前节方法内容,以下主要介绍干燥失重、灼烧残渣、树脂中提取物检测方法。

9.3.4.1　食品接触材料中聚乙烯干燥失重分析

1. 方法目的

学会聚乙烯原材料的干燥失重分析原理及方法。

2. 原理

样品于 90～95 ℃干燥失去的质量即为干燥失重,表示此条件下挥发性物质存在的情况。

3. 适用范围

适用于制作食具、容器及食品包装用薄膜或其他食品用工具的聚乙烯树脂原料的卫生指标分析。

4. 仪器和设备

天平:感量为 0.1 mg;电热恒温干燥箱;扁形称量瓶:直径 40 mm。

5. 分析步骤

(1)取样　每批按包数的 10% 取样,小批时不得少于 3 包。从选出的样品包用取样针等工具伸入样包深度的 3/4 处取样,取出样品的总量不少于 2 kg,将此样品迅速混匀,用四

分法缩分为每份 500 g,装于两个清洁干燥的 250 mL 玻璃塞磨口广口瓶中,标签注明生产厂名称、产品名称、批号及取样日期,一瓶送化验室分析,一瓶密封保存两个月,以备作仲裁分析用。

(2)测定　称取 10 g(精确至 0.1 mg)粒子试样,放于已恒重的扁形称量瓶中,厚度不超过 5 mm,于 90～95 ℃ 干燥 2 h,取出,在干燥器中放置 30 min,称量。

6. 结果参考计算

$$X=(m_1-m_2)\times100/(m_1-m_3)$$

式中:X—样品的干燥失重含量,g/100 g;m_1—样品加称量瓶的质量,g;m_2—样品加称量瓶干燥后的质量,g;m_3—称量瓶的质量,g。

7. 方法分析与评价

应注意干燥至恒重,计算结果以重复性条件下获得的两次独立测定结果的算术平均值表示,结果保留三位有效数字。在重复性条件下获得的两次独立测定结果的绝对差值不得超过算术平均值的 20%。

9.3.4.2　食品接触材料中聚乙烯灼烧残渣分析

1. 方法目的

掌握聚乙烯接触材料的灼烧残渣分析方法。

2. 原理

样品经碳化后于 800 ℃灼烧后的残渣,表示无机物污染情况。

3. 仪器设备

天平:感量为 0.1 mg;高温炉:最高使用温度≥900 ℃;干燥器;坩埚:石英坩埚或瓷坩埚。

4. 分析步骤

称取 5～10 g(精确至 0.1 mg)粒子试样,置于已在 800 ℃灼烧至恒重的坩埚中,先小心碳化至无烟,再置于 800 ℃高温炉内灼烧 2 h,冷却至 200 ℃取出,放入干燥器中冷却 30 min,称量。再放入高温炉内,于 800 ℃灼烧 30 min,冷却称量,直至两次称量之差不超过 2.0 mg。

5. 结果参考计算

$$X=(m_1-m_2)\times100/m_3$$

式中:X—样品的灼烧残渣含量,g/100 g;m_1—坩埚加残渣,g;m_2—空坩埚,g;m_3—试样质量,g。

结果表述:计算结果以重复性条件下获得的两次独立测定结果的算术平均值表示,结果保留三位有效数字。在重复性条件下获得的两次独立测定结果的绝对差值不得超过算术平均值的 20%

6. 方法分析与评价

(1)把坩埚放入或取出马弗炉时,要在炉口停留片刻,防止因温度剧变而使坩埚破裂。

(2)取坩埚时要缓缓让空气流入,防止形成真空对残渣产生影响。

9.3.4.3　食品接触材料树脂中提取物的测定

1. 方法目的

掌握食品接触材料及制品聚乙烯、聚苯乙烯、聚丙烯、聚碳酸酯、聚对苯二甲酸乙二醇酯树脂中提取物的测定分析方法。

2. 原理

试样经提取液提取，提取液蒸发至干，残渣干燥后，用重量法测定试样中提取物的含量。

3. 适用范围

适用于制作食具、容器及食品包装用薄膜或其他食品用工具的树脂原料的卫生指标分析。

4. 试剂材料

乙酸、无水乙醇、正己烷、95%乙醇、正庚烷等。

5. 仪器设备

天平、干燥箱、水浴锅等。

6. 分析步骤

根据待测样品配置所需提取液，称取切割后面积约为 6.45 cm^2 的薄膜 2 g(精确至 0.1 mg)置于烧杯中，加 200 mL 提取液，置于 50 ℃水浴中加热，使其温度达 50 ℃，提取时间按相应的产品标准，立即趁热将试液经快速定性滤纸过滤至已恒重的蒸发皿中，并用少量 50 ℃提取液洗涤试样及容器，并过滤，合并滤液。滤液于 70～80 ℃水浴中蒸干后，将盛有残渣的蒸发皿放入(100±2)℃电热恒温干燥箱中干燥 2 h，取出蒸发皿，放入干燥器中冷却 30 min 后称量。同时做空白试验。

7. 结果参考计算

$$X=(m_1-m_2)\times 100/m_3$$

式中：X—样品中提取物的含量，g/100 g；m_1—蒸发皿加提取物残渣的质量，g；m_2—蒸发皿的质量，g；m_3—样品质量，g。

8. 方法分析与评价

计算结果以重复性条件下获得的两次独立测定结果的算术平均值表示，结果保留三位有效数字。在重复性条件下获得的两次独立测定结果的绝对差值不得超过算术平均值的 10%

9.3.5　食品接触材料中聚丙烯检测技术

聚丙烯(polypropylene，PP)为丙烯的聚合物，可用于周转箱、食品容器、食品和饮料软包装、输水管道等。我国对聚丙烯树脂材料及其成型品的检测项目包括正己烷提取物、蒸发残渣、高锰酸钾消耗量、重金属和脱色试验，对重金属仅要求测定浸泡液中(4%乙酸)含量。对聚丙烯成型品的指标检测方法同聚乙烯成型品；对聚丙烯树脂材料要求检测树脂中提取物。

9.3.6　食品接触材料中聚酯检测技术

聚酯是指由多元醇和多元酸缩聚而得的聚合物总称，以聚对苯二甲酸乙二酯(polyethylene terephthalate,PET)为代表的热塑性饱和聚酯的总称,习惯上也包括聚对苯二甲酸丁二酯(polybutylene terephthalate,PBT)和聚 2,6-萘甲酸乙二酯(polyethylene 2,6-naphthalate,PEN)、聚对苯二甲酸 1,4-环己二甲醇酯(polycyclohexyl dimethylene terephthalate,PCT)及其共聚物等线型热塑性树脂。鉴于聚酯的机械强度较高,耐化学性能较好、阻隔性能较好的特点而被广泛用于食品包装。由于聚酯在醇类溶液中存在一定量的对苯二甲酸和乙二醇迁出,故用聚酯盛装酒类产品应慎重。聚酯树脂及其成型品中锗、锑含量经常作为一个食品安全指标进行测定;我国对聚酯类高聚物只特别规定了 PET 的理化和卫生指标,包括蒸发残渣、高锰酸钾消耗量、重金属(以 Pb 计)、锑(以 Sb 计)、脱色试验等。以下主要讲述锑、锗的检测分析方法,其他指标分析方法前已述及,不再赘述。

9.3.6.1 食品聚酯(树脂)材料中锑的石墨炉原子吸收光谱法检测技术

酯交换法合成 PET 的工艺过程分酯交换、预缩聚和高真空缩聚三个阶段,其中使用到 Sb_2O_2 作催化剂,由于锑(Sb)可引起内脏损害,因此 PET 树脂及其制品要测锑残留量。

1. 方法目的

对树脂材料及其成型品中的锑进行分析。

2. 原理

采用食品模拟物浸泡食品接触材料及制品中预期与食品接触的部分,浸泡液经石墨炉原子化,在 231.2 nm 处测定的吸收值在一定浓度范围内与锑含量成正比,与标准系列比较定量。

3. 适用范围

树脂材料及其成型品。

4. 试剂材料

(1)硫酸(H_2SO_4),硝酸(HNO_3)。

(2)磷酸二氢铵溶液(20 g/L):称取 2.0 g 磷酸二氢铵,用水溶解,定容至 100 mL。

(3)盐酸溶液(1+9):量取 10 mL 盐酸, 加水 90 mL,混匀。

(4)锑标准储备液(500 mg/L):准确称取 0.25g(精确至 0.000 1 g)金属锑,加 25 mL 浓硫酸,缓缓加热使其溶解,将此溶液定量转移至盛有约 100 mL 水的 500 mL 容量瓶中,以水稀释至刻度。

(5)锑标准中间液(5.00 mg/L):吸取储备液 1.00 mL,以盐酸溶液(1+9)稀释至 100 mL,混匀。

(6)锑标准使用液(0.500 mg/L):吸取中间液 10.0 mL,以盐酸溶液(1+9)稀释至 100 mL,混匀。

(7)锑标准系列溶液:吸取锑标准使用液(0.500 mg/L)0 mL、0.500 mL、1.00 mL、2.00 mL、3.00 mL、4.00 mL 至 50 mL 容量瓶中,加相应食品模拟物至刻度;混匀。对应的标准系列浓度为 0 μg/L、5.00 μg/L、10.0 μg/L、20.0 μg/L、30.0 μg/L、40.0 μg/L。

5. 仪器设备

原子吸收分光光度计;石墨炉原子化器。

6. 仪器工作条件(表9-1)

表9-1　仪器工作条件

元素	波长/nm	狭缝/nm	灯电流/mA	内气流量/(L/min)	干燥		灰化		原子化		清除	
					温度/℃	时间/s	温度/℃	时间/s	温度/℃	时间/s	温度/℃	时间/s
锑	231.2	0.5	8～12	0.3	85～130	30～50	800～1 000	20	2 400	4～5	2 650	2

7. 分析步骤

(1)标准曲线制作　按浓度由低到高的顺序分别吸取10 μL锑标准系列溶液和5 μL磷酸二氢铵溶液(20 g/L)(可根据所使用的仪器确定最佳进样量)同时注入石墨炉中,经原子化后测定其吸光值,以标准系列浓度为横坐标,对应的吸光值为纵坐标绘制标准曲线。

(2)试样测定　在与测定标准溶液相同的试验条件下,吸取10 μL样品溶液和5 μL磷酸二氢铵溶液(20 g/L)(可根据所使用的仪器确定最佳进样量)同时注入石墨炉中,经原子化后测定其吸光度值,与标准系列比较定量。同时测试试样空白溶液。

8. 结果参考计算

由标准曲线得到试样溶液中锑的浓度,扣除空白值后进行迁移量计算,得到食品接触材料及制品中锑的迁移量。计算结果保留三位有效数字。

9. 方法评价与分析

(1)本方法检出限为0.4 μg/L,定量限为1.2 μg/L。

(2)除了原子吸收法,树脂中锑含量的检测还可采用原子荧光光谱法,其原理是用硫脲将试液中的五价锑还原为三价锑,再加入硼氢化钾与三价锑还原生成锑化氢,以氩气为载气,将锑化氢导入原子化器中原子化,用原子荧光光谱法测定锑的含量。

9.3.6.2　食品聚酯树脂中锗分光光度法检测技术

锗(Ge)是自然界中相对丰富的元素,每天约从食物摄取1 mg锗,不会对人体构成危害。但目前尚无科学依据确定其最大安全摄入量。

1. 方法目的

掌握食品包装用聚酯树脂及其成型品中锗的分光光度法测定。

2. 原理

聚酯树脂的乙酸浸泡液,在酸性介质中经四氯化碳萃取,然后与苯芴酮络合,在510 nm下分光光度测定。

3. 适用范围

食品包装用聚酯树脂及其成型品。

4. 试剂材料

(1)盐酸,硫酸,乙醇,四氯化碳,过氧化氢。

(2)盐酸-水(1∶1),硫酸-水(1∶6),4%乙酸溶液,40%氢氧化钠溶液。

(3)8 mol/L 盐酸溶液:量取400 mL盐酸,加水稀释至600 mL。

(4)0.04%苯芴酮溶液:称取0.04 g苯芴酮,加75 mL乙醇溶解,加5 mL硫酸-水(1∶6),微微加热使充分溶解,冷却后,加乙醇至总体积为100 mL。

(5)锗的储备液:在小烧杯中称取0.050 g锗,加2 mL浓硫酸,加0.2 mL过氧化氢,小心加热煮沸,再补加3 mL浓硫酸,加热至冒白烟。冷却后,加40%氢氧化钠溶液3 mL。锗全部溶解后,小心滴加2 mL浓硫酸,使溶液变成酸性,定量转移至100 mL容量瓶中,并加水稀释至刻度,此溶液含锗0.5 mg/mL;取此液1.0 mL置于100 mL容量瓶中,加2 mL盐酸-水(1∶1),用水定容,此液含锗5 μg/mL。

5. 仪器设备

分光光度计。

6. 分析步骤

(1)样品前处理　树脂(材质粒料):精密称取约4 g样品于250 mL具回流装置的烧瓶中,加入4%乙酸90 mL,接好冷凝管,在沸水浴上加热回流2 h,立即用快速滤纸过滤,并用少量4%乙酸洗涤滤渣,合并滤液后定容至100 mL,备用。

成型品:以2 mL/cm^{2}比例将成型品浸泡在4%乙酸溶液中,于60 ℃下浸泡30 min,取浸泡液作为试样溶液备用。

(2)标准曲线制作　取标准使用液0 mL、0.5 mL、1.0 mL、1.5 mL、2.0 mL(相当于锗含量0 μg、2.5 μg、5.0 μg、7.5 μg、10.0 μg)。分别置于预先已有8 mol/L盐酸溶液50 mL的6支分液漏斗中,加入10 mL四氯化碳,充分振摇1 min,静置分层。取有机相5 mL,置于10 mL具塞比色管中,加入0.04%苯芴酮溶液1 mL,然后加乙醇至刻度,充分混匀后,在510 nm波长下测定吸光度,以锗浓度为横坐标,吸光度为纵坐标绘制标准曲线。

(3)样品测定　取处理好的试样溶液50 mL置100 mL瓷蒸发皿,加热蒸发至近干,用8 mol/L盐酸溶液50 mL,分次洗残渣至分液漏斗中,然后加入10 mL四氯化碳,充分振荡1 min,取有机相5 mL,置于10 mL具塞比色管中,加入0.04%苯芴酮溶液1 mL,然后加乙醇至刻度,充分混匀后,测定吸光度,从标准曲线查出相应的锗含量。

7. 结果参考计算

(1)成型品

$$X=AF/V$$

式中:X—成型品中锗含量,mg/L;A—测定时所取样品浸泡液中锗的含量,μg;V—测定时所取样品浸泡液体积,mL;F—换算成2 mL/cm^{2}的系数。

(2)树脂

$$X=AV_1/(mV_2)$$

式中:X—树脂中锗的含量,mg/kg;A—测定时所取样品浸泡液中锗的含量,μg;m—树脂质量,g;V_1—定容体积,mL;V_2—测定时所取试样体积,mL。

8. 方法分析与评价

(1)本方法的最低检出限为0.020 μg/mL,但苯芴酮显色剂的选择性、稳定性较差,有时选用表面活性剂进行增容、增敏、增稳。

(2)除了本法，锗的分析还可以采用原子吸收法、极谱法、荧光法等其他方法。

9.3.7　食品接触材料中聚酰胺检测技术

聚酰胺俗称尼龙(nylon)，英文名称 polyamide(简称 PA)，是分子主链上含有重复酰胺基团的热塑性树脂总称，包括脂肪族 PA，脂肪-芳香族 PA 和芳香族 PA。其中，脂肪族 PA 品种多，产量大，应用广泛，其命名由合成单体具体的碳原子数而定。尼龙中的主要品种是尼龙 6 和尼龙 66，占绝对主导地位。尼龙树脂大都无毒，但树脂中的单体-己内酰胺含量过高时不宜长期与皮肤或食物接触，对于 50 kg 体重成人，安全摄入量为 50 mg/d，食品中的允许浓度为 50 mg/kg。我国允许作为食品包装的尼龙是尼龙 6，颁布了多项与尼龙 6 树脂及制品相关的标准，成型品要求进行己内酰胺单体、蒸发残渣、高锰酸钾消耗量、重金属(以 Pb 计)、脱色试验等检测项目，下边主要介绍己内酰胺单体检测方法。

1. 方法目的

掌握尼龙 6 树脂或成型品中己内酰胺单体含量的检测方法。

2. 原理

试样经水提取后，己内酰胺溶解在提取液中，经滤膜过滤后用配有紫外检测器的高效液相色谱仪进行检测，外标法定量。

3. 适用范围

尼龙 6 树脂或成型品。

4. 试剂材料

(1)己内酰胺标准储备液　准确称取 0.100 g 己内酰胺，用水溶解后稀释定容至 100 mL，此溶液 1 mL 含 1.0 mg 己内酰胺(溶液在 4 ℃下避光密封贮存，有效期为 1 个月)。

(2)己内酰胺中间标准溶液　用刻度吸量管吸取 0.05 mL、0.25 mL、0.5 mL、1.0 mL、2.5 mL、5.0 mL 己内酰胺标准储备液于 6 个 10 mL 容量瓶中，用水定容，得到己内酰胺浓度为 5.0 mg/L、25.0 mg/L、50.0 mg/L、100.0 mg/L、250.0 mg/L，500.0 mg/L 的中间标准溶液，溶液贮存方式同(1)。

(3)己内酰胺标准工作溶液　分别准确吸取 1.0 mL 己内酰胺中间标准溶液于 6 支 10 mL 具塞玻璃试管中，分别加入 4.0 mL 水混匀，获得己内酰胺标准工作溶液。其中，己内酰胺浓度分别为 1.0 mg/L、5.0 mg/L、10.0 mg/L、20.0 mg/L、50.0 mg/L、100.0 mg/L。溶液贮存方式同(1)。

(4)乙腈　色谱纯。

5. 仪器设备

高效液相色谱仪，配紫外检测器、冷冻研磨仪、分析天平等。

6. 色谱分析条件

色谱柱：C_{18} 柱，柱长 250 mm，内径 4.6 mm，粒径 5 μm；检测器：紫外检测波长 210 nm；流动相：乙腈-水(20＋80)；流速 1.0 mL/ min；进样体积 10 μL。

7. 分析步骤

(1)采样和样品前处理　先将试样用冷冻研磨仪或剪刀等其他切割工具破碎成粒径小于 1 mm×1 mm 后再称量。切割样品时，不可使其发热变软。

(2)样品溶液制备　称取粉碎样品 1.0 g(精确到 0.000 1 g)于具塞玻璃试管中，加入 10 mL 水后在沸水浴中提取 40 min，放冷至室温，然后取上层清液置于 25 mL 容量瓶中。再用 10 mL 水按照上述方式提取 1 次，合并两次清液后，用水定容至刻度，取 1 mL 提取液通过 0.45 μm 滤膜过滤后供高效液相色谱进样。若样品溶液浓度超出线性范围，使用水适当稀释，使其浓度处于线性范围内。

(3)己内酰胺标准曲线　按照测定条件，分别将己内酰胺标准工作溶液进液相色谱仪测定。以标准工作溶液中己内酰胺浓度为横坐标，单位为毫克每升(mg/L)，以对应己内酰胺峰面积为纵坐标，制作标准工作曲线。

(4)测定　按照所列条件，将试样溶液及空白溶液进液相色谱仪测定，得到己内酰胺峰面积，扣除空白值。

8. 结果参考计算

$$X=\rho V f\times 1\ 000/(m\times 1\ 000)$$

式中：X—试样中己内酰胺的含量，mg/kg；ρ—依据校准曲线获得的试样溶液中己内酰胺的浓度，mg/L；V—试样溶液体积，mL；f—浓度稀释因子；m—试样称样量，g。

9. 方法分析与评价

方法检出限为 10 mg/kg，方法定量限为 25 mg/kg。

思考题

1. 食品包装材料和容器的常见种类有哪些？
2. 蒸发残渣分析、脱色试验分析、重金属分析、高锰酸钾消耗量分析的目的是什么？
3. 试解释 OML、SML 的含义。
4. 不锈钢材料的重金属迁移量分析方法有哪些？
5. 常见塑料材料的迁移分析有哪些指标是共性的？

参考文献

[1] 安亚男．食品包装材料对食品安全性的影响及食品安全控制措施分析．现代食品，2023，29(8)：151-153.

[2] 国家质量监督检验检疫总局食品生产监管司．食品接触材料及制品监督法律法规选编．北京：中国标准出版社，2007.

[3] 何青萍．预警型智能包装在食品安全中的应用和设计．包装工程，2022，43(1)：167-176.

[4] 李晶．食品包装检验．包装工程，2006，27(6)：331-333.

[5] 廖雨瑶，陈丹青，李伟，等．智能包装研究及应用进展．绿色包装，2016(2)：39-46.

[6] 欧盟食品接触材料安全法规实用指南编委会．欧盟食品接触材料安全法规实用指南．北京：中国标准出版社，2005.

[7] 苏振，亢诗雨，钱晨玮，等．新型食品包装材料研究进展．粮油食品科技，2020，28(4)：126-131.

[8] 王乐，闫宇壮，方天驰，等．新型食品包装材料研究进展．食品工业，2021，42(9)：259-263.

[9] 王梦军，年琳玉，曹崇江．功能性食品包装材料的研究进展及发展趋势．包装工程，2020，41(7)：65-76.

[10] 吴国华．食品用包装及容器检测．北京：化学工业出版社，2006.

[11] 杨福馨，吴龙奇．食品包装实用新材料新技术．2版．北京：化学工业出版社，2009.

[12] 尹章伟．包装材料、容器与选用．北京：化学工业出版社，2003.

[13] 张双灵，赵奎浩，郭康权，等．食品包装化学物迁移研究的现状及对策分析．食品工业科技，2007，28(9)：169-172.

[14] 赵赟．食品包装技术．北京：中国商业出版社，2018.

[15] 中国包装标准汇编-食品包装卷．2版．北京：中国标准出版社，2016.

第 10 章

食品中有害微生物的快速检测技术

本章学习目的与要求

1. 了解有害微生物的特征以及危害评价。
2. 学习食品中有害微生物 PCR 快速检测技术并了解定量 PCR 以及多重 PCR 技术。
3. 掌握食品中有害微生物 ELISA 快速检测技术并了解免疫试纸条制备技术。
4. 了解食品中有害微生物蛋白质芯片和 DNA 芯片快速检测技术。

10.1　概述

现代食品行业，有很多有害的微生物严重危害食品的品质和人们的健康，甚至会引起一些严重的疾病。随着经济的迅速发展，人们对各类食品的需求也日益增大，因有害微生物引起的食物中毒事件也逐渐增多。我国微生物食物中毒发病人数历来在食物中毒发病人数构成中占有很大比例。引起感染性腹泻的病原菌居首位的是志贺氏菌或轮状病毒，其次是大肠埃希氏菌与沙门氏菌或空肠弯曲菌，而食物中毒致病菌处于首位的是沙门氏菌，由此造成很大的直接和间接经济损失。

使用传统的检测方法即微生物培养法和分子检测技术虽然比较准确，但费力、耗时，且检测环境要求较高。此外，低水平的病原菌污染，食品加工后导致菌体的"致伤"及食品其他成分的干扰等因素，使得传统的检测方法受到了一定的限制。因此，急需一些快速、特异、敏感的检测方法，以及时发现致病菌，控制污染及其可能对人体健康产生的危害。近几年各国的许多机构和学者融合了生理学、生物化学、免疫学、材料学、分子生物学和电子技术等多种学科，创立了先进的检测技术，如特异性荧光分析技术、酶联免疫分析技术、生物芯片技术等，具有快速、简便、微量等优点，克服了传统检测方法操作烦琐，检测时间较长等缺点，具有广阔的发展前景。

10.2　有害微生物的特征以及危害评价

10.2.1　有害微生物的危害方式

食品中有害微生物对人体造成危害有以下三种方式：

(1)食源性感染　食源性感染发生于微生物本身随食品被摄入之后。微生物停留在宿主体内并繁殖。由于感染是微生物在宿主体内生长所致，所以说人体从摄入到出现症状所需的时间相对较长。

(2)食源性中毒　食源性中毒发生于某些特定的细菌在食品中生长并产生毒素之后才被摄入体内。由于人体通过肠道吸收食品中已产生的毒素之后才引起发病，而不是微生物在宿主体内生长所致，所以出现中毒症状的时间明显快于食源性感染。

(3)中毒性感染　中毒性感染是前两种类型的结合。其特点是细菌为非侵袭性，是由细菌在肠道内生长产生毒素所致。一般而言，这类疾病的发生比食源性中毒时间要长，比食源性感染要短，但也不是绝对的。

10.2.2　有害微生物的特征

我国食源性病原菌的种类繁多，以肠道致病菌为主要病原，包括沙门氏菌、副溶血弧菌、肉毒梭菌、金黄色葡萄球菌、致病性大肠杆菌、单增李斯特菌等，引起中毒的食物则以动物性食品为主，其中沙门氏菌食物中毒起数与中毒人数均居微生物性食物中毒首位。

我国现行食品卫生标准中设定的微生物指标有五种：菌落总数 TPC、大肠菌群(coliform group)、致病菌、霉菌和酵母。其中致病菌包括沙门氏菌、志贺氏菌、金黄色葡萄球菌、溶血性链球菌、致泻大肠埃希氏菌、副溶血性弧菌、小肠结肠炎耶尔森氏菌、空肠弯曲菌、肉毒梭菌、产气荚膜梭菌、蜡样芽孢杆菌等。我国致病菌检测通常只包括沙门氏菌、志贺氏菌、金黄色葡萄球菌、溶血性链球菌。其中主要的有害菌的特征如下：

(1)大肠菌群　是指一群好氧及兼性厌氧，在 37 ℃、24 h 内能分解乳糖产酸产气的革兰氏阴性无芽孢杆菌，它主要来源于人畜粪便，除大肠埃希氏杆菌属外，还包括肠杆菌科的肠杆菌属。大肠菌群是作为粪便污染指标菌提出来的，主要是以该菌群的检出情况来表示食品中是否有粪便污染。大肠菌群数的高低，表明了粪便污染的程度，也反映了对人体健康危害性的大小。

(2)沙门氏菌　属肠杆菌科，革兰氏阴性肠道杆菌。已发现近 2 000 种(或菌株)。按其抗原成分，可分为甲、乙、丙、丁、戊等基本菌组。其中与人体疾病有关的主要有甲组的副伤寒甲杆菌，乙组的副伤寒乙杆菌和鼠伤寒杆菌，丙组的副伤寒丙杆菌和猪霍乱杆菌，丁组的伤寒杆菌和肠炎杆菌等。除伤寒杆菌、副伤寒甲杆菌和副伤寒乙杆菌能引起人类的疾病外，大多数仅能引起家畜、鼠类和禽类等动物的疾病，但有时也可污染人类的食物而引起食物中毒。蛋、家禽和肉类产品是沙门氏菌病的主要传播媒介，感染主要取决于沙门氏菌的血清型和食用者的身体状况，受威胁最大的是小孩、老年人及免疫缺陷个体。根据国际惯例，要求对易受沙门氏菌污染的食品进行分类管理，以使大多数食物不含沙门氏菌，从而有效预防。

(3)金黄色葡萄球菌　是作用于人类的一种重要病原菌，隶属于葡萄球菌属(*Staphylococcus*)，可引起多种严重感染，有“嗜肉菌”的别称。金黄色葡萄球菌在自然界中无处不在，空气、水、灰尘及人和动物的排泄物中都可找到。因而，食品受其污染的机会很多。近年来，美国疾病控制中心报告，由金黄色葡萄球菌引起的感染占第二位，仅次于大肠杆菌。一般来说，金黄色葡萄球菌可通过以下途径污染食品：食品加工人员、炊事员或销售人员带菌造成食品污染；食品在加工前本身带菌，或在加工过程中受到了污染，产生了肠毒素，引起食物中毒；熟食制品包装不密封，运输过程中受到污染；奶牛患化脓性乳腺炎或禽畜局部化脓时，对肉体其他部位的污染。

(4)李斯特菌　在环境中无处不在，在绝大多数食品中都能找到李斯特菌。肉类、蛋类、禽类、海产品、乳制品、蔬菜等都已被证实是李斯特菌的感染源。李斯特菌中毒严重的可引起血液和脑组织感染。目前国际上公认的李斯特菌共有 10 个菌株：单核细胞增生李斯特菌(*L. monocytohenes*)，绵羊李斯特菌(*L. iuanuii*)，英诺克李斯特菌(*L. innocua*)，威尔斯李斯特菌(*L. innocua*)，西尔李斯特菌(*L. seeligeri*)，格氏李斯特菌(*L. grayi*)，默氏李斯特菌(*L. murrayi*)，*L. rocourtiae*，*L. fleischmannii*，*L. weihenstephanensis* 等。其中单增李斯特菌是唯一能引起人类疾病的。单核细胞增生李斯特氏菌是一种人畜共患病的病原菌。它能引起人畜的李斯特菌病，感染后主要表现为败血症、脑膜炎和单核细胞增多。它广泛存在于自然界中，食品中存在的单增李氏菌对人类的安全具有危险，该菌在 4 ℃的环境中仍可生长繁殖，是冷藏食品威胁人类健康的主要病原菌之一。

(5)弧菌　菌体只有一个弯曲，呈弧状或逗点状。弧菌属(*Vibrio*)广泛分布于自然界，尤以水中为多，目前有 35 种。主要致病菌为霍乱弧菌和副溶血弧菌(致病性嗜盐菌)。前者引起霍乱；后者引起食物中毒。

10.2.3　有害微生物的危险性评估

食品中来自微生物的危害与人类健康密切相关，而危险性评估是一个系统程序，评估人体暴露于受污染的食品而产生的危害人体健康的可能性。1995 年国际食品法典委员会(CAC)对危险性评估的定义是对人体暴露于食源性危害，而产生的危害人体健康的已知或潜在作用的发生可能性及其严重程度的科学评估，其框架包括 4 个主要步骤：危害的确定、危害特征的描述、暴露评估和危险性特征的描述(图 10-1)，这些步骤构成了评估食用可能污染致病菌或/和微生物毒素的食品而对人产生不良健康后果及其发生概率的系统过程。1999 年 CAC 拟定的微生物危险性评估总则和指引草案都对此做出定义。微生物危险性评估在危险性评估中是一个较新的领域，至今还没有一个国内外公认的标准。

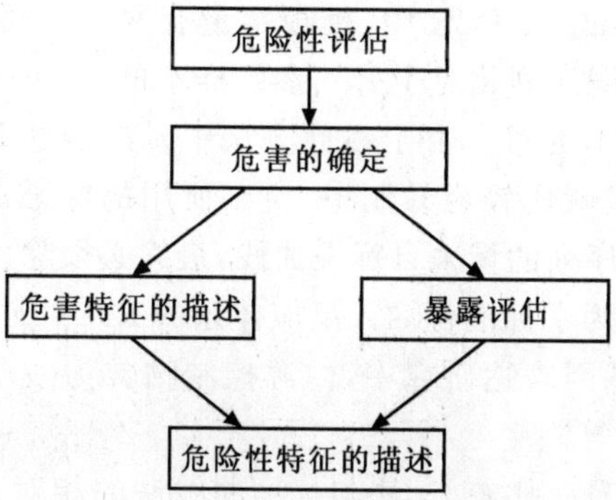

图 10-1　食品危险性评估的框架图

建立模型是进行危险性评估的重要内容，预测微生物模型属于暴露模型中的亚模型，这些模型以数学形式来描述细菌数量与时间变化的关系、受环境因素的影响，从而准确描述微生物行为。预测微生物模型可预测不同环境条件下微生物生长、存活及灭活等反应。自 20 世纪 80 年代以来，已建立了许多用于微生物食品安全的预测数学模型，许多国家对预测微生物学的研究十分重视，但对致病菌的剂量反应模型却认识不足，所谓剂量反应关系评估，是指确定暴露于各种有害因子的剂量，与所产生的危害健康的反应之间的关系(包括该反应的严重程度)，但有关数学模型的方法尚未完全建立。有关危险性评估已发表的文献，能够完全符合 CAC 要求的研究还不多。

10.3　食品中有害微生物 PCR 快速检测技术

10.3.1　PCR 技术概述

1. PCR 技术基本原理

多聚酶链式反应简称 PCR 反应，是近十几年来发展和普及最迅速的分子生物学新技术之一。基于核酸水平的检测方法主要为 PCR 检测方法，由于检测对象为 DNA，因而不受其生长期及产品形式的影响(除非产品经过精细加工，使得 DNA 断裂、变性严重，从而不易正确检出，如精炼油)。PCR 检测方法又分为定性检测及定量检测。普通 PCR、巢式 PCR、多重 PCR

用于目的成分的定性检测，双竞争性 PCR 检测方法和近年出现的实时 PCR 方法用于目的成分的定量检测。

多聚酶链式反应(polymerase chain reaction，PCR)技术发明至今已近 20 年了，在这期间技术得到了不断发展。近年来出现的实时荧光定量 PCR(real-time quantitative PCR)技术实现了 PCR 从定性到定量的飞跃，它以其特异性强、灵敏度高、重复性好、定量准确、速度快、全封闭反应等优点成了分子生物学研究中的重要工具。

多年以来 PCR 技术只作为一种高灵敏的定性技术而被应用，既制约了 PCR 质量控制的建立，又大大制约了 PCR 技术的应用，近年来定量 PCR 的出现为 PCR 的应用开拓了广阔的前景。

2. PCR 技术要点分析

(1)定量方法　在 real-time Q-PCR 中，模板定量有两种策略，相对定量和绝对定量。相对定量指的是在一定样本中靶序列相对于另一参照样本的量的变化；绝对定量指的是用已知的标准曲线来推算未知的样本的量。由于在此方法中量的表达是相对于某个参照物的量而言，因此相对定量的标准曲线就比较容易制备，对于所用的标准品只要知道其相对稀释度即可。在整个实验中样本的靶序列的量来自标准曲线，最终必须除以参照物的量，其他的样本为参照物量的 n 倍。在实验中为了标准化加入反应体系的 RNA 或 DNA 的量，往往在反应中同时扩增一内源控制物，如在基因表达研究中，内源控制物常为一些管家基因(如 beta-actin，3-磷酸甘油醛脱氢酶 GAPDH 等)。

(2)比较 Ct 法的相对定量　比较 Ct 法与标准曲线法的相对定量的不同之处在于其运用了数学公式来计算相对量，前提是假设每个循环增加一倍的产物数量，在 PCR 反应的指数期得到 Ct 值来反映起始模板的量，一个循环(Ct=1)的不同相当于起始模板数 2 倍的差异。但是此方法是以靶基因和内源控制物的扩增效率基本一致为前提的，效率的偏移将影响实际拷贝数的估计。

(3)标准曲线法的绝对定量　此方法与标准曲线法的相对定量的不同之处在于其标准品的量是预先可知的。质粒 DNA 和体外转入的 RNA 常作为绝对定量标准品的制备之用。标准品的量可根据 260 nm 的吸光度值并用 DNA 或 RNA 的分子量来转换成其拷贝数来确定。

(4)荧光化学　荧光定量 PCR 所使用的荧光化学可分为两种：荧光探针和荧光染料。TaqMan 荧光探针是 PCR 扩增时在加入一对引物的同时加入一个特异性的荧光探针，该探针为一寡核苷酸，两端分别标记一个报告荧光基团和一个淬灭荧光基团，探针完整时，报告基团发射的荧光信号被淬灭基团吸收；PCR 扩增时，Taq 酶的 5′→3′外切酶活性将探针酶切降解，使报告荧光基团和淬灭荧光基团分离，从而荧光监测系统可接收到荧光信号，即每扩增一条 DNA 链，就有一个荧光分子形成，实现了荧光信号的累积与 PCR 产物形成完全同步。SYBR 荧光染料是在 PCR 反应体系中，加入过量 SYBR 荧光染料，SYBR 荧光染料特异性地掺入 DNA 双链后，发射荧光信号，而不掺入链中的 SYBR 染料分子不会发射任何荧光信号，从而保证荧光信号的增加与 PCR 产物的增加完全同步。

在 real-time Q-PCR 技术中，无论是相对定量还是标准曲线定量方法仍存在一些问题。在标准曲线定量中，标准品的制备是必不可少的过程，但由于无统一标准，各实验室所用的生成标准曲线的样品各不相同，致使实验结果缺乏可比性。此外，用 real-time Q-PCR 来研究

mRNA 时，受到不同 RNA 样本存在不同的逆转录（RT）效率的限制。在相对定量中，当假设内源控制物不受实验条件的影响，合理地选择适合的不受实验条件影响的内源控制物是实验结果可靠与否的关键。另外，与传统的 PCR 技术相比，real-time Q-PCR 的主要不足是：运用封闭的检测方式，减少了扩增后电泳的检测步骤，不能监测扩增产物的大小；由于荧光素种类以及检测光源的局限性，从而相对地限制了 real-time Q-PCR 的复合式（multiplex）检测的应用能力；real-time Q-PCR 实验成本比较高，限制了其广泛的应用。

10.3.2　食品中有害微生物定量 PCR 检测技术

10.3.2.1　食品中大肠杆菌 O157:H7 的 SYBR Green Ⅰ定量 PCR 检测技术

1. 方法目的

掌握定量 PCR 技术检测大肠杆菌 O157:H7 的方法原理及基本操作，掌握定量 PCR 仪的使用，明确 SYBR Green Ⅰ与 DNA 双链结合的原理及其信号放大原理。

2. 原理

非特异性染料结合法是某些荧光素能和双链 DNA 结合，结合后的产物具有强的荧光效应。随温度的降低，DNA 复性成为双链，荧光素与之结合，经激发产生荧光，测定荧光强度，通过内标或外标法求出因数，可以准确定量。

3. 适用范围

SYBR Green Ⅰ定量 PCR 方法适用于液体食品、粮食、饲料以及其他各类食品中有害微生物含量的测定。

4. 试剂材料

（1）实验材料　大肠杆菌 O157:H7，阴性对照菌大肠杆菌 BL21 和 DH 5α。

（2）实验试剂　SYBR Green PCR 试剂盒购自北京天为时代科技有限公司；Taq DNA 聚合酶购自北京鼎国生物技术公司；引物由上海生工生物技术服务有限公司合成，每管 1 OD 加水 330 μL，详见表 10-1。

表 10-1　引物序列

引物	序列（5′→3′）	靶基因	扩增片段长度
上游 K14924	TTACCAGCGATACCAAGAGC	*eaeA*	126 bp
下游 K14925	CAACATGACCGATGACAAGG		

5. 仪器设备

ABI Prism® 7000 型荧光定量 PCR 仪，紫外/可见分光光度计。

6. 操作步骤

（1）模板 DNA 的制备。挑取单菌落于 LB 液体培养基 37 ℃摇床培养 10 h，电子显微镜计数菌量浓度，酚仿抽提 DNA。

（2）紫外分光光度计鉴定 DNA 提取质量，10 倍梯度稀释成 1～10^9 cfu/mL 的菌量作为模板待用。

(3)荧光定量 PCR 扩增。反应体系 40 μL，SYBR Green Ⅰ 混合液 20 μL（含 buffer，Mg^{2+}，dNTPs，Taq DNA 聚合酶），上下游引物 2 μmol/L 及 DNA 模板。反应程序采用三步法：95 ℃预变性 10 min，94 ℃变性 15 s，60 ℃退火 30 s，72 ℃延伸 30 s，40～50 个循环。在每一循环的退火阶段收集荧光进行实时检测。反应结束后先加热到 95 ℃，然后降至 60 ℃开始缓慢升温（0.2 ℃/s）至 95 ℃，记录荧光信号的变化，得出扩增产物的熔解曲线。设阴性菌及水对照检验特异性，用上步制备的 10 个浓度梯度的模板检测反应灵敏性。

(4)荧光定量标准曲线制备。观察不同浓度模板对扩增效率及荧光吸收强度的影响，确定合适模板 DNA 浓度。在合适的浓度范围内选择 5 个模板梯度进行反应，反应体系及程序同步骤(3)，之后确定阈值和基线，绘制出标准曲线。

(5)察看熔解曲线，分析 PCR 反应扩增的特异性（图 10-2，彩图 10-2）。

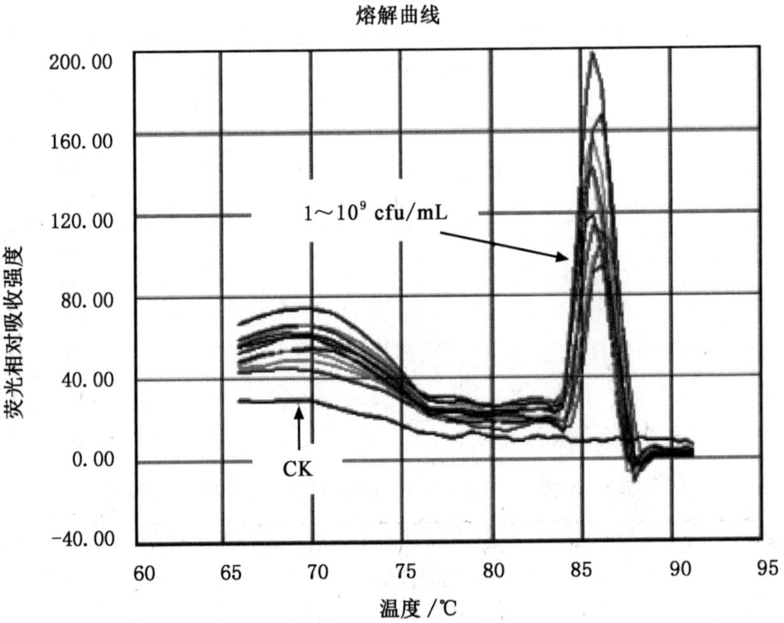

图 10-2　熔解曲线分析

(6)观察反应曲线，记录待测样品的 Ct 值，与标准曲线对比算出待测样品的浓度。

7. 结果分析

(1)根据标准曲线的相关系数分析以及反应体系中阴性对照的污染状况来综合分析本次 PCR 反应体系的正常与否。如果反应正常，观察反应曲线，记录待测样品的 Ct 值，与标准曲线对比算出待测样品的浓度。

(2)本次 PCR 反应的标准曲线如图 10-3（彩图 10-3）和图 10-4 所示。

8. 方法分析与评价

(1)SYBR Green Ⅰ 荧光染料法检测过程中每形成一个 DNA 双链，就有一定数量的染料结合上去，染料一旦结合，荧光信号瞬时增强 100 倍，信号强度与 DNA 分子总数目成正比。染料法的优点是成本低，不需要合成探针，适合初步筛查，而且熔解曲线功能可以帮助确定 PCR 生成几种产物、有无二聚体。缺点是无法多重检测，荧光信号无模板特异性。本试验充

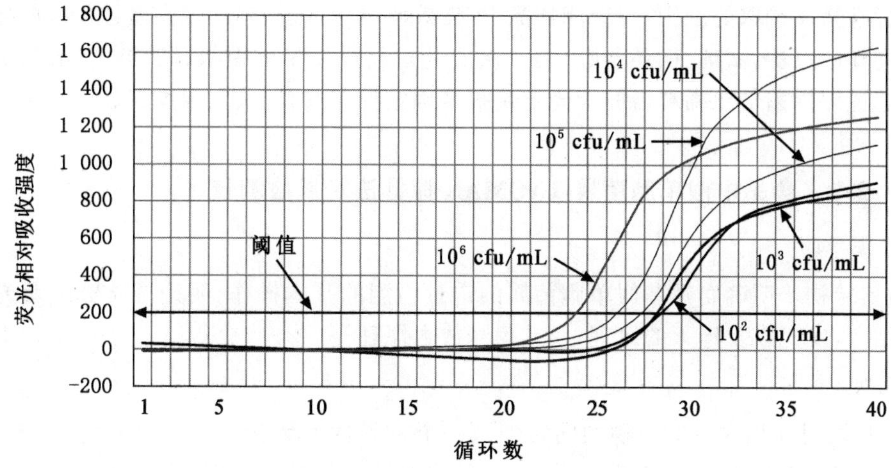

图 10-3　$10^2 \sim 10^6$ cfu/mL EDL 933 扩增荧光曲线

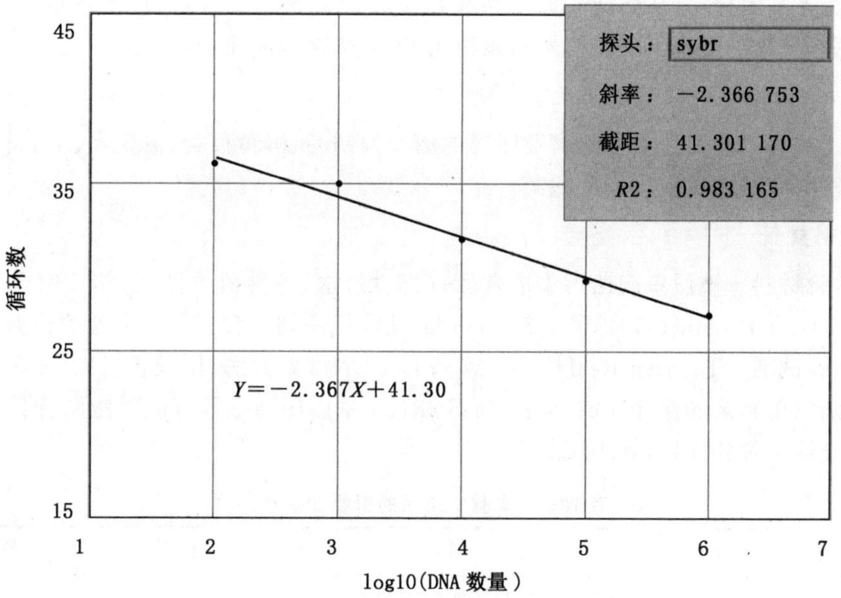

图 10-4　标准曲线

分利用了其优点，降低了成本并借助熔解曲线帮助分析，同时通过设计单一特异性引物等手段避开了不利影响。

(2)标准曲线绘制时注意标阈值和基线的选择。

(3)本方法没有采用 DNA 的绝对质量作为定量单位，因为本实验所检测的是产毒细菌 O157：H7，其菌群总数比总 DNA 量更加重要。因此定量过程中选择 cfu(colony-forming unit，集落形成单位)作为定量单位更能体现细菌的活力，更加具有微生物实际监测意义。

(4)PCR 反应加样时一定要避免污染，因为染料的扩散将会造成 PCR 反应本底信号的过高，影响 PCR 反应信号的判断。

(5)因为是定量分析，所以标准曲线的平行样品不能误差太大，PCR 管中不能存在气泡。

(6)标准物质选取的原则:与待测样品 PCR 效率尽量接近(越一致误差越小);同样条件下完成(即同样的仪器、试剂、循环参数、同一次实验);同样质量的模板、同样 T_m 值的引物。因此,实验选择阳性菌倍比稀释后的荧光定量扩增确定标准曲线,最大限度保证了标准品和待测样品的同一性。

10.3.2.2 食品中假单胞菌属 TAQMAN 探针法定量检测技术

1. 方法目的

通过实验初步明确腐败菌假单胞菌属的定量检测的基本操作,明确 TaqMan 荧光探针与 DNA 的结合,发光以及淬灭的原理,及其信号放大原理。

2. 原理

PCR 扩增时在加入一对引物的同时加入一个特异性的荧光探针,该探针为一寡核苷酸,两端分别标记一个报告荧光基团和一个淬灭荧光基团。探针完整时,报告基团发射的荧光信号被淬灭基团吸收;PCR 扩增时,Taq 酶的 5′→3′外切酶活性将探针酶切降解,使报告荧光基团和淬灭荧光基团分离,从而荧光监测系统可接收到荧光信号,即每扩增一条 DNA 链,就有一个荧光分子形成,实现了荧光信号的累积与 PCR 产物形成完全同步。

3. 适用范围

适用于被假单胞菌污染引起腐败变质的肉及肉制品、鲜鱼贝类、禽蛋类、牛乳和蔬菜等,并且可用于检测冷藏食品中的假单胞菌。

4. 试剂材料

(1)实验材料　被假单胞菌污染的食品,或土壤、水、各种植物体,已知核糖体基因含量的假单胞菌株(e.g. P. putida *mt*-2,其 6 298 443 bp 基因组序列中含有 7 个完整的核糖体操纵子)。

(2)实验试剂　Taqman Real Time Mix;Taq DNA 聚合酶;用校正过的 16 S rRNA 基因来设计识别假单胞菌的保守区域,此段 16 S rRNA 基因序列是具有假单胞菌特异性的。在此段基因上设计引物和探针(表 10-2)。

表 10-2　实验中所用的引物和探针序列

引物方向	名称	序列	长度/bp	位置/bp
正向引物	Pf	GGGTGGTGGAATTTCCTGTGT	21	646～666
反向引物	Pr	GAAGCGGTGACCACAAGGAA	20	692～712
探针	Pp(MGB)	GTGAAATGCGTAQATATAQ	19	671～689

5. 仪器设备

ABI Prism® 7000 型荧光定量 PCR 仪;紫外/可见分光光度计。

6. 操作步骤

(1)模板 DNA 的制备。在食品中蘸取一定量菌,或取一定量食品(土壤,水或植物体),清洗后梯度稀释,置于假单胞菌的选择性培养基 Gould's S1 上培养,观测菌落数。挑取单菌落培养后用酚仿抽提 DNA。

(2)紫外分光光度计鉴定 DNA 提取质量。10 倍系列稀释成相当于 1～10^9 cfu/mL 的菌量作为模板待用。

(3)荧光定量 PCR 扩增。以 Taqman 探针为基础的定量 PCR 反应条件：反应体系为 20 μL，1× buffer Ⅱ (100 mmol/L Tris-HCl，pH 8.3，500 mmol/L KCl)，10 μmol/L 探针，6 mmol/L $MgCl_2$，200 mmol/L dNTPs，1 单位的 AmpliTaq Gold DNA polymerase，0.2 单位的 AmpErase uracil N-glycosylas，正向引物和反向引物的终浓度均为 0.6 μmol/L；不同浓度的基因组 DNA；PCR 扩增仪的条件设置为：2 min/50 ℃，10 min/95 ℃，40 个循环：15 s/95 ℃，1 min/60 ℃。

(4)荧光定量标准曲线制备。使用已知数量的 *mt*-2 基因组 DNA 来制备标准曲线，DNA 的量为 0.192～4.8 pg。确定阈值和基线，以及相同的 Ct 值，绘制出标准曲线。因为在 *mt*-2 标准品中有相对高拷贝数的 rRNA 操纵子，所以会低估假单胞菌的量。为此，我们根据假单胞菌的平均 rRNA 操纵子拷贝数 4.3(n=35)，源于核糖体 RNA 操纵子拷贝数据库(Klappenbach et al.，2001)，来调整 Ct 值。

(5)观察反应曲线，记录待测样品的 Ct 值，与标准曲线对比算出待测样品的浓度。

7. *结果分析*

(1)根据标准曲线的相关系数分析以及反应体系中非假单胞菌对照的扩增状况来综合分析本次 PCR 反应体系的可信与否。如果反应正常，观察反应曲线，记录待测样品的 Ct 值，与标准曲线对比算出待测样品的浓度。

(2)本次 PCR 反应的标准曲线如图 10-5 所示。

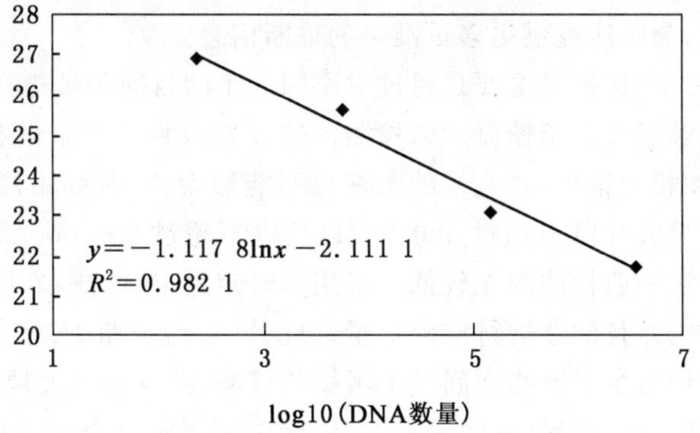

图 10-5　假单胞菌特异性荧光 PCR 的标准曲线

8. *方法分析及评价*

(1)Taqman 探针是一段 5′端标记报告荧光基团，3′端标记淬灭荧光基团的寡核苷酸。报告基团如 FAM、TET、VIC、JOE 和 HEX 通常由位于 3′端的 TAMRA 淬灭基团所淬灭。当探针完整时，由于报告基团和淬灭基团的位置很接近，使荧光受到抑制而检测不到荧光信号在 PCR 过程中上游和下游引物与目标 DNA 的特定序列结合，Taqman 探针则与 PCR 产物相结合。TaqDNA 聚合酶的 5′→3′外切活性将 Taqman 探针水解。报告基团和淬灭基团由于探针水解而相互分开，导致报告基团信号的增加，报告基团信号的增加可被检测系统检测到，它是模板被 PCR 扩增的直接标志。当信号增加到某一阈值时，此时的循环次数(Ct 值)就记录下来。该循环次数(Ct 值)和 PCR 体系中起始 DNA 量的对数值有严格的线形关系。利用阳性梯度标准品的Ct值以及系列定量模板DNA的PCR反应制成标准曲线，再根据样品的Ct值就可以准确确定起始DNA的数量。

(2)扩增的特异性检验中，利用7种16 S rRNA基因序列与假单胞菌相似度最高的非假单胞菌(包括革兰氏阴性菌和革兰氏阳性菌)来检验扩增的特异性。实时定量PCR的分析结果显示：5种假单胞菌的Ct值为15～18，而其中非假单胞菌的Ct值是30～35，与无模板的对照组一样，都已经超出了生成的标准曲线的范围，可以忽略。

(3)PCR反应加样时一定要避免污染，因为染料的扩散将会造成PCR反应本底信号的过高，影响PCR反应信号的判断。因为是要进行定量分析，所以标准曲线的平行样品间不能误差太大，PCR管中不能存在气泡。

10.3.3 食品中有害微生物多重PCR检测技术

一般PCR仅应用一对引物，通过PCR扩增产生一个核酸片段，主要用于单一致病因子等的鉴定。多重PCR(multiplex PCR)，又称多重引物PCR或复合PCR，它是在同一PCR反应体系里加上2对以上引物，同时扩增出多个核酸片段的PCR反应，其反应原理、反应试剂和操作过程与一般PCR相同。

多重PCR具有：①高效性。在同一PCR反应管内同时检出多种病原微生物，或对有多个型别的目的基因进行分型，特别是用一滴血就可检测多种病原体。②系统性。很适宜于成组病原体的检测，如肝炎病毒，肠道致病性细菌，性病，无芽孢厌氧菌，战伤感染细菌及细菌战剂的同时侦检。③经济简便性。多种病原体在同一反应管内同时检出，将大大地节省时间，节省试剂，节约经费开支，为临床提供更多更准确的诊断信息。

通常采用的多重PCR技术主要是通过对不同大小的目的条带进行扩增检测，目的条带大小必须区分开，才能够通过琼脂糖凝胶来检测。这就要求目的条带的扩增效率在不同引物竞争存在的条件下必须相差很小，并且目的条带也不能够太长，否则不同引物之间的PCR反应条件很难统一，一般最大片段不超过500 bp，最长也不超过800 bp。尽管这种方法很适合定性检测，但是这种方法一般检测限比较低。采用实时定量PCR技术对目的条带的检测具有极高的灵敏度和特异性，并且能够进行准确定量。此外，实时定量PCR体系不需要后续的分析操作过程，这就极大地减少了产物之间交叉污染的概率，并且使得大规模检测成为可能。在实时定量荧光探针PCR检测过程中，做多重PCR反应需要对每个探针标记不同的荧光染料才行，但是目前很难获得那么多适合同时检测的染料，并且探针染料技术要求高，价格也很昂贵。SYBR Green Ⅰ是荧光检测PCR中最常使用的一种非特异性荧光染料，它能够和DNA双链的小沟紧密结合而发出荧光，最后荧光信号的强度与扩增出的目的条带的多少成正比，解决多重荧光探针PCR存在的问题。SYBR Green Ⅰ荧光PCR检测可以通过随后的熔解曲线来检测扩增出的目的条带的特异性和目的条带的多少和强弱。尽管SYBR Green Ⅰ荧光PCR检测不能像荧光探针一样提供序列特异性的检测，但是它却可以给出每个扩增条带一个特征的熔点值。熔点值就像扩增片段的大小一样成为多重PCR检测的依据。这也使得依据熔点不同而建立的多重PCR成为可能。使用定量PCR自动对扩增结果进行熔解曲线分析就省去了传统PCR技术需要的凝胶检测过程。这种方法一旦建立就会为快速检测领域提供一种有效、可靠、低成本的检测方法。

传统的多重PCR需要很多高浓度的引物在一个PCR反应管中进行反应，常常出现竞争抑制现象，从而导致多重反应的失败。通用引物多重 PCR 检测技术则只使用一条引物来扩增几个不同大小的 PCR 片段，而设计的特异性扩增引物的浓度仅需要使用相当于原浓度的百分之一或者千分之一。该方法克服了传统多重 PCR 的缺点。目前正在被应用于微生物致病菌、转基因产品以及肉类品种的鉴定上。

10.3.3.1　食品中霍乱弧菌 *rtxA*、*epsM*、*mshA* 和 *tcpA* 四种基因的 SYBR Green Ⅰ 多重 PCR 检测技术

1. 实验目的

通过本试验初步明确 SYBR Green Ⅰ多重 PCR 的检测原理。了解该方法与传统多重 PCR 相比有哪些优点。

2. 实验原理

SYBR Green Ⅰ是一种在实时定量 PCR 检测中广泛使用的 DNA 结合染料。PCR 结果可以通过熔解曲线分析来鉴定而不再需要使用传统的琼脂糖凝胶电泳来鉴定，因为 PCR 特定扩增产物的熔解温度的特异性类似于琼脂糖凝胶电泳中的扩增条带的特异性。本研究建立了基于扩增产物熔解曲线分析的四重实时定量 PCR 对 *rtxA*、*epsM*、*mshA* 和 *tcpA* 四种基因的作物进行检测的方法。

3. 适用范围

适用于熔解曲线基本上没有重叠区域的几个扩增片段。

4. 试剂材料

（1）试验试剂　LightCycler FastStart DNA Master SYBR Green Ⅰ，引物及其浓度（进行过条件优化后确定的浓度）见表 10-3。

表 10-3　引物序列

目标基因	引物名称	引物序列（5′→3′）	引物大小/bp	扩增片段大小/bp	T_m/℃	引物浓度/(μmol/L)
*rtx*A	V1F	AGCAAGAGCATTGTTGTTCCTACC	24	120	85.25±0.55	0.08
	V1R	ACTTCCCTGTACCGCACTTAGAC	23			
epsM	V3F	TGGTTGATCGCTTGGCGCATC	21	145	87.4±0.50	0.15
	V3R	ATGGCAGCCTTTGAGTGAG	19			
mshA	V6F	ACACCTGGAACAGTTATTGATGGC	24	113	80.75±0.65	0.40
	V6R	TCACTCGAAGTATCTAGCGTTTGC	24			
tcpA	V7F	TGCAATGACACAAACTTATCGTAG	24	147	84.05±0.35	0.20
	V7R	CCCATAGCTGTACCAGTGAAAG	22			

（2）试验材料　霍乱弧菌（或被霍乱弧菌侵染的食品）。

5. 仪器设备

荧光定量 PCR 仪；紫外/可见分光光度计。

6. 操作步骤

(1)模板 DNA 的制备。

(2)紫外分光光度计鉴定 DNA 提取质量。10 倍系列稀释成相当于 $1\sim10^9$ cfu/mL 的菌量作为模板待用。

(3)荧光定量 PCR 扩增。以熔解曲线为基础的多重 SYBR GREEN PCR 反应条件如下:反应体系为 25 μL,3 μL of LightCycler FastStart DNA Master SYBR Green Ⅰ,4.0 mmol/L $MgCl_2$(终浓度),1 μL 模板 DNA。扩增条件设置为:2 min/50 ℃,10 min/95 ℃,35 个循环:15 s/95 ℃,30 s/60 ℃,30 s/72 ℃。PCR 扩增结束后,T_m 熔解曲线分析程序接着被执行(降低到 60 ℃之后升温到 95 ℃,升温速率为 0.2 ℃/s)。

(4)观察反应曲线,记录待测样品的 Ct 值。

(5)察看熔解曲线,分析 PCR 反应扩增的特异性以及四重反应条件下熔解曲线的区分度。

7. 结果分析

(1)根据反应体系中阴性对照的污染状况来分析本次 PCR 反应体系的正常与否。如果反应正常,观察反应曲线,记录待测样品的 Ct 值,与单重的阳性对照比较看是否正常。

(2)根据熔解曲线峰值的温度不同来区分目的基因的扩增情况,结果见图 10-6 和图 10-7。

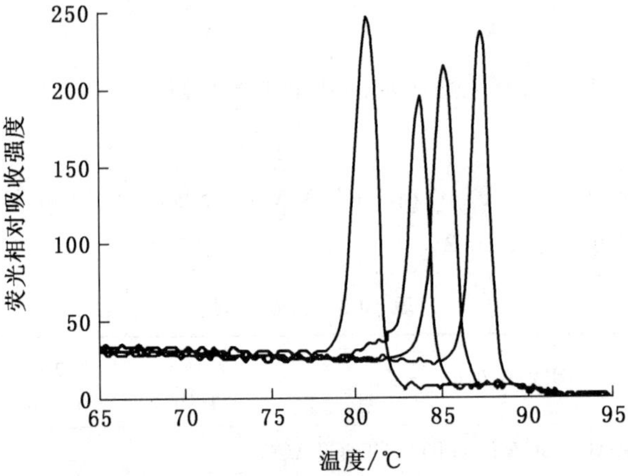

图 10-6 四种基因扩增产物熔解曲线的整合图

8. 方法分析与评价

(1)多重鉴定的必要性:霍乱是一种严重的肠道疾病,霍乱弧菌的 *rtxA* 基因、*epsM* 基因、*mshA* 基因、*tcpA* 基因是表达霍乱毒性的潜在的四个基因,因此需要多重鉴定。

(2)首先用 *rtxA* 基因、*epsM* 基因、*mshA* 基因、*tcpA* 基因的引物来进行四重 PCR 体系的实验,通过单个 PCR 反应,确定了每对引物扩增产物的确切熔解温度,只有单个熔解温度确定了后,才能够进行随后的四重 PCR 的条件的摸索。由图可以看出,这两个引物的熔解温度相差很大,并且基本上没有重叠区域。在目的条带不变的情况下,优化了四重 PCR 反应体系中的引物浓度,通过计算熔解曲线的曲线面积使得每对引物具有相似的扩增效率,在每对模板量基本相同的情况下,使得二重 PCR 反应结束时的产物的量大致相当。

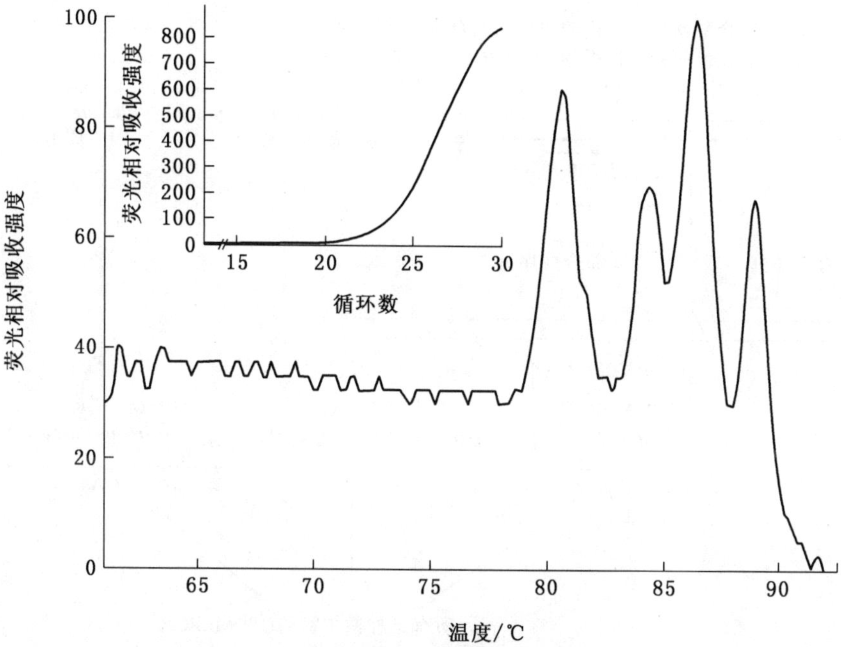

图 10-7　对霍乱弧菌四种基因的扩增熔解曲线

（图中出现的荧光峰值代表各自的熔点）

(3)PCR 反应加样时一定要避免污染，因为染料的扩散将会造成 PCR 反应本底信号的过高，影响 PCR 反应信号的判断。因为是用封膜管进行反应的，PCR 管不能通过离心来混匀及去除气泡，因此加样时一定要确保混匀以及管中没有气泡存在。

10.3.3.2　食品中大肠杆菌、李斯特菌和沙门氏菌通用引物多重 PCR 检测技术

1. 方法目的

了解通用引物多重 PCR 的检测原理，学习该方法与传统多重 PCR 相比具有的特点。

2. 原理

通用引物多重 PCR 方法（图 10-8，彩图 10-8）和传统的多重 PCR 检测方法一样需要根据条带的大小来检测目的基因的存在与否。传统的多重 PCR 需要很多高浓度的引物在一个 PCR 反应管中进行反应，常常出现竞争抑制现象导致多重反应的失败。通用引物多重 PCR 检测技术则只使用一条引物来扩增几个不同大小的 PCR 片段，而设计的特异性扩增引物的浓度仅需要使用相当于原浓度的百分之一或者千分之一。

3. 适用范围

同时检测食品基质中的几种微生物。

4. 试剂材料

(1)实验材料　大肠杆菌 BL21，李斯特菌，沙门氏菌。

(2)实验试剂　Taq DNA 聚合酶购自北京鼎国生物技术公司；引物由上海生工生物技术服务有限公司合成，每管 1 OD 加水至 10 μL，见表 10-4。

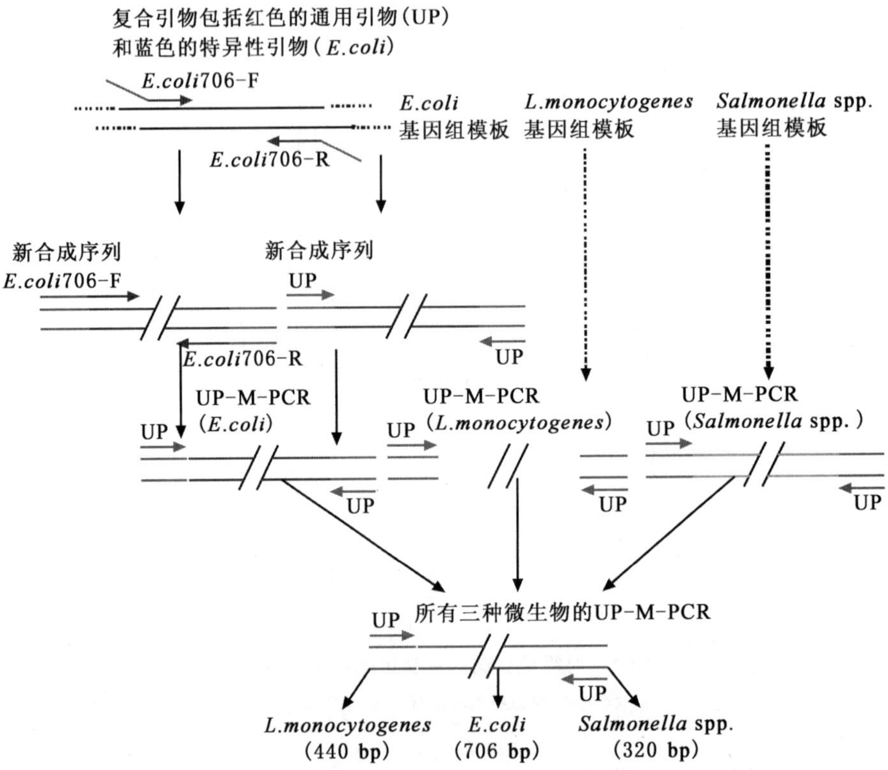

图 10-8 通用引物多重 PCR 的原理图

表 10-4 本实验中所用的引物序列

菌株	引物名称	序列	条带大小
E. coli	Ecoli706-F	CCTTCCTTCCTTCCCCCCACCTGCGTTGCGTAAATA	706
	Ecoli706-R	CCTTCCTTCCTTCCCCCCGGGCGGGAGAAGTTGATG	
L. monocytogenes	LM440-F	CCTTCCTTCCTTCCCCCCATCATCGACGGCAACCTCGGAGAC	440
	LM440-R	CCTTCCTTCCTTCCCCCCCACCATTCCCAAGCTAAACCAGTGC	
Salmonella spp.	Sal320-F	CCTTCCTTCCTTCCCCCCGTGAAATTATCGCCACGTTCGGGCAA	320
	Sal320-R	CCTTCCTTCCTTCCCCCCTCATCGCACCGTCAAAGGAACC	
Universal primer	UP24	CCTTCCTTCCTTCCCCCC	

5. 仪器设备

PCR 基因扩增仪,紫外/可见分光光度计。

6. 操作步骤

(1)模板 DNA 的制备。

(2)紫外分光光度计鉴定 DNA 提取质量。

(3)单重和多重 PCR 扩增。反应体系为 30 μL,1×buffer Ⅱ(100 mmol/L Tris-HCl,pH 8.3,500 mmol/L KCl),10 μmol/L 探针,1.8 mmol/L $MgCl_2$,200 mmol/L dNTPs,1 单位的 AmpliTaq Gold DNA polymerase,0.4 单位的 AmpErase uracil N-glycosylas,正向引物和反向引物的终浓度均为 0.02 μmol/L。不同浓度的基因组 DNA。通用引物浓度为 0.2 mmol/L。

(4)PCR 扩增仪的条件设置:4 min/95 ℃,40 个循环:20 s/95 ℃,30 s/60 ℃,40 s/72 ℃。

(5)反应结束后琼脂糖凝胶电泳分析 PCR 产物。

(6)观察电泳条带,分析目的条带以及样品中菌相组成。

7. 结果分析

根据电泳结果目的条带出现的位置来分析样品中的这三种菌的菌相组成见图 10-9。

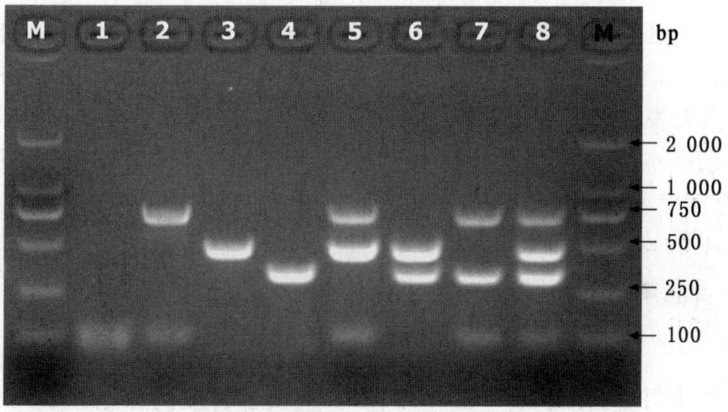

图 10-9　通用多重 PCR 体系检测三种微生物

M:DL2000 DNA Marker;1:阴性对照;2,3 和 4:UP-M-PCR 扩增 *E. coli*,*L. monocytogenes* and *Salmonella* spp. DNA(100 pg);5:UP-M-PCR 扩增 *E. coli* /*L. monocytogenes* L. DNA(100 pg);6:*L. monocytogenes*/*Salmonella* spp. DNA(100 pg);7:UP-M-PCR 扩增 *E. coli* /*Salmonella* spp. DNA(100 pg);8:UP-M-PCR 扩增 *E. coli* /*L. monocytogenes*/*Salmonella* spp. DNA(100 pg)

8. 方法分析与评价

(1)灵敏度:传统的多重 PCR 需要很多高浓度的引物在一个 PCR 反应管中进行反应,通用引物多重 PCR 检测技术则只使用一条引物来扩增几个不同大小的 PCR 片段,而设计的特异性扩增引物的浓度仅需要使用相当于原浓度的百分之一或者千分之一,灵敏度提高。

(2)扩增效率:传统 PCR 因为引物的不同,导致扩增效率的差异。改用通用引物后,PCR 的扩增效率的差异降低。

(3)PCR 反应加样时一定要避免污染,因为染料的扩散将会造成 PCR 反应本底信号的过高,影响 PCR 反应信号的判断。

(4)通用引物的设计:通用引物的序列特异性以及 T_m 的高低对多重 PCR 的反应平衡以及扩增效率、特异性都有很大的影响。

10.3.4 食品中有害微生物 PCR-DGGE/TGGE 检测技术

10.3.4.1 DGGE/TGGE 基本原理

双链 DNA 分子在一般的聚丙烯酰胺凝胶电泳时，其迁移行为决定于其分子大小和电荷。不同长度的 DNA 片段能够被区分开，但同样长度的 DNA 片段在胶中的迁移行为一样，因此不能被区分。DNA 分子双螺旋结构是由氢键和碱基的疏水作用共同作用的结果。温度、有机溶剂和 pH 等因素可以使氢键受到破坏，导致双链变性为单链。不同的双链 DNA 片段因为其序列组成不同，所以其解链区域及各解链区域的解链浓度也是不一样的。当它们进行 DGGE 时，一开始变性剂浓度较小，不能使双链 DNA 片段最低的解链区域解链，此时 DNA 片段的迁移行为和在一般的聚丙烯酰胺凝胶中一样。然而一旦 DNA 片段迁移到一特定位置，其变性剂浓度刚好能使双链 DNA 片段最低的解链区域解链时，双链 DNA 片段最低的解链区域立即发生解链。部分解链的 DNA 片段在胶中的迁移速率会急剧降低。因此，同样长度但序列不同的 DNA 片段会在胶中不同位置处达到各自最低解链区域的解链浓度，因此它们会在胶中的不同位置处发生部分解链导致迁移速率大大下降，从而在胶中被区分开来。

TGGE 技术的基本原理与 DGGE 技术相似，含有高浓度甲醛和尿素的凝胶温度梯度呈线性增加，这样的温度梯度凝胶可以有效分离 PCR 产物及目的片段。TGGE 技术与化学变性剂形成梯度的 DGGE 技术相比，梯度形成更加便捷，重现性更强。

10.3.4.2 食品中腐败菌的 PCR-DGGE 检测技术

1. 方法目的

通过本实验初步明确通用引物 PCR（UPPCR）与变性梯度凝胶电泳联用检测的原理。了解该方法与传统多重 PCR 相比有哪些优点。

2. 原理

DGGE 检测是通过不同序列的 DNA 片段在各自相应的变性剂浓度下变性，发生空间构型的变化，导致电泳速度的急剧下降，最后在相应的变性剂梯度位置停滞，经过染色后可以在凝胶上呈现为分散的条带。该技术可以分辨具有相同或相近分子量的目的片段序列差异。需要注意的是，一旦变性剂浓度达到 DNA 片段最高的解链区域温度时，DNA 片段会完全解链，成为单链 DNA 分子，此时它们又能在胶中继续迁移。因此如果不同 DNA 片段的序列差异发生在最高的解链区域时，这些片段就不能被区分开来。在 DNA 片段的一端加入一段富含 GC 的 DNA 片段（GC 夹子，一般 30～50 个碱基对）可以解决这个问题。含有 GC 夹子的 DNA 片段最高的解链区域在 GC 夹子这一段序列处，它的解链浓度很高，可以防止 DNA 片段在 DGGE 胶中完全解链。当加了 GC 夹子后，DNA 片段中基本上每个碱基处的序列差异都能被区分开，所以要设计 GC 夹子。

3. 适用范围

此方法可检测一种食品基质中的多种有害微生物。

4. 试剂材料

(1)实验试剂　实验中所用的引物见表 10-5。

表 10-5　本实验中所用的引物序列

引物方向	名称	序列	长度/bp	位置/bp
正向引物	EUB f933	GCACAAGCGGTGGAGCATGTGG	22	933～954
反向引物	r1387	GCCCGGGAACGTATTCACCG	20	1 368～1 387
GC 夹子	GC-clamp	CGCCCGCCGCGCGCGGCGGGCG GGGCGGGGGCACGGGGGG	40	f933 的 5′前
GC-clamp-EUBf933		CGCCCGCCGCGCGCGGCGGGCG GGGCGGGGGCACGGGGGGGCACA AGCGGTGGAGCATGTGG		

(2)实验材料　可通过水产品得到的主要有害菌荧光假单胞菌(*Pseudomonas fluorescens*)，弧菌(*Vibrio anguillarum*)，嗜水气单胞菌(*Aeromonas hydrophila*)，河弧菌(*Vibrio fluvialis*)，登斯菌和气单胞菌(*Providencia rettgeri* 和 *Aeromonas sobria*)。

5. 仪器设备

DGGE 仪(Bio-Rad)，Fluor-Sk MultiImager(Bio-Rad)，DGGE on a Dcodek system for DGGE(Bio-Rad)。

6. 测定步骤

(1)模板 DNA 的制备　所有的菌在 28 ℃下培养 12～13 h，取能被 0.5 mL 整除体积的培养物 1 000g 离心 20 min，得到的菌体沉淀用超纯水清洗，之后将菌体悬浮在 0.8 mL 的灭菌超纯水中，在沸水浴中 10 min，得到变性的细菌 DNA。3 500g 离心 10 min，15 μL 的上清作为模板，混合菌群中的 15 μL 的上清作为混合模板。

(2)PCR 扩增　以 Taqman 探针为基础的定量 PCR 反应条件：反应体系为 25 μL，2.5 μL 10× PCR buffer，0.7 μL $MgCl_2$ (25 mmol/L)，0.5 μL dNTPs (10 mmol/L)，每个引物 0.085 μL (74 μmol/L)，0.2 μLTaq 聚合酶(5 U/μL)，15 μL 上述模板，加灭菌水至 25 μL。降落 PCR 扩增仪的条件设置为：10 min/95 ℃；预变性 1 min/94 ℃；退火时间为 1 min，原始温度设为 68 ℃，之后的每一个循环降低 0.5 ℃，直至达到 58 ℃，退火温度为 58 ℃时额外设 20 个循环；延伸 3 min/72 ℃；10 min/72 ℃。

(3)DGGE 电泳　通用引物 PCR 16S rDNA 扩增片段点在 6.5%的聚丙烯酰胺凝胶上(变性梯度范围为 40%～60%，100%的变性剂包括 7 mol/L 尿素和 40%的甲酰胺)，电泳缓冲液为 1×TAE，温度为 60 ℃，20 V/20 min 之后为 100 V/12 h。

(4)染色　电泳后，凝胶用 EB 染色。

(5)检测　用 Fluor-Sk MultiImager (Bio Rad, USA)照相检测。

7. 结果分析

(1)UPPCR 结果见图 10-10。所有 6 种水产品以及混合细胞培养的混样中的腐败菌的 16S rDNA 片段可以成功扩增，片段大小为 500 bp 左右。泳道 M：marker；泳道 1：混合模板扩增产物；泳道 2：*P. fluorescens*；泳道 3：*V. anguillarum*；泳道 4：*V. fluvialis*；泳道 5：*A. hydrophila*；泳道 6：*P. rettgeri*；泳道 7：*A. sobria*。

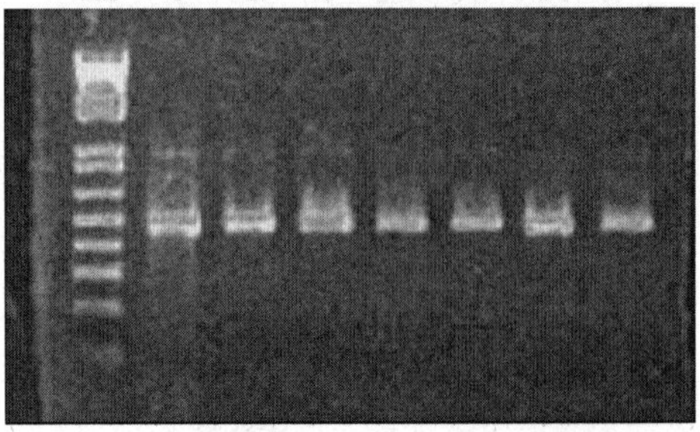

图 10-10 细菌 16S rRNA 基因的 UPPCR 扩增结果(1.5%的凝胶)

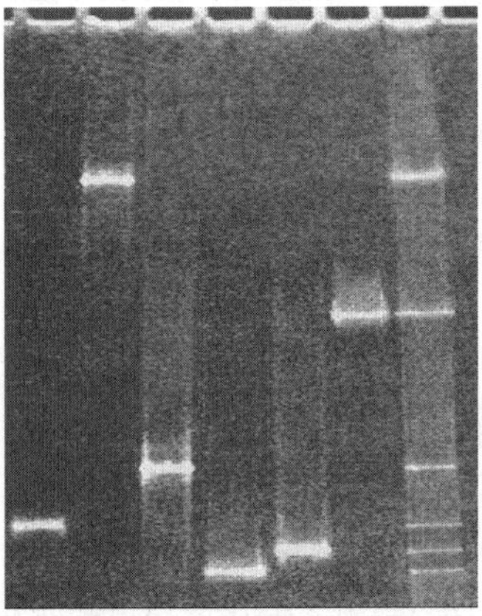

图 10-11 DGGE 结果

(2)DGGE 的结果见图 10-11。所有条带都分离得很清晰,甚至同一个气单胞菌属(泳道 4 和 6)都显示出相当不同的迁移率。混合模板的扩增产物可以通过 DGGE 来分离,而且混合模板(泳道 7)和各个单独模板(泳道 1~6)的条带都可以对应上。

8. 方法分析及评价

(1)UPPCR 引物 GC-clamp-EUB f933 和 EUB r1387 能够使所有 6 种样品中的腐败菌的 16S rDNA 片段成功扩增,混合细胞培养的混样也可以扩增,片段大小为 500 bp 左右,不同细菌的相同 Mg^{2+}(此处是 0.7 mmol/L)简化了 UPPCR 的程序。但是,通过凝胶电泳并不能进一步识别这几种细菌,而通用引物 PCR 与 DGGE 联用可以解决这个问题。

(2)DGGE 检测的有效性 用来分析 UPPCR 产物,所有条带都分离得很清晰,并且混合模板的扩增产物可以通过 DGGE 来分离,而且混合模板和各个单独模板的条带都可以对应上。证明 DGGE 可以有效地分离共同培养细菌模板的不同的 16 S rDNA 扩增片段,DGGE 可以有效地区别混合模板 PCR 扩增产物的不同条带。

(3)DGGE 检测的灵敏性 DGGE 的检测灵敏度很高,在相同的条件下,用传统的 SSCP 法进行检测,条带远不如 DGGE 清晰可见。

10.3.5 食品中有害微生物 MPCR-DHPLC 检测技术

10.3.5.1 DHPLC 基本原理

变性高效液相色谱技术(DHPLC)是在高压闭合液相流路中,将 DNA 样品自动注入并在缓冲液携带下流过 DNA 分离柱,通过缓冲液的不同梯度变化,在不同柱温度条件下实现对 DNA 片段的分析;由紫外或荧光检测分离的 DNA 样品,部分收集器可根据需要自动收集被分离后的 DNA 样品(图 10-12,彩图 10-12)。

离子对反向高效液相色谱法:①在不变性的温度条件下,检测并分离分子量不同的双链 DNA 分子或分析具有长度多态性的片段,类似 RFLP 分析,也可进行定量 RT2 PCR 及微卫星不稳定性测定(MSI);②在充分变性温度条件下,可以区分单链 DNA 或 RNA 分子,适用于寡核苷酸探针合成纯度分析和质量控制;③在部分变性的温度条件下,变异型和野生型的

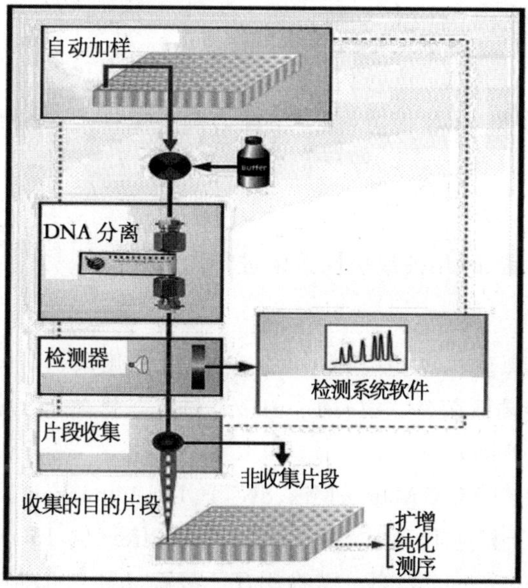

图 10-12 DHPLC 基本流程

PCR 产物经过变性复性过程，不仅分别形成同源双链，同时也错配形成异源双链，根据柱子保留时间的不同将同源双链和异源双链分离，从而识别变异型。根据这一原理，可进行基因突变检测、单核苷酸多态性分析(SNPs)等方面的研究。

DHPLC 在微生物基因分型和鉴定中的应用：许多病菌具有不同的基因型，它们的致病性差异很大，可能具有遗传基因都非常相似的特征，使得细菌的准确分型面临很大的技术难点。在对疫情暴发控制中，从菌株水平确定病原菌是至关重要的，只有了解了致病菌株才能正确选择抗菌药物，追踪病菌的来源。DHPLC 通过对具有细微差异的 DNA 序列的分析可以从菌株水平识别病原菌。从临床治疗的角度来看，准确确定致病微生物的种类具有重要的价值，它可以保证用药的有效性。DHPLC 技术能有效地识别病原微生物。利用通用 PCR 引物从多种细菌的 16S rRNA 基因中扩增含有高度变异序列的片段，将这些来自不同种类细菌的扩增产物与参照菌株的扩增产物混合后进行 DHPLC 检测，会产生一个独特的色谱峰图，可以作为鉴定细菌种类的分子指纹图谱。

DHPLC 对混合微生物样品的分离鉴定：在日常微生物的检测和鉴定工作中，常常是对混合样品中的微生物进行鉴定。比如常见的污染食物的微生物有十几种，对于一个污染的食物样本，我们需要对所有可能污染的病菌进行鉴定，因而需要一种简单、快速、灵敏的检测技术。DHPLC 技术在这方面显示了其良好的应用价值。利用 DHPLC 能灵敏检测 DNA 序列差异的特性结合细菌 16S rDNA 基因分型的原理，在属和种的水平上进行细菌鉴定，在部分难以鉴定的菌种间，辅以其他细菌 DNA 靶点进行进一步的分析，不同的细菌显示特异的 DHPLC 峰型，从而得到分离和鉴定。

10.3.5.2 食品中 5 种致病弧菌 MPCR-DHPLC 检测技术

1. *方法目的*

通过本试验初步明确采用变性高效液相色谱对多重 PCR 产物进行快速检测的原理，并对

5 种致病性弧菌进行 MPCR-DHPLC 检测。

2. 原理

对几种致病菌进行多重 PCR 扩增，在不变性的温度条件下，检测并分离分子量不同的双链 DNA 分子。

3. 适用范围

对食品（主要是海产品）的几种致病性弧菌进行同时检测。

4. 试剂材料

(1)实验材料　霍乱弧菌(*Vibrio cholerae*)、副溶血性弧菌(*V. parahaemolyticus*)、创伤弧菌(*V. vulnificus*)、溶藻弧菌(*V. alginolyticus*)和拟态弧菌(*V. mimicus*)，被此几类致病弧菌污染的食品（多为水产品）。

(2)实验试剂　2×Taq PCR MasterMix、dNTP、DNA marker Ⅰ，厦门泰京公司；细菌基因组 DNA 提取试剂盒，天根生化科技有限公司；5×Buffer（含 15 mmol/L $MgCl_2$）、Go Taq DNA 聚合酶(5 U/μL) Promega 公司。引物用 TE 溶液(pH 8.0)稀释至浓度为 10 μmol/L。－20 ℃保存备用，见表 10-6。

表 10-6　本实验中所用的引物序列

弧菌	扩增基因	引物名称	序列(5′→3′)	产物大小/bp
副溶血弧菌(*V. p*)	不耐热溶血毒素基因	TLH-F	AAAGCGGATTATGCAGAAGCACTG	450
		TLH-R	GCTACTTTCTAGCATTTTCTCTGC	
溶藻弧菌(*V. a*)	胶原酶基因	VAC-F	CTTATGGGACTTCGGTGATGGCT	210
		VAC-R	CGCCCACCGCTTACTTTACTTTG	
创伤弧菌(*V. v*)	溶细胞素基因	VVHA-F	TTGGTCCATTCGCCAGCAGTTAC	582
		VVHA-R	TGTTGGTTGACGAGCCCGCAGAG	
霍乱弧菌(*V. c*)	胶原酶基因	VCC-F	CCTAATGAGCAACCGACTATCAAAGA	155
		VCC-R	TGTTCTGAAGCGGTGAGCCATAC	
拟态弧菌(*V. m*)	溶血素基因	VMH-F	AAGGGAAAGTGAATCAGCAGCGAGTA	243
		VMH-R	CGACCATTTGTTGACGCCCATCT	

5. 仪器设备

变性高效液相色谱，PCR，离心机。

6. 操作步骤

(1)DNA 的提取。各取 100 μL 弧菌菌悬液，接种于 4 mL 3%NaCl 营养肉汤中，(37±1)℃培养过夜。取 1 mL 菌液，按照细菌基因组 DNA 提取试剂盒说明书提取 DNA，经 100 倍稀释后，于核酸蛋白分析仪上测定浓度，用 TE 溶液(pH 8.0)稀释至 50 ng/μL，－20 ℃保存备用。

(2)5 种弧菌间多重 PCR 反应体系的确立。检测 5 种弧菌中的 2 种共有 10 个组合，3 种的共有 10 个组合，4 种的有 5 个组合。各组合的 PCR 反应体系中，2× TaqPCR MasterMix 15 μL，相应的 DNA 各 1 μL，各引物用量如下：二重 PCR，除 *V. m* 与 4 种弧菌的组合对应的体积比为(1∶2)外，其他组合均为(1∶1)；三重 PCR，*V. c*+*V. p*+*V. v* 为(1∶1∶1)，*V. c*+*V. p*+*V. a*、*V. c*+*V. v*+*V. a*、*V. v*+*V. p*+*V. a* 均为(1∶1∶2)，*V. m*+*V. p*+*V. c*、*V. m*+*V. p*+*V. v*、*V. m*+*V. c*+*V. v* 均为(1∶2∶2)，*V. m*+*V. p*+*V. a*、*V. m*+*V. v*+*V. a*、*V. m*+*V. c*+*V. a* 均为(1∶2∶4)；四重 PCR，*V. p*+*V. v*+*V. c*+*V. a* 为(1∶1∶1∶2)，*V. m*+*V. p*+*V. v*+*V. c* 为(1∶2∶2∶2)，*V. m*+*V. p*+*V. v*+*V. a*、*V. m*+*V. p*+*V. c*+*V. a*、*V. m*+*V. v*+*V. c*+*V. a* 均为(1∶2∶2∶4)(1 代表 0.4 μL)；ddH$_2$O 补足至 30 μL。五重 PCR 反应体系包括：2× Taq PCR MasterMix 15 μL，Go Taq DNA 聚合酶 0.2 μL，dNTP 0.4 μL，*V. m* 的引物为 0.4 μL，*V. p*、*V. c*、*V. v* 的引物均为 0.8 μL，*V. a* 的引物为 1.6 μL，DNA 各 1 μL，ddH$_2$O 0.6 μL。PCR 反应条件为：94 ℃预变性 3 min；94 ℃变性 1 min，60 ℃退火 1 min，72 ℃延伸 1 min，40 个循环；72 ℃延伸 7 min。反应结束后，取 10 μL PCR 产物，经 22 mg/mL 琼脂糖凝胶电泳(98 V，50 min)检测。

(3)MPCR-DHPLC 方法的建立。PCR 反应体系中，5× Buffer 6 μL，各组合的引物用量各 1 μL，Go Taq DNA 聚合酶和 dNTP 的用量如下：二重 PCR，酶 0.4 μL，dNTP 0.6 μL；三重 PCR，酶 0.5 μL，dNTP 1.2 μL；四重 PCR，酶 0.7 μL，dNTP 1.2 μL；五重 PCR，酶 1.0 μL，dNTP 1.8 μL；ddH$_2$O 补足到 3.0 μL。反应结束后，PCR 产物进行 DHPLC 检测，上样量 5 μL，洗脱液由缓冲液 A(0.1 mmol/L 的 TEAA)和缓冲液 B(0.1 mmol/L 的 TEAA，含 25%的乙腈)组成，以 0.9 mL/ min 的流速在 50 ℃下自动洗脱 DNA 分子，跑样时间为 20 min，用峰对应的碱基对大小来判断 PCR 产物是否正确。

(4)将建立的 MPCR-DHPLC 检测方法用于食品中这几种致病弧菌的检测。取样 25 g，加到 225 mL 碱性蛋白胨水中，均质，(37±1)℃培养 24 h。摇匀，吸取 1 mL 增菌液，12 000 r/min 离心 1 min，弃上清液。若沉淀太少，再取 1 mL 增菌液，离心。沉淀用试剂盒法提取 DNA。根据样品检测项目，应用相应的 MPCR-DHPLC 检测其中的弧菌。

7. 结果分析

图 10-13 是部分 MPCR-DHPLC 的检测结果，峰值大小与预期的基本吻合，各峰分离清楚，无其他峰产生，表明建立的 MPCR-DHPLC 检测方法是可行的。

8. 方法分析与评价

(1)由于在食品样品中如海(水)产品检测中，经常是一份样品同时检测几种致病性弧菌，因此有必要研究一种可同时、快速检测多种致病性弧菌的方法。目前快速检测病原菌的主要方法是 PCR，但传统的 PCR 方法一次只能检测一种致病菌。MPCR 方法近年来也在弧菌的检测上得到应用，在一个 PCR 管中同时扩增多种弧菌，但都是用凝胶电泳法检测其产物。DHPLC 是一种用于快速、自动和高通量检测核酸的先进技术，可以对单链和双链核酸进行快速、准确、自动化地分离、分析和定量。实验将 MPCR 与 DHPLC 技术联用，用于食品中多种弧菌的同时检测。采用多重 PCR 检测食品中多种致病性弧菌，然后利用 DHPLC 技术，一次可以自动分析数百个样品，可减少工作量，缩短检测时间，提高检测准确率，达到快速、高通量检测食品中致病性弧菌的目的。

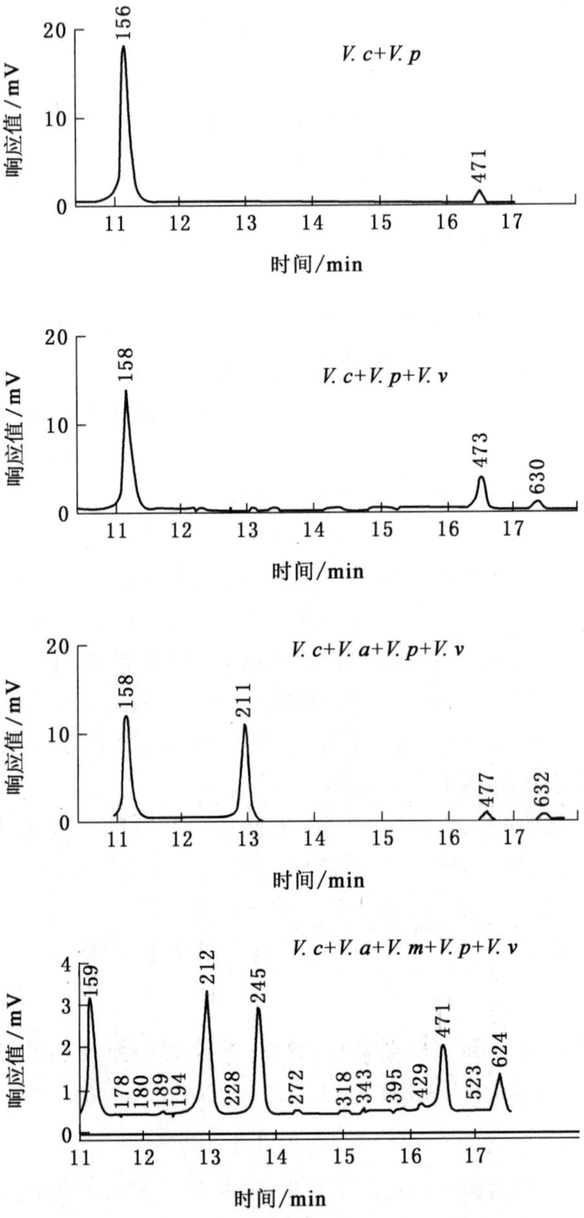

图 10-13 部分 MPCR-DHPLC 的检测结果

(2)DHPLC 图谱中峰面积与 PCR 产物的量成正比。以平时检测较多的霍乱弧菌、溶藻弧菌和副溶血性弧菌为例,对霍乱弧菌和副溶血性弧菌、溶藻弧菌和副溶血性弧菌间的二重 PCR-DHPLC 检测灵敏度进行了测定,随着菌含量的减少,DHPLC 结果显示的特异峰的面积越来越小,霍乱弧菌和副溶血性弧菌的二重 PCR-DHPLC 最低能检测到 35 cfu/mL 霍乱弧菌和 37 cfu/mL 副溶血性弧菌,溶藻弧菌和副溶血性弧菌的二重 PCR-DHPLC 最低能检测到 52 cfu/mL 溶藻弧菌和 37 cfu/mL 副溶血性弧菌,即灵敏度均可达到 100 cfu/mL,这与各弧菌单一 PCR 凝胶电泳检测的灵敏度相同。

10.4　食品中有害微生物 ELISA 快速检测技术

10.4.1　ELISA 技术概述

1. ELISA 技术基本原理

ELISA 检测技术的基础是抗原或抗体的固相化及抗原或抗体的酶标记。结合在固相载体表面的抗原或抗体仍然保持其免疫学活性，酶标记的抗原或抗体既保留其免疫学活性，又保留酶的活性。在测定时，受测试物质（测定其中的抗体或抗原）与固相载体表面的抗原或抗体起反应。用洗涤的方法使固相载体上形成的抗原抗体复合物与液体中的其他物质分开。再加入酶标记的抗原或抗体，反应而结合在固相载体上。此时固相上的酶量与标本中受检物质的量呈一定的比例。加入酶反应的底物后，底物被酶催化成为有色产物，产物的量与标本中受检物质的量直接相关，故可根据呈色的深浅进行定性或定量分析。由于酶的催化效率很高，间接地放大了免疫反应的结果，提高了方法的灵敏度。

ELISA 检测技术是最常用的一项免疫学测定技术，该种方法具有很多优点：特异性强，灵敏度高，样品易于保存，结果易于观察，可以定量测定，仪器和试剂简单。ELISA 可用于测定抗原，也可用于测定抗体。根据试剂的来源和标本的情况及检测的具体条件，可设计出各种不同类型的检测方法。用于临床检验的 ELISA 主要有以下几种类型：双抗体夹心法测抗原，双抗原夹心法测抗体，间接法测抗体，竞争法测抗体，竞争法测抗原。

双抗体夹心法测抗原是目前检测抗原最常用的方法，在各种检验中，此法适用于测试各种蛋白质、DNA 等大分子抗原，例如过敏原蛋白、毒素蛋白等。只要获得针对测试抗原的异性抗体，就可用于包被固相载体和制备酶结合物而建立此法。如抗体的来源为抗血清，包被和酶标用的抗体最好分别取自不同种属的动物，一般采用小鼠和新西兰大白兔。如果应用单克隆抗体，则一般选择两个针对抗原上不同决定簇的单抗，分别用于包被固相载体和制备酶结合物。这种双位点夹心法具有很高的特异性，而且可以将测试样品和酶标抗体一起保温，作一步检测（图 10-14，彩图 10-14）。

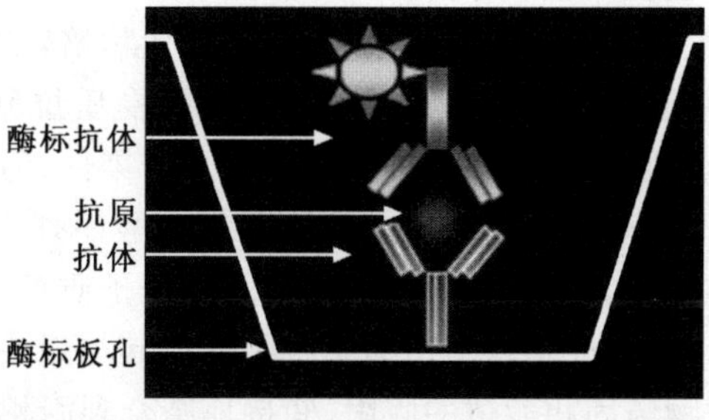

图 10-14　双抗体夹心法测抗原

双抗体夹心法适用于测定二价或二价以上的大分子抗原，因其不能形成两位点夹心，不适用于测定半抗原及小分子单价抗原。

双抗原夹心法测抗体的反应模式与双抗体夹心法类似。用特异性抗原进行包被和制备酶结合物,以检测相应的抗体。与间接法测抗体的不同之处为以酶标抗原代替酶标抗抗体。此法中测试样品不需稀释,样品前处理简单,可直接用于测试,因此其敏感度相对高于间接法。此法关键在于酶标抗原的制备,应根据抗原结构的不同,寻找合适的标记方法。

间接法测抗体是检测抗体常用的方法。主要利用酶标记的抗体检测与固相抗原结合的测试抗体,故称为间接法,常用于对传染病诊断的病原体抗体的检测。间接法的优点是只要变换包被抗原就可利用同一酶标抗抗体检测相应抗体。间接法检测效果关键取决于抗原的纯度。虽然有时用粗提抗原包被也能取得实际有效的结果,但应尽可能地提高纯化度,以提高试验的特异性。

竞争法测抗原是测定小分子抗原或半抗原的最常用方法,因小分子抗原或半抗原缺乏可作夹心法的两个以上的位点,因此不能用双抗体夹心法进行测定,可以采用竞争法模式。其原理是样品中的抗原和一定量的酶标抗原竞争与固相抗体结合。标本中抗原量含量愈多,结合在固相上的酶标抗原愈少,最后的显色也愈浅。小分子激素、食品中的兽药等 ELISA 测定多用此法。

2. ELISA 技术特点

(1)固相载体　在 ELISA 测定中作为吸附剂和容器,不参与具体的化学反应。ELISA 检测方法的载体材料很多,常用的有聚苯乙烯。聚苯乙烯具有较强的吸附蛋白质的性能,抗体或蛋白质抗原吸附其上后仍保留原来的免疫学活性,加之它的价格低廉,所以被普遍采用。ELISA 载体的形状主要有三种:微量滴定板、小珠和小试管。以 96 孔微量滴定板最为常用,专用于 EILSA 的产品称为 ELISA 板。

(2)包被的方式　将抗原或抗体固定在酶标板上的过程称之为包被(coating)。也就是说,包被即是抗原或抗体结合到固相载体表面的过程。包被过程是通过物理吸附结合的,靠的是蛋白质分子结构上的疏水基团与固相载体表面的疏水基团间的作用力。这种物理吸附是非特异性的,受蛋白质的分子量、等电点、浓度等的影响。载体对不同蛋白质的吸附能力是不相同的,大分子蛋白质较小分子蛋白质通常含有更多的疏水基团,故更易吸附到固相载体表面。脂类物质无法与固相载体结合,但可在有机溶剂(例如乙醇)中溶解后加入 ELISA 板孔中,开盖置冰箱过夜或冷风吹干,待酒精挥发后,让脂质自然干燥在固相表面。

(3)包被用抗原　用于包被固相载体的抗原按其来源不同可分为天然抗原、重组抗原和合成多肽抗原三大类。天然抗原可取自各种动植物组织、微生物培养物等,须经提取纯化才能作包被用。重组抗原是抗原基因在生物工程菌株中表达的蛋白质抗原,多以大肠杆菌或酵母菌为表达体系。重组抗原优点(除工程菌成分外)杂质少、无传染性,但纯化技术难度较大。合成多肽抗原是根据蛋白质抗原分子的某一抗原决定簇的氨基酸序列人工合成的多肽片段,一般只含有一个抗原决定簇,纯度高,特异性也高,但由于相对分子质量太小,往往难以直接吸附于固相上。多肽抗原的包被一般需先通过蛋白质连接技术使其与无关蛋白质如牛血清白蛋白质(BSA)等偶联,借助于偶联物与固相载体的吸附,间接地结合到固相载体表面。

(4)包被用抗体　包被固相载体的抗体应具有高亲和力和高特异性,可取材于抗血清或含单克隆抗体的腹水或培养液。如免疫用抗原中含有杂质(即便是极微量的),必须除去(可用吸收法)后才能用于 ELISA,以保证试验的特异性。抗血清不能直接用于包被,应先提取 IgG,通常采用硫酸铵盐析和 Sephadex 凝胶过滤法。一般经硫酸铵盐析粗提的 IgG 已可用于包被,高度纯化的 IgG 性质不稳定。如需用高亲和力的抗体包被以提高试验的敏感性,则可采用亲和层析法以除去抗血清中含量较多的非特异性 IgG。腹水中单抗的浓度较高，特异性亦较强，因此不需要作吸收和亲和层析处理，一般可将腹水作适当稀释后直接包被，必要时也可用纯化的 IgG。应用单抗包被时应注意，一种单抗仅针对一种抗原决定簇，在某些情况下，用多种单抗混合包被，可取得更好的效果。

(5)包被条件　包被用抗原或抗体的浓度，包被的温度和时间，包被液的 pH 等应根据试验的特点和材料的性质而选定。抗体和蛋白质抗原一般采用 pH 9.6 的碳酸盐缓冲液作为稀释液，也有用 pH 7.2 的磷酸盐缓冲液及 pH 7～8 的 Tris-HCl 缓冲液作为稀释液的。通常在 ELISA 板孔中加入包被液后，在 4 ℃冰箱中放置过夜，37 ℃中保温 2 h 被认为具有同等包被效果。包被的最适当浓度随载体和包被物的性质可有很大的变化，每批材料需通过实验与酶结合物的浓度协调选定。一般蛋白质的包被浓度为 100 ng/mL 至 20 μg/mL。

(6)封闭　是继包被之后用高浓度的无关蛋白质溶液再包被的过程。抗原或抗体包被时所用的浓度较低，吸收后固相载体表面尚有未被占据的结合位点，封闭就是让大量不相关的蛋白质充填这些位点，从而排斥在 ELISA 其后的步骤中抗原和抗体干扰物质的再吸附。封闭的过程与包被相类似。最常用的封闭剂是 0.05%～0.5%的牛血清白蛋白，也有用 1%～5%的脱脂奶粉或 1%明胶作为封闭剂的。

(7)结合物　即酶标记的抗体(或抗原)，是 ELISA 中最关键的试剂。良好的结合物应该是既保持酶的催化活性，也保持抗体(或抗原)的免疫活性。结合物中酶与抗体(或抗原)之间有恰当的分子比例，在结合试剂中尽量不含有或少含有游离的(未结合的)酶或游离的抗体(或抗原)，结合物还应具有良好的稳定性。

(8)酶　用于 ELISA 的酶要求纯度高，催化反应的转化率高，专一性强，性质稳定，来源丰富，价格不贵，制备成酶结合物后仍继续保留它的活性部分和催化能力。最好在受检标本中不存在相同的酶。另外，它的相应底物易于制备和保存，价格低廉，有色产物易于测定。在 ELISA 中，常用的酶为辣根过氧化物酶(horseradish peroxidase，HRP)和碱性磷酸酶(alkaline phosohatase，AP)。国产 ELISA 试剂一般都用 HRP 制备结合物。

(9)酶的底物　主要指 HRP 的底物，因为 HRP 是目前最常用的酶。HRP 催化过氧化物的氧化反应，最具代表性的过氧化物为 H_2O_2，其反应式为：$DH_2+H_2O_2\rightarrow D+2H_2O$。式中，$DH_2$ 为供氢体，H_2O_2 为受氢体。在 ELISA 中，DH_2 一般为无色化合物，经酶作用后成为有色的产物，以便作比色测定。常用的供氢体有邻苯二胺(*o*-phenylenediamine，OPD)、四甲基联苯胺(3，3′，5，5′-tetramethylbenzidine，TMB)和 ABTS[2，2′-azino-di-(3-ethylbenziazobine sulfonate-6)]等。

OPD 氧化后的产物呈橙红色，用硫酸终止酶反应后，在 492 nm 处有最高吸收峰，灵敏度高，比色方便，是 HRP 结合物最常用的底物。OPD 本身难溶于水，OPD・2HCl 为水溶性。曾有报道 OPD 有致癌性，所以操作时应予注意。OPD 见光易变质，与过氧化氢混合成底物应用液后更不稳定，须现用现配。在试剂盒中，OPD 和 H_2O_2 一般分成二组分，OPD 可制成一定量的粉剂或片剂形式，片剂中含有发泡助溶剂，使用更为方便。过氧化氢则配入底物缓冲液中，制成易保存的浓缩液，使用时用蒸馏水稀释。先进的 ELISA 试剂盒中则直接配成含保护剂的工作浓度为 0.02% H_2O_2 的应用液，只需加入 OPD 后即可作为底物应用液。

TMB 经 HRP 作用后共产物显蓝色，目视对比鲜明。TMB 性质较稳定，可配成溶液试剂，只需与 H_2O_2 溶液混合即成应用液，可直接作底物使用。另外，TMB 无致癌性，在 ELISA

中应用日趋广泛。酶反应用 HCl 或 H_2SO_4 终止后，TMB 产物由蓝色呈黄色，可在波长为 405 nm 左右定量分析。

HRP 对氢受体的专一性很高，仅作用于 H_2O_2、小分子醇的过氧化物和尿素过氧化物。H_2O_2 应用最多，但尿素过氧化物为固体，作为试剂较 H_2O_2 方便、稳定。试剂盒供应尿素过氧化物片剂，用蒸馏水溶解后，在底物缓冲液中密闭、低温(28 ℃)可稳定 1 年。

(10)阳性对照品和阴性对照品　阳性对照和阴性对照是检验试验有效性的控制品，同时也作为判断结果的对照，因此阳性对照品的基本组成应尽量与检测样品的组成相一致。

10.4.2　食品中大分子物质(单核增生李斯特菌)ELISA 检测技术

1. 方法目的

了解 ELISA 检测方法的基本操作方法，学习抗原抗体特异性结合与大分子物质检测的原理、方法及应用范围。

2. 原理

间接法测抗体是检测抗体常用的方法。主要利用酶标记的抗体检测与固相抗原结合的测试抗体。

3. 适用范围

检测大分子抗体。

4. 试剂材料

(1)实验材料　单核增生李斯特菌体；单核增生李斯特菌体的多克隆抗体；HRP 标记的酶标二抗。

(2)实验试剂

①样品提取液：Na_2CO_3 1.33 g、PVP 0.25 g、NaCl 1.461 g、维生素 C 0.5 g 加 250 mL 蒸馏水。

②包被缓冲液(0.05 mol/L pH 9.6 的碳酸盐缓冲液)：Na_2CO_3 1.59 g，$NaHCO_3$ 2.93 g。

③抗体/二抗稀释液：NaCl 8.0 g、KH_2PO_4 0.2 g、$Na_2HPO_4 \cdot 12H_2O$ 2.96 g、1.0 g 白明胶，加水至 1 000 mL。

④吐温-20，OPD。

⑤底物缓冲液：柠檬酸 $C_6H_8O_7 \cdot H_2O$ 5.10 g、$Na_2HPO_4 \cdot 12H_2O$ 18.43 g、1 mL 吐温-20，加水 1 000 mL。

⑥洗涤液(PBSW)：NaCl 8.0 g、KH_2PO_4 0.2 g、$Na_2HPO_4 \cdot 12H_2O$ 2.96 g、1 mL 吐温-20，加水 1 000 mL。

⑦终止液 2 mol/L H_2SO_4。

5. 仪器设备

酶标仪，洗板机，单通道移液器，多通道移液器，样品粉碎机，酶标板。

6. 操作步骤

(1)包被酶标板　用包被液倍比稀释血清，每孔加入 100 μL 稀释后的血清，4 ℃过夜(12 h)。

(2)洗涤　倒去孔内液体，每孔加洗涤液 200 μL，PBSW 洗涤 3 次，每次 5 min，甩净洗涤液。

(3)封闭　每孔加入 200 μL 封闭液,37 ℃封闭 30 min。

(4)洗涤　倾去孔内液体,每孔加洗涤液 200 μL,洗涤 3 次,每次 5 min,甩净洗涤液。

(5)加样　最后一列孔加入阴性血清作为对照组,其余各列孔加入从 1∶100 开始倍比稀释的待检血清,每孔 100 μL,37 ℃反应 1 h。

(6)洗涤　倒去孔内液体,每孔加洗涤液 200 μL,洗涤 3 次,每次 5 min,甩净洗涤液。

(7)加酶　每孔加 100 μL 辣根过氧化物酶标记羊抗兔抗体(1∶800 稀释),37 ℃反应 1 h。

(8)洗涤　倒去孔内液体,每孔加洗涤液 200 μL,洗涤 3 次,每次 5 min,甩净洗涤液。

(9)显色　每孔加入新鲜配制的底物(OPD 40 mg 溶于 100 mL 包被液,加 150 μL 30% H_2O_2),37 ℃反应 20 min。

(10)终止反应　每孔加入 50 μL 的终止液(2 mol/L H_2SO_4)终止反应。

(11)测定　在 492 nm 用酶联免疫检测仪测定各孔的吸收值。

(12)判定结果　以 492 nm 吸收值大于阴性对照孔 2 倍的血清最高稀释倍数作为血清的 ELISA 效价(图 10-15,彩图 10-15)。

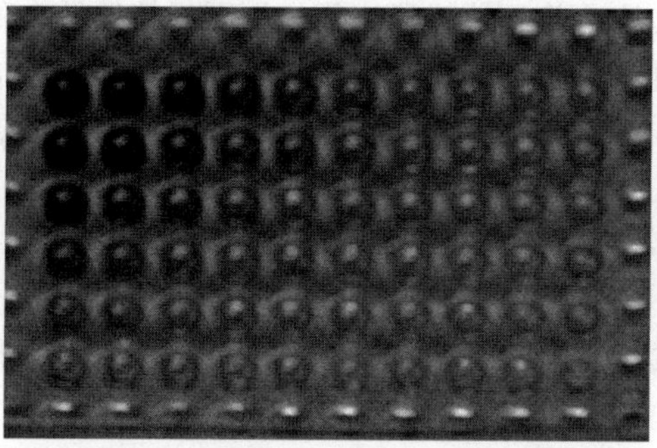

图 10-15　方阵法 ELISA 效价检测效果图

7. 结果分析

(1)定性判断　定性测定的结果判断是对受测样品中是否含有待测抗原或抗体做出"有"或"无"的简单回答,分别用"阳性""阴性"表示。"阳性"表示该标本在该测定系统中有反应,"阴性"则为无反应。用定性判断法也可得到半定量结果,即用滴度来表示反应的强度,其实质仍是一个定性试验。在这种半定量测定中,将标本作一系列稀释后进行试验,呈阳性反应的最高稀释度即为滴度。根据滴度的高低,可以判断标本反应性的强弱,这比观察未稀释标本呈色状况,判断强、弱阳性更具定量意义。在间接法和夹心法中,阳性孔呈色深于阴性孔。竞争法 ELISA 中则相反,阴性孔呈色深于阳性孔。

(2)定量测定　ELISA 操作步骤复杂,影响反应因素较多,特别是固相载体的包被达到各个体之间一致非常困难,因此在定量测定中,每批测试均须用一系列不同浓度的参考标准品在相同的条件下制作标准曲线。测定大分子量物质的夹心法 ELISA,标准曲线的范围一般较宽,曲线最高点的吸光度可接近 2.0,绘制时常用半对数纸,以检测物的浓度为横坐标,以吸光度为纵坐标,将各浓度的值逐点连接,所得曲线一般呈 S 形,其头、尾部曲线趋于平坦,中央较呈直线的部分是最理想的检测区域。测定小分子量物质常用竞争法,其标准曲线中吸光度与受测样品的浓度呈负相关。

8. 方法分析与评价

(1)可用作 ELISA 测定的样品来源十分广泛，食品原料及粗加工食品、动物体液(如血清)、分泌物(唾液)和排泄物(如尿液、粪便)等均可测定其中某种抗体或抗原成分。血清、尿液样品可直接进行测定，有些则需经预处理(如粪便和某些分泌物)。

(2)在 ELISA 中一般有 3 次加样步骤，即加样品、加酶结合物、加底物。加样时应将所加物加在 ELISA 板孔的底部，避免加在孔壁上部，并注意不可溅出，不可产生气泡(如果有明亮的气泡，则用枪头消泡)。加样品一般用微量移液器，按规定的量加入板孔中。每次加样品应更换吸嘴，以免发生交叉污染。也可在板孔中加入稀释液，再在其中加入血清标本，然后在酶标仪上震荡 1 min 以保证混合。加酶结合物应用液和底物应用液时可用定量多道移液器，加液过程快速完成。

(3)在 ELISA 中一般有两次抗原抗体反应，即加标本和加酶结合物后。抗原抗体反应的完成需要有一定的温度和时间，这一保温过程称为温育(incubation)，也有人称之为孵育。ELISA 属固相免疫测定，抗原、抗体的结合只在固相表面上发生。以抗体包被的夹心法为例，加入板孔中的样品，其中的抗原并不是都有均等的和固相抗体结合的机会，只有最贴近孔壁的一层溶液中的抗原直接与抗体接触。这是一个逐步平衡的过程，因此需经物理扩散才能达到反应的终点。在其后加入的酶标记抗体与固相抗原的结合也同样如此。这就是为什么 ELISA 反应总是需要一定时间的温育。温育常采用的温度有 37 ℃、室温和 4 ℃(冰箱冷藏温度)等。37 ℃是实验室中常用的保温温度，也是大多数抗原抗体结合的合适温度。在利用 ELISA 方法作反应动力学研究时，两次抗原抗体反应一般在 37 ℃、1～2 h，产物的生成可达最高峰。为加速反应，可提高反应的温度，有些试验在 43～45 ℃进行，但不宜采用更高的温度。抗原抗体反应在 4 ℃更为彻底，在放射免疫测定中多使反应在冰箱中过夜，以形成最多的沉淀。但因所需时间太长，在 ELISA 方法中一般不予采用。

(4)洗涤在 ELISA 过程中虽不是一个反应步骤，但却决定着实验的成败。ELISA 就是靠洗涤来达到分离游离的和结合的抗原、抗体以及酶标记物的目的。通过洗涤清除残留在板孔中没能与固相抗原或抗体结合的物质，以及在反应过程中非特异性地吸附于固相载体的干扰物质。聚苯乙烯等塑料对蛋白质的吸附是非选择性的，在洗涤时应把这种非特异性吸附的干扰物质洗涤下来。洗涤的方式除某些 ELISA 仪器配有特殊的自动洗板机外，手工操作有浸泡式和流水冲洗式两种。

(5)显色是 ELISA 中的最后一步温育反应，此时酶催化无色的底物生成有色的产物。反应的温度和时间仍是影响显色的关键因素。在一定时间内，阴性孔可保持无色，而阳性孔则随时间的延长而逐渐呈色，适当提高温度有助于加速显色进行。在定量测定中，加入底物后的反应温度和时间应按规定力求准确。定性测定的显色可在室温进行，时间一般不需要严格控制，有时可根据阳性对照孔和阴性对照孔的显色情况适当缩短或延长反应时间，及时判断。

OPD 底物显色一般在室外温度或 37 ℃反应 30 min 后即不再加深，延长反应时间，可使本底值增高。OPD 底物液受光照会自行变色，显色反应应避光进行，显色反应结束时加入终止液终止反应。OPD 产物用 2 mol/L 硫酸终止后，显色由橙黄色转向棕黄色。

光照对 TMB 的影响不大，可在室温中操作，边反应边观察结果。但为保证实验结果的稳定性，宜在规定的时间阅读结果。TMB 经 HRP 作用后，约 40 min 显色达顶峰，随即逐渐减弱，随着时间的延长至 2 h 后即可完全消退至无色。TMB 的终止液有多种，叠氮钠和十二烷基硫酸钠(SDS)等酶抑制剂均可使反应终止。这类终止剂尚能使蓝色维持较长时间(12～24 h)不退,是目视判断的良好终止剂。此外,各类酸性终止液则会使蓝色转变成黄色,此时可用特定的波长(450 nm)测读吸光值。

(6)酶标比色仪简称酶标仪,通常指专用于测读 ELISA 结果吸光度的光度计。针对固相载体形式的不同,可配备合适板、珠和小试管。酶标仪的主要性能指标有:测读速度、读数的准确性、重复性、精确度和可测范围、线性等。优良的酶标仪读数一般可精确到 0.001,准确性为±1%,重复性达 0.5%。酶标仪的可测范围视各酶标仪的性能而不同。目前的酶标仪在 0.000～4.000。应注意可测范围与线性范围的不同,线性范围常小于可测范围,比如某一酶标仪的可测范围为 0.000～4.000,而其线性范围仅 0.000～3.000,这在定量 ELISA 中制作标准曲线时应予以注意。

(7)测定时,应分别以阳性对照与阴性对照控制实验条件,待测样品应一式二份,以保证实验结果的准确性。有时本底较高,说明有非特异性反应,可采用羊血清、兔血清或 BSA 等物质封闭。

(8)在 ELISA 中,实验条件的选择是很重要的,其中包括:

固相载体的选择:许多物质可作为固相载体,如聚氯乙烯、聚苯乙烯、聚丙酰胺和纤维素等。其形式可以是凹孔平板、试管、珠粒等。目前常用的是 96 孔聚苯乙烯凹孔板。不管何种载体,在使用前均可进行筛选:用等量抗原包被,在同一实验条件下进行反应,观察其显色反应是否均一,据此判明其吸附性能是否良好。

包被抗体(或抗原)的选择:将抗体(或抗原)吸附在固相载体表面时,要求纯度要好,吸附时一般要求 pH 在 9.0～9.6。吸附温度、时间及其蛋白量也有一定影响,一般多采用 4 ℃ 18～24 h。蛋白质包被的最适浓度需进行滴定:即用不同的蛋白质浓度(0.1 μg/mL、1.0 μg/mL 和 10 μg/mL 等)进行包被后,在其他试验条件相同时,观察阳性样品的吸收值。选择吸收值最大而蛋白量最少的浓度。对于多数蛋白质来说通常为 1～10 μg/mL。

酶标记抗体工作浓度的选择:首先用直接 ELISA 法进行初步效价的滴定(见酶标记抗体部分)。然后再固定其他条件或采取"方阵法"(包被物、待测样品的参考品及酶标记抗体分别为不同的稀释度)在正式实验系统里准确地滴定其工作浓度。

酶的底物及供氢体的选择:对供氢体的选择要求是价廉、安全、有明显的显色反应,而本身无色。有些供氢体(如 OPD 等)有潜在的致癌作用,应注意防护,避免与皮肤接触。有条件者应使用不致癌、灵敏度高的供氢体,如 TMB 和 ABTS 是目前较为满意的供氢体。底物作用一段时间后,应加入强酸或强碱以终止反应。通常底物作用时间以 10～30 min 为宜。底物使用液必须新鲜配制,尤其是 H_2O_2。

10.4.3　食品中小分子物质(金黄色葡萄球菌 B 型肠毒素)ELISA 检测技术

1. 方法目的

学习掌握间接竞争 ELISA 检测方法的基本操作方法及原理。

2. 原理

因小分子抗原或半抗原缺乏可作夹心法的两个以上的位点,因此不能用双抗体夹心法进行测定,可以采用竞争法模式,即样品中的抗原和一定量的酶标抗原竞争与固相抗体结合。标本中抗原量含量愈多，结合在固相上的酶标抗原愈少，最后的显色也愈浅。

3. 适用范围

测定小分子抗原或半抗原。

4. 试剂材料

(1)实验材料　含有金黄色葡萄球菌B型肠毒素(SEB)的食品样品/一定稀释度的金黄色葡萄球菌B型肠毒素(SEB)，SEB分子的抗体，SEB分子的包被抗原，HRP标记的SEB。

(2)实验试剂　样品提取液：Na_2CO_3 1.33 g、PVP 0.25 g、NaCl 1.461 g、维生素C 0.5 g，加250 mL蒸馏水即成为样品；包被缓冲液(0.05 mol/L pH 9.6的碳酸盐缓冲液)：Na_2CO_3 1.59 g、$NaHCO_3$ 2.93 g；抗体/二抗稀释液：NaCl 8.0 g、KH_2PO_4 0.2 g、$Na_2HPO_4 \cdot 12H_2O$ 2.96 g、1.0 g白明胶，加水至1 000 mL；吐温-20；底物缓冲液：柠檬酸$C_6H_8O_7 \cdot H_2O$ 5.10 g、$Na_2HPO_4 \cdot 12H_2O$ 18.43 g、1 mL吐温-20，加水1 000 mL；洗涤液：NaCl 8.0 g、KH_2PO_4 0.2 g、$Na_2HPO_4 \cdot 12H_2O$ 2.96 g、1 mL吐温-20，加水1 000 mL；终止液：2 mol/L H_2SO_4；OPD；H_2O_2。

5. 仪器设备

酶标仪，洗板机，单通道移液器，多通道移液器，样品粉碎机，酶标板。

6. 操作步骤

(1)包被酶标板　用包被液倍比稀释每孔加入100 μL稀释包被抗原，4 ℃过夜(至少12 h)。

(2)洗涤　倒去孔内液体，每孔加洗涤液200 μL，PBSW洗涤3次，每次5 min，甩净洗涤液。

(3)封闭　每孔加入200 μL封闭液，37 ℃封闭30 min。

(4)洗涤　倾去孔内液体，每孔加洗涤液200 μL，PBSW洗涤3次，每次5 min，甩净洗涤液。

(5)加抗体　加入稀释到工作浓度的特异性抗体，每孔100 μL，37 ℃反应1 h。

(6)洗涤　倒去孔内液体，每孔加洗涤液200 μL，PBSW洗涤3次，每次5 min，甩净洗涤液。

(7)加样　配制浓度为10 μg/mL的SEB母液，进行倍比稀释，50 μL SEB抗血清以适当稀释度加等体积倍比稀释的SEB标准溶液先在37 ℃孵育1 h，同时以50 μL的抗血清和PBS(phosphate buffer solution)混合物作为阳性标准，以50 μL PBS与50 μL适当稀释的阴性血清作为阴性对照，然后再加到酶标板上进行反应，每孔100 μL，37 ℃孵育1 h。

(8)洗涤　倒去孔内液体，每孔加洗涤液200 μL，PBSW洗涤3次，每次5 min，甩净洗涤液。

(9)加酶　每孔加入100 μL辣根过氧化物酶标记SEB，37 ℃反应1 h(或者加酶：每孔加入100 mL HRP-羊抗兔IgG，37 ℃孵育1 h)。

(10)洗涤　倒去孔内液体，每孔加洗涤液200 μL，PBSW洗涤3次，每次5 min，甩净洗液。

(11)显色　每孔加入新鲜配制的底物(OPD 40 mg溶于100 mL包被液，加150 μL 30% H_2O_2)，37 ℃反应20 min。

(12)终止反应　每孔加入 50 μL 的终止液(2 mol/L H_2SO_4)以终止反应。

(13)测定　492 nm 处用酶联免疫检测仪测定各孔的吸收值。

7. 结果分析

本方法采用了测定小分子量物质最常用的竞争法,其标准曲线中吸光度与受测样品的浓度呈负相关。定性判断仍然采用孔颜色的深浅来判断,只是结果与大分子物质恰恰相反。定量仍然采用标准的 S 形曲线来判定,只不过是 S 形曲线是倒的,中央较呈直线的部分是最理想的检测区域。

8. 方法分析与评价

要仔细理解小分子物质的检测原理与大分子物质略有不同,本方法采用酶标 RCT 与样品的游离的 RCT 之间的竞争来决定本反应的成败。当然,这种方法对于酶标 RCT 的制备要求较高。此外还可以采用酶标二抗与样品的游离的 RCT 之间的竞争来计算样品中所含待测物质的量,这种方法与本法所采用的 RCT 分子间的竞争是有很大差异的,不能真正反映小分子物质间竞争的真实情况。但是该法的酶标二抗则可以通用,条件较稳定。

10.5　食品中有害微生物蛋白质芯片快速检测技术

10.5.1　蛋白质芯片技术概述

1. 蛋白质芯片技术基本原理

为了进一步揭示动植物细胞内各种代谢过程与蛋白质之间的关系以及某些病症发生的分子机理,必须对蛋白质的功能进行更深入的研究。蛋白质芯片技术就是为满足人们对蛋白质的高通量、大信息量、平行分析研究应运而生的。

蛋白质芯片是一种新型的生物芯片,是由固定于不同种类支持介质上的蛋白微阵列组成,阵列中固定分子的位置及组成是已知的,用未经标记或标记(荧光物质、酶或化学发光物质等标记)的生物分子与芯片上的探针进行反应,然后通过特定的扫描装置进行检测,结果由计算机分析处理。蛋白质芯片特异性强,这是由抗原抗体之间、蛋白与配体之间的特异性结合决定的;灵敏度高,可以检测出样品中微量蛋白的存在,检测水平已达 ng 级;通量高,在一次实验中对上千种目标蛋白同时进行检测,效率极高;重复性好,不同次实验间相同两点之间差异很小;应用性强,样品的前处理简单,只需对少量实际标本进行沉降分离和标记后,即可加于芯片上进行分析和检测。

蛋白质芯片根据功能可分为功能研究型芯片和检测型芯片。功能研究型芯片多为高密度芯片,载体上固定的是天然蛋白质或融合蛋白。该种芯片主要用于蛋白质活性以及蛋白质组学的相关研究。检测型芯片的密度相对较低,固定的是抗原、抗体等,主要用于生物分子快速检测。

蛋白质芯片的载体基本还是沿用了基因芯片的载体,主要有滤膜类、凝胶类以及玻璃片类。其中滤膜类和凝胶类具有蛋白质固定量大、蛋白质活性高、能够为蛋白质固定提供三维空间等优点,但这些载体往往不能满足蛋白质机械点样强度高的要求,同时点在上面的样品易发生扩散导致不同样品之间相互干扰。玻璃片具有表面光滑、成本低、性能稳定等优点,已经被广泛应用于蛋白质芯片的制作。为了使蛋白质能牢固地固定在玻片表面，必须对玻片的表面进行修饰，通常选择具有双功能基团的硅烷作为连接分子，其中一端功能基团和玻片上的羟基结合，另一端功能基团和蛋白质的氨基、羧基、羟基或巯基等相连。但是这类固定方法中，固定在玻片上的蛋白质是方向各异的，因此有一部分蛋白质由于没有游离的反应域而在后继的过程中不能与待测样品中的相应组分发生生物学反应。为了更好地保持被固定蛋白质的活性，可利用与基因芯片制作相似的点样技术，制作一张含一万多个点的蛋白质芯片，为了确保不同分子量的蛋白质都能够被固定在玻片上，在玻片表面涂上牛血清白蛋白(BSA)，然后用N，N′-二琥珀酰胺碳酸激活 BSA 表面的赖氨酸、天冬氨酸和谷氨酸残基，使它们成为 BSA-NHS，而促进 BSA 与点样蛋白质的结合，从而大大提高了固定蛋白质中活性蛋白质分子的比例，增加了检测的灵敏度。

探针蛋白的制备：蛋白质芯片要求在载体上固定大量亲和性高、特异性强的探针。探针可根据研究目的不同，选用不同的抗原、抗体、酶和受体等。由于具有高度的特异性和亲和性，单克隆抗体是比较好的一种探针蛋白，用其构筑的芯片可用于检测蛋白质的表达丰度以及确定新的蛋白质。但是，传统的单克隆抗体杂交瘤细胞技术具有时间长、产量低等缺点，已经不能满足芯片生产的需要。所以，如何大量生产和纯化抗体成为蛋白质芯片发展的关键之一。

2. 蛋白质芯片技术特点

(1)芯片制作中须确保固定蛋白质的活性，此过程最为关键的因素就是适合大多数蛋白质的载体的选择及载体表面处理修饰技术。

(2)基因芯片与蛋白质芯片的差异是：基因芯片通过检测 mRNA 的丰度或者 DNA 的拷贝数来确定基因的表达模式和表达水平，根据 mRNA 的水平(包括 mRNA 的种类和含量)并不足以估计蛋白质的表达水平。实际上，对于某些基因，当 mRNA 的水平相等时，蛋白质的表达水平可以相差 20 倍以上，反之，当某一蛋白质的表达稳定在某水平时，各转录 mRNA 的水平也可相差达 30 倍，单凭基因芯片检测结果是不能完全反应出生物体内的蛋白质水平的，要想得到完整的生物信息，解决办法之一就是直接研究基因的表达产物——蛋白质。

利用蛋白质芯片进行检测时，样品可以是未经提纯的含待测蛋白的样品液等，但有时由于样品中存在的其他物质的影响，也会降低检测的灵敏度，而且可能出现假阳性结果，因此在检测前对样品进行适当必要的提取、纯化等预处理也是必要的。

10.5.2 蛋白质芯片的制作技术

1. 实验目的

学习了解蛋白质芯片制备的基本操作方法及特点。

2. 试剂材料

(1)实验材料　蛋白质或肽，载玻片。

(2)实验试剂　乙醛，硅烷试剂，牛血清白蛋白 BSA，PBST(含 0.1%吐温-20 的 PBS)。

3. 仪器设备

载玻片，自动点样机，光谱检测器。

4. 操作步骤

(1)载体表面的化学处理　通常用含乙醛的硅烷试剂处理载玻片，使载玻片表面的醛基与蛋白质的氨基反应，形成西佛碱，从而将蛋白质固定，这种方法适合固定较大的蛋白质分子。对于固定较小的蛋白质分子或肽，则用 BSA-NHS 修饰载玻片，先在载玻片上吸附上一层 BSA(bovine serum albumin)分子，然后用 N，N′-disuccinimidel carbonate 激活 BSA 分子，使 BSA 上活化的 Lys、Asp、Glu 与待固定蛋白质氨基或醛基发生反应，形成共价连接。

(2)蛋白质预处理　通常用来制备芯片的蛋白质最好具有较高的纯度和完好的生物活性，所以点样前必须选择合适的缓冲液将蛋白质融解，一般是采用含 40%甘氨酸的 PBS 缓冲液，这可以防止溶液蒸发，蛋白质在芯片的整个制作过程中保持水合状态，防止蛋白质变性。

(3)芯片的点印　目前点印蛋白质芯片采用的方法是利用机械带动的点样头进行，点样头为不锈钢针头，与 DNA 芯片的点样仪相似。为了防止芯片表面水分蒸发，造成点印不均匀或使蛋白质变性，点样应在密闭且保持一定湿度的空间进行。

(4)配基的固定　以乙醛基或 BSA-NHS 修饰的载玻片为载体的芯片，其固定原理在载体的表面处理中已说明。需说明的是蛋白质的固定技术影响着蛋白质芯片的发展速度，因为蛋白质有比核酸更为复杂的化学性质。被固定蛋白质分子的衍向是蛋白质芯片制作中尚未解决的问题。

(5)芯片的封阻　蛋白质固定后要将载体上其他无蛋白质样品区域封阻，以防止待测样品中的蛋白质与之结合，形成假阳性，针对上述几种载体，封阻所用的试剂主要有 BSA 和 Gly 两种。封阻后，用 PBST(含 0.1%吐温-20 的 PBS)反复洗涤芯片，将多余封阻剂洗去。

(6)检测及分析　根据样品是否与载体上固定的配基进行特异性反应，检测出样品中是否含与配基相互作用的分子，并能鉴定其组分。目标蛋白可在芯片表面直接检测，也可从芯片上洗脱后间接检测。直接检测法包括折射指数变化表面等离子体共振法、固相激光激发时间分辨荧光光谱法、增强化学发光法、表面增强激光解吸/离子化质谱法、荧光偏振导向法。间接检测法多数是将蛋白质芯片与电喷雾离子化、基质辅助激光解吸/离子化质谱联用。

5. 结果分析

在每个芯片的制作过程中应设计有阴阳性对照反应，或已在多次实验中找到一个判断阴阳性结果的界值，作为判断结果的根据。

6. 方法分析与评价

(1)通常用来制备芯片的蛋白质最好具有较高的纯度和完好的生物活性，所以点样前必须选择合适的缓冲液将蛋白质融解，一般是采用含 40%甘氨酸的 PBS 缓冲液，这可以防止溶液蒸发，使蛋白质在芯片的整个制作过程中保持水合状态，防止蛋白质变性。如果蛋白质发生浑浊则要至少通过微孔滤膜过滤后才能使用。载体表面的化学处理是关键的步骤，应根据蛋白质性质和大小来选择不同的处理方式，处理操作要均一，以免造成后续试验的失败。

(2)点印时一定要防止芯片表面水分过度蒸发而造成点印不均匀或使蛋白质变性，因此点样最好在密闭且保持一定湿度的空间进行。

10.5.3　食品中有害微生物的蛋白间接检测技术

1. 实验目的

学习蛋白质芯片间接检测法的基本原理方法。

2. 原理

间接检测法，即样品中的被检测物质要预先用标记物进行标记，与蛋白质芯片发生特异性的结合后，使用特定的检测或扫描装置将信号收集，再经计算机分析处理。目前，标记物主要包括荧光物质、化学发光物质、酶及同位素等。目前在蛋白质芯片检测中应用最广的是荧光染料标记。

3. 试剂材料

(1)试验材料　食品或者动植物微生物组织。

(2)试验试剂　蛋白质提取缓冲液(PBS)。

4. 仪器设备

蛋白质芯片，芯片检测仪。

5. 操作步骤

(1)从细胞和体液中提取出蛋白质混合物。

(2)与一系列不同性质的蛋白质芯片相结合。

(3)洗去不与芯片结合的蛋白。

(4)用荧光染料 Cy3 或 Cy5 直接标记待检测的蛋白质，或用荧光染料标记该蛋白质的二抗，和芯片上的蛋白质结合。

(5)用激光扫描和 CCD 照相技术对激发的荧光信号检测。

(6)用计算机和相应的软件系统进行分析。

6. 结果分析

根据蛋白质芯片检测仪分析出的相应谱图来对目的蛋白的有无以及含量多少做出定性定量的判断。

7. 方法分析与评价

(1)该方法原理简单，使用安全，且有很高的分辨率，特别是双色光的应用大大方便了表达差异检测的分析。

(2)利用蛋白质芯片进行检测时，样品可以是未经提纯的含待测蛋白的样品液等，但有时由于样品中存在的其他物质的影响，也会降低检测的灵敏度，而且可能出现假阳性结果，因此在检测前对样品进行适当必要的提取、纯化等预处理也是必要的。

10.6　食品中有害微生物 DNA 芯片快速检测技术

10.6.1　DNA 芯片技术概述

1. DNA 芯片技术基本原理

基因芯片(又称 DNA 芯片、生物芯片)技术系指将大量(通常每平方厘米点阵密度高于 400)探针分子固定于支持物上后与标记的样品分子进行杂交，通过检测每个探针分子的杂交信号强度进而获取样品分子的数量和序列信息。基因芯片技术由于同时将大量探针固定于支持物上，所以可以一次性对样品大量序列进行检测和分析，从而解决了传统核酸印迹杂交技术操作繁杂、自动化程度低、操作序列数量少、检测效率低等不足。而且，通过设计不同的探针阵列、使用特定的分析方法可使该技术具有多种不同的应用价值，如基因表达谱测定、实变检测、多态性分析、基因组文库作图及杂交测序等。

基因芯片的主要类型：目前已有多种方法可以将寡核苷酸或短肽固定到固相支持物上，主要有原位合成与合成点样法等。支持物有多种如玻璃片、硅片、聚丙烯膜、硝酸纤维素膜、尼龙膜等，但须经特殊处理。作原位合成的支持物在聚合反应前要先使其表面衍生出羟基或氨基并与保护基建立共价连接；作点样用的支持物为使其表面带上正电荷以吸附带负电荷的探针分子，通常需包被氨基硅烷或多聚赖氨酸等。

基因芯片应用主要包括基因表达检测、突变检测、基因组多态性分析和基因文库作图以及杂交测序等方面。在基因表达方面人们已成功地对多种生物如酵母及人的基因组表达情况进行了研究，并且用于核酸突变的检测及基因组多态性的分析。

2. DNA 芯片技术特点

(1)基因芯片技术成本昂贵、复杂、检测灵敏度较低、重复性差、分析范围较狭。这些问题主要表现在样品的制备、探针合成与固定、分子的标记、数据的读取与分析等几个方面。

(2)样品制备时，在标记和测定前通常都要对样品进行一定程度的扩增以便提高检测的灵敏度。

(3)探针的合成与固定比较复杂，特别是对于制作高密度的探针阵列。使用光导聚合技术每步产率不高(95%)，难以保证好的聚合效果。也有用压电打压、微量喷涂等方法，但很难形成高密度的探针阵列，所以只能在较小规模上使用。

(4)目标分子的标记是一重要的限速步骤，如何简化或绕过这一步目前仍然是难点。

(5)目标分子与探针的杂交会出现某些问题：首先，由于杂交位于固相表面，所以有一定程度的空间阻碍作用，有必要设法减小这种不利因素的影响。可通过向探针中引入间隔分子而使杂交效率提高。其次，探针分子的 GC 含量、长度以及浓度等都会对杂交产生一定的影响，因此需要分别进行分析和研究。

(6)基因芯片上成千上万的寡核苷酸探针由于序列本身有一定程度的重叠因而产生了大量的丰余信息。在信号的获取与分析上，当前多使用荧光法进行检测和分析，重复性较好，但灵敏度仍然不高，要对如此大量的信息进行解读，仍是目前的技术难题。

10.6.2　食品中致病菌基因芯片检测技术

1. 实验目的

学习了解基因芯片技术的基本原理及方法特点。

2. 试剂材料

(1)实验材料　基因芯片，致病菌。

(2)实验试剂　乙醛，硅烷试剂，BSA，PBST(含 0.1%吐温-20 的 PBS)。

3. 仪器设备

载玻片，自动点样机，光谱检测器。

4. 操作步骤

(1)PCR 扩增引物及基因芯片探针设计。细菌 16 S rRNA 保守性强，在生物进化过程中比其他基因演化慢,被冠之以细菌分类的"化石"。在16 S rRNA基因中既有序列一致的恒定区,也有序列互不相同的可变区,恒定区和可变区交错排列。因此可以在16 S rRNA恒定区设计PCR引物,用一对引物就可以将所有致病菌的相应基因片段全部扩增出来,在可变区设计检测探针并制作基因芯片。

(2)芯片准备。对芯片的介质表面进行氨基化、硅烷化或二硫键修饰处理是基因芯片技术的重要组成部分。利用基因芯片点样仪,将引物及探针DNA分子点涂在经过修饰的玻片等载体上,即制成芯片。DNA芯片的制作有几种不同的方式:外合成芯片制备,如化学喷射法和接触式点涂法;原位合成芯片制备,如高压电喷头合成法和光引导原位合成法。所用寡核苷酸均先已合成完毕,再固定于载体上,变成芯片。芯片制备好后,便可用于检测食品中未知致病菌。

(3)待测食品致病菌样品处理。待测致病菌样品在培养后进行裂解,提取致病菌的模板DNA,采用聚合酶链式反应(PCR)扩增,对扩增出来的产物进行荧光标记。再用2.0%琼脂糖凝胶电泳检测,得到的荧光标记产物可用于杂交试验。

(4)杂交。将扩增后并已标记的待测致病菌DNA标品滴加于基因芯片上,与芯片上的特异性DNA进行杂交。被检测的致病菌如果存在,其DNA便与芯片DNA杂交成功,经洗涤晾干后进行结果分析。

(5)结果检测与分析。采用芯片扫描仪如荧光扫描仪、共聚焦显微镜等进行检测,根据荧光强弱来确定被测致病菌是否存在(图10-16,彩图10-16)。

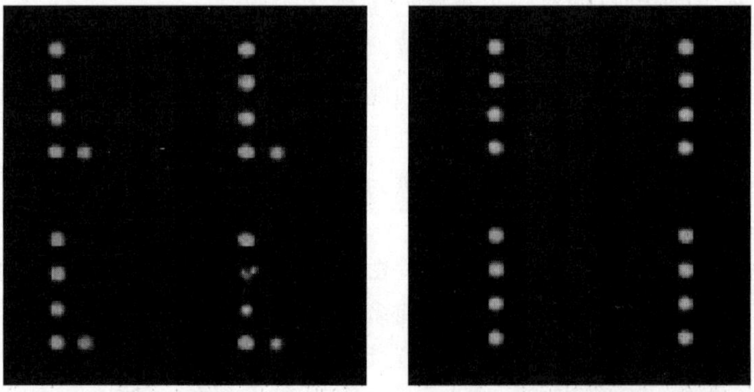

含有致病菌　　　　非致病菌

图10-16　芯片荧光扫描图谱

5. 结果分析

在每个芯片的制作过程中应设计有阴阳性对照反应,或已在多次实验中找到一个判断阴阳性结果的界值,作为判断结果的根据,通过有无及强弱来确定被测致病菌是否存在。

6. 方法分析与评价

(1)芯片检测结果的可靠性与芯片的设计密切相关。芯片包含的探针种类和探针的特异性是决定芯片的最重要因素,寡核苷酸探针通过与互补序列形成双螺旋结构而成为监测目标核酸的有效方法。碱基互补配对原则的严谨性保证了杂交反应的特异性,但是生物物种都有一定的同源性,这就需要在比较引物和探针的同源性时特别严谨。载体表面的化学处理也是很关键的步骤，应根据蛋白质的性质和大小来选择不同的处理方式，处理时操作要均一，以免造成后续试验的失败。

(2)使用基因芯片检测时一定要使用内参照基因来作为阳性标准，真核生物使用18S通用引物，原核生物使用16S通用引物。

思考题

1. PCR的基本原理是什么？
2. SYBR Green Ⅰ与DNA双链结合的原理及其信号放大原理是什么？
3. 通用引物多重PCR的作用原理是什么？
4. TAQMAN探针的一般性要求及其作用原理是什么？
5. TAQMAN探针的发光基团与淬灭基团的选择依据是什么？
6. PCR-DGGE/TGGE同时检测多种微生物的原理和检测依据是什么？
7. MPCR-DHPLC同时检测多种微生物的原理和检测依据是什么？
8. ELISA检测中显色步骤中的酶标板需要避光保存吗？如果需要，那么请思考在实验室环境中如何简单地达到避光保存的目的？
9. ELISA检测中为何对小分子物质采用倒S形标准曲线？
10. 蛋白质芯片载体如何选择？蛋白质与基因芯片有何差异？
11. 蛋白质芯片直接和间接检测法的检测基础是什么？
12. 核酸芯片的探针设计有何要求？

参考文献

[1] 陈思，黄昆仑，许文涛，等．实时荧光定量PCR检测大肠杆菌O157：H7. 农业生物技术学报，2006，14(5)：779-782.

[2] 费韵洁，刘元建，熊晓辉．食源性致病菌检测技术的发展及研究现状．生物加工过程，2023，21(3)：308-325.

[3] 葛萃萃，钟青萍，张旺，等．双抗夹心ELISA检测食品中大肠杆菌O157：H7方法研究．食品科学，2007，28(1)，171-175.

[4] 李贺，马保华，王旭荣，等．蛋白质芯片技术及其在动物源性食品检测中的应用．上海畜牧兽医通讯，2013(2)：32-33.

[5]李裕．生物芯片技术在保障食品安全中的应用．中国食品工业，2021(24)：52-53.

[6] 李振兴，林洪，杜亚楠，等．蛋白质芯片在食品安全方面的应用．海洋湖沼通报，2007，1，130-135.

[7] 邵碧英，王传得，郑晶，等．食品中五种致病性弧菌MPCR-DHPLC检测方法的建立．食品科学，2008，29(10)：500-504.

[8] 王显军，李兰玉，赵鸿雁，等．建立双抗原夹心酶免疫试验对人畜布鲁氏菌抗体检测的研究，2007，23(3)，262-265.

[9] 许文涛，黄昆仑，邓爱科，等．转基因产品中PAT蛋白的酶联免疫检测．农业生物技术学报，2006，14(2)，250-254.

[10] 张占军，王富花．酶联免疫吸附技术及其在食品安全检测中的应用．食品研究与开

发,2011,32(1):157-160.

[11] 赵彤．食源性致病菌检测现状与食品微生物危险性评估．中国卫生标准管理,2019,10(4):7-9.

[12] Bertrand L, Asaph A, Mark S. Overview of DNA chip technology. Molecular Breeding,1998,4:277.

[13] Ji N,Peng B,Wang G,et al. Universal primer PCR with DGGE for rapid detection of bacterial pathogens. Journal of Microbiological Methods,2004(57):409-413.

[14] Loyd-Jones G,Laurie A D,Tizzard A C. Quantification of the Pseudomonas population in New Zealand soils by fluorogenic PCR assay and culturing techniques. Journal of Microbiological Methods,2005(60):217-224.

[15] Real-time fluorescence quantitative PCR principle techniques and applications. M2 Presswire,2022.

[16] Xu W T,Huang K L,Zhao H,et al. Development and application of immunoaffinity column as cleanup tool for an enzyme linked immunosorbent assay of phosphinothricin-N-acetyltransferase detection in genetically modified maize and rape. Journal of Agriculture and Food Chemistry,2005,53,4315-4321.

[17] Yang R,Xu W T,Luo Y B,et al. Event-specific qualitative and quantitative polymerase chain reaction detection of roundup ready event GT73 based on the 3′-Transgene integration sequence. Plant Cell Repots,2007,26(10):1821-1831.

[18] Yin Y J ,Huo S J ,Ma X X. Study on the simultaneously quantitative detection for β-Lactoglobulin and lactoferrin of cow milk by using protein chip technique. Biomedical and Environmental Sciences,2017,30(12):17-28.

[19] Zhu H,Bidgin M,Bangham R,et al. Global analysis of protein activities using proteome chips. Science, 2001,293(5537):2101-2105.

第 11 章

食品中常见有害物质的快速检测技术

本章学习目的与要求

1. 了解掌握食品安全快速检测技术特点、要求及适用范围。
2. 了解食品中常见有害物质快速检测技术与常规有害物质检测技术差异性。

11.1 概述

食品快速检测就是指包括样品制备在内，能够在短时间内获取检测结果的行为。一般来说理化检测方法能够在 2 h 以内给出结果的即可视为快速方法，而现场快速检测方法要求获取结果的时间更短，如要求在 30 min 内或更快时间给出结果。食品快速检测可以分为实验室快速检测和现场快速检测。实验室快速检测着重于利用实验室的仪器设备对样品进行定性和定量检测，而现场快速检测主要是对检测样品进行快速的定性和半定量检测。

食品快速检测技术相对于传统的实验室检测技术具有检测设备小、技术更新快、检测周期短、省时省力、高效的特点，在社会民生食品活动安全保障中能最大限度地避免和减小各类突发食品安全事故的损害，在食品安全风险防范中意义重大，可发挥重要作用。食品安全快速检测方法主要有免疫检测技术、化学比色法、分子生物学技术。除了上述方法，目前还有一些新的技术应用于食品快速检测中，比如纳米检测技术、生物传感器技术、拉曼光谱法、代谢学技术和流式细胞技术等。

免疫检测技术一般包括免疫荧光技术、免疫层析技术、酶联免疫技术、免疫磁珠技术。目前食品快检中较常用的是免疫层析技术和酶联免疫技术。免疫检测技术的作用原理是抗原和抗体的特异性结合。目前应用最广泛的免疫层析技术是胶体金免疫层析技术。酶联免疫检测在农药残留、微生物及转基因食品等快速检测中得到了广泛的应用，这种技术灵敏度和特异性都比较高，适用于监管部门在现场进行初筛。

化学比色法是利用各类化学试剂或试纸与待测成分进行反应，根据试纸颜色、荧光或磁性变化对待测成分进行定性或定量分析的一种快速检测方法。该方法具有检测速度快、结果显示直观、检测灵敏度高、制作简单、无需设备、一次性使用等特点，是目前市场应用最多的技术手段之一。但此法会破坏食品样品，无法实现无损检测，只适合抽样检测，不能够对每个食品进行检测。

分子生物学快速检测法是近年来分子生物学领域中迅速发展和广泛应用的一种技术。该方法是以遗传物质中的核酸序列为模板，设计出相关引物，对提取的核酸片段进行扩增，再用电泳和紫外核酸检测仪观察检测结果的一种检测技术。由该技术派生出的荧光定量 PCR、基因芯片技术等也都经常应用于食品安全的快速检测中。

纳米检测技术一般是将酶联免疫吸附显色技术和磁分离技术结合，运用磁性纳米材料作为固相载体，进行创新优化，可有效地改善传统的酶联免疫技术的检测效率。

生物传感器技术是利用待测物质与识别元件特异性结合发生生化反应产生的信号经方法转换成可以识别的声、光、电等信号，从而达到分析目的的方法。它是一种在物质分子水平进行的快速检测技术，具有识别度高、灵敏度高、易于实时检测的优点。

拉曼光谱法是基于物质对光的非弹性散射效应，具有简单、快速、无损、高分辨率和高灵敏度等优点，可以分析物质的成分与分子结构信息，特别是便携式拉曼光谱仪，体积小，携带方便，可对样品进行快速准确的检验。

代谢学技术一般分为电阻抗技术和放射测量技术。电阻抗技术是运用电阻抗测量的一种快速检测微生物的技术，其作用原理是根据微生物在培养基中的代谢活动不同，代谢产生的电活性物质不同，培养基的电阻抗和电导性会发生变化，通过测定即可得出待测样品的微生物含量和类别。放射测量技术主要原理是微生物吸收碳水化合物后会释放二氧化碳，利用放射性的^{14}C标记碳水化合物，微生物在进行生命活动时会产生有放射性的$^{14}CO_2$，通过测定$^{14}CO_2$量的变化即可判断待测样品中是否存在微生物。

流式细胞技术可对高速流动的单个细胞或颗粒进行快速定量分析和分选。该技术结合了光学、流体力学、细胞学、免疫学和计算机等多门技术，在食品微生物快速检测中具有速度快、精确度好、准确性好的优势，是目前最先进的定量分析技术之一。

随着社会经济的发展，食品安全越发受到人们的重视，由于目前人们的饮食结构也越发多元化，食品安全问题也会随之出现。食品快速检测技术是现代食品检测技术的基本形式，具有便捷、快速、高效的优势，是食品检测、市场抽检的有效技术。现如今检测技术多种多样，能够满足多种不同的快速检测需求。要想充分发挥快速检测技术的优势，不仅要根据不同的检测需求灵活运用检测技术，还需要将快速检测技术作为食品安全认证、食品安全监管的有效手段。因此，加大食品安全监管力度，利用快速检测提高食品安全监管整体效率至关重要。在快速检测技术快速发展的过程中，加强对检测技术的规范与监督，也是必不可少的。2023 年 1 月，国家市场监管总局发布了《市场监管总局关于规范食品快速检测使用的意见》（国市监食检规[2023]1 号）。文件中对食品快检应具备的条件和能力、真实客观记录和公开食品快检信息、依法处置食品快检发现的问题产品、切实提升食品快检产品质量水平、因地制宜开展“你送我检”便民服务活动等五方面提出了意见。并在附件中发布了食品快速检测操作指南、食品快速检测信息公布要求、食品快速检测结果验证规范、食品快速检测产品符合性评价程序。

11.2 食品中有机磷农药残留的酶抑制率法快速检测技术

1. 实验目的

学习农药残留快速检测卡测定食品中有机磷农药残留检测技术的原理和方法，掌握其快速、简便、灵敏及低成本的特点，并能将其应用于食品农药残留快速检测。

2. 检测原理

将胆碱酯酶和 2,6-二氯靛酚乙酸酯分别固定化后加载到滤纸片上，胆碱酯酶可以催化靛酚乙酸酯迅速发生水解反应，生成蓝色的靛酚和乙酸，当胆碱酯酶与有机磷农药结合后，它的催化、水解、变色过程都会发生改变，因此，可以根据农残速测卡颜色的改变来判断农药残留的情况。

3. 适用范围

本法适用于水果、蔬菜中有机磷农药残留的快速检测。

4. 试剂材料

pH 7.5 的磷酸缓冲溶液；待测蔬菜样品；农药残留快速检测卡。

5. 检测步骤

(1)将待测蔬菜样品表面的泥土去除后，将其剪碎，然后取 5 g 剪碎的样品放入带盖的瓶中，再加入 10 mL 的缓冲溶液，超声振荡 30 s 后静置 2 min 以上备用。

(2)取出农药残留快速检测卡，撕去保护膜。用滴管吸取适量上述浸提液滴于白色药片上，并放置10 min以上进行预反应，预反应后的药片表面必须保持湿润。

(3)将农药残留快速检测卡对折，用手捏3 min，使红色药片和白色药片叠合发生显色反应，根据白色药片的颜色变化来判断结果。(注：每批测定应做一个缓冲液或纯净水的空白对照卡)

6. 结果判定

打开速测卡，与空白对照卡比较，白色药片不变色或者显浅蓝色，表明检测结果为阳性，即有农药残留存在，药片不变蓝说明农药残留量较高，显浅蓝色说明农药残留量相对较低。如果白色药片变为蓝色，则说明检测结果为阴性，即没有农药残留。

7. 检测方法评价

(1)此法所用的快速检测卡对农药特别敏感，当附近有农药喷洒或操作者手上、操作器具上沾有微量的农药时，都会使卡片变色出现误差，所以对操作环境要求较高，需谨慎注意操作。

(2)葱、蒜、萝卜、韭菜、芹菜、香菜、茭白、蘑菇及番茄汁液中，含有对酶有影响的植物次生物质，容易产生假阳性。处理这类样品时，可采取整株(体)蔬菜浸提。对一些含叶绿素较高的蔬菜，也可采取整株(体)蔬菜浸提的方法，减少色素的干扰。

(3)该方法不需要仪器，操作简单、快速，测试成本低，主要可用于口岸、市场等水果、蔬菜的现场残留检测。

11.3 食品中克伦特罗残留的酶联免疫法快速检测技术

1. 方法目的

学习利用酶联免疫试剂盒来检测猪肉中克伦特罗残留的检测原理和检测方法。掌握酶联免疫法快速测定克伦特罗残留的操作步骤和结果的评定。

2. 检测原理

克伦特罗酶联免疫反应试剂盒基于竞争性免疫反应原理，在试剂盒的微孔板上包被有针对克伦特罗抗体的捕捉抗体，加入克伦特罗标准品或待测样品以及酶标记的克伦特罗后样品中的克伦特罗将会与克伦特罗酶标记物竞争克伦特罗抗体，然后洗去未结合的酶标记的克伦特罗，再加入反应底物，酶底物在酶的作用下产生蓝色产物，加酸终止反应，蓝色产物会转化成黄色。反应完成后，样品中克伦特罗含量越多，呈色越浅，含量越少，呈色越深。在450 nm波长下测吸光度，利用标准曲线可以计算出样品中克伦特罗的含量。

3. 适用范围

本方法适用于存在于动物的尿液、血清、血浆、酮体组织及动物饲料样品中的克伦特罗残留量的快速检测。

4. 材料试剂

克伦特罗酶联免疫试剂盒；10 mmol/L 盐酸；2 mol/L 氢氧化钠溶液。

5. 仪器设备

微孔板酶标仪；超声波粉碎仪；均质机；离心机；移液器；氮吹仪或旋转蒸发仪。

6. 检测步骤

(1)样品的前处理　称取 1 g 均质后的肉样于离心管中，加入 1 mL 的 10 mmol/L 盐酸，振荡 2 min，然后以 10 000 r/min 离心 5 min，取 250 μL 上清液到 1.5 mL 试管中，在试管中再加入 2 mol/L 氢氧化钠 5 μL，将上述样品以 10 000 r/min 离心 5 min，然后吸取 100 μL 上清液稀释 5 倍后备用。

(2)酶联免疫反应测试　加入 100 μL 的标准品和样品至所设定的酶标板孔中；在每孔中加入克伦特罗酶标抗原 50 μL，摇匀 10 s；加入兔抗克伦特罗抗体，每孔 50 μL，摇匀 30 s；室温下孵育 30 min；洗板 5 次，每次用 300 μL 洗液，最后一次使板尽量甩干并用吸水纸吸干；加入反应底物，每孔 100 μL，摇匀 10 s；室温下避光反应 20 min；每孔加入 100 μL 反应终止液，在波长 450 nm 的酶标仪下读各孔的吸光值，并绘制标准曲线。

7. 结果分析

以各标准品或样品的平均吸光度值除以零标准品或样品的平均吸光度值乘以 100%为纵坐标，以对应的标准品浓度为横坐标绘制标准曲线。根据标准曲线的线性方程计算出样品中克伦特罗的浓度再乘以相应的稀释倍数即可得到样品中克伦特罗的实际浓度。

8. 检测方法评价

(1)不同批次的试剂盒不要混用。

(2)检测过程中尽量保持室温。

(3)试剂加入各微孔的时间差要尽量小。

11.4　食品中甲醛的快速检测技术

1. 方法目的

学习和掌握间苯三酚法快速检测食品中甲醛的原理和方法。

2. 检测原理

利用甲醛的理化特性，将样品粉碎后用水在加热条件下浸提，样品浸提液中含有的甲醛在碱性条件下与间苯三酚反应后使溶液出现橙红色的特征，颜色的深浅与甲醛含量的多少呈线性关系。

3. 适用范围

本法适用于现场快速检测各类食品样品中是否含有甲醛。

4. 试剂材料

2 mol/L 的氢氧化钠溶液，间苯三酚，比色管，水浴锅。

5. 结果判定

(1)样品的处理　将 2 g 待测食品样品剪碎后放入比色管中，加入 25 mL 热水，水浴浸提 10 min，提取液备用。

(2)样品检测　各取 5 mL 样品提取液放入 2 支比色管中，分别加入 3 滴 NaOH，摇匀，然后在第一支比色管中加入 2 滴显色剂(1 g 间苯三酚用蒸馏水溶解并定容至 100 mL)，第二支为对照不加显色剂。观察颜色变化，如果第一支比色管的颜色与第二支相比变深，则说明待测样品中含有甲醛，颜色越深，说明甲醛含量越高。

6. 检测方法评价

此法只是能定性地检测食品中是否含有甲醛成分，而且是针对样品中甲醛含量较高的情况下才有使用价值，如果样品中甲醛含量甚微，如水发产品每千克甲醛含量在几十毫克时，其溶解到水中的量很少，在这种条件下采用此法颜色的变化进行判断误差较大，还需要利用其他更准确精密的方法来检测分析。

11.5 食品中黄曲霉毒素的纳米金免疫法快速检测技术

1. 方法目的

学习利用黄曲霉毒素 B1 检测试纸快速检测食品中的黄曲霉毒素，掌握黄曲霉毒素纳米金免疫技术的原理和方法。

2. 检测原理

黄曲霉毒素 B1 快速检测试纸是基于纳米金免疫层析技术，样品中含有的黄曲霉毒素 B1 与纳米金标记的特异性抗体结合，抑制了抗体与固相载体膜上的黄曲霉毒素 B1-BSA 偶联物的结合，当检测线出现红色条带，结果显示阴性，检测线无条带，结果显示阳性。

3. 适用范围

本方法适用于快速筛查食品中是否含有黄曲霉毒素 B1。

4. 试剂材料

黄曲霉毒素 B1 快速检测试纸，离心机。

5. 检测步骤

(1)样品前处理。将待测样品粉碎过筛后取 2 g 加入离心管中，在离心管中加入 2 mL 蒸馏水和 8 mL 乙酸乙酯，于 4 000 r/min 下离心 5 min。吸出上清液，稀释后备用。

(2)将黄曲霉毒素 B1 快速检测试纸条和待测样品都恢复室温后，用滴管向卡孔里滴入 3 滴待测液，静置 5 min 后判定结果。当检测线出现红色条带，结果显示阴性，即待测样品中无黄曲霉毒素 B1；检测线无条带，结果显示阳性，即待测样品中含有黄曲霉毒素 B1。

6. 检测方法评价

黄曲霉毒素 B1 纳米金试纸条具有快速、单份测定、操作简单，不需要添加其他试剂孵育及洗涤步骤，因此可以大大提高检测效率，适合现场快速检测应用。

11.6 纸和纸板可迁移性荧光增白剂的快速检测技术

1. 方法目的

学习和掌握紫外分光光度法检测食品包装中可迁移性荧光增白剂的原理和方法。

2. 检测原理

从待测样品中提取出荧光增白剂，利用紫外分光光度计在 348 nm 处测定吸光度值，用标准曲线计算其含量。

3. 适用范围

本方法主要应用于食品包装材料中可迁移性荧光增白剂的检测。

4. 试剂材料

荧光增白剂标准品，氢氧化钠。

5. 仪器设备

紫外分光光度计，超声波清洗机，玻璃器皿。

6. 检测步骤

(1)绘制标准曲线　准确称取 0.01 g 荧光增白剂标准品，用 pH 为 9 的氢钠化钠溶液溶解并定容至 100 mL。然后将定容的标准液稀释至不同的浓度，分别在 348 nm 处测定吸光值，并据此绘制出标准曲线。

(2)荧光增白剂的提取及检测　将待测纸样剪碎，取 1 g 于烧杯中，加入 20 mL pH 为 9 的氢氧化钠溶液，在室温下避光超声萃取 20 min，将萃取液用滤纸进行过滤，取滤液用紫外分光光度计于 348 nm 处测定吸光值。

7. 结果分析

使用标准工作溶液测定结果绘制标准曲线，利用标准曲线的回归方程计算出待测纸样中荧光增白剂的含量。

8. 检测方法评价

此方法是检测荧光增白剂的一种简单、易行、实用、快速的检测方法。在测定过程中要注意避光操作，尽量缩短检测时间，才能保证检测结果的准确性。

11.7　食品中金黄色葡萄球菌的试纸法定性快速检测技术

1. 方法目的

学习和掌握利用纸片法快速检测食品中金黄色葡萄球菌的技术原理和方法。

2. 检测原理

纸片法是指以纸片作为培养基载体，将选择性培养基和转移性的酶显色剂附着在上面，如果样品中含有金黄色葡萄球菌时，可以在纸片上呈现紫红色菌落，该方法具有快速、便捷特点。

3. 适用范围

本方法主要适用于生鲜类食品的检测。

4. 试剂材料

生理盐水、测试纸片。

5. 检测步骤

(1)样品的前处理　将待测样品磨碎或切碎后加入生理盐水制成菌悬液，静置待用。

(2)接种　将测试纸片水平放置试验台上，取下覆盖膜，然后吸取 1 mL 样品菌悬液滴到中间的滤纸片上，轻轻盖上覆盖膜静置 5 min。

(3)培养　将加完样的纸片使用特制压板使样液在圆形培养面上均匀覆盖，待培养液凝固后将纸片放入培养箱中于 37 ℃下培养 24 h。

6. 结果判定

对培养过的纸片进行观察，在纸片上反应呈粉红色环带包围着的紫红色菌落为金黄色葡萄球菌；呈蓝色的菌落即非金黄色葡萄球菌。

7. 检测方法评价

此法只能快速地初步定性检测待测样品中是否含有金黄色葡萄球菌，其准确性有局限，不能用于定量分析。

思考题

1. 如何定义食品安全快速检测？
2. 现场快速检测的优点有哪些？
3. 甲醛快速检测的基本原理是什么？
4. 食品中黄曲霉毒素 B1 的 ELISA 试剂盒法检测技术中的注意事项有哪些？

参考文献

[1] 阿力腾才斯克. 乳制品中金黄色葡萄球菌定性检测方法探讨. 新疆畜牧业，2013，2：46-48.

[2] 程春梅，朱军辉. 食品中甲醛的来源及其检测方法研究进展. 食品科技，2008，1：208-210.

[3] 杜玉婉. 食品中生物危害物快速检测的拉曼传感技术研究. 北京：军事科学院，2023.

[4] 杜悦，王振华，岳青青. 紫外分光光度法和高效液相色谱法检测食品塑料包装中荧光增白剂. 塑料工业，2014，42(11)：89-92.

[5] 刘荣琴，高磊红，王未肖，等. 紫外分光光度法测定食品包装用纸中的荧光增白剂. 广州化工，2013，41(15)：135-137.

[6] 刘永杰，张金振，曹明章，等. 酶抑制法快速检测农产品中农药残留的研究与应用. 现代农药，2004，3(2)：25-27.

[7] 史建国. 竞争酶联免疫吸附法测定猪肉中的盐酸克伦特罗的研究. 肉类工业，2005，8：20-22.

[8] 王旭. 食品微生物快速检测技术的现状分析及应用，2023，3：4-6.

[9] 肖蓓，朱伟军，秦强，等.《食品快速检测产品规范》的制定路径研究. 中国标准化，2022，16(8)：144-147.

[10] 许远靖，于师宇，田武林，等. 黄曲霉毒素 B1 免疫层析检测方法的研究. 中国兽医学报，2012，32(6)：894-897.

[11] 杨静. 食品快速检测的主要技术及存在的问题与对策，2023，29(13)：114-116.

[12] 张素梅，杨明凡，班付国，等. 应用 ELISA 检测商品肉猪尿样中盐酸克伦特罗残留. 中国兽医杂志，2006，42(5)：50.

[13] 赵乐乐. 食品安全监督管理中快速检测技术的应用，2022，18：42-44.

第 12 章

食品安全检测技术教学视频

本章学习目的与要求

本章包括食品中铝的分光光度法检测技术、食品中总铅的原子吸收光谱法检测技术、食品中有机磷农药残留气相色谱法检测技术等 9 个检测技术的教学视频，学生通过观看视频学习相关的测定技术。

本章二维码中包括以下 9 个检测技术的教学视频：

1. 食品中铝的分光光度法检测技术
2. 食品中总铅的原子吸收光谱法检测技术
3. 食品中有机磷农药残留气相色谱法检测技术
4. 食品中多氯联苯气相色谱质谱联用法检测技术
5. 食品中苏丹红的高效液相色谱法测定技术
6. 食品中磺胺类残留液相色谱-质谱法检测技术
7. 食品中 BHT、BHA 薄层色谱法检测技术
8. 食品中克伦特罗残留的快速检测技术
9. 食品中有害微生物定量 PCR 检测技术

请微信扫描登录中国农业大学出版社教学服务平台“中农 De 学堂”查看。

二维码 12-1　食品中铝的分光光度法检测技术

二维码 12-2　食品中总铅的原子吸收光谱法检测技术

二维码 12-3　食品中有机磷农药残留气相色谱法检测技术

二维码 12-4　食品中多氯联苯气相色谱质谱联用法检测技术

二维码 12-5　食品中苏丹红的高效液相色谱法测定技术

二维码 12-6　食品中磺胺类残留液相色谱-质谱法检测技术

二维码 12-7　食品中 BHT、BHA 薄层色谱法检测技术

二维码 12-8　食品中克伦特罗残留的快速检测技术

二维码 12-9　食品中有害微生物定量 PCR 检测技术

附录

附表 1　临界 t 值表(双尾)

f \ α	0.50	0.25	0.10	0.05	0.025	0.01	0.005
1	1.000	2.414 2	6.313 8	12.706	25.45	63.675	127.32
2	0.816 5	1.603 6	2.920 0	4.302 7	6.205 3	9.924 8	14.089
3	0.764 9	1.422 6	2.353 4	3.182 5	4.176 5	5.840 9	7.453 3
4	0.740 7	1.344 4	2.131 8	2.776 4	3.495 4	4.604 1	5.597 6
5	0.726 7	1.300 9	2.015 0	2.570 6	3.163 4	4.032 1	4.773 3
6	0.717 6	1.273 3	1.943 2	2.446 9	2.968 7	3.707 4	4.316 8
7	0.711 1	1.254 3	1.894 6	2.364 6	2.841 2	3.499 5	4.029 3
8	0.706 4	1.240 3	1.859 5	2.306 0	2.751 5	3.355 4	3.832 5
9	0.702 7	1.229 7	1.833 1	2.262 2	2.685 0	3.249 8	3.698 7
10	0.699 8	1.221 3	1.812 5	2.228 1	2.633 8	3.169 3	3.581 4
11	0.697 4	1.214 5	1.795 9	2.201 0	2.593 1	3.105 8	3.496 6
12	0.695 5	1.208 9	1.782 3	2.178 8	2.560 0	3.054 5	3.428 4
13	0.693 8	1.204 1	1.770 9	2.160 4	2.532 6	3.012 3	3.372 5
14	0.692 4	1.200 1	1.761 3	2.144 8	2.499 6	2.976 8	3.325 7
15	0.691 2	1.196 7	1.753 0	2.131 5	2.489 9	2.946 7	3.286 0
16	0.690 1	1.193 7	1.745 9	2.119 9	2.472 9	2.920 8	3.252 0
17	0.689 2	1.191 0	1.739 6	2.109 8	2.458 1	2.898 2	3.222 5
18	0.688 4	1.188 7	1.734 1	2.100 9	2.445 0	2.878 4	3.196 6
19	0.687 6	1.186 6	1.729 1	2.093 9	2.433 4	2.860 9	3.173 7
20	0.686 9	1.184 8	1.724 7	2.086 0	2.423 1	2.845 3	3.135 2
21	0.686 3	1.183 1	1.720 7	2.079 6	2.413 8	2.831 4	3.135 2
22	0.685 8	1.181 6	1.717 1	2.073 9	2.405 5	2.818 8	3.118 8
23	0.685 3	1.180 2	1.713 9	2.068 7	2.397 9	2.807 3	3.104 0
24	0.684 8	1.178 9	1.710 9	2.063 9	2.391 0	2.796 9	3.090 5
25	0.684 4	1.177 7	1.708 1	2.059 5	2.384 6	2.787 4	3.078 2
26	0.684 0	1.176 6	1.705 6	2.055 5	2.378 8	2.778 7	3.069 9
27	0.683 7	1.175 7	1.703 3	2.051 8	2.373 4	2.770 7	3.056 5
28	0.683 3	1.174 8	1.701 1	2.048 4	2.368 5	2.763 3	3.046 9
29	0.683 0	1.173 9	1.699 1	2.045 2	2.363 8	2.756 4	3.038 0
30	0.682 7	1.173 1	1.697 3	2.042 3	2.359 6	2.750 0	3.029 8
40	0.680 6	1.167 3	1.683 9	2.021 1	2.328 9	2.704 5	3.971 2
60	0.678 6	1.161 6	1.670 7	2.000 3	2.299 1	2.660 3	3.914 6
120	0.676 5	1.155 9	1.657 7	1.979 9	2.269 9	2.617 4	3.859 9
∞	0.674 5	1.150 3	1.644 9	1.960 0	2.241 4	2.575 8	3.807 0

附表 2 临界 F 值表($\alpha=0.05$)

f_2/f	1	2	3	4	5	6	8	12	24	∞
1	161.4	199.5	215.7	224.6	230.2	234.0	238.9	243.9	249.0	254.3
2	18.51	19.00	19.16	19.25	19.30	19.33	19.37	19.41	19.45	19.50
3	10.13	9.55	9.28	9.12	9.01	8.94	8.84	8.74	8.64	8.53
4	7.71	6.94	6.59	6.39	6.26	6.16	6.04	5.91	5.77	5.63
5	6.61	5.79	5.41	5.19	5.05	4.95	4.82	4.68	4.53	4.36
6	5.99	5.14	4.76	4.53	4.39	4.28	4.15	4.00	3.84	3.67
7	5.59	4.74	4.35	4.12	3.97	3.87	3.73	3.57	3.41	3.23
8	5.32	4.46	4.07	3.84	3.69	3.58	3.44	3.28	3.12	2.93
9	5.12	4.26	3.86	3.63	3.48	3.37	3.23	3.07	2.90	2.71
10	4.96	4.10	3.71	3.48	3.33	3.22	3.07	2.91	2.74	2.54
11	4.84	3.98	3.59	3.36	3.20	3.09	2.95	2.79	2.61	2.40
12	4.75	3.88	3.49	3.26	3.11	3.00	2.85	2.69	2.50	2.30
13	4.67	3.80	3.41	3.18	3.02	2.92	2.77	2.60	2.42	2.21
14	4.60	3.74	3.34	3.11	2.96	2.85	2.70	2.53	2.35	2.13
15	4.54	3.68	3.29	3.06	2.90	2.79	2.64	2.48	2.29	2.07
16	4.49	3.63	3.24	3.01	2.85	2.74	2.59	2.42	2.24	2.01
17	4.45	3.59	3.20	2.96	2.81	2.70	2.55	2.38	2.19	1.96
18	4.41	3.55	3.16	2.93	2.77	2.66	2.51	2.34	2.15	1.92
19	4.38	3.52	3.13	2.90	2.74	2.63	2.48	2.31	2.11	1.88
20	4.35	3.49	3.10	2.87	2.71	2.60	2.45	2.28	2.08	1.84
21	4.32	3.47	3.07	2.84	2.68	2.57	2.42	2.25	2.05	1.81
22	4.30	3.44	3.05	2.82	2.66	2.55	2.40	2.23	2.03	1.78
23	4.28	3.42	3.03	2.80	2.64	2.53	2.38	2.20	2.00	1.76
24	4.26	3.40	3.01	2.78	2.62	2.51	2.36	2.18	1.98	1.73
25	4.24	3.38	2.99	2.76	2.60	2.49	2.34	2.16	1.96	1.71
26	4.22	3.37	2.98	2.74	2.59	2.47	2.32	2.15	1.95	1.69
27	4.21	3.35	2.96	2.73	2.57	2.46	2.30	2.13	1.93	1.67
28	4.20	3.34	2.95	2.71	2.56	2.44	2.29	2.12	1.91	1.65
29	4.18	3.33	2.93	2.70	2.54	2.43	2.28	2.10	1.90	1.64
30	4.17	3.32	2.92	2.69	2.53	2.42	2.27	2.09	1.89	1.62
40	4.08	3.23	2.84	2.61	2.45	2.34	2.18	2.00	1.79	1.51
60	4.00	3.15	2.76	2.52	2.37	2.25	2.10	1.92	1.70	1.39
120	3.92	3.07	2.68	2.45	2.29	2.17	2.02	1.83	1.61	1.25
∞	3.84	2.99	2.60	2.37	2.21	2.09	1.94	1.75	1.52	1.00

附表 3 临界 F 值表($\alpha=0.01$)

f_2/f	1	2	3	4	5	6	8	12	24	∞
1	4 052	4 999	5 403	5 625	5 764	5 859	5 981	6 106	6 234	6 366
2	98.49	99.01	99.17	99.25	99.30	99.33	99.36	99.42	99.46	99.50
3	34.12	30.81	29.46	28.71	28.24	27.91	27.49	27.05	26.60	26.12
4	21.20	18.00	16.69	15.98	15.52	15.21	14.80	14.37	13.93	13.46
5	16.26	13.27	12.06	11.39	10.97	10.67	10.29	9.89	9.47	9.02
6	13.74	10.92	9.78	9.15	8.75	8.47	8.10	7.72	7.31	6.88
7	12.25	9.55	8.45	7.85	7.46	7.19	6.84	6.47	6.07	5.65
8	11.26	8.65	7.59	7.01	6.63	6.37	6.03	5.67	5.28	4.86
9	10.56	8.02	6.99	6.42	6.06	5.80	5.47	5.11	4.73	4.31
10	10.04	7.56	6.55	5.99	5.64	5.39	5.06	4.71	4.33	3.91
11	9.65	7.20	6.22	5.67	5.32	5.07	4.74	4.40	4.02	3.60
12	9.33	6.93	5.95	5.41	5.06	4.82	4.50	4.16	3.78	3.36
13	9.07	6.70	5.74	5.20	4.86	4.62	4.30	3.96	3.59	3.16
14	8.86	6.51	5.56	5.03	4.69	4.46	4.14	3.80	3.43	3.00
15	8.68	6.36	5.42	4.89	4.56	4.32	4.00	3.67	3.29	2.87
16	8.53	6.23	5.29	4.77	4.44	4.20	3.89	3.55	3.18	2.75
17	8.40	6.11	5.18	4.67	4.34	4.10	3.79	3.45	3.08	2.65
18	8.28	6.01	5.09	4.58	4.25	4.01	3.71	3.37	3.00	2.57
19	8.18	5.93	5.01	4.50	4.17	3.94	3.63	3.30	2.92	2.49
20	8.10	5.85	4.94	4.43	4.10	3.87	3.56	3.23	2.86	2.42
21	8.02	5.78	4.87	4.37	4.04	3.81	3.51	3.17	2.80	2.36
22	7.94	5.72	4.82	4.31	3.99	3.76	3.45	3.12	2.75	2.31
23	7.88	5.66	4.76	4.26	3.94	3.71	3.41	3.07	2.70	2.26
24	7.82	5.61	4.72	4.22	3.90	3.67	3.36	3.03	2.66	2.21
25	7.77	5.57	4.68	4.18	3.86	3.63	3.32	2.99	2.62	2.17
26	7.72	5.53	4.64	4.14	3.82	3.59	3.29	2.96	2.58	2.13
27	7.68	5.49	4.60	4.11	3.78	3.56	3.26	2.93	2.55	2.10
28	7.64	5.45	4.57	4.07	3.75	3.53	3.23	2.90	2.52	2.06
29	7.60	5.42	4.54	4.04	3.73	3.50	3.20	2.87	2.49	2.03
30	7.56	5.39	4.51	4.02	3.70	3.47	3.17	2.84	2.47	2.01
40	7.31	5.18	4.31	3.83	3.51	3.29	2.99	2.66	2.29	1.80
60	7.08	4.98	4.13	3.65	3.34	3.12	2.82	2.50	2.12	1.60
120	6.85	4.79	3.95	3.48	3.17	2.96	2.66	2.34	1.95	1.38
∞	6.64	4.60	3.78	3.32	3.02	2.80	2.51	2.18	1.79	1.00

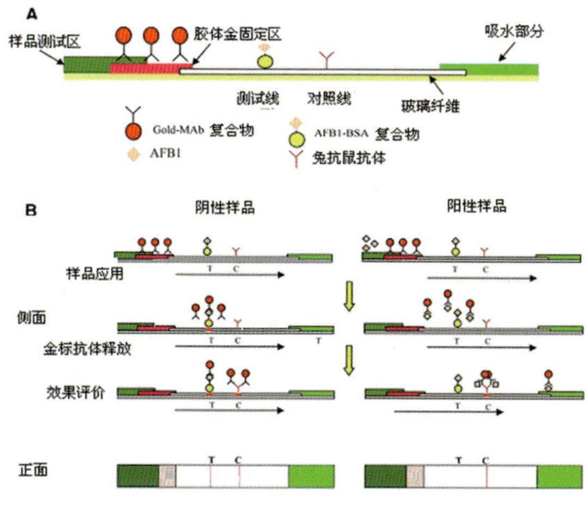

彩图 6-2　纳米金免疫快速检测技术方法原理图

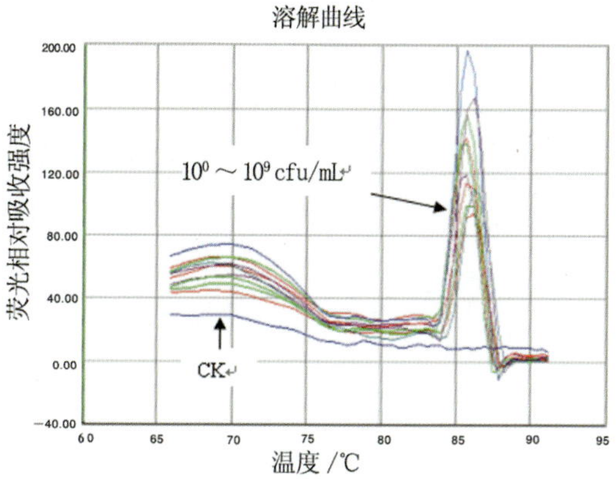

彩图 10-2　熔解曲线分析

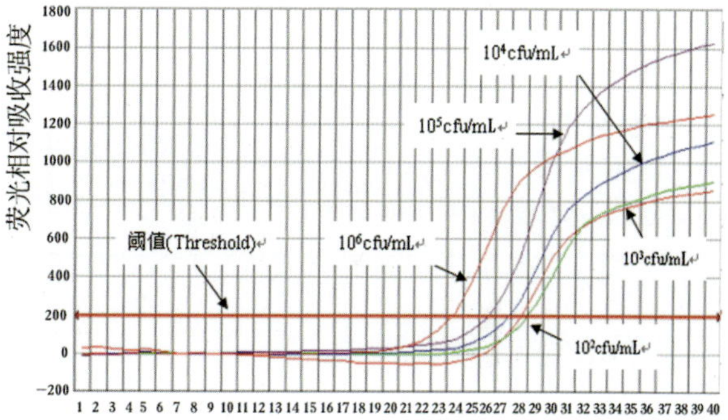

彩图 10-3　$10^2\sim10^6$ cfu/mL EDL 933 扩增荧光曲线

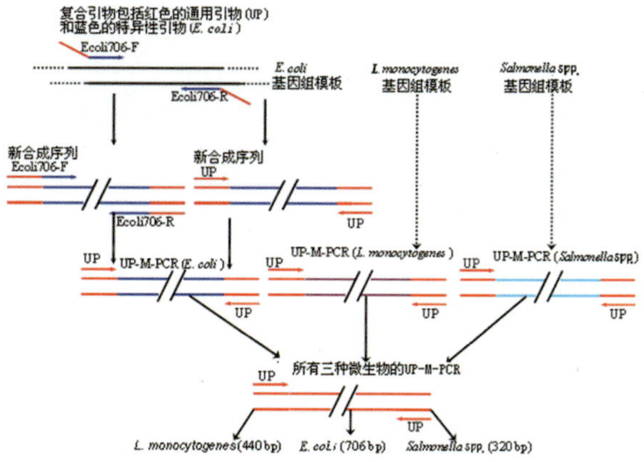

彩图 10-8　通用引物多重 PCR 的原理图

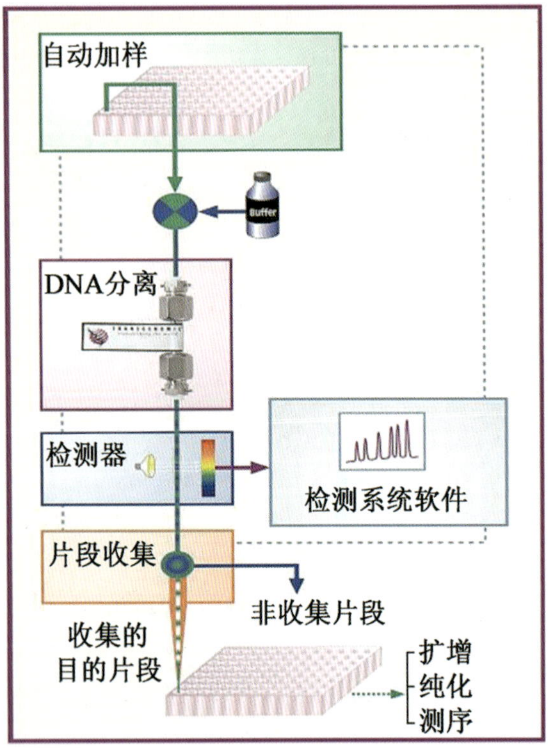

彩图 10-12　DHPLC 基本流程

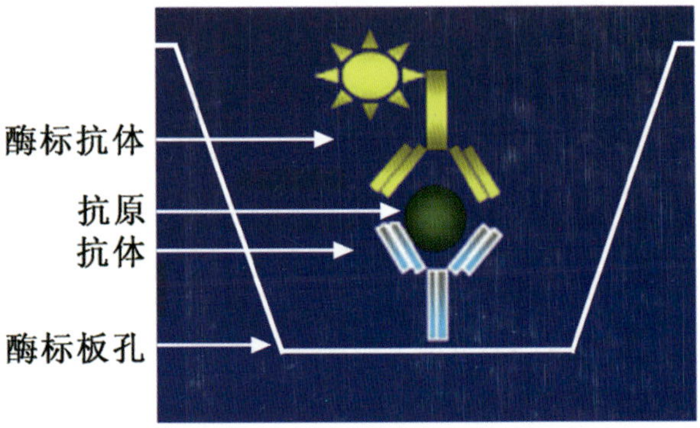

彩图 10-14　双抗体夹心法测抗原

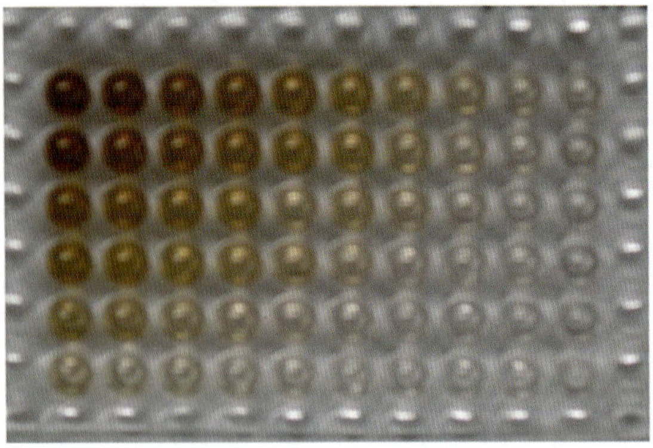

彩图 10-15　方阵法 ELISA 效价检测效果图

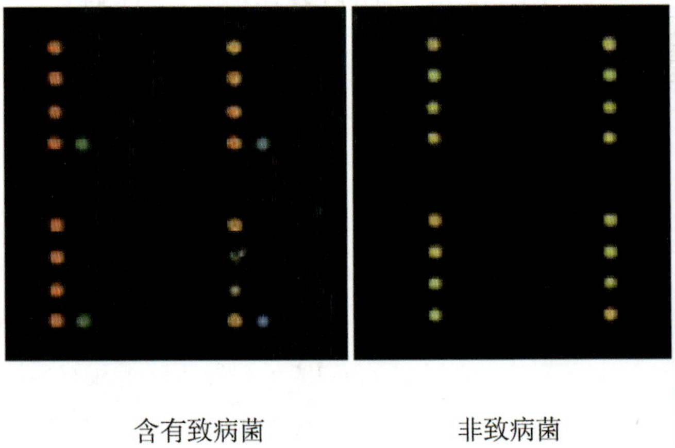

彩图 10-16　芯片荧光扫描图谱